本书案例效果图

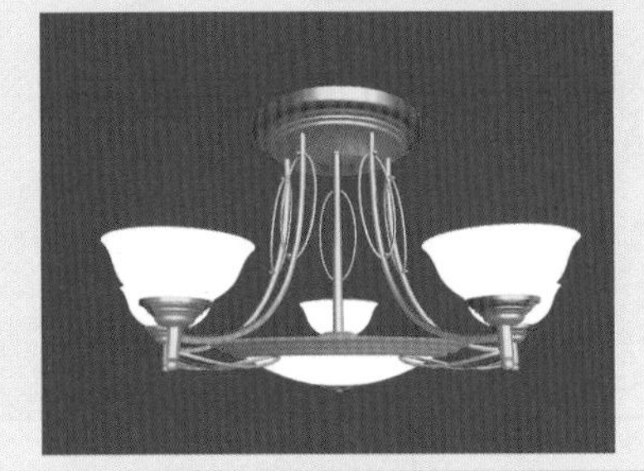

ZX轴镜像

移动阵列

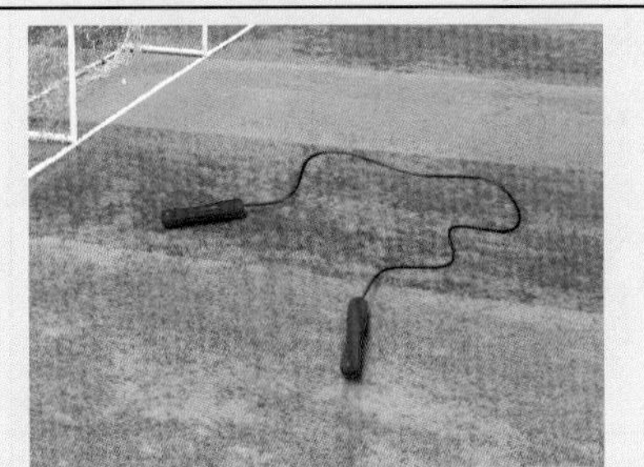

优化顶点

圆角顶点

拆分线段

U0227715

制作金属文字

制作砂砾金文字

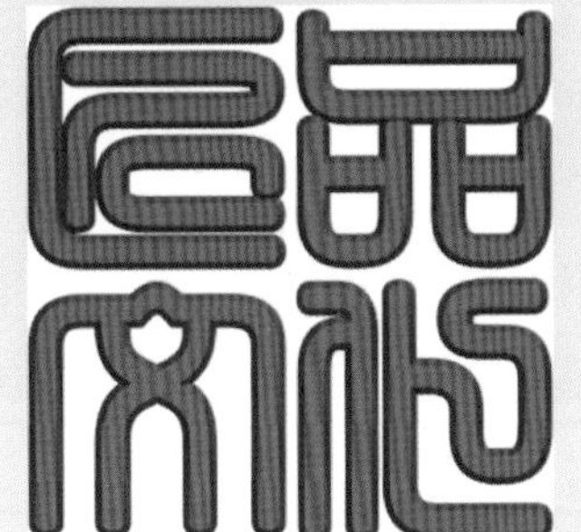

制作倒角文字

制作排球

制作篮球

制作折扇

制作五角星

制作鞋盒

制作足球

制作隔离墩

制作香烟动画 | 制作烟雾旋转动画 | 制作飘雪效果

制作下雨效果 | 制作星光闪烁动画 | 制作心形粒子动画

制作图片擦除动画 | 制作图像合成动画

制作太阳光特效 | 制作火焰拖尾文字动画 | 制作卷页字动画

制作光影文字动画 | 制作文字标版动画 | 制作电视台栏目片头

3ds max+VRay动画制作
完全实训手册

秦秋滢　赵海伟　夏春梅　编著

清华大学出版社
北　京

内 容 简 介

本书是一本学习3ds Max软件的实用大全，也是一本案头工具书。本书通过15章专题技术讲解+多个专家提醒放送+210个实例技巧放送+530多分钟视频演示，帮助读者在最短时间内从入门到精通软件，从新手成为3ds Max应用高手。

全书共分为15章，具体内容包括：3ds Max 2018的基本操作、场景对象的基本操作、二维图形的创建和编辑、常用三维文字的制作、三维模型的制作、工业模型的制作、材质与贴图、简单的对象动画、常用编辑修改器动画、摄影机及灯光动画、空间扭曲动画、粒子与特效动画、大气特效与后期制作、三维文字动画的制作、制作电视台栏目片头。

本书从实际应用出发，语言简洁、结构清晰，实用性强，非常适用于3ds Max的初级、中级读者阅读，也适合3ds Max动画制作人员学习，还可作为各类计算机培训机构、高等院校相关专业的辅导教材。

本书封面贴有清华大学出版社防伪标签，无标签者不得销售。
版权所有，侵权必究。举报：010-62782989，beiqinquan@tup.tsinghua.edu.cn。

图书在版编目(CIP)数据

3ds max+VRay动画制作完全实训手册 / 秦秋滢，赵海伟，夏春梅编著. —北京：清华大学出版社，2022.8
ISBN 978-7-302-61501-9

Ⅰ. ①3… Ⅱ. ①秦… ②赵… ③夏… Ⅲ. ①三维动画软件—手册 Ⅳ. ①TP391.41-62

中国版本图书馆CIP数据核字(2022)第139342号

责任编辑：张彦青
封面设计：李 坤
责任校对：翟维维
责任印制：杨 艳
出版发行：清华大学出版社
网 址：http://www.tup.com.cn, http://www.wqbook.com
地 址：北京清华大学学研大厦A座 **邮 编**：100084
社 总 机：010-83470000 **邮 购**：010-62786544
投稿与读者服务：010-62776969, c-service@tup.tsinghua.edu.cn
质量反馈：010-62772015, zhiliang@tup.tsinghua.edu.cn
课件下载：http://www.tup.com.cn, 010-62791865
印 装 者：三河市龙大印装有限公司
经 销：全国新华书店
开 本：210mm × 260mm **印 张**：20.75 **插 页**：2 **字 数**：505千字
版 次：2022年9月第1版 **印 次**：2022年9月第1次印刷
定 价：98.00元

产品编号：087215-01

前　言

3ds Max 2018是Autodesk公司开发的基于PC系统的三维动画渲染和制作软件，广泛应用于工业设计、广告、影视、游戏、建筑设计等领域。从用于自动生成群组的具有创新意义的新填充功能集到显著增强的粒子流工具集，再到现在支持 Microsoft DirectX 11明暗器且性能得到了提升的视口，3ds Max 2018融合了当今现代化工作流程所需的概念和技术。由此可见，3ds Max 2018 提供了可以帮助艺术家拓展其创新能力的新工作方式。

1. 本书内容

全书共分为15章，分别讲解了3ds Max 2018的基本操作、场景对象的基本操作、二维图形的创建和编辑、常用三维文字的制作、三维模型的制作、工业模型的制作、材质与贴图、简单的对象动画、常用编辑修改器动画、摄影机及灯光动画、空间扭曲动画、粒子与特效动画、大气特效与后期制作、三维文字动画的制作、制作电视台栏目片头。

2. 本书特色

本书内容实用，步骤详细，210个实例为每一位读者架起一座快速掌握3ds Max 2018使用与操作的“桥梁”；210种设计理念令每一个从事影视动画制作的专业人士在工作中灵感迸发；210种艺术效果和制作方法使每一位初学者融会贯通、举一反三。这些实例按知识点的应用和难易程度进行安排，从易到难，从入门到提高，循序渐进地介绍了各种动画特效的制作。在部分实例操作过程中还为读者介绍了日常需要注意的提示、知识链接等知识，使读者能在制作过程中勤于思考和总结。

3. 海量的电子学习资源

本书附带大量的学习资料和视频教程，部分资源概览如下。

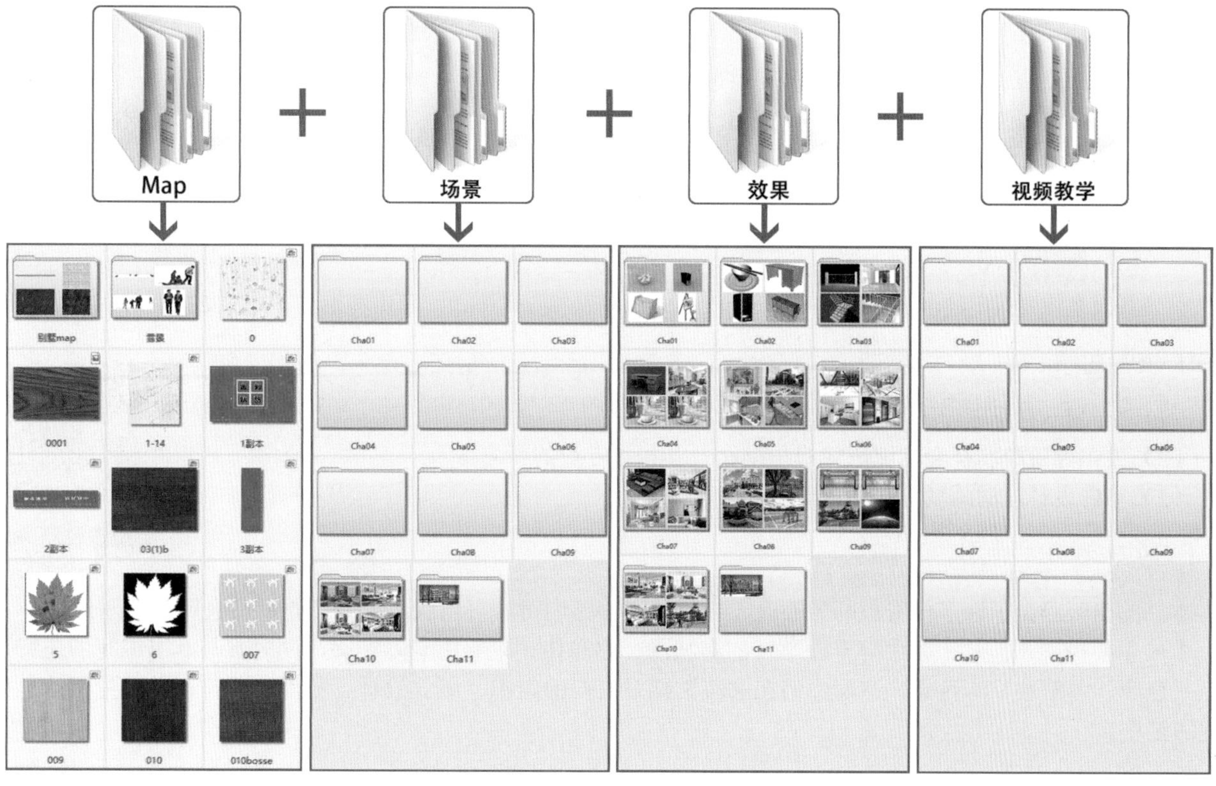

本书附带所有的素材文件、场景文件、效果文件、多媒体有声视频教学录像，读者在读完本书内容以后，可以调用这些资源进行深入学习。

本书视频教学贴近实际，几乎手把手教学。

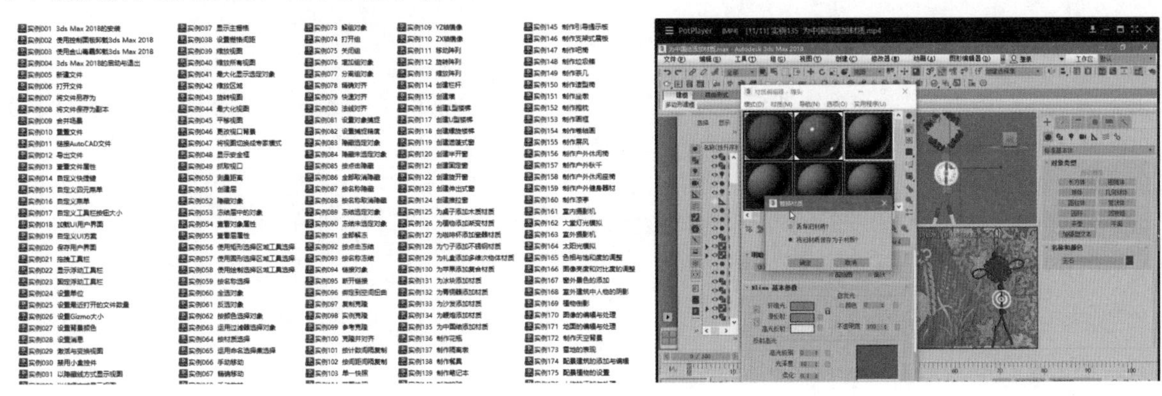

4. 本书约定

为便于阅读理解，本书的写作遵从以下约定。

- 本书中出现的中文菜单和命令将用【】括起来，以示区分。此外，为了使语句更简洁易懂，本书中所有的菜单和命令之间以竖线(|)分隔，例如，单击【编辑】菜单，再选择【移动】命令，就用选择【编辑】|【移动】命令来表示。
- 用加号(+)连接的两个英文单词表示组合键，在操作时表示同时按下这两个键。例如，Ctrl+V是指在按下Ctrl键的同时按下V字母键。
- 在没有特殊指定时，单击、双击和拖动分别是指用鼠标左键单击、双击和拖动。右击是指用鼠标右键单击。

5. 读者对象

（1）3ds Max初学者。

（2）大中专院校和社会培训班建模与动画及其相关专业的学生。

（3）室内设计与动画制作从业人员。

配送资源.rar

6. 致谢

本书的出版凝结了许多优秀教师的心血，在这里衷心感谢对本书出版过程给予帮助的老师，感谢你们！

本书主要由德州信息工程中等专业学校的秦秋滢、赵海伟、夏春梅老师编写，同时参与本书编写的还有朱晓文、尹慧玲、刘蒙蒙、陈月娟，感谢你们在书稿前期对材料的组织、版式设计、校对、编排以及大量图片的处理所做的工作。

编　者

目 录

总 目 录

第1章 3ds Max 2018的基本操作

第2章　场景对象的基本操作

第3章　二维图形的创建和编辑

第4章 常用三维文字的制作

第5章 三维模型的制作

第6章 工业模型的制作

第7章 材质与贴图

第8章 简单的对象动画

第9章 常用编辑修改器动画

第10章 摄影机及灯光动画

第11章 空间扭曲动画

第12章 粒子与特效动画

第13章 大气特效与后期制作

第14章 三维文字动画的制作

第15章 制作电视台栏目片头

附录 3ds Max 2018常用快捷键

第1章 3ds Max 2018的基本操作

本章主要介绍有关3ds Max 2018的基础知识，包括安装、启动、退出3ds Max 2018系统。3ds Max属于单屏幕操作软件，它所有的命令和操作都在一个屏幕上完成，不用进行切换，这样可以节省大量的工作时间，同时创作也更加直观明了。作为一个3ds Max的初级用户，在没有正式使用和掌握这个软件之前，首先学习和适应软件的工作环境及基本的文件操作是非常重要的。

实例001 3ds Max 2018的安装

想要学习和使用3ds Max 2018，就要正确安装该软件。本例将讲解如何安装3ds Max 2018，具体操作步骤如下。

素材	无
场景	无
视频	视频教学\Cha01\实例001 3ds Max 2018的安装.mp4

Step 01 找到3ds Max 2018的安装文件，双击Setup.exe，即可弹出如图1-1所示的界面。

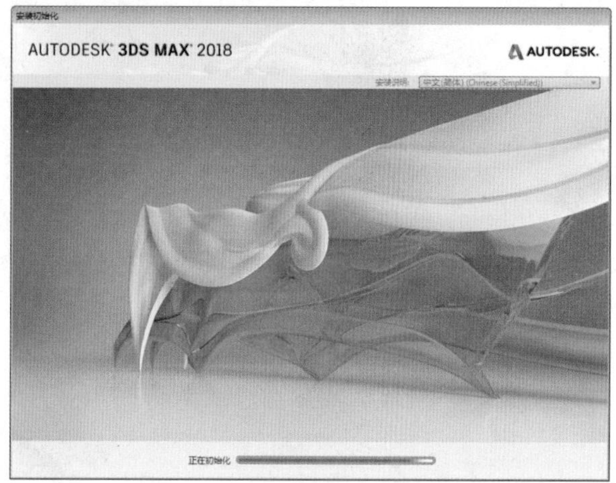

图1-1

Step 02 在弹出的Autodesk 3ds Max 2018安装界面中单击【安装】按钮，如图1-2所示。

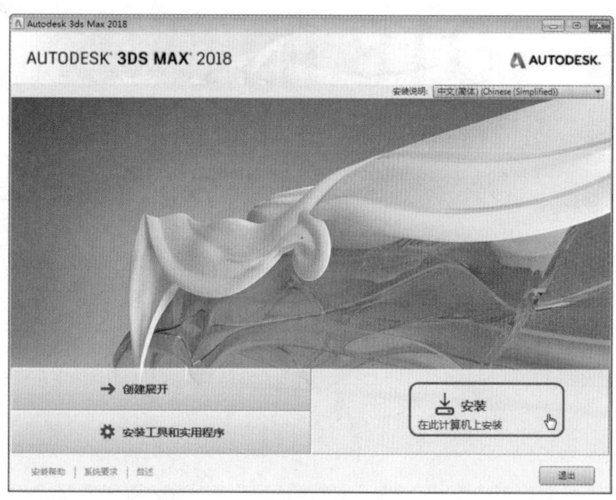

图1-2

Step 03 安装完成后，在【许可协议】界面中选中【我接受】单选按钮并单击【下一步】按钮，如图1-3所示。

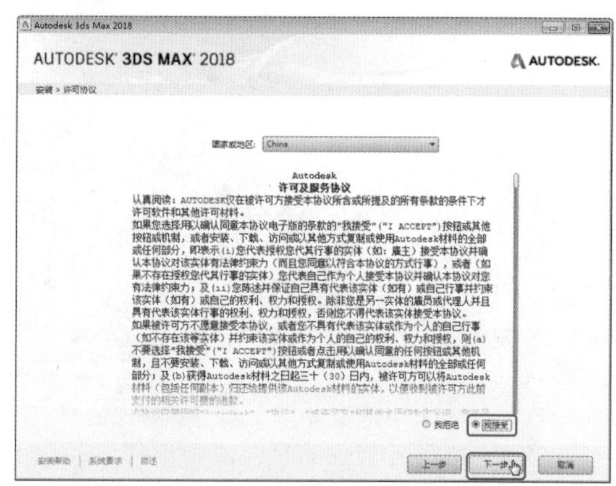

图1-3

Step 04 进入【配置安装】界面，单击【安装路径】文本框右侧的【浏览】按钮，可指定安装路径，如图1-4所示。

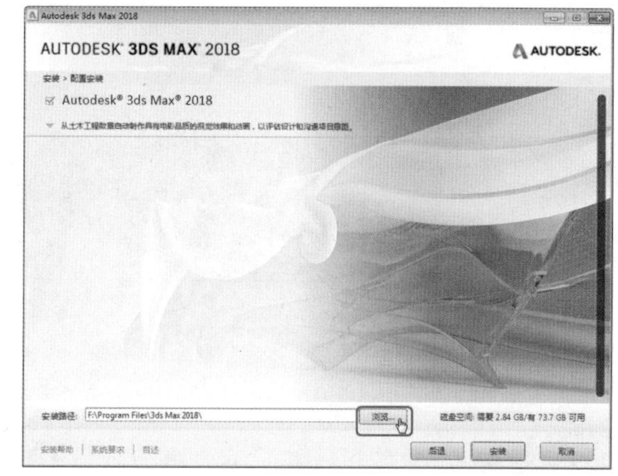

图1-4

Step 05 单击【安装】按钮，即可弹出【安装进度】界面，如图1-5所示。

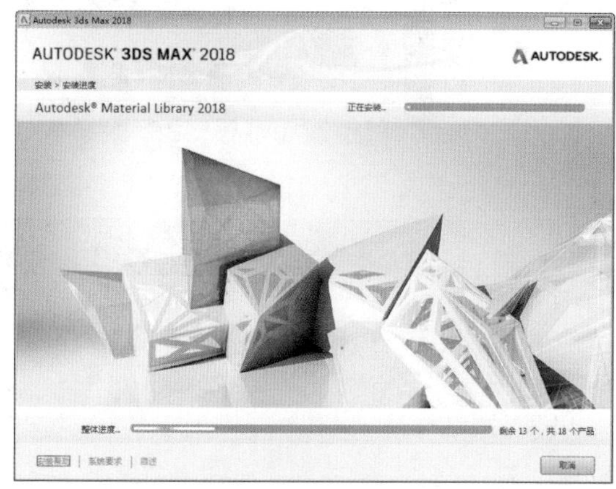

图1-5

Step 06 安装完成后会显示【安装完成】界面，单击【立即启动】按钮可启动3ds Max 2018。如不需启动，单击右上角的关闭按钮，将该界面关闭即可，如图1-6所示。

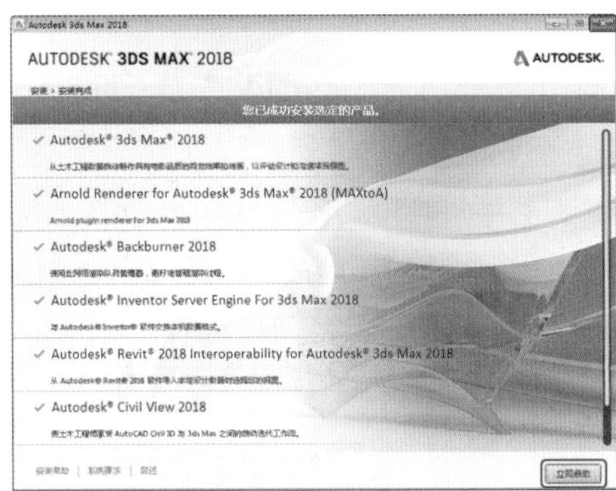

图1-6

◎提示·◦

上面介绍的3ds Max 2018是在Windows 7操作系统中安装的，如果是在Windows XP操作系统中安装，那么软件将不支持中文界面。

实例002 使用控制面板卸载3ds Max 2018

卸载3ds Max 2018的方法是通过【控制面板】卸载，具体操作步骤如下。

素材	无
场景	无
视频	视频教学\Cha01\实例002　使用控制面板卸载3ds Max 2018.mp4

Step 01　单击【开始】按钮，在弹出的菜单中选择【控制面板】命令，如图1-7所示。

图1-7

Step 02　在弹出的窗口中单击【程序和功能】按钮，如图1-8所示。

图1-8

Step 03　弹出【程序和功能】窗口，在该窗口中用鼠标右键单击Autodesk 3ds Max 2018选项，在弹出的快捷菜单中选择【卸载/更改】命令，如图1-9所示。

图1-9

Step 04　在弹出的界面中单击【卸载】按钮，如图1-10所示。

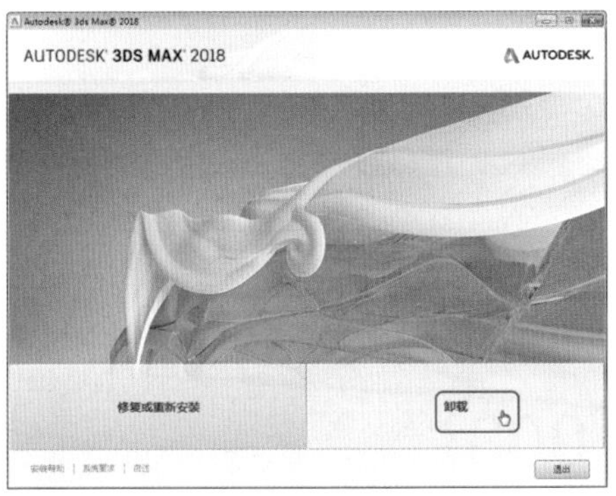

图1-10

Step 05　在弹出的【卸载】界面中单击【卸载】按钮，如图1-11所示。

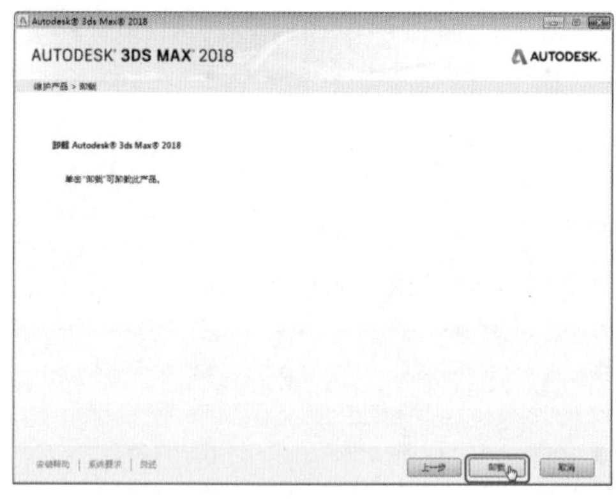

图1-11

Step 06 弹出【正在卸载】界面，在该界面中将会显示卸载进度，如图1-12所示。

图1-12

Step 07 卸载完成后，在弹出的【卸载完成】界面中单击【完成】按钮即可，如图1-13所示。

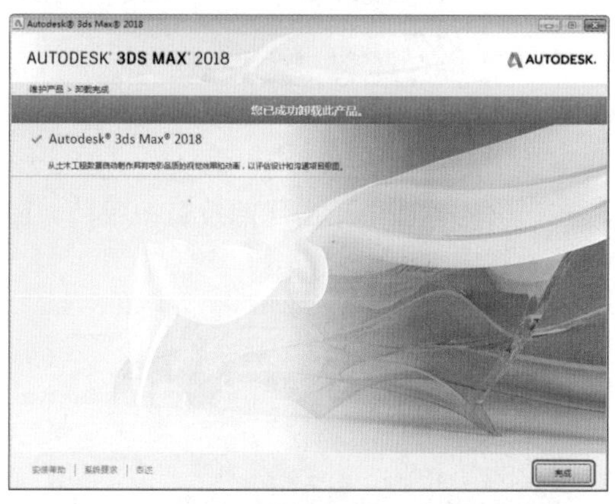

图1-13

实例003 使用金山毒霸卸载3ds Max 2018

使用金山毒霸软件，也可以卸载3ds Max 2018。本例将讲解如何使用金山毒霸卸载3ds Max 2018，具体操作步骤如下。

素材	无
场景	无
视频	视频教学\Cha01\实例003 使用金山毒霸卸载3ds Max 2018.mp4

Step 01 单击【开始】按钮，在弹出的菜单中选择【所有程序】|【金山毒霸】|【金山毒霸】命令，如图1-14所示。

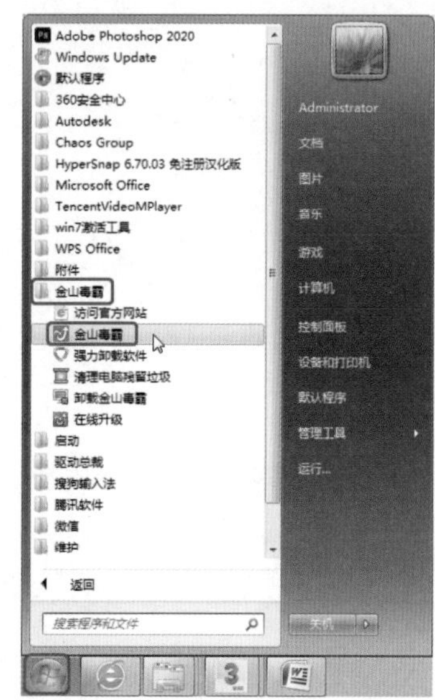

图1-14

Step 02 在弹出的界面中单击【软件管家】按钮，如图1-15所示。

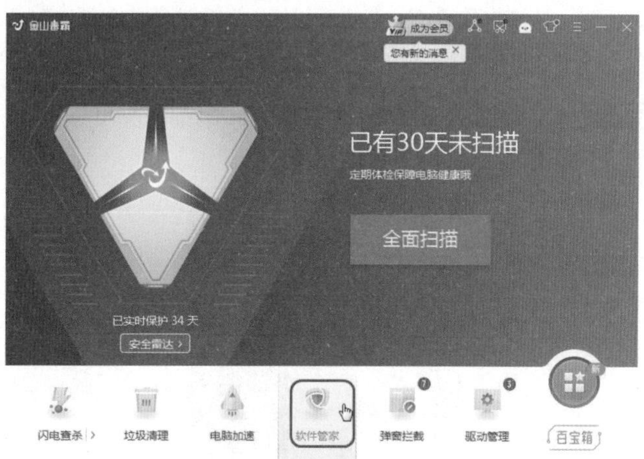

图1-15

Step 03 在弹出的界面中单击Autodesk 3ds Max 2018复选框右侧的【卸载】按钮，如图1-16所示。

Step 04 在弹出的界面中单击【卸载】按钮，如图1-17所示。

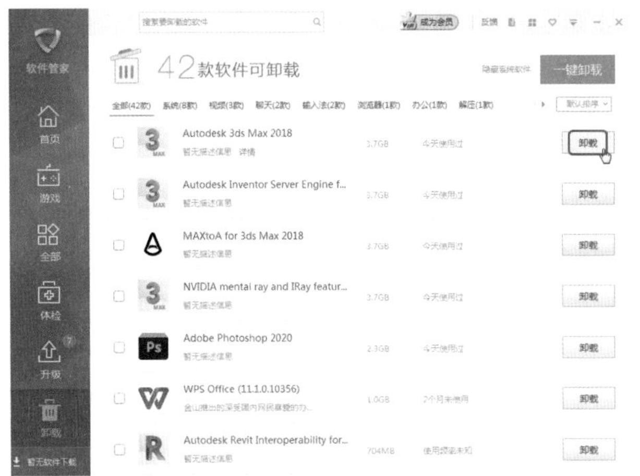

图1-16

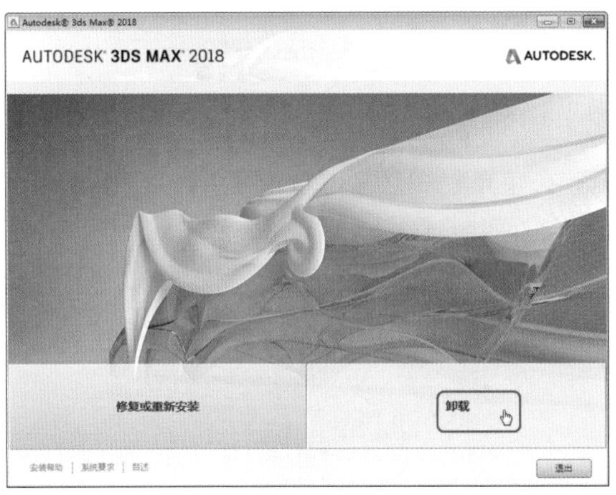

图1-17

Step 05 弹出【卸载】界面，单击【卸载】按钮，如图1-18所示。

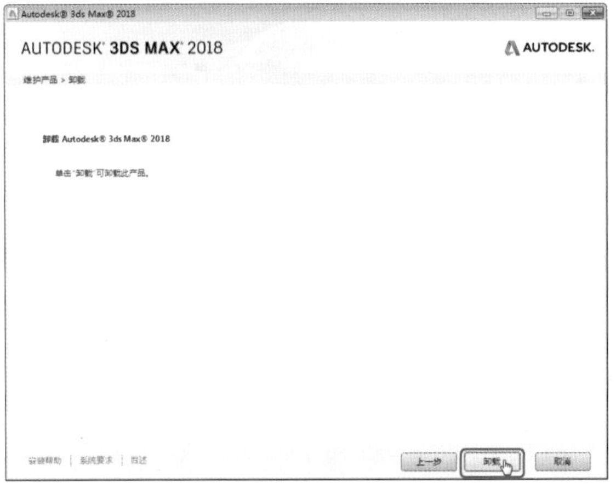

图1-18

Step 06 弹出【正在卸载】界面，在该界面中将会显示卸载进度。卸载完成后，在弹出的界面中单击【完成】按钮即可，如图1-19所示。

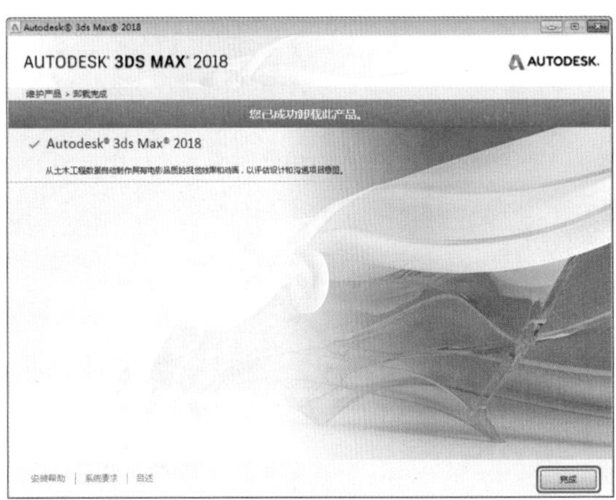

图1-19

实例004 3ds Max 2018的启动与退出

启动软件后可对软件中的场景进行操作，如不需要对该软件进行操作，可退出。本例将讲解如何启动与退出3ds Max 2018软件，具体操作步骤如下。

素材	无
场景	无
视频	视频教学\Cha01\实例004 3ds Max 2018的启动与退出.mp4

Step 01 单击【开始】按钮，在弹出的菜单中选择【所有程序】| Autodesk | Autodesk 3ds Max 2018 | 3ds Max 2018 - Simplified Chinese命令，如图1-20所示。

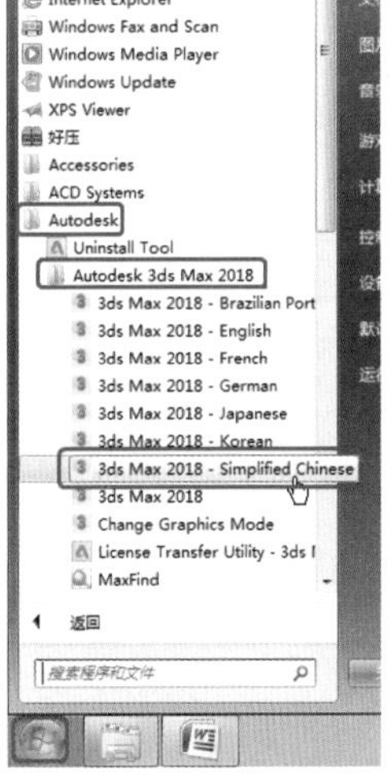

图1-20

Step 02 执行该命令后，将启动3ds Max 2018软件，其界面如图1-21所示。

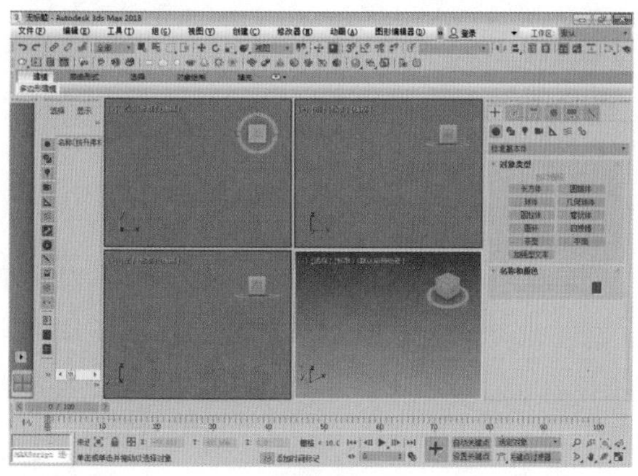
图1-21

同样，退出3ds Max 2018的方法也非常简单。在打开的3ds Max 2018界面中，单击右上角的【关闭】按钮 ，即可退出3ds Max 2018，如图1-22所示。

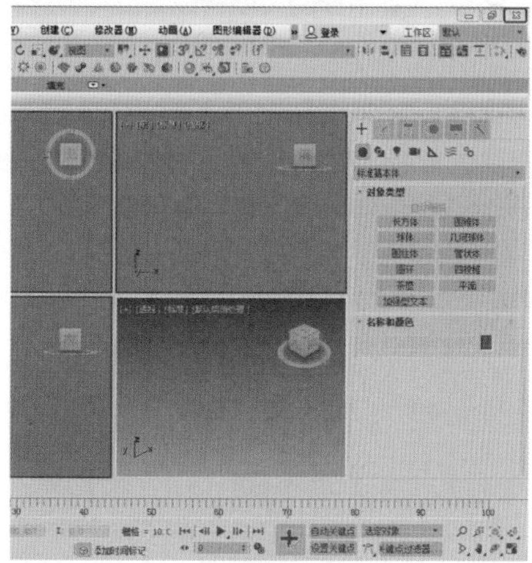
图1-22

除了该方法之外，用户还可以在菜单栏中选择【文件】|【退出】命令来退出3ds Max 2018，如图1-23所示。

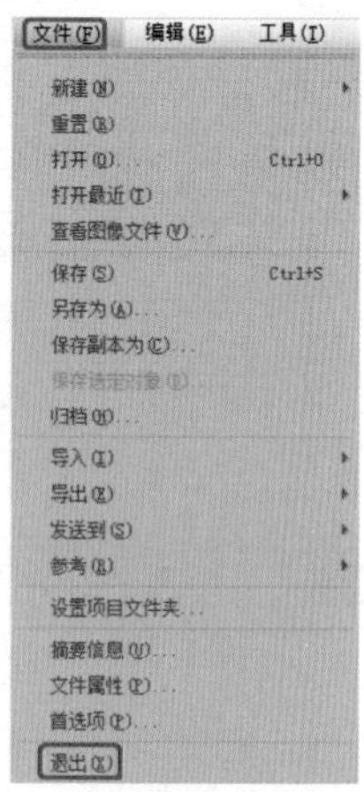

图1-23

◎提示·○

在标题栏中单击鼠标右键，在弹出的快捷菜单中选择【关闭】命令或按Alt+F4组合键均可退出3ds Max 2018软件。

实例005 新建文件

在启动3ds Max 2018应用程序时，都会新建一个Max文件，而在制作3ds Max场景的过程中，也总是需要创建一个新的3ds Max文件，本例将讲解如何新建文件，具体操作步骤如下。

素材	无
场景	无
视频	视频教学\Cha01\实例005 新建文件.mp4

Step 01 在菜单栏中选择【文件】|【新建】|【新建全部】命令，如图1-24所示。

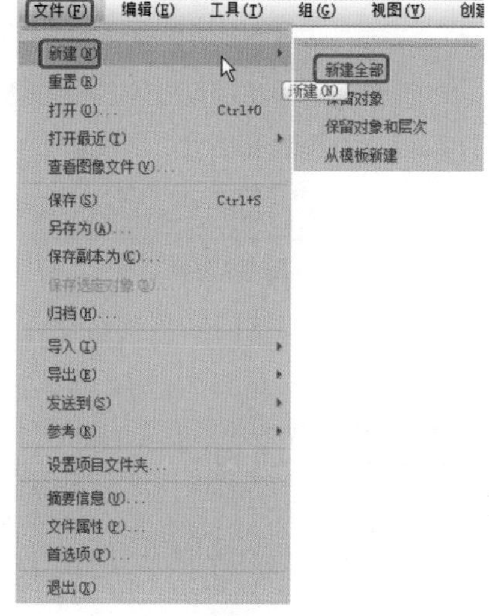

图1-24

Step 02 执行该操作后，即可新建一个空白文件。如果新建的文件修改后未保存，那么当用户再次新建空白文件时，系统会弹出如图1-25所示的提示对话框。

图1-25

实例 006 打开文件

通过菜单栏中的【文件】|【打开】命令可以打开需要的文档，具体操作步骤如下。

素材	Scene\Cha01\笔记本.max
场景	无
视频	视频教学\Cha01\实例006 打开文件.mp4

Step 01 在菜单栏中选择【文件】|【打开】命令，如图1-26所示。

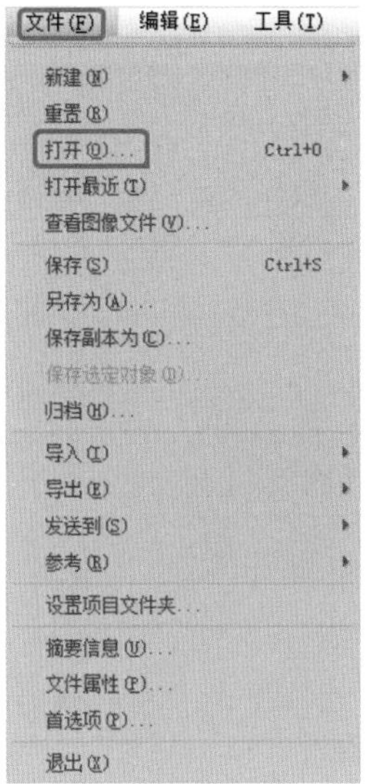

图1-26

Step 02 弹出【打开文件】对话框，在该对话框中选择"Scene\Cha01\笔记本.max"素材文件，单击【打开】按钮，即可打开选中的素材文件，如图1-27所示。

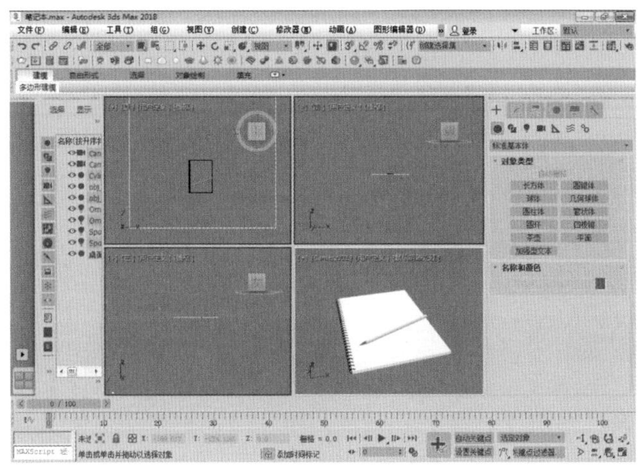

图1-27

实例 007 将文件另存为

在3ds Max中，如果不想破坏当前场景，可以将该场景另存为单独文件，具体操作步骤如下。

素材	Scene\Cha01\笔记本.max
场景	无
视频	视频教学\Cha01 \实例007 将文件另存为.mp4

Step 01 继续上一实例的操作。在菜单栏中选择【文件】|【另存为】命令，如图1-28所示。

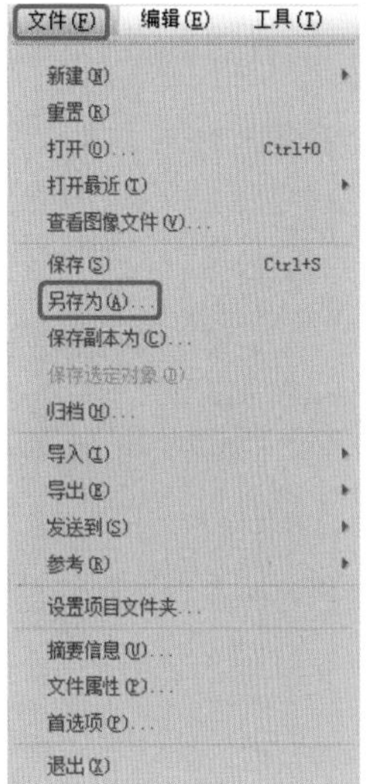

图1-28

Step 02 弹出【文件另存为】对话框，如图1-29所示，在该对话框中可以设置文件的保存路径、文件名和保存类型，设置完成后单击【保存】按钮即可。

图1-29

实例008 将文件保存为副本

【保存副本为】命令用来以不同的文件名将当前场景保存为副本，该命令不会更改正在使用的文件的名称，具体操作步骤如下。

素材	Scene\Cha01\笔记本.max
场景	无
视频	视频教学\Cha01\实例008 将文件保存为副本.mp4

Step 01 按Ctrl+O组合键，打开“Scene\Cha01\笔记本.max”素材文件，在菜单栏中选择【文件】|【保存副本为】命令，如图1-30所示。

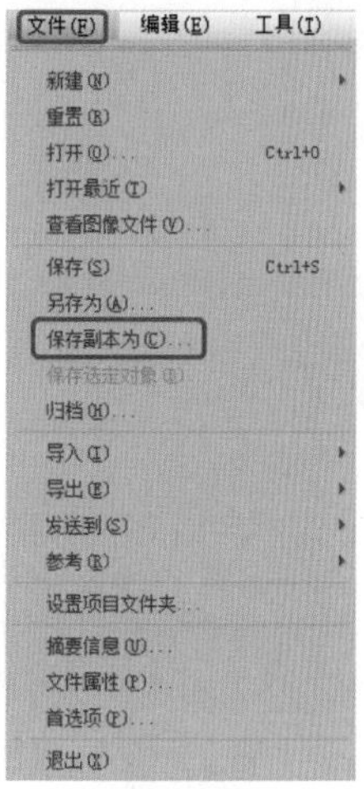

图1-30

Step 02 弹出【将文件另存为副本】对话框，如图1-31所示，在该对话框中可以设置文件的保存路径和保存类型，设置完成后单击【保存】按钮即可。

图1-31

实例009 合并场景

在3ds Max中，用户可以根据需要将两个不同的场景合并为一个，本例将讲解如何合并场景。

素材	Scene\Cha01\碗.max、鸡蛋.max
场景	Scene\Cha01\实例009 合并场景.max
视频	视频教学\Cha01\实例009 合并场景.mp4

Step 01 按Ctrl+O组合键，在弹出的【打开文件】对话框中选择“Scene\Cha01\碗.max”素材文件，单击【打开】按钮，将打开素材文件，如图1-32所示。

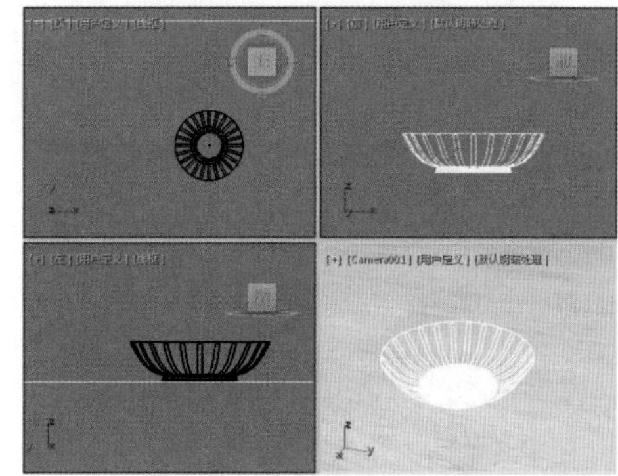

图1-32

Step 02 在菜单栏中选择【文件】|【导入】|【合并】命令，如图1-33所示。

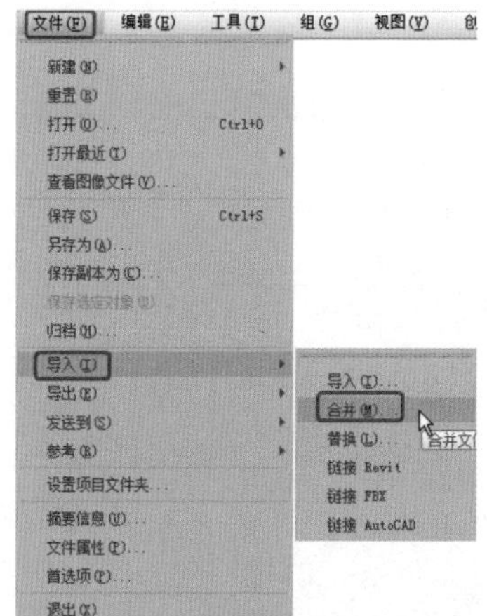

图1-33

Step 03 弹出【合并文件】对话框，在该对话框中选择“Scene\Cha01\鸡蛋.max”素材文件。单击【打开】按钮，弹出【合并】对话框，在该对话框中选择要合并的对象，如图1-34所示。

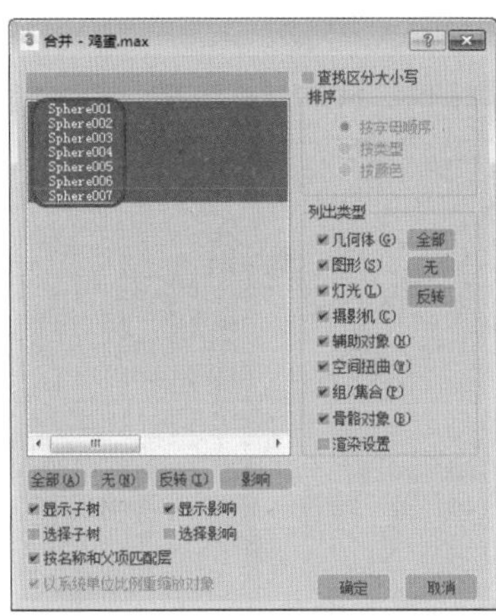

图1-34

Step 04 单击【确定】按钮，即可将选中的对象合并到当前场景文件中。在工具栏中单击【选择并移动】按钮，调整该对象的位置，调整后的效果如图1-35所示。

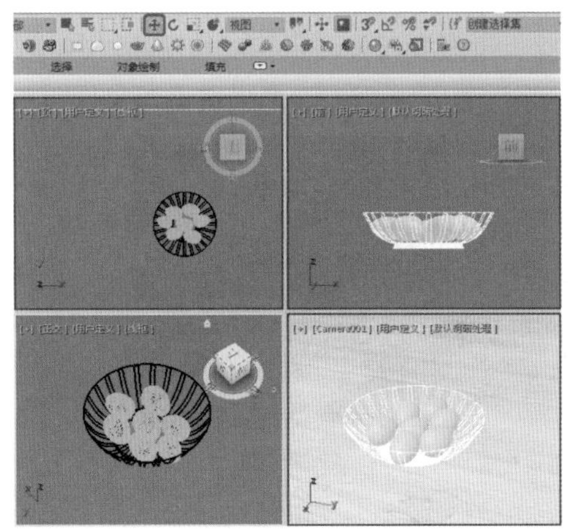
图1-35

Step 05 激活摄影机视图，按F9键进行渲染。

实例010 重置文件

重置文件是将场景中所有的对象删除，并将视图和各项参数都恢复到默认的状态下。重置文件的具体操作步骤如下。

素材	无
场景	无
视频	视频教学\Cha01\实例010 重置文件.mp4

Step 01 在菜单栏中选择【文件】|【重置】命令，如图1-36所示。

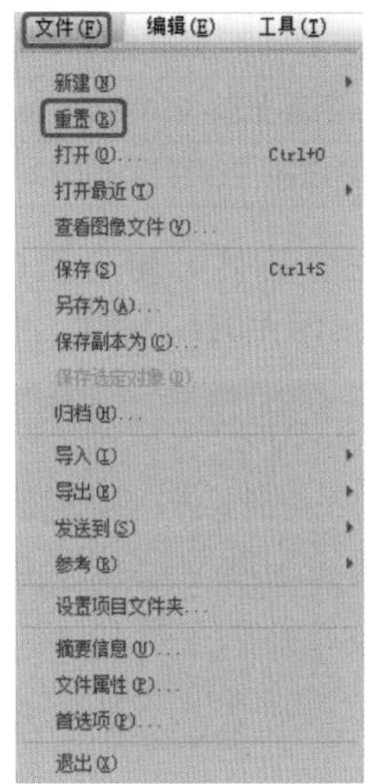

图1-36

Step 02 弹出一个提示对话框，如图1-37所示，单击【是】按钮，即可重置一个新的场景，单击【否】按钮将取消重置。

图1-37

实例011 链接AutoCAD文件

在3ds Max中，可以根据需要将一些非3ds Max类型的文件链接到场景中。本例将讲解如何将AutoCAD文件链接到场景中，具体操作步骤如下。

素材	Scene\Cha01\链接AutoCAD文件素材.dwg
场景	无
视频	视频教学\ Cha01\实例011 链接AutoCAD文件.mp4

Step 01 在菜单栏中选择【文件】|【导入】|【链接AutoCAD】命令，如图1-38所示。

Step 02 弹出【打开】对话框，在该对话框中选择"Scene\Cha01\链接AutoCAD文件素材.dwg"素材文件，单击【打开】按钮，在弹出的【管理链接】对话框中单击【附加该文件】按钮，如图1-39所示。

Step 03 单击该按钮后，将该对话框关闭，即可将文件链接到场景中，如图1-40所示。

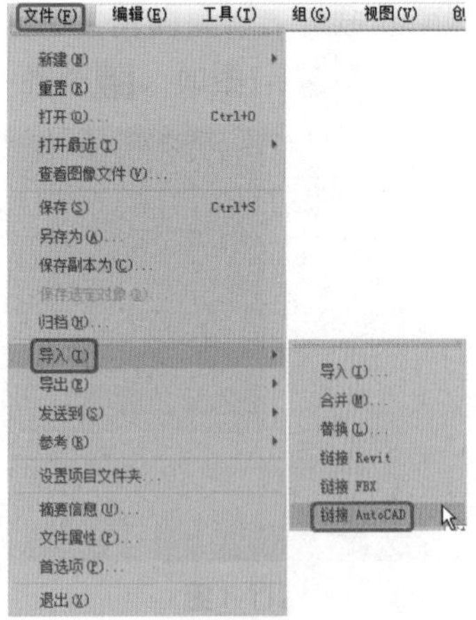

图1-38

图1-39

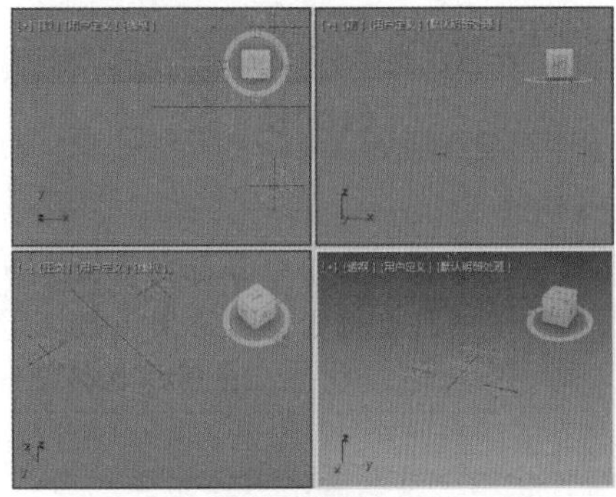
图1-40

实例012 导出文件

在3ds Max中，不仅可以将其他格式的文件导入到场景中，还可以将当前场景中的文件导出为其他格式的文件，具体操作步骤如下。

素材	Scene\Cha01\木桶.max
场景	无
视频	视频教学\Cha01\实例012 导出文件.mp4

Step 01 按Ctrl+O组合键，打开“Scene\Cha01\木桶.max”素材文件，如图1-41所示。

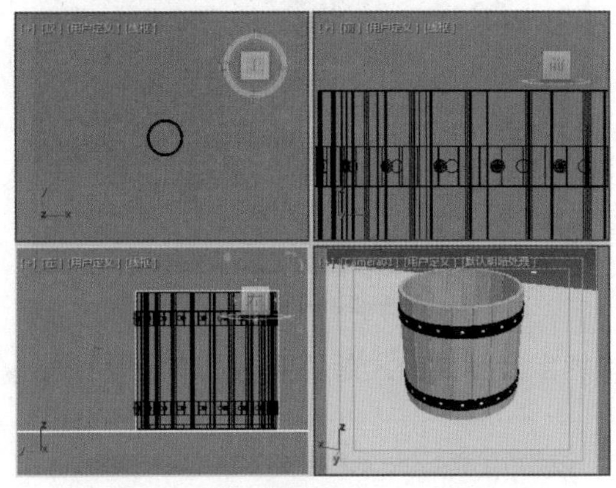
图1-41

Step 02 在菜单栏中选择【文件】|【导出】|【导出】命令，如图1-42所示。

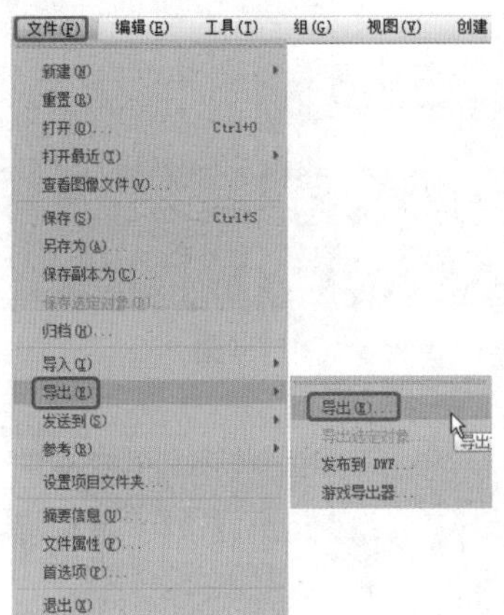

图1-42

Step 03 弹出【选择要导出的文件】对话框，在该对话框中设置文件的导出路径、文件名和保存类型，此处将【保存类型】设置为AutoCAD（*.DWG）格式，如图1-43所示。

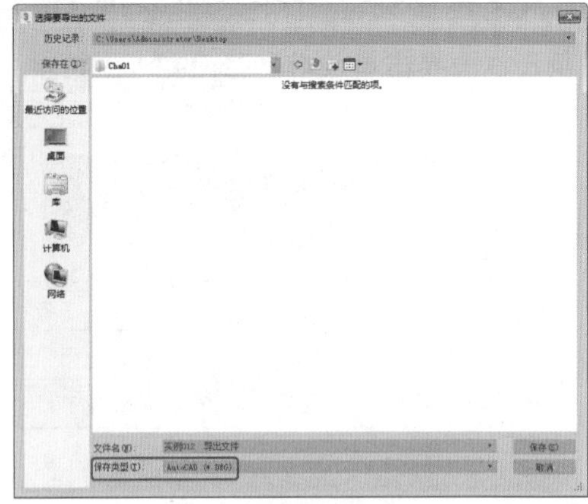

图1-43

Step 04 设置完成后，单击【保存】按钮，弹出【导出到AutoCAD文件】对话框，如图1-44所示，单击【确定】按钮，即可将文件导出为DWG格式。

图1-44

实例013 查看文件属性

在创建文件时系统就对文档进行了默认设置，当对设置参数不满意时，可以重新进行设置，具体操作步骤如下。

素材	无
场景	无
视频	视频教学\Cha01\实例013 查看文件属性.mp4

Step 01 继续上一实例的操作。在菜单栏中选择【文件】|【文件属性】命令，如图1-45所示。

图1-45

Step 02 弹出【文件属性】对话框，切换到【内容】选项卡，可以查看文件的属性，如图1-46所示。

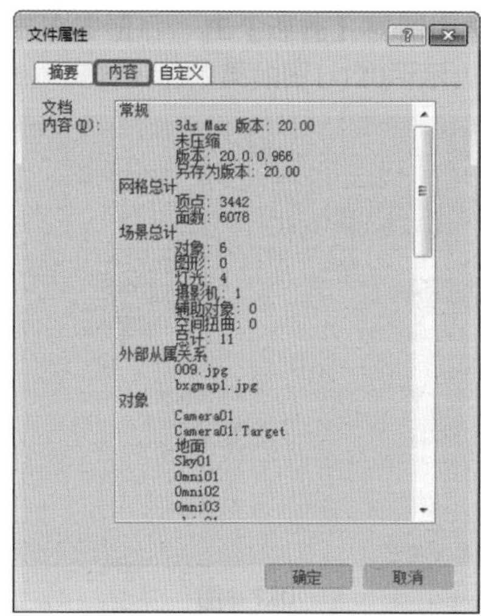

图1-46

实例014 自定义快捷键

在3ds Max中，对于一些没有快捷键的选项，用户可以根据需要为其设置快捷键，具体操作步骤如下。

素材	无
场景	无
视频	视频教学\Cha01\实例014 自定义快捷键.mp4

Step 01 在菜单栏中单击»按钮，在弹出的下拉菜单中选择【自定义】|【自定义用户界面】命令，如图1-47所示。

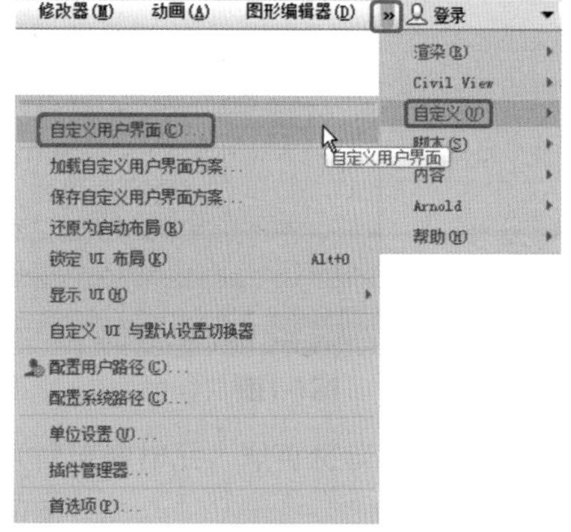

图1-47

Step 02 在弹出的【自定义用户界面】对话框中，切换到【键盘】选项卡，在左侧列表框中选择【“属性”对话框】选项，在【热键】文本框中输入要设置的快捷键，例如输入Alt+Ctrl+2，再单击【指定】按钮，如图1-48所示，即可指定快捷键。指定完成后，单击【保存】按钮即可。

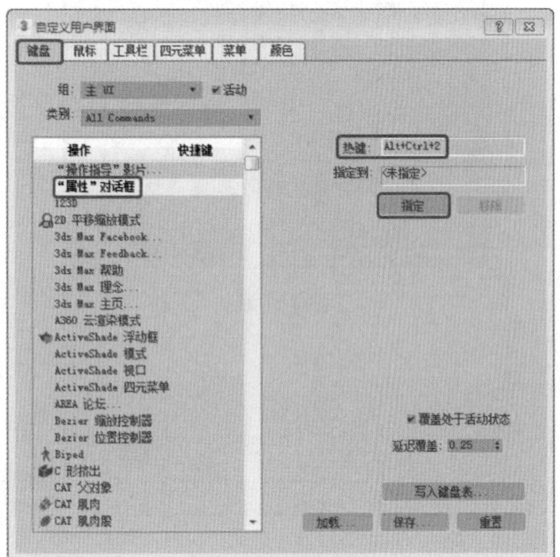

图1-48

◎提示·∘

在3ds Max中，除了可以为选项设置快捷键外，还可以将设置的快捷键删除。其操作方法是：在【键盘】选项卡左侧的列表框中选择要删除快捷键的选项，然后单击【移除】按钮即可。

实例015 自定义四元菜单

右键单击活动视口中的任意位置，但视口标签除外，将在光标所在的位置上显示一个四元菜单。四元菜单最多可以显示四个带有各种命令的四元区域，本实例将讲解如何自定义四元菜单，具体操作步骤如下。

素材	无
场景	无
视频	视频教学\Cha01\实例015 自定义四元菜单.mp4

Step 01 在菜单栏中单击»按钮，在弹出的下拉菜单中选择【自定义】|【自定义用户界面】命令，弹出【自定义用户界面】对话框，切换到【四元菜单】选项卡，在左侧的【操作】列表框中选择【C形挤出】选项，按住鼠标左键不放，将其拖曳至右侧的列表框中，如图1-49所示。

Step 02 添加完成后，将该对话框关闭，在视图中单击鼠标右键，即可在弹出的快捷菜单中查看添加的命令，如图1-50所示。

图1-49

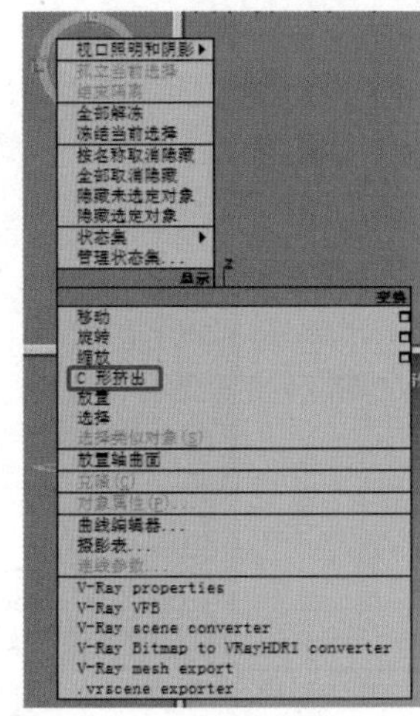

图1-50

实例016 自定义菜单

本例介绍自定义菜单，通过使用【自定义用户界面】对话框，可在菜单栏中添加菜单命令，具体操作步骤如下。

素材	无
场景	无
视频	视频教学\Cha01\实例016 自定义菜单.mp4

Step 01 在菜单栏中单击»按钮，在弹出的下拉菜单中选择【自定义】|【自定义用户界面】命令，弹出【自定义用户界面】对话框，切换到【菜单】选项卡，在该选项卡中单击【新建】按钮，如图1-51所示。

Step 02 在弹出的【新建菜单】对话框中将【名称】设置为UVW，如图1-52所示。

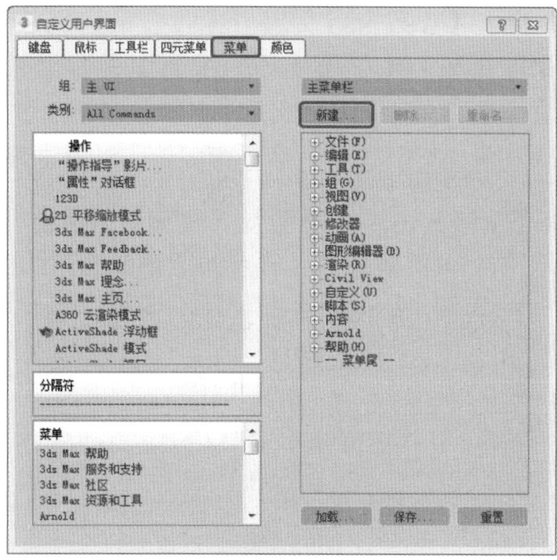

图1-51

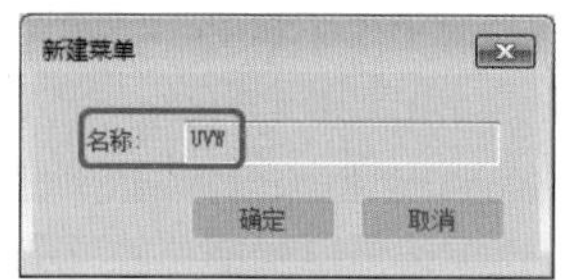

图1-52

Step 03 单击【确定】按钮，在左侧的【菜单】列表框中选择新添加的菜单UVW，按住鼠标左键不放，将其拖曳到右侧的列表框中，如图1-53所示。

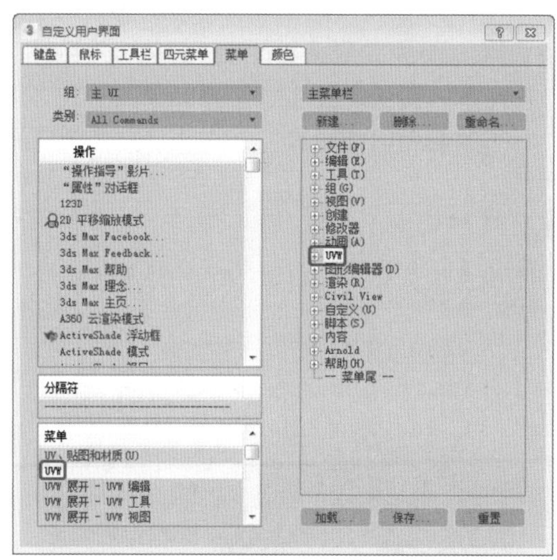

图1-53

Step 04 在右侧列表框中单击UVW菜单左侧的加号，选择其下方的【菜单尾】选项，在左侧的【操作】列表框中选择【UVW变换修改器】选项，将其添加到UVW菜单中，如图1-54所示。

Step 05 使用同样的方法添加其他菜单命令，添加完成后，将该对话框关闭，即可在菜单栏中查看添加的命令，如图1-55所示。

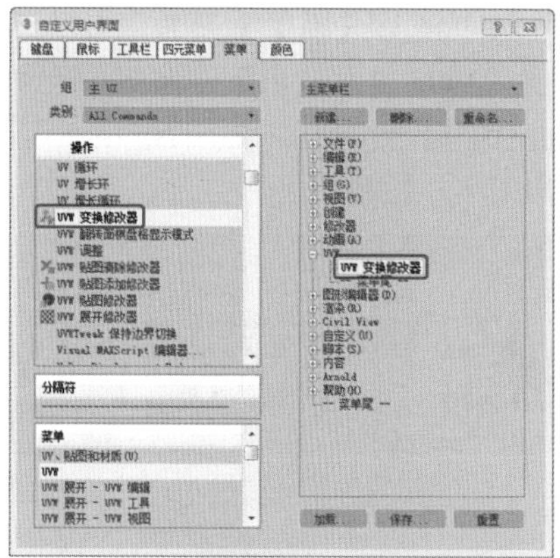

图1-54

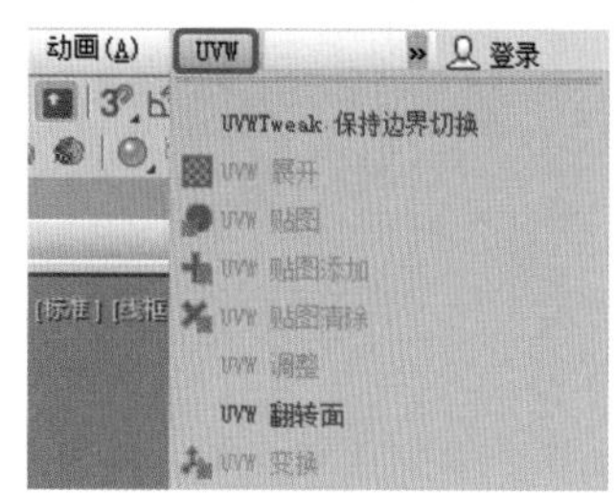

图1-55

实例017 自定义工具栏按钮大小

在3ds Max中，可以根据需要调整工具栏的按钮大小，具体操作步骤如下。

素材	无
场景	无
视频	视频教学\Cha01\实例017　自定义工具栏按钮大小.mp4

Step 01 在菜单栏中单击»按钮，在弹出的下拉菜单中选择【自定义】|【首选项】命令，如图1-56所示。

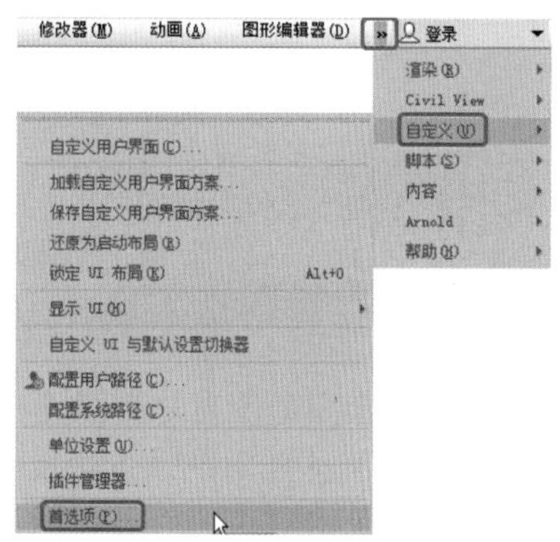

图1-56

Step 02 弹出【首选项设置】对话框，切换到【常规】选项卡，在【用户界面显示】选项组中取消勾选【使用大工具栏按钮】复选框，如图1-57所示，重启软件后，可观察工具栏按钮效果。

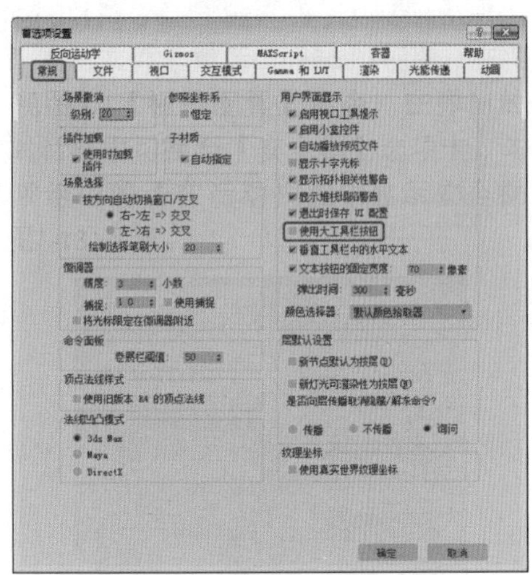

图1-57

实例018 加载UI用户界面

UI用户界面是使用3ds Max时的工作界面，本例将讲解如何在3ds Max中加载UI用户界面，具体操作步骤如下。

素材	无
场景	无
视频	视频教学\Cha01\实例018 加载UI用户界面.mp4

Step 01 在菜单栏中单击»按钮，在弹出的下拉菜单中选择【自定义】|【加载自定义用户界面方案】命令，如图1-58所示。

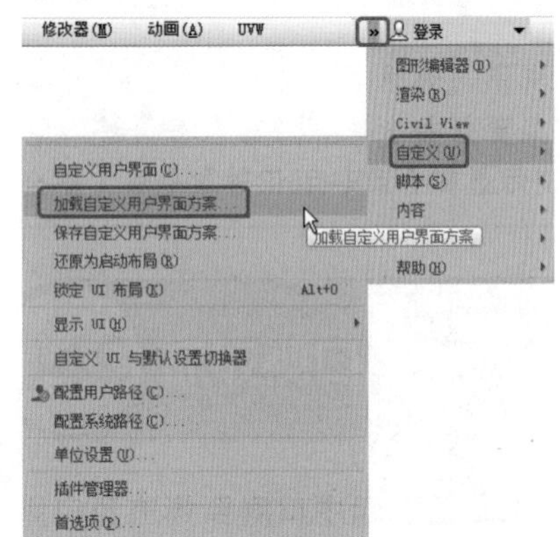

图1-58

Step 02 弹出【加载自定义用户界面方案】对话框，在该对话框中选择所需的用户界面方案即可，如图1-59所示。

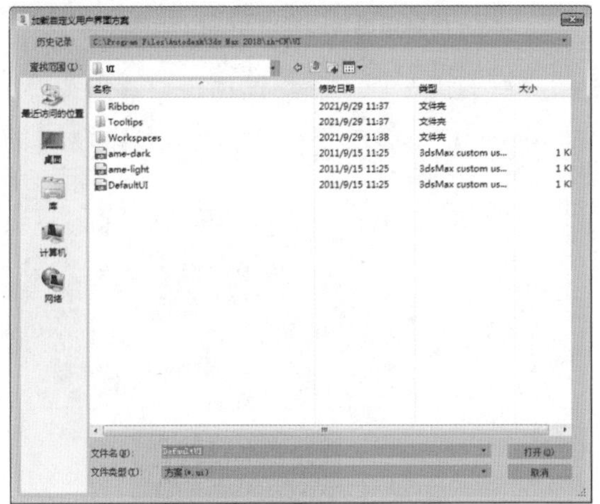

图1-59

实例019 自定义UI方案

用户根据工作需要可以自主配置UI方案，下面将介绍自定义UI方案的方法，具体操作步骤如下。

素材	无
场景	无
视频	视频教学\Cha01\实例019 自定义UI方案.mp4

Step 01 在菜单栏中单击»按钮，在弹出的下拉菜单中选择【自定义】|【自定义UI与默认设置切换器】命令，如图1-60所示。

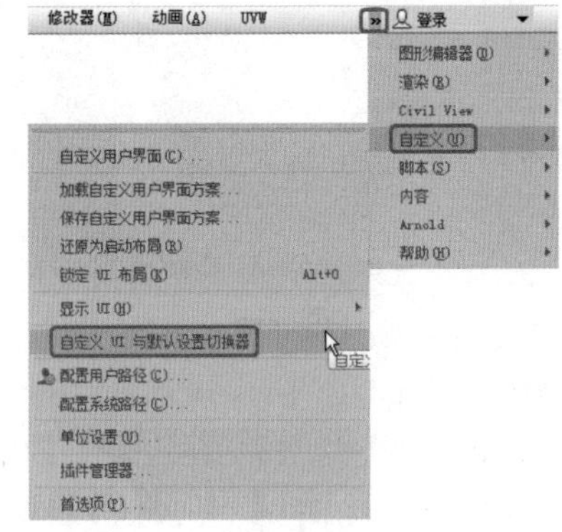

图1-60

Step 02 弹出【为工具选项和用户界面布局选择初始设置】对话框，如图1-61所示，选择需要的UI方案，单击【设置】按钮即可。

图1-61

实例020 保存用户界面

在3ds Max中，用户可以将自己设置的界面进行保存，具体操作步骤如下。

素材	无
场景	无
视频	视频教学\Cha01\实例020 保存用户界面.mp4

Step 01 在菜单栏中单击»按钮，在弹出的下拉菜单中选择【自定义】|【加载自定义用户界面方案】命令，弹出【保存自定义用户界面方案】对话框，如图1-62所示。

图1-62

Step 02 在该对话框中指定保存路径，并设置文件名及保存类型，设置完成后，单击【保存】按钮，即可弹出如图1-63所示的对话框。在该对话框中使用其默认设置，单击【确定】按钮，即可保存用户界面方案。

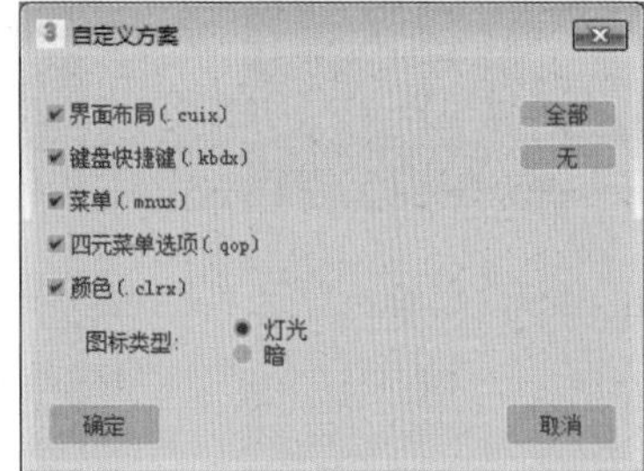

图1-63

实例021 拖动工具栏

在3ds Max中用户可以根据需要随意调整工具栏的位置，具体操作步骤如下。

素材	无
场景	无
视频	视频教学\Cha01\实例021 拖动工具栏.mp4

Step 01 将光标置于工具栏左侧，光标将自动变为十字箭头图案，如图1-64所示。

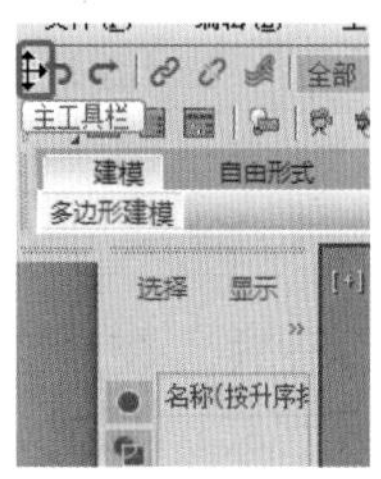

图1-64

Step 02 此时按住鼠标左键拖动工具栏，在任意位置释放鼠标左键，即可调整工具栏在工作界面中的位置，如图1-65所示。

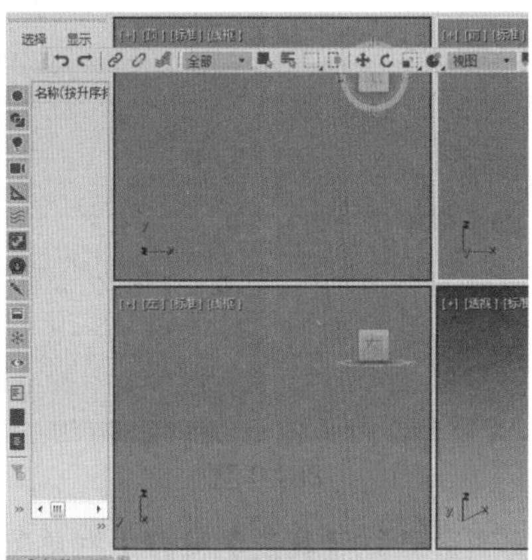

图1-65

实例022 显示浮动工具栏

在3ds Max中，还有一些工具栏是以浮动的形式显示，本例将讲解如何显示浮动工具栏，具体操作步骤如下。

素材	无
场景	无
视频	视频教学\Cha01\实例022 显示浮动工具栏.mp4

Step 01 在菜单栏中单击»按钮，在弹出的下拉菜单中选择【自定义】|【显示UI】|【显示浮动工具栏】命令，如图1-66所示。

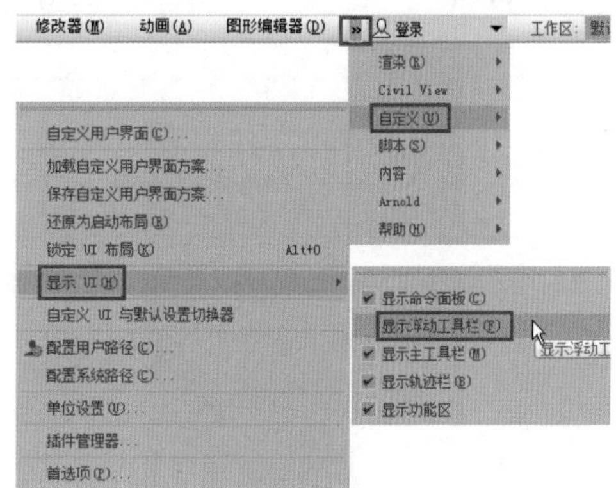

图1-66

Step 02 执行该操作后，即可显示出浮动工具栏，效果如图1-67所示。

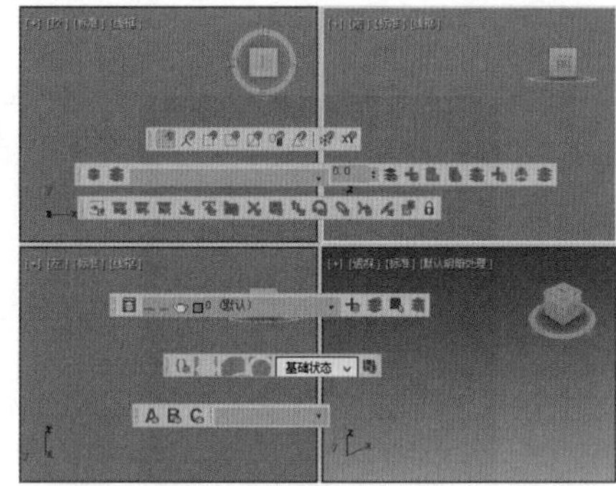

图1-67

◎提示·◦

在工具栏中单击鼠标右键，在弹出的快捷菜单中选择需要的工具栏即可将其显示。如需关闭工具栏，则在任意工具栏中单击鼠标右键，在弹出的快捷菜单中选择该工具栏，将其取消勾选即可。

实例023 固定浮动工具栏

显示浮动工具栏后，用户可以根据自己的需要将浮动工具栏进行固定，具体操作步骤如下。

素材	无
场景	无
视频	视频教学\Cha01\实例023 固定浮动工具栏.mp4

Step 01 继续上一实例的操作。选择要固定的浮动工具栏，例如选择【状态集】浮动工具栏，如图1-68所示。

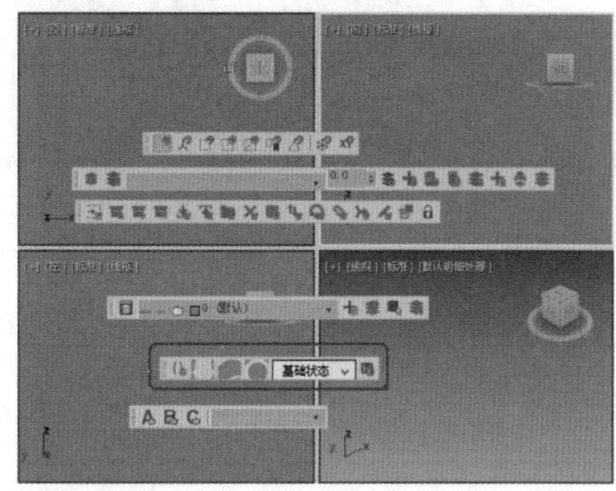

图1-68

Step 02 按住鼠标左键将其拖动至主工具栏的下方，释放鼠标后，即可将该浮动工具栏固定到主工具栏的下方，如图1-69所示。

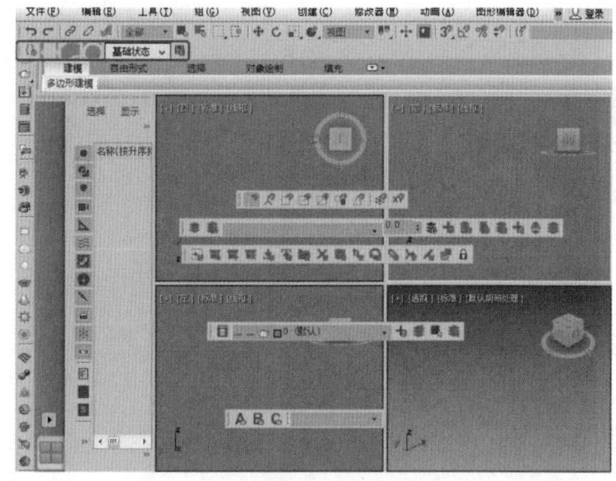

图1-69

实例024 单位设置

在3ds Max中创建对象时，有时为了达到一定的精确度，需要设置单位，具体操作步骤如下。

素材	无
场景	无
视频	视频教学\Cha01\实例024 单位设置.mp4

Step 01 在菜单栏中单击»按钮，在弹出的下拉菜单中选择【自定义】|【单位设置】命令，如图1-70所示。

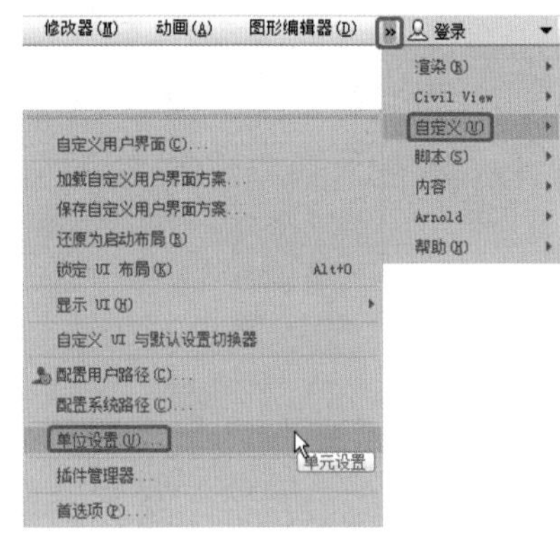

图1-70

Step 02 弹出【单位设置】对话框，如图1-71所示，用户可以根据需要在该对话框中进行相应的设置。设置完成后，单击【确定】按钮即可。

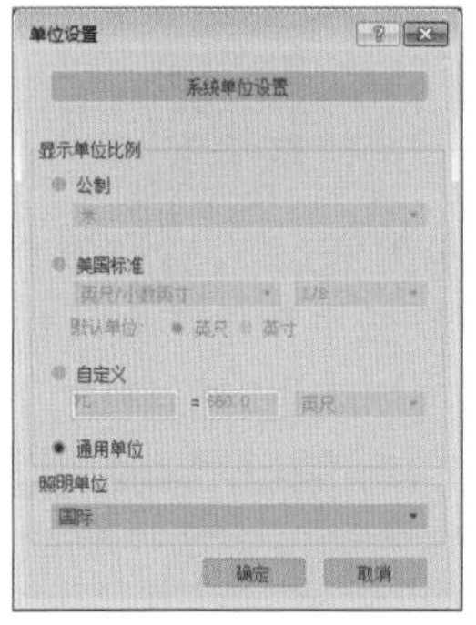

图1-71

实例025 设置最近打开的文件数量

在3ds Max中，用户可以根据需要设置最近打开的文件数量，具体操作步骤如下。

素材	无
场景	无
视频	视频教学\Cha01\实例025 设置最近打开的文件数量.mp4

Step 01 在菜单栏中单击»按钮，在弹出的下拉菜单中选择【自定义】|【首选项】命令，如图1-72所示。

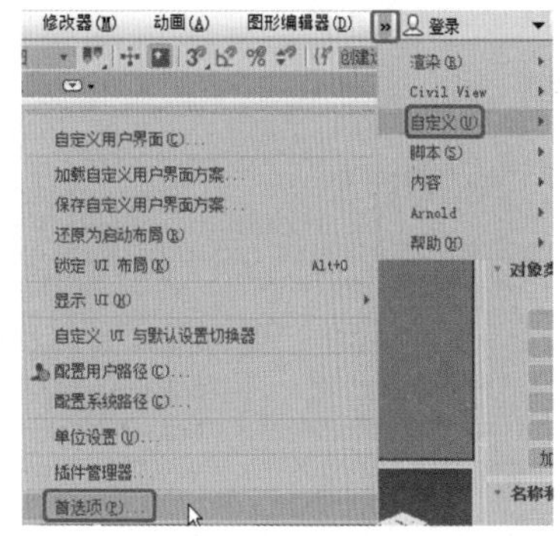

图1-72

Step 02 弹出【首选项设置】对话框，切换到【文件】选项卡，在【文件菜单中最近打开的文件】微调框中输入要设置的参数，如图1-73所示，单击【确定】按钮，即可完成设置。

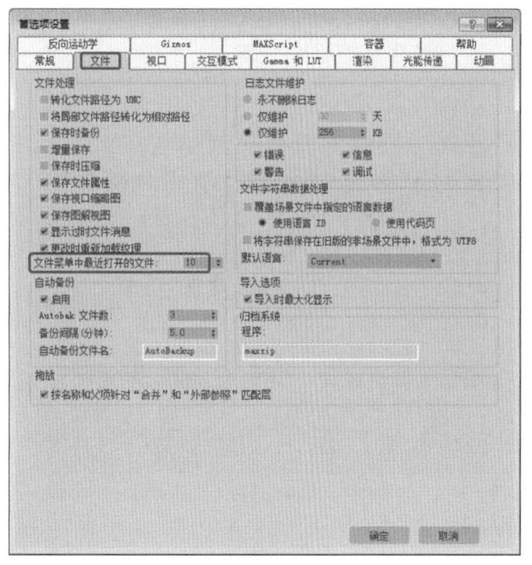

图1-73

提示

在【首选项设置】对话框中，【文件菜单中最近打开的文件】参数最高可设置为50。

实例026 设置Gizmo大小

在3ds Max中，用户可以根据需要设置Gizmo的大小，具体操作步骤如下。

素材	Scene\Cha01\电脑主机.max
场景	无
视频	视频教学\Cha01\实例026 设置Gizmo大小.mp4

Step 01 按Ctrl+O组合键，打开“Scene\Cha01\电脑主机.max”素材文件，如图1-74所示。

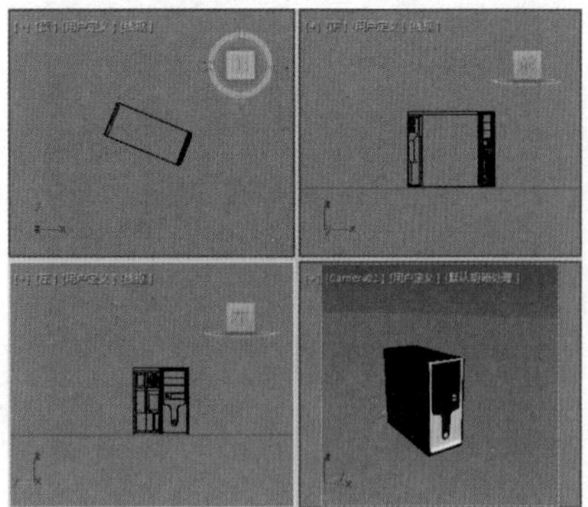

图1-74

Step 02 在工具栏中单击【选择并移动】按钮，在视图中任意选择一个对象，显示完成后即可显示Gizmo，如图1-75所示。

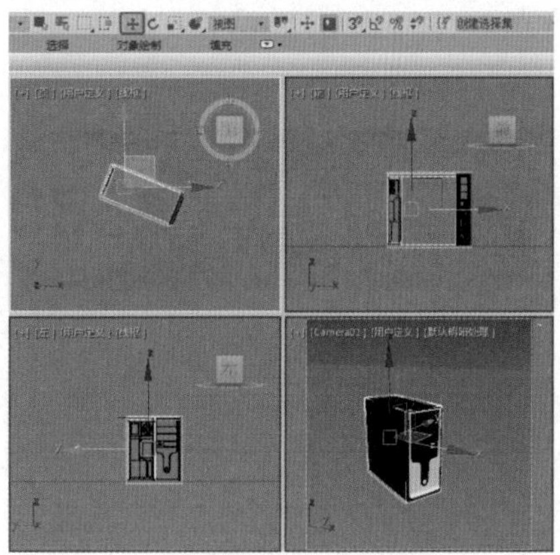

图1-75

Step 03 在菜单栏中单击»按钮，在弹出的下拉菜单中选择【自定义】|【首选项】命令，弹出【首选项设置】对话框，切换到Gizmos选项卡，将【大小】设置为20，如图1-76所示。

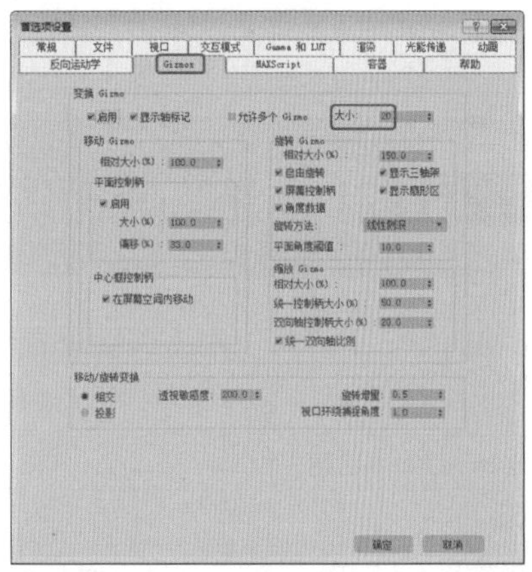

图1-76

Step 04 设置完成后，单击【确定】按钮，即可改变Gizmo的大小，如图1-77所示。

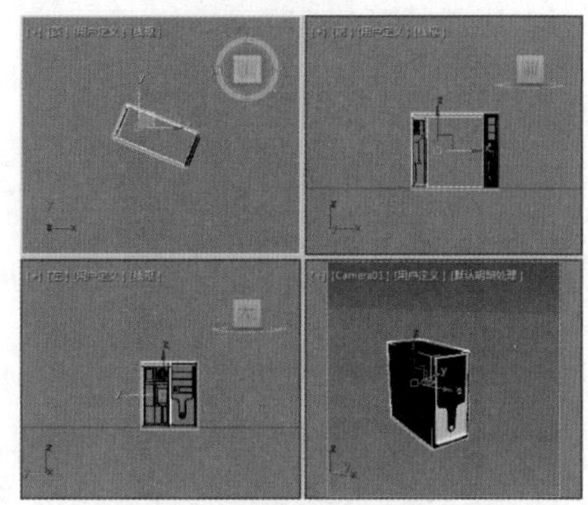

图1-77

实例027 设置背景颜色

背景颜色是渲染场景后的显示颜色，本例将讲解如何设置背景颜色，完成后的效果如图1-78所示。具体操作步骤如下。

图1-78

素材	无
场景	Scene\Cha01\实例027 设置背景颜色.max
视频	视频教学\Cha01\实例027 设置背景颜色.mp4

Step 01 继续上一实例的操作。按8键，弹出【环境和效果】对话框，在【公用参数】卷展栏中单击【背景】选项组中的【颜色】色块，如图1-79所示。

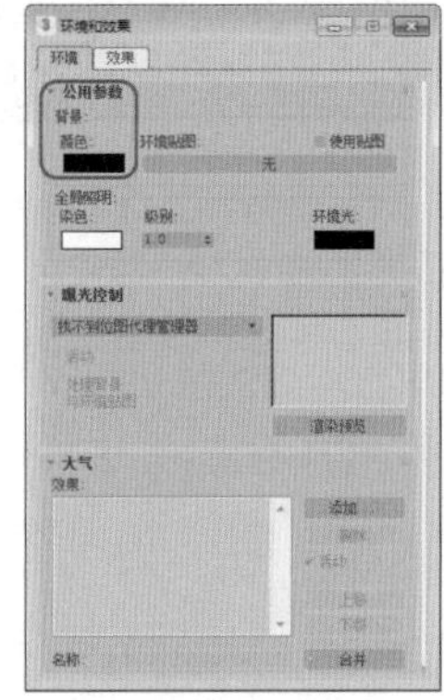

图1-79

Step 02 在弹出的【颜色选择器：背景色】对话框中将颜色的RGB值设置为174、174、174，如图1-80所示。设置完成后，单击【确定】按钮，返回至【环境和效果】对话框并将其关闭，按F9键查看效果即可。

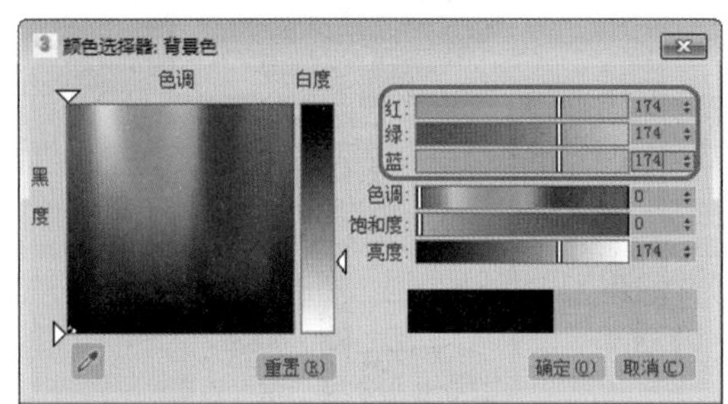

图1-80

实例028 设置消息

在渲染时，用户可以根据需要设置出错时是否打开消息窗口，具体操作步骤如下。

素材	无
场景	无
视频	视频教学\Cha01\实例028 设置消息.mp4

Step 01 在菜单栏中单击»按钮，在弹出的下拉菜单中选择【自定义】|【首选项】命令，如图1-81所示。

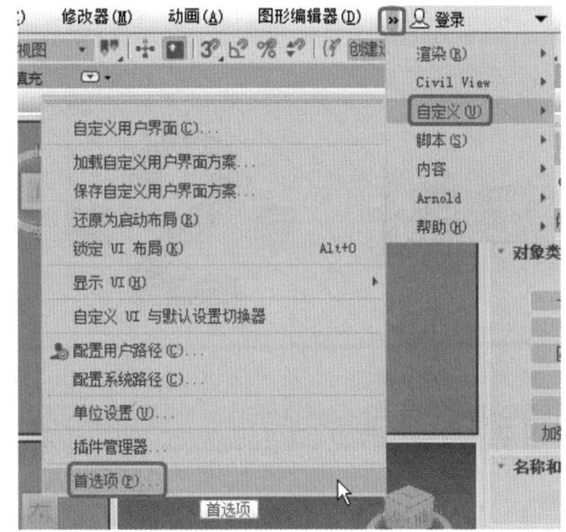

图1-81

Step 02 在弹出的对话框中切换到【渲染】选项卡，取消勾选【消息】选项组中的【出错时打开消息窗口】复选框，如图1-82所示，单击【确定】按钮，即可完成设置。取消对【出错时打开消息窗口】复选框的勾选后，在渲染出错时，系统将不会弹出消息窗口。

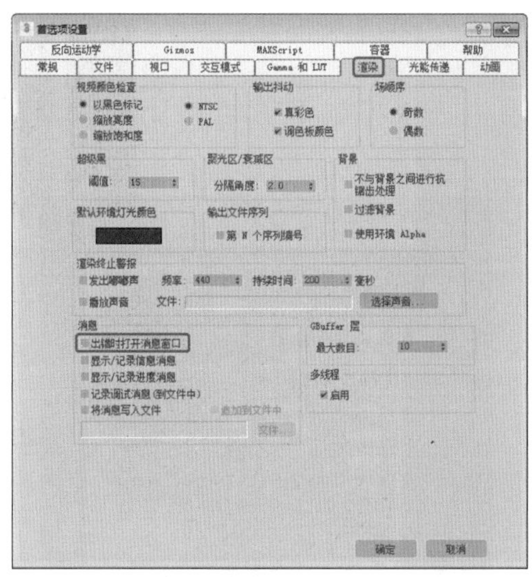

图1-82

实例029 激活与变换视图

在创建文件的过程中，读者可以根据需要在不同的视图中进行操作，但是在操作之前，首先要激活该视图，在进行转换视图时可将透视视图转换为摄影机视图。本例将讲解激活与转换视图的方法，效果如图1-83所示。

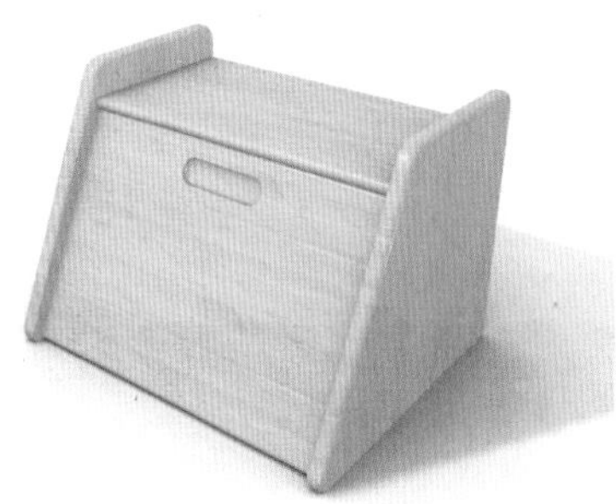

图1-83

素材	Scene\Cha01\床头柜.max
场景	Scene\Cha01\实例029 激活与变换视图.max
视频	视频教学\Cha01\实例029 激活与变换视图.mp4

Step 01 按Ctrl+O组合键，打开“Scene\Cha01\床头柜.max”素材文件，如图1-84所示。

Step 02 单击【透视】视图，【透视】视图会出现一个黄色边框，此时的【透视】视图处于被激活状态，如图1-85所示。

◎提示·○

按键盘上的P、U、T、B、F、L键可以分别切换至透视视图、正交视图、顶视图、底视图、前视图、左视图。

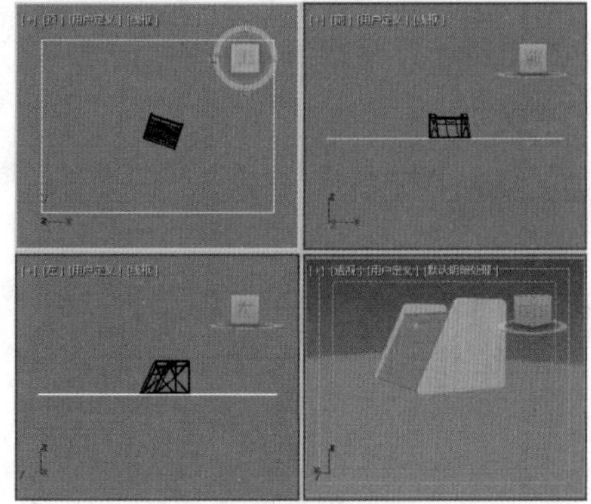

图1-84

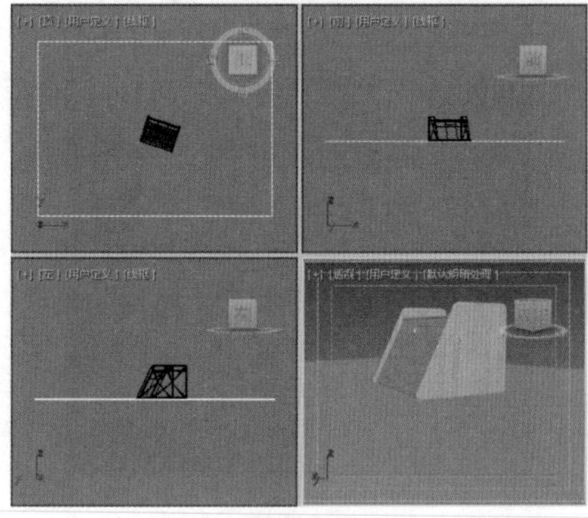

图1-85

Step 03 在【透视】视图的视图名称上单击鼠标右键，在弹出的快捷菜单中选择【摄影机】| Camera01命令，如图1-86所示。

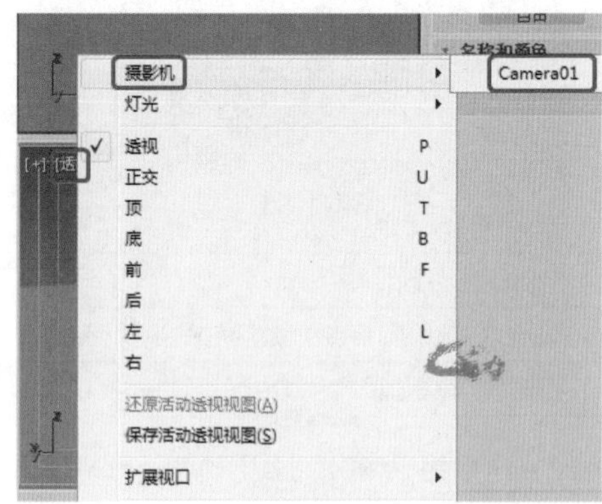

图1-86

Step 04 即可将【透视】视图转换为Camera01视图，如图1-87所示。

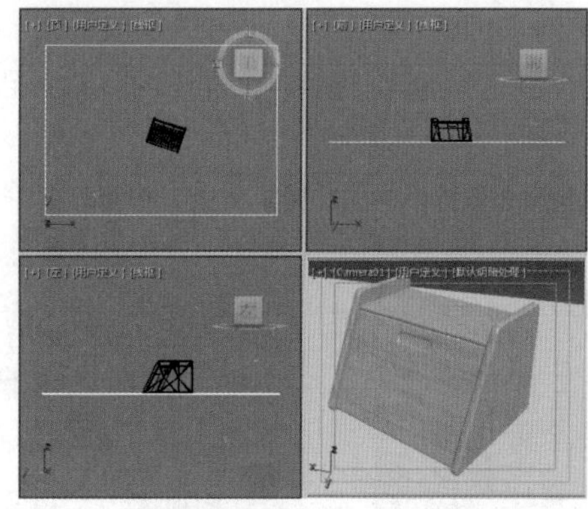

图1-87

实例030 禁用小盒控件

禁用小盒控件就是将显示的控件更改为对话框显示样式。本例将讲解如何禁用小盒控件，具体操作步骤如下。

素材	无
场景	无
视频	视频教学\Cha01\实例030 禁用小盒控件.mp4

Step 01 继续上一实例的操作。在工具栏中单击【选择对象】按钮，在视图中任意选择一个对象，如图1-88所示。

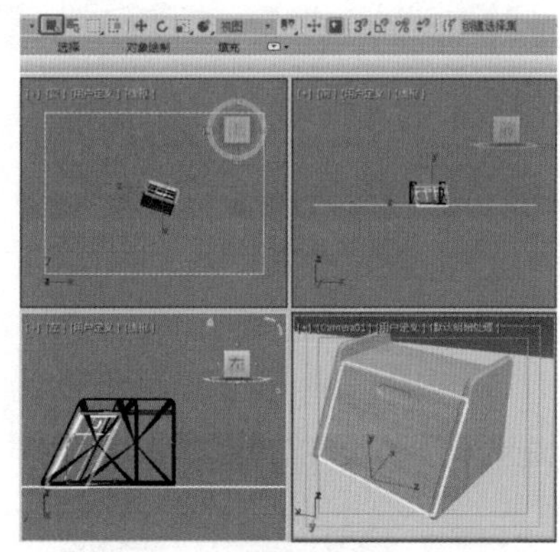

图1-88

Step 02 切换至【修改】面板，单击【修改器列表】下拉按钮，在弹出的下拉列表中选择【编辑多边形】选项，将当前选择集设置为【多边形】，在【编辑多边形】卷展栏中单击【倒角】右侧的【设置】按钮，即可弹出小盒控件，如图1-89所示。

Step 03 在菜单栏中单击»按钮，在弹出的下拉菜单中选择【自定义】|【首选项】命令，弹出【首选项设置】

对话框，切换到【常规】选项卡，在【用户界面显示】选项组中取消勾选【启用小盒控件】复选框，如图1-90所示。

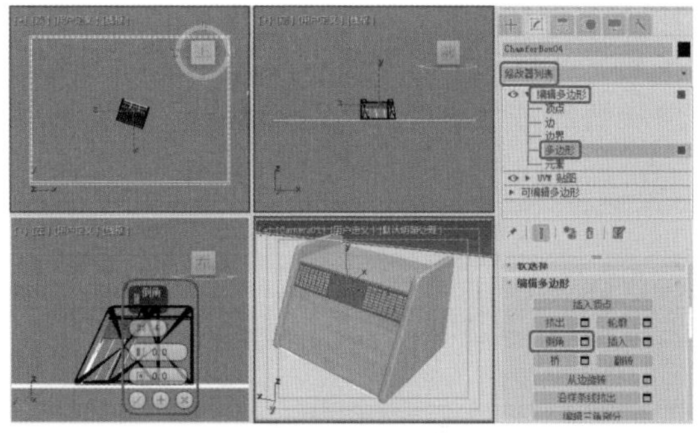

图1-89

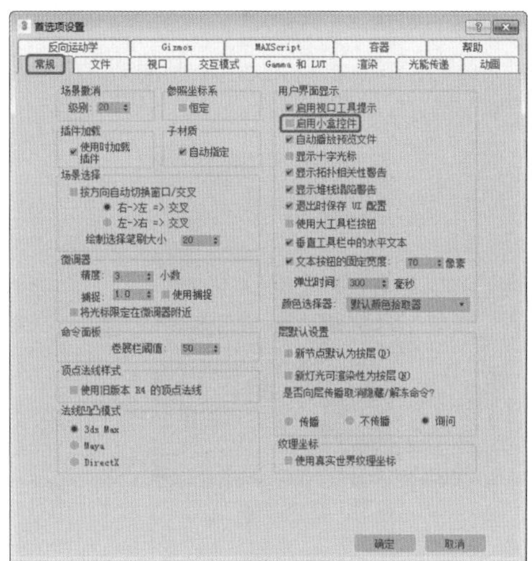

图1-90

Step 04 设置完成后，单击【确定】按钮。再次在【编辑多边形】卷展栏中单击【倒角】右侧的【设置】按钮，弹出【倒角多边形】对话框，如图1-91所示。

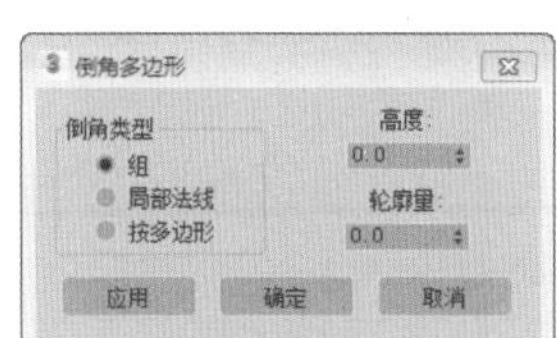

图1-91

实例031 以隐藏线方式显示视图

以隐藏线方式显示视图就是将选中视图的对象的线框隐藏起来，仅显示线框边界与对象颜色。本例将讲解如何以隐藏线方式显示视图，具体操作步骤如下。

素材	Scene\Cha01\床头柜.max
场景	无
视频	视频教学\Cha01\实例031　以隐藏线方式显示视图.mp4

Step 01 按Ctrl+O组合键，打开“Scene\Cha01\床头柜.max”素材文件，选中【前】视图，在左上方的【线框】选项上单击鼠标右键，在弹出的快捷菜单中选择【隐藏线】命令，如图1-92所示。

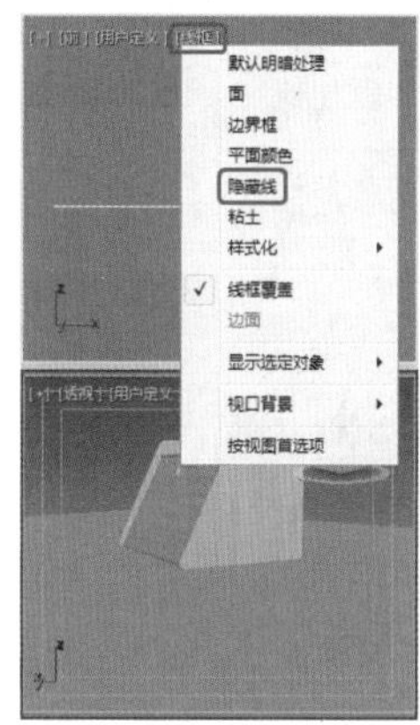

图1-92

Step 02 执行该操作后，即可将该视图以隐藏线方式显示，如图1-93所示。

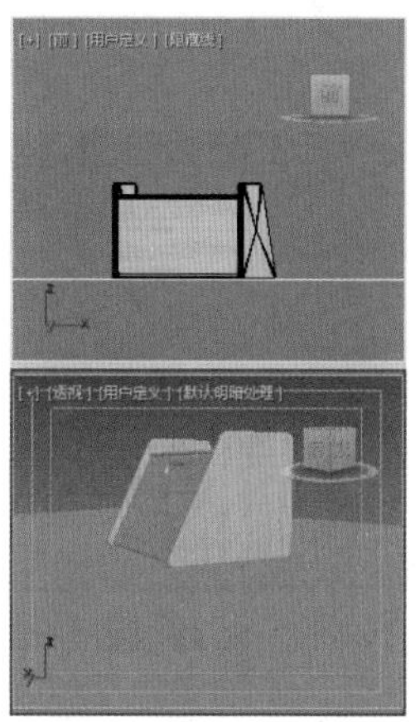

图1-93

实例032 以线框方式显示视图

以线框方式显示视图就是将选中视图的对象以线框方式显示，以便观察。本例将讲解如何以线框方式显示视图，具体操作步骤如下。

素材	无
场景	无
视频	视频教学\Cha01\实例032 以线框方式显示视图.mp4

Step 01 继续上一实例的操作。在【前】视图中右击左上角的【隐藏线】选项，在弹出的快捷菜单中选择【线框覆盖】命令，如图1-94所示。

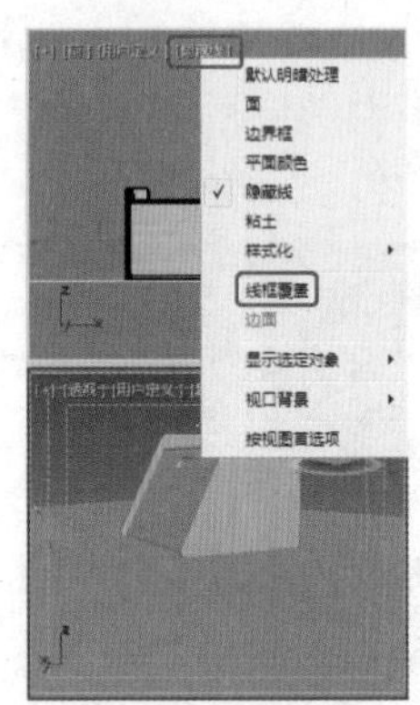

图1-94

Step 02 执行该操作后，即可将该视图以线框方式显示，如图1-95所示。

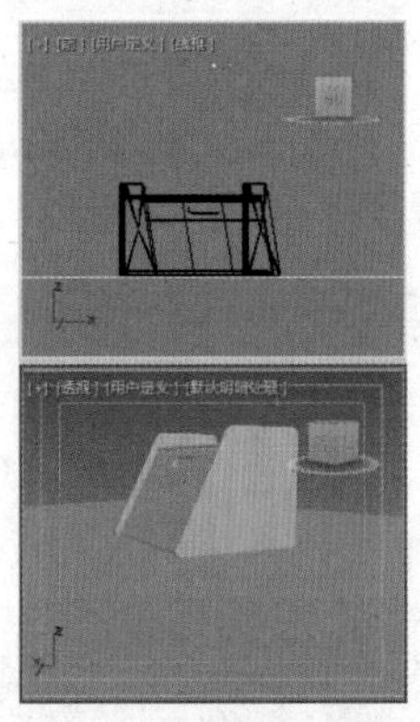

图1-95

实例033 以边界框方式显示视图

以边界框方式显示视图就是将选中视图中的对象仅以线框的边界方式进行显示。本例将讲解如何以边界框方式显示视图，具体操作步骤如下。

素材	Scene\Cha01\床头柜.max
场景	无
视频	视频教学\Cha01\实例033 以边界框方式显示视图.mp4

Step 01 继续上一实例的操作。在【前】视图中右击左上角的【线框】选项，在弹出的快捷菜单中选择【边界框】命令，如图1-96所示。

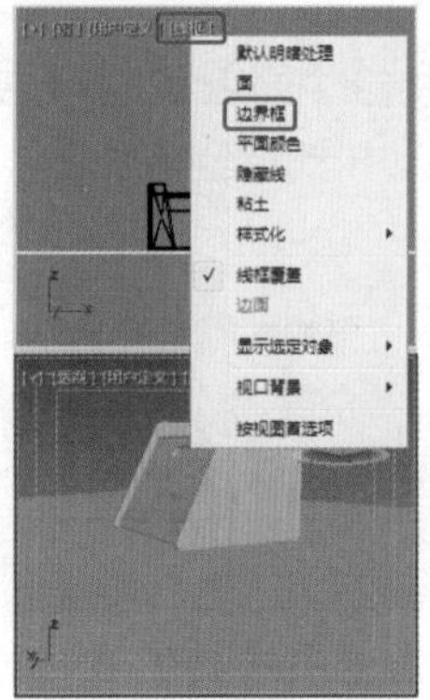

图1-96

Step 02 执行该操作后，即可将该视图以边界框方式显示，如图1-97所示。

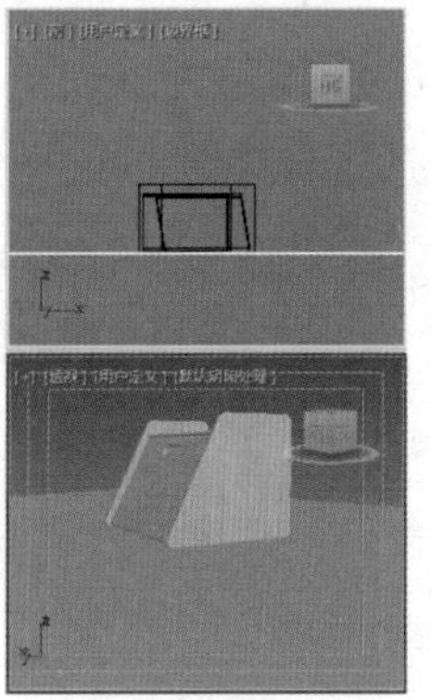

图1-97

实例034 手动更改视口大小

在3ds Max中，用户可以根据需要手动更改视口的大小，具体操作步骤如下。

素材	Scene\Cha01\装饰盘.max
场景	无
视频	视频教学\Cha01\实例034 手动更改视口大小.mp4

Step 01 按Ctrl+O组合键，打开“Scene\Cha01\装饰盘.max”素材文件，图1-98所示。

Step 02 将光标放置在四个视口的中心，当光标变为四方箭头控制柄时，按住鼠标左键对其进行任意方向的拖动，在合适的位置释放鼠标左键，即可更改视口的大小，如图1-99所示。

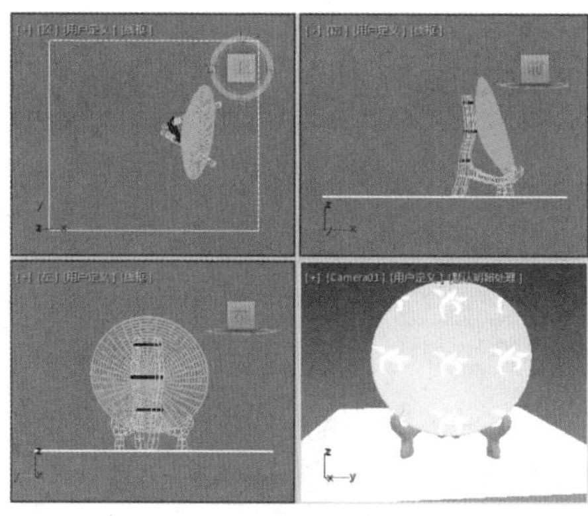

图1-98

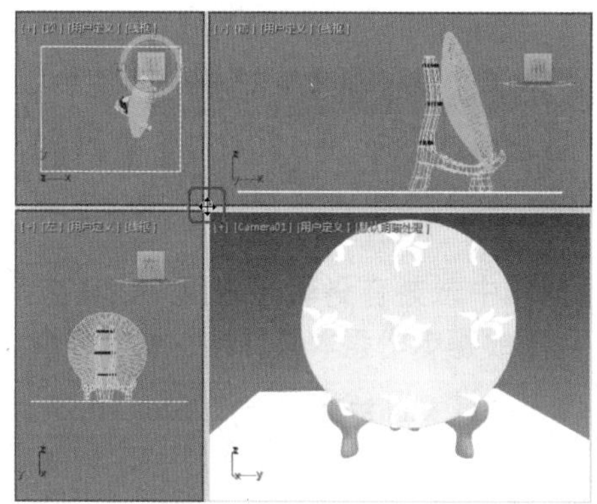

图1-99

◎提示·◦

将光标放置在横向视口或竖向视口时，光标即可变为双向控制柄，此时拖动鼠标即可进行横向或竖向的调整。

实例035 使用【视口配置】对话框更改视口布局

在3ds Max中，用户可以根据需要通过【视口配置】对话框更改视口布局，具体操作步骤如下。

素材	Scene\Cha01\装饰盘.max
场景	无
视频	视频教学\Cha01\实例035　使用【视口配置】对话框更改视口布局.mp4

Step 01 按Ctrl+O组合键，打开“Scene\Cha01\装饰盘.max”素材文件，在菜单栏中选择【视图】|【视口配置】命令，如图1-100所示。

Step 02 弹出【视口配置】对话框，切换到【布局】选项卡，在该对话框中任意选择一种视口布局，本例选择第二行的第三个布局，如图1-101所示。

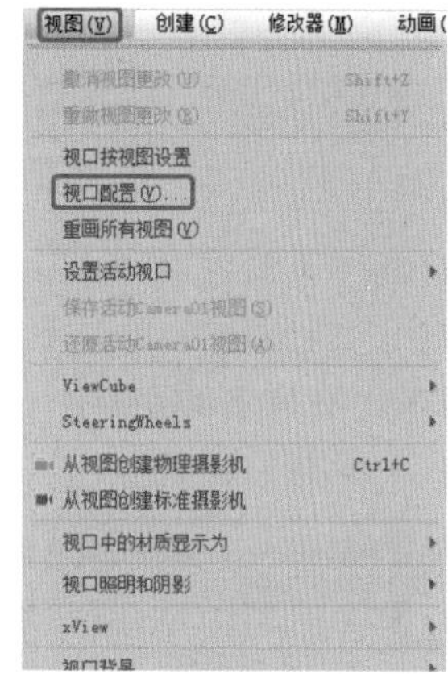

图1-100

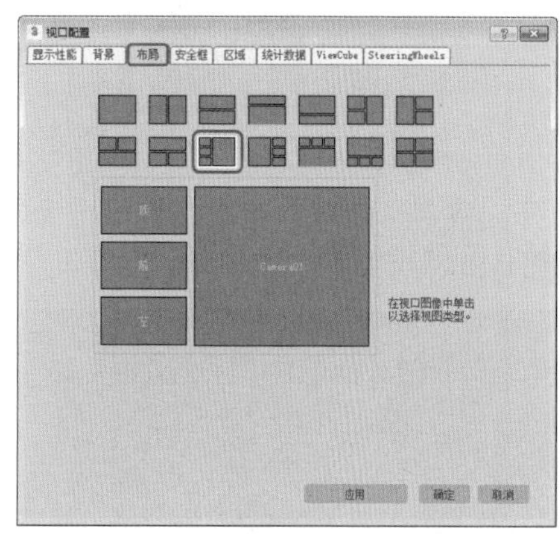

图1-101

Step 03 选择完成后，单击【确定】按钮，即可更改视口布局，如图1-102所示。

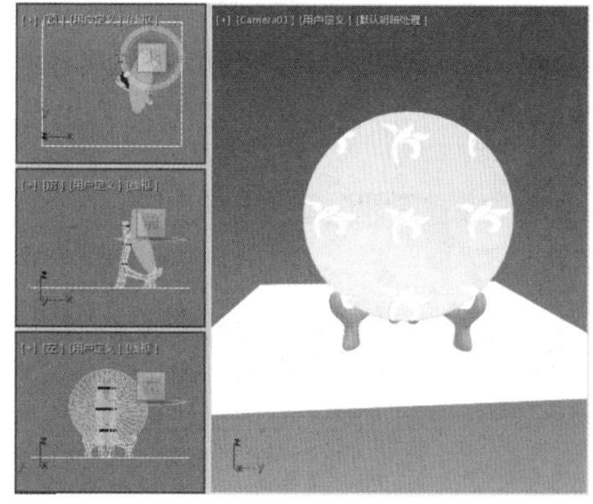

图1-102

实例036 创建新的视口布局

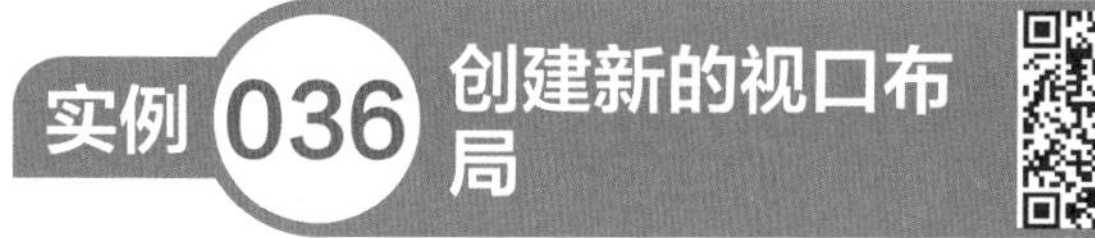

在3ds Max中，用户可以根据需要创建一个新的视口布局，以便更加舒适地操作，具体操作步骤如下。

素材	Scene\Cha01\装饰盘.max
场景	无
视频	视频教学\Cha01\实例036 创建新的视口布局.mp4

Step 01 按Ctrl+O组合键，打开“Scene\Cha01\装饰盘.max”素材文件，在界面左侧单击【创建新的视口布局选项卡】按钮▶，在弹出的菜单中任意选择视口布局，本例选择第二行的第二个布局，如图1-103所示。

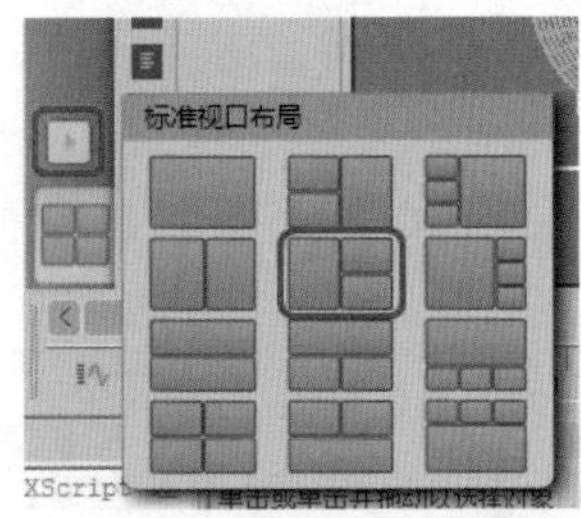

图1-103

Step 02 选择完成后，即可创建新的视口布局，更改后的效果如图1-104所示。

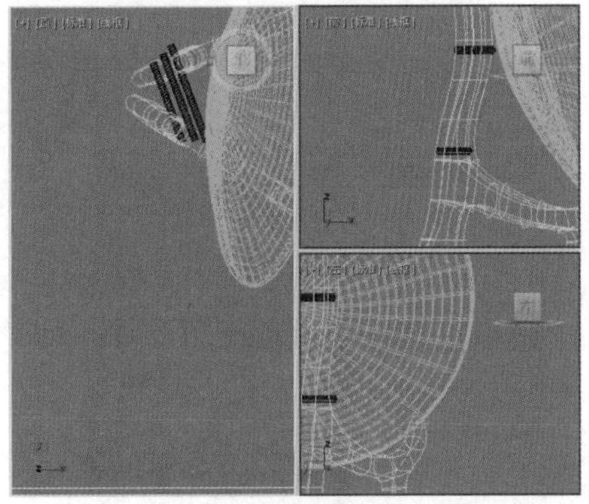

图1-104

实例037 显示主栅格

显示主栅格的功能是在创建或移动模型时对其进行对齐。本例将讲解如何显示主栅格，具体操作步骤如下。

素材	Scene\Cha01\装饰盘.max
场景	无
视频	视频教学\Cha01\实例037 显示主栅格.mp4

Step 01 按Ctrl+O组合键，打开“Scene\Cha01\装饰盘.max”素材文件，激活【前】视图，在菜单栏中选择【工具】|【栅格和捕捉】|【显示主栅格】命令，如图1-105所示。

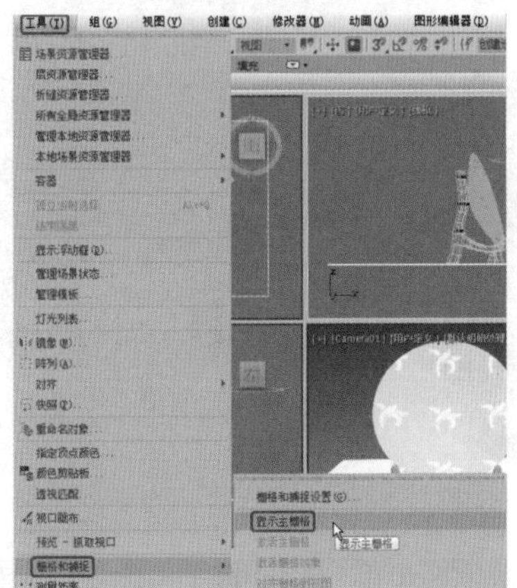

图1-105

Step 02 选择完成后，即可显示主栅格，显示后的效果如图1-106所示。

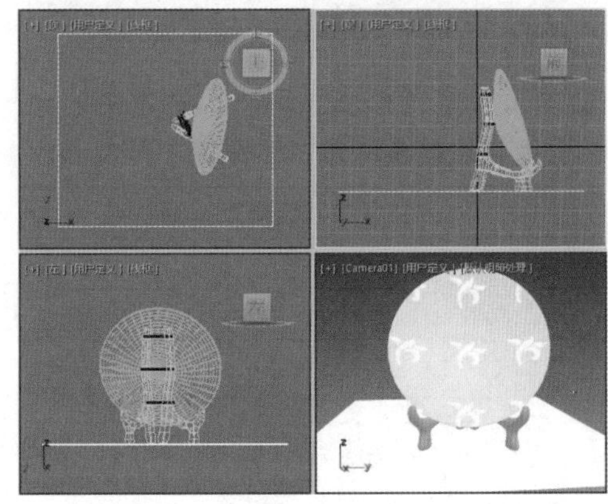

图1-106

> 提示
>
> 显示主栅格后，再次执行该命令，即可隐藏主栅格，或按键盘上的G键也可以显示或隐藏主栅格。

实例038 设置栅格间距

在3ds Max中，用户可以在【栅格和捕捉设置】对话框中设置栅格的间距，具体操作步骤如下。

素材	无
场景	无
视频	视频教学\Cha01\实例038 设置栅格间距.mp4

Step 01 继续上一实例的操作。在菜单栏中选择【工具】|【栅格和捕捉】|【栅格和捕捉设置】命令，如

图1-107所示。

图1-107

Step 02 在弹出的【栅格和捕捉设置】对话框中，切换到【主栅格】选项卡，将【栅格间距】设置为5.0，按Enter键确认，如图1-108所示。设置完成后，将该对话框关闭，即可更改栅格间距。

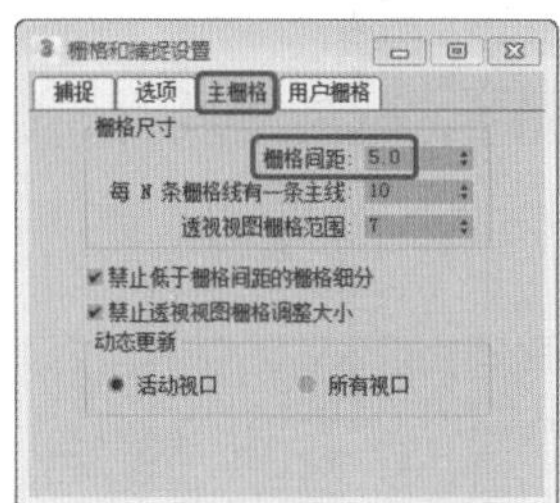

图1-108

实例039 缩放视图

【缩放】按钮🔍可以对指定的视图进行缩放，效果如图1-109所示。

图1-109

素材	Scene\Cha01\画架.max
场景	Scene\Cha01\实例039 缩放视图.max
视频	视频教学\Cha01\实例039 缩放视图.mp4

Step 01 按Ctrl+O组合键，打开“Scene\Cha01\画架.max”素材文件，如图1-110所示。

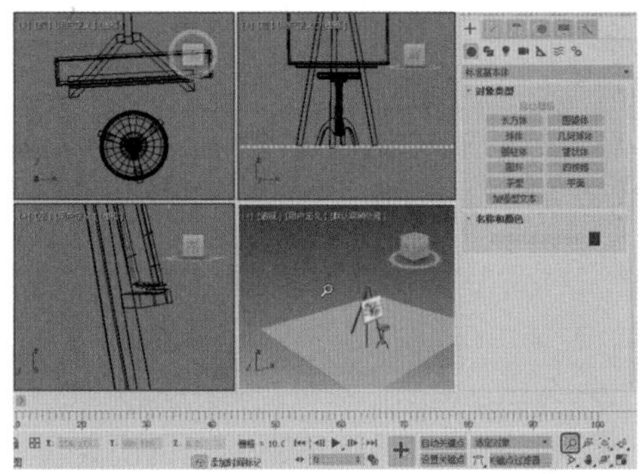

图1-110

Step 02 单击3ds Max界面右下角的【缩放】按钮🔍，按住鼠标左键在【透视】视图中进行拖动，即可缩放该视图，效果如图1-111所示。

图1-111

提示

单击【缩放】按钮🔍后，即可在任意视图中单击鼠标并上下移动可拉近或推远视景。

实例040 缩放所有视图

【缩放所有视图】按钮可以同时对所有视图进行缩放，具体操作步骤如下。

素材	无
场景	无
视频	视频教学\Cha01\实例040 缩放所有视图.mp4

Step 01 继续上一实例的操作。单击界面右下角的【缩放所有视图】按钮，如图1-112所示。

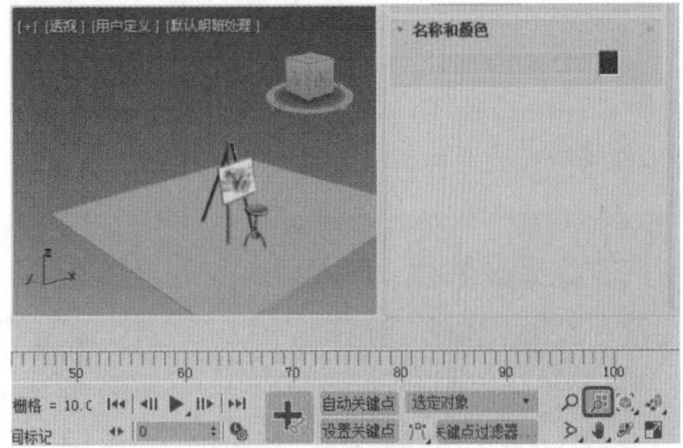

图1-112

Step 02 单击该按钮后，对任意一个视图进行拖动，即可对所有视图进行缩放，效果如图1-113所示。

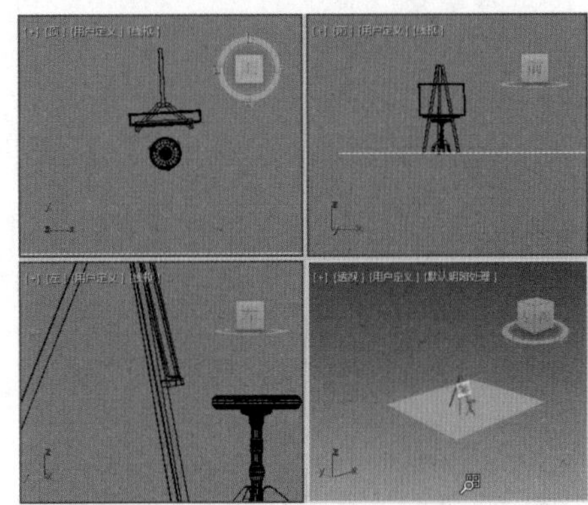

图1-113

◎提示·○

如果在制作的场景中创建了摄影机，则【缩放所有视图】工具不能在【摄影机】视图中使用，但在其他视图中仍然可以使用。

实例041 最大化显示选定对象

【最大化显示选定对象】按钮可以将选定对象或对象集在所有视口中最大化显示，具体操作步骤如下。

素材	无
场景	无
视频	视频教学\Cha01\实例041 最大化显示选定对象.mp4

Step 01 继续上一实例的操作。在【透视】视图中选择任意对象，单击界面右下角的【最大化显示选定对象】按钮，如图1-114所示。

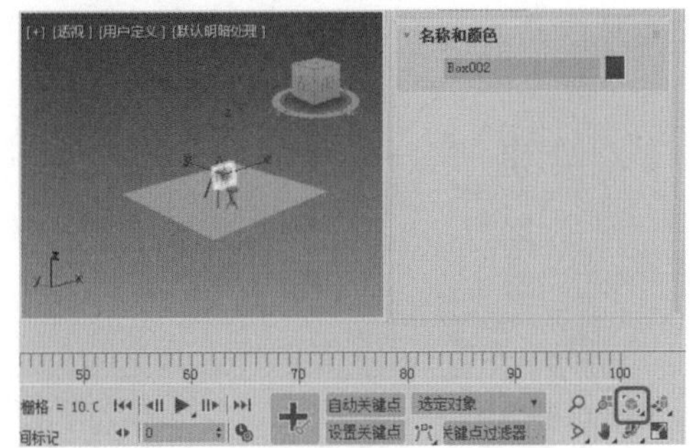

图1-114

Step 02 执行该操作后，即可最大化显示选定对象，如图1-115所示。

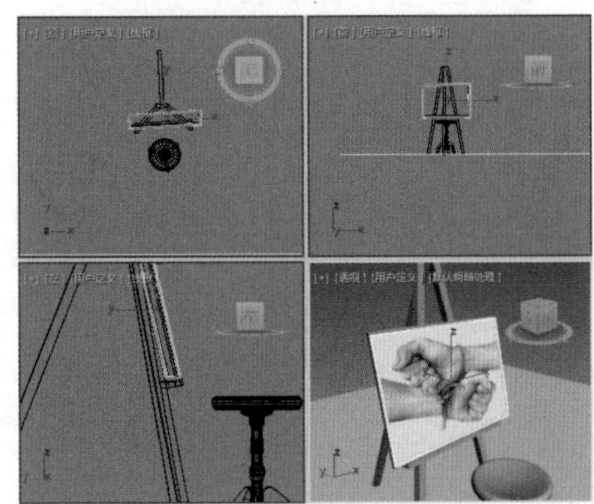

图1-115

实例042 缩放区域

【缩放区域】按钮主要用来对框选的区域进行缩放，具体操作步骤如下。

素材	无
场景	无
视频	视频教学\Cha01\实例042 缩放区域.mp4

Step 01 继续上一实例的操作。单击界面右下角的【缩放区域】按钮，如图1-116所示。

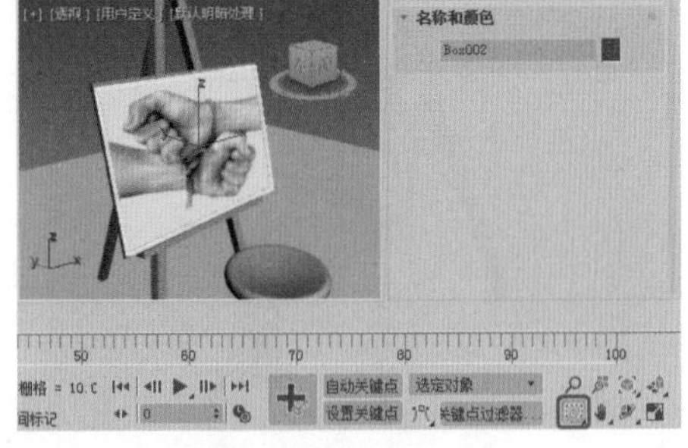

图1-116

Step 02 按住鼠标左键在【透视】视图的框选区域进行缩放，缩放后的效果如图1-117所示。

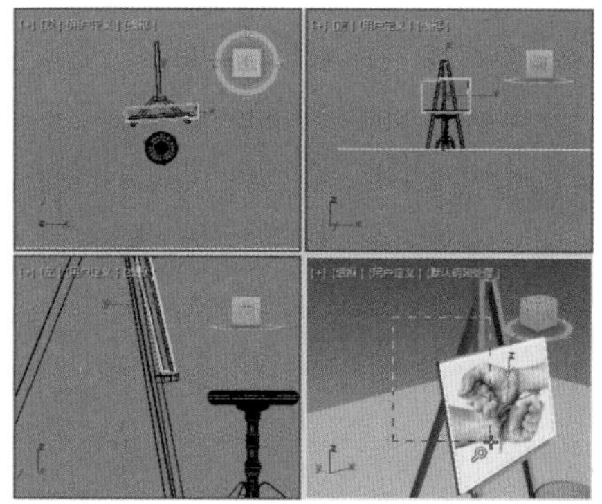

图1-117

实例043 旋转视图

在3ds Max中，为了使用户更好地进行操作，用户可以对视图进行旋转，效果如图1-118所示。

图1-118

素材	Scene\Cha01\画架.max
场景	Scene\Cha01\实例043 旋转视图.max
视频	视频教学\Cha01\实例043 旋转视图.mp4

Step 01 按Ctrl+O组合键，打开“Scene\Cha01\画架.max”素材文件，单击右下角的【环绕子对象】按钮，如图1-119所示。

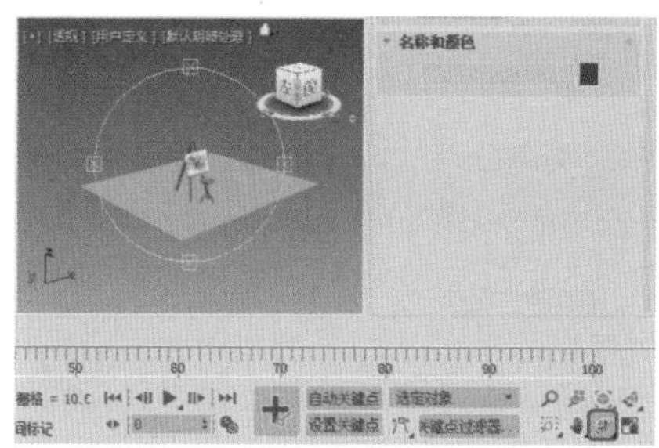

图1-119

Step 02 单击该按钮后，在【透视】视图中按住鼠标左键进行旋转，旋转后的效果如图1-120所示。

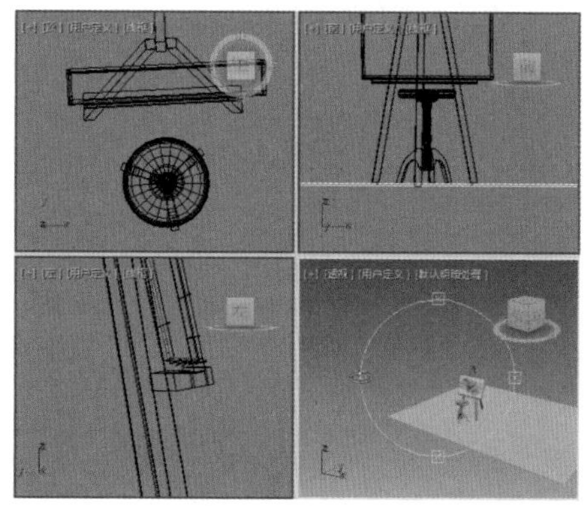

图1-120

实例044 最大化视图

在3ds Max中制作场景时，视图中的对象难免会有显示不全的情况，此时用户可将该视图切换至最大，具体操作步骤如下。

素材	无
场景	无
视频	视频教学\Cha01\实例044 最大化视图.mp4

Step 01 继续上一实例的操作。单击界面右下角的【最大化视口切换】按钮，如图1-121所示。

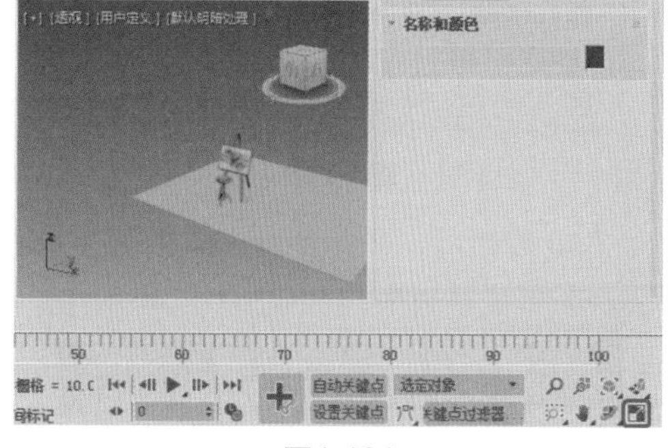

图1-121

Step 02 执行该操作后，即可将该视图最大化显示，如图1-122所示。

提示

如果需要将当前激活的视图切换为最大化视图，可按Alt+W组合键。

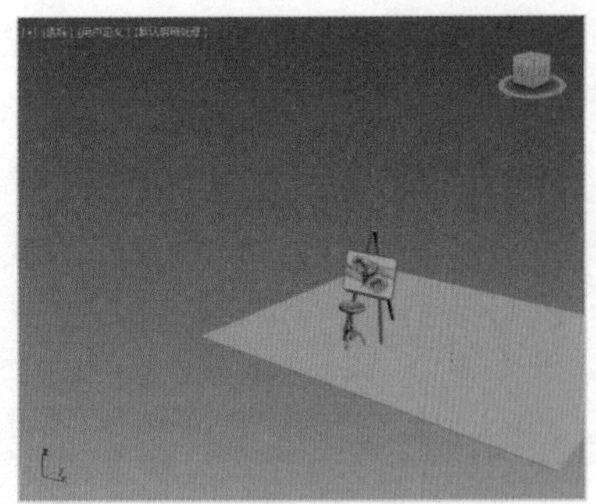

图1-122

实例045 平移视图

本例将讲解如何在3ds Max中平移视图，具体操作步骤如下。

素材	Scene\Cha01\画架.max
场景	无
视频	视频教学\Cha01\实例045 平移视图.mp4

Step 01 按Ctrl+O组合键，打开“Scene\Cha01\画架.max”素材文件，单击界面右下角的【平移视图】按钮，如图1-123所示。

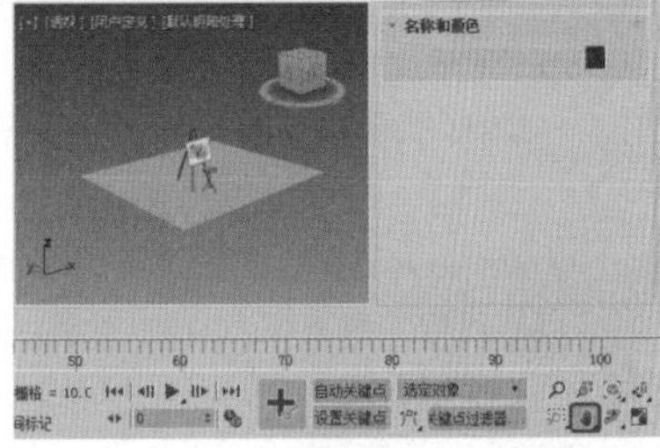

图1-123

Step 02 单击该按钮后，按住鼠标左键对要平移的视图进行拖动，即可平移该视图，如图1-124所示。

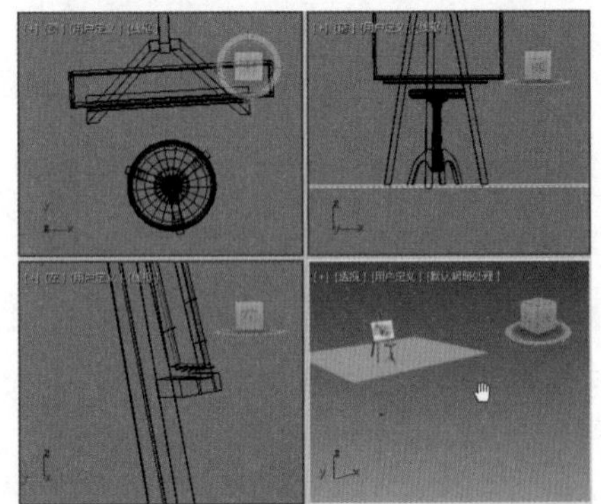

图1-124

提示

除了上述方法可以平移视图外，用户还可以按住鼠标滚轮对视图进行移动。

实例046 更改视口背景

选择要在活动视口中显示的图像或动画，可使这些更改不影响渲染场景，具体操作步骤如下。

素材	Map\视口背景素材.jpg
场景	Scene\Cha01\实例046 更改视口背景.max
视频	视频教学\Cha01\实例046 更改视口背景.mp4

Step 01 激活【透视】视图，在菜单栏中选择【视图】|【视口背景】|【配置视口背景】命令，如图1-125所示。

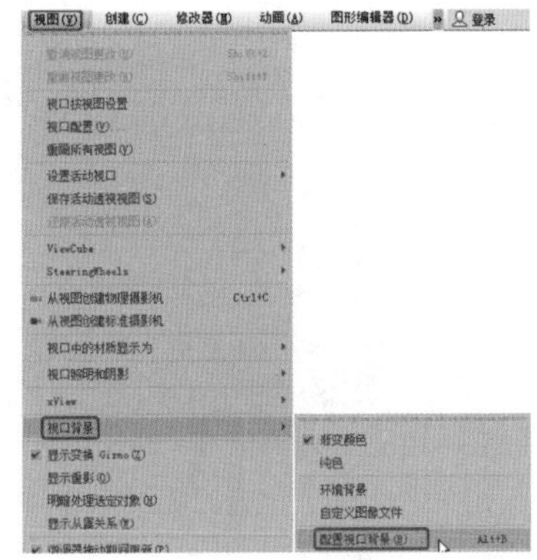

图1-125

Step 02 在弹出的【视口配置】对话框中切换至【背景】选项卡，如图1-126所示，选中【使用文件】单选按钮，再单击【文件】按钮，在弹出的选择背景图像对话框中选择“Map\视口背景素材.jpg”素材文件，单击【打开】按钮。

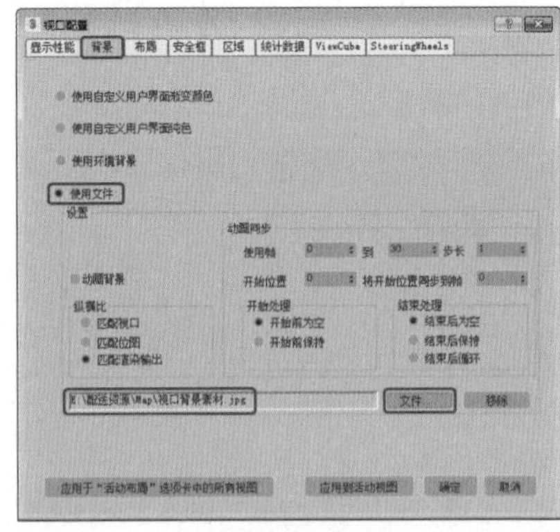

图1-126

◎提示·◦

除了通过【配置视口背景】命令打开【视口配置】对话框外，还可以按Alt+B组合键打开【视口配置】对话框。

Step 03 在【视口配置】对话框中单击【确定】按钮，即可更改所激活视图的背景，效果如图1-127所示。

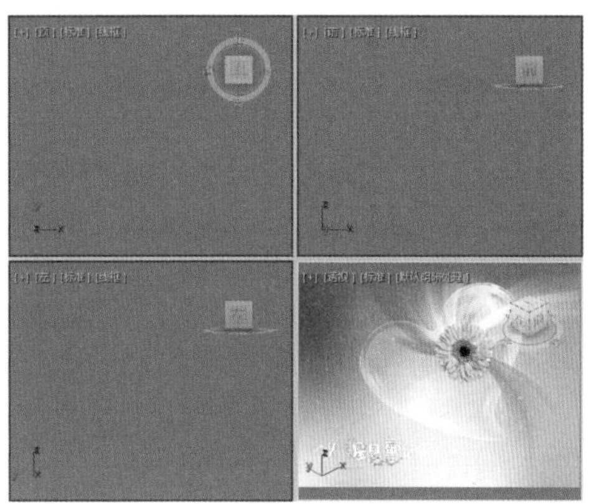

图1-127

实例047 将视图切换成专家模式

切换为专家模式后，在大视口中的观察效果会更加清楚、方便，绘制模型时也更加便捷。本例将讲解如何将视图切换成专家模式，具体操作步骤如下。

素材	Scene\Cha01\茶壶.max
场景	无
视频	视频教学\Cha01\实例047 将视图切换成专家模式.mp4

Step 01 按Ctrl+O组合键，打开“Scene\Cha01\茶壶.max”素材文件，如图1-128所示。

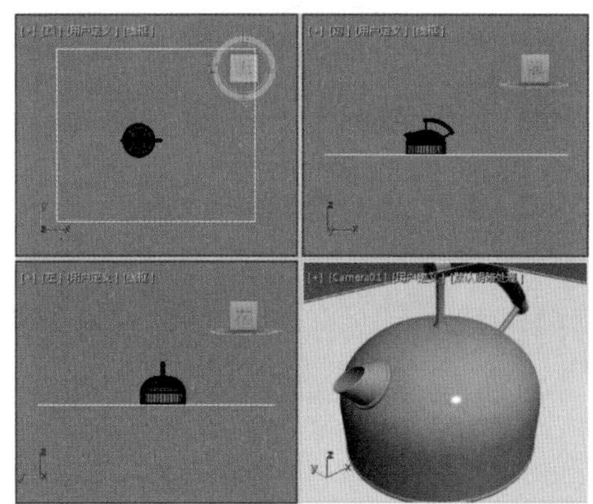

图1-128

Step 02 在菜单栏中选择【视图】|【专家模式】命令，如图1-129所示。

图1-129

◎提示·◦

启用专家模式后，屏幕将不再显示工具栏、命令面板、状态栏以及所有视口导航按钮，仅显示菜单栏、时间滑块和视口。

Step 03 执行该操作后，即可切换至专家模式，效果如图1-130所示。

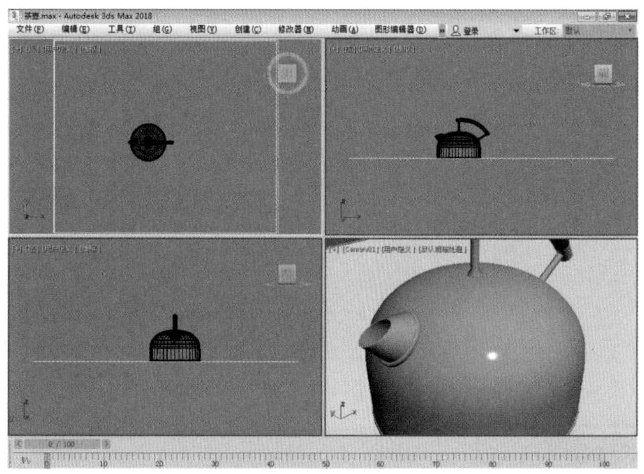

图1-130

实例048 显示安全框

显示安全框可以将图像限定在安全框的活动区域中。在渲染过程中使用安全框可以确保渲染输出的尺寸匹配背景图像尺寸，可以避免扭曲。显示安全框的具体操作步骤如下。

素材	Scene\Cha01\茶壶.max
场景	无
视频	视频教学\Cha01\实例048 显示安全框.mp4

Step 01 按Ctrl+O组合键，打开“Scene\Cha01\茶壶.max”素材文件，激活Camera01视图，在菜单栏中选择【视图】|【视口配置】命令，在弹出的【视口配置】对话框中切换至【安全框】选项卡，勾选【应用】选项组中的【在活动视图中显示安全框】复选框，如图1-131所示。

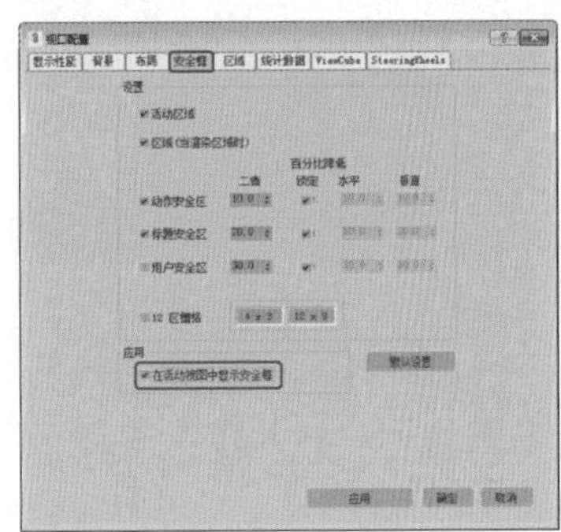

图1-131

Step 02 设置完成后，单击【确定】按钮，即可显示安全框，如图1-132所示。

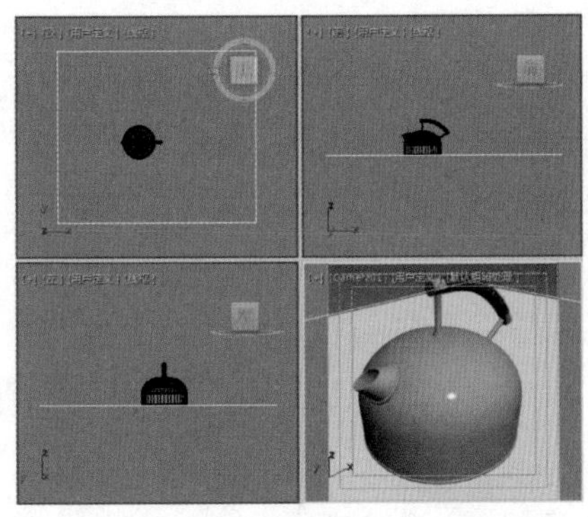

图1-132

◎提示·◦

除了上述方法可以显示安全框外，用户还可以在视图名称中单击鼠标右键，在弹出的快捷菜单中选择【显示安全框】命令或按Shift+F组合键显示安全框。

实例049 抓取视口

抓取视口可在激活视口中创建活动视口快照，在该对话框中可将快照保存为图像文件。本例将讲解如何抓取视口，具体操作步骤如下。

素材	无
场景	无
视频	视频教学\Cha01\实例049 抓取视口.mp4

Step 01 继续上一实例的操作。在菜单栏中选择【工具】|【预览-抓取视口】|【捕获静止图像】命令，如图1-133所示。

图1-133

Step 02 在弹出的【抓取活动视口】对话框中输入标签名或直接单击【抓取】按钮，即可对视口进行抓取，效果如图1-134所示。

图1-134

实例050 测量距离

测量距离可以帮助用户精确测量对象之间的距离。本例将讲解如何使用测量距离工具测量距离，具体操作步骤如下。

素材	Scene\Cha01\茶壶.max
场景	无
视频	视频教学\Cha01\实例050 测量距离.mp4

Step 01 按Ctrl+O组合键，打开“Scene\Cha01\茶壶.max”素材文件，在菜单栏中选择【工具】|【测量距离】命令，如图1-135所示。

图1-135

Step 02 在要测量距离的对象上确定测量的起点和终点，如图1-136所示。

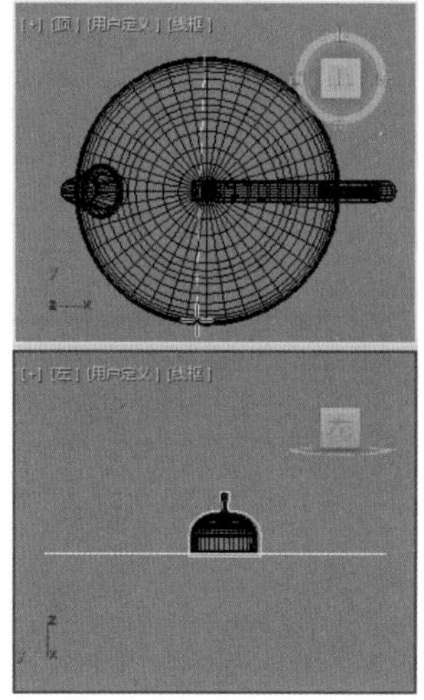

图1-136

Step 03 执行该操作后，即可在屏幕的左下角出现测量后的尺寸，如图1-137所示。

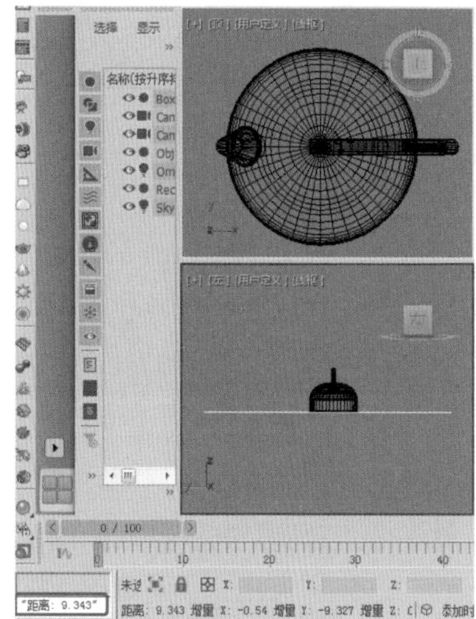

图1-137

实例051 创建层

创建层后可对创建的新层进行操作，而不破坏其他层已创建的对象，具体操作步骤如下。

素材	Scene\Cha01\果篮.max
场景	无
视频	视频教学\Cha01\实例051 创建层.mp4

Step 01 按Ctrl+O组合键，打开“Scene\Cha01\果篮.max”素材文件，如图1-138所示。

图1-138

Step 02 在菜单栏中选择【工具】|【层资源管理器】命令，如图1-139所示。

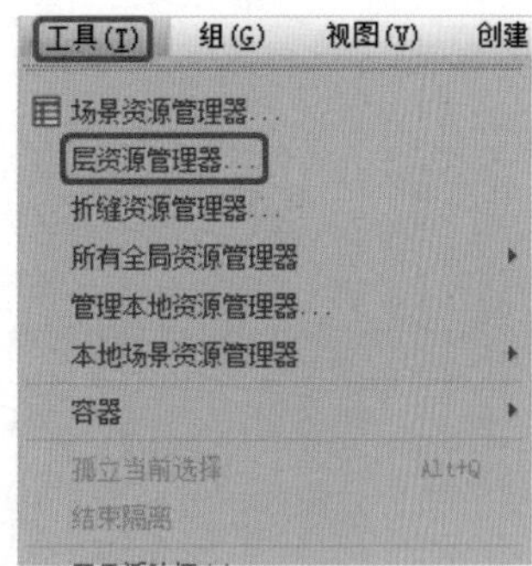

图1-139

Step 03 打开【场景资源管理器-层资源管理器】面板，在该面板中单击【新建层】按钮，如图1-140所示。

图1-140

Step 04 执行该操作后，即可创建一个新的层，如图1-141所示。

图1-141

实例052 隐藏对象

在3ds Max中，用户可以根据需要将不同的对象隐藏，本例将讲解如何隐藏对象，完成后的效果如图1-142所示。具体操作步骤如下。

图1-142

素材	Scene\Cha01\果篮.max
场景	Scene\Cha01\实例052 隐藏对象.max
视频	视频教学\Cha01\实例052 隐藏对象.mp4

Step 01 按Ctrl+O组合键，打开“Scene\Cha01\果篮.max”素材文件，在菜单栏中选择【工具】|【层资源管理器】命令，在打开的面板中单击【水蜜桃】左侧的按钮，如图1-143所示。

图1-143

Step 02 单击该按钮后，即可将选定的对象隐藏，如图1-144所示。

图1-144

实例053 冻结层中的对象

将层中选定的对象冻结后，就不能对冻结的对象进行其他操作了，具体操作步骤如下。

素材	Scene\Cha01\果篮.max
场景	无
视频	视频教学\Cha01\实例053 冻结层中的对象.mp4

Step 01 按Ctrl+O组合键，打开“Scene\Cha01\果篮.max”素材文件，在菜单栏中选择【工具】|【层资源管理器】命令，在打开的面板中单击【橘子】右侧的【冻结】按钮，如图1-145所示。

图1-145

Step 02 执行该操作后，即可冻结该对象，被冻结的对象将以灰色显示，如图1-146所示。

图1-146

实例054 查看对象属性

在3ds Max中可根据需要查看创建对象的属性，以便对其进行适当的调整。本例将讲解如何查看对象属性，具体操作步骤如下。

素材	Scene\Cha01\果篮.max
场景	无
视频	视频教学\Cha01\实例054 查看对象属性.mp4

Step 01 按Ctrl+O组合键，打开“Scene\Cha01\果篮.max”素材文件，在菜单栏中选择【工具】|【层资源管理器】命令，在打开的面板中选择【猕猴桃】并单击鼠标右键，在弹出的快捷菜单中选择【属性】命令，如图1-147所示。

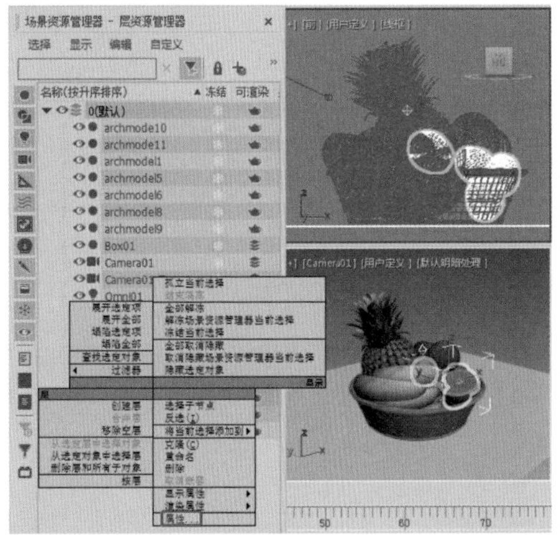

图1-147

Step 02 执行该操作后，即可在弹出的【对象属性】对话框中查看对象属性，如图1-148所示。

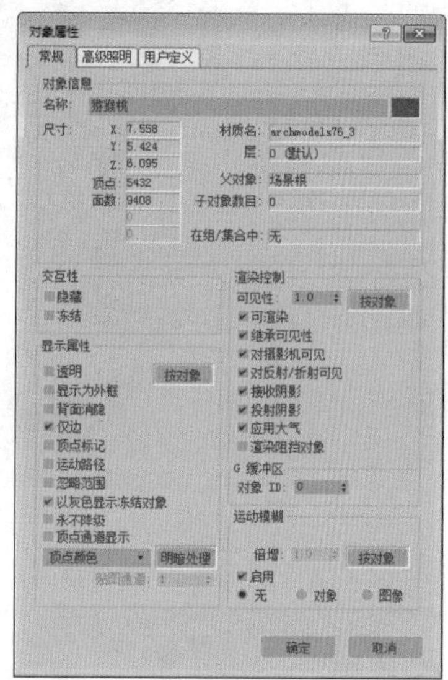

图1-148

实例055 查看层属性

本例将讲解如何查看层属性，具体操作步骤如下。

素材	无
场景	无
视频	视频教学\Cha01\实例055 查看层属性.mp4

Step 01 在菜单栏中选择【工具】|【层资源管理器】命令，在打开的面板中选择【0（默认）】，单击鼠标右键，在弹出的快捷菜单中选择【属性】命令，如图1-149所示。

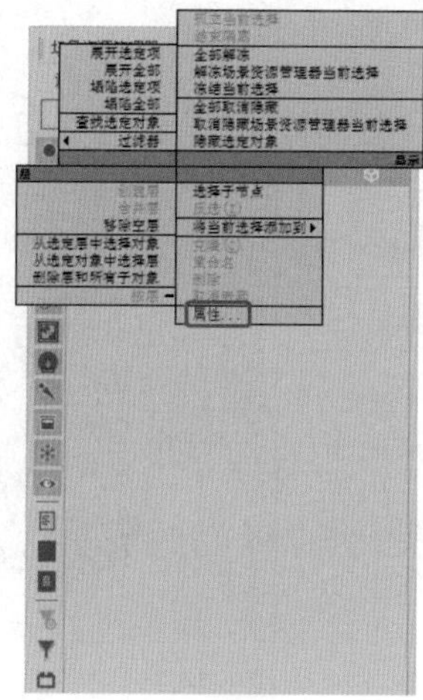

图1-149

Step 02 执行该操作后，即可在弹出的【层属性】对话框中查看层属性，如图1-150所示。

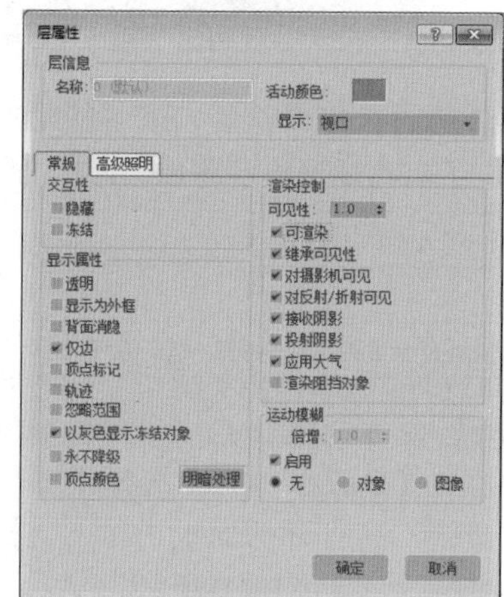

图1-150

第2章 场景对象的基本操作

本章导读

作为一个3ds Max初学者，为了能够更快地对这个软件运用自如，进行更方便、快捷、准确的操作，我们应该先熟悉软件的操作界面。本章主要介绍有关3ds Max 2018工作环境中各个区域以及部分常用工具的使用方法，其中包括物体的选择、组的使用、动作的位移、对齐、对象的捕捉等内容。

实例056 使用矩形选择区域工具选择对象

选择对象的方法有许多种，使用矩形选择区域工具就是其中之一。使用矩形选择区域工具的具体操作步骤如下。

素材	Scene\Cha02\选框工具素材.max
场景	无
视频	视频教学\Cha02\实例056 使用矩形选择区域选择对象.mp4

Step 01 按Ctrl+O组合键，打开“Scene\Cha02\选框工具素材.max”素材文件，在工具栏中单击【矩形选择区域】按钮，在任意视图中按住鼠标左键并拖动，此时会出现一个虚线框，如图2-1所示。

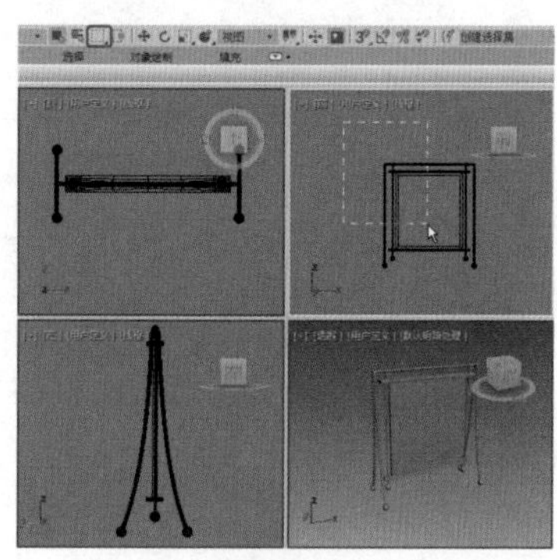

图2-1

Step 02 拖动至合适的位置后释放鼠标，所框选的对象即可处于被选中的状态，如图2-2所示。

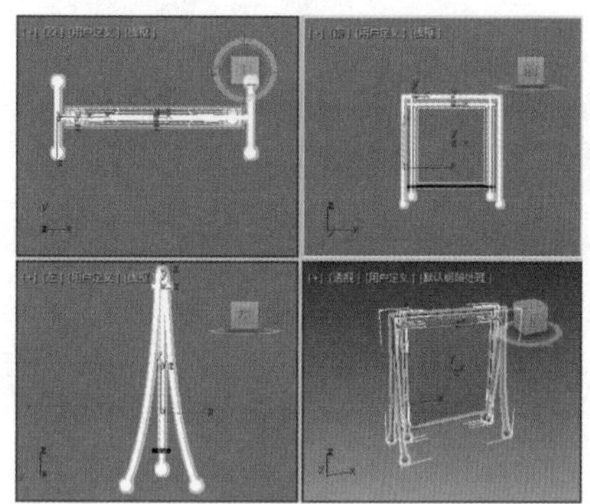

图2-2

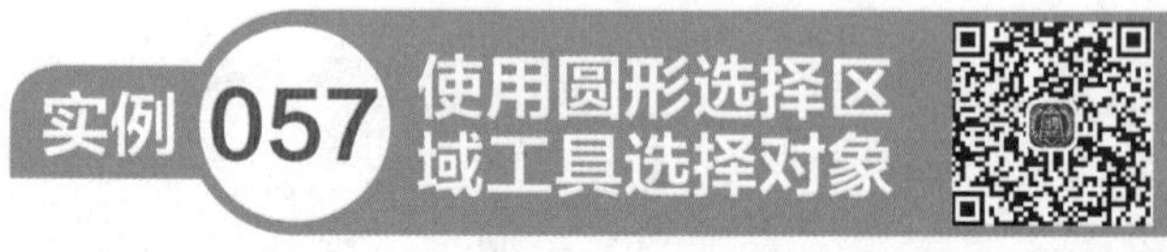

实例057 使用圆形选择区域工具选择对象

圆形选择区域工具也是选择对象的工具之一，具体的操作步骤如下。

素材	Scene\Cha02\选框工具素材.max
场景	无
视频	视频教学\Cha02\实例057 使用圆形选择区域选择对象.mp4

Step 01 按Ctrl+O组合键，打开“Scene\Cha02\选框工具素材.max”素材文件，在工具栏中长按【矩形选择区域】按钮并向下拖动，在弹出的下拉菜单中选择【圆形选择区域】按钮，如图2-3所示。

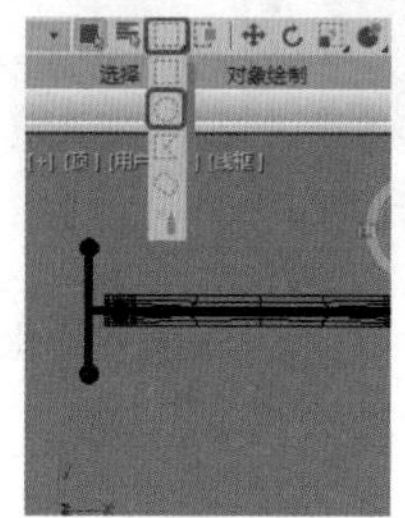

图2-3

Step 02 在任意视图中按住鼠标左键并向外拖动，即可从光标中心向外出现一个圆形虚线框，如图2-4所示。

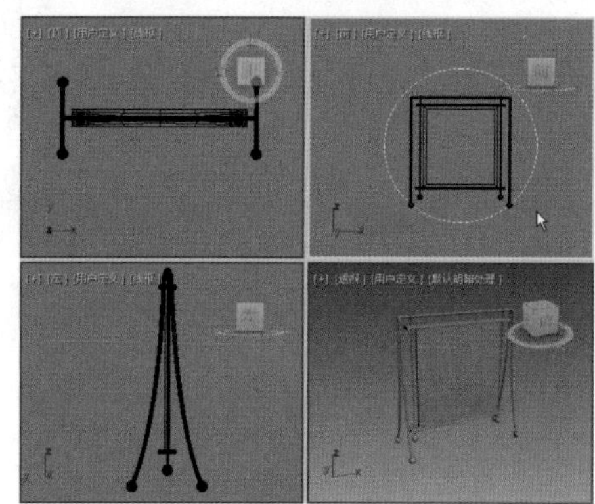

图2-4

Step 03 拖动至合适的位置后释放鼠标即可选中框选的图形，如图2-5所示。

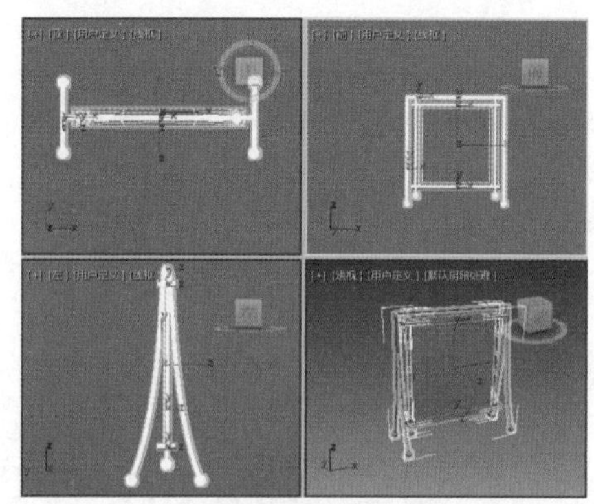

图2-5

实例058 使用绘制选择区域工具选择对象

绘制选择区域工具以圆环的形式选择对象。使用绘制选择区域工具选择对象，可以一次选择多个操作对象，具体操作步骤如下。

素材	Scene\Cha02\绘制选择区域素材.max
场景	无
视频	视频教学\Cha02\实例058 使用绘制选择区域工具选择对象.mp4

Step 01 按Ctrl+O组合键，打开“Scene\Cha02\绘制选择区域素材.max”素材文件，如图2-6所示。

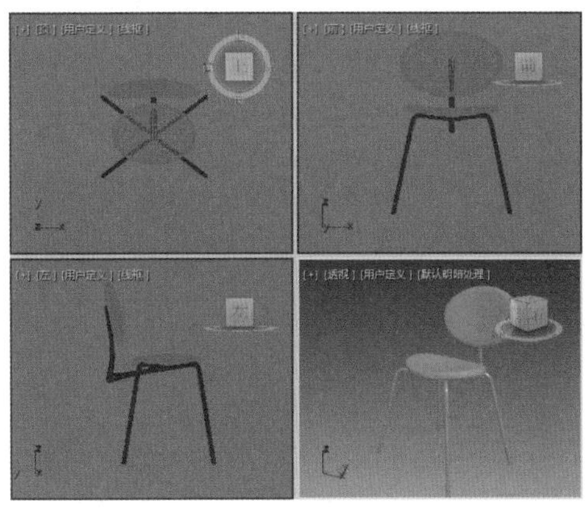

图2-6

Step 02 在工具栏中长按【圆形选择区域】按钮并向下拖动，在弹出的下拉菜单中选择【绘制选择区域】按钮，如图2-7所示。

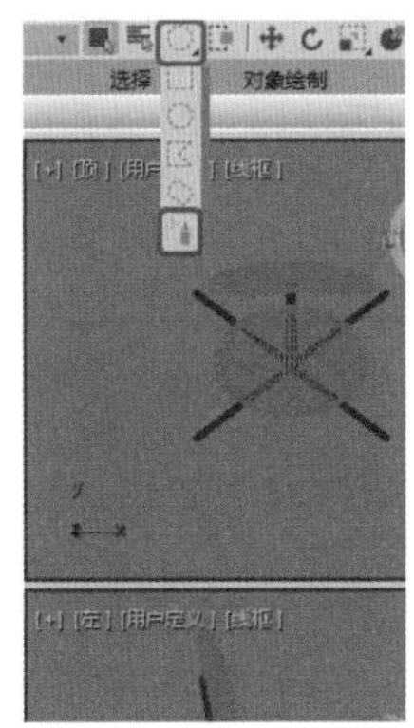

图2-7

Step 03 在任意视图中空白处单击鼠标左键并拖动，此时光标周围会出现一个圆环选框，按住鼠标左键移动至需要选择的对象，圆环选框可同时选中多个对象，如图2-8所示。

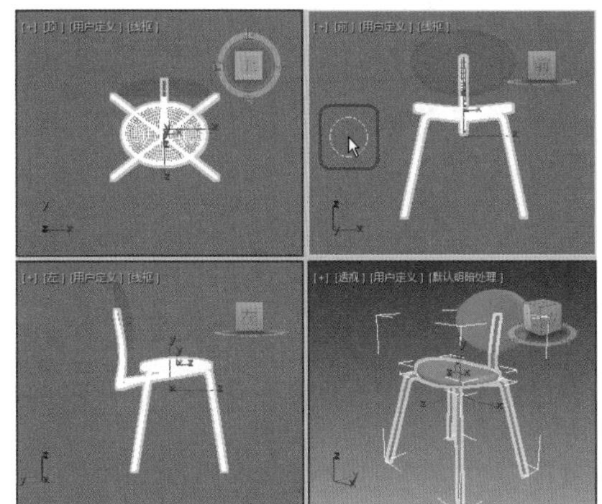

图2-8

实例059 按名称选择对象

【按名称选择】命令可以很好地帮助用户选择对象，既精确又快捷，具体的操作步骤如下。

素材	Scene\Cha02\连体桌椅.max
场景	无
视频	视频教学\Cha02\实例059 按名称选择对象.mp4

Step 01 按Ctrl+O组合键，打开“Scene\Cha02\连体桌椅.max”素材文件，如图2-9所示。

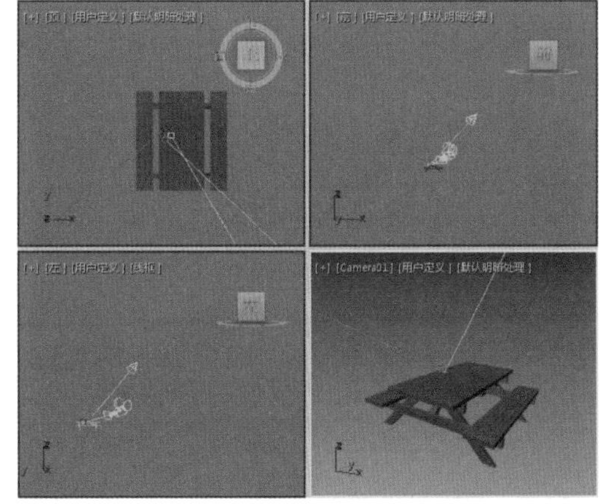

图2-9

Step 02 在工具栏中单击【按名称选择】按钮，即可弹出【从场景选择】对话框，如图2-10所示。

Step 03 按住Ctrl键的同时在【从场景选择】对话框中单击需要选择的对象，即可一次选取多个不相邻的对象，如图2-11所示。

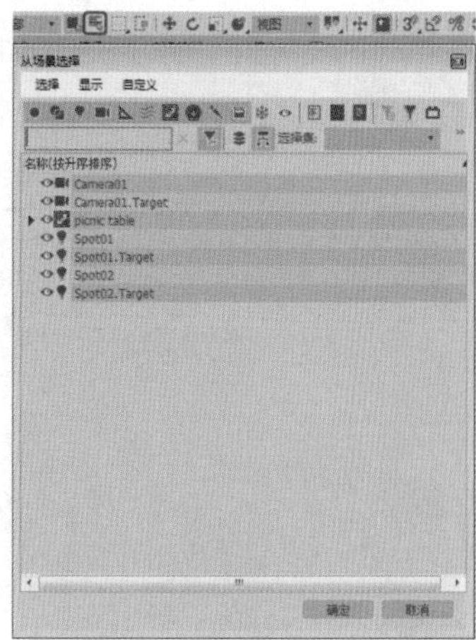

图2-10

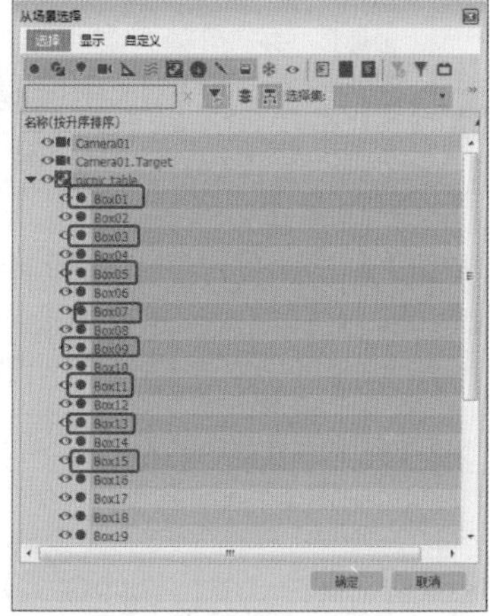

图2-11

Step 04 单击【确定】按钮，即可看到选中的对象，如图2-12所示。

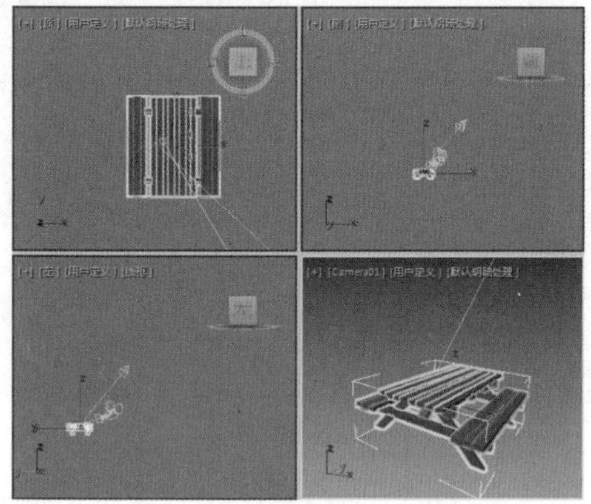

图2-12

◎提示·◦

按住Shift键，用鼠标单击要选择的对象，可选中多个相邻对象。

实例060 全选对象

在【从场景选择】对话框中选择【全部选择】命令，即可将场景中的对象全部选中，具体的操作步骤如下。

素材	Scene\Cha02\连体桌椅.max
场景	无
视频	视频教学\Cha02\实例060 全选对象.mp4

Step 01 按Ctrl+O组合键，打开“Scene\Cha02\连体桌椅.max”素材文件，在工具栏中单击【按名称选择】按钮，在弹出的【从场景选择】对话框中单击【选择】按钮，在弹出的下拉菜单中选择【全部选择】命令，如图2-13所示。

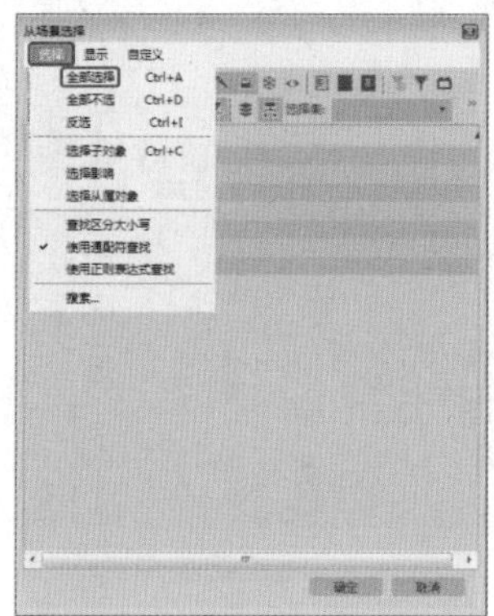

图2-13

Step 02 此时视图中所有对象的名称都已被选中，折叠的层也将展开，如图2-14所示。

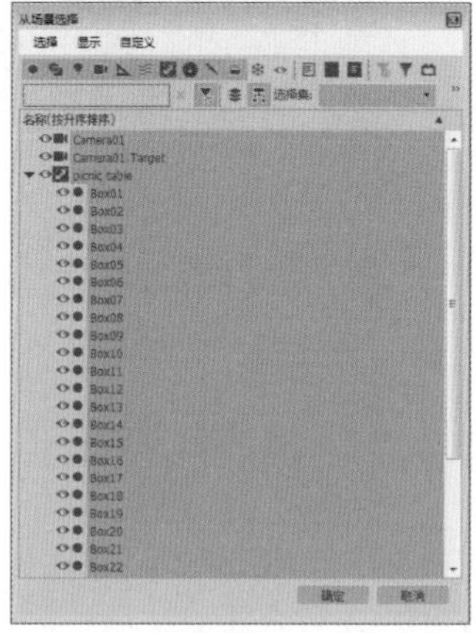

图2-14

Step 03 单击【确定】按钮，即可选中所有对象，如图2-15所示。

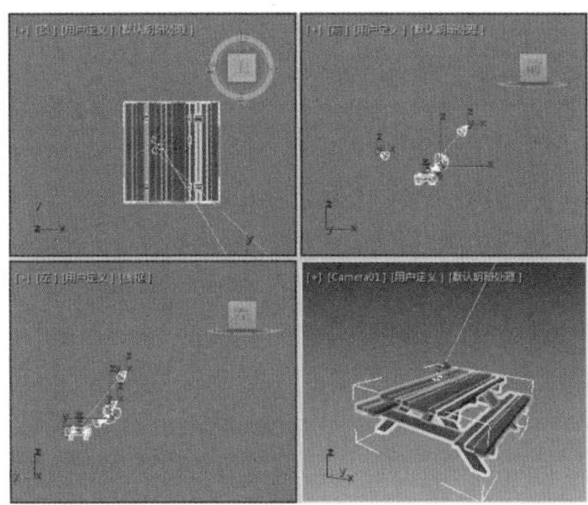

图2-15

实例061 反选对象

【反选】命令用来选择没有被选中的对象，使用【反选】命令选择对象的具体操作步骤如下。

素材	Scene\Cha02\反选对象素材.max
场景	无
视频	视频教学\Cha02\实例061 反选对象.mp4

Step 01 按Ctrl+O组合键，打开“Scene\Cha02\反选对象素材.max”素材文件，如图2-16所示。

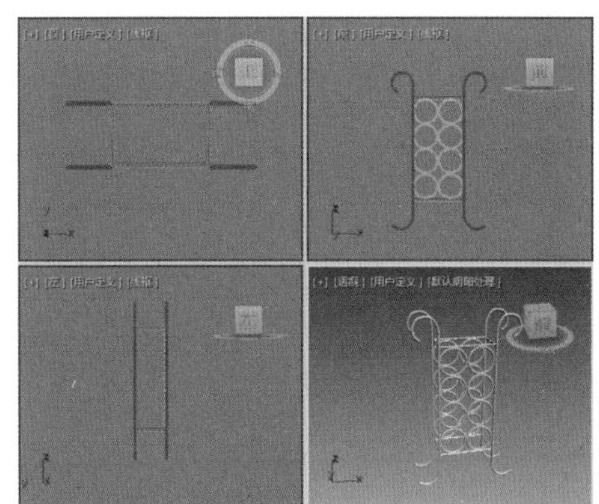

图2-16

Step 02 在工具栏中单击【按名称选择】按钮，弹出【从场景选择】对话框，按住Shift键的同时单击需要选择对象的名称，单击【选择】按钮，在弹出的下拉菜单中选择【反选】命令，如图2-17所示。

Step 03 此时已选中未被选择的对象的名称，且选中的部分以蓝色的形式显示，如图2-18所示。

Step 04 单击【确定】按钮，即可在视图中观察到选中的对象，如图2-19所示。

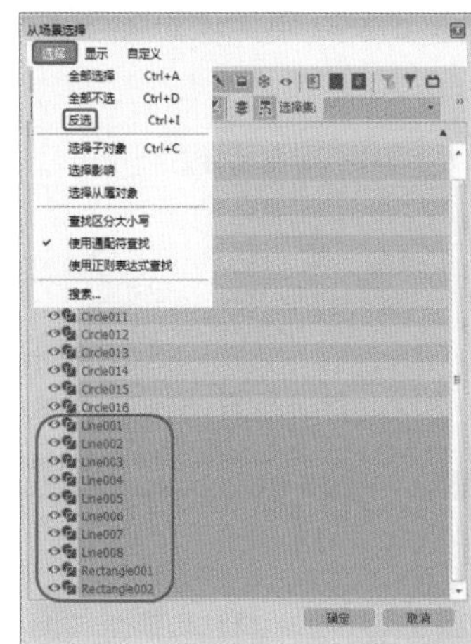

图2-17

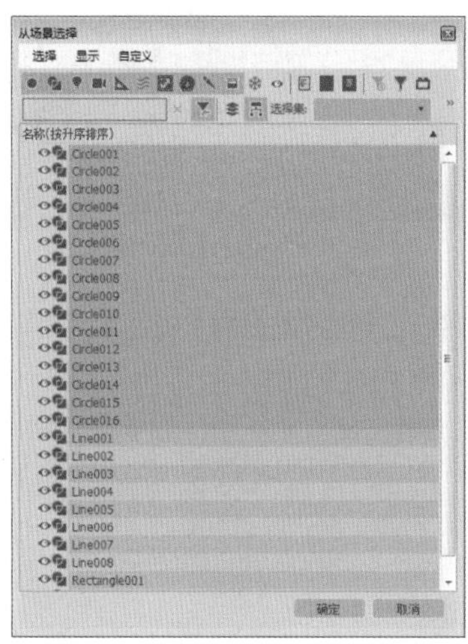

图2-18

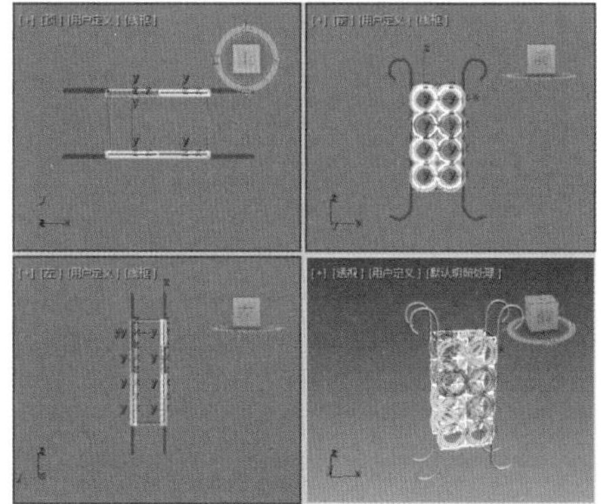

图2-19

实例062 按颜色选择对象

在场景中选择操作对象时，除了按名称选择对象以外，还可以使用颜色来选择对象。按颜色选择对象的具体操作步骤如下。

素材	Scene\Cha02\按颜色选择素材.max
场景	无
视频	视频教学\Cha02\实例062 按颜色选择对象.mp4

Step 01 按Ctrl+O组合键，打开“Scene\Cha02\按颜色选择素材.max”素材文件，如图2-20所示。

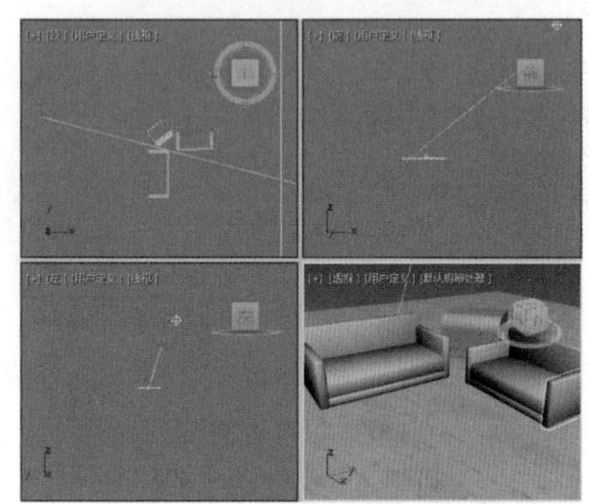

图2-20

Step 02 在菜单栏中选择【编辑】|【选择方式】|【颜色】命令，如图2-21所示。

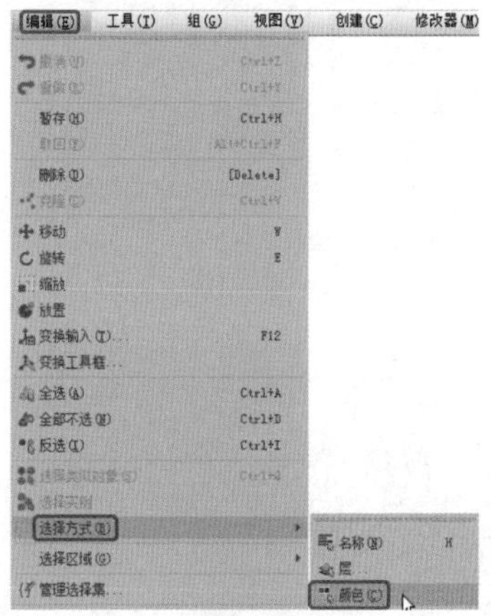

图2-21

Step 03 当鼠标指针处于形状时单击要选择的对象，如图2-22所示。

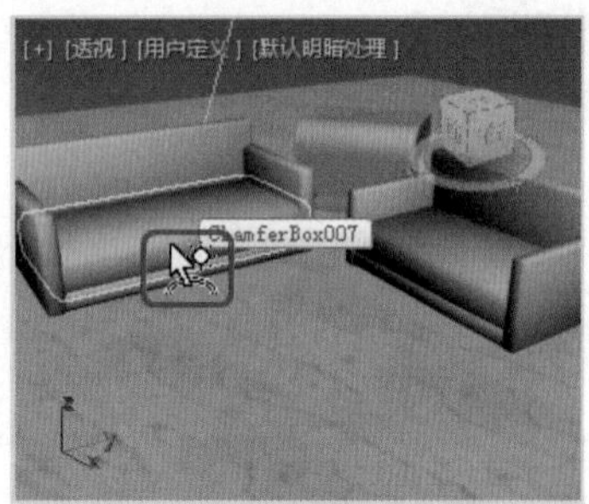

图2-22

Step 04 单击后相同颜色的对象就会被选中，选择后的效果如图2-23所示。

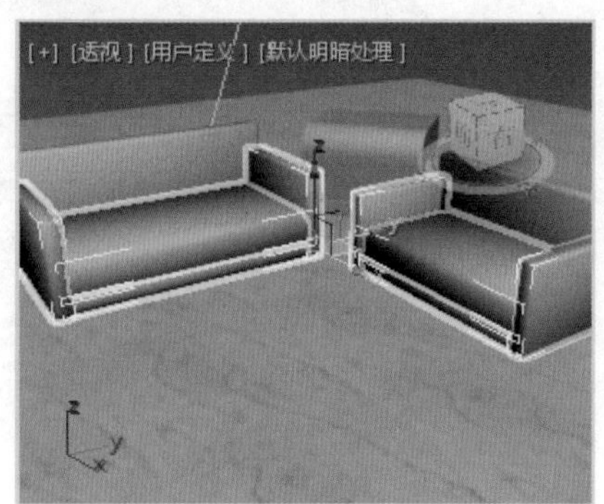

图2-23

实例063 运用过滤器选择对象

在场景中选择【选择过滤器】按钮下的命令，可准确地选择场景中的某个对象，具体操作步骤如下。

素材	Scene\Cha02\过滤器选择素材.max
场景	无
视频	视频教学\Cha02\实例063 运用过滤器选择对象.mp4

Step 01 按Ctrl+O组合键，打开“Scene\Cha02\过滤器选择素材.max”素材文件，如图2-24所示。

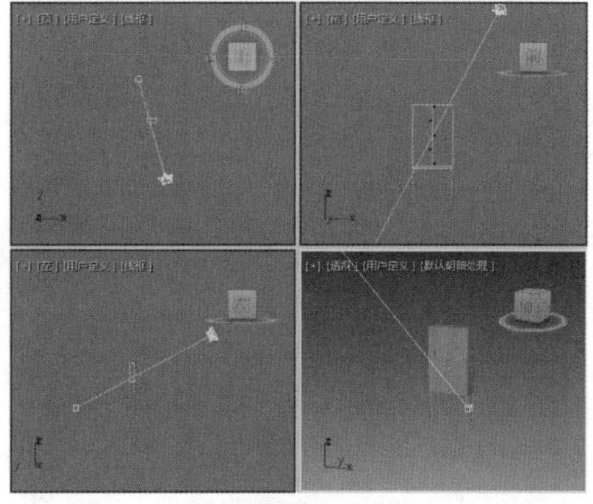

图2-24

Step 02 在工具栏中单击【选择过滤器】按钮 全部 ，在弹出的下拉菜单中选择【L-灯光】命令，如图2-25所示。

Step 03 在任意视图中用鼠标框选所有对象，即可在所有对象中仅选择灯光对象，如图2-26所示。

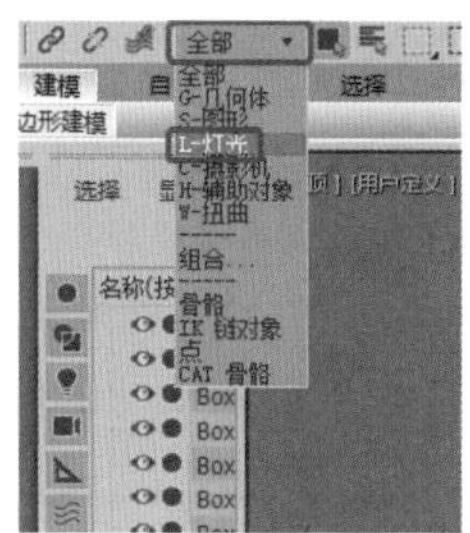

图2-25

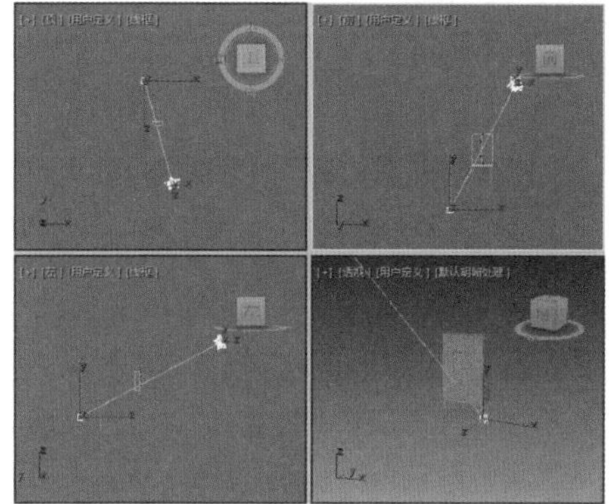

图2-26

实例064 按材质选择对象

在3ds Max中，用户还可以通过【材质编辑器】按钮按材质来选择操作对象。按材质选择操作对象的具体操作步骤如下。

素材	Scene\Cha02\按材质选择素材.max
场景	无
视频	视频教学\Cha02\实例064 按材质选择对象.mp4

Step 01 按Ctrl+O组合键，打开“Scene\Cha02\按材质选择素材.max”素材文件，如图2-27所示。

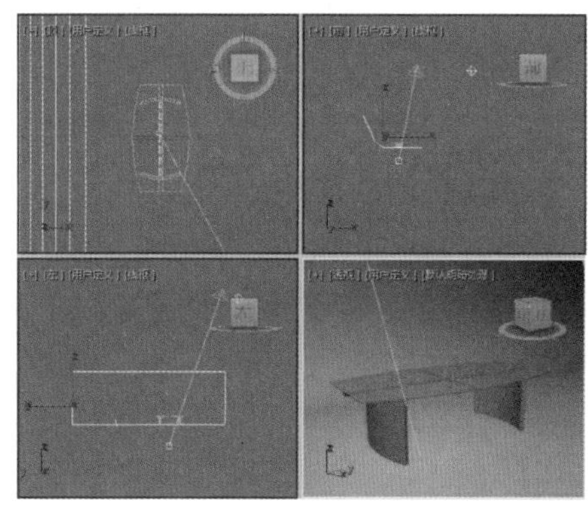

图2-27

Step 02 在工具栏中单击【材质编辑器】按钮，弹出【材质编辑器】对话框，在该对话框中单击需要的材质球，然后单击右侧的【按材质选择】按钮，如图2-28所示。

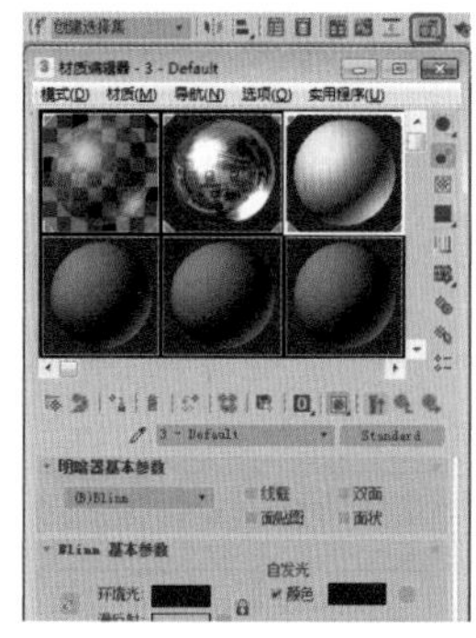

图2-28

Step 03 弹出【选择对象】对话框，被选中的相同材质的对象的名称即可呈现为灰色，如图2-29所示。

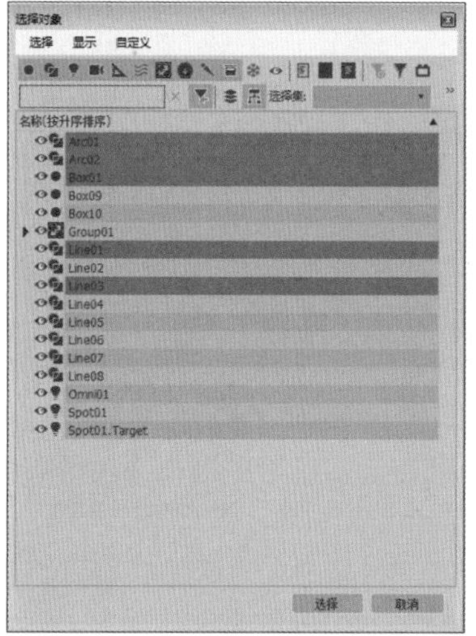

图2-29

Step 04 单击【选择】按钮，即可在视图中看到相同材质的对象已被选中，如图2-30所示。

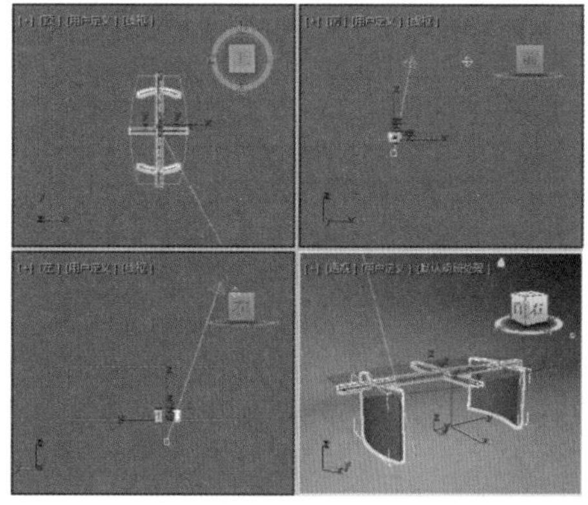

图2-30

实例065 运用命名选择集选择对象

命名选择集用来为当前选择的对象指定名称，随后可通过从列表中选取名称的方式来重新选择对象。使用【命名选择集】选择场景中对象的具体操作步骤如下。

素材	Scene\Cha02\命名选择集素材.max
场景	无
视频	视频教学\Cha02\实例065 运用命名选择集选择对象.mp4

Step 01 按Ctrl+O组合键，打开“Scene\Cha02\命名选择集素材.max”素材文件，在工具栏中单击【创建选择集】右侧的▼按钮，如图2-31所示。

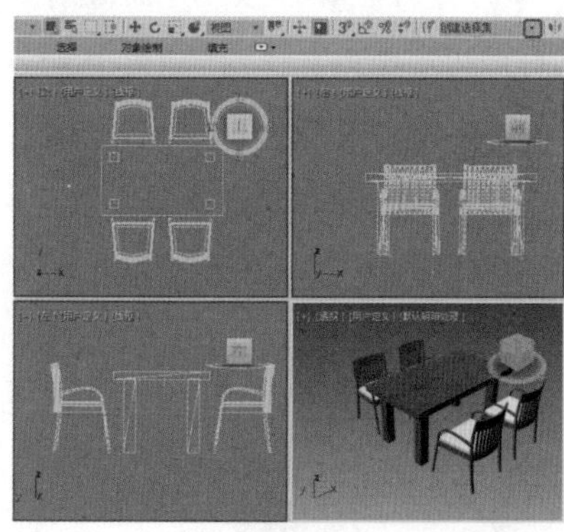

图2-31

Step 02 在弹出的下拉菜单中选择【椅子】命令，即可选中名为“椅子”的对象，如图2-32所示。

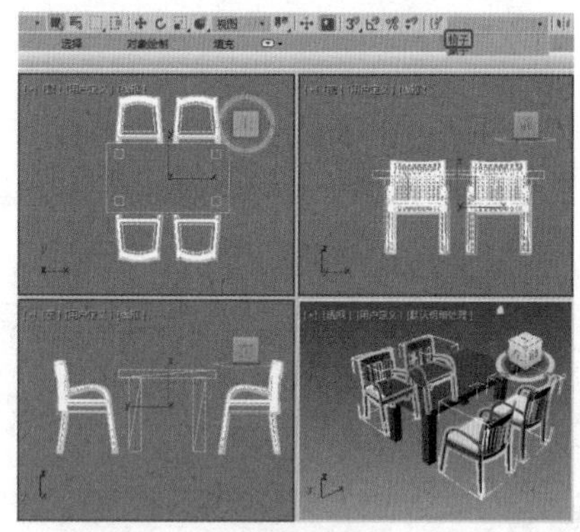

图2-32

实例066 手动移动对象

如果需要在场景中移动某个对象，那么可以直接对该对象进行手动移动。手动移动对象的具体操作步骤如下。

素材	Scene\Cha02\手动移动素材.max
场景	Scene\Cha02\实例066 手动移动对象.max
视频	视频教学\Cha02\实例066 手动移动对象.mp4

Step 01 按Ctrl+O组合键，打开“Scene\Cha02\手动移动素材.max”素材文件，如图2-33所示。

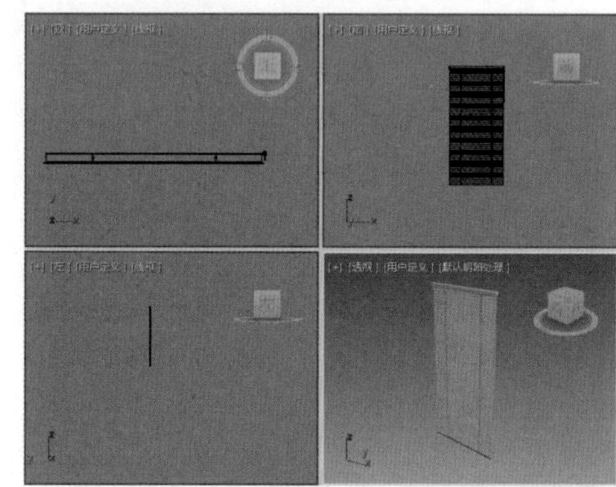

图2-33

Step 02 在工具栏中单击【选择并移动】按钮，在【前】视图中选择对象，当光标处于十字箭头状态时，按住鼠标左键移动，即可沿Y轴或者X轴移动对象，如图2-34所示。

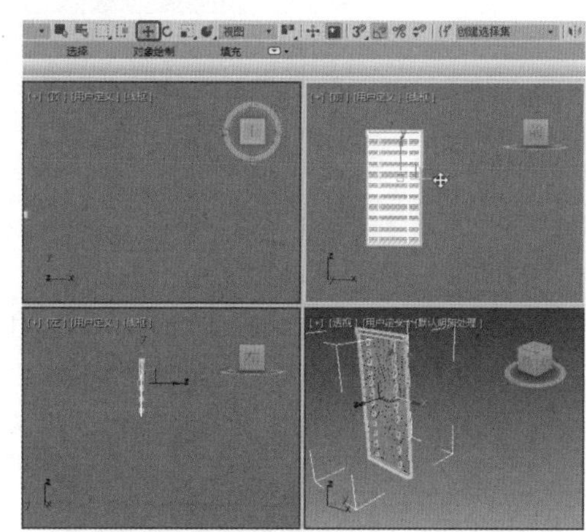

图2-34

实例067 精确移动对象

手动移动工具大多用在一些不需要精确计算移动距离的模型中，但是往往也有需要对对象位置进行精确移动的情况。本例将讲解如何对对象位置进行精确

移动，完成后的效果如图2-35所示。

图2-35

素材	Scene\Cha02\精确移动素材.max
场景	Scene\Cha02\实例067 精确移动对象.max
视频	视频教学\Cha02\实例067 精确移动对象.mp4

Step 01 按Ctrl+O组合键，打开“Scene\Cha02\精确移动素材.max”素材文件，如图2-36所示。

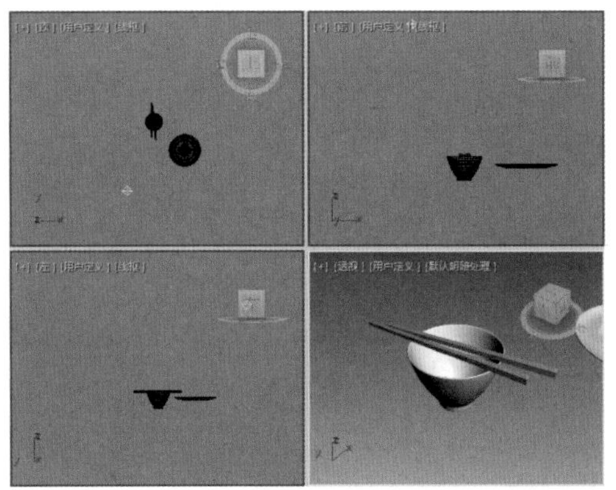

图2-36

Step 02 在视图中选择需要移动的对象，鼠标右键单击工具栏中的【选择并移动】按钮，弹出【移动变换输入】对话框，将【绝对：世界】选项组中的X、Y、Z分别设置为5.69、0、0.56，按Enter键确认，即可在视图中精确移动对象，如图2-37所示。

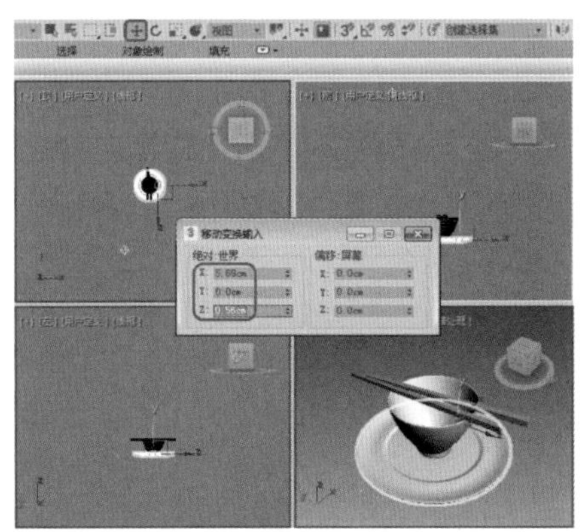

图2-37

实例068 手动旋转对象

在3ds Max中创建对象时经常需要对对象进行适当旋转，一般采用手动旋转。本例将讲解如何对对象进行手动旋转，具体的操作步骤如下。

素材	Scene\Cha02\手动旋转素材.max
场景	Scene\Cha02\实例068 手动旋转对象.max
视频	视频教学\Cha02\实例068 手动旋转对象.mp4

Step 01 按Ctrl+O组合键，打开“Scene\Cha02\手动旋转素材.max”素材文件，如图2-38所示。

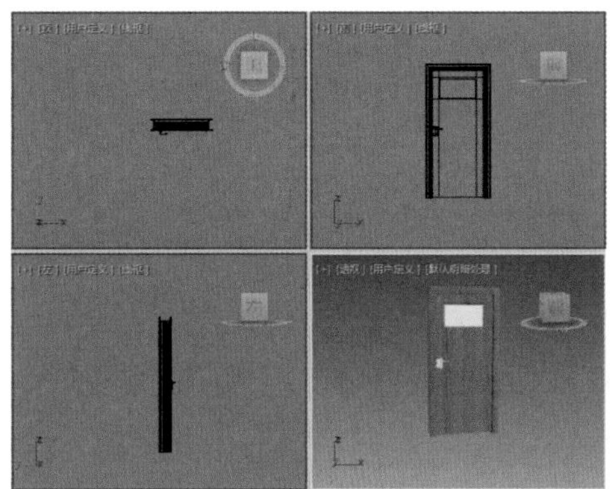

图2-38

Step 02 在视图中单击需要旋转的对象，在工具栏中单击【选择并旋转】按钮，当光标处于状态时，按住鼠标左键沿方向轴移动即可旋转对象，如图2-39所示。

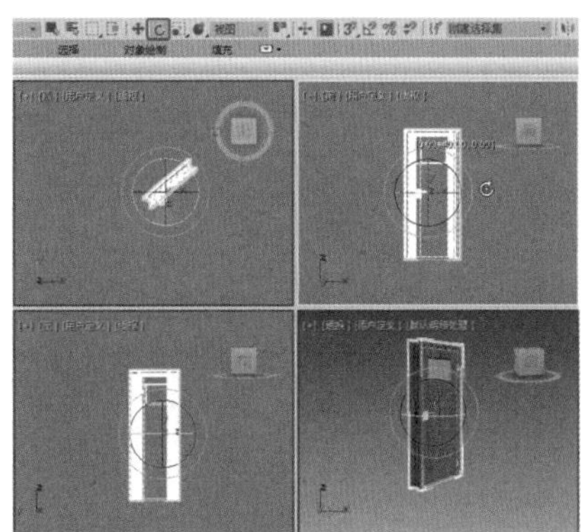

图2-39

实例069 精确旋转对象

在3ds Max中创建对象时经常需要对对象进行标准

参数的旋转，本例将讲解如何对对象进行精确旋转，完成后的效果如图2-40所示。

图2-40

素材	Scene\Cha02\精确旋转素材.max
场景	Scene\Cha02\实例069 精确旋转对象.max
视频	视频教学\Cha02\实例069 精确旋转对象.mp4

Step 01 按Ctrl+O组合键，打开“Scene\Cha02\精确旋转素材.max”素材文件，如图2-41所示。

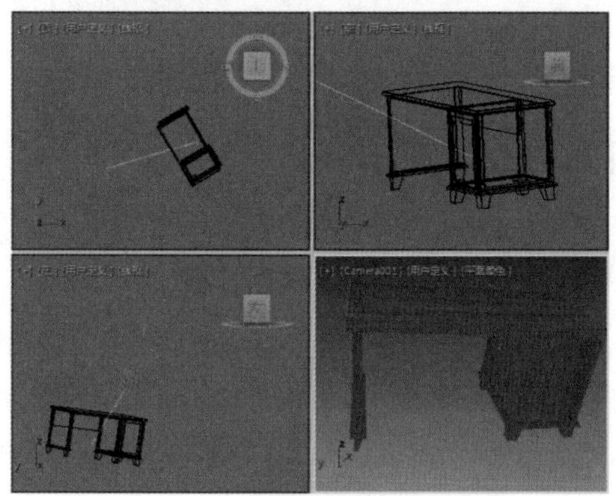

图2-41

Step 02 在视图中选择需要旋转的对象，鼠标右键单击工具栏中的【选择并旋转】按钮，弹出【旋转变换输入】对话框，将【绝对：世界】选项组中的X、Y、Z分别设置为-3.2、3.3、-25.1，按Enter键即可将对象进行精确旋转，如图2-42所示。

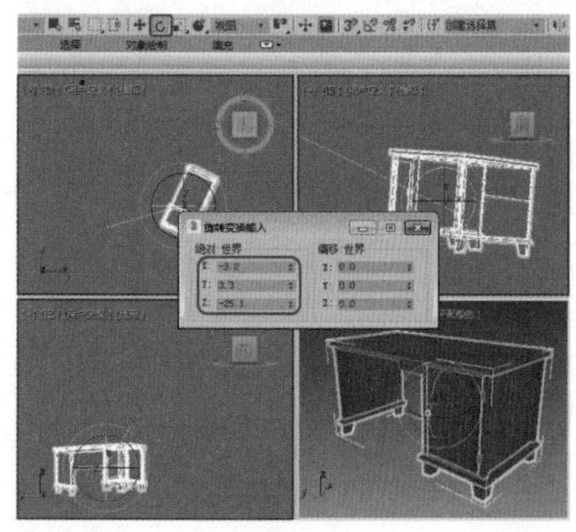

图2-42

实例070 手动缩放对象

在3ds Max场景中，可在工具栏中选择选择并均匀缩放工具或者其他缩放工具对其进行缩放。本例将讲解如何对对象进行手动缩放，完成后的效果如图2-43所示。

图2-43

素材	Scene\Cha02\手动缩放素材.max
场景	Scene\Cha02\实例070 手动缩放对象.max
视频	视频教学\Cha02\实例070 手动缩放对象.mp4

Step 01 按Ctrl+O组合键，打开“Scene\Cha02\手动缩放素材.max”素材文件，如图2-44所示。

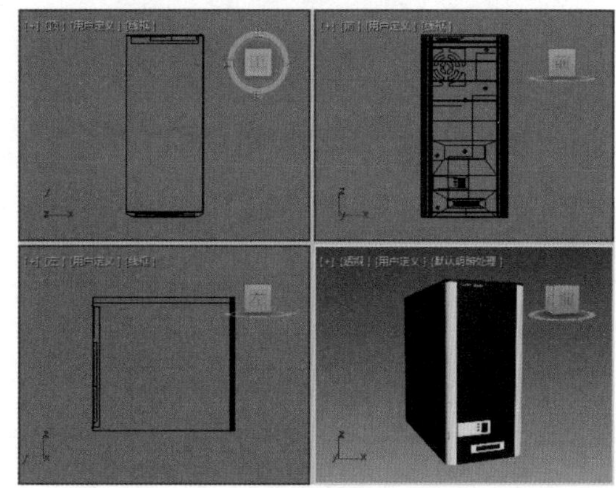

图2-44

Step 02 在视图中框选需要缩放的对象，在工具栏中单击【选择并均匀缩放】按钮，当光标处于状态时，按住鼠标左键拖动即可均匀缩放对象，如图2-45所示。

提示：

当光标处于状态时，只能将选择的对象沿Y轴或X轴进行缩放。

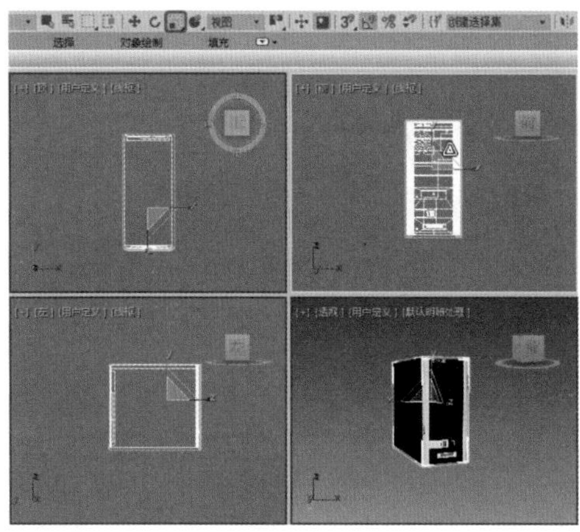

图2-45

实例071 精确缩放对象

通过在【缩放变换输入】对话框中输入变化值来缩放对象，可使缩放更为准确，具体的操作步骤如下。

素材	Scene\Cha02\精确缩放素材.max
场景	Scene\Cha02\实例071 精确缩放对象.max
视频	视频教学\Cha02\实例071 精确缩放对象.mp4

Step 01 按Ctrl+O组合键，打开“Scene\Cha02\精确缩放素材.max”素材文件，如图2-46所示。

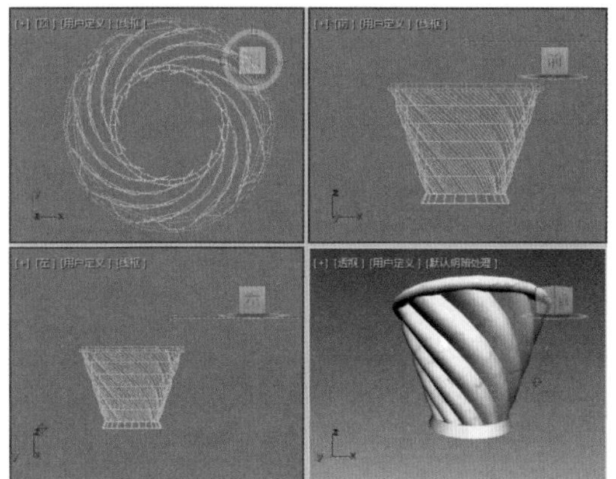

图2-46

Step 02 在视图中选择需要缩放的对象，鼠标右键单击工具栏中的【选择并均匀缩放】按钮，弹出【缩放变换输入】对话框，将【绝对：世界】选项组中的X、Y、Z均设置为130，按Enter键即可将选择的对象精确缩放，如图2-47所示。

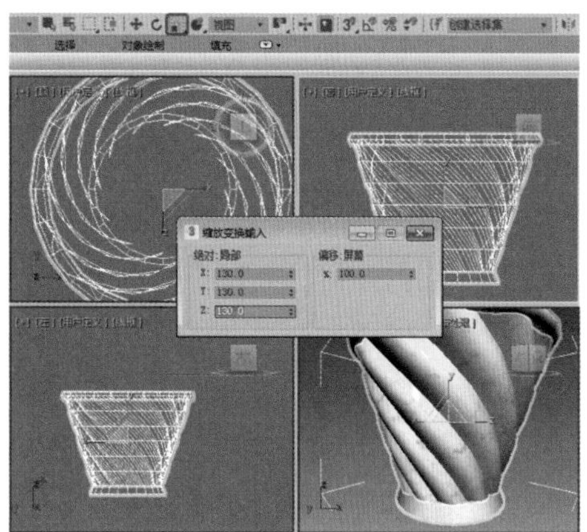

图2-47

实例072 组合对象

在3ds Max中有时需要将对象进行组合，以便对其进行操作，具体操作步骤如下。

素材	Scene\Cha02\组合对象素材.max
场景	Scene\Cha02\实例072 组合对象.max
视频	视频教学\Cha02\实例072 组合对象.mp4

Step 01 按Ctrl+O组合键，打开“Scene\Cha02\组合对象素材.max”素材文件，如图2-48所示。

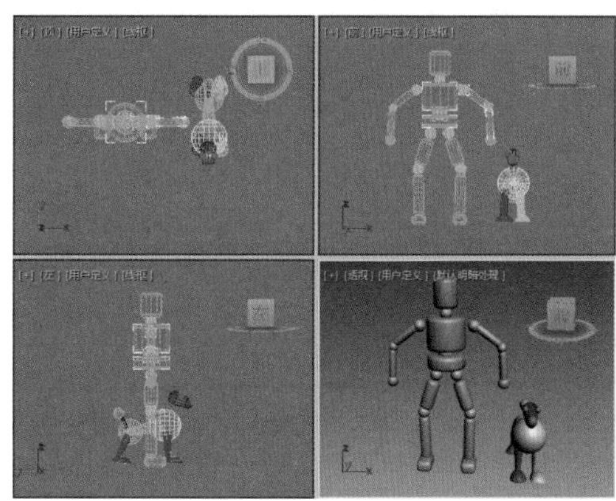

图2-48

Step 02 在视图中将需要成组的对象选中，在菜单栏中选择【组】|【组】命令，如图2-49所示。

Step 03 弹出【组】对话框，在【组名】文本框中输入名称，如“模型”，如图2-50所示。

Step 04 单击【确定】按钮，即可将所选中的对象成组，如图2-51所示。

图2-49

图2-50

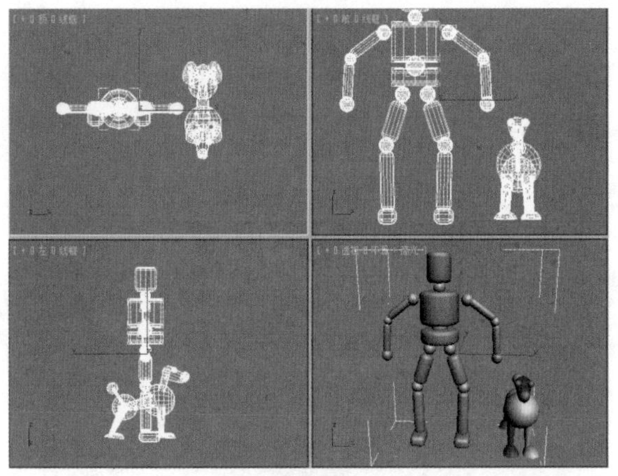

图2-51

实例073 解组对象

【解组】命令用来将当前选定的对象打散。使用【解组】命令的前提是必须对象成组，具体的操作步骤如下。

素材	Scene\Cha02\解组对象素材.max
场景	Scene\Cha02\实例073 解组对象.max
视频	视频教学\Cha02\实例073 解组对象.mp4

Step 01 按Ctrl+O组合键，打开“Scene\Cha02\解组对象素材.max”素材文件，如图2-52所示。

Step 02 在视图中选择需要解组的对象，在菜单栏中选择【组】|【解组】命令，如图2-53所示，被选择的对象即可被打散。

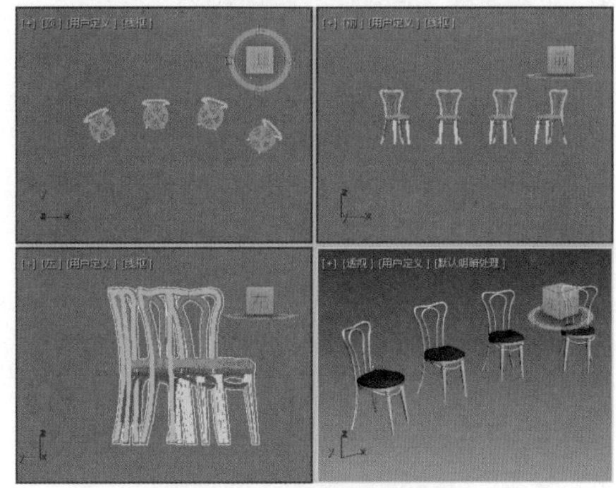

图2-52

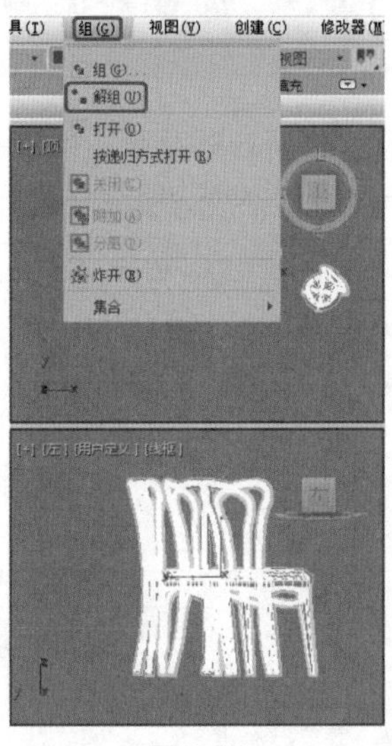

图2-53

实例074 打开组

为了单独对某个对象进行编辑，需要先将其在组中独立出来，打开组的具体操作步骤如下。

素材	Scene\Cha02\打开组素材.max
场景	无
视频	视频教学\Cha02\实例074 打开组.mp4

Step 01 按Ctrl+O组合键，打开“Scene\Cha02\打开组素材.max”素材文件，在视图中选择全部对象，在菜单栏中选择【组】|【打开】命令，如图2-54所示。

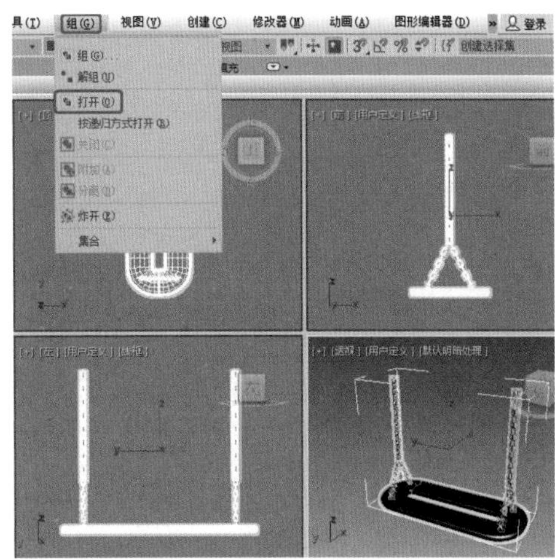

图2-54

Step 02 执行【打开】命令后，即可将组打开，在视图中可看到白色框转换为粉红色框，如图2-55所示。

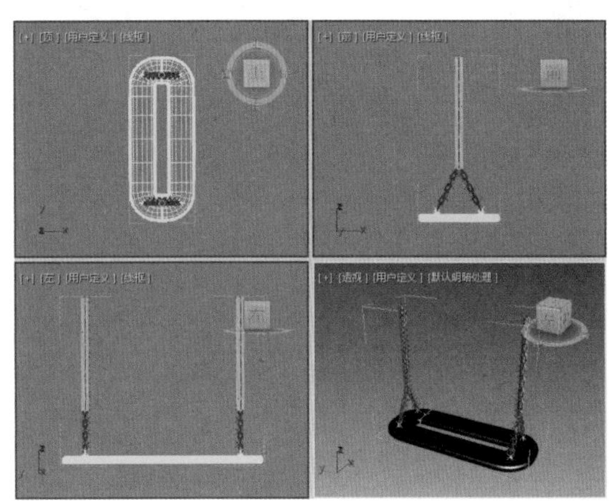

图2-55

实例075 关闭组

将暂时打开的组关闭，其具体操作步骤如下。

素材	Scene\Cha02\关闭组素材.max
场景	无
视频	视频教学\Cha02\实例075 关闭组.mp4

Step 01 按Ctrl+O组合键，打开“Scene\Cha02\关闭组素材.max”素材文件，如图2-56所示。

Step 02 确定组处于打开状态，在视图中单击粉红色线框，在菜单栏中选择【组】|【关闭】命令，即可将组关闭，如图2-57所示。

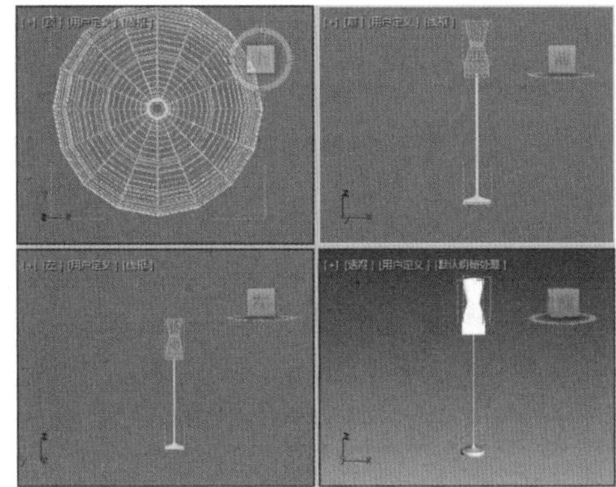

图2-56

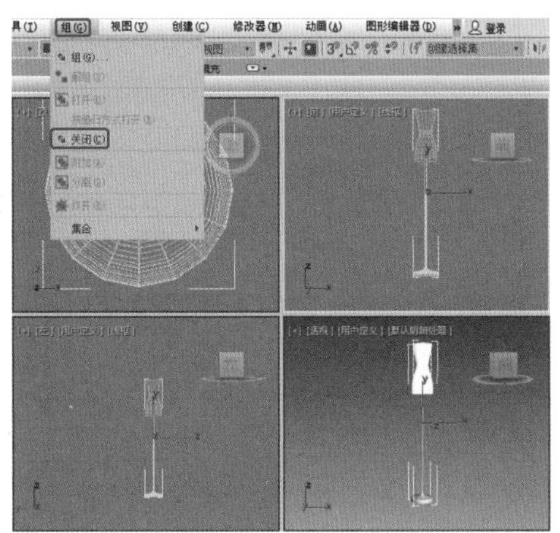

图2-57

实例076 增加组对象

增加组对象是指在一个对象被选中的状态下，将另一个对象附加到被选中的对象上的操作，具体操作步骤如下。

素材	Scene\Cha02\增加组对象素材.max
场景	Scene\Cha02\实例076 增加组对象.max
视频	视频教学\Cha02\实例076 增加组对象.mp4

Step 01 按Ctrl+O组合键，打开“Scene\Cha02\增加组对象素材.max”素材文件，在视图中选择需要附加的对象，在菜单栏中选择【组】|【附加】命令，如图2-58所示。

Step 02 将鼠标移至被附加的对象上面并单击鼠标左键进行附加对象，附加完成后，可沿方向轴进行检查，如图2-59所示。

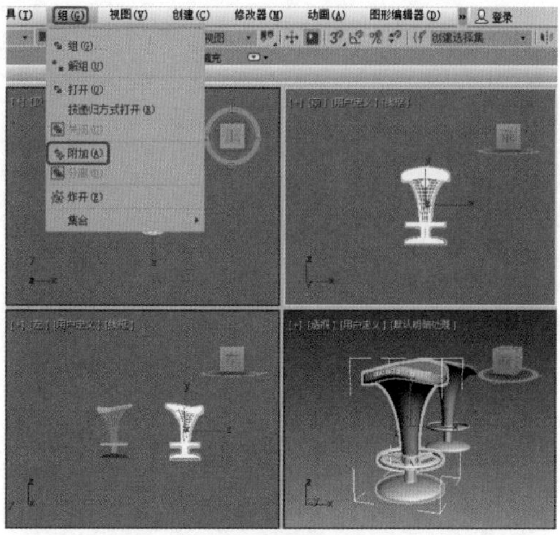

图2-58

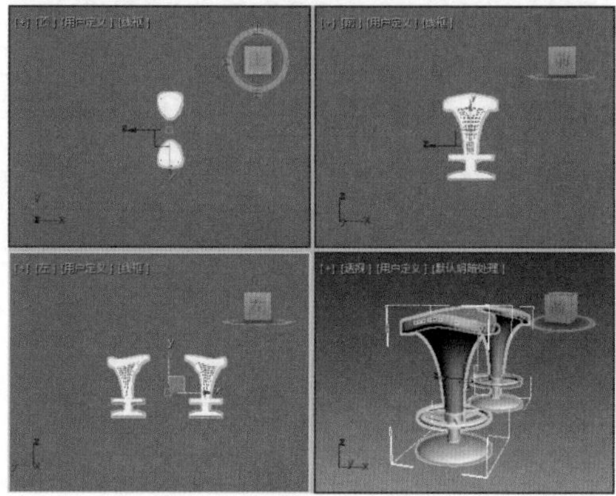

图2-59

实例077 分离组对象

分离组对象是指在已经打开的组中将某个对象分离出去，具体的操作步骤如下。

素材	Scene\Cha02\分离组对象素材.max
场景	无
视频	视频教学\Cha02\实例077 分离组对象.mp4

Step 01 按Ctrl+O组合键，打开“Scene\Cha02\分离组对象素材.max”素材文件，在【前】视图中将所有的对象选中，在菜单栏中选择【组】|【打开】命令，如图2-60所示。

Step 02 当场景中的对象周围出现粉红色边框时，在【前】视图中选择要分离的对象，在菜单栏中选择【组】|【分离】命令，如图2-61所示。

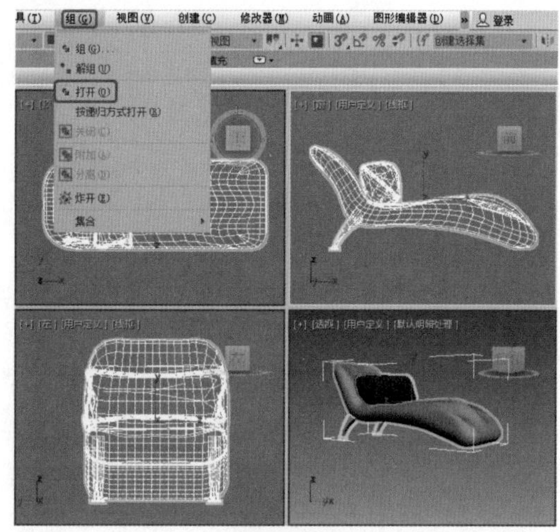

图2-60

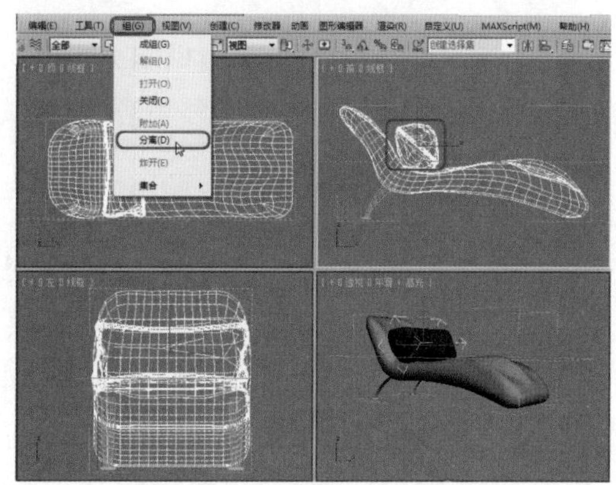

图2-61

Step 03 在【前】视图中单击粉红色边框，当边框处于白色状态时，在菜单栏中选择【组】|【关闭】命令，如图2-62所示。

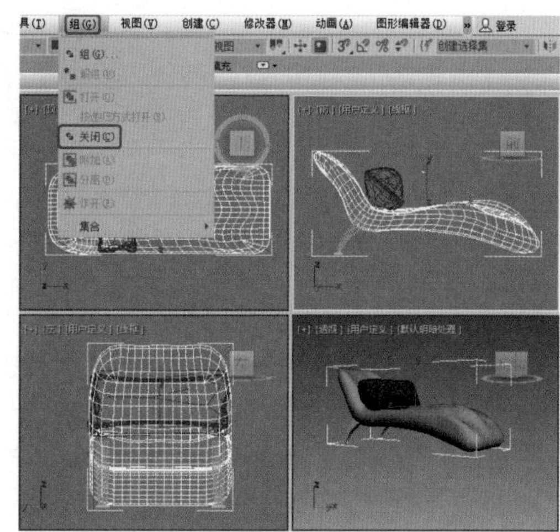

图2-62

Step 04 执行【关闭】命令后，即可将对象分离。在工具栏中单击【选择并移动】按钮，在【前】视图中选择分离后的对象并对其进行移动，如图2-63所示。

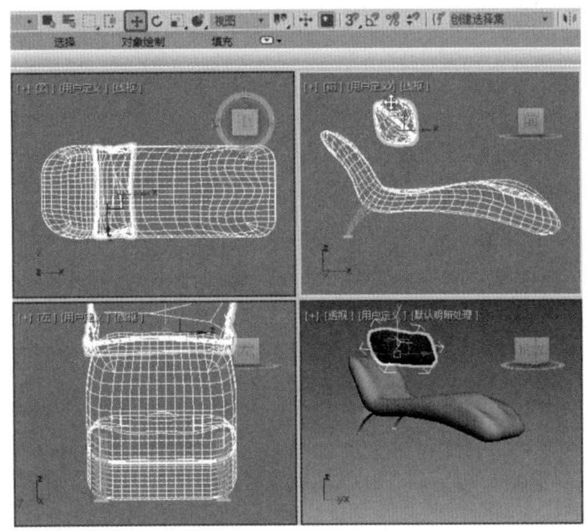

图2-63

实例078 精确对齐对象

【精确对齐】命令是将选中的对象精准地与另一个对象对齐，本例将讲解如何将对象精确对齐，完成后的效果如图2-64所示。

图2-64

素材	Scene\Cha02\精确对齐素材.max
场景	Scene\Cha02\实例078 精确对齐对象.max
视频	视频教学\Cha02\实例078 精确对齐对象.mp4

Step 01 按Ctrl+O组合键，打开“Scene\Cha02\精确对齐素材.max”素材文件，如图2-65所示。

Step 02 在工具栏中单击【按名称选择】按钮，在弹出的【从场景选择】对话框中选择ChamferBox01选项，如图2-66所示。

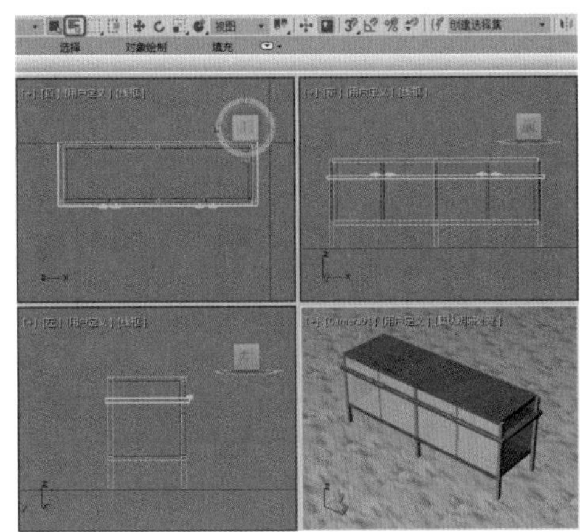

图2-65

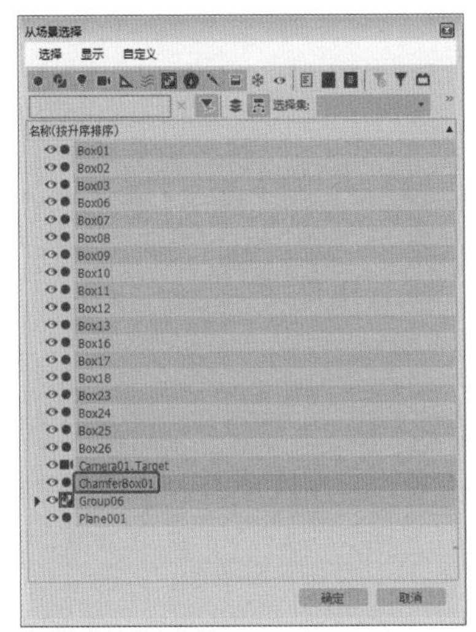

图2-66

Step 03 单击【确定】按钮，即可在场景中选中对象，如图2-67所示。

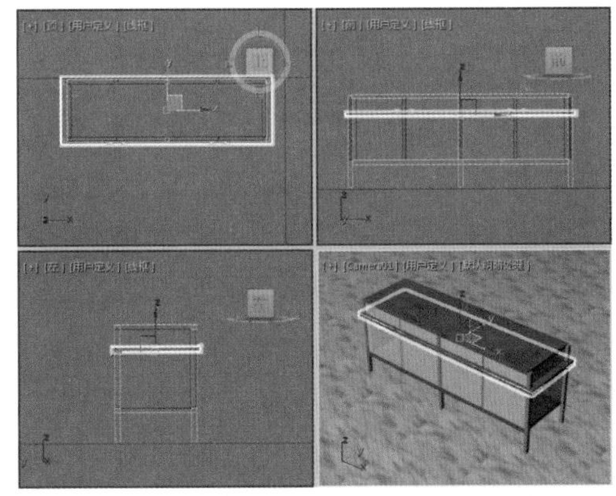

图2-67

Step 04 当对象处于选中状态时，在工具栏中单击【对齐】按钮，将光标放置在Box06对象上，当光标处于状态时，单击该对象，如图2-68所示。

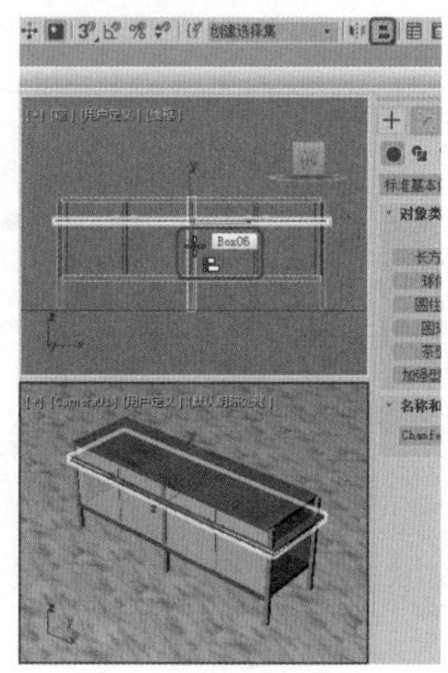

图2-68

Step 05 执行以上操作后，会弹出一个【对齐当前选择（Box06）】对话框，取消勾选【X位置】、【Z位置】复选框，分别在【当前对象】选项组和【目标对象】选项组中选中【最小】、【最大】单选按钮，如图2-69所示。

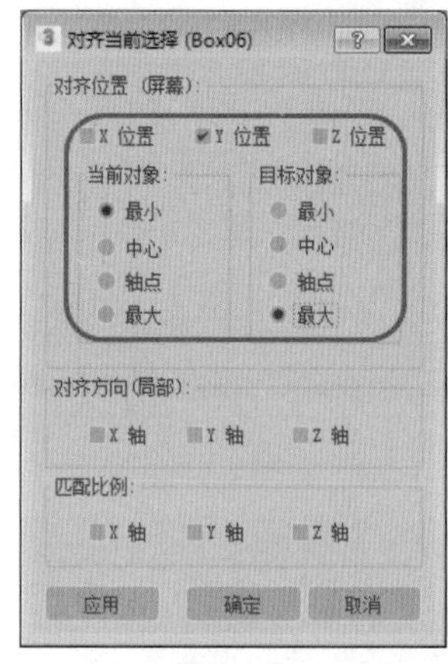

图2-69

Step 06 单击【确定】按钮即可将选中的对象进行对齐，如图2-70所示。

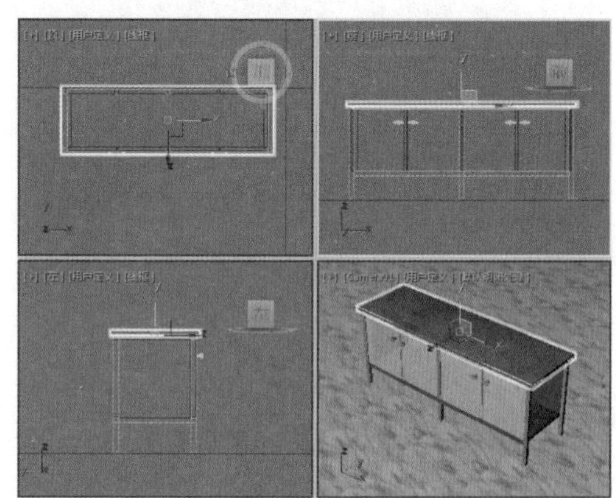

图2-70

实例079 快速对齐对象

【快速对齐】命令与【精确对齐】命令相似，即手动将需要对齐的对象与对齐目标快速对齐。本例将讲解如何将对象快速对齐，完成后的效果如图2-71所示。

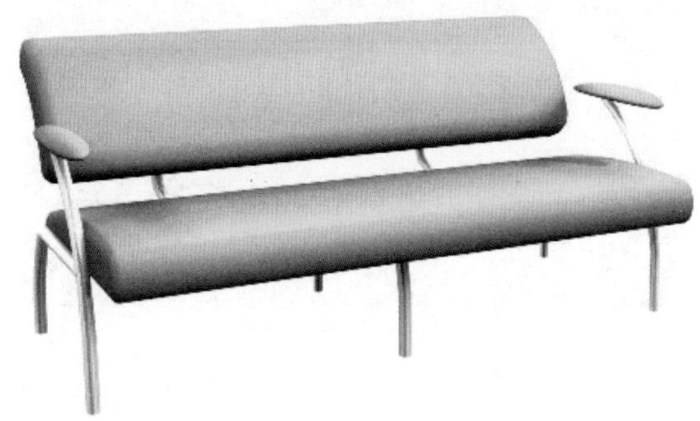

图2-71

素材	Scene\Cha02\快速对齐素材.max
场景	Scene\Cha02\实例079 快速对齐对象.max
视频	视频教学\Cha02\实例079 快速对齐对象.mp4

Step 01 按Ctrl+O组合键，打开“Scene\Cha02\快速对齐素材.max”素材文件，如图2-72所示。

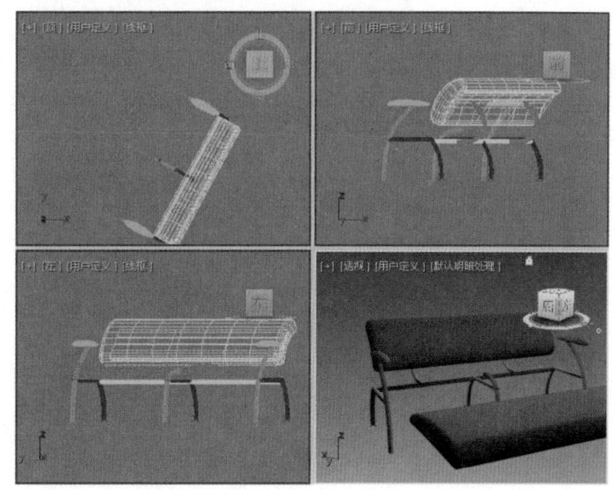

图2-72

Step 02 在视图中单击【椅面】对象，在工具栏中长按【对齐】按钮并向下拖动，在弹出的下拉菜单中选择【快速对齐】按钮，如图2-73所示。

Step 03 将光标移至【左】视图中的Loft04对象上，当光标处于状态时，单击该对象，如图2-74所示。

Step 04 此时已将【椅面】对象与Loft04对象快速对齐，效果如图2-75所示。

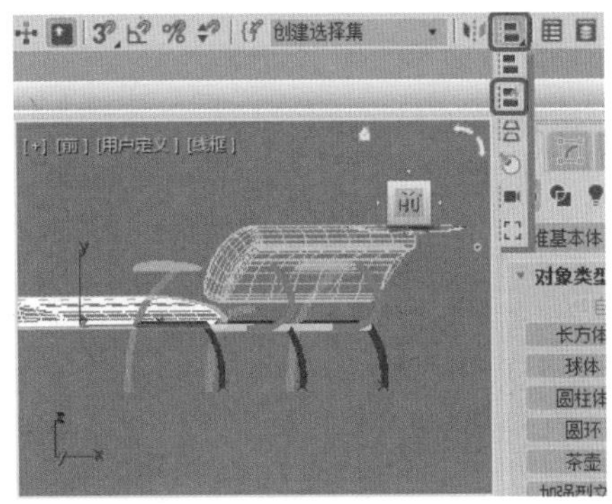

图2-73

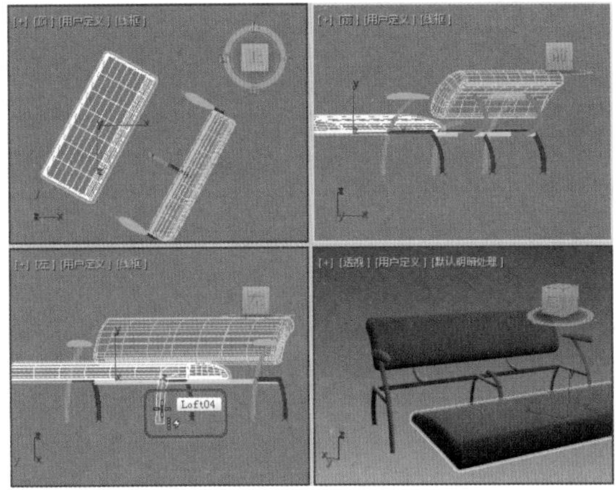

图2-74

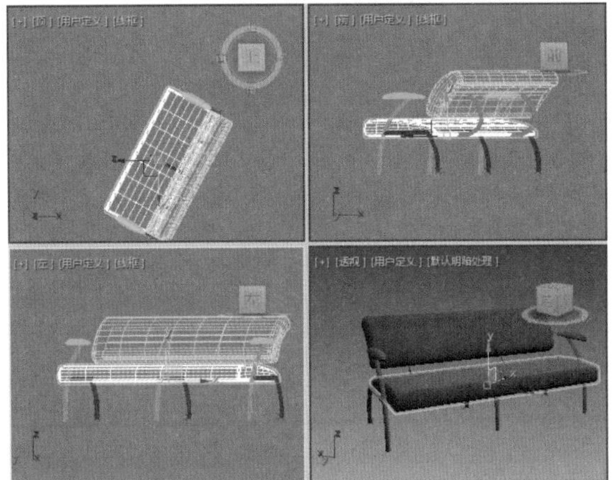

图2-75

实例080 法线对齐对象

法线对齐是指将两个对象的法线对齐，从而使物体发生变化。对于次物体或放样物体，也可以为其指定的面进行法线对齐，当次物体处于激活状态时，只有选择的次物体才可以法线对齐。本例将讲解使用法线将对象对齐的方法，完成后的效果如图2-76所示。

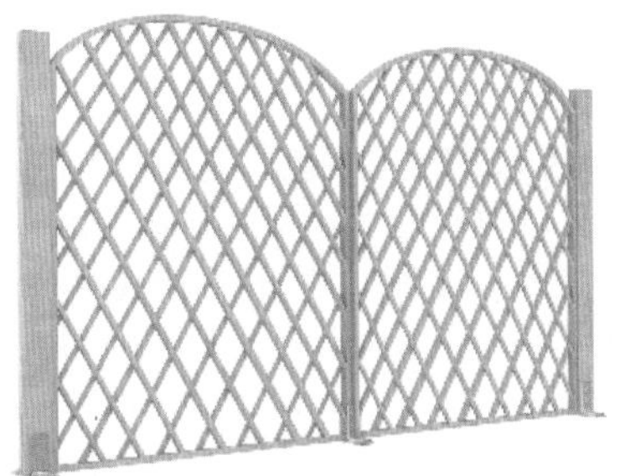

图2-76

素材	Scene\Cha02\法线对齐素材.max
场景	Scene\Cha02\实例080 法线对齐对象.max
视频	视频教学\Cha02\实例080 法线对齐对象.mp4

Step 01 按Ctrl+O组合键，打开“Scene\Cha02\法线对齐素材.max”素材文件，如图2-77所示。

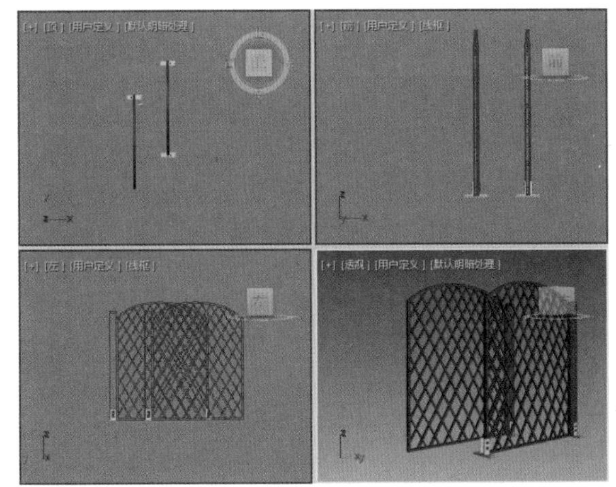

图2-77

Step 02 在视图中选择【门1】对象，在工具栏中长按【快速对齐】按钮并向下拖动，在下拉菜单中选择【法线对齐】按钮，如图2-78所示。

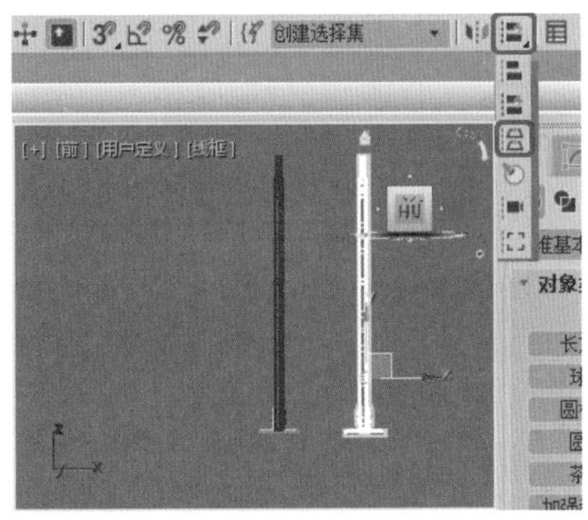

图2-78

Step 03 将光标放置在【前】视图中选中的对象上，当光标处于[图标]状态时，在【透视】视图中单击选择的对象并向下拖动，直到在对象的下方出现蓝色法线，如图2-79所示。

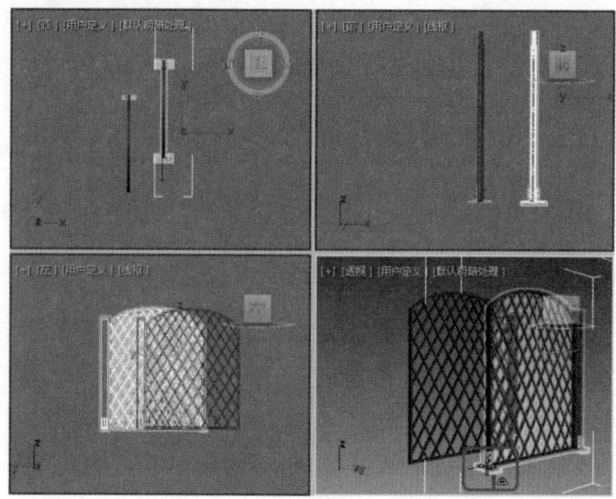

图2-79

Step 04 在【门2】对象上单击并拖动鼠标，直到目标对象下方出现绿色法线，如图2-80所示。

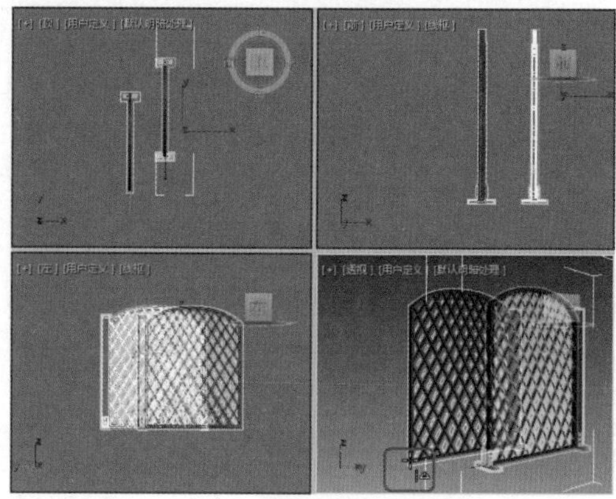

图2-80

Step 05 释放鼠标，即可弹出【法线对齐】对话框，此时可根据需要在对话框中设置相应的数值，如图2-81所示。

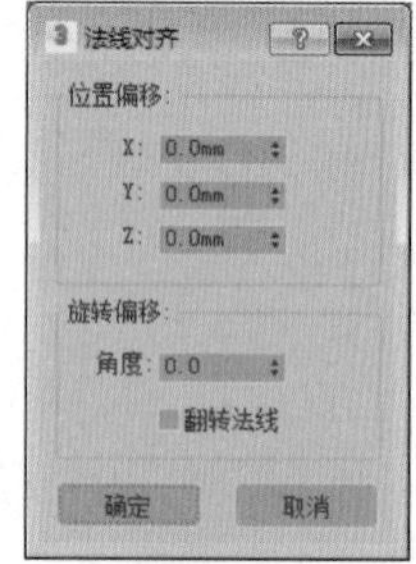

图2-81

Step 06 单击【确定】按钮，所选对象将按法线对齐，如图2-82所示。

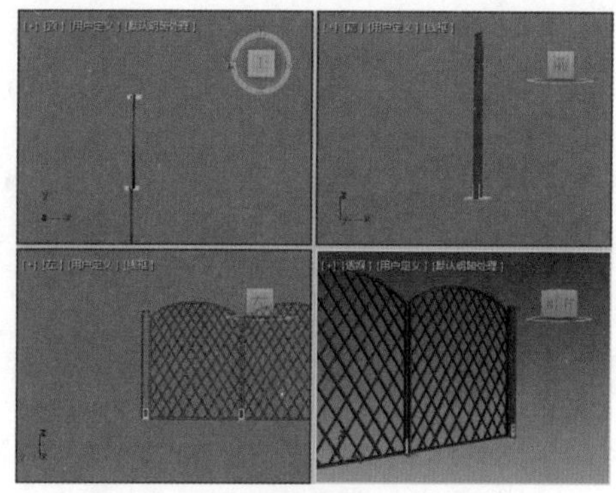

图2-82

实例081 设置对象捕捉

对象捕捉通常用来捕捉场景中的点，精确定位新创建的对象。本例将讲解如何设置对象捕捉，完成后的效果如图2-83所示。

图2-83

素材	Scene\Cha02\对象捕捉素材.max
场景	Scene\Cha02\实例081 设置对象捕捉.max
视频	视频教学\Cha02\实例081 设置对象捕捉.mp4

Step 01 按Ctrl+O组合键，打开“Scene\Cha02\对象捕捉素材.max”素材文件，如图2-84所示。

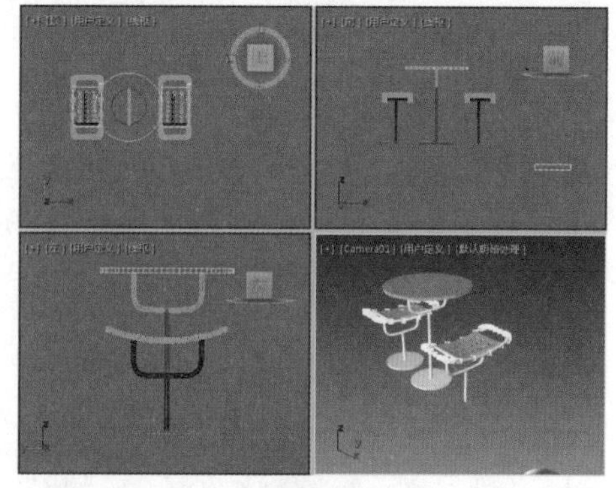

图2-84

Step 02 在工具栏中单击【捕捉开关】按钮，将其开启并单击鼠标右键，弹出【栅格和捕捉设置】对话框，单击【清除全部】按钮，然后勾选【顶点】复选框，如图2-85所示。

图2-85

Step 03 设置完成后将【栅格和捕捉设置】对话框关闭，使用移动工具在【前】视图中将圆环捕捉到【凳架07】对象的下方，如图2-86所示。

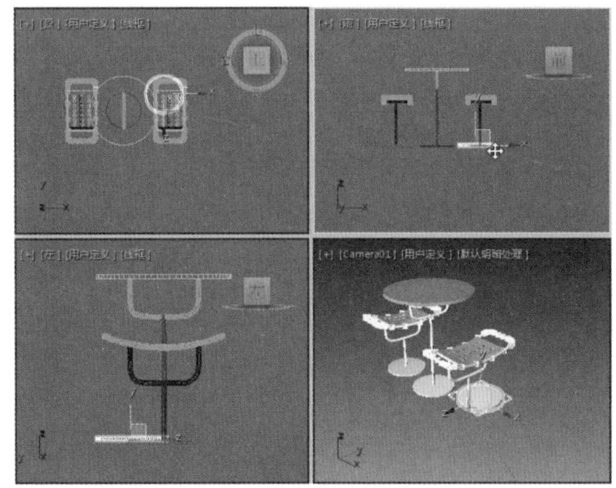

图2-86

Step 04 执行以上操作后，即可完成捕捉，效果如图2-87所示。

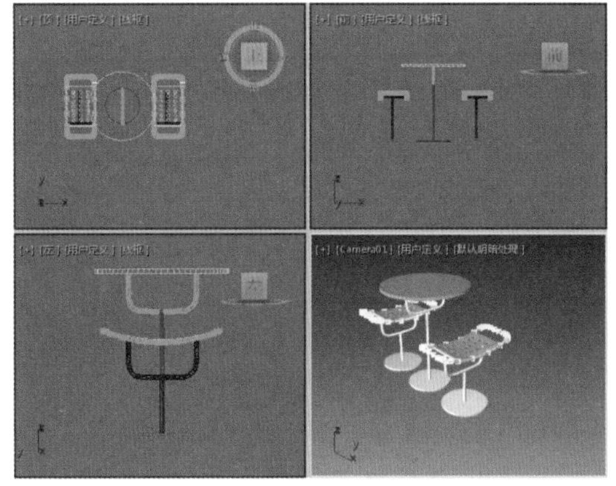

图2-87

实例082 设置捕捉精度

捕捉精度通常用于设置捕捉标记的大小、颜色及捕捉强度和捕捉范围。具体的操作步骤如下。

素材	无
场景	无
视频	视频教学\Cha02\实例082 设置捕捉精度.mp4

Step 01 继续上一实例的操作。在工具栏中右击【微调器捕捉切换】按钮，如图2-88所示。

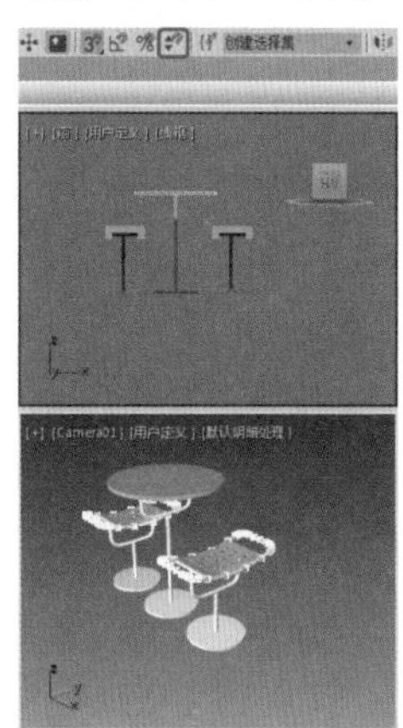

图2-88

Step 02 弹出【首选项设置】对话框，在【常规】选项卡的【微调器】选项组中设置【精度】微调框，单击【确定】按钮，即可完成对捕捉精度的设置，如图2-89所示。

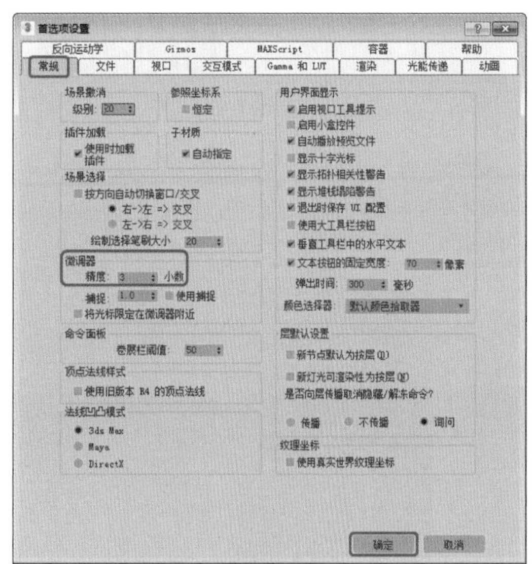

图2-89

实例083 隐藏选定对象

在3ds Max中可以将暂时不需要的对象隐藏。本例将讲解如何隐藏选定的对象，完成后的效果如图2-90所示。

图2-90

素材	Scene\Cha02\隐藏选定对象素材.max
场景	Scene\Cha02\实例083 隐藏选定对象.max
视频	视频教学\Cha02\实例083 隐藏选定对象.mp4

Step 01 按Ctrl+O组合键，打开“Scene\Cha02\隐藏选定对象素材.max”素材文件，在视图中选择要隐藏的对象，如图2-91所示。

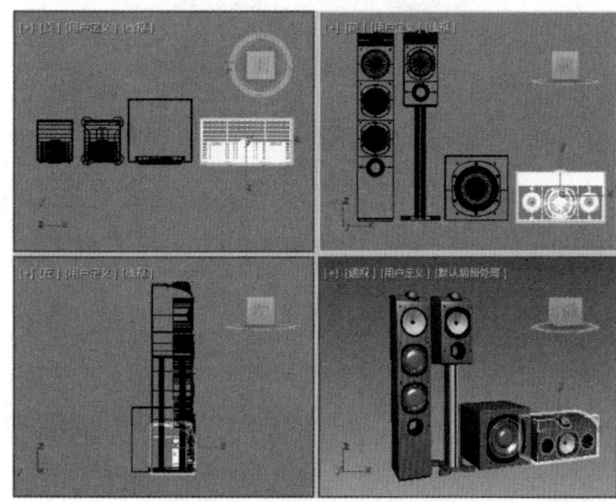

图2-91

Step 02 切换到【显示】命令面板，在【隐藏】卷展栏中单击【隐藏选定对象】按钮，释放鼠标后，选定的对象将被隐藏，如图2-92所示。

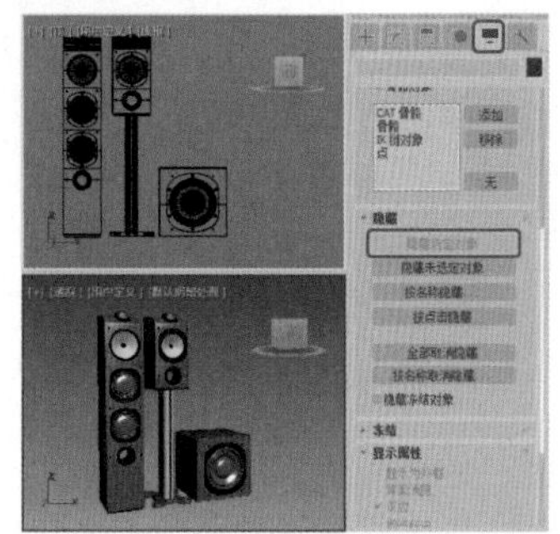

图2-92

实例084 隐藏未选定对象

在3ds Max中，还可以将未选定的对象进行隐藏，以便对选定的对象进行其他操作。本例将讲解如何将未选定的对象进行隐藏，完成后的效果如图2-93所示。

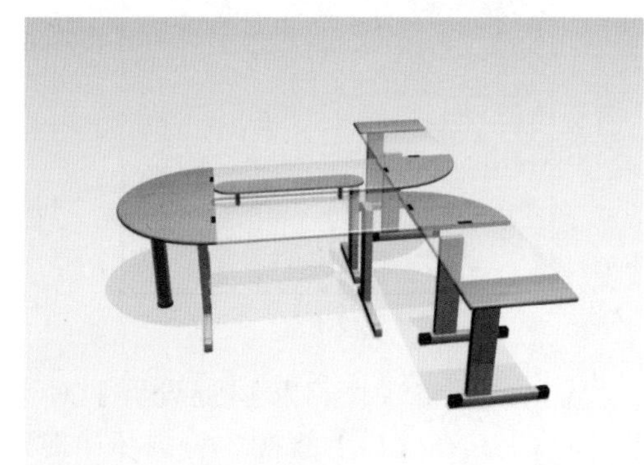

图2-93

素材	Scene\Cha02\隐藏未选定对象素材.max
场景	Scene\Cha02\实例084 隐藏未选定对象.max
视频	视频教学\Cha02\实例084 隐藏未选定对象.mp4

Step 01 按Ctrl+O组合键，打开“Scene\Cha02\隐藏未选定对象素材.max”素材文件，在视图中选择【组001】对象，如图2-94所示。

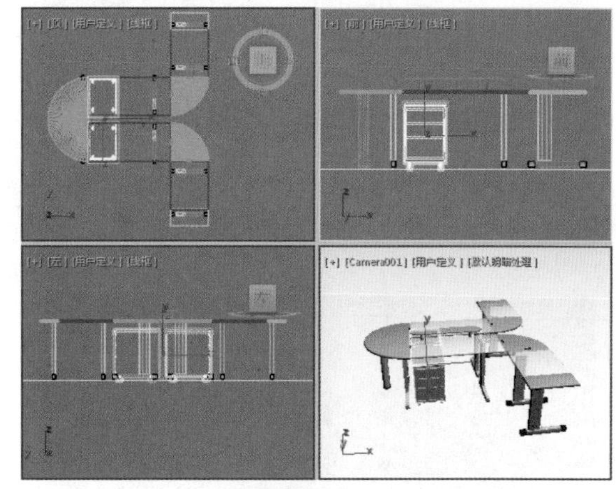

图2-94

Step 02 在菜单栏中选择【编辑】|【反选】命令，即可在场景中选择未被选中的对象，如图2-95所示。

Step 03 当场景中不需要隐藏的对象处于被选中的状态时，切换至【显示】命令面板，在【隐藏】卷展栏中单击【隐藏未选定对象】按钮，释放鼠标后，未选定的对象将被隐藏，如图2-96所示。

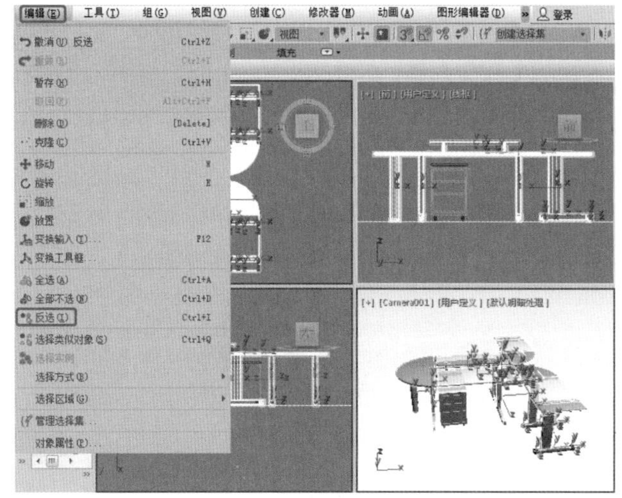

图2-95

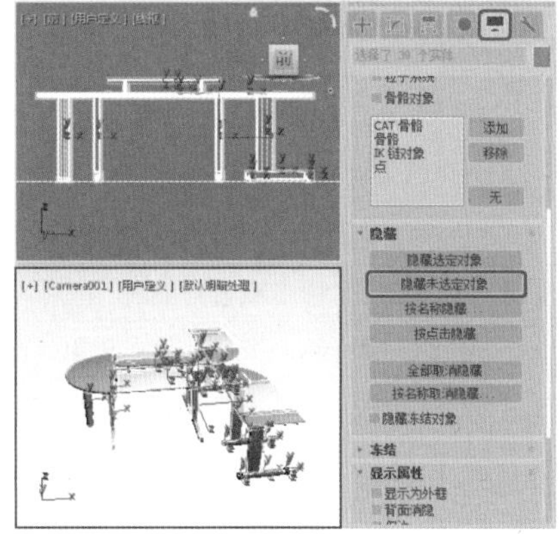

图2-96

实例 085 按点击隐藏对象

将选中的对象进行隐藏，还可通过【隐藏】卷展栏中的【按点击隐藏】按钮来实现。本例将讲解如何将对象按点击隐藏，完成后的效果如图2-97所示。

图2-97

素材	Scene\Cha02\按点击隐藏素材.max
场景	Scene\Cha02\实例085 按点击隐藏对象.max
视频	视频教学\Cha02\实例085 按点击隐藏对象.mp4

Step 01 按Ctrl+O组合键，打开“Scene\Cha02\按点击隐藏素材.max”素材文件，如图2-98所示。

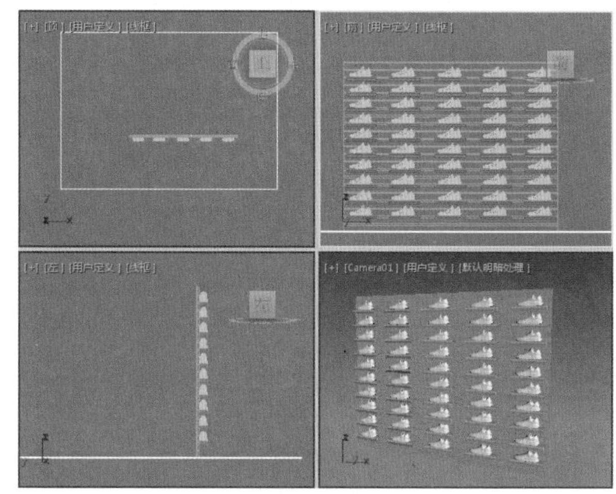

图2-98

Step 02 切换至【显示】命令面板，单击【隐藏】卷展栏中的【按点击隐藏】按钮，移动鼠标至视图中，单击需要隐藏的对象，即可将对象隐藏，如图2-99所示。

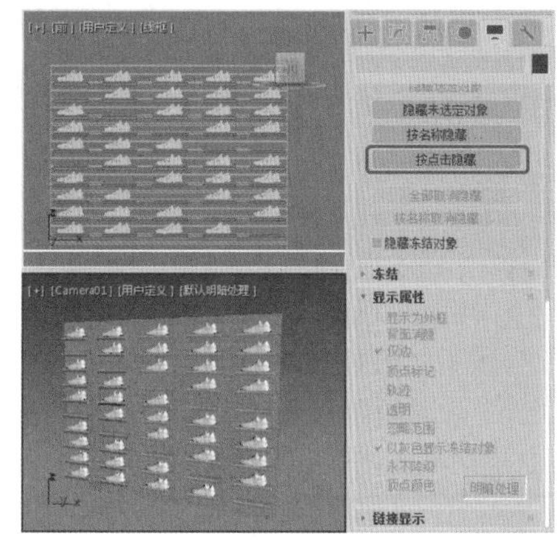

图2-99

实例 086 全部取消隐藏对象

如果需要将当前视图中隐藏的对象全部显示出来，单击【全部取消隐藏】按钮即可。本例将讲解如何将隐藏的对象全部显示出来，效果如图2-100所示。

图2-100

素材	Scene\Cha02\全部取消隐藏素材.max
场景	Scene\Cha02\实例086 全部取消隐藏对象.max
视频	视频教学\Cha02\实例086 全部取消隐藏对象.mp4

Step 01 按Ctrl+O组合键，打开“Scene\Cha02\全部取消隐藏素材.max”素材文件，如图2-101所示。

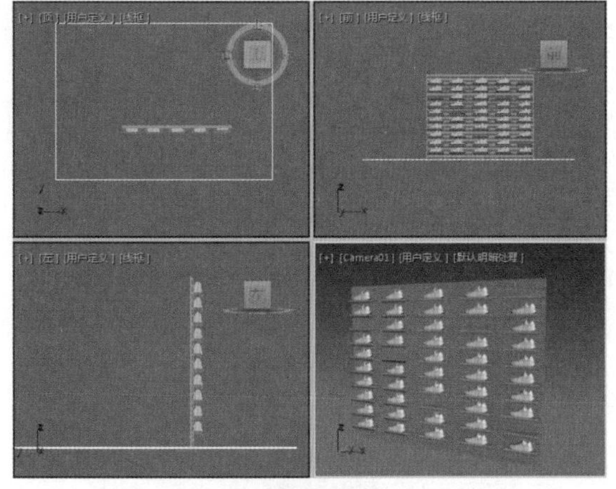

图2-101

Step 02 切换至【显示】命令面板，在【隐藏】卷展栏中单击【全部取消隐藏】按钮，即可将视图中隐藏的对象全部取消隐藏，如图2-102所示。

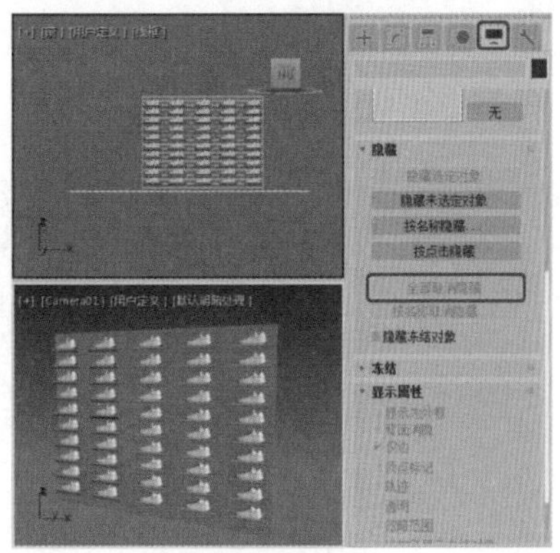

图2-102

实例087 按名称隐藏对象

对于场景中需要隐藏的对象，还可以在【隐藏对象】对话框中进行操作。本例将讲解如何将对象按名称进行隐藏，完成后的效果如图2-103所示。

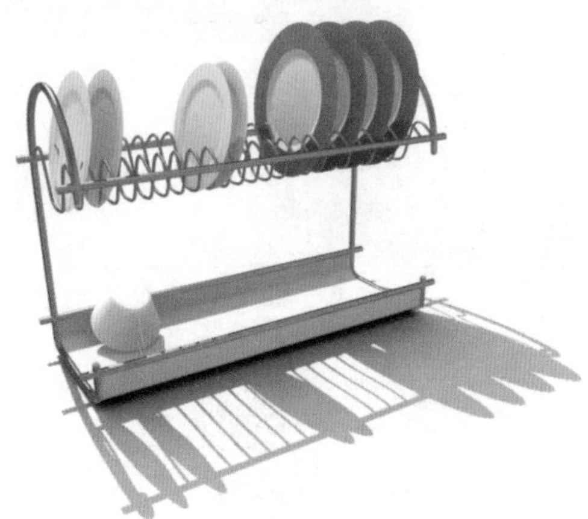

图2-103

素材	Scene\Cha02\按名称隐藏素材.max
场景	Scene\Cha02\实例087 按名称隐藏对象.max
视频	视频教学\Cha02\实例087 按名称隐藏对象.mp4

Step 01 按Ctrl+O组合键，打开“Scene\Cha02\按名称隐藏素材.max”素材文件，如图2-104所示。

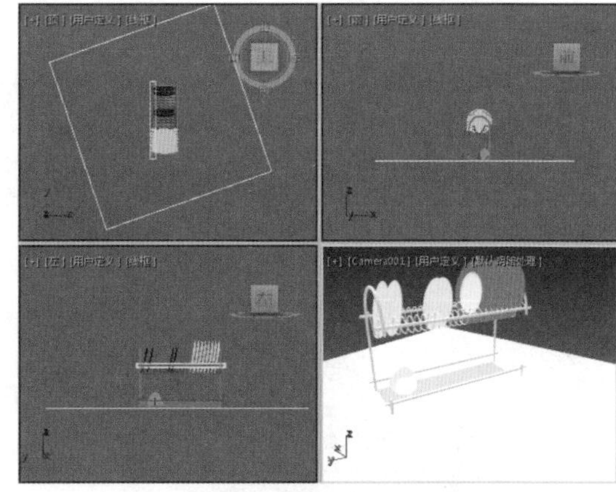

图2-104

Step 02 切换至【显示】命令面板，在【隐藏】卷展栏中单击【按名称隐藏】按钮，如图2-105所示。

Step 03 在弹出的【隐藏对象】对话框中选择需要隐藏的对象名称，如图2-106所示。

Step 04 单击【隐藏】按钮，被选择的对象将在场景中被隐藏，如图2-107所示。

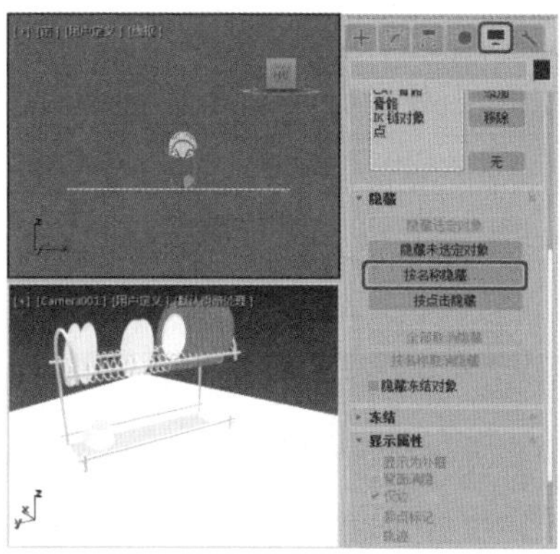

图2-105

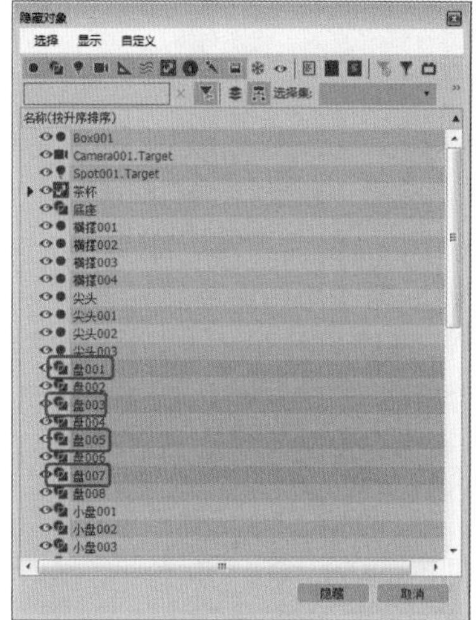

图2-106

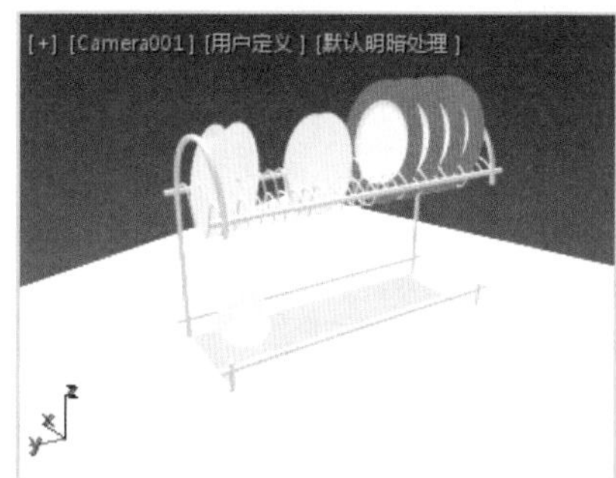

图2-107

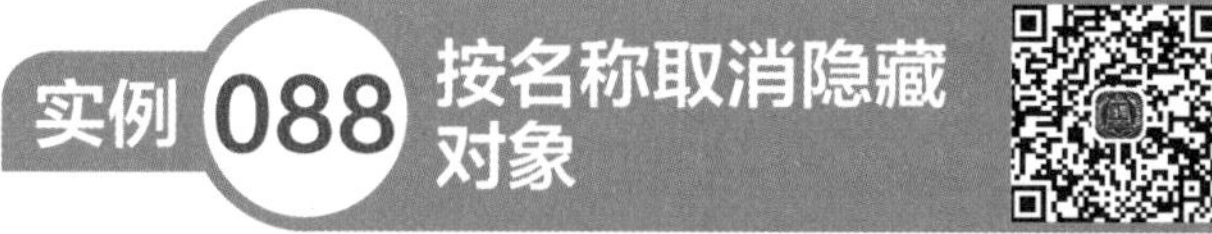

实例088 按名称取消隐藏对象

【取消隐藏对象】对话框列表用于显示当前视图中隐藏的对象名称，单击需要取消隐藏的对象名称，即可在场景中显示该对象。本例将讲解如何将对象按名称取消隐藏，完成后的效果如图2-108所示。

图2-108

素材	Scene\Cha02\按名称取消隐藏素材.max
场景	Scene\Cha02\实例088 按名称取消隐藏对象.max
视频	视频教学\Cha02\实例088 按名称取消隐藏对象.mp4

Step 01 按Ctrl+O组合键，打开“Scene\Cha02\按名称取消隐藏素材.max”素材文件，如图2-109所示。

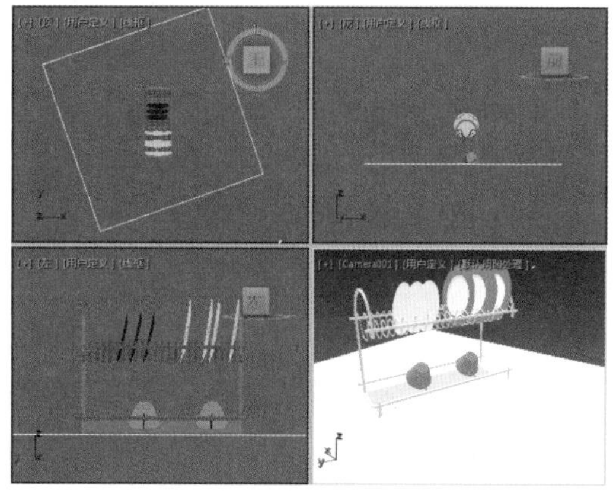

图2-109

Step 02 切换至【显示】命令面板，在【隐藏】卷展栏中单击【按名称取消隐藏】按钮，如图2-110所示。

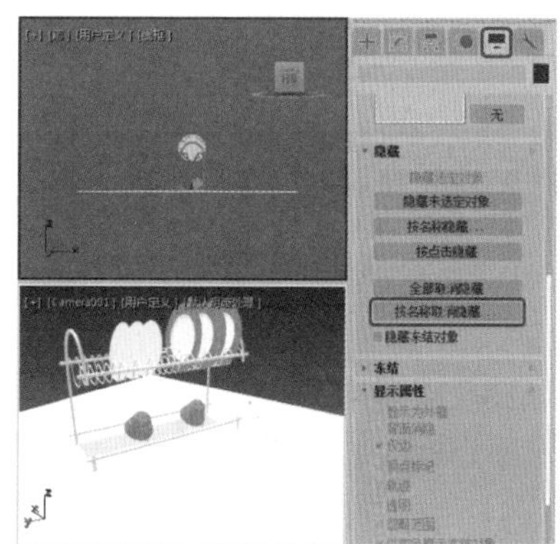

图2-110

Step 03 在弹出的【取消隐藏对象】对话框中选择需要取消隐藏对象的名称，如图2-111所示。

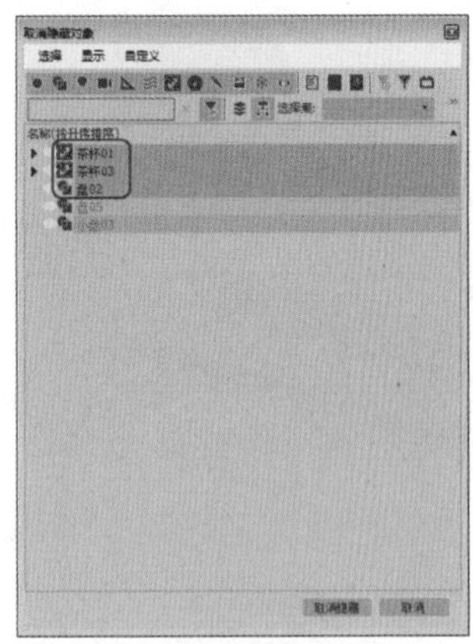

图2-111

Step 04 单击【取消隐藏】按钮即可将隐藏的对象显示出来，如图2-112所示。

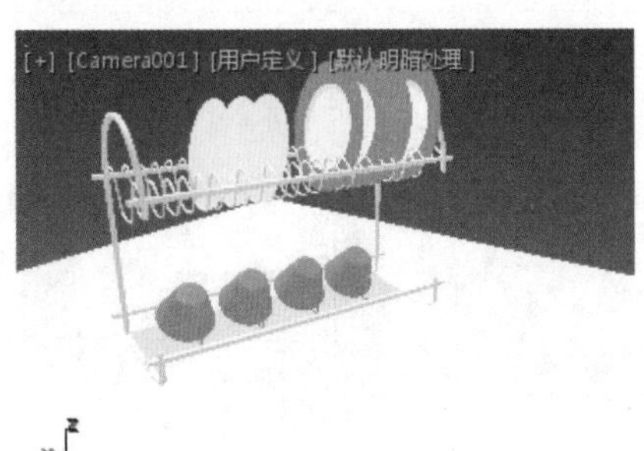

图2-112

实例 089 冻结选定对象

冻结选定对象就是将当前视图中选择的对象孤立。本例将讲解如何对选定的对象进行冻结，效果如图2-113所示。

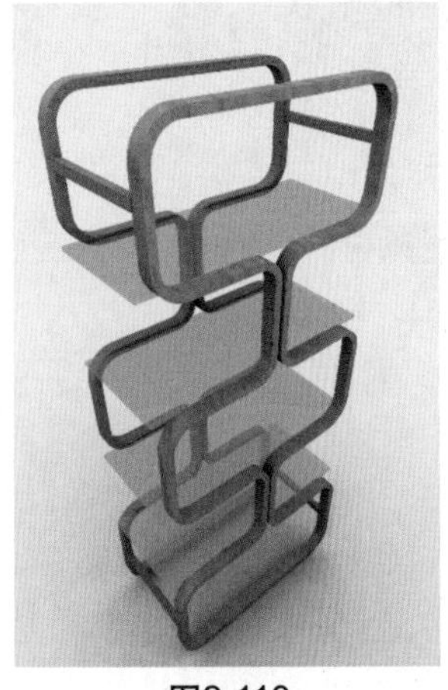

图2-113

素材	Scene\Cha02\冻结对象素材.max
场景	Scene\Cha02\实例089 冻结选定对象.max
视频	视频教学\Cha02\实例089 冻结选定对象.mp4

Step 01 按Ctrl+O组合键，打开“Scene\Cha02\冻结对象素材.max”素材文件，如图2-114所示。

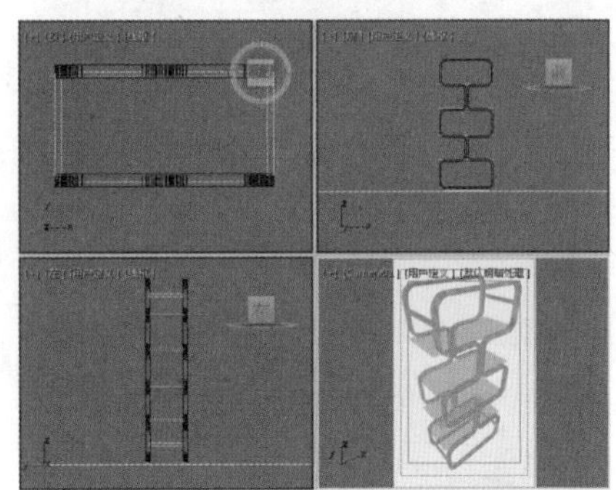

图2-114

Step 02 在视图中选择需要冻结的对象，切换至【显示】命令面板，在【冻结】卷展栏中单击【冻结选定对象】按钮，释放鼠标后，选定的对象会呈灰色显示，这表示选择的对象已被冻结，如图2-115所示。

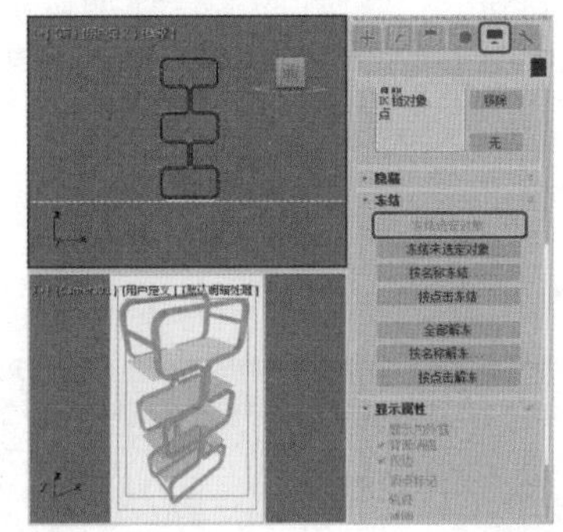

图2-115

实例 090 冻结未选定对象

冻结未选定对象就是将场景中未选定的对象冻结，具体的操作步骤如下。

素材	Scene\Cha02\冻结对象素材.max
场景	Scene\Cha02\实例090 冻结未选定对象.max
视频	视频教学\Cha02\实例090 冻结未选定对象.mp4

Step 01 按Ctrl+O组合键，打开“Scene\Cha02\冻结对象素材.max”素材文件，在视图中选择【支架01】、【支架02】，如图2-116所示。

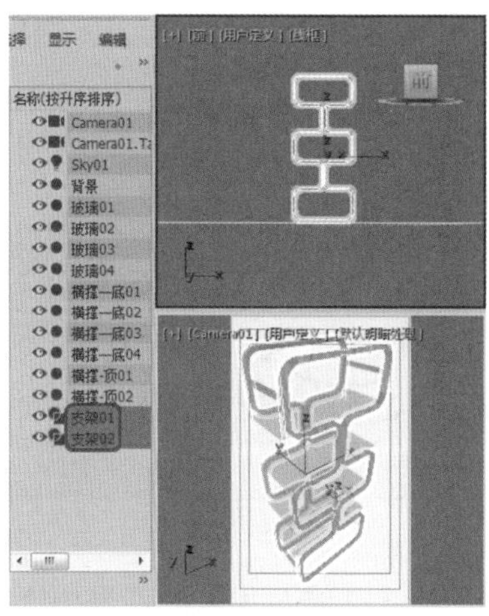
图2-116

Step 02 切换至【显示】命令面板，在【冻结】卷展栏中单击【冻结未选定对象】按钮，释放鼠标后，未选定的对象会呈灰色显示，这表示未选定的对象已被冻结，如图2-117所示。

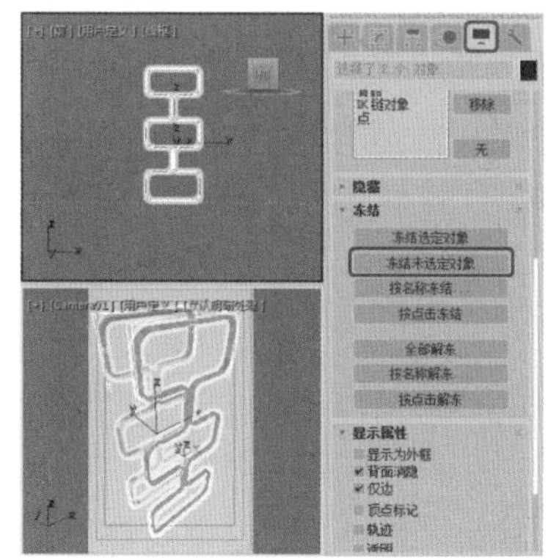
图2-117

实例091 全部解冻对象

全部解冻就是将视图中冻结的对象解冻，具体的操作步骤如下。

素材	Scene\Cha02\全部解冻素材.max
场景	Scene\Cha02\实例091 全部解冻对象.max
视频	视频教学\Cha02\实例091 全部解冻对象.mp4

Step 01 按Ctrl+O组合键，打开“Scene\Cha02\全部解冻素材.max”素材文件，如图2-118所示。

Step 02 切换至【显示】命令面板，在【冻结】卷展栏中单击【全部解冻】按钮，释放鼠标后，场景中冻结的对象将会被解冻，如图2-119所示。

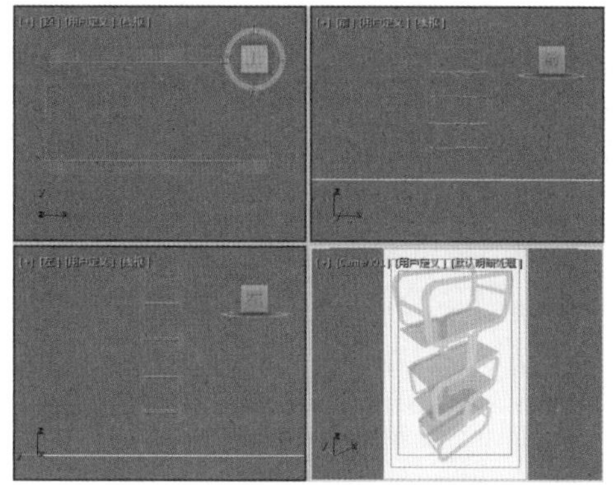
图2-118

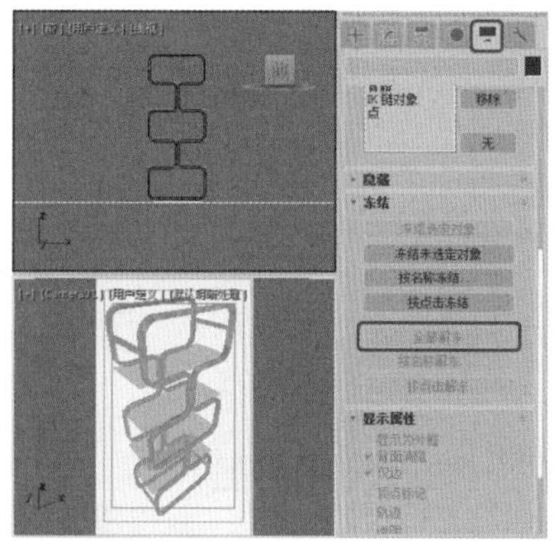
图2-119

实例092 按点击冻结对象

单击【按点击冻结】按钮，在场景中可通过单击对象来冻结对象，完成后的效果如图2-120所示。

图2-120

素材	Scene\Cha02\咖啡杯.max
场景	Scene\Cha02\实例092 按点击冻结对象.max
视频	视频教学\Cha02\实例092 按点击冻结对象.mp4

Step 01 按Ctrl+O组合键，打开“Scene\Cha02\咖啡杯.max”素材文件，如图2-121所示。

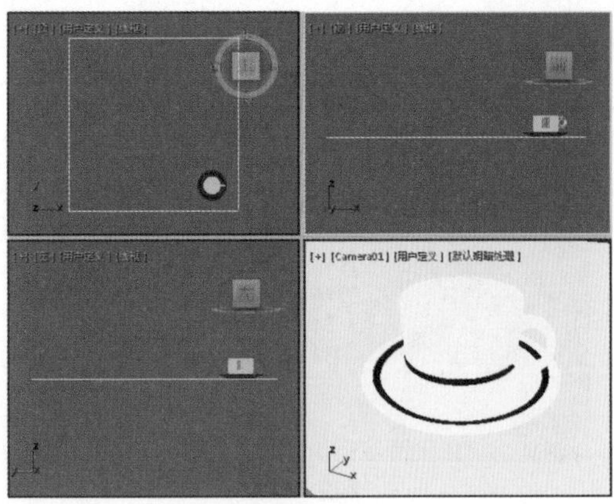

图2-121

Step 02 切换至【显示】命令面板，在【冻结】卷展栏中单击【按点击冻结】按钮，然后在场景中单击需要冻结的对象即可，如图2-122所示。

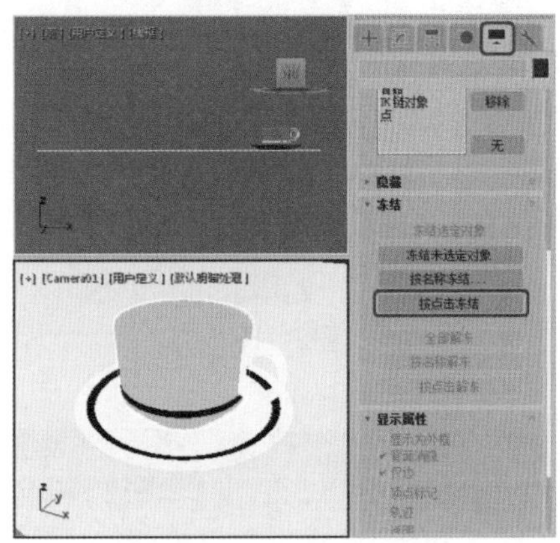

图2-122

实例093 按名称冻结对象

在【冻结对象】对话框中选择需要冻结的对象，可对其进行冻结。本例将讲解如何将对象按名称进行冻结，具体操作步骤如下。

素材	Scene\Cha02\咖啡杯.max
场景	Scene\Cha02\实例093 按名称冻结对象.max
视频	视频教学\Cha02\实例093 按名称冻结对象.mp4

Step 01 按Ctrl+O组合键，打开“Scene\Cha02\咖啡杯.max”素材文件，切换至【显示】命令面板，在【冻结】卷展栏中单击【按名称冻结】按钮，如图2-123所示。

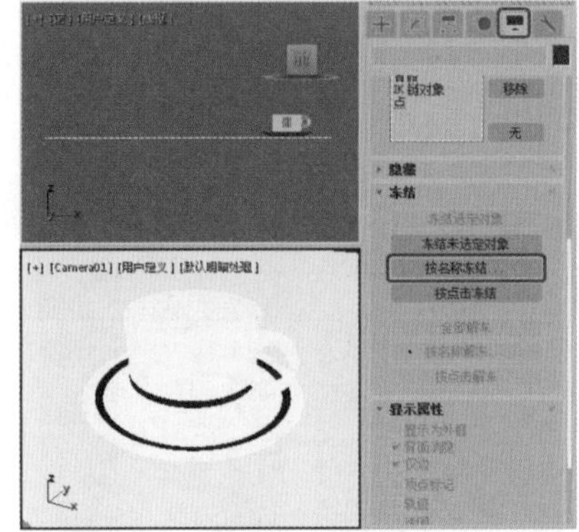

图2-123

Step 02 在弹出的【冻结对象】对话框中选择要冻结的对象的名称，如图2-124所示。

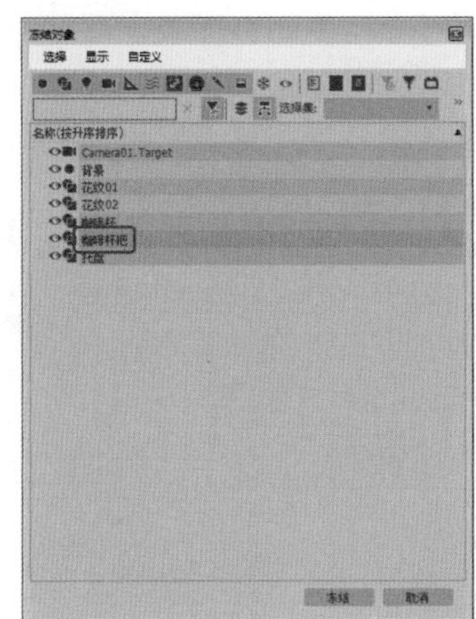

图2-124

Step 03 单击【冻结】按钮即可将选择的对象冻结，被冻结的对象将以灰色显示，如图2-125所示。

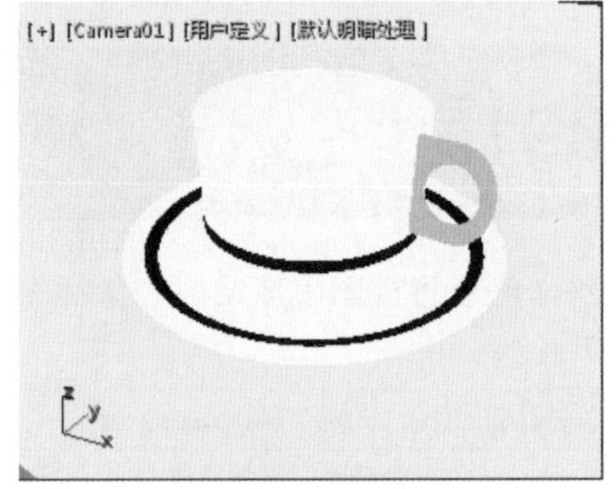

图2-125

实例094 链接对象

链接对象用来将两个对象按父子关系链接起来，

从而定义层级关系，方便用户进行链接运动操作。本例将讲解如何链接对象，完成后的效果如图2-126所示。

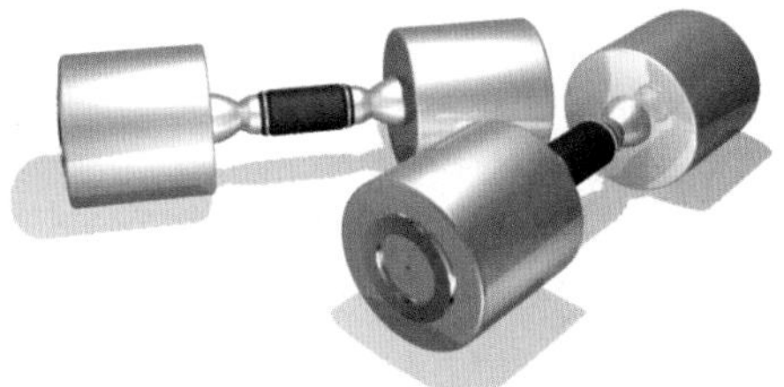

图2-126

素材	Scene\Cha02\链接对象素材.max
场景	Scene\Cha02\实例094 链接对象.max
视频	视频教学\Cha02\实例094 链接对象.mp4

Step 01 按Ctrl+O组合键，打开“Scene\Cha02\链接对象素材.max”素材文件，如图2-127所示。

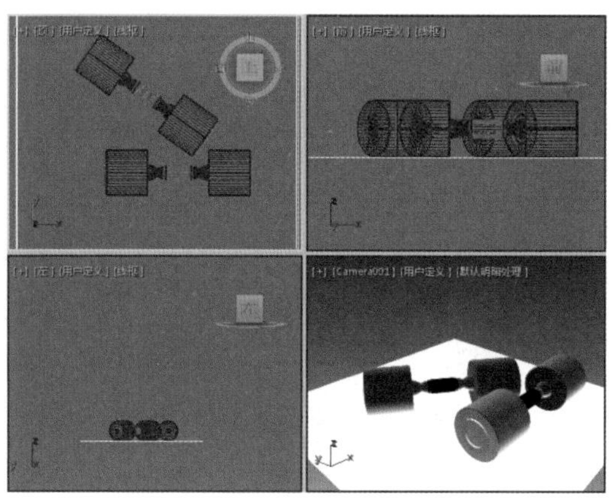

图2-127

Step 02 在工具栏中单击【选择并链接】按钮，如图2-128所示。

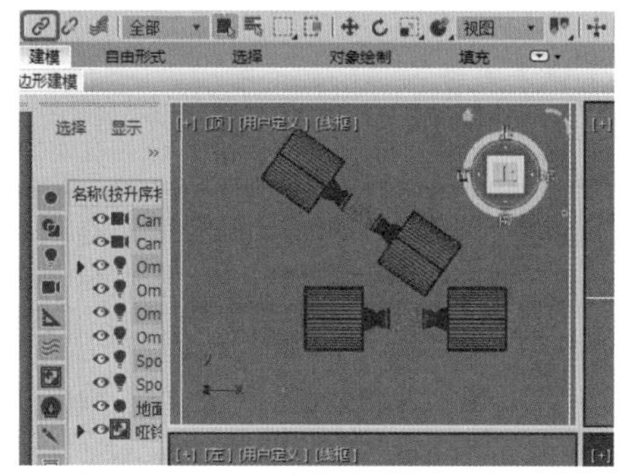

图2-128

Step 03 单击目标对象（子对象）并拖动鼠标至另一个对象（父对象）上，如图2-129所示。

Step 04 单击目标对象并释放鼠标，即可在两个对象之间建立链接，如图2-130所示。

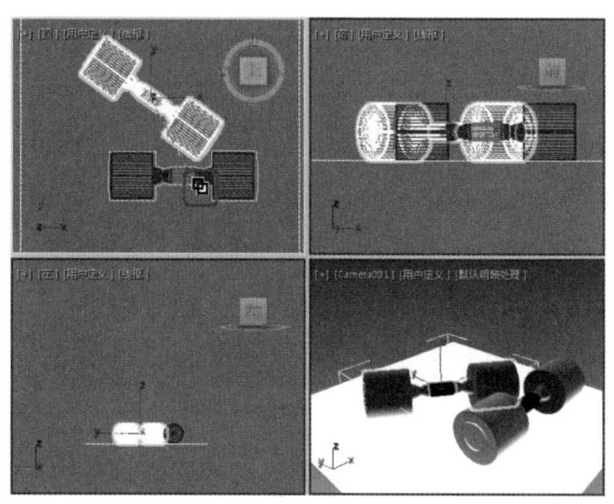

图2-129

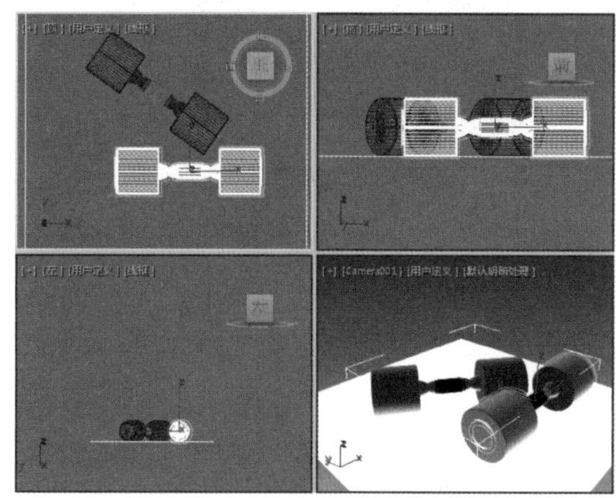

图2-130

提示

建立对象链接后，当对父对象进行移动、旋转等操作时，子对象也会随父对象一起变化；当对子对象进行操作时，父对象则不会变化。

实例095 断开链接

断开链接就是取消两个物体之间的层级关系，使子对象恢复独立状态，不再受父对象的约束，具体的操作步骤如下。

素材	无
场景	无
视频	视频教学\Cha02\实例095 断开链接.mp4

Step 01 继续上一实例的操作。在视图中选择需要断开链接的子对象，在工具栏中单击【断开当前选择链接】按钮，如图2-131所示。

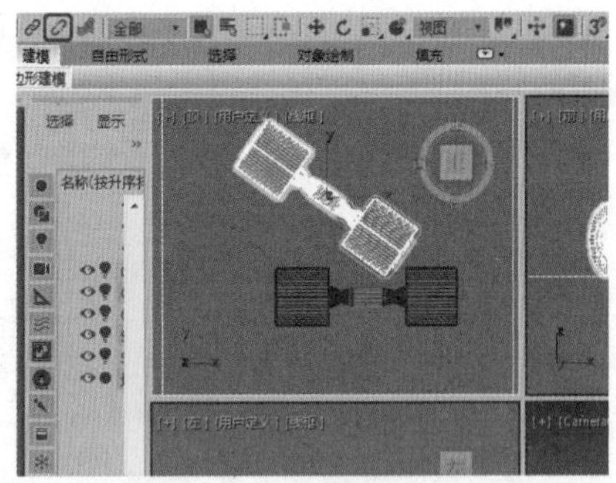

图2-131

Step 02 此时对象断开链接，当单击断开链接之前的父对象时，其他对象将不会被选中，如图2-132所示。

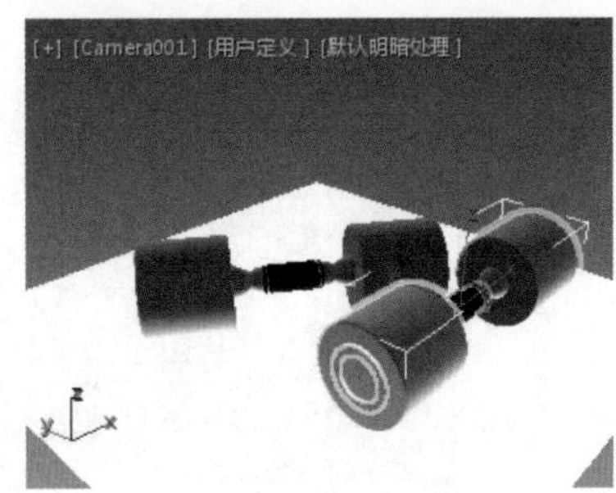

图2-132

实例096 绑定到空间扭曲

将选择的对象绑定到空间扭曲物体上，使它受到空间扭曲物体的影响。空间扭曲物体是一类特殊的物体，它们本身不能被渲染，其作用是限制或加工绑定的对象。本例将讲解怎样将对象绑定到空间扭曲，完成后的效果如图2-133所示。

图2-133

素材	Scene\Cha02\空间扭曲素材.max
场景	Scene\Cha02\实例096 绑定到空间扭曲.max
视频	视频教学\Cha02\实例096 绑定到空间扭曲.mp4

Step 01 按Ctrl+O组合键，打开“Scene\Cha02\空间扭曲素材.max”素材文件，在工具栏中单击【绑定到空间扭曲】按钮，在视图中单击文字对象并将其拖动到曲线对象上，如图2-134所示。

图2-134

Step 02 释放鼠标即可对对象进行空间扭曲绑定，效果如图2-135所示。

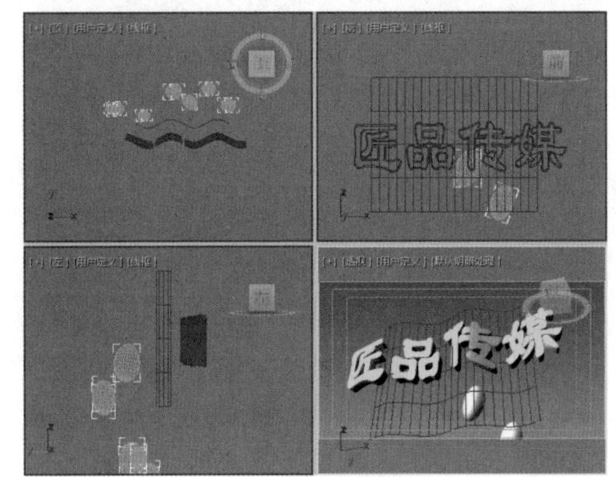

图2-135

实例097 复制克隆对象

将当前选择的对象进行原位复制，复制的对象与源对象相同，即为克隆对象，本例将讲解如何将对象进行复制克隆，完成后的效果如图2-136所示。

图2-136

素材	Scene\Cha02\复制克隆素材.max
场景	Scene\Cha02\实例097 复制克隆对象.max
视频	视频教学\Cha02\实例097 复制克隆对象.mp4

Step 01 按Ctrl+O组合键，打开“Scene\Cha02\复制克隆素材.max”素材文件，如图2-137所示。

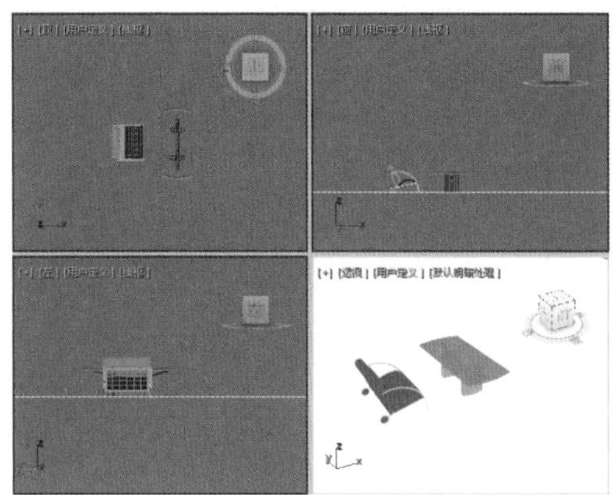

图2-137

Step 02 在视图中选择需要克隆的源对象，在菜单栏中选择【编辑】|【克隆】命令，如图2-138所示。

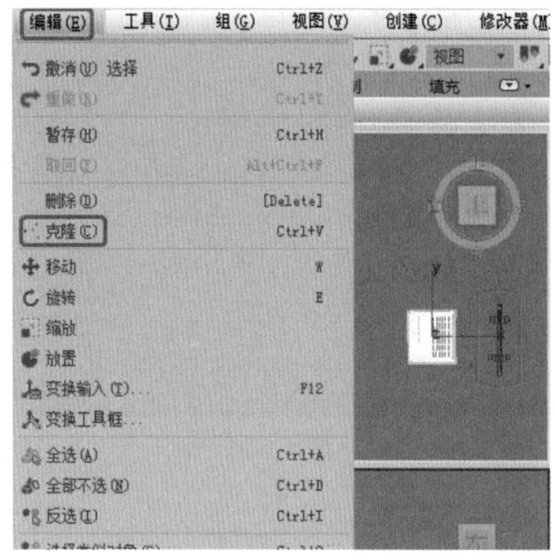

图2-138

Step 03 弹出【克隆选项】对话框，选中【复制】单选按钮，如图2-139所示。

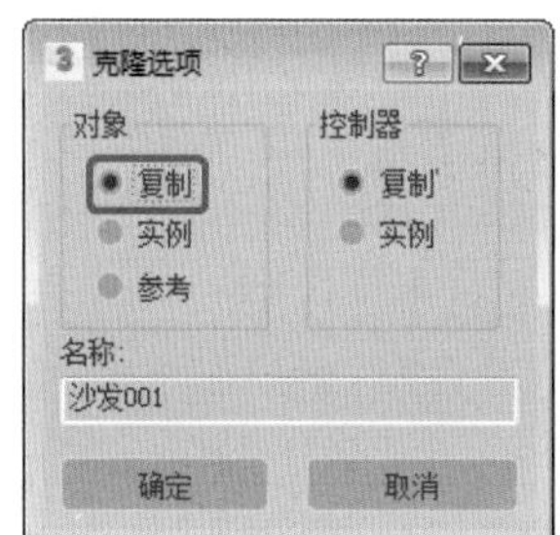

图2-139

Step 04 单击【确定】按钮，即可在场景中克隆出选择的对象，在视图中调整克隆对象的位置和角度，最终效果如图2-140所示。

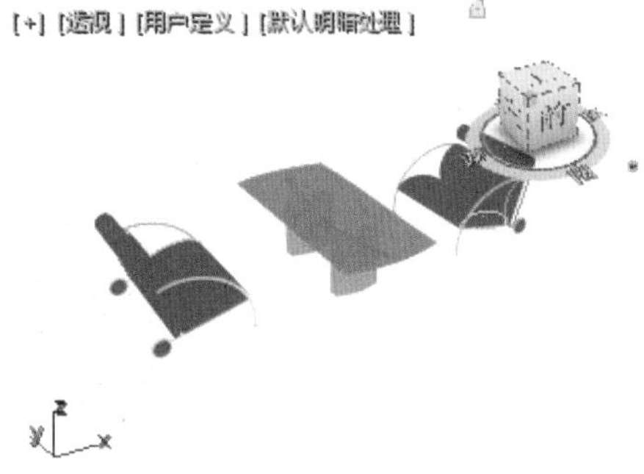

图2-140

> ◎提示
>
> 使用【克隆】命令后，单独修改任何一个对象，另一个对象不会随之改变。

实例098 实例克隆对象

实例克隆用于对需要的多个对象一起进行变化的场景。本例将讲解如何将对象进行实例克隆，完成后的效果如图2-141所示。

图2-141

素材	Scene\Cha02\实例克隆素材.max
场景	Scene\Cha02\实例098 实例克隆对象.max
视频	视频教学\Cha02\实例098 实例克隆对象.mp4

Step 01 按Ctrl+O组合键，打开“Scene\Cha02\实例克隆素材.max”素材文件，如图2-142所示。

Step 02 在场景中选择需要克隆的对象，在菜单栏中选择【编辑】|【克隆】命令，弹出【克隆选项】对话框，选中【实例】单选按钮，如图2-143所示。

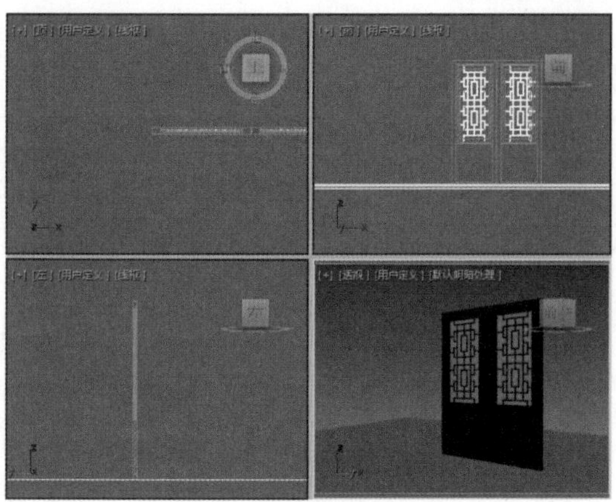
图2-142

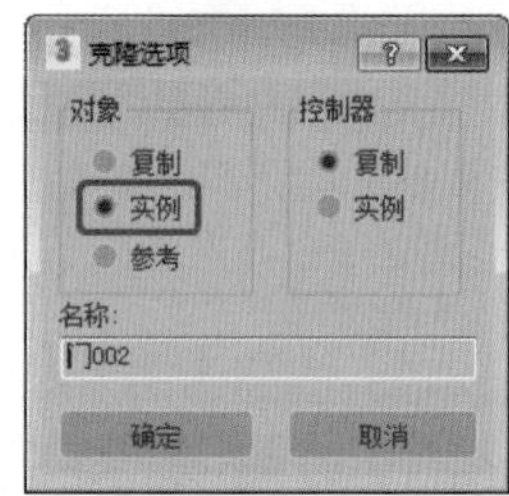

图2-143

Step 03 单击【确定】按钮，即可在场景中克隆对象，在视图中调整克隆对象的位置和角度即可，如图2-144所示。

图2-144

◎提示

使用实例克隆对象后，修改任何一个对象，另一个对象也会随之发生变化。

实例099 参考克隆对象

参考克隆用于对复制的对象添加修改器而不对源物体进行影响的场景。本例将讲解如何对对象进行参考克隆，完成后的效果如图2-145所示。

图2-145

素材	Scene\Cha02\参考克隆素材.max
场景	Scene\Cha02\实例099 参考克隆对象.max
视频	视频教学\Cha02\实例099 参考克隆对象.mp4

Step 01 按Ctrl+O组合键，打开“Scene\Cha02\参考克隆素材.max”素材文件，如图2-146所示。

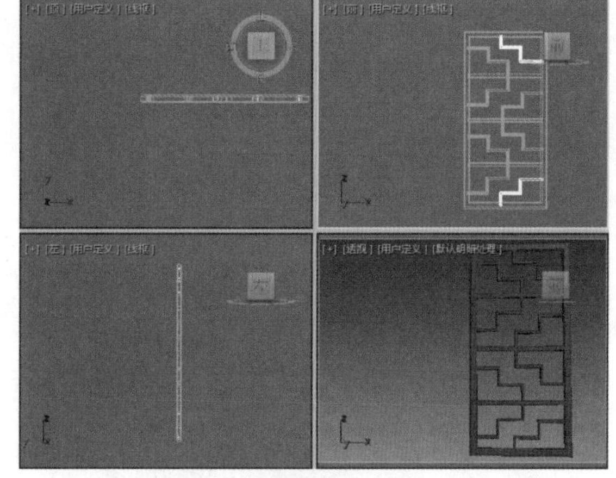
图2-146

Step 02 在场景中选择需要克隆的对象，在菜单栏中选择【编辑】|【克隆】命令，弹出【克隆选项】对话框，选中【参考】单选按钮，如图2-147所示。

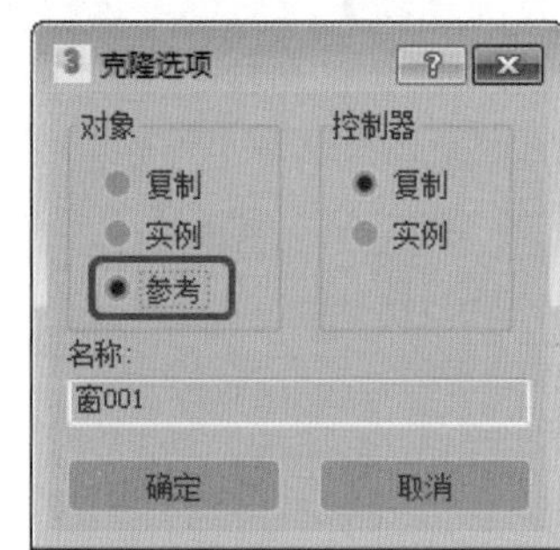

图2-147

Step 03 单击【确定】按钮，即可在场景中克隆对象，在视图中调整克隆对象的位置和角度即可，如图2-148

所示。

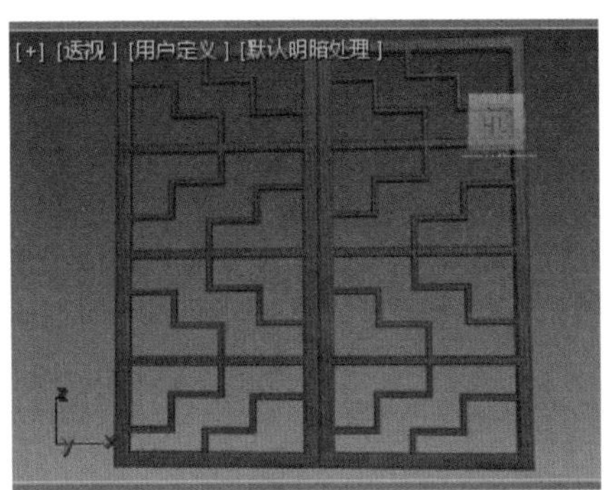

图2-148

◎提示◦

使用参考克隆对象后，修改源对象后所有复制的对象都会随之改变，修改复制的对象，源对象不会有变化。

实例 100 克隆并对齐对象

运用【克隆并对齐】命令，可将克隆的对象与源对象对齐复制。本例将讲解如何将对象进行克隆并对齐，完成后的效果如图2-149所示。

图2-149

素材	Scene\Cha02\克隆并对齐素材.max
场景	Scene\Cha02\实例100 克隆并对齐对象.max
视频	视频教学\Cha02\实例100 克隆并对齐对象.mp4

Step 01 按Ctrl+O组合键，打开“Scene\Cha02\克隆并对齐素材.max”素材文件，如图2-150所示。

Step 02 在场景中选择【摇椅架】对象，在菜单栏中选择【工具】|【对齐】|【克隆并对齐】命令，如图2-151所示。

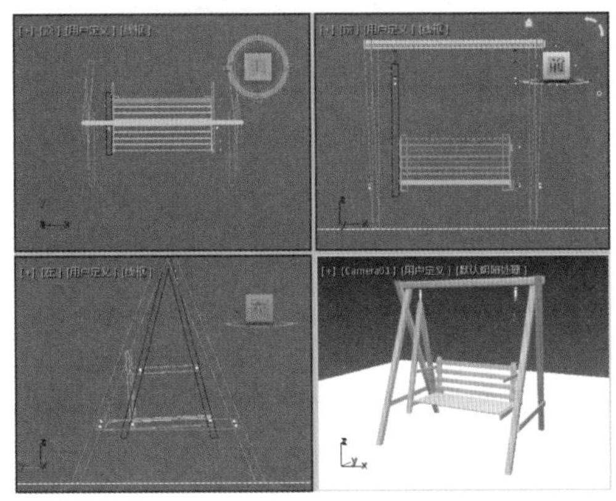

图2-150

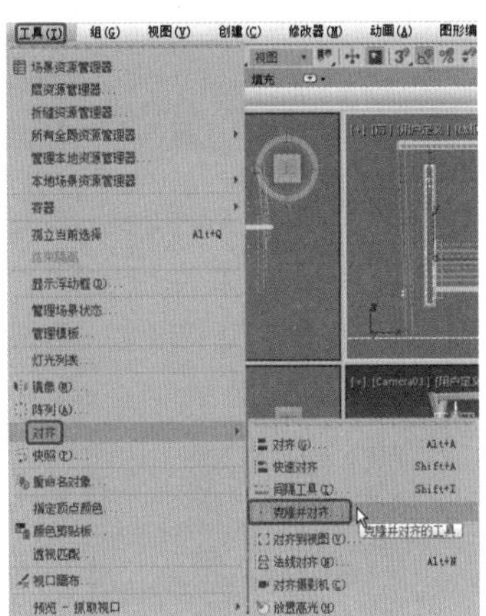

图2-151

Step 03 弹出【克隆并对齐】对话框，单击【目标对象】选项组中的【拾取】按钮，移动鼠标至视图中，在视图中单击【靠背】对象，在【对齐参数】卷展栏中的【对齐位置】选项组中取消勾选【Y位置】和【Z位置】复选框，将【偏移（局部）】的X值设置为69，在【对齐方向】选项组中取消勾选【X轴】和【Z轴】复选框，如图2-152所示。

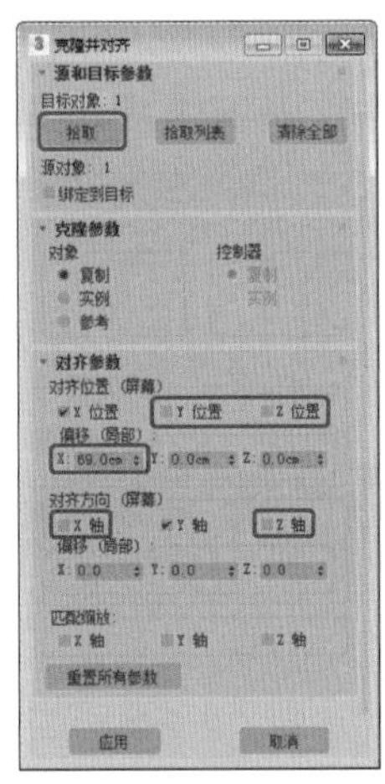

图2-152

Step 04 单击【应用】按钮，关闭对话框，即可在视图中观察效果，如图2-153所示。

图2-153

实例 101 按计数间隔复制对象

间隔建模有两种方式，计数间隔复制是其中之一，即通过计数间隔复制来进行建模。本例将讲解如何将对象按计数进行间隔复制，完成后的效果如图2-154所示。

图2-154

素材	Scene\Cha02\计数间隔素材.max
场景	Scene\Cha02\实例101 按计数间隔复制对象.max
视频	视频教学\Cha02\实例101 按计数间隔复制对象.mp4

Step 01 按Ctrl+O组合键，打开“Scene\Cha02\计数间隔素材.max”素材文件，如图2-155所示。

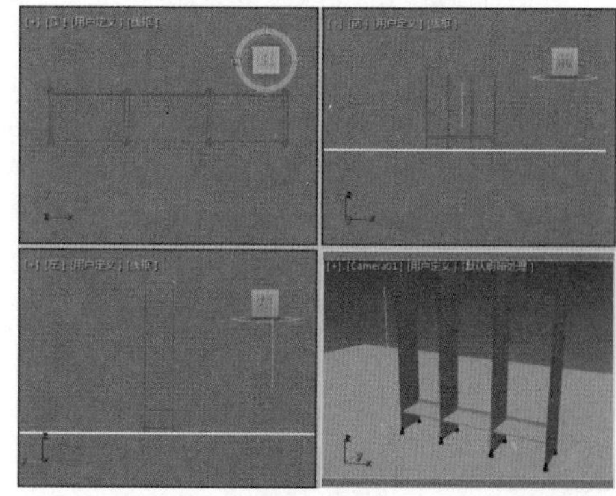

图2-155

Step 02 在视图中选择【下层板】对象，在菜单栏中选择【工具】|【对齐】|【间隔工具】命令，如图2-156所示。

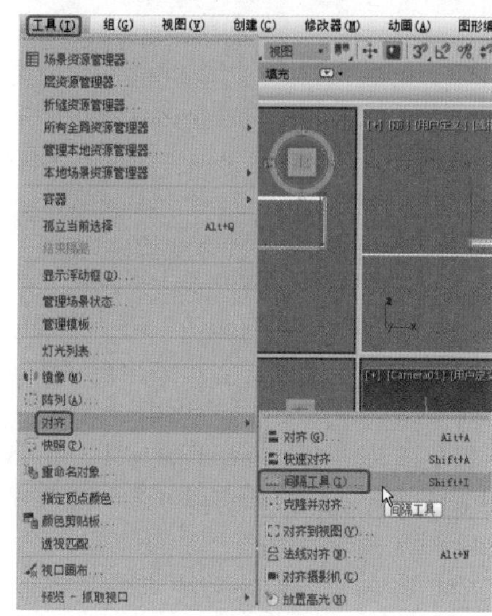

图2-156

Step 03 在弹出的【间隔工具】对话框中单击拾取路径按钮，在【前】视图中拾取Line001路径，并在【参数】选项组中将【计数】设置为5，如图2-157所示。

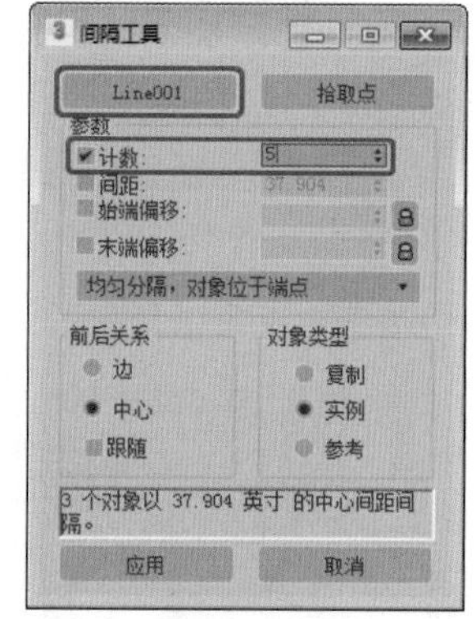

图2-157

Step 04 单击【应用】按钮，关闭对话框，即可在场景中观察效果，如图2-158所示。

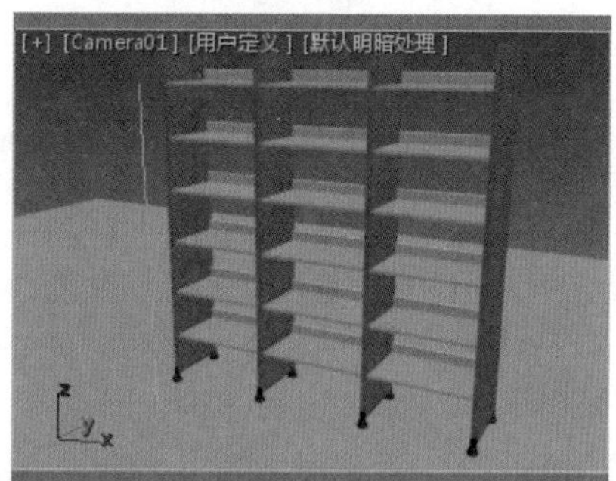

图2-158

实例102 按间距间隔复制对象

间距间隔复制是指通过设定间隔值来进行间距间隔复制。本例将讲解如何将对象按间距进行间隔复制，完成后的效果如图2-159所示。

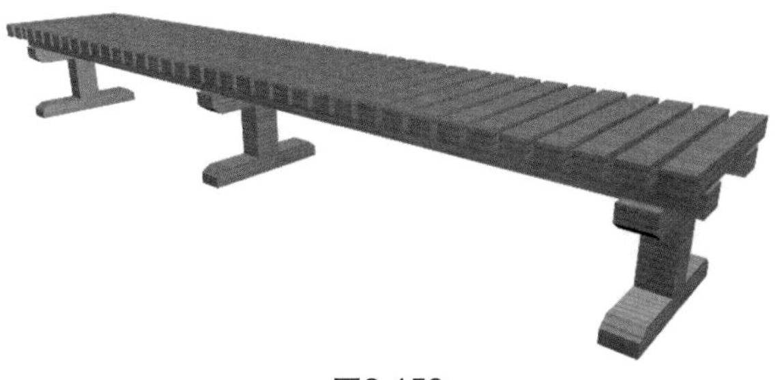

图2-159

素材	Scene\Cha02\间距间隔素材.max
场景	Scene\Cha02\实例102 按间距间隔复制对象.max
视频	视频教学\Cha02\实例102 按间距间隔复制对象.mp4

Step 01 按Ctrl+O组合键，打开“Scene\Cha02\间距间隔素材.max”素材文件，如图2-160所示。

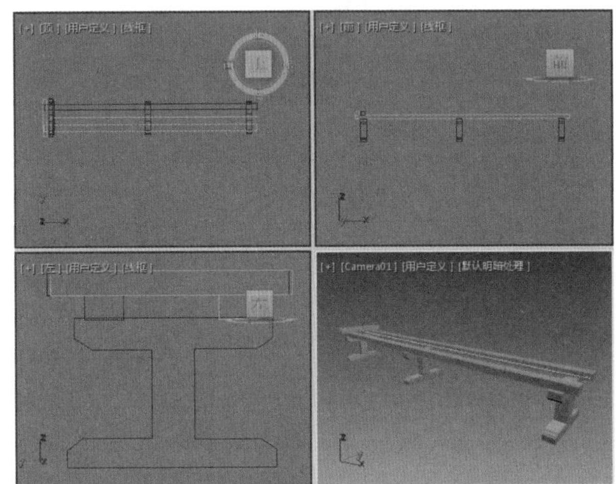

图2-160

Step 02 在视图中单击【截面】对象，在菜单栏中选择【工具】|【对齐】|【间隔工具】命令，在弹出的【间隔工具】对话框中单击拾取路径按钮，在视图中拾取Line001路径，并在【参数】选项组中将【间距】设置为414，在【前后关系】选项组中选中【边】单选按钮，如图2-161所示。

Step 03 单击【应用】按钮，关闭对话框，即可在视图中观察效果，如图2-162所示。

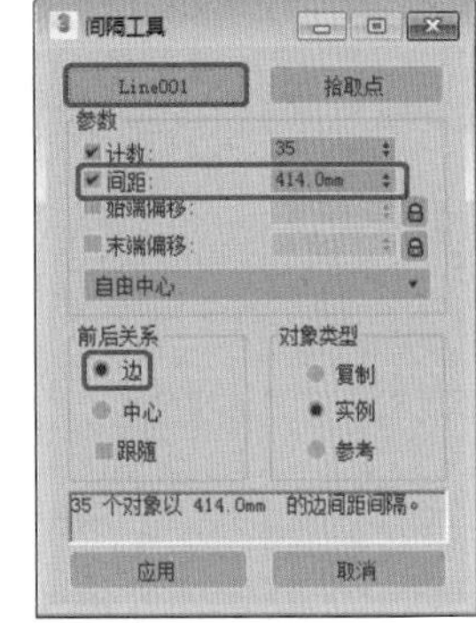

图2-161

图2-162

实例103 单一快照

单一快照就是在当前帧对选择对象进行快照，从而克隆一个新对象。本例将讲解如何将对象通过单一快照进行克隆，完成后的效果如图2-163所示。

图2-163

素材	Scene\Cha02\单一快照素材.max
场景	Scene\Cha02\实例103 单一快照.max
视频	视频教学\Cha02\实例103 单一快照.mp4

Step 01 按Ctrl+O组合键，打开“Scene\Cha02\单一快照素材.max”素材文件，如图2-164所示。

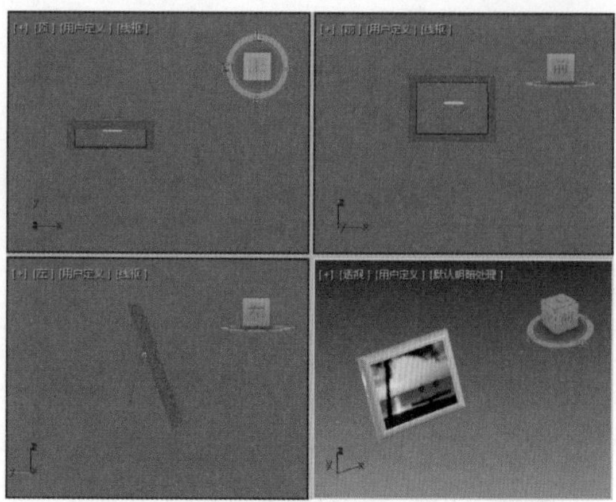

图2-164

Step 02 在视图中单击需要快照的对象，在菜单栏中选择【工具】|【快照】命令，如图2-165所示。

图2-165

Step 03 在弹出的【快照】对话框中选中【单一】单选按钮，其他均为默认，如图2-166所示。

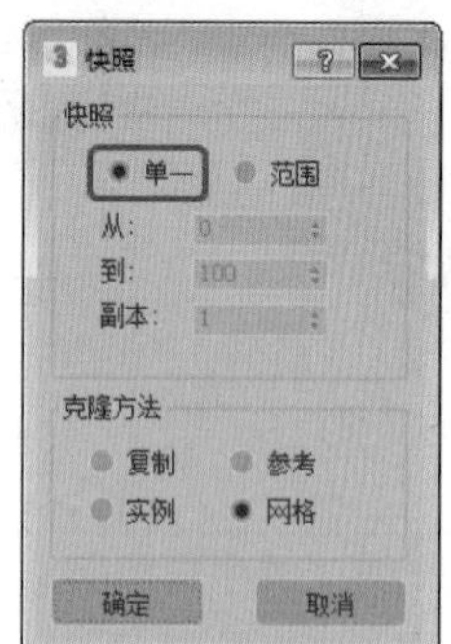

图2-166

Step 04 单击【确定】按钮，在视图中调整克隆对象的位置与角度，如图2-167所示。

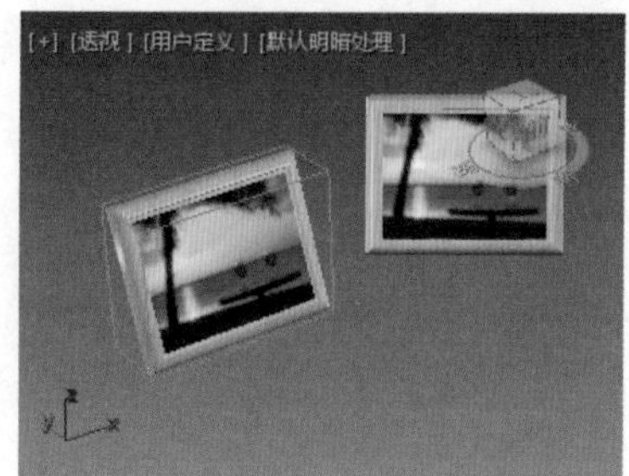

图2-167

实例104 范围快照

控制对一段动画中的选择对象进行的克隆，即为范围快照。本例将讲解如何对对象进行范围快照，完成后的效果如图2-168所示。

图2-168

素材	Scene\Cha02\范围快照素材.max
场景	Scene\Cha02\实例104 范围快照.max
视频	视频教学\Cha02\实例104 范围快照.mp4

Step 01 按Ctrl+O组合键，打开“Scene\Cha02\范围快照素材.max”素材文件，如图2-169所示。

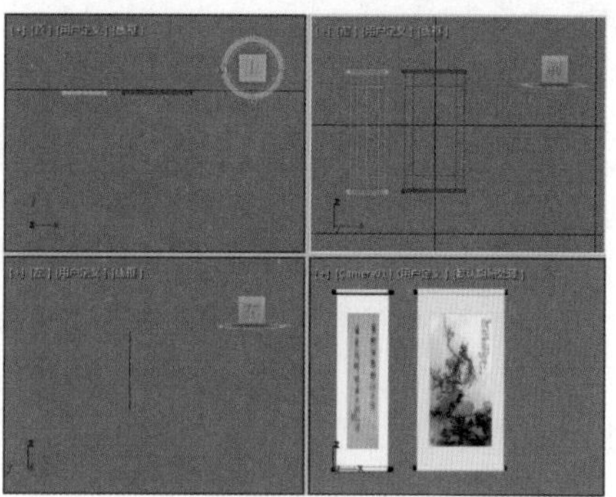

图2-169

Step 02 在视图中单击需要快照的对象，在菜单栏中选

择【工具】|【快照】命令，在弹出的【快照】对话框中选中【范围】单选按钮，将【从】设置为0，【到】设置为30，【副本】设置为1，如图2-170所示。

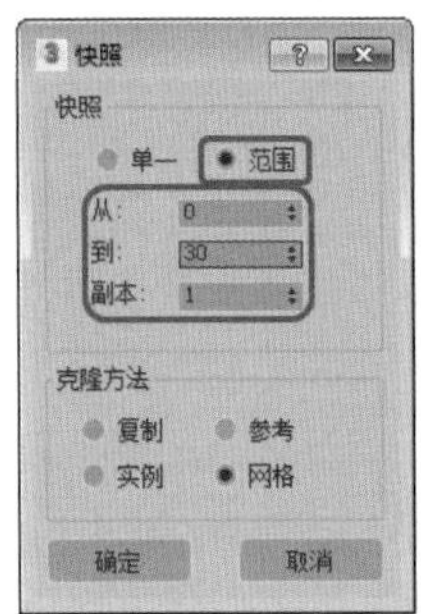

图2-170

Step 03 单击【确定】按钮，在视图中调整复制对象的位置，如图2-171所示。

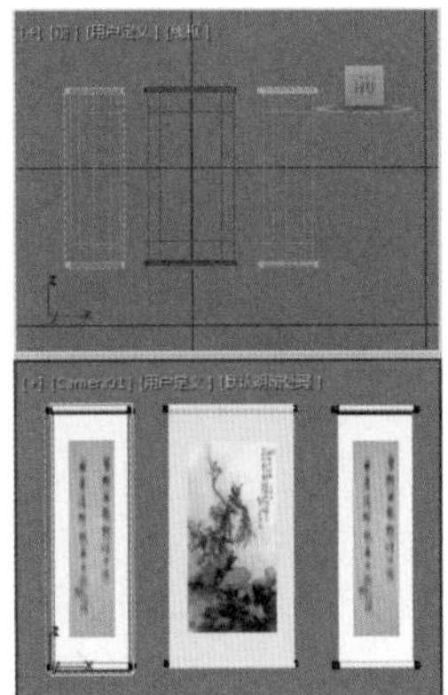

图2-171

实例105 运用Shift键复制

Shift键通常与移动、旋转、缩放等基本变换命令组合，可以在变换对象的同时进行克隆，产生被变换的克隆对象。本例将讲解如何运用Shift键对对象进行复制，完成后的效果如图2-172所示。

图2-172

素材	Scene\Cha02\Shift键复制素材.max
场景	Scene\Cha02\实例105 运用Shift键复制.max
视频	视频教学\Cha02\实例105 运用Shift键复制.mp4

Step 01 按Ctrl+O组合键，打开“Scene\Cha02\Shift键复制素材.max”素材文件，如图2-173所示。

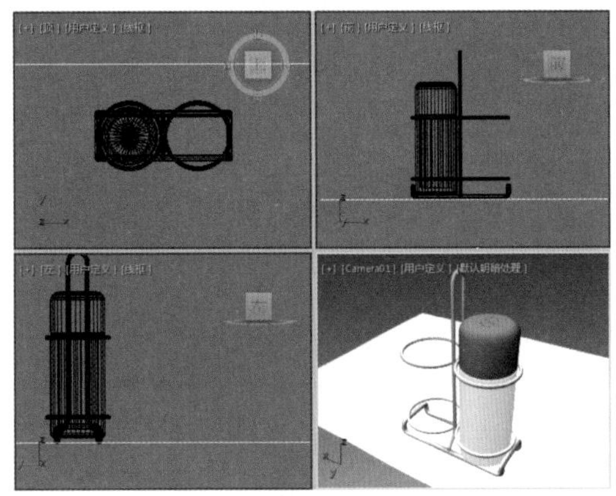

图2-173

Step 02 在工具栏中单击【选择并移动】按钮，当光标处于十字箭头状态时，在【顶】视图中按住Shift键的同时按住鼠标左键将需要复制的对象沿X轴向右拖动，如图2-174所示。

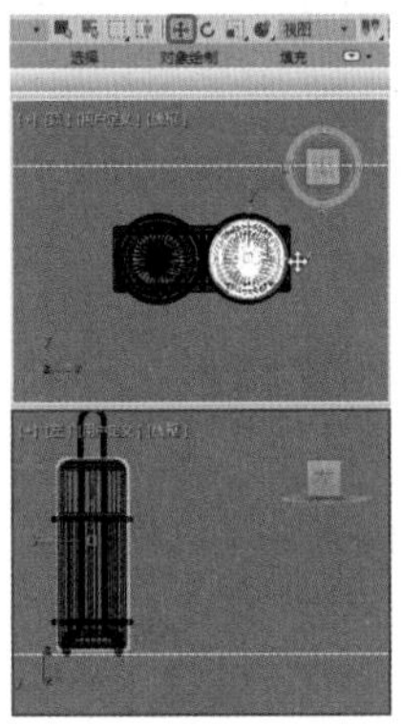

图2-174

Step 03 移动至合适位置后释放鼠标，弹出【克隆选项】对话框，在【对象】选项组中选中【复制】单选按钮，如图2-175所示。

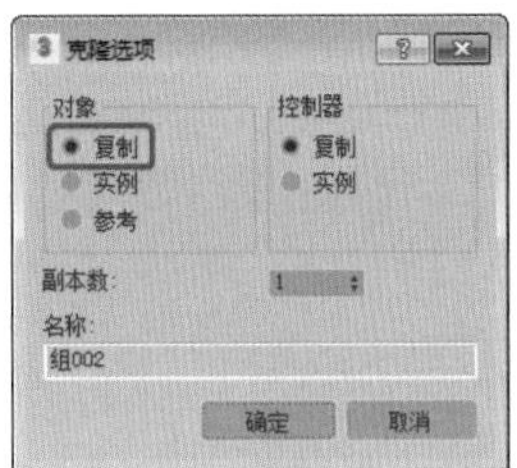

图2-175

Step 04 单击【确定】按钮，即可完成复制，关闭对话框，即可在视图中观察效果，如图2-176所示。

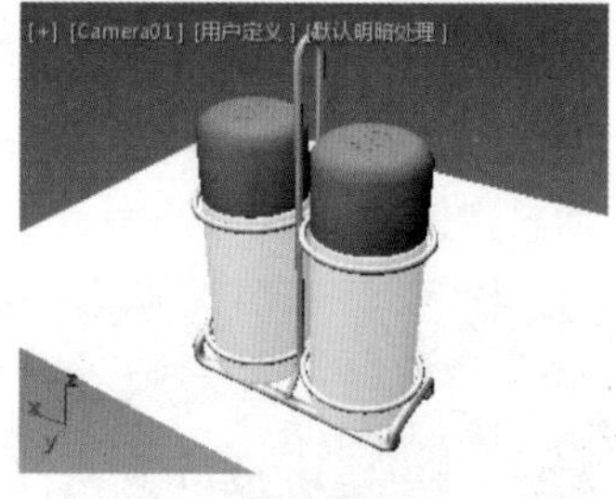

图2-176

实例106 水平镜像

通过选择不同的镜像方式可对对象进行镜像，以水平方式进行镜像称为水平镜像。本例将讲解如何将对象水平镜像，完成后的效果如图2-177所示。

图2-177

素材	Scene\Cha02\水平镜像素材.max
场景	Scene\Cha02\实例106 水平镜像.max
视频	视频教学\Cha02\实例106 水平镜像.mp4

Step 01 按Ctrl+O组合键，打开“Scene\Cha02\水平镜像素材.max”素材文件，如图2-178所示。

图2-178

Step 02 在【前】视图中选择【门01】对象，在工具栏中单击【镜像】按钮，如图2-179所示。

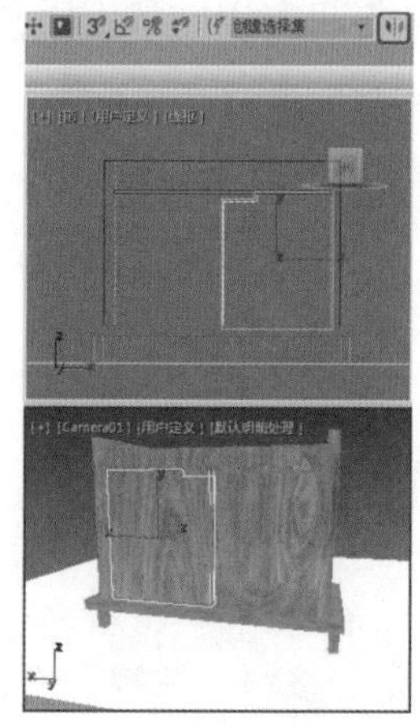

图2-179

Step 03 弹出【镜像：屏幕 坐标】对话框，在【镜像轴】选项组中选中X单选按钮，将【偏移】设置为-82.5，在【克隆当前选择】选项组中选中【复制】单选按钮，如图2-180所示。

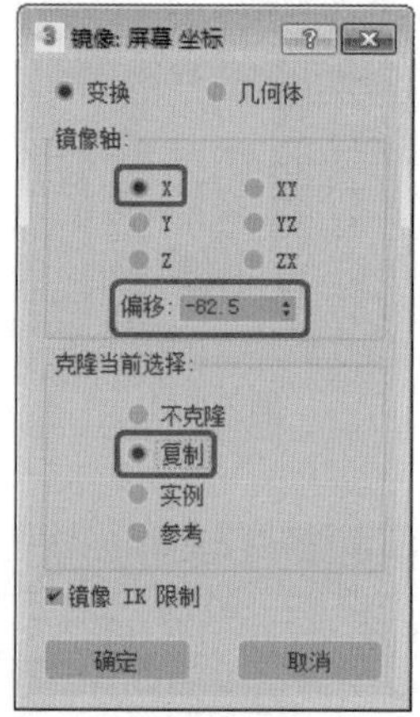

图2-180

Step 04 单击【确定】按钮，即可对选中的对象进行水平镜像。关闭对话框，即可在视图中观察效果，如图2-181所示。

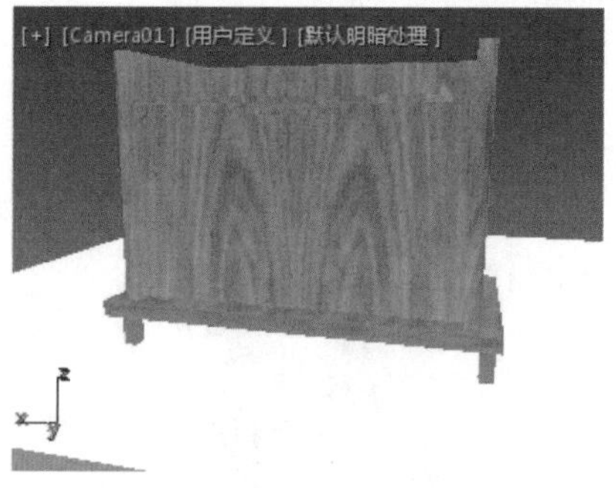

图2-181

实例 107 垂直镜像

将对象以垂直方向进行镜像称为垂直镜像。本例将讲解如何将对象进行垂直镜像，完成后的效果如图2-182所示。

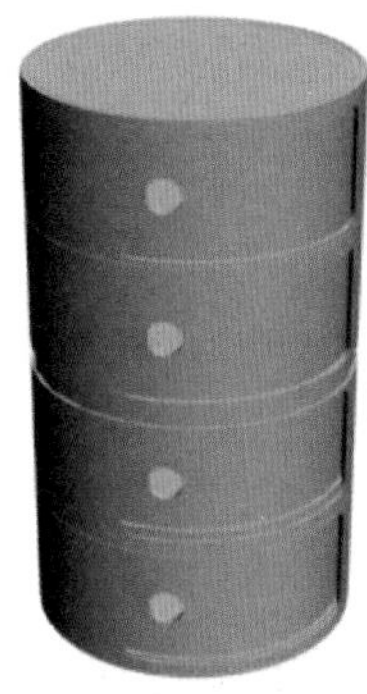

图2-182

素材	Scene\Cha02\垂直镜像素材.max
场景	Scene\Cha02\实例107 垂直镜像.max
视频	视频教学\Cha02\实例107 垂直镜像.mp4

Step 01 按Ctrl+O组合键，打开“Scene\Cha02\垂直镜像素材.max”素材文件，如图2-183所示。

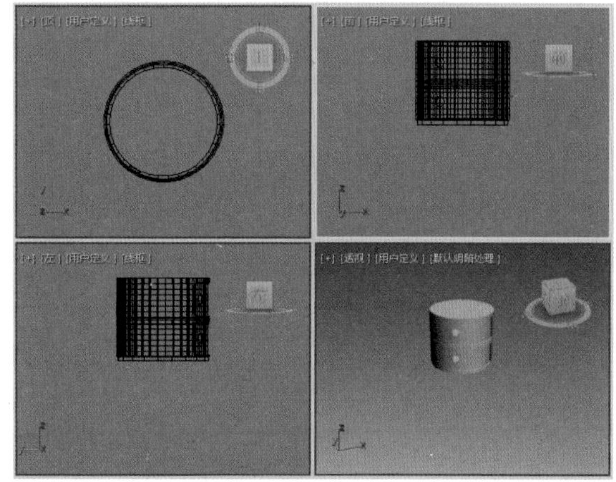

图2-183

Step 02 在【前】视图中选择需要镜像的对象，在工具栏中单击【镜像】按钮，如图2-184所示。

Step 03 弹出【镜像：屏幕 坐标】对话框，在【镜像轴】选项组中选中Y单选按钮，将【偏移】设置为-170，在【克隆当前选择】选项组中选中【复制】单选按钮，如图2-185所示。

Step 04 单击【确定】按钮，即可将选中的对象垂直镜像复制，如图2-186所示。

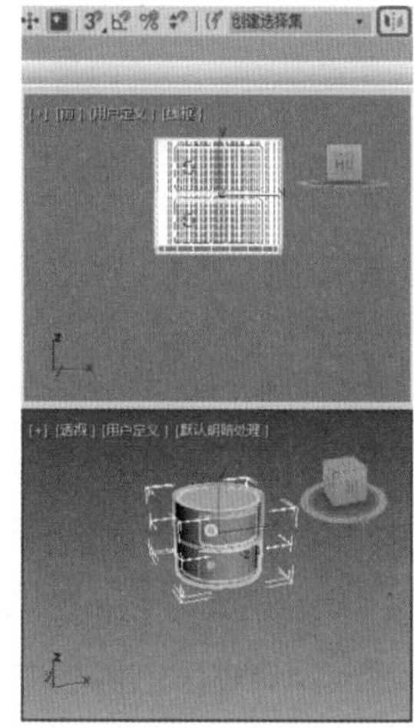

图2-184

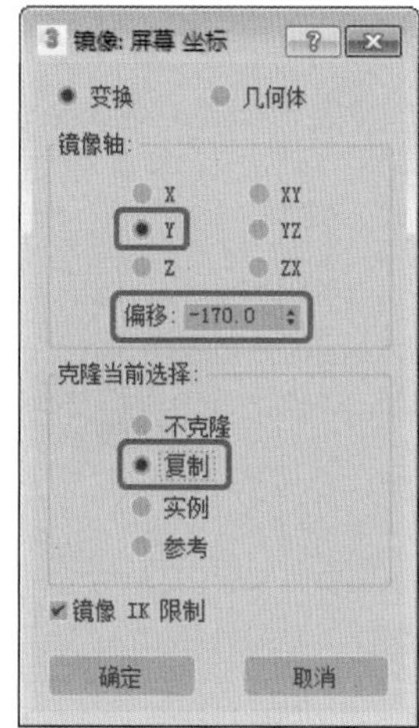

图2-185

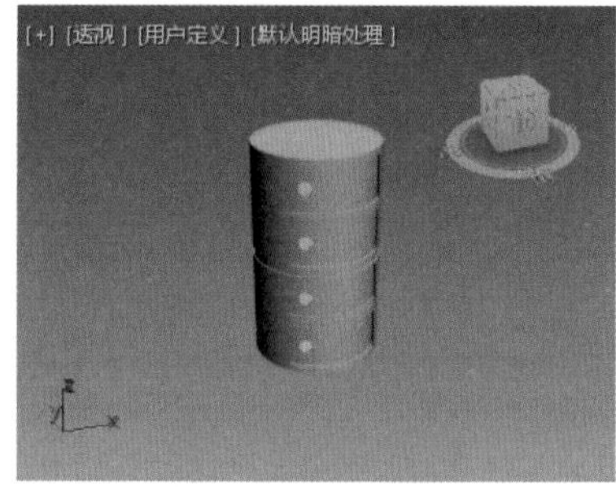

图2-186

实例 108 XY轴镜像

将对象沿XY轴进行镜像称为XY轴镜像。本例将讲解如何将对象进行XY轴镜像，完成后的效果如图2-187所示。

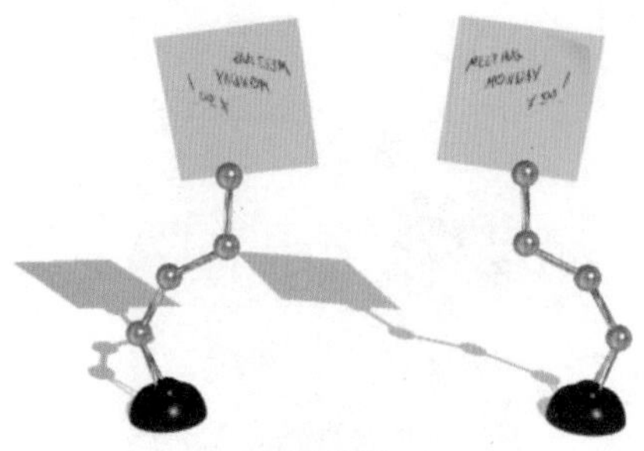
图2-187

素材	Scene\Cha02\ XY轴镜像素材.max
场景	Scene\Cha02\实例108 XY轴镜像.max
视频	视频教学\Cha02\实例108 XY轴镜像.mp4

Step 01 按Ctrl+O组合键，打开“Scene\Cha02\XY轴镜像素材.max”素材文件，如图2-188所示。

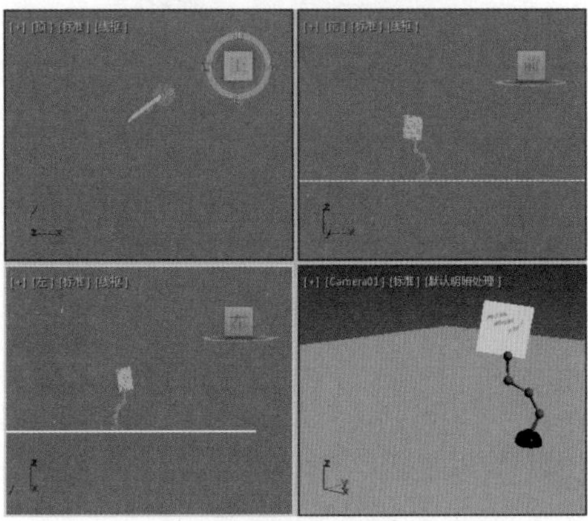
图2-188

Step 02 在【透视】视图中选择需要镜像的对象，在工具栏中单击【镜像】按钮，如图2-189所示。

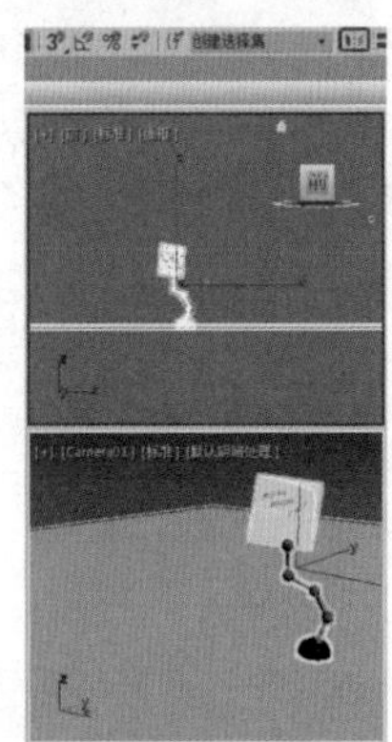
图2-189

Step 03 弹出【镜像：世界 坐标】对话框，在【镜像轴】选项组中选中XY单选按钮，将【偏移】设置为-5，在【克隆当前选择】选项组中选中【复制】单选按钮，如图2-190所示。

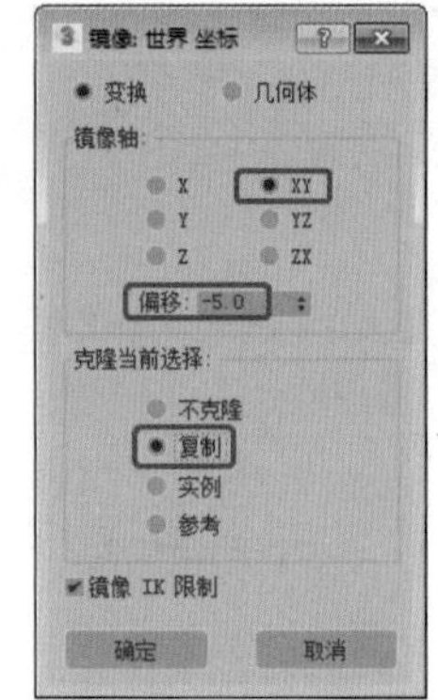

图2-190

Step 04 单击【确定】按钮，即可将选择的对象进行XY轴镜像。关闭对话框，按C键，将【透视】视图转换为摄影机视图，可在该视图中观察镜像后的效果，如图2-191所示。

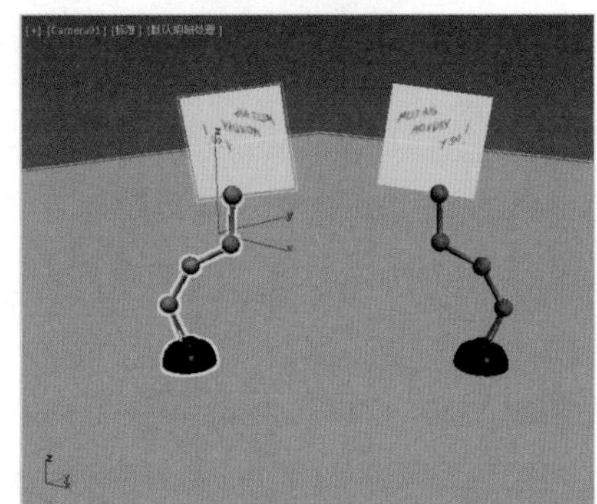
图2-191

实例 109 YZ轴镜像

将对象沿YZ轴镜像称为YZ轴镜像。本例将讲解如何将对象进行YZ轴镜像，完成后的效果如图2-192所示。

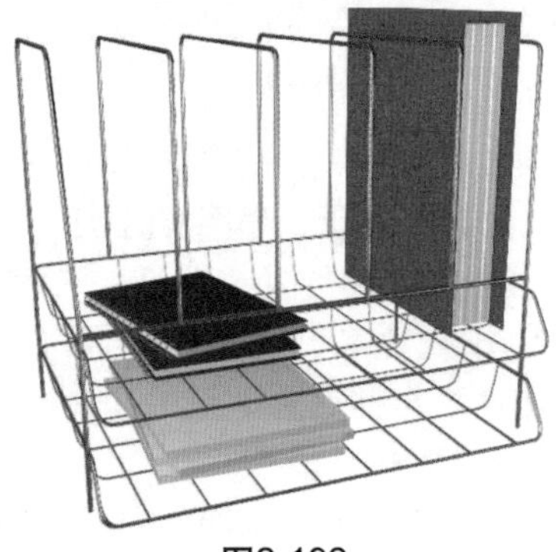
图2-192

素材	Scene\Cha02\ YZ轴镜像素材.max
场景	Scene\Cha02\实例109 YZ轴镜像.max
视频	视频教学\Cha02\实例109 YZ轴镜像.mp4

Step 01 按Ctrl+O组合键，打开“Scene\Cha02\YZ轴镜像素材.max”素材文件，如图2-193所示。

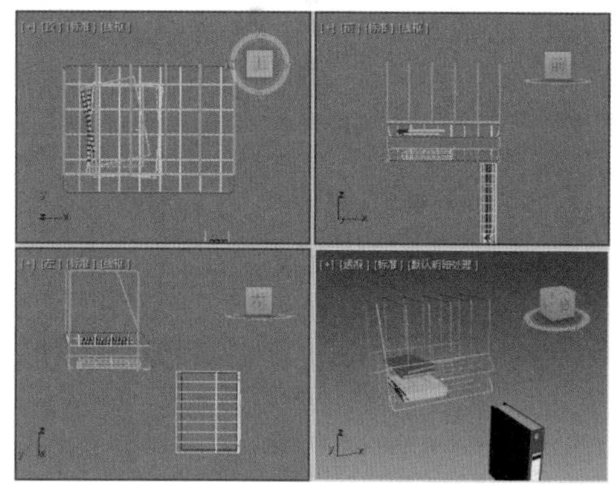

图2-193

Step 02 在【透视】视图中选择需要YZ轴镜像的对象，在工具栏中单击【镜像】按钮，如图2-194所示。

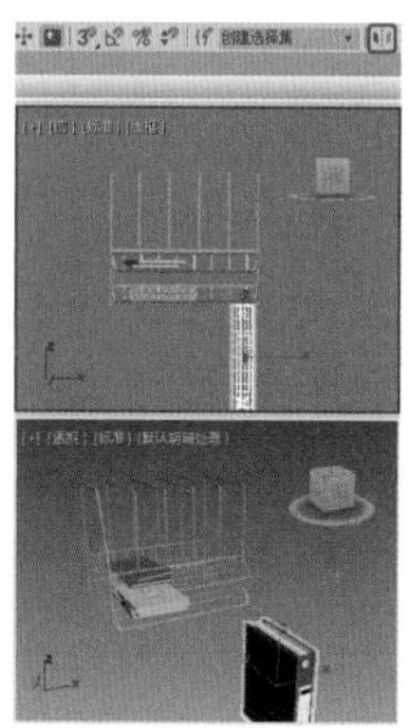

图2-194

Step 03 弹出【镜像：世界 坐标】对话框，在【镜像轴】选项组中选中YZ单选按钮，将【偏移】设置为15，在【克隆当前选择】选项组中选中【不克隆】单选按钮，如图2-195所示。

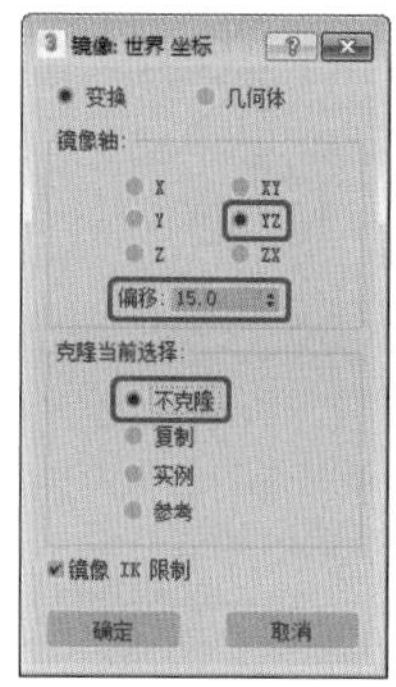

图2-195

Step 04 单击【确定】按钮，即可将选择的对象进行YZ轴镜像。关闭对话框，按C键，将【透视】视图转换为摄影机视图，可在该视图中观察效果，如图2-196所示。

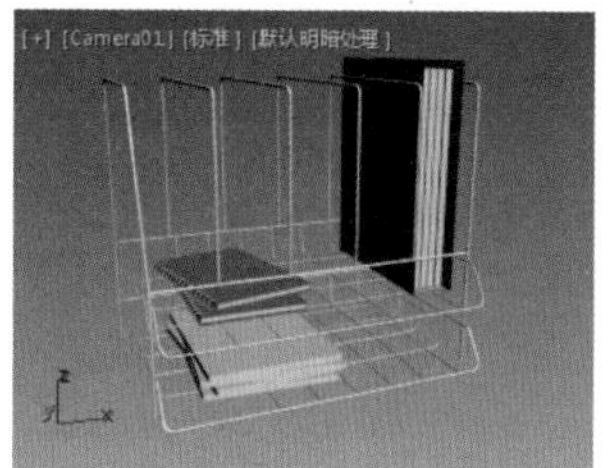

图2-196

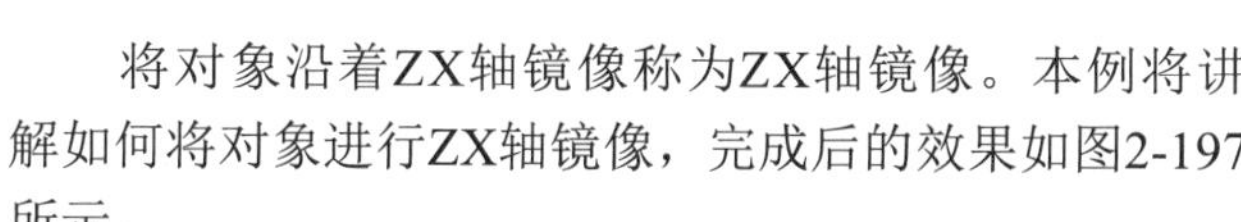

实例110 ZX轴镜像

将对象沿着ZX轴镜像称为ZX轴镜像。本例将讲解如何将对象进行ZX轴镜像，完成后的效果如图2-197所示。

图2-197

素材	Scene\Cha02\ ZX轴镜像素材.max
场景	Scene\Cha02\实例110 ZX轴镜像.max
视频	视频教学\Cha02\实例110 ZX轴镜像.mp4

Step 01 按Ctrl+O组合键，打开“Scene\Cha02\ZX轴镜像素材.max”素材文件，如图2-198所示。

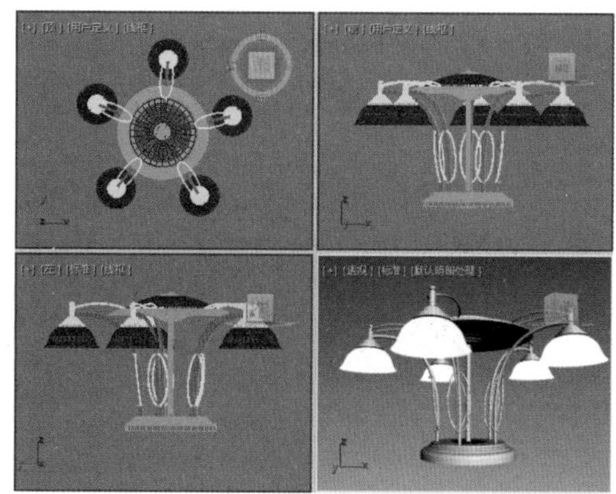

图2-198

Step 02 在【透视】视图中选择需要ZX轴镜像的对象，在工具栏中单击【镜像】按钮，如图2-199所示。

Step 03 弹出【镜像：世界 坐标】对话框，在【镜像轴】选项组中选中ZX单选按钮，在【克隆当前选择】选项组中选中【不克隆】单选按钮，如图2-200所示。

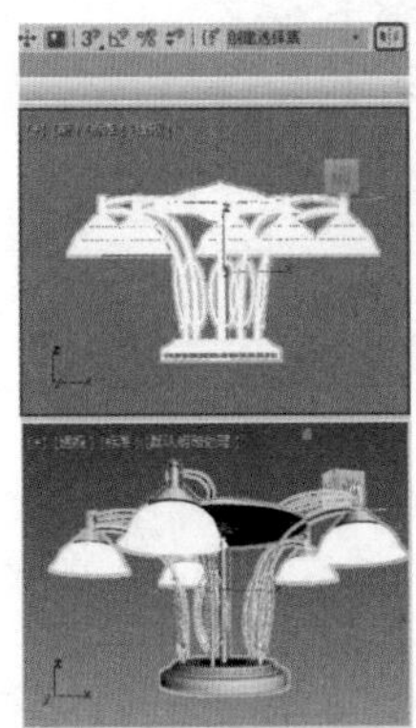

图2-199

图2-200

Step 04 单击【确定】按钮，即可完成ZX轴镜像。关闭对话框，按C键，将【透视】视图转换为摄影机视图，可在该视图中观察效果，如图2-201所示。

图2-201

实例111 移动阵列

移动阵列可将选中的对象进行水平克隆。本例将讲解如何将选中的对象进行移动阵列，完成后的效果如图2-202所示。

图2-202

素材	Scene\Cha02\移动阵列素材.max
场景	Scene\Cha02\实例111 移动阵列.max
视频	视频教学\Cha02\实例111 移动阵列.mp4

Step 01 按Ctrl+O组合键，打开“Scene\Cha02\移动阵列素材.max”素材文件，如图2-203所示。

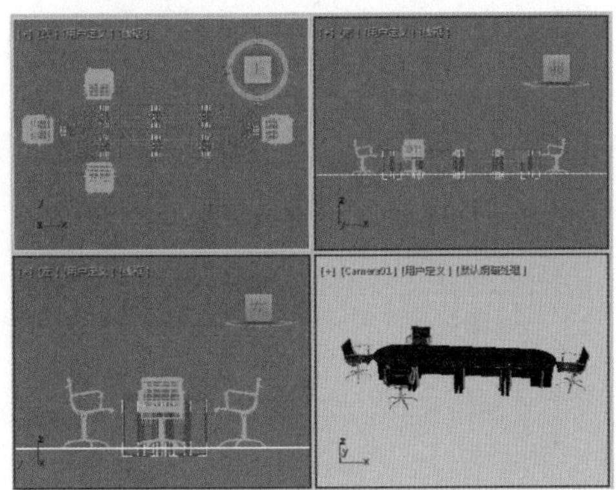

图2-203

Step 02 在【顶】视图中选择【椅子2】对象与【椅子4】对象，在菜单栏中选择【工具】|【阵列】命令，如图2-204所示。

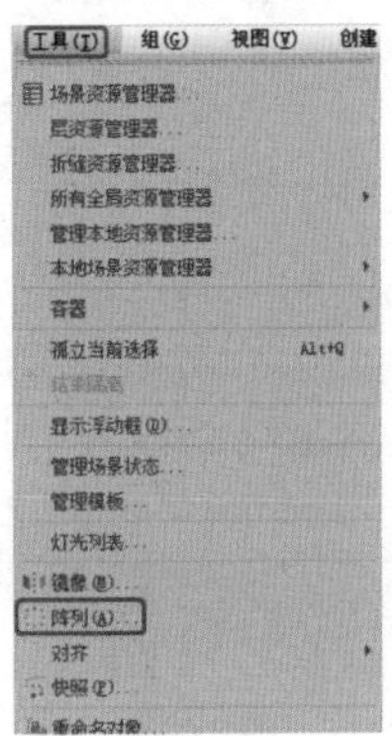

图2-204

Step 03 弹出【阵列】对话框，在【阵列变换：屏幕坐标（使用轴点中心）】选项组中激活【移动】右侧的坐标文本框，将X设置为750，在【阵列维度】选项组中将1D的【数量】设置为4，如图2-205所示。

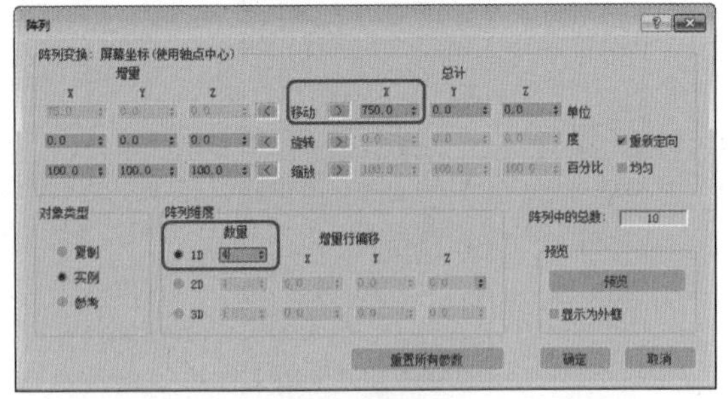

图2-205

Step 04 单击【确定】按钮，即可完成移动阵列，在视图中观察效果即可，如图2-206所示。

图2-206

实例 112 旋转阵列

旋转阵列是将对象沿轴点进行旋转克隆。本例将讲解如何将选中的对象进行旋转阵列，完成后的效果如图2-207所示。

图2-207

素材	Scene\Cha02\旋转阵列素材.max
场景	Scene\Cha02\实例112 旋转阵列.max
视频	视频教学\Cha02\实例112 旋转阵列.mp4

Step 01 按Ctrl+O组合键，打开“Scene\Cha02\旋转阵列素材.max”素材文件，如图2-208所示。

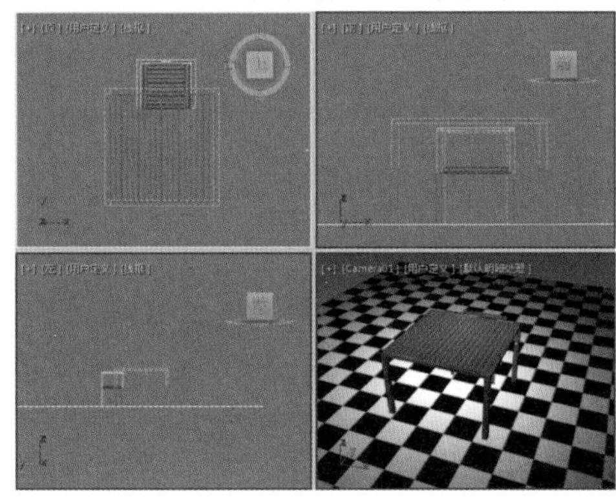

图2-208

Step 02 在视图中选择【椅子】对象，切换至【层次】命令面板，单击【轴】按钮，单击【调整轴】卷展栏中的【仅影响轴】按钮，如图2-209所示。

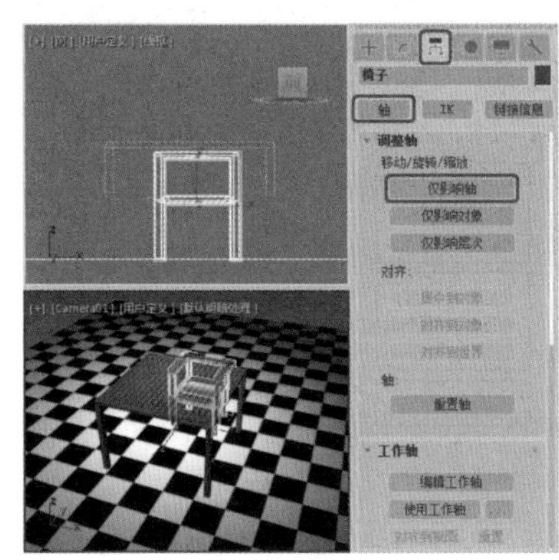

图2-209

Step 03 在工具栏中单击【选择并移动】按钮，在视图中调整轴的位置，如图2-210所示。

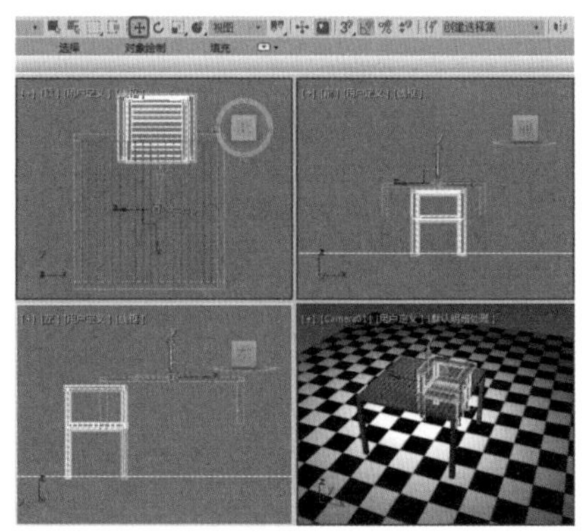

图2-210

Step 04 激活【顶】视图，在菜单栏中选择【工具】|【阵列】命令，弹出【阵列】对话框，在【阵列变换：屏幕坐标（使用轴点中心）】选项组中激活【旋转】右侧的坐标文本框，将Z设置为360，在【阵列维度】选项组中设置1D的【数量】为4，如图2-211所示。

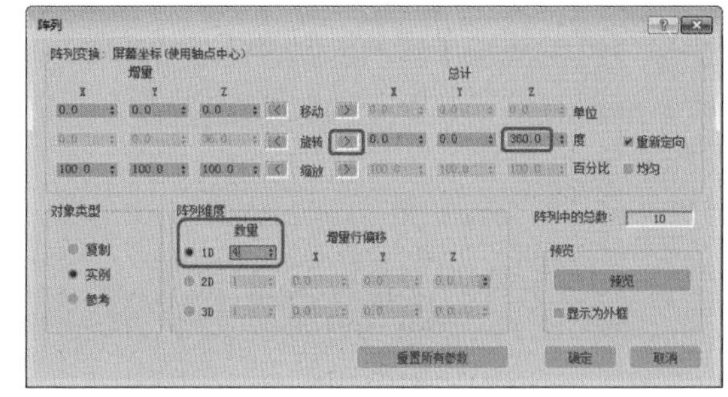

图2-211

Step 05 单击【确定】按钮，即可完成选择对象的旋转阵列，在视图中观察效果即可，如图2-212所示。

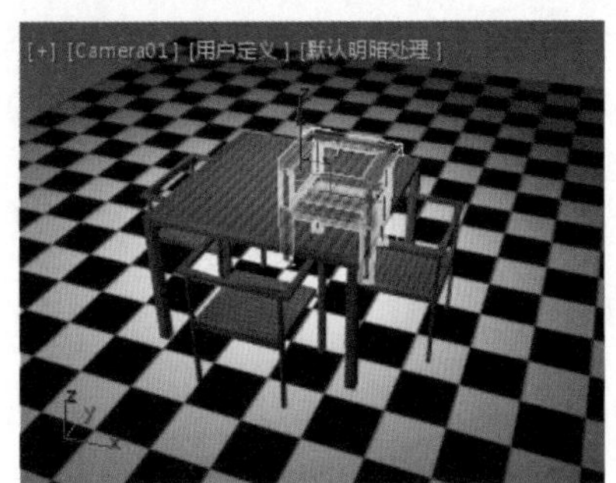

图2-212

实例 113 缩放阵列

在阵列中分别设置在三个轴向上缩放的百分比，即可对对象进行缩放阵列。本例将讲解如何将对象进行缩放阵列，完成后的效果如图2-213所示。

图2-213

素材	Scene\Cha02\缩放阵列素材.max
场景	Scene\Cha02\实例113 缩放阵列.max
视频	视频教学\Cha02\实例113 缩放阵列.mp4

Step 01 按Ctrl+O组合键，打开“Scene\Cha02\缩放阵列素材.max”素材文件，如图2-214所示。

Step 02 在【顶】视图中单击需要缩放阵列的对象，在菜单栏中选择【工具】|【阵列】命令，弹出【阵列】对话框，在【阵列变换：屏幕坐标（使用轴点中心）】选项组中激活【移动】左侧的坐标文本框，将【移动】左侧的X、Y、Z分别设置为180、45、0；激活【缩放】右侧的坐标文本框，将X、Y、Z均设置为20，在【阵列维度】选项组中设置1D的【数量】为3，如图2-215所示。

图2-214

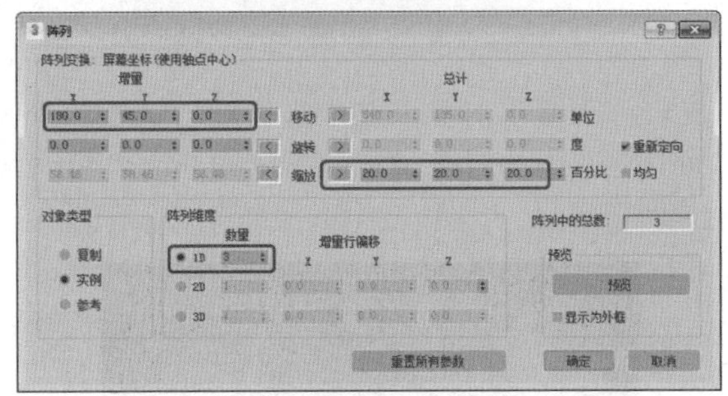

图2-215

Step 03 单击【确定】按钮，即可完成选择对象的缩放阵列，在视图中观察效果即可，如图2-216所示。

图2-216

第3章 二维图形的创建和编辑

本章导读

在现实生活中，通常人们所看到的复杂而又真实的三维模型，是通过2D样条线加工而成的。本章将为读者介绍如何在3ds Max 2018中使用二维图形面板中的工具进行基础建模，使读者对基础建模有所了解，并掌握基础建模的方法，为深入学习3ds Max 2018做好铺垫。

实例114 创建线

【线】工具不仅可以用来绘制开放或封闭型的曲线，还可以用来创建由多个分段组成的自由形式的样条线。本例将讲解如何创建线，完成后的效果如图3-1所示。

图3-1

素材	Scene\Cha03\创建线素材.max
场景	Scene\Cha03\实例114 创建线.max
视频	视频教学\Cha03\实例114 创建线.mp4

Step 01 按Ctrl+O组合键，打开“Scene\Cha03\创建线素材.max”素材文件，如图3-2所示。

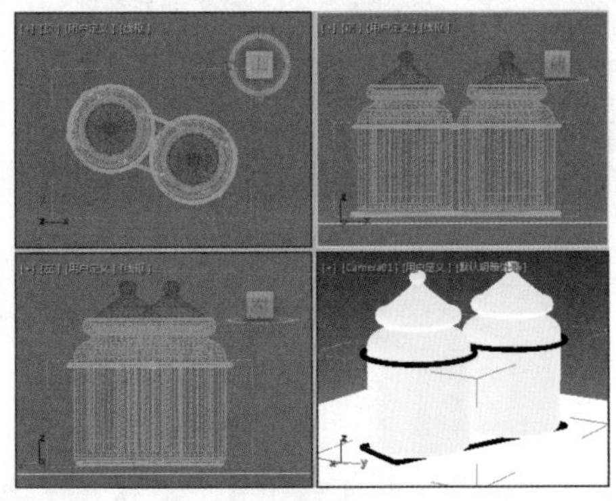

图3-2

Step 02 选择【创建】 |【图形】 |【样条线】|【线】工具，在【前】视图中绘制样条线，如图3-3所示。

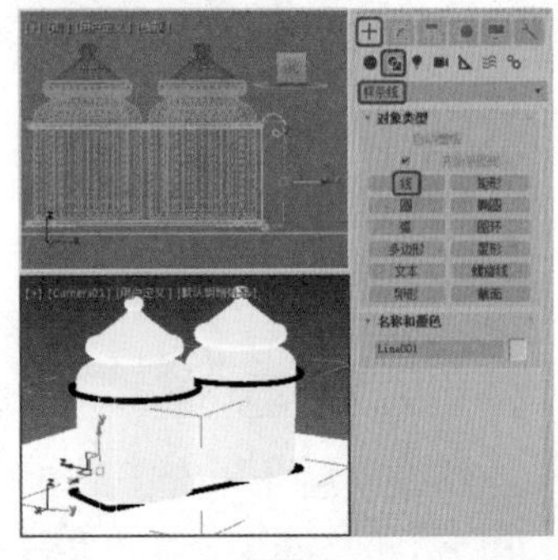

图3-3

Step 03 在【前】视图中适当调节顶点的位置，如图3-4所示。

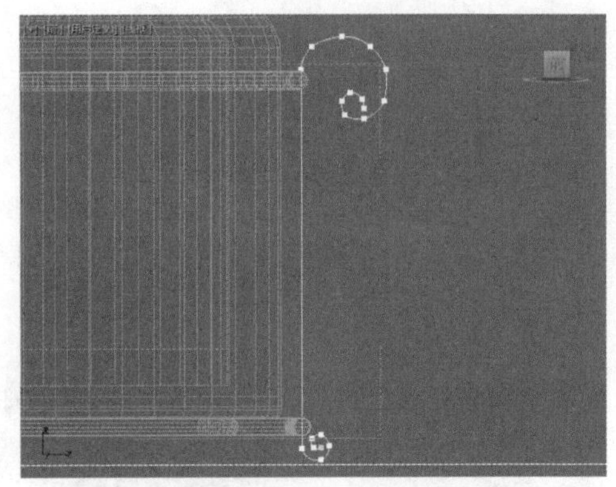

图3-4

Step 04 切换到【修改】 命令面板，在【渲染】卷展栏中勾选【在渲染中启用】和【在视口中启用】复选框，将【径向】选项组中的【厚度】设置为0.3，【边】设置为12，如图3-5所示。

图3-5

Step 05 在工具栏中单击【选择并移动】按钮，选中样条线，按住Shift键的同时按住鼠标左键进行拖动，复制一个样条线并对其进行适当旋转，如图3-6所示。

图3-6

Step 06 设置完成后，在【顶】视图中选择刚刚绘制的两个样条线，按住Shift键的同时按住鼠标左键向右拖动，对其进行复制，在工具栏中的【选择并旋转】按钮上单击鼠标右键，在弹出的【旋转变换输入】对话框中将【偏移：屏幕】选项组中的Z设置为180，按Enter键确认，如图3-7所示。

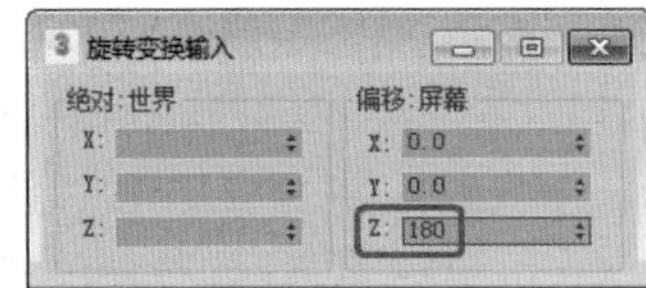

图3-7

Step 07 将对话框关闭，在视图中调整其位置，选中四个样条线，按M键弹出【材质编辑器】对话框，选择【支架】材质样本球，单击【将材质指定给选定对象】按钮，如图3-8所示。

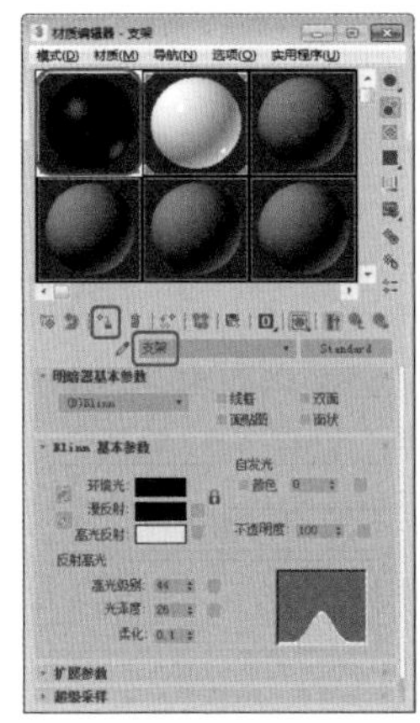
图3-8

Step 08 此时已将【支架】材质指定给对象。将该对话框关闭，可在视图中观察效果，如图3-9所示。

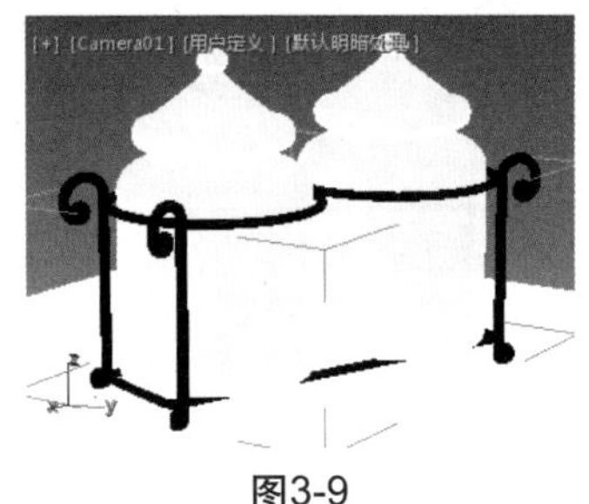
图3-9

实例115 创建矩形

【矩形】工具是一个经常用到的工具，它可以用来创建正方形和矩形样条线。本例将讲解如何创建矩形，完成后的效果如图3-10所示。

图3-10

素材	Scene\Cha03\创建矩形素材.max
场景	Scene\Cha03\实例115 创建矩形.max
视频	视频教学\Cha03\实例115 创建矩形.mp4

Step 01 按Ctrl+O组合键，打开“Scene\Cha03\创建矩形素材.max”素材文件，如图3-11所示。

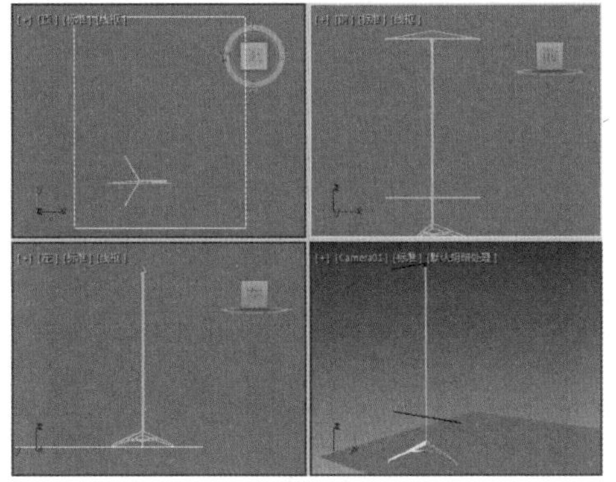
图3-11

Step 02 选择【创建】|【图形】|【样条线】|【矩形】工具，在【前】视图中创建矩形，切换到【修改】命令面板，在【参数】卷展栏中将【长度】设置为300，【宽度】设置为180，并对其位置进行调整，如图3-12所示。

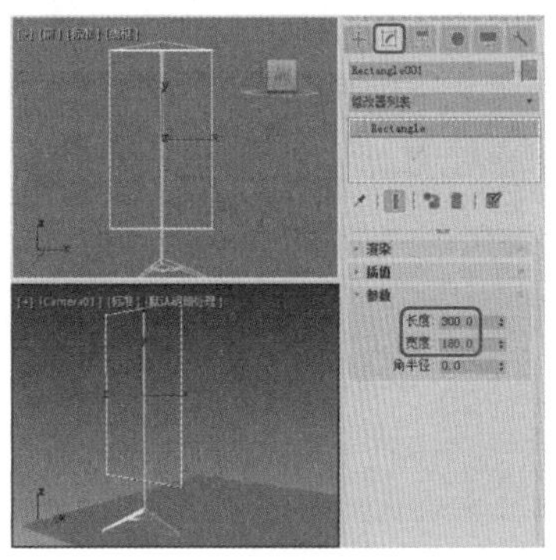
图3-12

Step 03 在修改器下拉列表中选择【挤出】修改器，对其进行挤出，如图3-13所示。

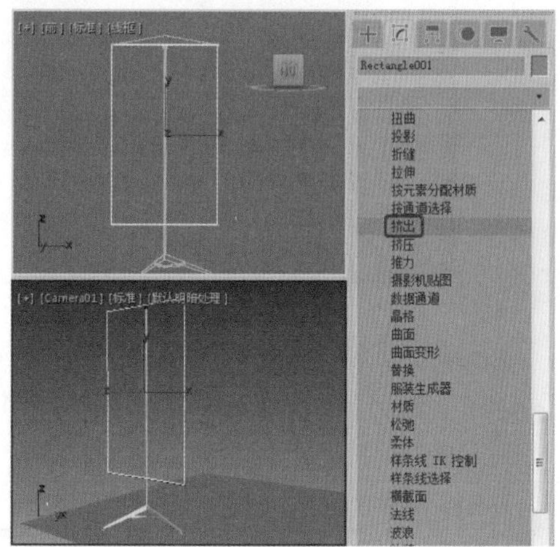

图3-13

Step 04 选择完成后，在【参数】卷展栏中，将【数量】设置为0.2，【分段】设置为1，如图3-14所示。

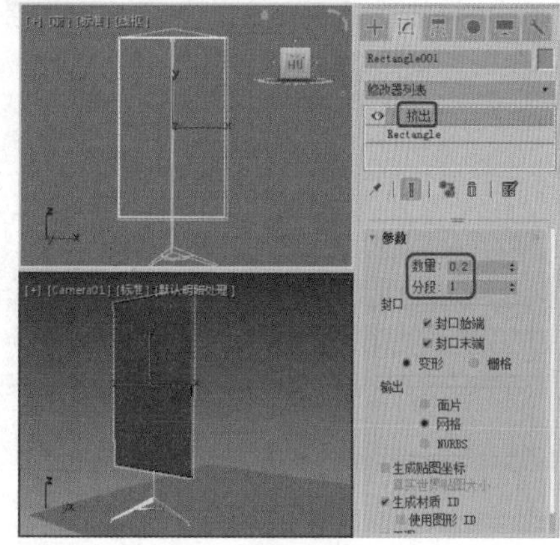

图3-14

Step 05 按M键弹出【材质编辑器】对话框，将【展示板】材质指定给挤出的矩形。关闭对话框，在视图中观察效果，如图3-15所示。

图3-15

实例 116 创建圆

【圆】工具可以创建圆形。本例将讲解如何创建圆，完成后的效果如图3-16所示。

图3-16

素材	Scene\Cha03\创建圆素材.max
场景	Scene\Cha03\实例116 创建圆.max
视频	视频教学\Cha03\实例116 创建圆.mp4

Step 01 按Ctrl+O组合键，打开“Scene\Cha03\创建圆素材.max”素材文件，如图3-17所示。

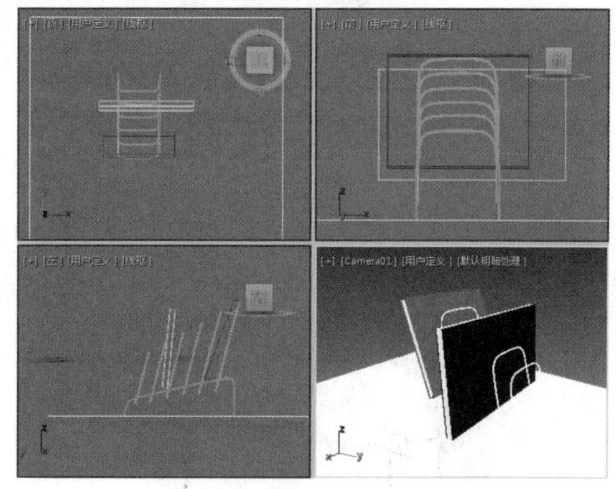

图3-17

Step 02 选择【创建】 |【图形】 |【样条线】|【圆】工具，在【左】视图中单击鼠标左键并拖动，释放鼠标后即可完成圆的创建。绘制完成后，在【参数】卷展栏中将【半径】设置为16，如图3-18所示。

Step 03 将圆移动到合适的位置，切换到【修改】命令面板，在【渲染】卷展栏中勾选【在渲染中启用】和【在视口中启用】复选框，将【径向】选项组中的【厚度】设置为3，【边】设置为12，按M键弹出【材质编辑器】对话框，将【支架】指定给圆形，如图3-19所示。

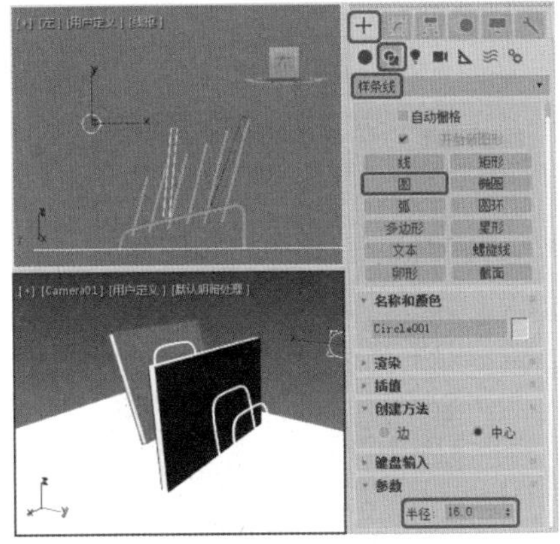
图3-18

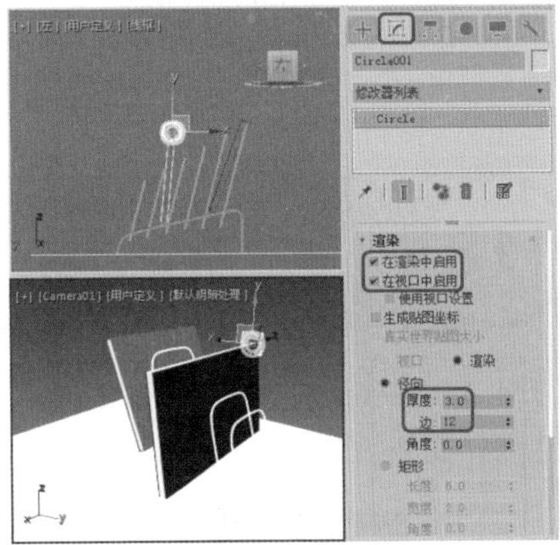
图3-19

Step 04 设置完成后，激活【前】视图，选择圆环，按住Shift键的同时按住鼠标左键向右拖动，对其进行复制。在弹出的对话框中，将【副本数】设置为18，单击【确定】按钮，并在视图中调整其位置，复制后的效果如图3-20所示。

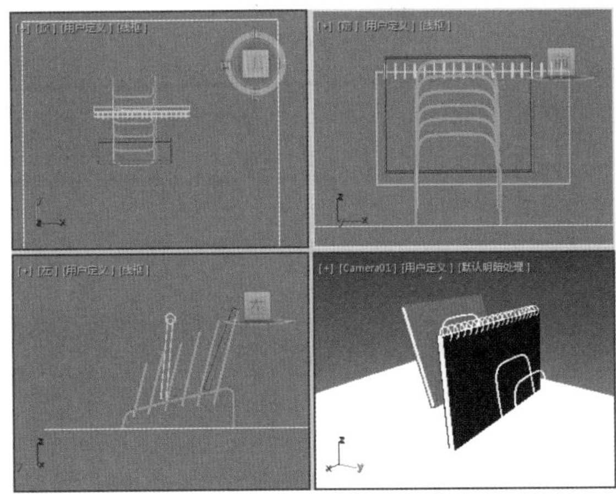
图3-20

实例117 创建椭圆

【椭圆】工具用来绘制椭圆形，与使用【圆】工具创建对象类似，只不过椭圆可以调节【长度】和【宽度】两个参数。本例将讲解如何创建椭圆，完成后的效果如图3-21所示。

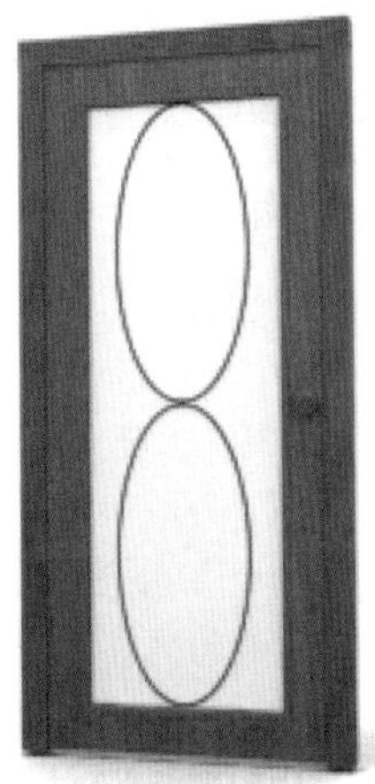
图3-21

素材	Scene\Cha03\创建椭圆素材.max
场景	Scene\Cha03\实例117 创建椭圆.max
视频	视频教学\Cha03\实例117 创建椭圆.mp4

Step 01 按Ctrl+O组合键，打开"Scene\Cha03\创建椭圆素材.max"素材文件，如图3-22所示。

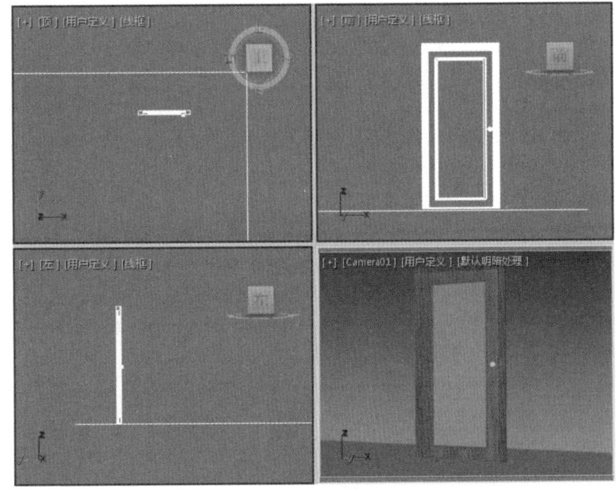
图3-22

Step 02 选择【创建】 |【图形】 |【样条线】|【椭圆】工具，在【前】视图中按住鼠标左键并拖动，释放鼠标后即可完成椭圆的创建，如图3-23所示。

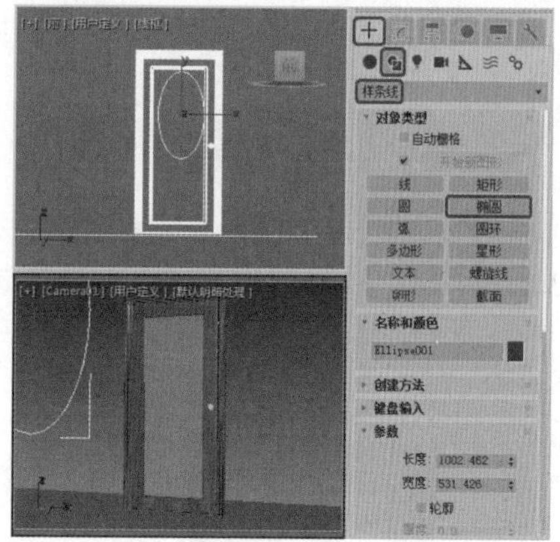
图3-23

Step 03 切换到【修改】命令面板，将【椭圆】的颜色设置为黑色，在【参数】卷展栏中将【长度】设置为870，【宽度】设置399，在【渲染】卷展栏中勾选【在渲染中启用】和【在视口中启用】复选框，将【径向】选项组中的【厚度】和【边】分别设置为6、12，并将椭圆移动至合适的位置，如图3-24所示。

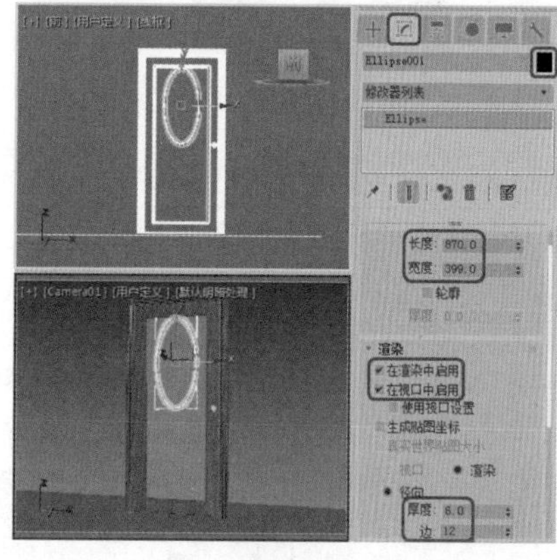
图3-24

Step 04 在修改器下拉列表中选择【网格平滑】修改器，使其平滑，如图3-25所示。

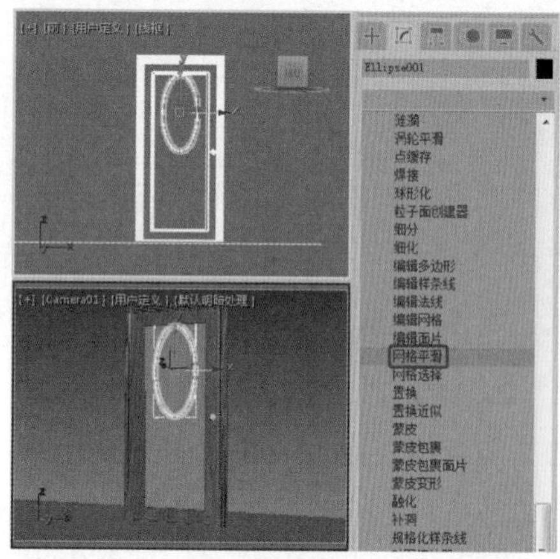
图3-25

Step 05 选择创建的椭圆，按住Shift键的同时按住鼠标左键向下拖动，对其进行复制。在弹出的对话框中，将【副本数】设置为1，单击【确定】按钮，并在视图中调整其位置，如图3-26所示。

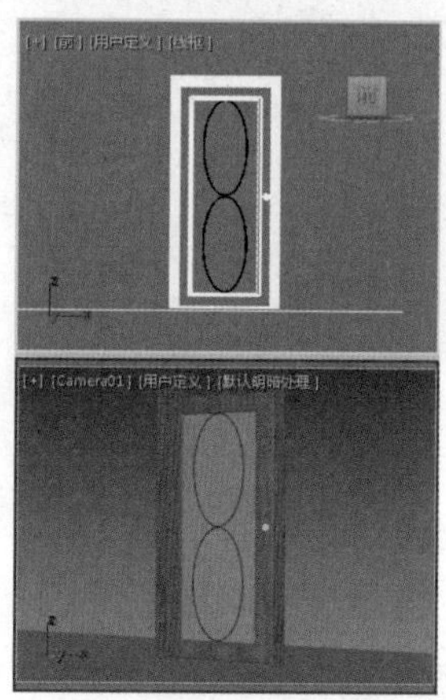
图3-26

实例118 创建弧

【弧】工具用来创建圆弧曲线和扇形。本例将讲解如何创建弧，完成后的效果如图3-27所示。

图3-27

素材	Scene\Cha03\创建弧素材.max
场景	Scene\Cha03\实例118 创建弧.max
视频	视频教学\Cha03\实例118 创建弧.mp4

Step 01 按Ctrl+O组合键，打开“Scene\Cha03\创建弧素材.max”素材文件，如图3-28所示。

Step 02 选择【创建】|【图形】|【样条线】|【线】工具，在【前】视图中按住鼠标左键并拖动，绘制一条直线。切换到【修改】命令面板，将直线的颜色设置为黑色，在【渲染】卷展栏中勾选【在渲

染中启用】和【在视口中启用】复选框，将【径向】选项组中的【厚度】和【边】分别设置为6、12，如图3-29所示。

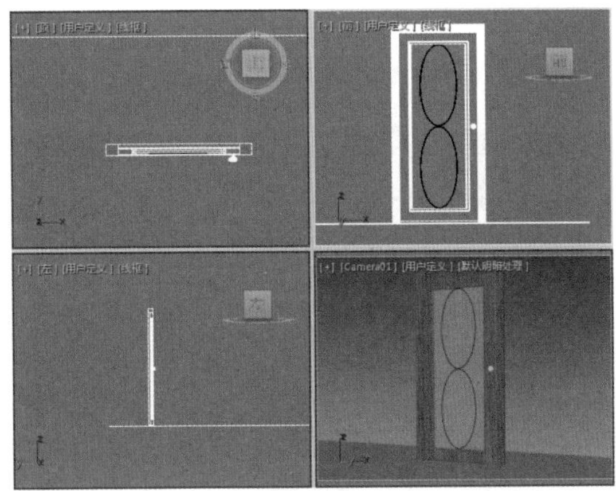

图3-28

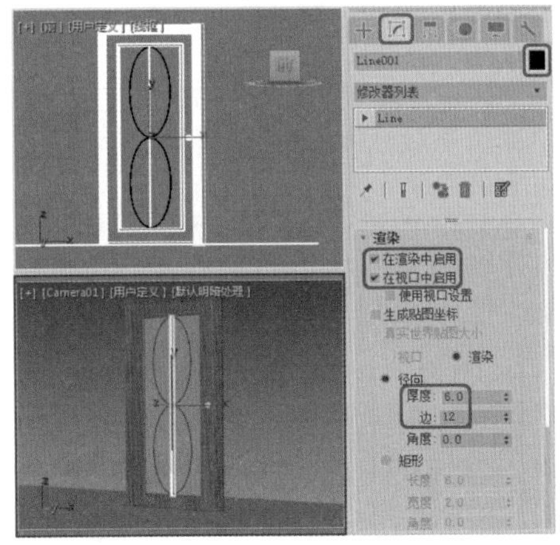

图3-29

Step 03 选择【创建】|【图形】|【样条线】|【弧】工具，在【前】视图中按住鼠标左键并拖动，绘制一条弧线，到达合适的位置后释放鼠标。移动鼠标确定圆弧的大小，单击鼠标左键完成弧的创建，如图3-30所示。

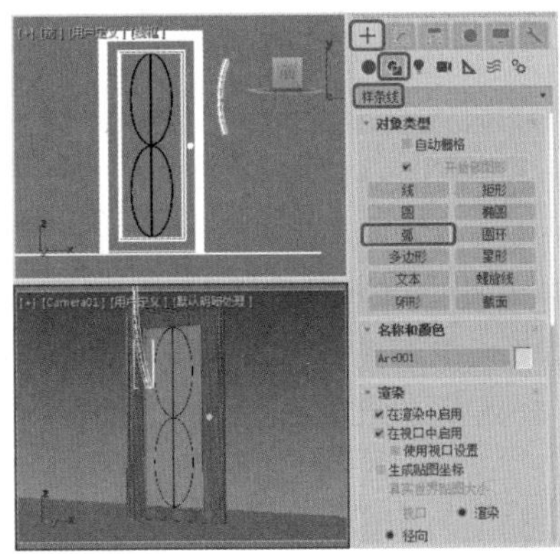

图3-30

Step 04 切换到【修改】命令面板，将弧的颜色设置为黑色，在【参数】卷展栏中将【半径】设置为583.3，【从】设置为131，【到】设置为229，并调整其位置，如图3-31所示。

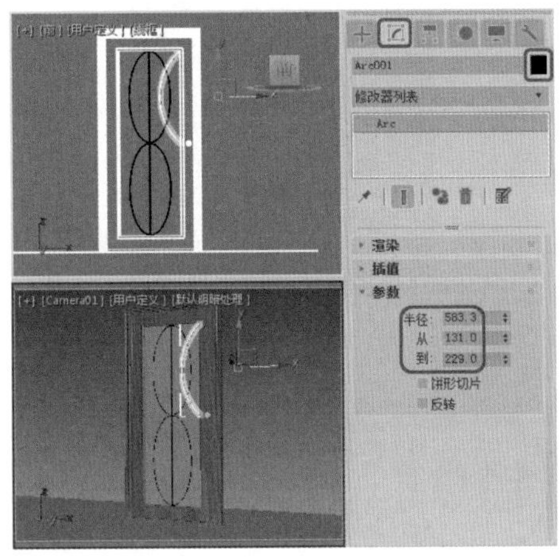

图3-31

Step 05 选择弧，在修改器下拉列表中选择【网格平滑】修改器，使其平滑，按住Shift键的同时按住鼠标左键向左拖动，进行复制。在弹出的对话框中，将【副本数】设置为1，单击【确定】按钮。在工具栏中右击【选择并旋转】按钮，在弹出的【旋转变换输入】对话框中将【偏移：屏幕】选项组中的Z设置为180，按Enter键确认，关闭对话框，在视图中调整旋转后的对象位置，如图3-32所示。

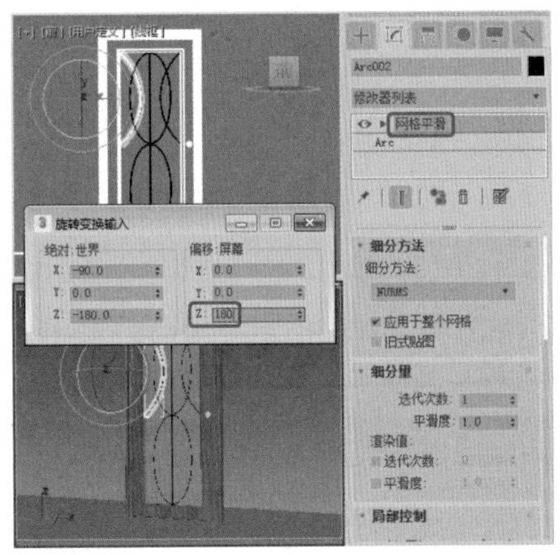

图3-32

Step 06 选择两条弧线，按住Shift键的同时按住鼠标左键向下拖动，在弹出的对话框中将【副本数】设置为1，单击【确定】按钮。在视图中调整位置，使用【线】工具在视图中绘制多条直线，并对其进行设置，如图3-33所示。

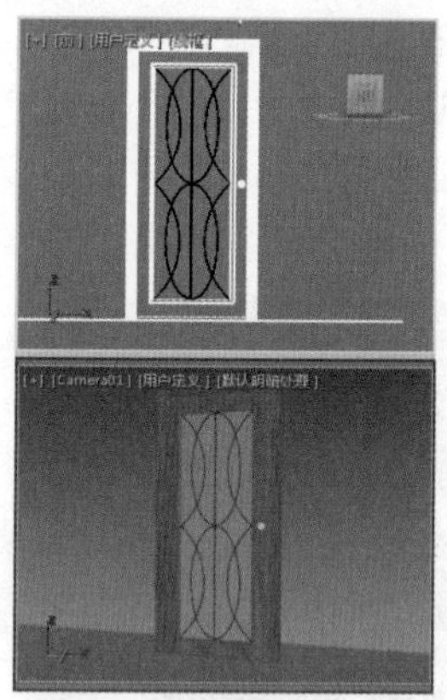

图3-33

实例 119 创建圆环

使用【圆环】工具可以通过两个同心圆创建封闭的形状，而且每个圆都由四个顶点组成。本例将讲解如何创建圆环，完成后的效果如图3-34所示。

图3-34

素材	Scene\Cha03\创建圆环素材.max
场景	Scene\Cha03\实例119 创建圆环.max
视频	视频教学\Cha03\实例119 创建圆环.mp4

Step 01 按Ctrl+O组合键，打开“Scene\Cha03\创建圆环素材.max”素材文件，如图3-35所示。

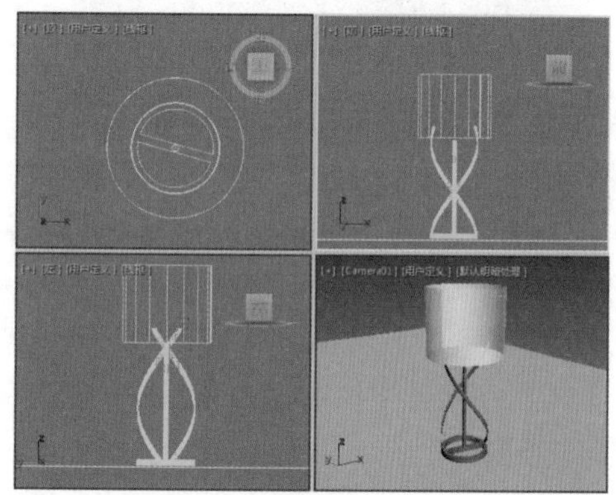

图3-35

Step 02 选择【创建】 |【图形】 |【样条线】|【圆环】工具，在【顶】视图中创建圆环，在【参数】卷展栏中将【半径1】设置为71，将【半径2】设置为73，如图3-36所示。

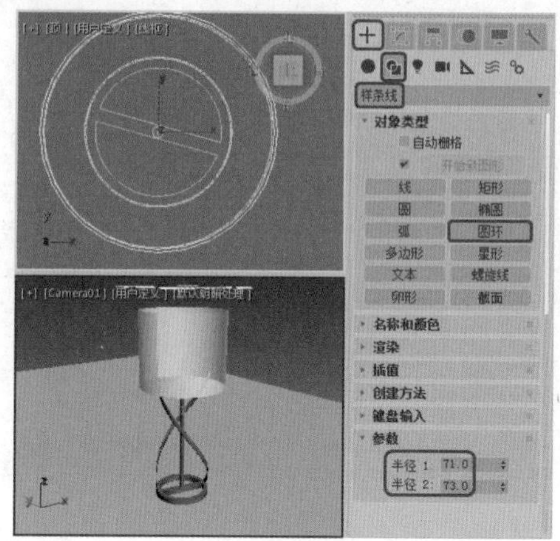

图3-36

> **提示：**
> 在创建圆环时，需要确认已取消勾选【在渲染中启用】和【在视口中启用】复选框。

Step 03 选择绘制的圆环，切换到【修改】 命令面板，在修改器下拉列表中选择【挤出】修改器，如图3-37所示。

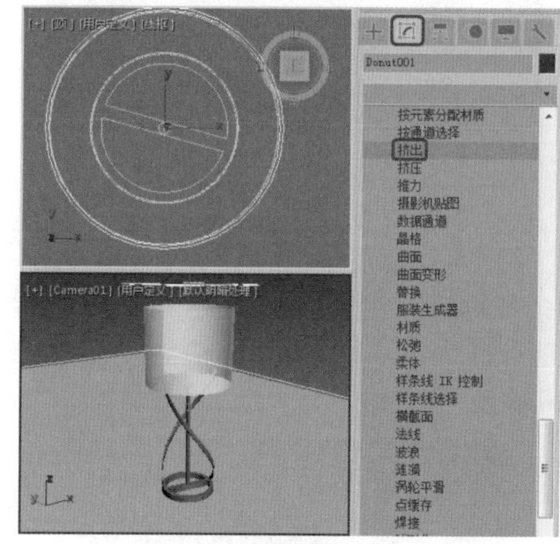

图3-37

Step 04 在【参数】卷展栏中将【数量】设置为120，【分段】设置为1，按M键弹出【材质编辑器】对话框，将【塑料01】材质指定给圆环并将圆环调整至合适的位置，如图3-38所示。

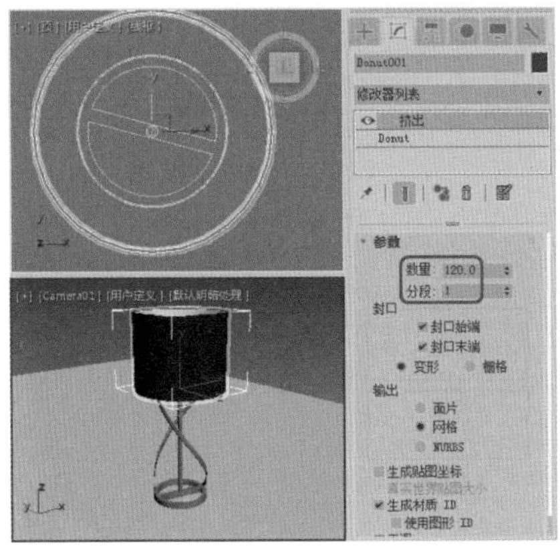

图3-38

实例120 创建多边形

【多边形】工具不仅可以制作任意边数的正多边形，还可以产生圆角多边形。本例将讲解如何创建多边形，完成后的效果如图3-39所示。

图3-39

素材	Scene\Cha03\创建多边形素材.max
场景	Scene\Cha03\实例120 创建多边形.max
视频	视频教学\Cha03\实例120 创建多边形.mp4

Step 01 按Ctrl+O组合键，打开“Scene\Cha03\创建多边形素材.max”素材文件，如图3-40所示。

Step 02 选择【创建】 |【图形】 |【样条线】|【多边形】工具，在【顶】视图中按住鼠标左键并拖动，释放鼠标完成多边形的创建。切换到【修改】 命令面板，在【参数】卷展栏中将【半径】设置为0.9，【边数】设置为8，并通过工具栏中的【选择并移动】按钮 与【选择并旋转】按钮 调整多边形的位置与角度，如图3-41所示。

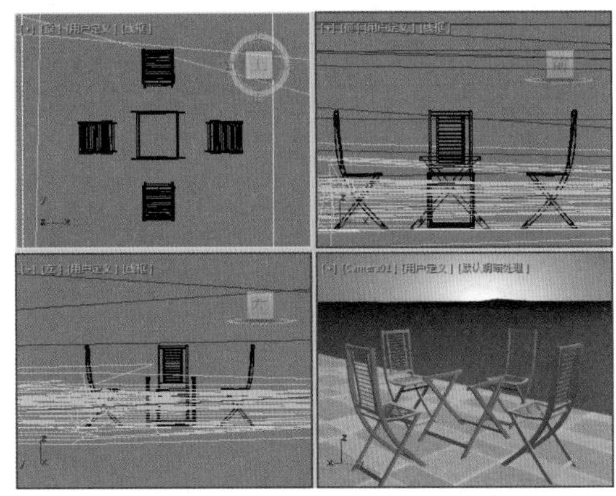

图3-40

图3-41

Step 03 在修改器下拉列表中选择【挤出】修改器，在【参数】卷展栏中将【数量】设置为0.03，如图3-42所示。

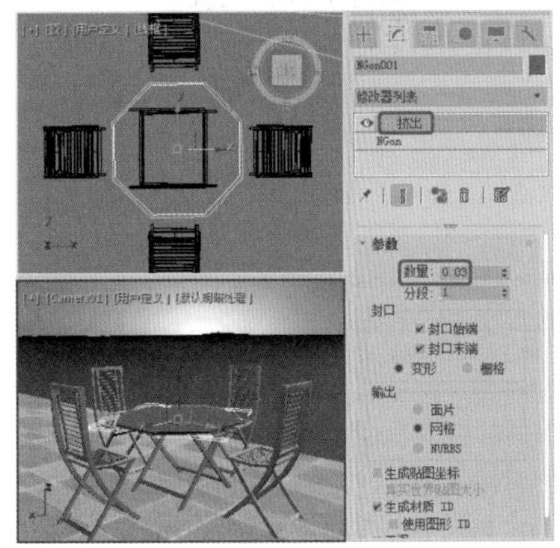

图3-42

Step 04 在修改器下拉列表中选择【UVW贴图】修改器，在【参数】卷展栏的【贴图】选项组中选中【长方体】单选按钮，并为其指定【木质材质】，如图3-43所示。

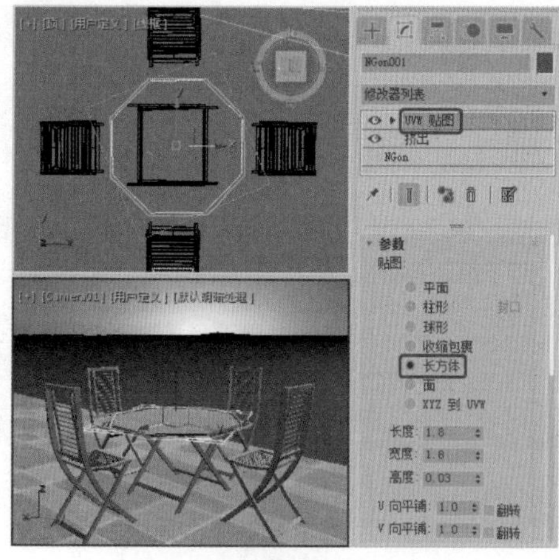

图3-43

实例121 创建文本

【文本】工具用来直接产生文字图形，并且文字的内容、大小、间距都可以调整，在完成动画制作后，仍可以修改。本例将讲解如何创建文本，完成后的效果如图3-44所示。

图3-44

素材	Scene\Cha03\创建文本素材.max
场景	Scene\Cha03\实例121 创建文本.max
视频	视频教学\Cha03\实例121 创建文本.mp4

Step 01 按Ctrl+O组合键，打开“Scene\Cha03\创建文本素材.max”素材文件，如图3-45所示。

Step 02 选择【创建】 |【图形】 |【样条线】|【文本】工具，在【参数】卷展栏中将【字体】设置为【华文新魏】，【大小】设置为140，在【文本】文本框输入“可回收垃圾”文本，在【前】视图中单击鼠标即可创建文本，如图3-46所示。

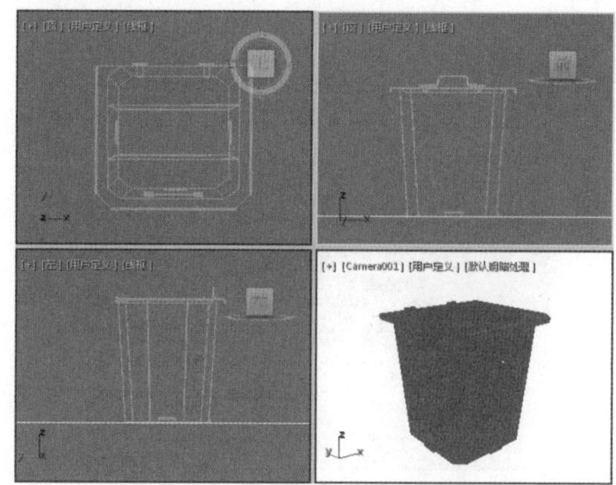

图3-45

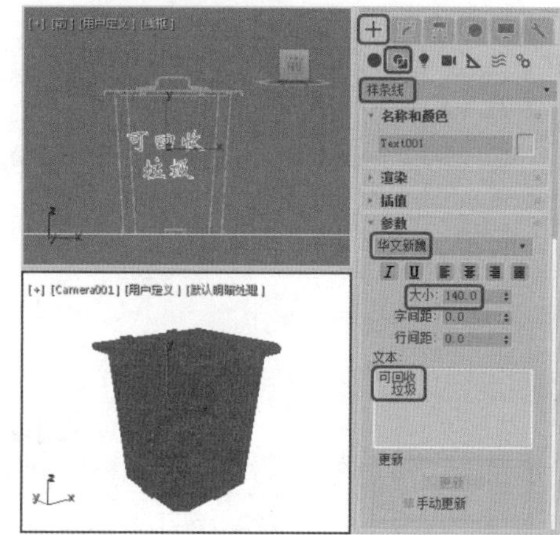

图3-46

Step 03 切换到【修改】 命令面板，在修改器下拉列表中选择【挤出】修改器，在【参数】卷展栏中将【数量】设置为1.5，将文本的颜色设置为白色，如图3-47所示。

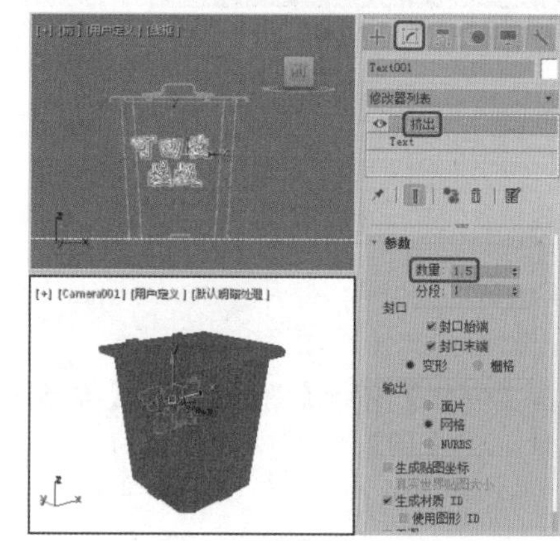

图3-47

Step 04 在工具栏中单击【选择并旋转】按钮 ，在【左】视图中将文本进行旋转，并将其移动至合适位置，如图3-48所示。

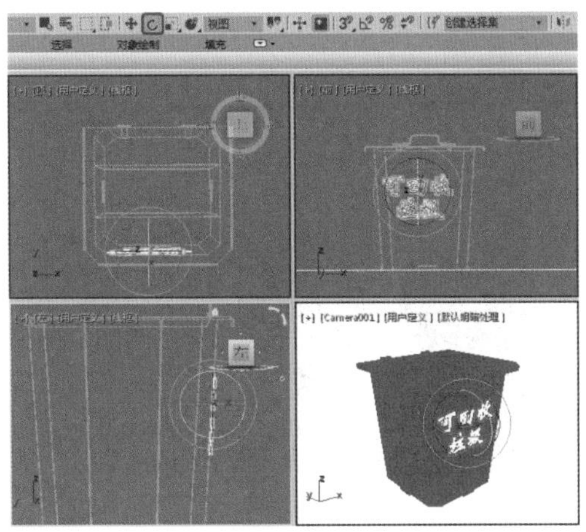

图3-48

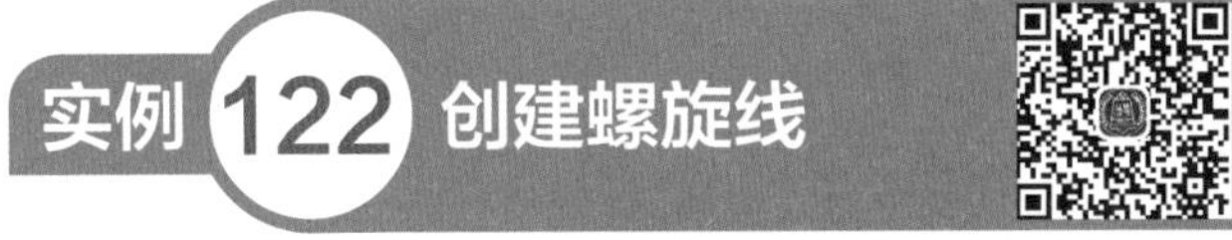

实例122 创建螺旋线

【螺旋线】工具可用来制作平面或空间的螺旋线，例如弹簧、盘香、线轴等造型，也可用来制作运动路径。本例将讲解如何创建螺旋线，完成后的效果如图3-49所示。

图3-49

素材	Scene\Cha03\创建螺旋线素材.max
场景	Scene\Cha03\实例122 创建螺旋线.max
视频	视频教学\Cha03\实例122 创建螺旋线.mp4

Step 01 按Ctrl+O组合键，打开“Scene\Cha03\创建螺旋线素材.max”素材文件，如图3-50所示。

Step 02 选择【创建】 |【图形】 |【样条线】|【螺旋线】工具，在【顶】视图中单击鼠标左键并拖动鼠标，绘制一条半径。切换到【修改】 命令面板，在【渲染】卷展栏中勾选【在渲染中启用】和【在视口中启用】复选框，将【厚度】设置为5，【边】设置6，在【参数】卷展栏中将【半径1】设置为70，【半径2】设置为2，【高度】设置为0，【圈数】设置为5，如图3-51所示。

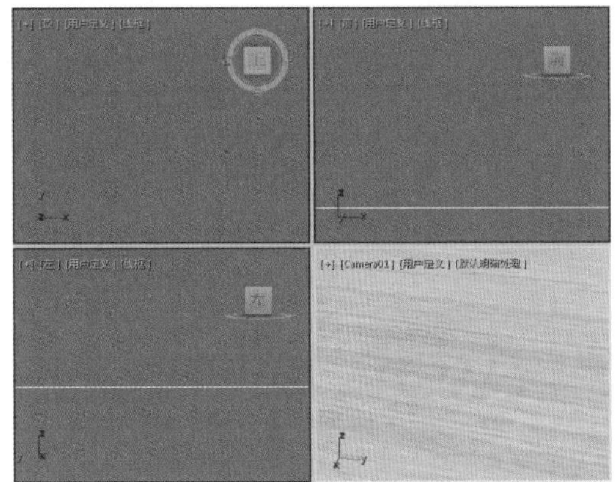

图3-50

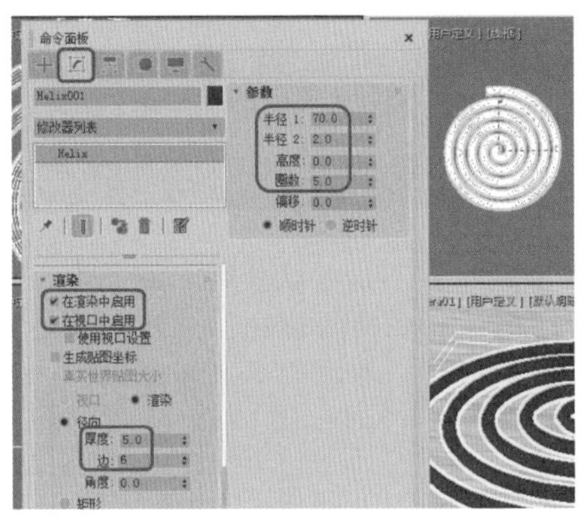

图3-51

Step 03 在修改器下拉列表中选择【倒角】修改器，在【倒角值】卷展栏中将【级别1】下的【高度】、【轮廓】分别设置为2、1.2，勾选【级别3】复选框，将【高度】设置为2，如图3-52所示。

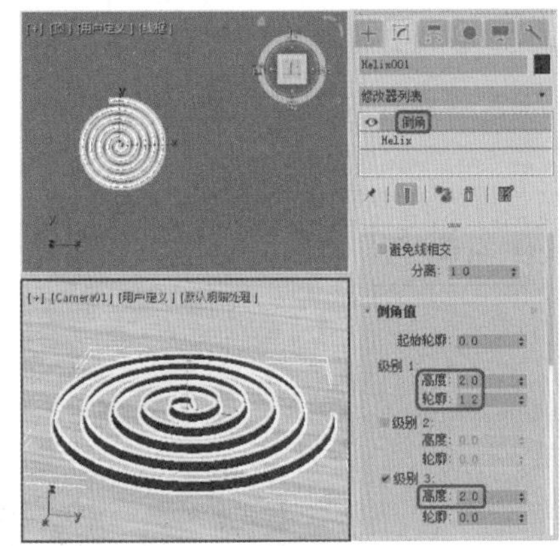

图3-52

Step 04 使用同样的方法，添加【网格平滑】和【壳】修改器，并选中【壳】修改器，在【参数】卷展栏中将【内部量】、【外部量】分别设置为1、5，并在【材质编辑器】对话框中将【蚊香】材质指定给场景中的螺旋线对象，如图3-53所示。

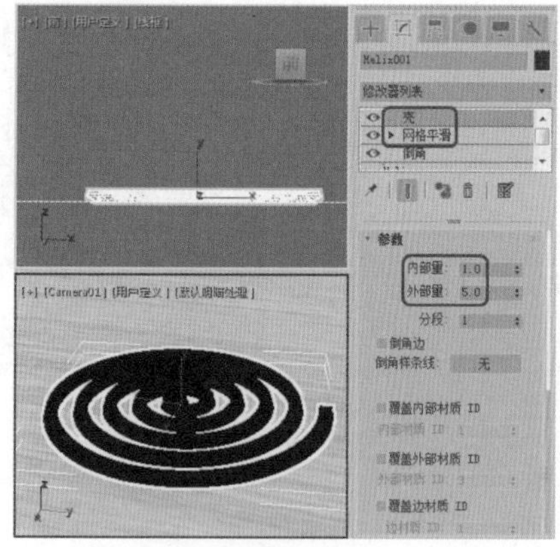

图3-53

实例123 创建截面

使用【截面】工具可以获得二维图形，以此建立一个平面，可以对其进行移动、旋转和缩放。当它穿过一个三维造型时，会显示出截获的截面。本例将讲解如何创建截面，具体操作方法如下。

素材	Scene\Cha03\创建截面素材.max
场景	Scene\Cha03\实例123 创建截面.max
视频	视频教学\Cha01\实例123 创建截面.mp4

Step 01 按Ctrl+O组合键，打开“Scene\Cha03\创建截面素材.max”素材文件，如图3-54所示。

Step 02 选择【创建】 | 【图形】 | 【样条线】 | 【截面】工具，在【前】视图中单击鼠标左键并拖动，释放鼠标即可完成截面的创建，完成后的效果如图3-55所示。

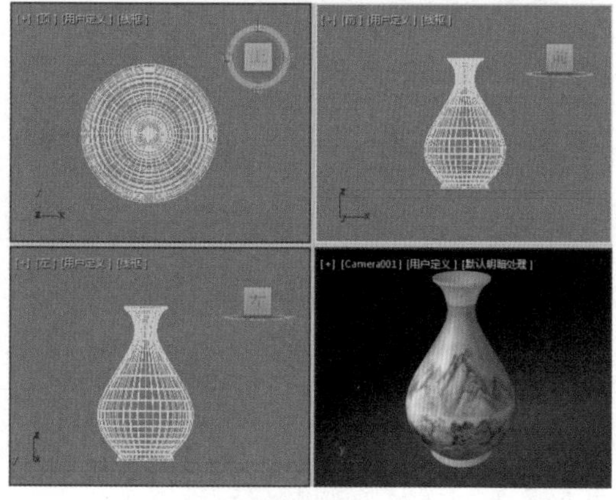

图3-54

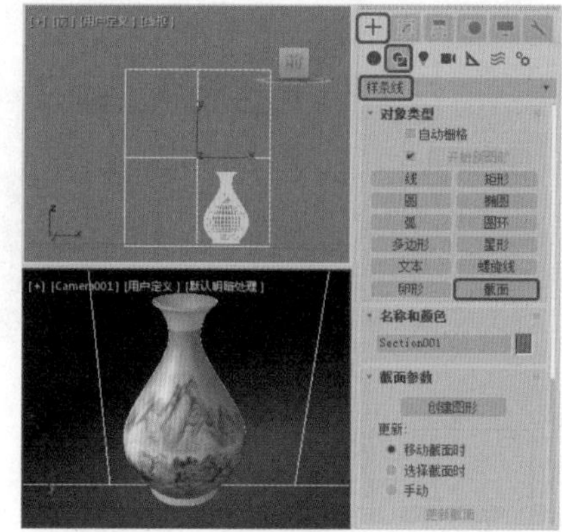

图3-55

Step 03 切换到【修改】命令面板，在【截面大小】卷展栏中将【长度】和【宽度】均设置为230，在视图中调整截面的位置，使其截出的图形完整，如图3-56所示。

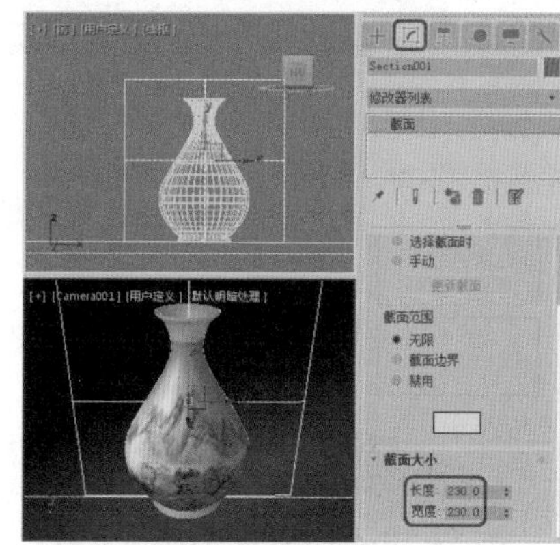

图3-56

Step 04 在【截面参数】卷展栏中单击【创建图形】按钮，弹出【命名截面图形】对话框，将【名称】设置为【截面】，单击【确定】按钮，如图3-57所示。

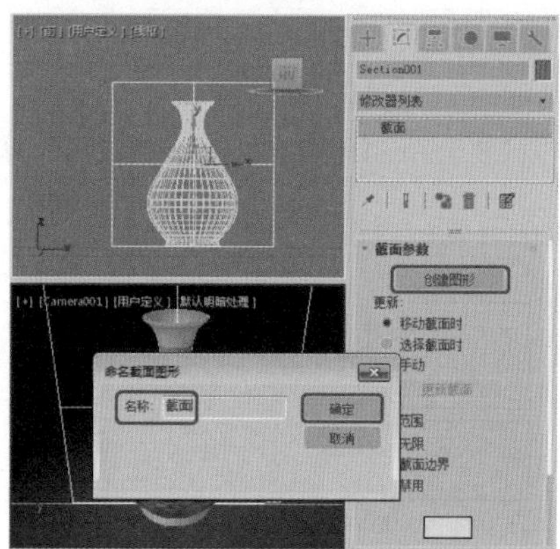

图3-57

Step 05 选择模型，切换到【显示】命令面板，在【隐藏】卷展栏中单击【隐藏选定对象】按钮，如

图3-58所示。

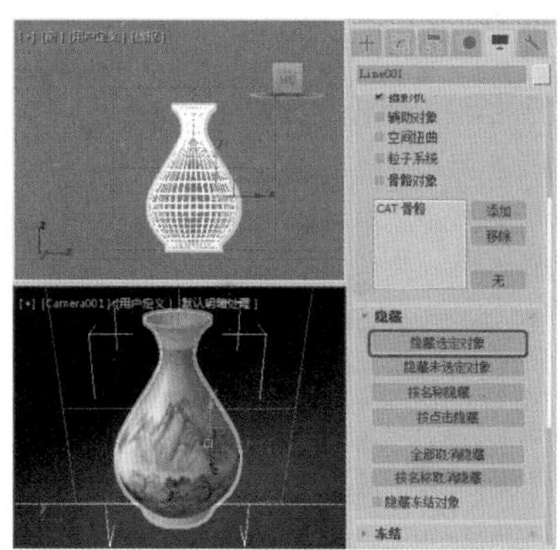

图3-58

Step 06 此时可在视图中看到截面的效果，如图3-59所示。

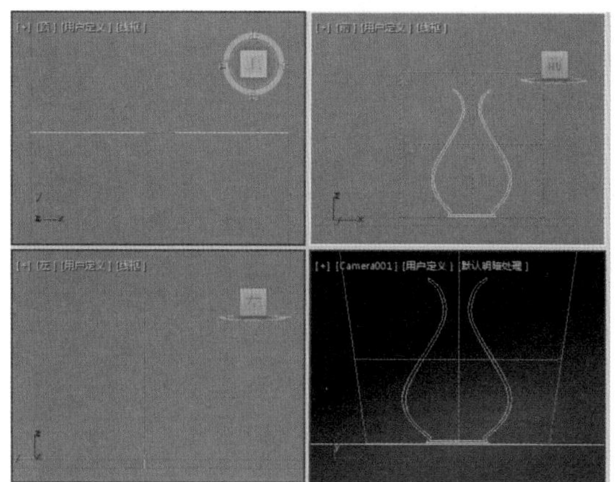

图3-59

实例 124 创建墙矩形

使用【墙矩形】可以创建封闭的矩形，每个矩形都由四个顶点组成。本例将讲解如何创建墙矩形，完成后的效果如图3-60所示。

图3-60

素材	Scene\Cha03\创建墙矩形素材.max
场景	Scene\Cha03\实例124 创建墙矩形.max
视频	视频教学\Cha03\实例124 创建墙矩形.mp4

Step 01 按Ctrl+O组合键，打开“Scene\Cha03\创建墙矩形素材.max”素材文件，如图3-61所示。

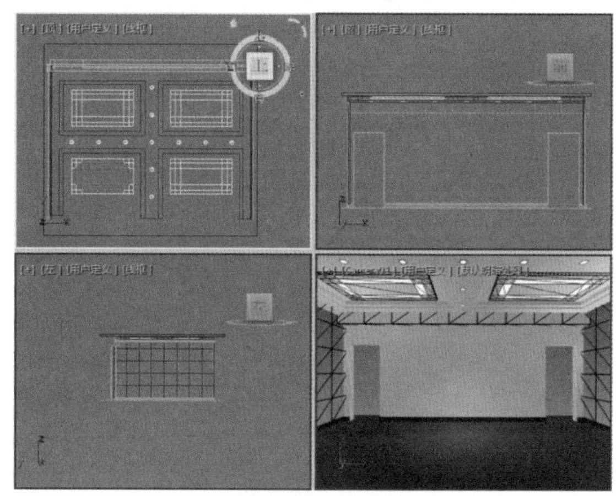

图3-61

Step 02 选择【创建】 |【图形】 |【扩展样条线】|【墙矩形】工具，在【顶】视图中单击并拖动鼠标，然后释放鼠标，再次单击即可完成创建。在【参数】卷展栏中将【长度】设置为7000，【宽度】设置为8000，【厚度】设置为240，如图3-62所示。

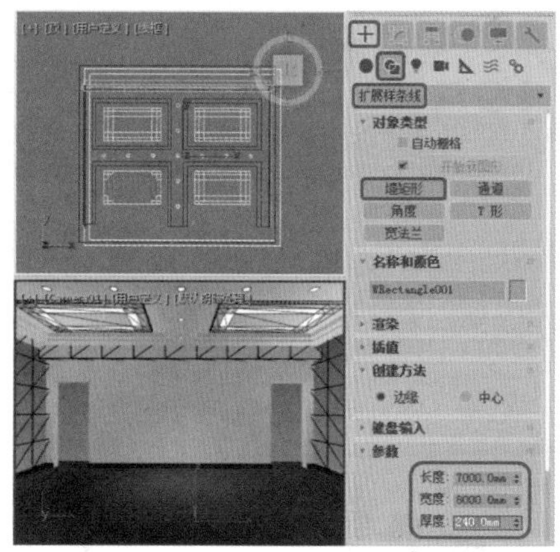

图3-62

Step 03 切换到【修改】 命令面板，在修改器下拉列表中选择【挤出】修改器，在【参数】卷展栏中设置【数量】为3640，如图3-63所示。

Step 04 将对象移动到合适的位置，并在【材质编辑器】对话框中将【墙体】材质指定给墙矩形，如图3-64所示。

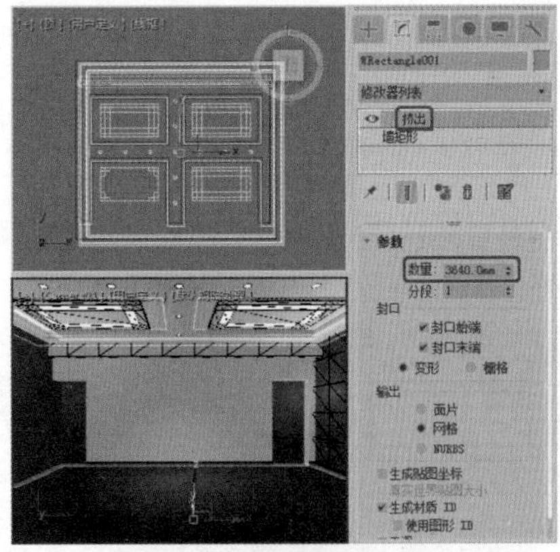

图3-63

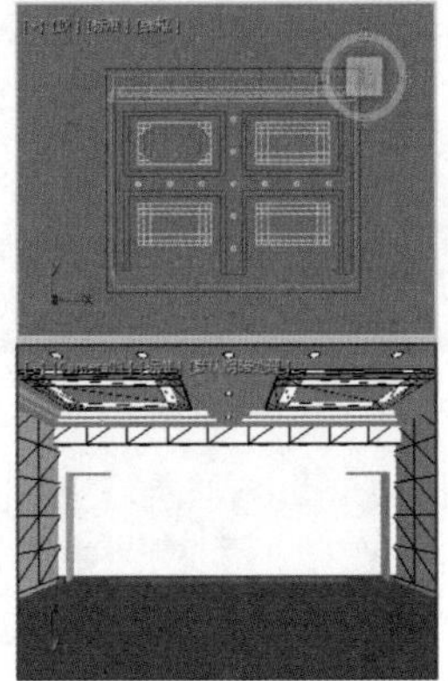

图3-64

实例125 创建通道

使用【通道】工具可以创建一个闭合的形状为C的样条线，还可以指定该部分的垂直网和水平腿之间的内部、外部角。本例将讲解如何创建通道，完成后的效果如图3-65所示。

图3-65

素材	Scene\Cha03\创建通道素材.max
场景	Scene\Cha03\实例125 创建通道.max
视频	视频教学\Cha03\实例125 创建通道.mp4

Step 01 按Ctrl+O组合键，打开“Scene\Cha03\创建通道素材.max”素材文件，如图3-66所示。

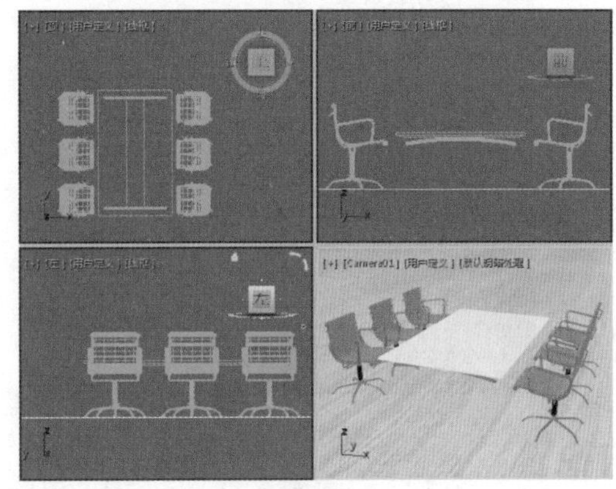

图3-66

Step 02 选择【桌面】对象，将其他对象进行隐藏，选择【创建】 |【图形】 |【扩展样条线】|【通道】工具，在【左】视图中单击并拖动鼠标，在【参数】卷展栏中将【长度】设置为453，【宽度】设置为120，【厚度】设置为11，如图3-67所示。

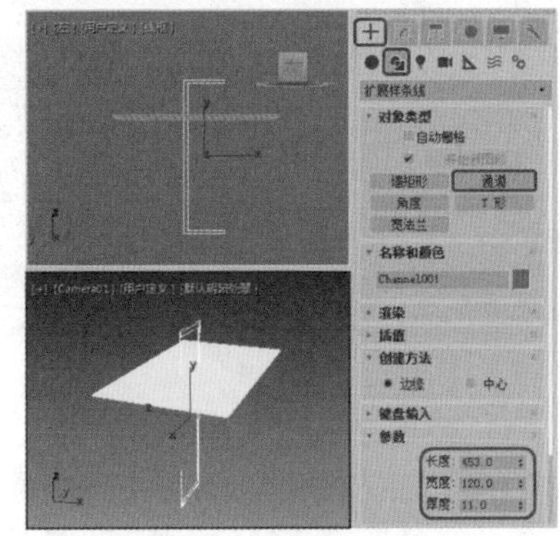

图3-67

Step 03 在工具栏中鼠标右键单击【选择并旋转】按钮 ，弹出【旋转变换输入】对话框，在【绝对：世界】选项组中将Y设置为90，如图3-68所示。

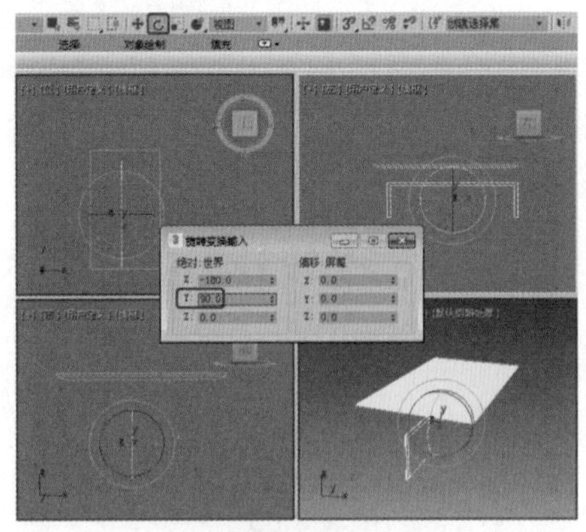

图3-68

Step 04 将对话框关闭，切换到【修改】命令面板，在修改器下拉列表中选择【挤出】修改器，在【参数】卷展栏中将【数量】设置为9，在视图中调整其位置并为其指定【金属】材质，如图3-69所示。

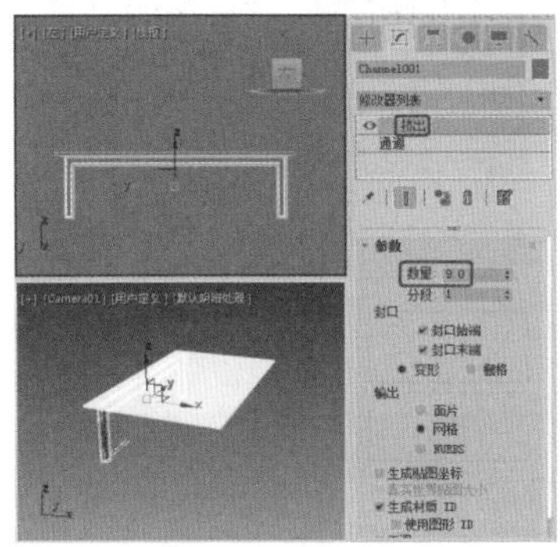

图3-69

Step 05 在【顶】视图中选择创建的通道，按住Shift键的同时将其向右侧拖动，在弹出的【克隆选项】对话框中将【副本数】设置为1，如图3-70所示。

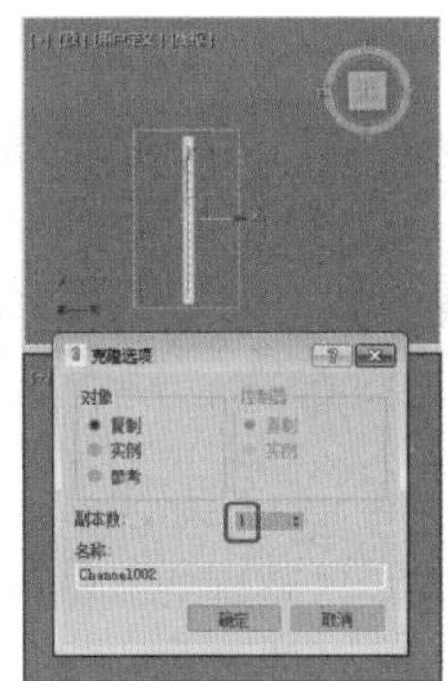

图3-70

Step 06 单击【确定】按钮，将复制出的图形调整至合适的位置，并将隐藏对象全部取消，如图3-71所示。

图3-71

实例126 创建T形

使用【T形】样条线可以绘制出T字形的样条线，还可以指定该部分的垂直网和水平凸缘之间的内部角半径。本例将讲解如何创建T形，完成后的效果如图3-72所示。

图3-72

素材	Scene\Cha03\创建T形素材.max
场景	Scene\Cha03\实例126 创建T形.max
视频	Scene\Cha03\实例126 创建T形.mp4

Step 01 按Ctrl+O组合键，打开“Scene\Cha03\创建T形素材.max”素材文件，如图3-73所示。

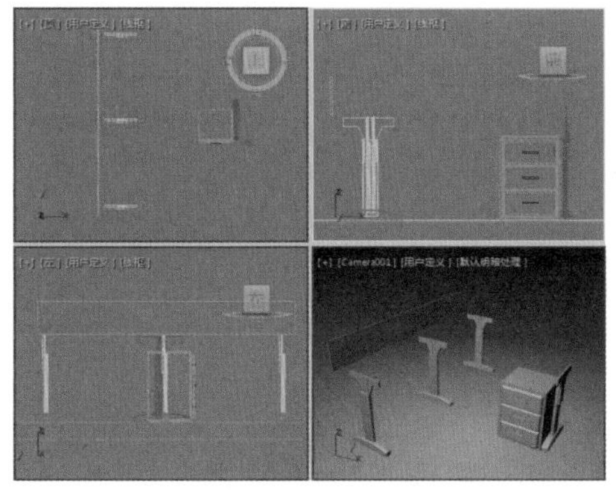

图3-73

Step 02 选择【创建】|【图形】|【扩展样条线】|【T形】工具，在【顶】视图中单击并拖动鼠标，创建T形的长度和宽度，释放并拖动鼠标，创建T形的厚度，单击鼠标左键完成T形的创建，如图3-74所示。

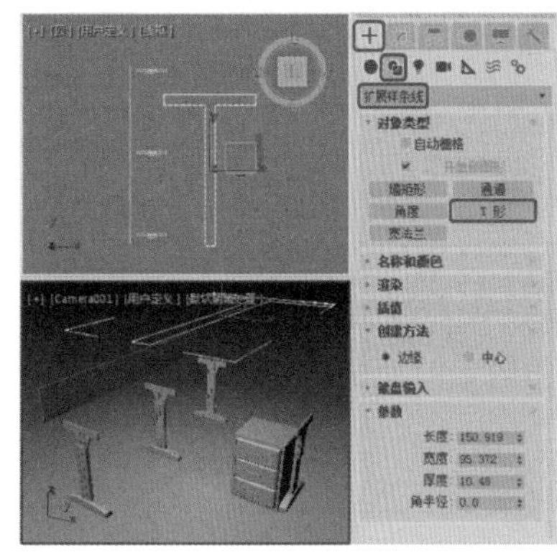

图3-74

Step 03 在工具栏中鼠标右键单击【选择并旋转】按钮，弹出【旋转变换输入】对话框，在【绝对：世界】选项组中将Z设置为90，如图3-75所示。

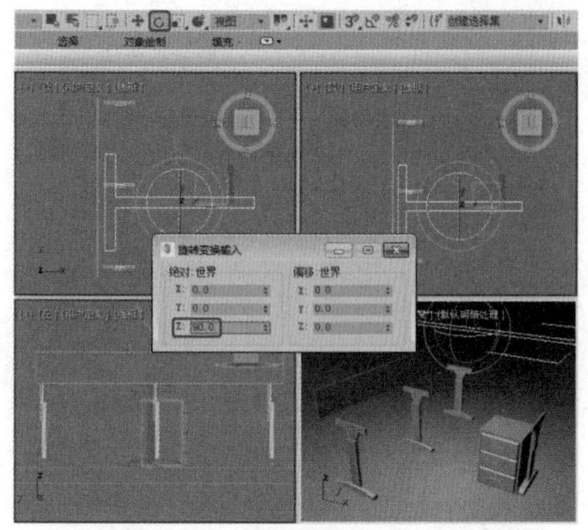

图3-75

Step 04 将对话框关闭，切换到【修改】命令面板，在【参数】卷展栏中将【长度】设置为138，【宽度】设置为178，【厚度】设置为43，如图3-76所示。

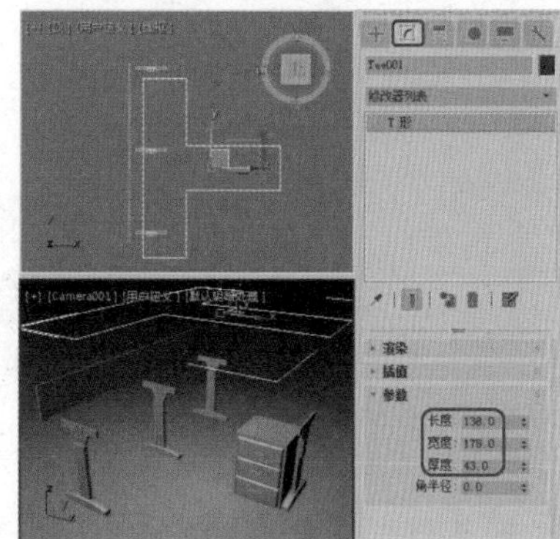

图3-76

Step 05 在修改器下拉列表中选择【挤出】修改器，在【参数】卷展栏中将【数量】设置为2，完成后的效果如图3-77所示。

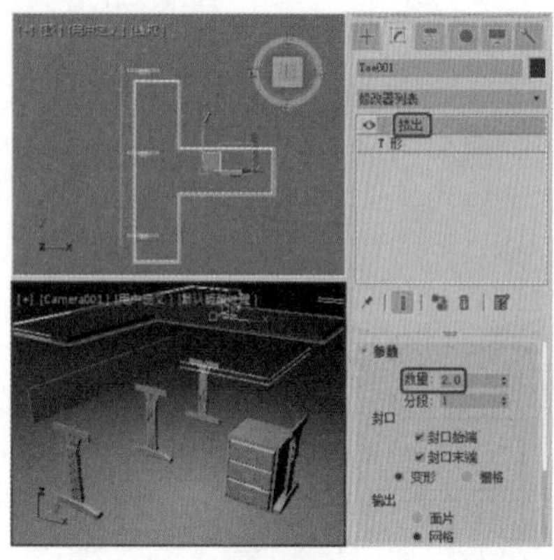

图3-77

Step 06 单击工具栏中的【选择并移动】按钮，将T形移动到合适的位置，并为其指定材质，如图3-78所示。

图3-78

实例127 编辑Bezier角点

Bezier角点是一种比较常用的顶点，分别对它的两个控制手柄进行调节，可以灵活地控制顶点、修改曲线。本例将讲解如何编辑Bezier角点，完成后的效果如图3-79所示。

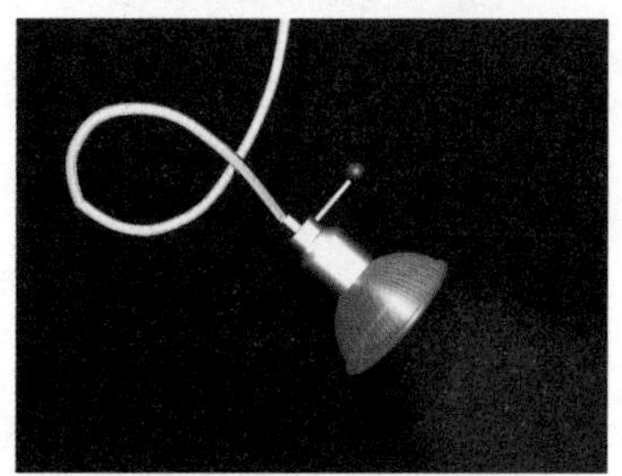

图3-79

素材	Scene\Cha03\Bezier角点素材.max
场景	Scene\Cha03\实例127 编辑Bezier角点.max
视频	视频教学\Cha03\实例127 编辑Bezier角点.mp4

Step 01 按Ctrl+O组合键，打开“Scene\Cha03\Bezier角点素材.max”素材文件，如图3-80所示。

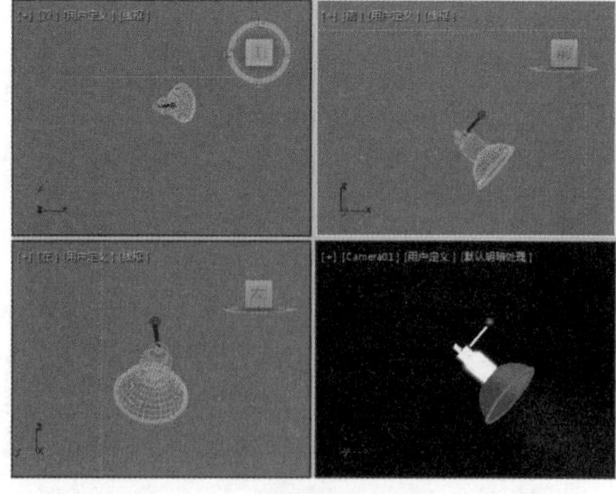

图3-80

Step 02 选择【创建】 | 【图形】 | 【样条线】 | 【线】工具，在【前】视图中绘制一个样条线，如图3-81所示。

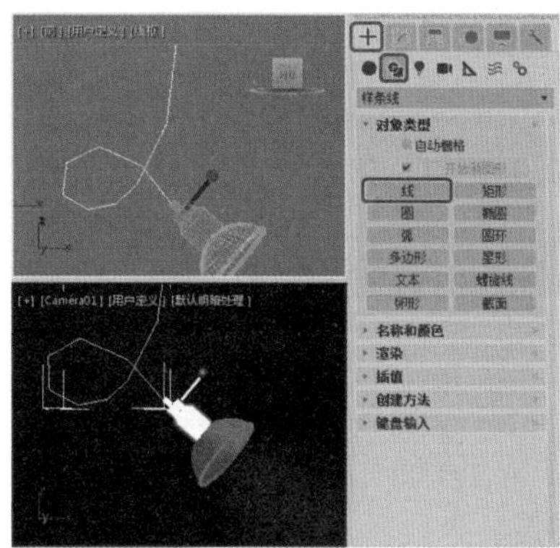

图3-81

Step 03 切换至【修改】 命令面板，将当前选择集定义为【顶点】，如图3-82所示。

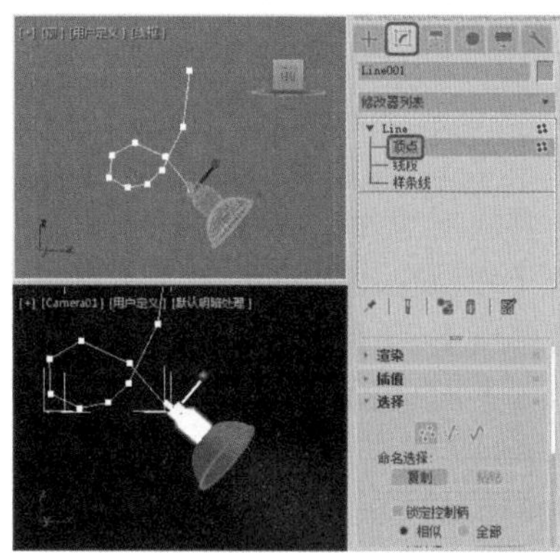

图3-82

Step 04 在视图中选择一个节点，选择的点将以红色显示。在节点上单击鼠标右键，在弹出的快捷菜单中选择【Bezier角点】命令，如图3-83所示。

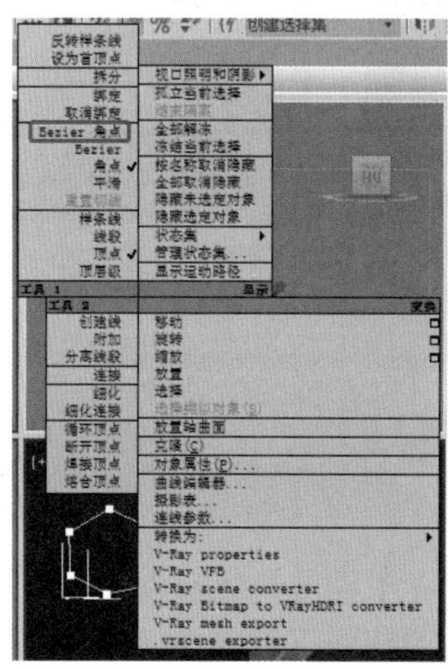

图3-83

Step 05 被修改的节点变为带控制柄的Bezier角点，单击工具栏中的【选择并移动】按钮 ，调节节点的控制柄，使线形变平滑，使用相同的方法修改其他的点，如图3-84所示。

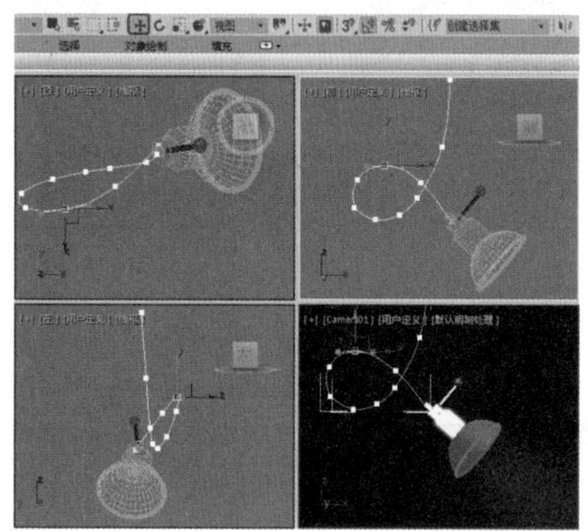

图3-84

Step 06 在【渲染】卷展栏中勾选【在渲染中启用】和【在视口中启用】复选框，将【厚度】设置为3.5，【边】设置为15，并在【材质编辑器】对话框中为Line001对象指定【线】材质，如图3-85所示。

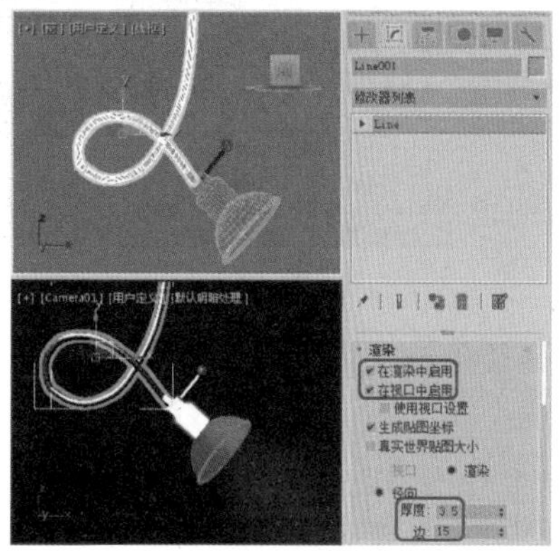

图3-85

实例128 将顶点转换为平滑

【平滑】属性决定了经过顶点的曲线为平滑曲线。本例讲解如何将顶点转换为平滑，完成后的效果如图3-86所示。

素材	Scene\Cha03\转换为平滑素材.max
场景	Scene\Cha03\实例128 将顶点转换为平滑.max
视频	视频教学\Cha03\实例128 将顶点转换为平滑.mp4

图3-86

Step 01 按Ctrl+O组合键，打开“Scene\Cha03\转换为平滑素材.max”素材文件，如图3-87所示。

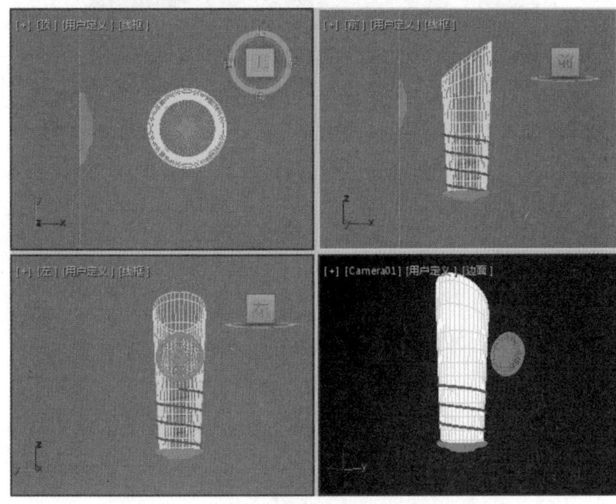

图3-87

Step 02 选择【创建】 |【图形】 |【样条线】|【线】工具，在【前】视图中绘制一个样条线，如图3-88所示。

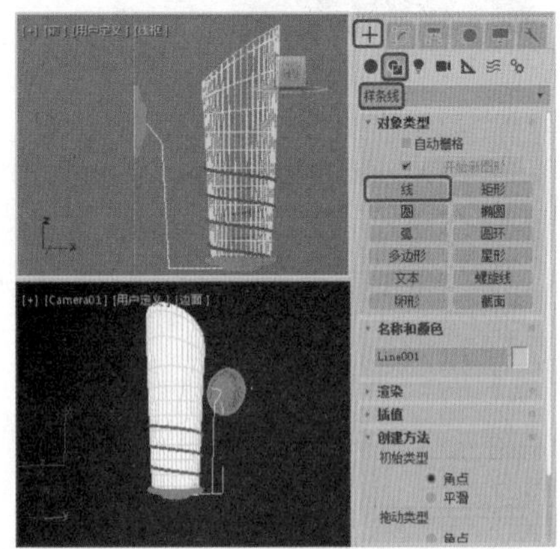

图3-88

Step 03 切换至【修改】 命令面板，将当前选择集定义为【顶点】，在【前】视图中选择所有节点，在节点上单击鼠标右键，在弹出的快捷菜单中选择【平滑】命令，如图3-89所示。

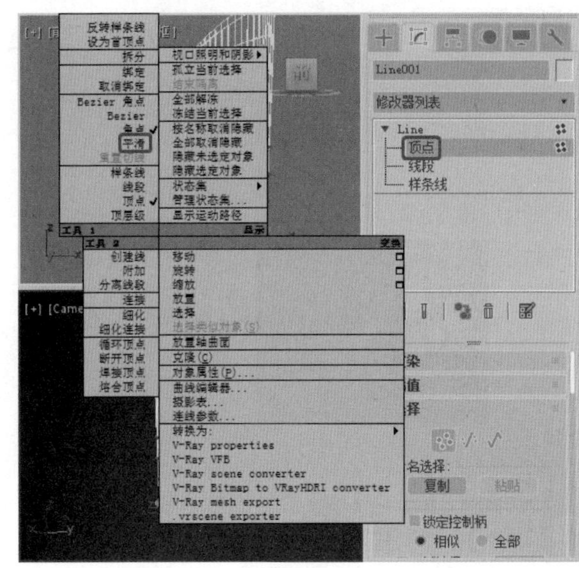

图3-89

Step 04 释放鼠标后节点变成光滑的曲线。单击工具栏中的【选择并移动】按钮 ，适当调整手柄与对象的位置，并将对象命名为【灯托】，在【渲染】卷展栏中勾选【在渲染中启用】和【在视口中启用】复选框，将【厚度】、【边】分别设置为25、12，并在【材质编辑器】对话框中为其指定【金属】材质，如图3-90所示。

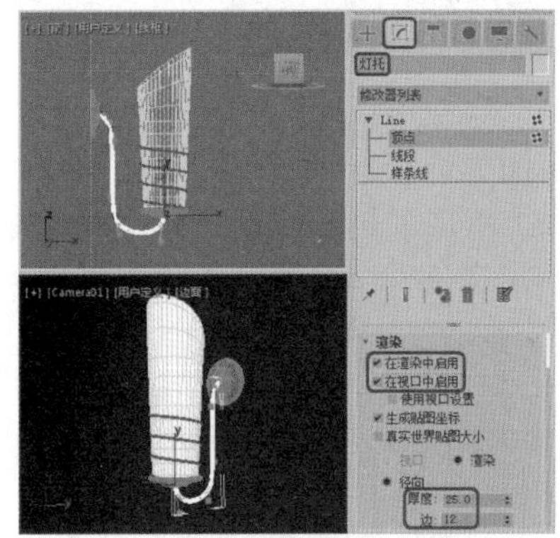

图3-90

实例129 优化顶点

使用【优化】命令可以添加顶点，而不更改样条线的曲率值。本例将讲解如何优化顶点，完成后的效果如图3-91所示。

图3-91

素材	Scene\Cha03\优化顶点素材.max
场景	Scene\Cha03\实例129 优化顶点.max
视频	视频教学\Cha03\实例129 优化顶点.mp4

Step 01 按Ctrl+O组合键，打开“Scene\Cha03\优化顶点素材.max”素材文件，如图3-92所示。

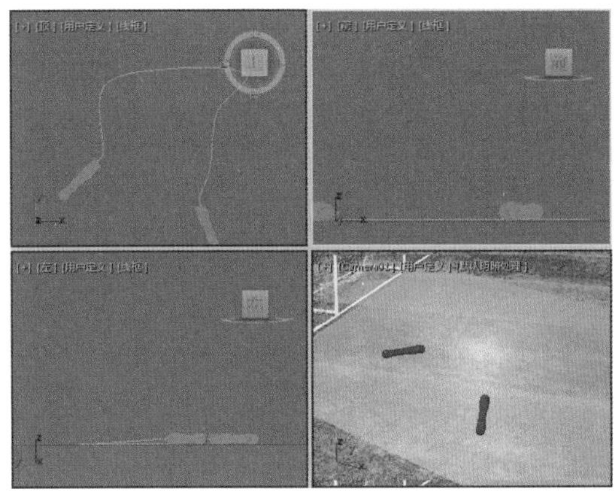

图3-92

Step 02 选择【绳】对象，切换到【修改】命令面板，将当前选择集定义为【顶点】，在【几何体】卷展栏中单击【优化】按钮，在【顶】视图中给【绳】对象添加顶点。当鼠标指针在Line上呈现形状时，在线段上单击鼠标左键，即可看见优化的顶点，如图3-93所示。

图3-93

Step 03 在视图中对优化的节点进行调整，调整后的效果如图3-94所示。

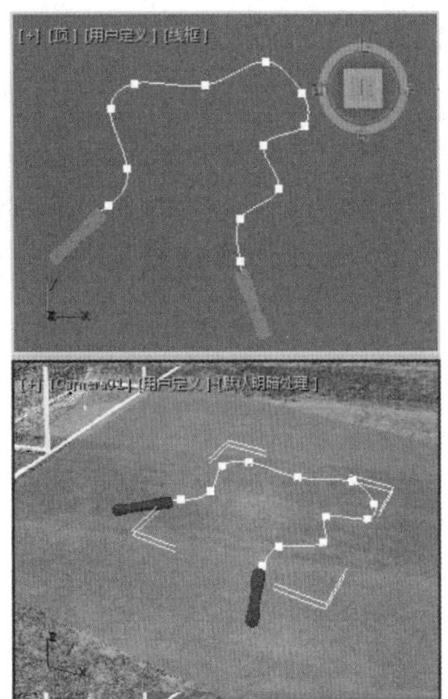

图3-94

Step 04 在【渲染】卷展栏中勾选【在渲染中启用】和【在视口中启用】复选框，将【厚度】设置为10，【边】设置为12，并在【材质编辑器】对话框中为其指定【绳】材质，如图3-95所示。

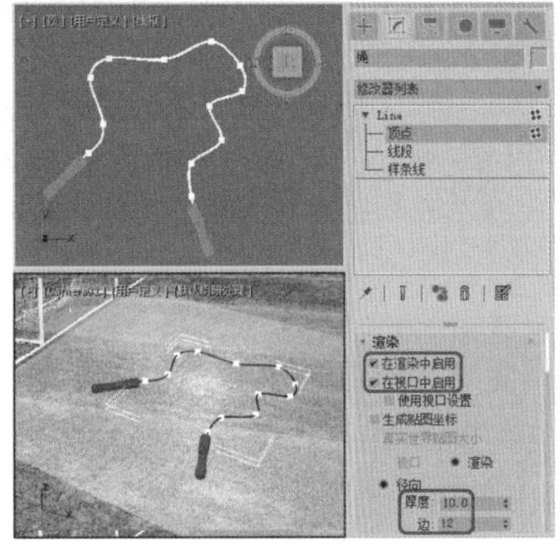

图3-95

实例 130 焊接顶点

【焊接】命令的功能与【融合】命令相似，都是将两个断点合并为一个顶点。本例将讲解如何焊接顶点，完成后的效果如图3-96所示。

图3-96

素材	Scene\Cha03\焊接顶点素材.max
场景	Scene\Cha03\实例130 焊接顶点.max
视频	视频教学\Cha03\实例130 焊接顶点.mp4

Step 01 按Ctrl+O组合键，打开“Scene\Cha03\焊接顶点素材.max”素材文件，如图3-97所示。

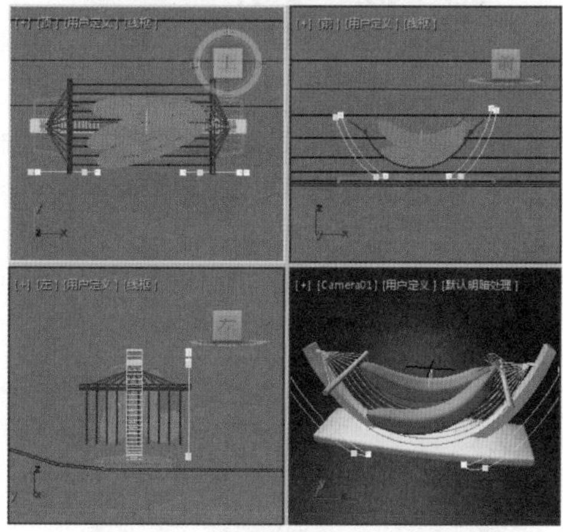

图3-97

Step 02 选择【支架001】，切换到【修改】命令面板，将当前选择集定义为【顶点】，在【前】视图中选择四个节点，如图3-98所示。

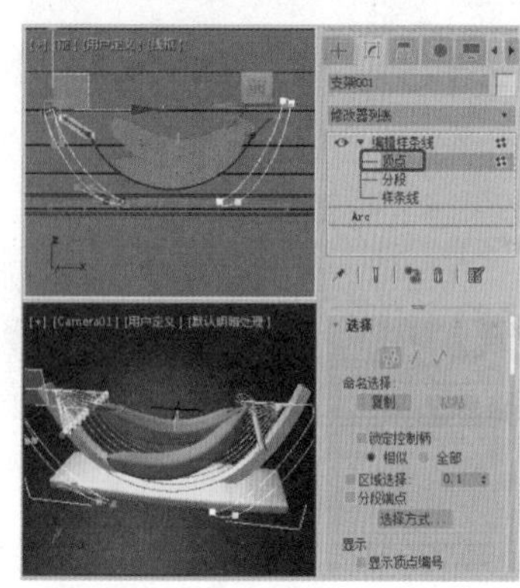

图3-98

Step 03 单击鼠标右键，在弹出的快捷菜单中选择【焊接顶点】命令，如图3-99所示。

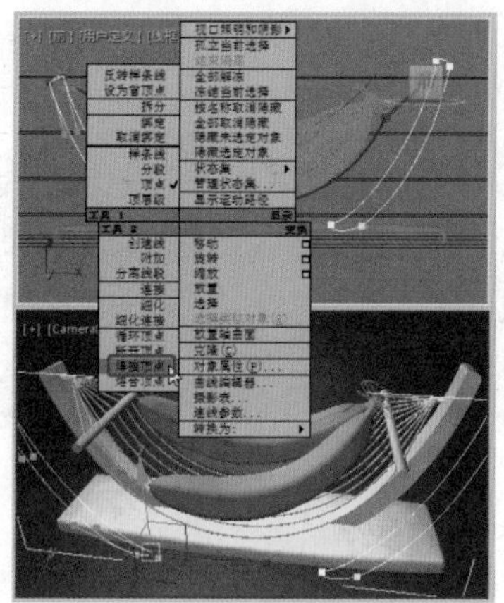

图3-99

Step 04 执行焊接命令后，当视图中显示有且仅有一个呈黄色显示的顶点时，说明之前断开的顶点已被焊接在一起，如图3-100所示。

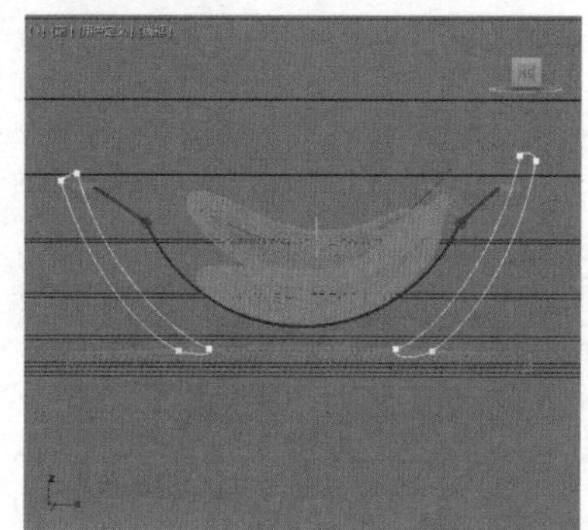

图3-100

实例131 圆角顶点

【圆角】命令的功能是将顶点所在的线段变得圆滑。本例将讲解如何圆角顶点，完成后的效果如图3-101所示。

图3-101

素材	Scene\Cha03\圆角顶点素材.max
场景	Scene\Cha03\实例131 圆角顶点.max
视频	视频教学\Cha03\实例131 圆角顶点.mp4

Step 01 按Ctrl+O组合键，打开“Scene\Cha03\圆角顶点素材.max”素材文件，如图3-102所示。

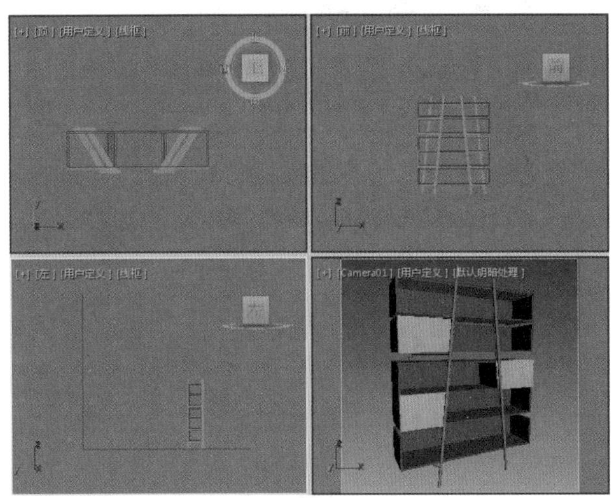

图3-102

Step 02 选择【背景】对象，切换到【修改】命令面板，将当前选择集定义为【顶点】，在【左】视图中选择左下角的点，单击【几何体】卷展栏中的【圆角】按钮，并在其右侧的文本框中输入800，如图3-103所示。

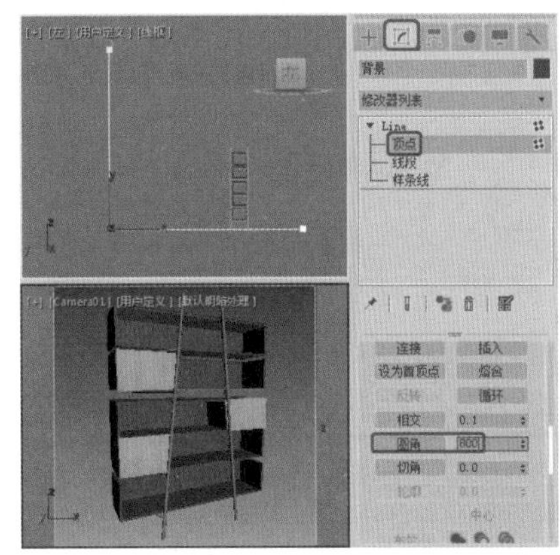

图3-103

Step 03 按Enter键即可进行圆角处理，在修改器下拉列表中选择【挤出】修改器，在【参数】卷展栏中将【数量】设置为3000，如图3-104所示。

Step 04 在修改器下拉列表中选择【壳】修改器，在【参数】卷展栏中将【内部量】设置为5，如图3-105所示。

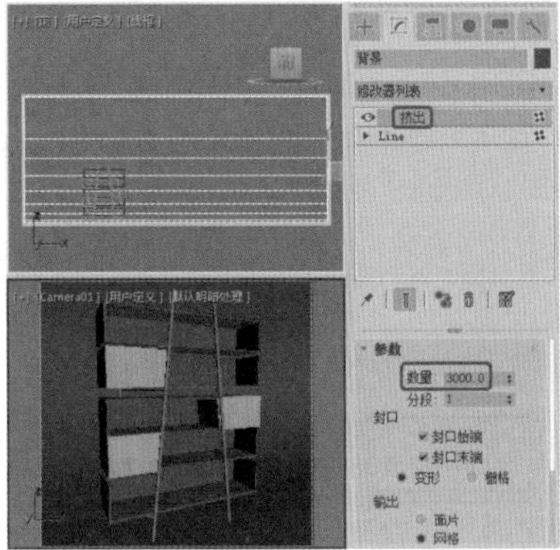

图3-104

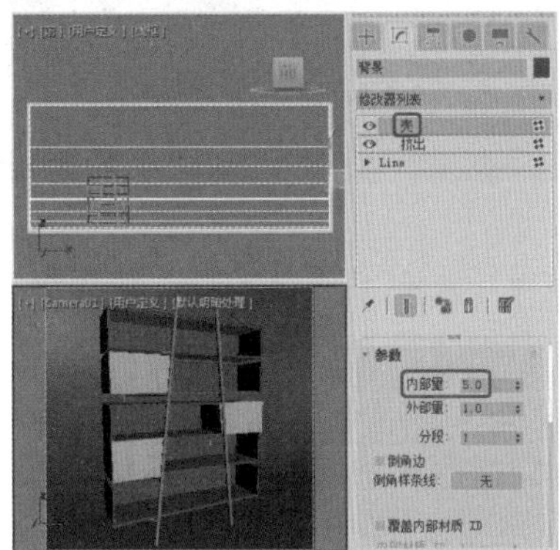

图3-105

实例132 插入线段

使用【插入】工具可以在选择的线段中插入线段。本例将讲解如何插入线段，完成后的效果如图3-106所示。

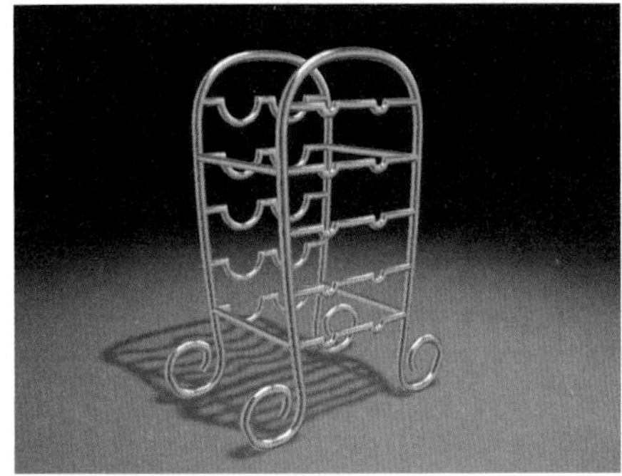

图3-106

素材	Scene\Cha03\插入线段素材.max
场景	Scene\Cha03\实例132 插入线段.max
视频	视频教学\Cha03\实例132 插入线段.mp4

Step 01 按Ctrl+O组合键，打开“Scene\Cha03\插入线段素材.max”素材文件，如图3-107所示。

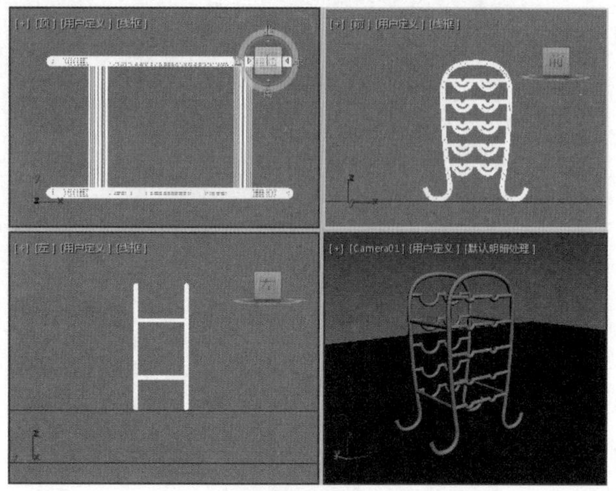
图3-107

Step 02 选择【支架01】、【支架02】、【支架03】、【支架04】，在【渲染】卷展栏中取消勾选【在渲染中启用】和【在视口中启用】复选框。选择【支架01】对象，切换到【修改】命令面板，将当前选择集定义为【线段】，如图3-108所示。

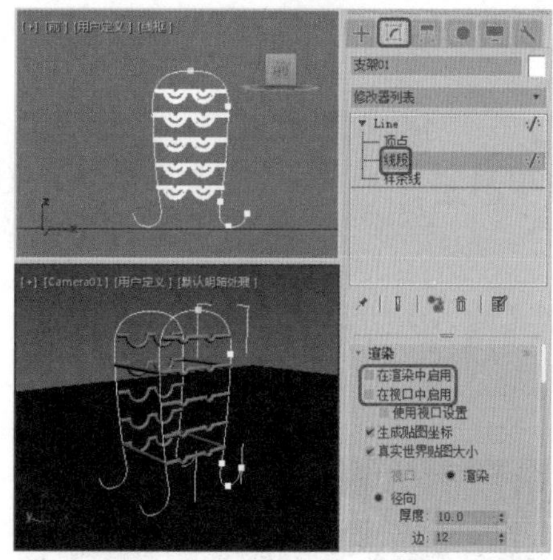
图3-108

Step 03 单击【几何体】卷展栏中的【插入】按钮，移动鼠标至【前】视图中的线段上，当鼠标指针呈形状时，单击鼠标左键并移动鼠标，样条线的形状也跟着变化，单击鼠标左键即可插入线段，单击鼠标右键即可完成插入，如图3-109所示。

Step 04 再次单击【插入】按钮，取消其选择，在视图中对线段与顶点进行调整，在【渲染】卷展栏中勾选【在渲染中启用】和【在视口中启用】复选框。使用同样的方法将其他支架插入线段并进行调整，如图3-110所示。

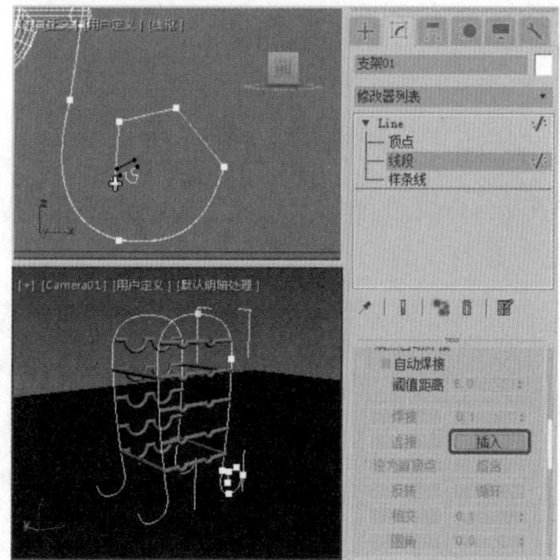
图3-109

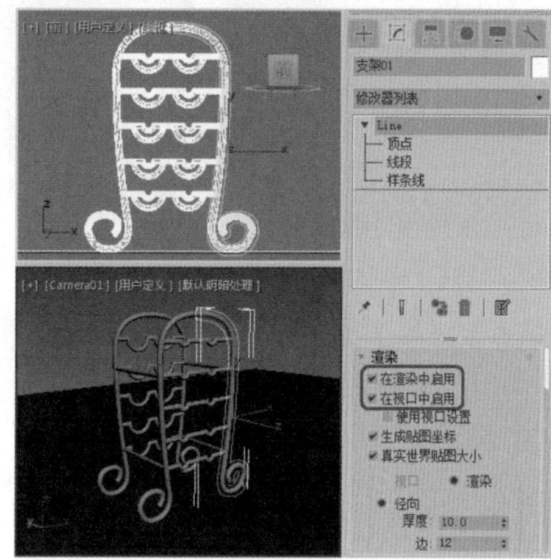
图3-110

实例133 拆分线段

通过给线段加点的方式，可将选择的线段拆分成若干条线段。本例将讲解如何拆分线段，完成后的效果如图3-111所示。

图3-111

素材	Scene\Cha03\拆分线段素材.max
场景	Scene\Cha03\实例133 拆分线段.max
视频	视频教学\Cha03\实例133 拆分线段.mp4

Step 01 按Ctrl+O组合键，打开“Scene\Cha03\拆分线段素材.max”素材文件，如图3-112所示。

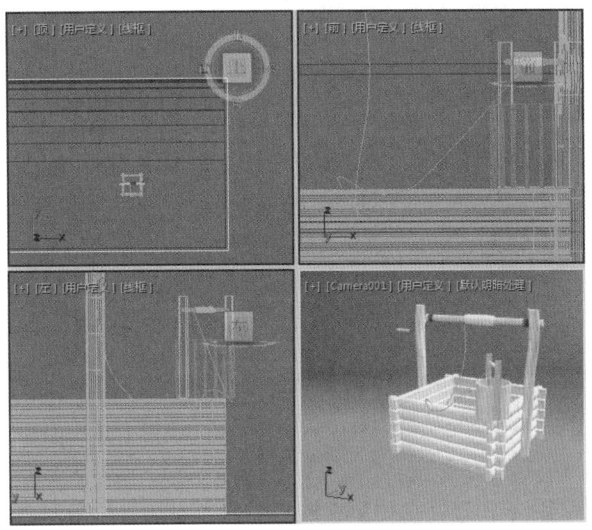

图3-112

Step 02 选择【拉绳002】样条线，切换到【修改】面板，将当前选择集定义为【线段】，使其高亮显示。在【前】视图中选择线段，所选的线段呈红色，如图3-113所示。

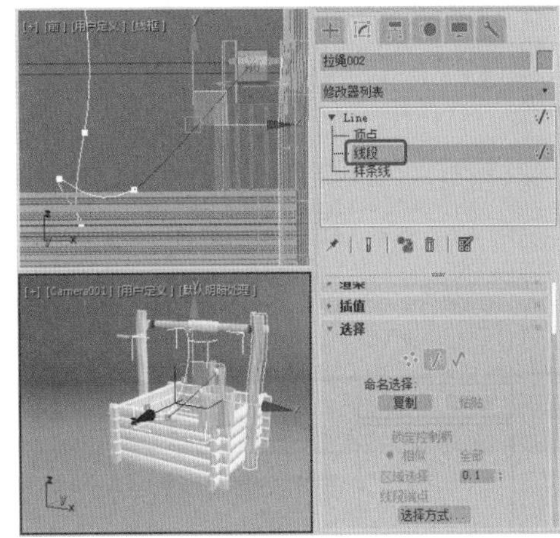

图3-113

Step 03 在【几何体】卷展栏中的【拆分】按钮后的文本框中输入1，然后单击【拆分】按钮，所选的线段将被拆分，如图3-114所示。

Step 04 拆分后，将当前选择集定义为【顶点】，在【渲染】卷展栏中勾选【在渲染中启用】和【在视口中启用】复选框，将【厚度】设置为2，【边】设置为12。在视图中调整其位置，如图3-115所示。

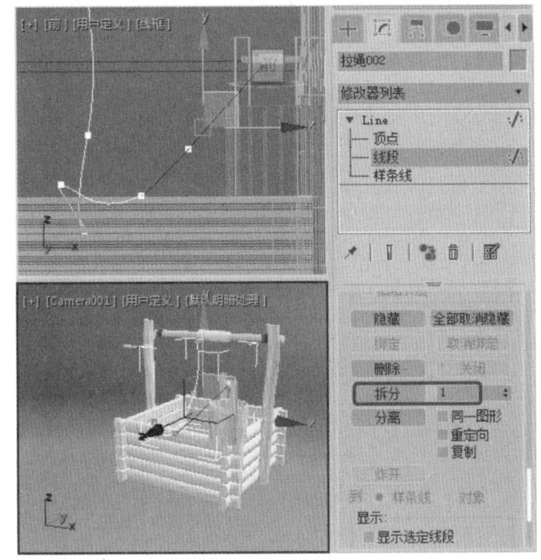

图3-114

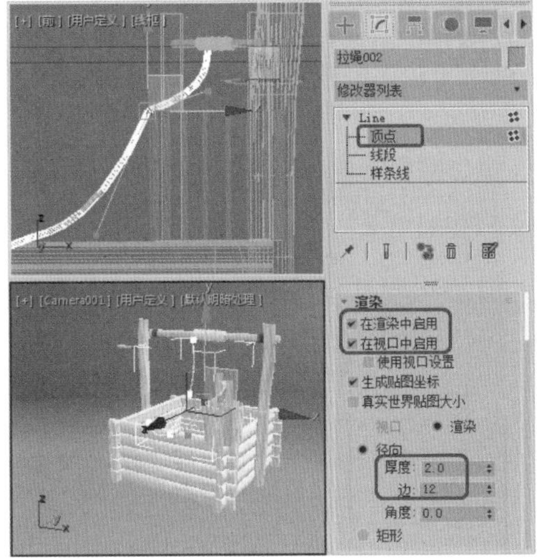

图3-115

实例134 分离线段

使用【分离】工具可以将选择的线段分离，具体操作步骤如下。

素材	Scene\Cha03\分离线段素材.max
场景	Scene\Cha03\实例134 分离线段.max
视频	视频教学\Cha03\实例134 分离线段.mp4

Step 01 按Ctrl+O组合键，打开“Scene\Cha03\分离线段素材.max”素材文件，选择【拉绳002】样条线，将当前选择集定义为【线段】，使其高亮显示，在【前】

视图中选择线段，所选的线段呈红色，单击【几何体】卷展栏中的【分离】按钮，弹出【分离】对话框，如图3-116所示。

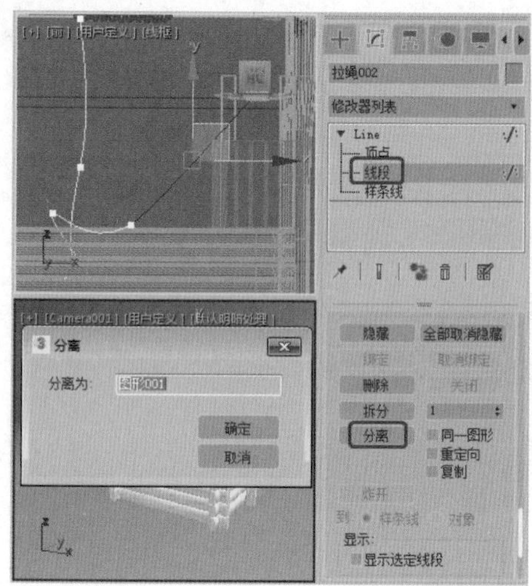

图3-116

Step 02 单击【确定】按钮，所选的线段将成为单独的图形被分离出来，如图3-117所示。

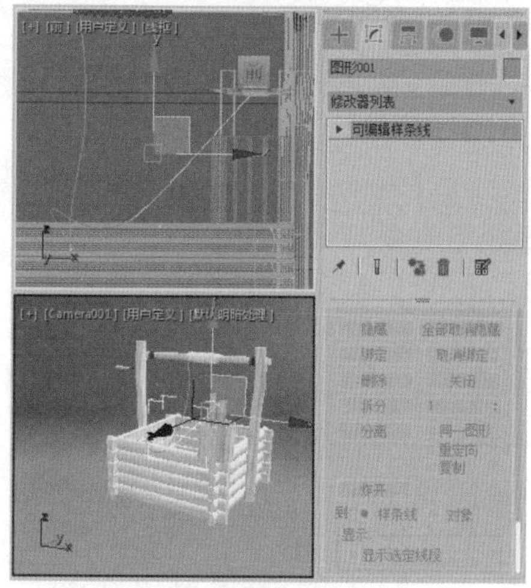

图3-117

实例135 附加单个样条线

使用【几何体】卷展栏中的【附加】命令，可使两个样条线形成一个整体，具体操作步骤如下。

素材	Scene\Cha03\附加单个样条线素材.max
场景	Scene\Cha03\实例135 附加单个样条线.max
视频	视频教学\Cha03\实例135 附加单个样条线.mp4

Step 01 按Ctrl+O组合键，打开"Scene\Cha03\附加单个样条线素材.max"素材文件，在【前】视图中选择【拉绳001】，将当前选择集定义为【样条线】，如图3-118所示。

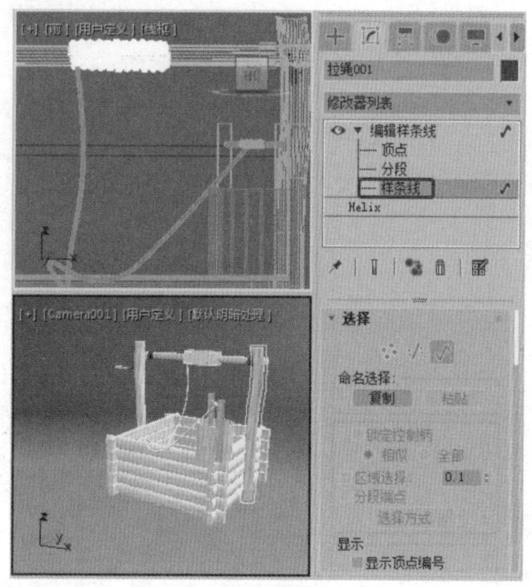

图3-118

Step 02 单击【几何体】卷展栏中的【附加】按钮，移动鼠标至【前】视图中，当鼠标指针呈现形状时，单击鼠标左键，附加【拉绳002】对象，如图3-119所示。

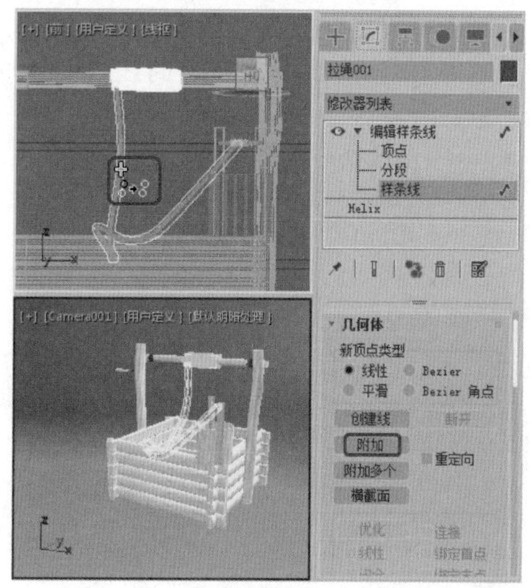

图3-119

实例136 附加多个样条线

在附加样条线中不仅可以附加一条，而且可以附加多条样条线，使多条样条线成为一个整体。

素材	Scene\Cha03\附加多个样条线素材.max
场景	场景\Cha03\实例136 附加多个样条线.max
视频	视频教学\Cha03\实例136 附加多个样条线.mp4

Step 01 按Ctrl+O组合键，打开“Scene\Cha03\附加多个样条线素材.max”素材文件，选择【拉绳001】对象，切换到【修改】面板，将当前选择集定义为【样条线】，单击【几何体】卷展栏中的【附加多个】按钮，如图3-120所示。

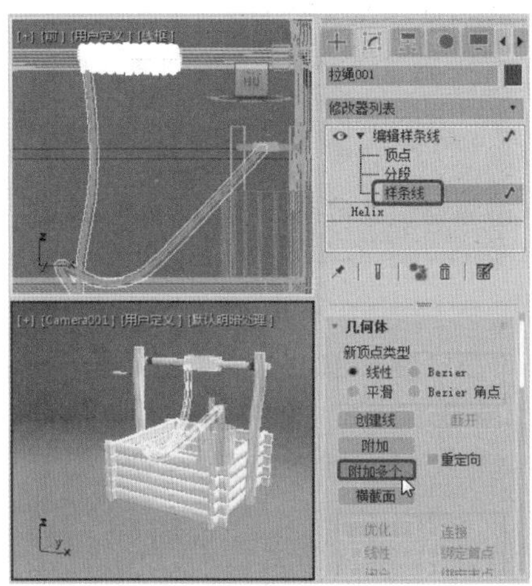

图3-120

Step 02 弹出【附加多个】对话框，按住Ctrl键的同时单击【拉绳002】、【拉绳003】对象名称，选中后对象呈蓝色，单击【附加】按钮即可将所选的对象进行附加，如图3-121所示。

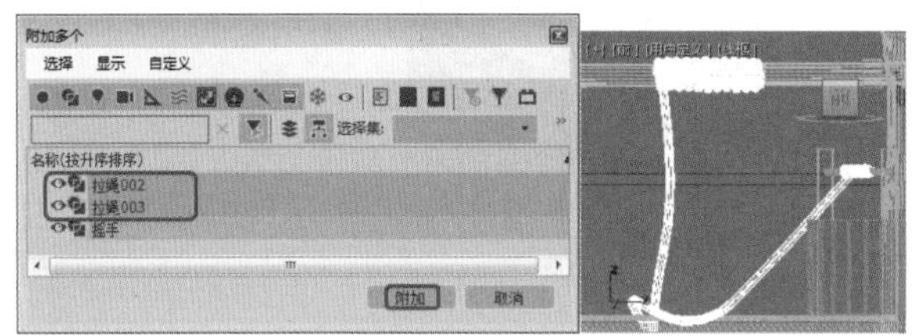

图3-121

实例137 设置样条线轮廓

在制作样条线的副本时，所有侧边上的距离偏移量可由【轮廓宽度】微调器（在【轮廓】按钮的右侧）指定。选择一个或多个样条线，然后使用微调器动态地调整轮廓位置，或单击【轮廓】按钮然后拖动样条线，如果样条线是开口的，那么将生成一个闭合的样条线。本例将讲解如何设置样条线轮廓。

素材	Scene\Cha03\样条线轮廓素材.max
场景	场景\Cha03\实例137 设置样条线轮廓.max
视频	视频教学\Cha03\实例137 设置样条线轮廓.mp4

Step 01 按Ctrl+O组合键，打开“Scene\Cha03\样条线轮廓素材.max”素材文件，选择【拉绳002】线段，切换至【修改】面板，将当前选择集定义为【样条线】，在【几何体】卷展栏中，单击【轮廓】按钮，并在右侧的文本框中输入3，如图3-122所示。

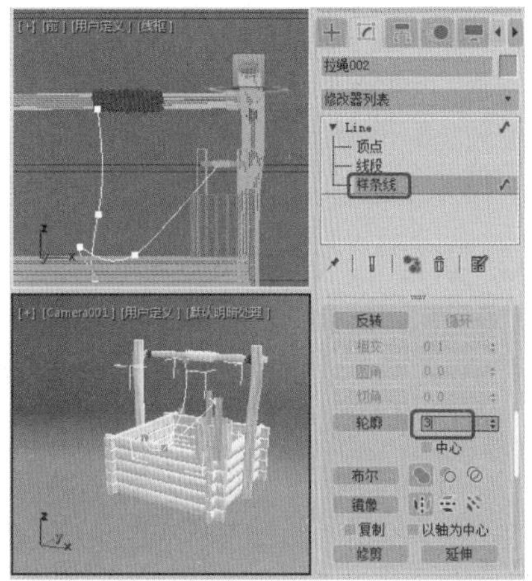

图3-122

Step 02 此时样条线轮廓效果如图3-123所示。

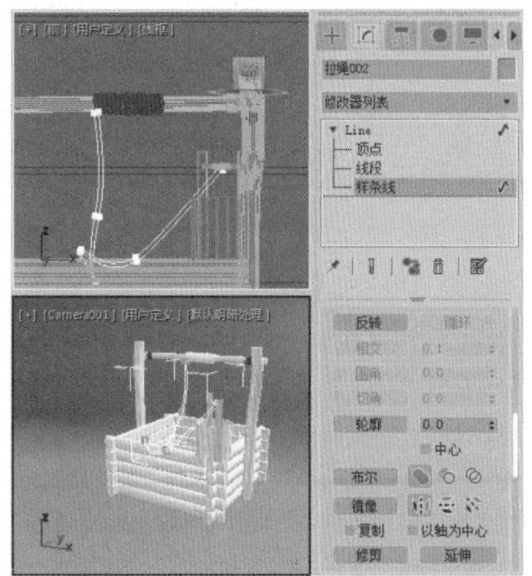

图3-123

实例138 修剪样条线

【修剪】工具可以将样条线中交叉或无用的样条线修剪掉，使其达到需要的形状。本例将讲解如何修剪样条线，完成后的效果如图3-124所示。

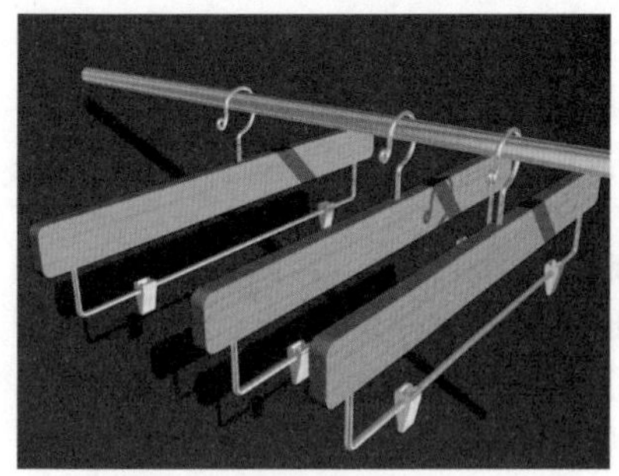

图3-124

素材	Scene\Cha03\修剪样条线素材.max
场景	场景\Cha03\实例138 修剪样条线.max
视频	视频教学\Cha03\实例138 修剪样条线.mp4

Step 01 按Ctrl+O组合键，打开“Scene\Cha03\修剪样条线素材.max”素材文件，如图3-125所示。

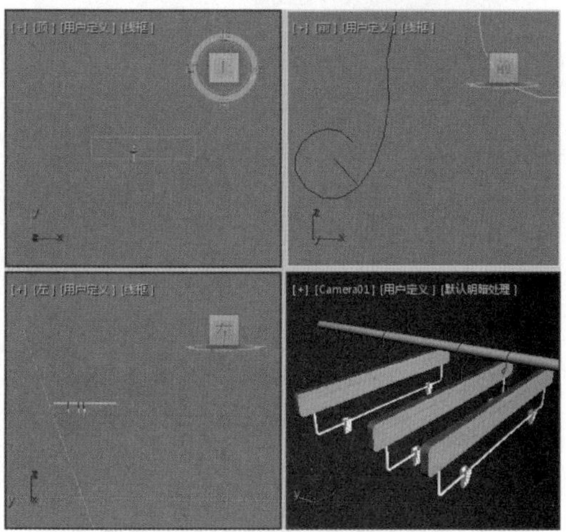

图3-125

Step 02 选择视图中的【衣架-挂钩01】对象，切换到【修改】命令面板，将当前选择集定义为【样条线】，单击【几何体】卷展栏中的【修剪】按钮，如图3-126所示。

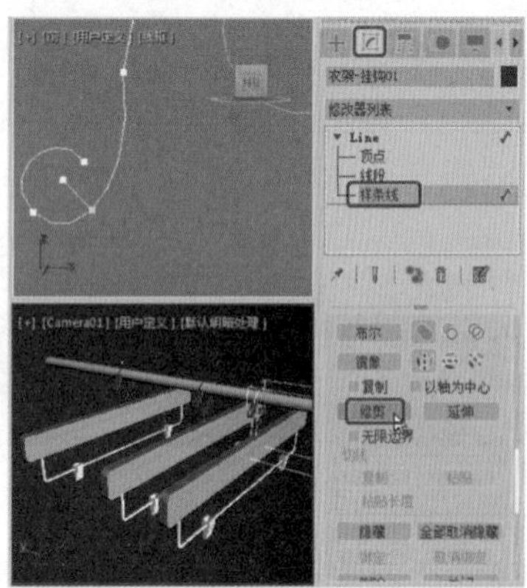

图3-126

Step 03 将鼠标指针移至【前】视图的【衣架-挂钩01】对象上，当鼠标指针呈现形状时，单击需要修剪的线段，释放鼠标，即可完成修剪，如图3-127所示。

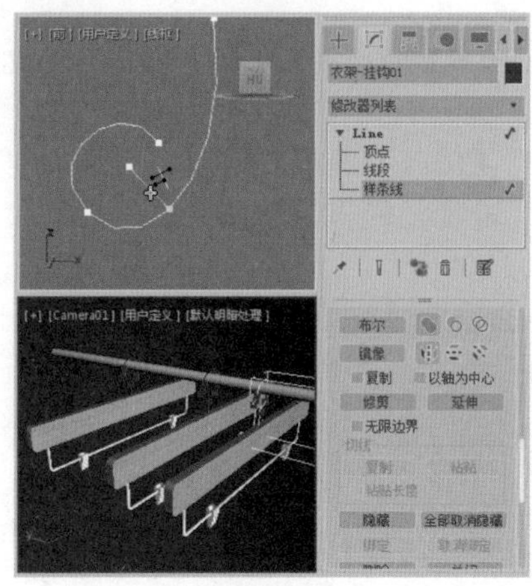

图3-127

Step 04 修剪后，在【渲染】卷展栏中勾选【在渲染中启用】和【在视口中启用】复选框，如图3-128所示。

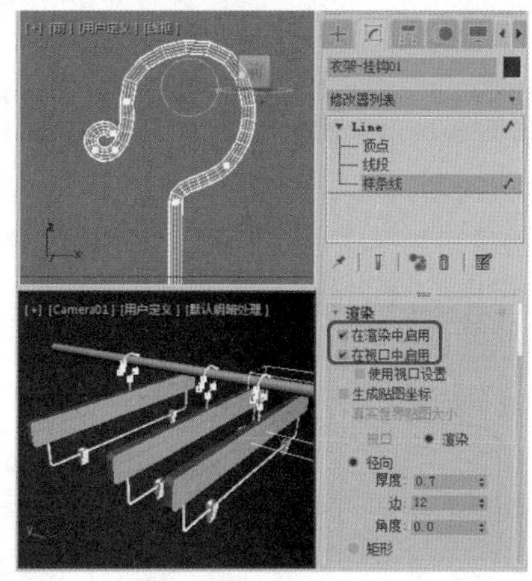

图3-128

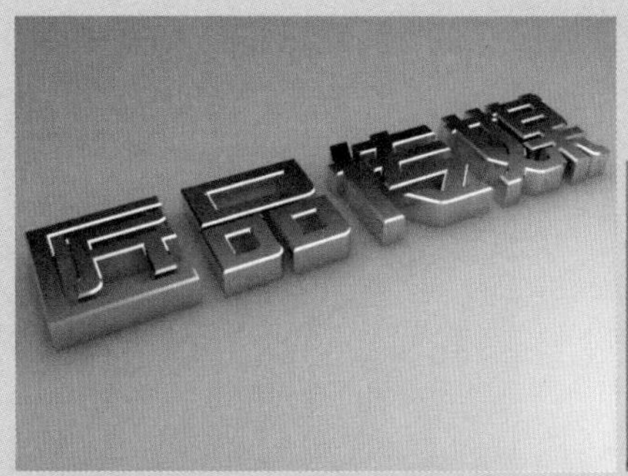

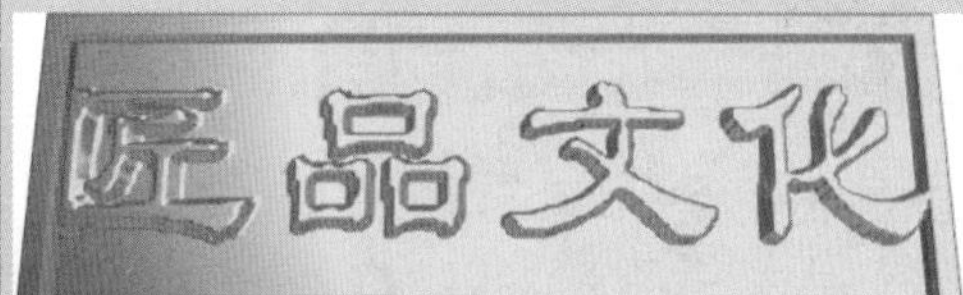

第4章 常用三维文字的制作

三维文字的实现是：先利用文本工具创建出基本的文字造型，然后使用不同的修改器完成字体造型的制作。本章将介绍三维领域中最为常用而又实用的文字制作方法。

实例 139 制作金属文字

本例将介绍如何制作金属文字。首先使用【文字】工具输入文字，然后为文字添加【倒角】修改器，最后为文字添加摄影机及灯光，完成后的效果如图4-1所示。

图4-1

素材	无
场景	Scene\Cha04\实例139 制作金属文字.max
视频	视频教学\Cha04\实例139 制作金属文字.mp4

Step 01 启动软件后，按G键取消网格显示，选择【创建】 |【图形】 |【文本】工具，将【字体】设置为【方正综艺简体】，将【大小】设置为75，在【文本】下方的文本框中输入文字"匠品传媒"，在【顶】视图中单击鼠标创建文字，如图4-2所示。

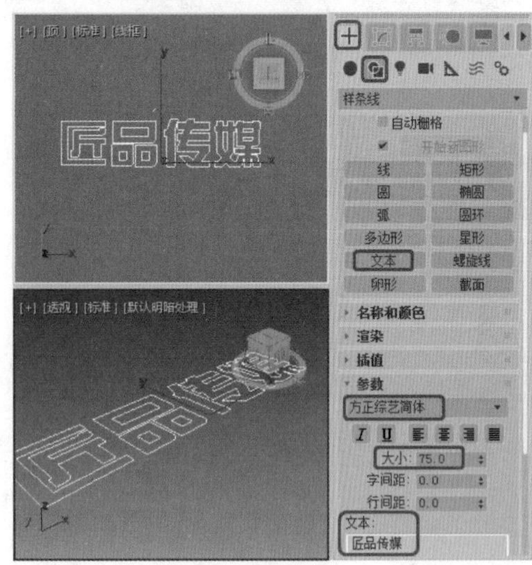

图4-2

Step 02 确定文字处于选中状态，切换到【修改】 命令面板，为文字添加【倒角】修改器，在【倒角值】卷展栏中将【级别1】选项组下的【高度】设置为13，勾选【级别2】复选框，将【高度】设置为1，【轮廓】设置为-1，如图4-3所示。

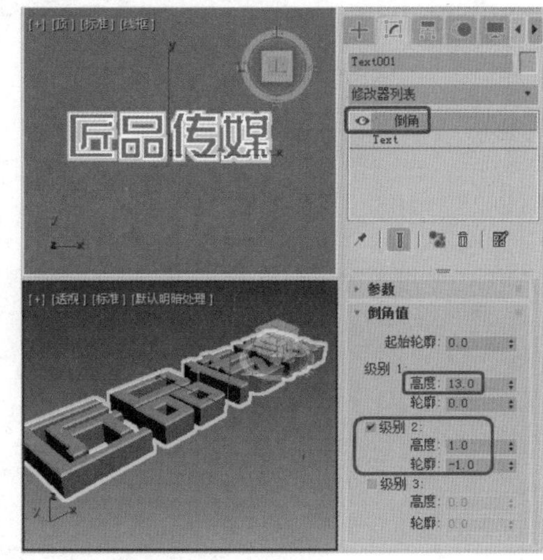

图4-3

提示

【倒角】修改器通过对二维图形进行挤出使其成形，并且在挤出的同时，会在边界上加入直形或圆形的倒角，一般用来制作立体文字和标志。

Step 03 按M键弹出【材质编辑器】对话框，选择一个空白的材质样本球，将其命名为【金属】，然后将明暗器类型设置为【（M）金属】，将【环境光】的RGB值设置为209、205、187，在【反射高光】选项组中将【高光级别】、【光泽度】分别设置为102、74，如图4-4所示。

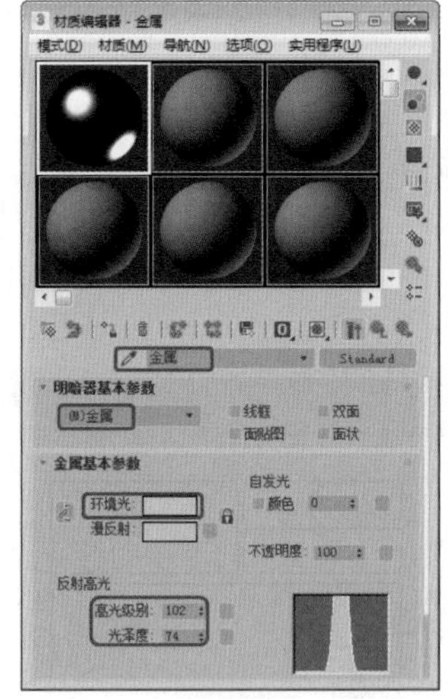

图4-4

Step 04 展开【贴图】卷展栏，单击【反射】通道后的【无贴图】按钮，在弹出的【材质/贴图浏览器】对话框中双击【光线跟踪】选项，如图4-5所示。

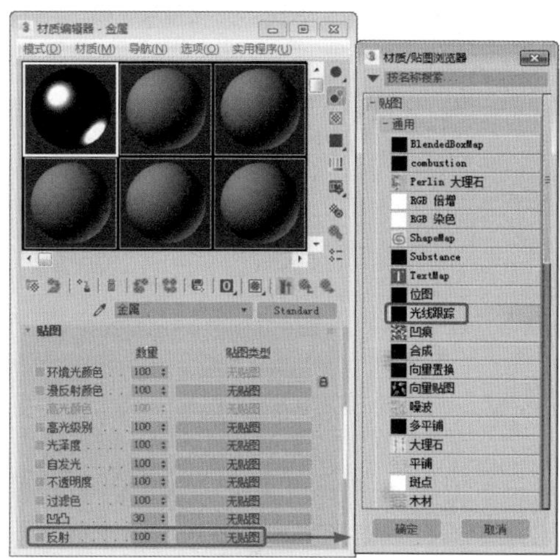

图4-5

◎知识链接

材质的作用

材质主要用于描述对象如何反射和传播光线，材质中的贴图主要用于模拟对象质地、提供纹理图案、反射、折射等其他效果（贴图还可以用于环境和灯光投影）。依靠各种类型的贴图，可以创作出千变万化的材质。例如，在瓷瓶上贴上花纹就成了名贵的瓷器。高超的贴图技术是制作仿真材质的关键，也是决定最后渲染效果的关键。关于材质的调节和指定，系统提供了【材质编辑器】和【材质/贴图浏览器】。【材质编辑器】用于创建、调节材质，并最终将其指定到场景中；【材质/贴图浏览器】用于检查材质和贴图。

Step 05 保持默认设置，单击【转到父对象】按钮，确定文字处于选中状态，单击【将材质指定给选定对象】按钮和【视口中显示明暗处理材质】按钮，将对话框关闭，在【透视】视图中的效果如图4-6所示。

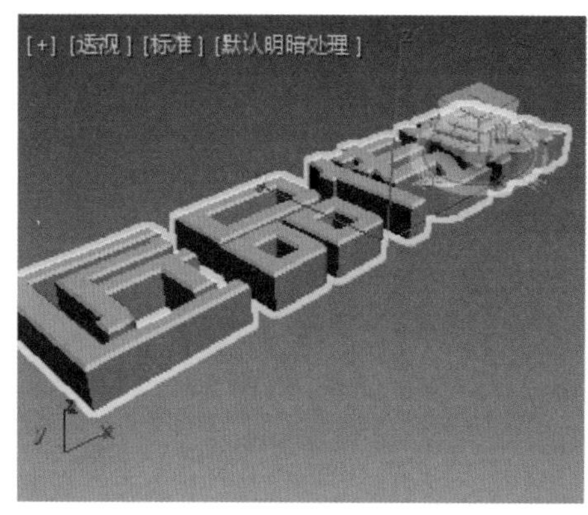

图4-6

Step 06 选择【创建】|【摄影机】|【目标】工具，在【顶】视图中创建一个目标摄影机，调整完成后在【透视】视图中按C键将其转换为摄影机视图，适当调整摄影机的角度及位置，如图4-7所示。

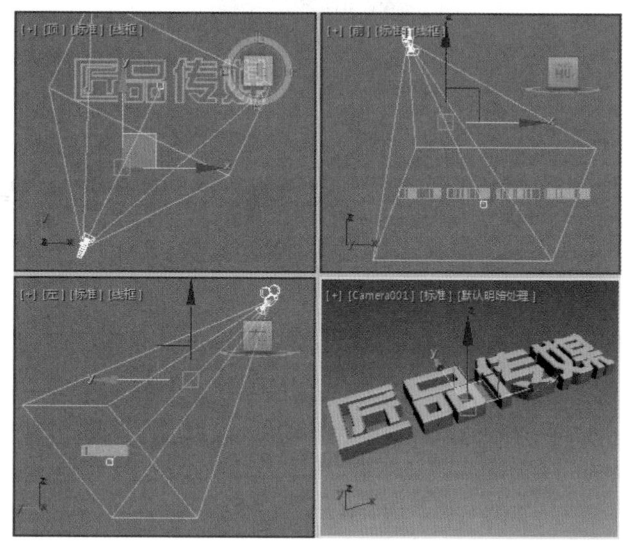

图4-7

Step 07 选择【创建】|【几何体】|【平面】工具，在【顶】视图中创建一个【长度】、【宽度】均为1000的平面，如图4-8所示，并将其调整至合适的位置。

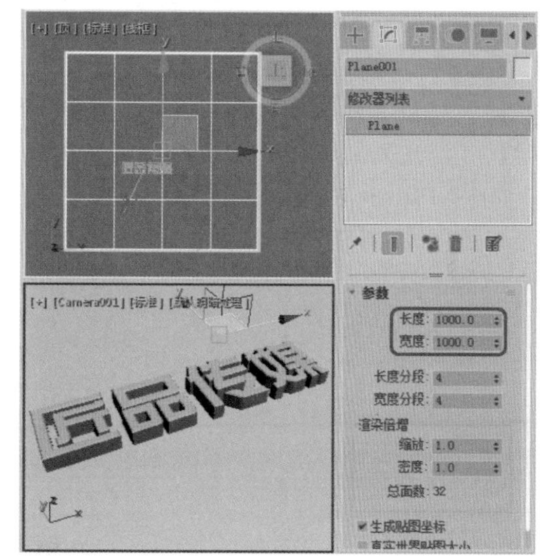

图4-8

Step 08 按M键弹出【材质编辑器】对话框，选择空白材质球，将【Blinn基本参数】卷展栏中的【环境光】的RGB值设置为208、208、200，单击【将材质指定给选定对象】按钮和【在视口中显示标准贴图】按钮，如图4-9所示。

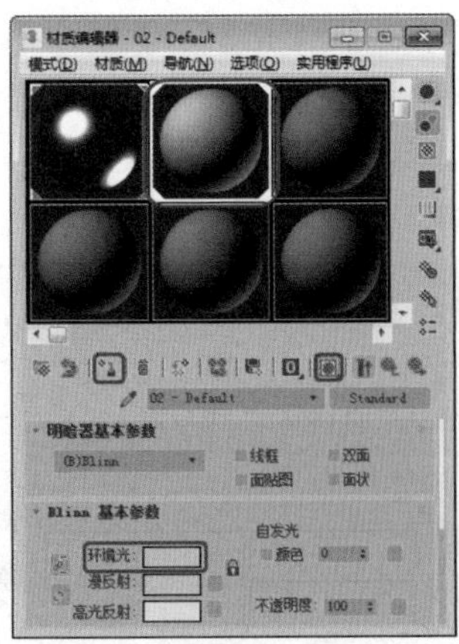

图4-9

◎知识链接·◦

Blinn明暗器的作用

Blinn明暗器可使材质高光点周围的光晕旋转混合，可使背光处的反光点形状为圆形，清晰可见。如增大柔化参数值，Blinn的反光点将保持尖锐的形态，从色调上来看，Blinn趋于冷色。

【环境光】用于控制对象表面阴影区域的颜色。

【环境光】和【漫反射】的左侧有一个【锁定】按钮，用于锁定【环境光】、【漫反射】2种材质，锁定的目的是使被锁定的两个区域颜色保持一致，当调节任何一个区域的颜色时，另一个区域的颜色也会随之变化。

Step 09 将对话框关闭，选择【创建】|【灯光】 |【标准】|【泛光】工具，在【顶】视图中创建一个泛光灯，如图4-10所示。

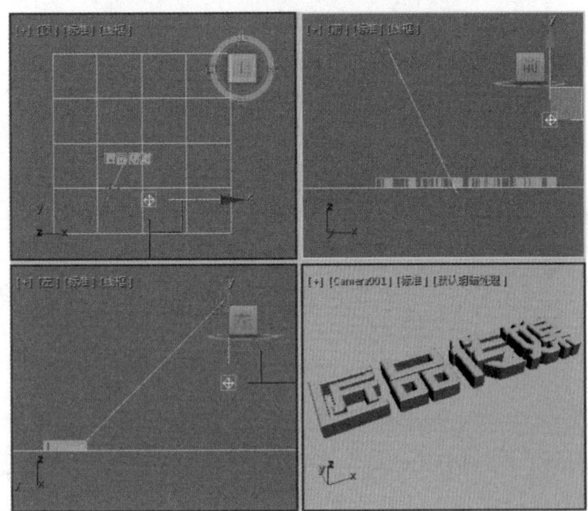

图4-10

Step 10 切换至【修改】 命令面板，在【阴影参数】卷展栏中将【密度】设置为0.5，在视图中调整其位置，如图4-11所示。

图4-11

◎知识链接·◦

泛光灯

【泛光灯】用来向四周发散光线，标准的泛光灯用来照亮场景。它的优点是易于建立和调节，不用考虑是否有对象在范围外而不被照射；缺点是不能创建太多，否则显得无层次感。泛光灯还可将“辅助照明”添加到场景中或模拟点光源。

泛光灯可以投射阴影，单个投射阴影的泛光灯等同于6盏聚光灯的效果，从中心指向外侧。另外泛光灯常用来模拟灯泡、台灯等光源对象。

Step 11 在【顶】视图中创建一个泛光灯，切换至【修改】命令面板，在【常规参数】卷展栏中勾选【阴影】下的【启用】复选框，在【强度/颜色/衰减】卷展栏中将【倍增】设置为0.03，在【阴影参数】卷展卷展栏中将【密度】设置为2，如图4-12所示。

◎知识链接·◦

【启用】与【倍增】

【启用】选项用来启用和禁用灯光。当【启用】选项处于启用状态时，可使用灯光着色和渲染来照亮场景。当【启用】选项处于禁用状态时，进行着色或渲染时不能使用该灯光。默认状态下灯光的设置为启用。

通过设置【倍增】的正负数值可增减灯光的能量。例如，输入2，表示灯光亮度增强两倍。使用这个参数提高场景亮度时，有可能引起颜色过亮，还可能产生视频输出时有不可用的颜色，所以除非是制作特定案例或特殊效果才将【倍增】设置为2，否则设置为1。

Step 12 使用同样的方法创建其他灯光，并在视图中调整其位置，完成后的效果如图4-13所示。

◎提示·◦

【密度】参数如果设置较大，将会产生一个粗糙、有明显的锯齿状边缘的阴影；相反，如果设置较小，阴影的边缘就会变得比较平滑。

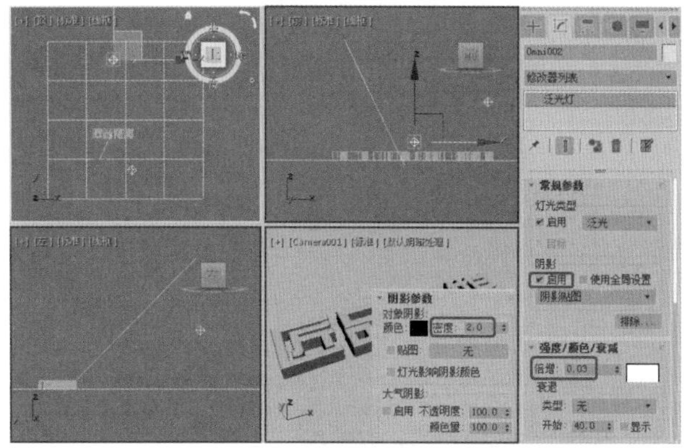

图4-12

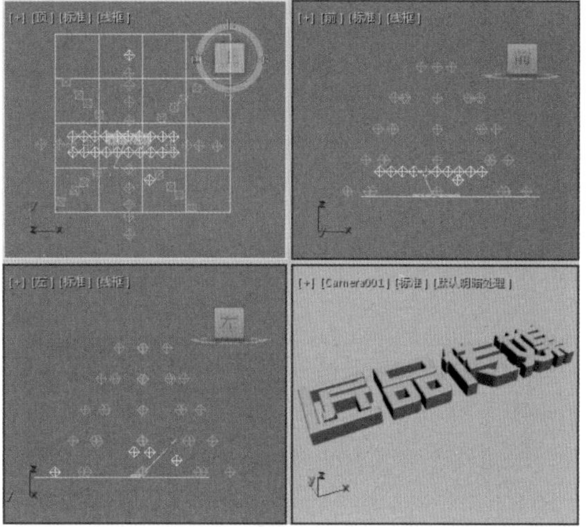

图4-13

实例140 制作砂砾金文字

本例将介绍如何制作砂砾金文字。首先创建文字，然后为文字添加【倒角】修改器，利用【长方体】和【矩形】工具，制作文字的背板，最后为文字及背板设置材质。完成后的效果如图4-14所示。

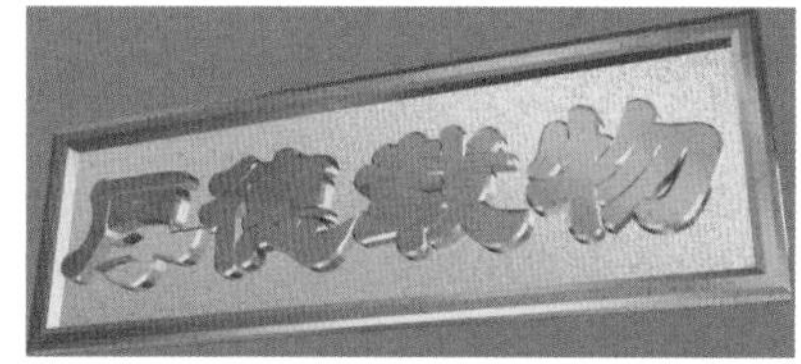

图4-14

素材	Map\ Gold04.jpg、sand.jpg
场景	Scene\Cha04\实例140 制作砂砾金文字.max
视频	视频教学\Cha04\实例140 制作砂砾金文字.mp4

Step 01 选择【创建】|【图形】|【文本】工具，在【参数】卷展栏中将【字体】设置为【隶书】，将【字间距】设置为0.5，在文本框中输入文字“厚德载物”，在【前】视图上单击鼠标左键创建文字，如图4-15所示。

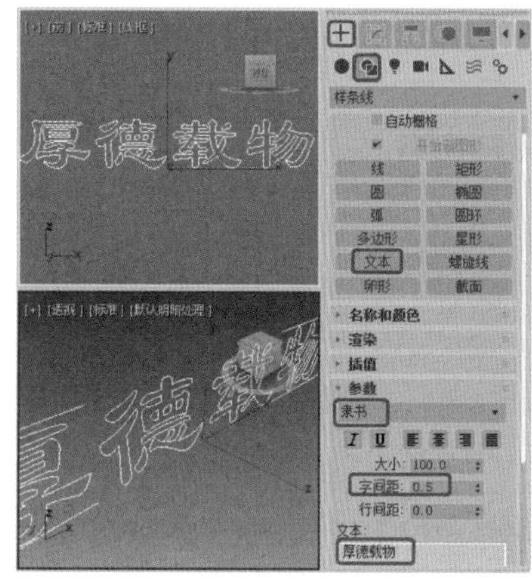

图4-15

Step 02 切换至【修改】命令面板，在修改器下拉列表中选择【倒角】修改器。在【参数】卷展栏中勾选【避免线相交】复选框，在【倒角值】卷展栏中将【起始轮廓】设置为5，将【级别1】选项组中的【高度】设置为10，勾选【级别2】复选框，将【高度】、【轮廓】分别设置为2、-2，如图4-16所示。

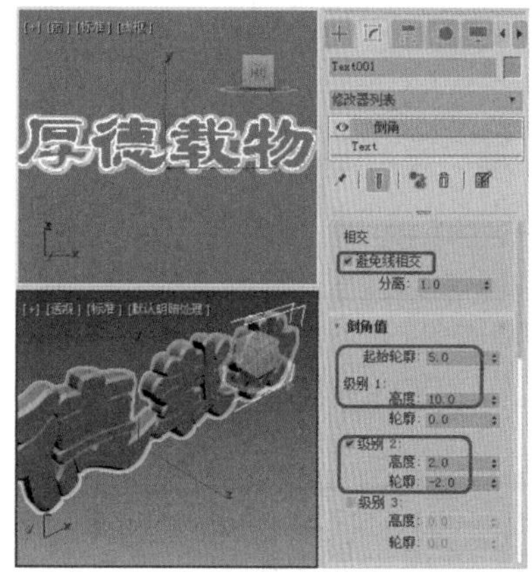

图4-16

提示

勾选【避免线相交】复选框，可以防止尖锐折角产生的突出变形。

勾选【避免线相交】复选框会增加系统的运算时间，可能会等待很久，而且将来在改动其他倒角参数时系统也会变得迟钝，所以尽量避免使用这个功能。如果遇到线相交的情况，最好是返回到曲线图形中采用手动方式进行修改，将转折过于尖锐的地方调节圆滑。

Step 03 选择【创建】|【几何体】 |【长方体】工具，在【前】视图中创建一个长方体，在【参数】卷展栏中将【长度】、【宽度】、【高度】分别设置为120、420、-1，将其命名为【背板】，如图4-17所示。

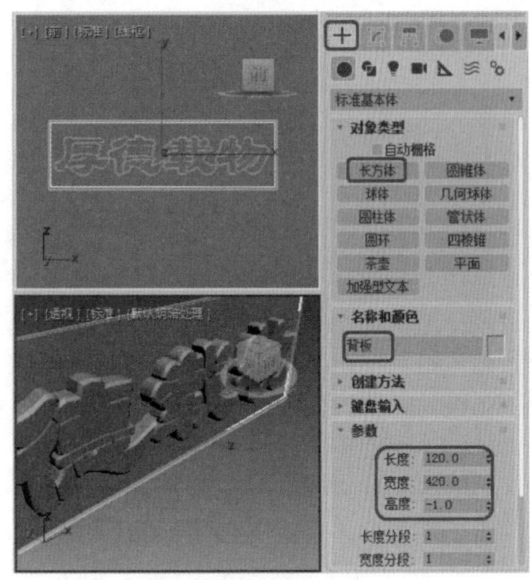

图4-17

Step 04 调整对象的位置，选择【创建】|【图形】|【矩形】工具，在【前】视图中沿背板的边缘创建一个【长度】、【宽度】分别为120、420的矩形，将其命名为【边框】，如图4-18所示。

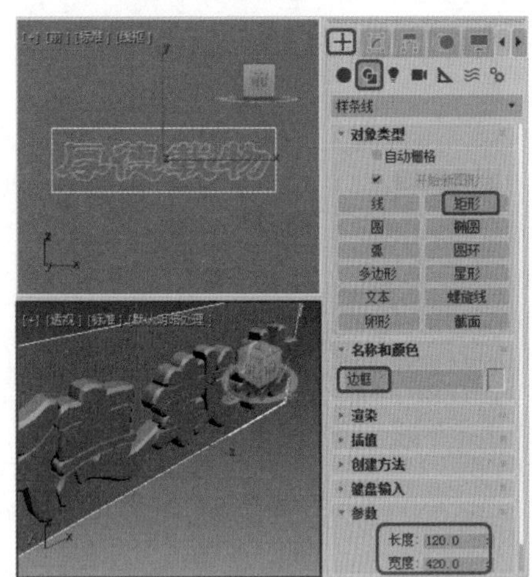

图4-18

Step 05 切换到【修改】命令面板，在修改器下拉列表中选择【编辑样条线】修改器，将当前选择集定义为【样条线】，在视图中选择样条曲线，在【几何体】卷展栏中将【轮廓】设置为-12，如图4-19所示。

Step 06 关闭当前选择集，在修改器下拉列表中选择【倒角】修改器，在【倒角值】卷展栏中将【起始轮廓】设置为1.6，将【级别1】中的【高度】和【轮廓】分别设置为10、-0.8，勾选【级别2】复选框，将【高度】和【轮廓】分别设置为0.5、-3.8，并将其调整至合适的位置，如图4-20所示。

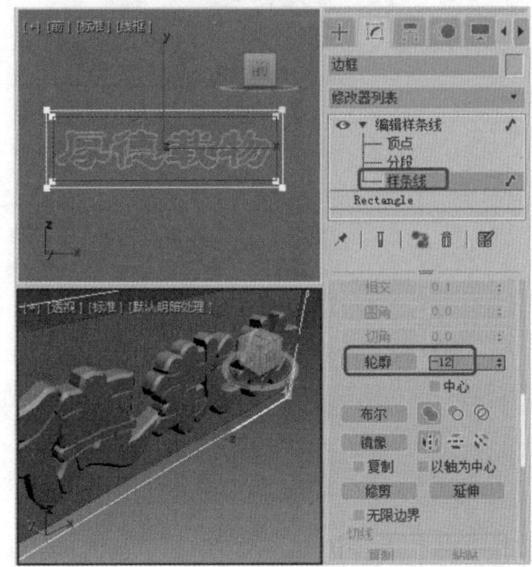

图4-19

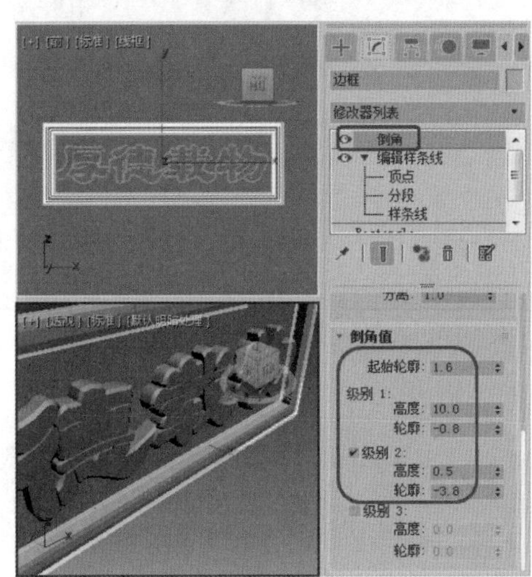

图4-20

Step 07 按M键弹出【材质编辑器】对话框，选择一个空白的材质球，将其命名为【边框】。在【明暗器基本参数】卷展栏中将明暗器类型设置为【(M)金属】，在【金属基本参数】卷展栏中取消【环境光】与【漫反射】之间的锁定，将【环境光】的RGB设置为0、0、0，将【漫反射】的RGB设置为255、240、5，将【高光级别】和【光泽度】分别设置为100、80。打开【贴图】卷展栏，单击【反射】通道后的【无贴图】按钮，在弹出的对话框中双击【位图】选项，弹出【选择位图图像文件】对话框，在该对话框中选择Map\Gold04.jpg素材文件，单击【打开】按钮，返回至父对象，如图4-21所示。

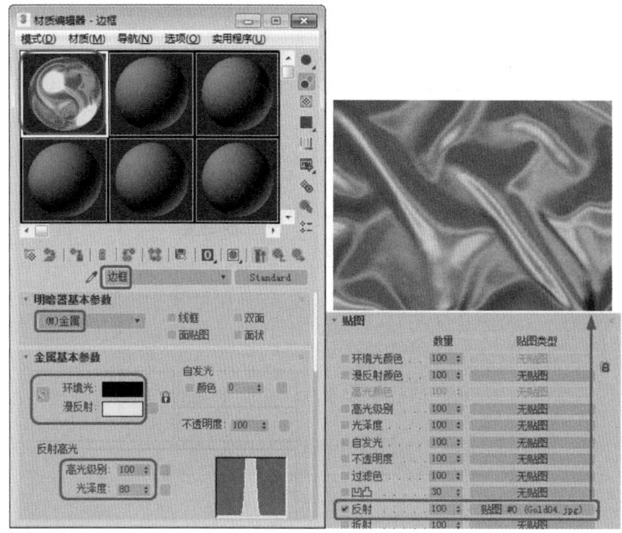

图4-21

◎提示·○

【金属明暗器】选项是一种比较特殊的渲染方式，专用于金属材质的制作，可以提供金属所需的强烈反光。当取消它的【反射高光】色彩的调节后，反光点的色彩仅依据于【漫反射】色彩和灯光的色彩。

由于取消了【反射高光】色彩的调节，所以高光部分的高光度和光泽度设置也与Blinn有所不同。【高光级别】仍控制高光区域的亮度，而【光泽度】部分在变化的同时也影响高光区域的亮度和大小。

Step 08 单击【将材质指定给选定对象】按钮，将材质指定给文字和边框，如图4-22所示。

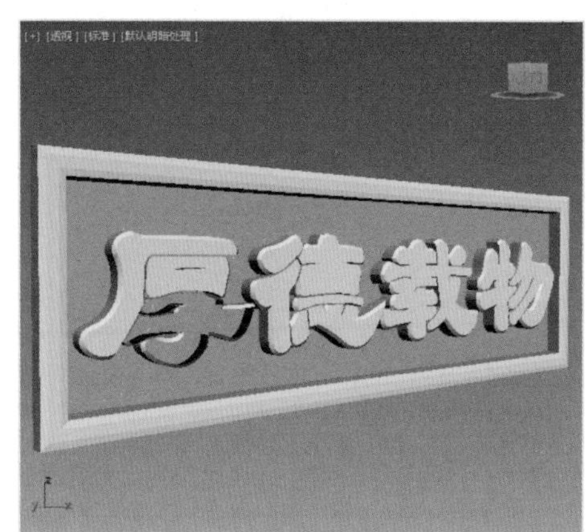

图4-22

Step 09 选择一个空白的材质球，在【明暗器基本参数】卷展栏中将明暗器类型设置为【（M）金属】。在【金属基本参数】卷展栏中取消【环境光】和【漫反射】之间的锁定，将【环境光】设置为黑色，将【漫反射】的RGB值设置为255、240、5，将【高光级别】和【光泽度】设置为100、0。展开【贴图】卷展栏，单击【反射】通道后的【无贴图】按钮，在弹出的对话框中双击【位图】贴图，在弹出的对话框中选择Map\Gold04.jpg素材文件，单击【打开】按钮。单击【转到父对象】按钮，返回到上一层级，将【凹凸】通道后的【数量】设置为120。单击【无贴图】按钮，在弹出的对话框中双击【位图】按钮，在弹出的对话框中选择Map\sand.jpg素材文件。单击【打开】按钮，将【瓷砖】下的U、V分别设置为3、3，确定【背板】处于选择状态，单击【将材质指定给选定对象】按钮，如图4-23所示。

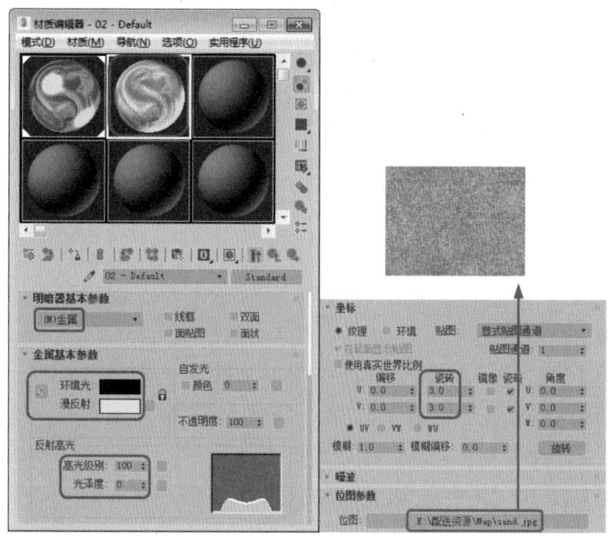

图4-23

Step 10 选择【创建】|【灯光】|【标准】|【泛光】工具，在【顶】视图中创建泛光灯，在【强度/颜色/衰减】卷展栏中将【倍增】的RGB值设置为252、252、240，并在视图中调整其位置，如图4-24所示。

图4-24

Step 11 在【顶】视图中创建泛光灯，将【强度/颜色/衰减】卷展栏下的【倍增】设置为0.3，将其颜色的RGB值设置为252、252、238，并调整灯光的位置，如图4-25所示。

图4-25

Step 12 使用同样的方法设置其他泛光灯，并将颜色的RGB值设置为223、223、223。选择【创建】|【摄影机】■ |【目标】工具，在【顶】视图上创建摄影机，然后在视图中调整其位置，将【透视】视图转换为摄影机视图，并调整角度，如图4-26所示。

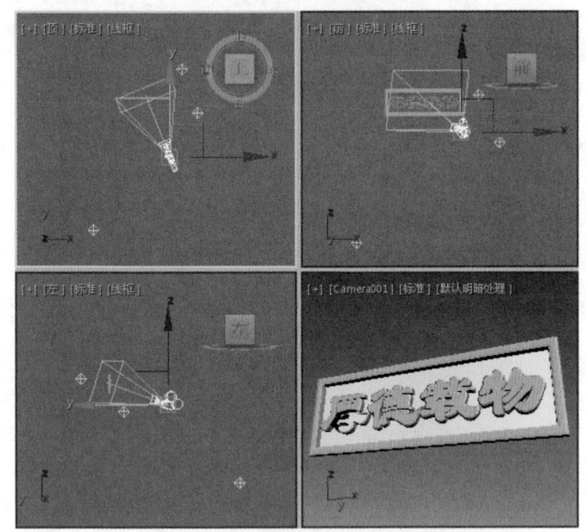

图4-26

Step 12 按8键，弹出【环境和效果】对话框，将【公用参数】卷展栏下【背景】选项组中【颜色】的RGB值设置为133、133、133，如图4-27所示。

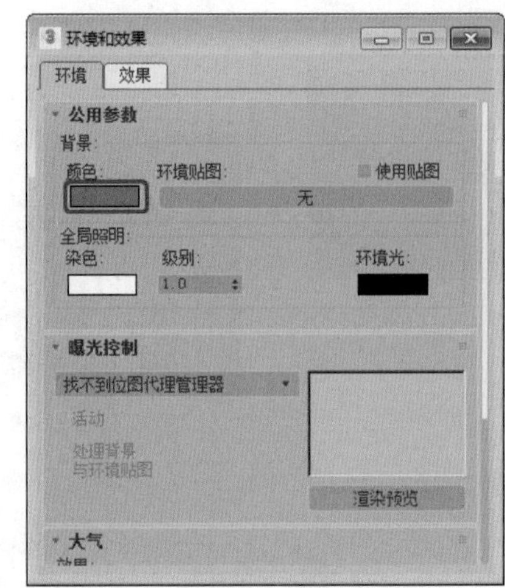

图4-27

实例 141 制作玻璃文字

本例介绍玻璃文字的制作。首先使用文字工具设置参数创建文字，然后使用【倒角】修改器为文字增加【高度】、【轮廓】，使文字呈现立体效果，再为文字添加明暗效果，最后为文字添加背景，并使用【摄影机】渲染效果，完成后的效果如图4-28所示。

图4-28

素材	Map\Cloud001.TIF
场景	Scene\Cha04\实例141 制作玻璃文字.max
视频	视频教学\Cha04\实例141 制作玻璃文字.mp4

Step 01 选择【创建】■ |【图形】■ |【文本】工具，在【参数】卷展栏中将【字体】设置为【经典隶书简】，将【大小】设置为100，在【文本】文本框中输入文字“信息时代”，在【前】视图中单击鼠标左键即可创建文字，如图4-29所示。

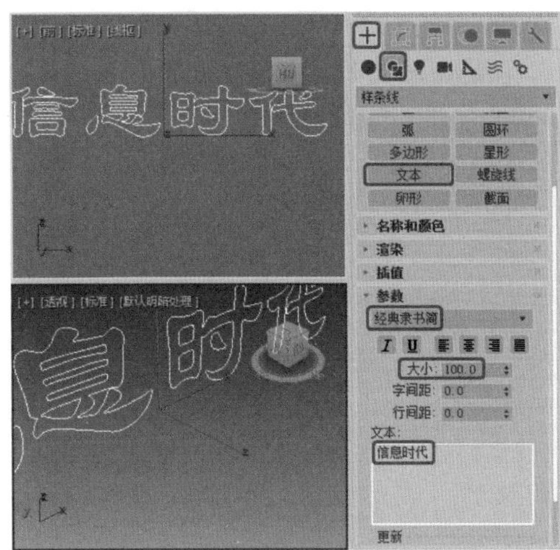

图4-29

Step 02 切换到【修改】命令面板，在修改器下拉列表中选择【倒角】修改器，在【参数】卷展栏中勾选【避免线相交】复选框，在【倒角值】卷展栏中将【级别1】选项下的【高度】与【轮廓】均设置为2，勾选【级别2】复选框，并将【高度】设置为15，勾选【级别3】复选框，将下方的【高度】与【轮廓】分别设置为2、-2，按Enter键确认即可，如图4-30所示。

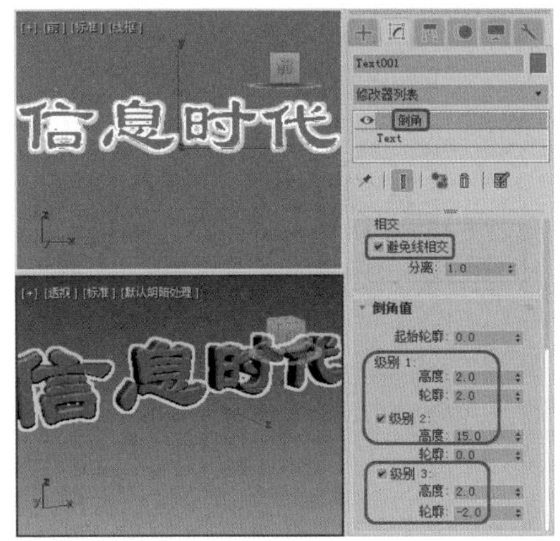

图4-30

Step 03 按M键弹出【材质编辑器】对话框，选择一个新的材质样本球，在【明暗器基本参数】卷展栏中勾选【双面】复选框，在【Blinn基本参数】卷展栏中取消【环境光】和【漫反射】颜色的锁定，单击【漫反射】与【高光反射】左侧的按钮，在弹出的对话框中单击【是】按钮，将其进行锁定，将【环境光】的RGB值设置为200、200、200，将【漫反射】的RGB值设置为255、255、255，将【不透明度】设置为10，按Enter键确认。在【反射高光】选项组中将【高光级别】、【光泽度】、【柔化】分别设置为100、69、0.53，按Enter键确认，如图4-31所示。

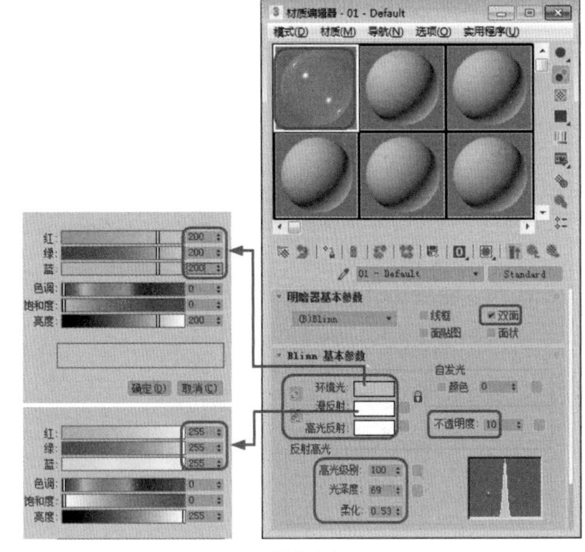

图4-31

Step 04 在【扩展参数】卷展栏中将【过滤】的RGB值设置为255、255、255，将【数量】设置为100，按Enter键确认，如图4-32所示。

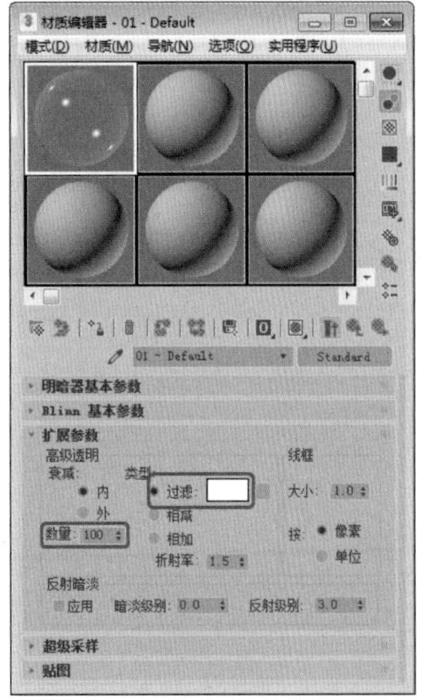

图4-32

◎提示·◦

在菜单栏中单击»按钮，在弹出的下拉列表中选择【自定义】|【首选项】命令，在弹出的【首选项设置】对话框中切换到【Gamma和LUT】选项卡，此时若勾选【启用Gamma/LUT校正】复选框，材质样本球将为浅色，若取消勾选该复选框，则材质样本球变为深色。

Step 05 在【贴图】卷展栏中单击【折射】右侧的【无贴图】按钮，在弹出的【材质/贴图浏览器】对话框中双击【光线追踪】选项，在【光线跟踪器参数】卷展栏中取消勾选【光线跟踪大气】与【反射/折射材质ID】复选框，单击【转到父对象】按钮，如图4-33所示。

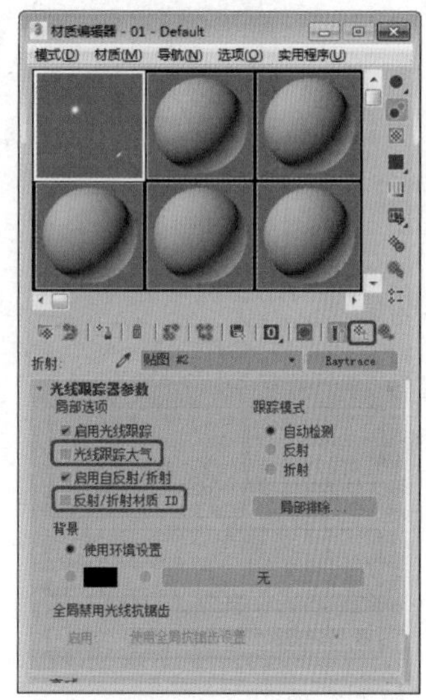

图4-33

Step 06 在【贴图】卷展栏中将【折射】的【数量】设置为90，按Enter键确认。设置完成后，单击【将材质指定给选定对象】按钮即可，如图4-34所示。

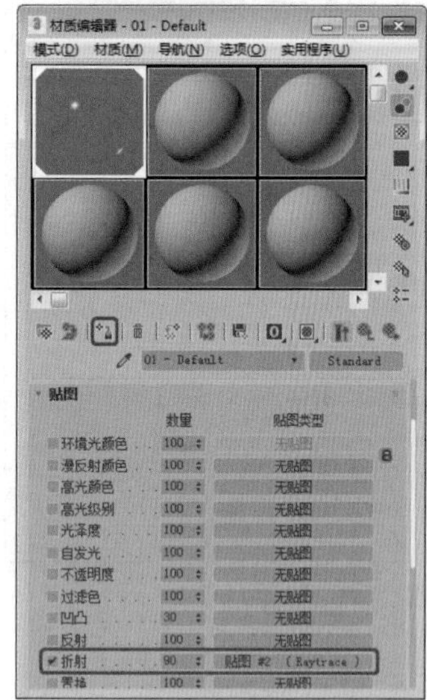

图4-34

Step 07 在【材质编辑器】对话框中选择第二个材质样本球，单击【获取材质】按钮，在弹出的【材质/贴图浏览器】对话框中双击【位图】选项，如图4-35所示。

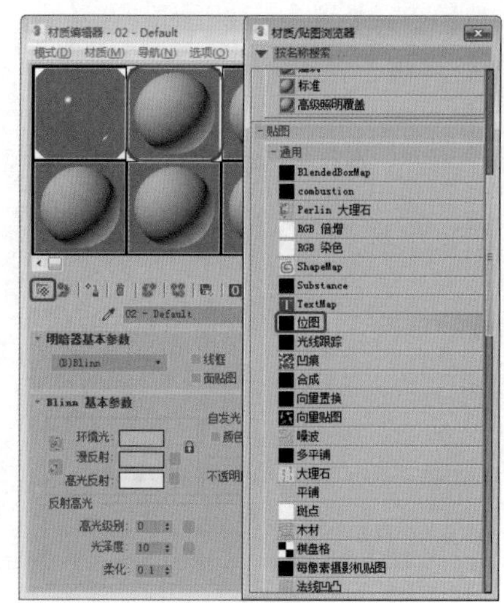

图4-35

Step 08 在弹出的【选择位图图像文件】对话框中选择Map\Cloud001.TIF素材文件，单击【打开】按钮，将【材质/贴图浏览器】对话框关闭。在【坐标】卷展栏中选中【环境】单选按钮，在【贴图】右侧的下拉列表中选择【收缩包裹环境】选项，将【瓷砖】下的U、V均设置为0.9，如图4-36所示。

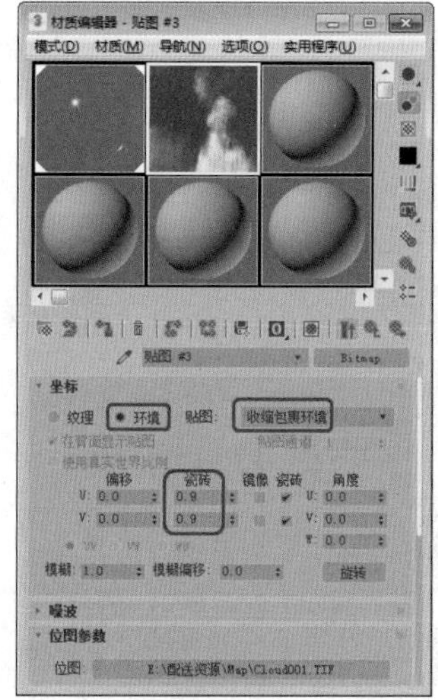

图4-36

Step 09 按8键，在弹出的【环境和效果】对话框中切换到【环境】选项卡，将第二个材质样本球上的材质拖动到【环境和效果】对话框中的【无】按钮上，在弹出的【实例（副本）贴图】对话框中选中【实例】单选按钮，如图4-37所示。

Step 10 单击【确定】按钮，将【材质编辑器】对话框与【环境和效果】对话框关闭，在菜单栏中选择【视图】|【视口背景】|【环境背景】命令，如图4-38所示。

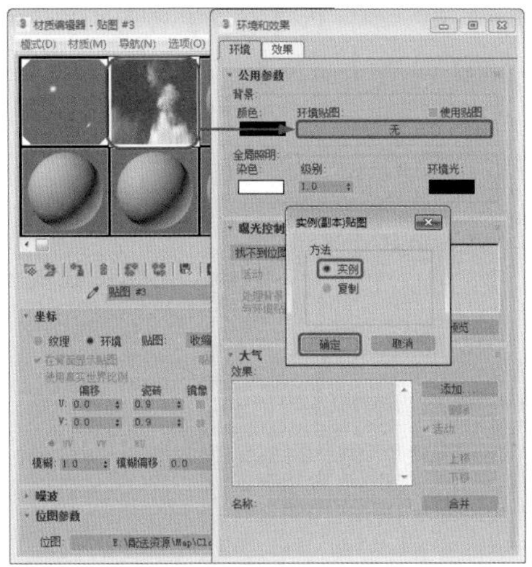

图4-37

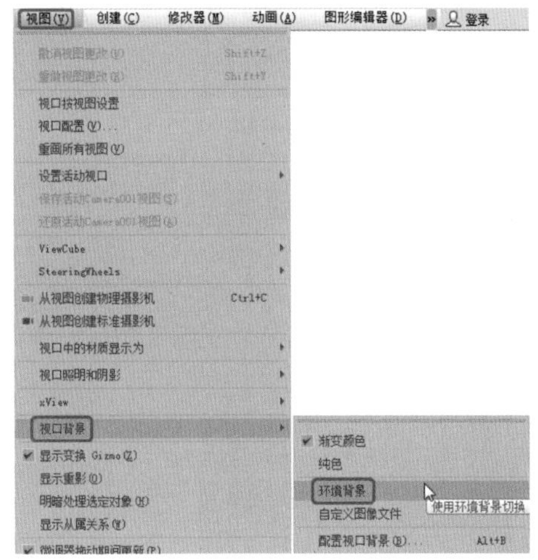

图4-38

Step 11 选择【创建】|【摄影机】 |【目标】工具，在【顶】视图中创建一个摄影机对象，激活【透视】视图，按C键将其转换为摄影机视图，并在其他视图中调整文字与摄影机的位置，如图4-39所示。

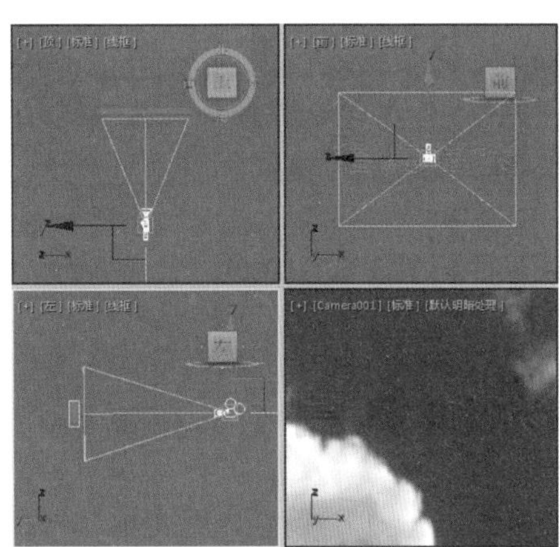

图4-39

实例142 制作浮雕文字

本例将制作浮雕文字，制作重点是对长方体添加【置换】修改器，并添加已经制作好的文字位图，通过在【材质编辑器】中设置材质，完成浮雕文字的创建，完成后的效果如图4-40所示。

图4-40

素材	Map\匠品文化.jpg、Gold04.jpg
场景	Scene\Cha04\实例142 制作浮雕文字.max
视频	视频教学\Cha04\实例142 制作浮雕文字.mp4

Step 01 选择【创建】 |【几何体】 |【长方体】工具，在【前】视图中创建一个长方体，将【长度】、【宽度】、【高度】分别设置为125、380、5，【长度分段】、【宽度分段】分别设置为90、185，并将其命名为【底板】，如图4-41所示。

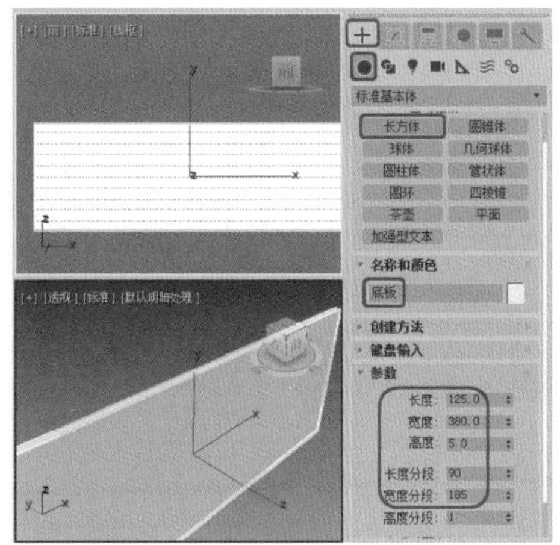

图4-41

Step 02 切换至【修改】 命令面板，在修改器下拉列表中选择【置换】修改器，在【参数】卷展栏中的【置换】选项组中将【强度】设置为8，勾选【亮度中心】复选框，在【图像】选项组中单击【位图】下方的【无】按钮。在弹出的【选择置换图像】对话框中选择“Map\匠品文化.jpg”素材文件，单击【打开】按钮，即可创建文字。在视图中调整其位置，如图4-42所示。

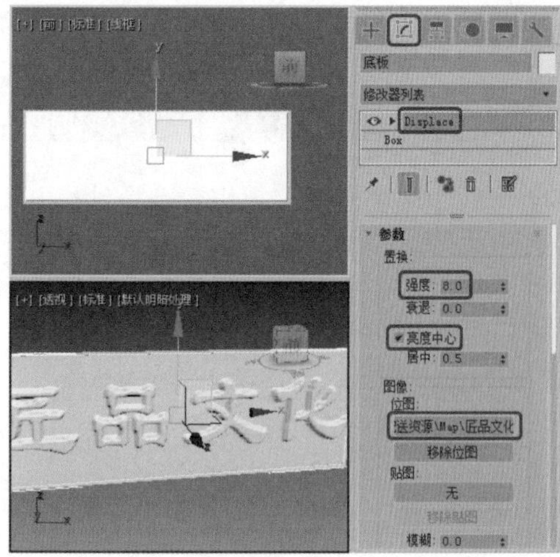

图4-42

◎提示

【置换】修改器以力场的形式推动和重塑对象的几何外形。可以直接从修改器 Gizmo 或者从位图图像应用它的变量力。

Step 03 选择【创建】|【图形】 |【矩形】工具，在【前】视图中创建一个【长度】、【宽度】分别为128、384的矩形，并将其命名为【边框】，如图4-43所示。

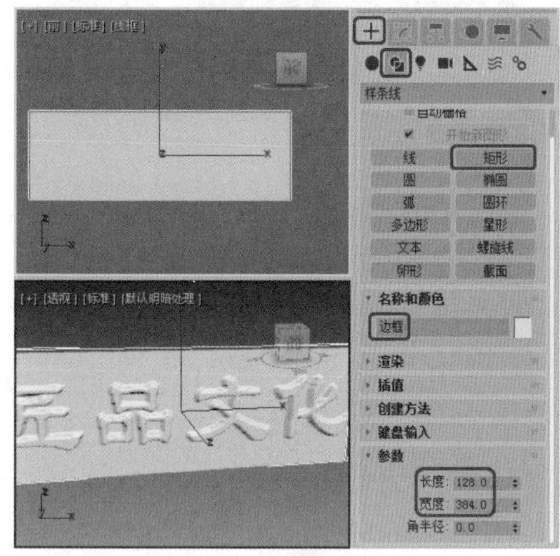

图4-43

Step 04 切换至【修改】命令面板，在修改器下拉列表中选择【编辑样条线】修改器，将当前选择集定义为【样条线】，将【几何体】卷展栏下的【轮廓】设置为8，如图4-44所示。

Step 05 取消【样条线】的选择，在修改器下拉列表中选择【倒角】修改器，在【倒角值】卷展栏中将【级别1】选项组下的【高度】和【轮廓】均设置为2。勾选【级别2】复选框，将【高度】设置为5；勾选【级别3】复选框，将【高度】、【轮廓】分别设置为2、-2，并将其调整至合适的位置，如图4-45所示。

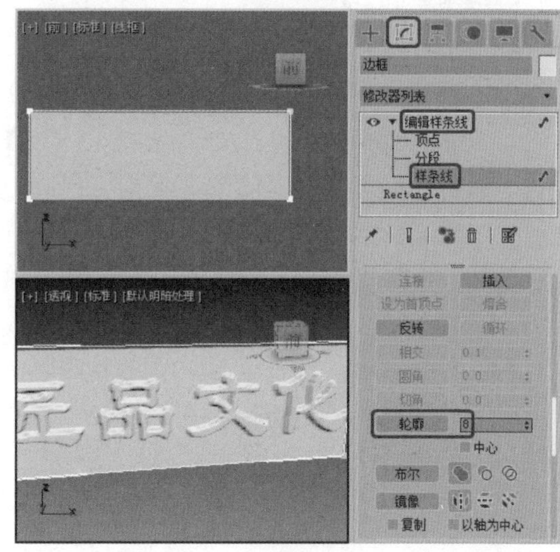

图4-44

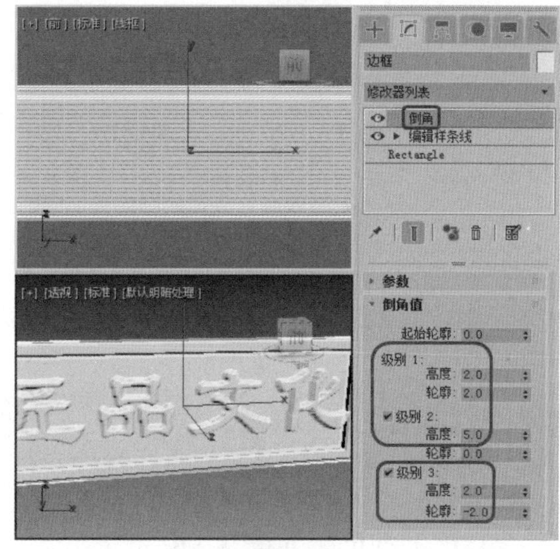

图4-45

Step 06 在视图中选择所有的对象，按M键，弹出【材质编辑器】对话框，选择一个空白材质样本球。在【明暗器基本参数】卷展栏中将明暗器类型定义为【（M）金属】，在【金属基本参数】卷展栏中将【环境光】的RGB值设置为255、174、0，将【高光级别】、【光泽度】分别设置为100、80，如图4-46所示。

Step 07 在【贴图】卷展栏中单击【反射】右侧的【无贴图】按钮，在弹出的【材质/贴图浏览器】对话框中双击【位图】选项。在弹出的【选择位图图像文件】对话框中选择Map\Gold04.jpg素材文件，单击【打开】按钮。在【坐标】卷展栏中将【模糊偏移】设置为0.09，单击【将材质指定给选定对象】按钮，如图4-47所示。

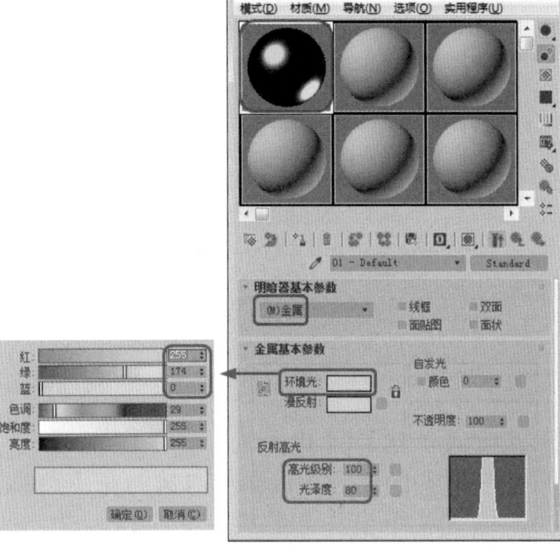

图4-46

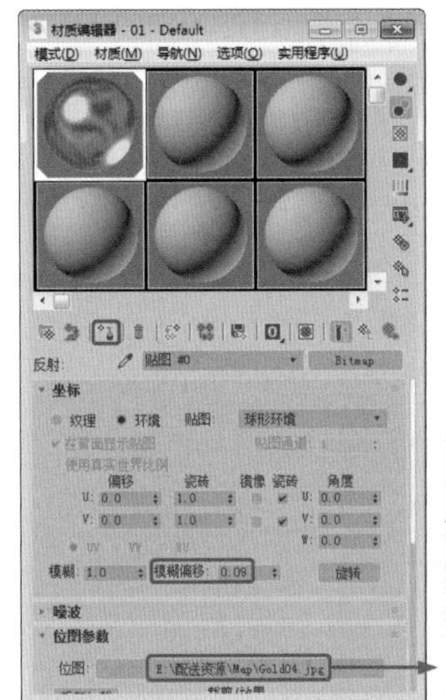

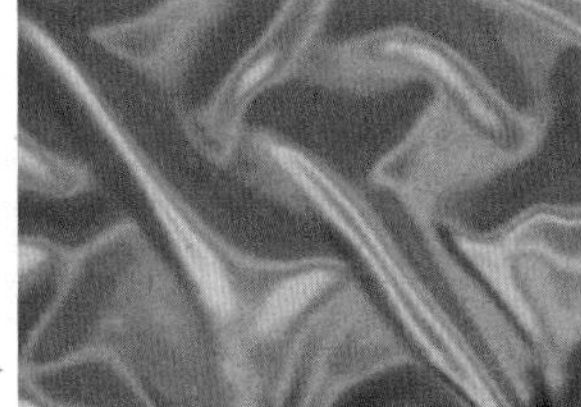

图4-47

Step 08 选择【创建】|【摄影机】|【目标】工具，在【顶】视图中创建一个摄影机。在【参数】卷展栏中单击【备用镜头】选项组中的28mm按钮，激活【透视】视图，然后按C键将当前激活的视图转为【摄影机】视图，并在其他视图中调整摄影机的位置。选择【背板】与【边框】对象，单击工具栏中的【选择并旋转】按钮，在弹出的对话框中将X设置为85，如图4-48所示。按8键，在弹出的【环境和效果】对话框中将背景颜色设置为白色。

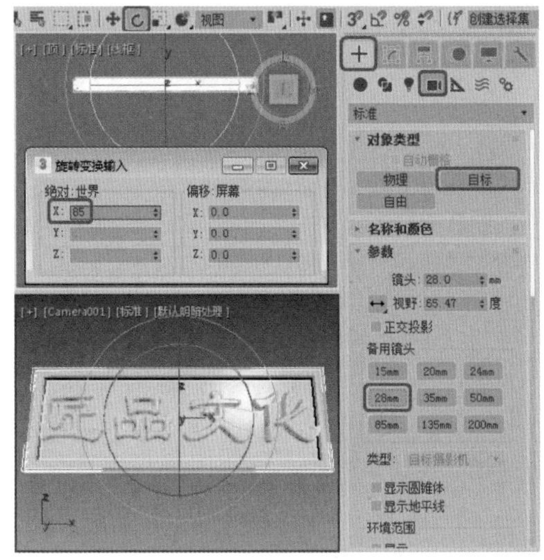

图4-48

实例143 制作倒角文字

本例介绍倒角文字的制作。首先使用文字工具设置参数创建文字，然后使用【倒角】修改器为文字增加【高度】、【轮廓】，使文字呈现立体效果，最后为文字添加背景，并使用【摄影机】渲染效果，完成后的效果如图4-49所示。

图4-49

素材	无
场景	Scene\Cha04\实例143 制作倒角文字.max
视频	视频教学\Cha04\实例143 制作倒角文字.mp4

Step 01 选择【创建】|【图形】|【文本】工具，在【参数】卷展栏中将【字体】设置为【经典繁方篆】，将【大小】设置为100，在【文本】文本框中输入“匠品文化”，在【前】视图中单击，创建文字，如图4-50所示。

图4-50

Step 02 切换至【修改】命令面板，在修改器下拉列表中选择【倒角】修改器，在【倒角值】卷展栏中将【起始轮廓】设置为1，将【级别1】选项组下的【高度】、【轮廓】均设置为2，勾选【级别2】复选框，将【高度】设置为15，勾选【级别3】复选框，将【高度】、【轮廓】分别设置为2、-2.8，如图4-51所示。

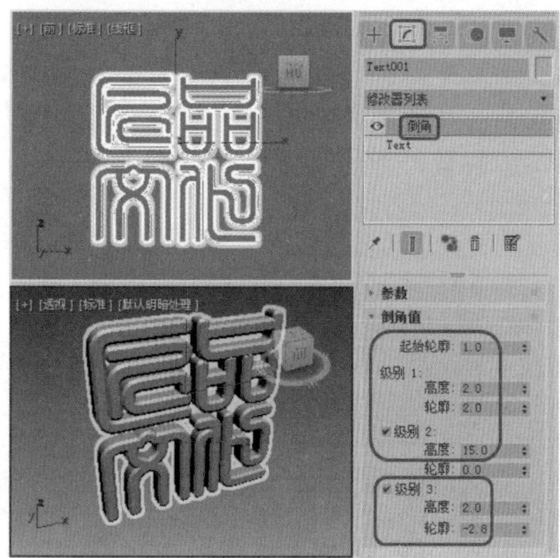

图4-51

Step 03 在【修改】命令面板的名称后单击色块，弹出【对象颜色】对话框，单击【当前颜色】色块，将其RGB值设置为130、0、0，如图4-52所示。

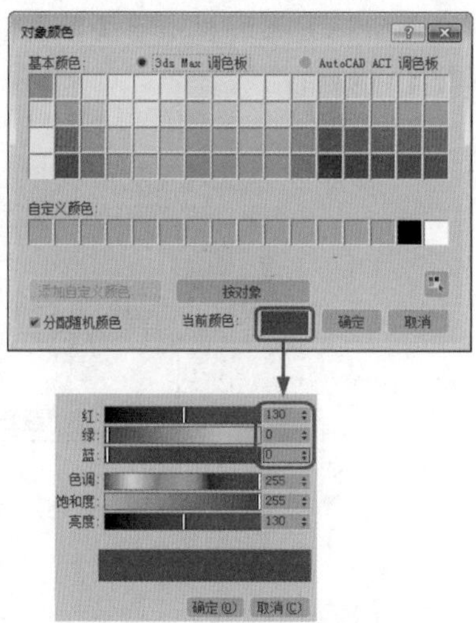

图4-52

Step 04 选择【创建】|【摄影机】|【目标】工具，在【顶】视图中创建一个摄影机对象。在【参数】卷展栏中单击【备用镜头】选项组中的28mm按钮。激活【透视】视图，按C键将当前激活的视图转为【摄影机】视图，在其他视图中调整摄影机的位置，如图4-53所示，将背景颜色设置为白色。

图4-53

第5章 三维模型的制作

本章将讲解三维模型的制作，其中重点讲解了日常生活中常用的一些用具的制作。通过本章的学习，读者将对三维模型的制作及修改器的应用有更深的了解。

实例144 制作排球

本例将介绍如何制作排球。首先使用【长方体】工具绘制长方体，为其添加【编辑网格】修改器，设置ID，将长方体炸开，然后通过【网格平滑】、【球形化】修改器对长方体进行平滑剂球形化处理，通过【面挤出】和【网格平滑】修改器对长方体进行挤压、平滑处理等，最后为排球添加【多维/子材质】即可，效果如图5-1所示。

图5-1

素材	Scene\Cha05\排球素材.max
场景	Scene\Cha05\实例144 制作排球.max
视频	视频教学\Cha05\实例144 制作排球.mp4

Step 01 按Ctrl+O组合键，打开"Scene\Cha05\排球素材.max"素材文件，如图5-2所示。

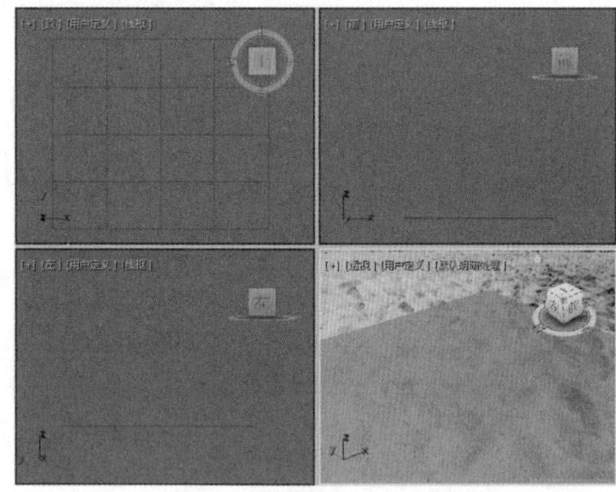

图5-2

Step 02 选择【创建】 |【几何体】 |【长方体】工具，在【前】视图中创建一个长方体。在【参数】卷展栏中将【长度】、【宽度】、【高度】均设置为150，将【长度分段】、【宽度分段】、【高度分段】均设置为3，并将其命名为【排球】，如图5-3所示。

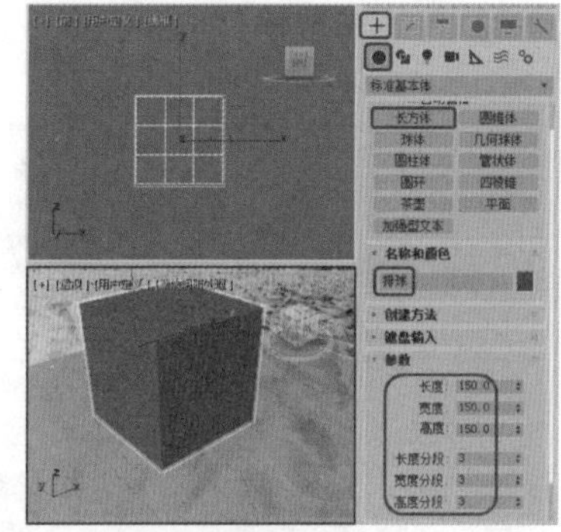

图5-3

Step 03 切换至【修改】命令面板，在修改器下拉列表中选择【编辑网格】修改器。将当前选择集定义为【多边形】，然后选择多边形，在【曲面属性】卷展栏中将【材质】选项组中的【设置ID】设置为1，如图5-4所示。

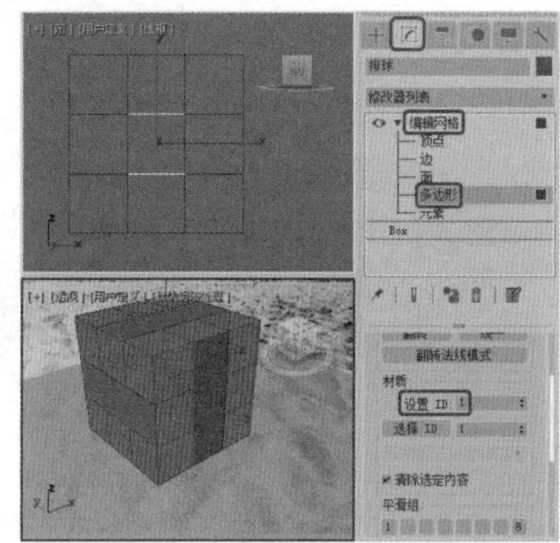

图5-4

Step 04 在菜单栏中选择【编辑】|【反选】命令，在【曲面属性】卷展栏中将【材质】选项组中的【设置ID】设置为2，然后再选择【反选】命令。在【编辑几何体】卷展栏中单击【炸开】按钮，在弹出的【炸开】对话框中将【对象名】设置为【排球】，单击【确定】按钮，如图5-5所示。

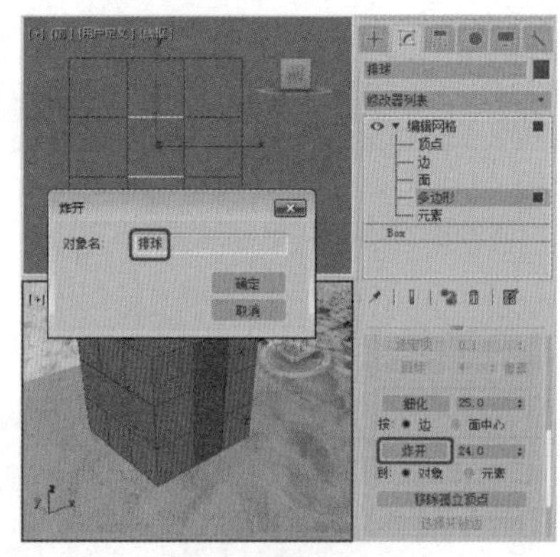

图5-5

◎提示

一般设置【多维/子对象】材质要先给对象设置相应的ID。给对象设置ID的方法是：将一个整体对象分开进行编辑。

Step 05 退出当前选择集，然后选择【排球】对象，在修改器下拉列表中选择【网格平滑】修改器，然后选择【球形化】修改器，如图5-6所示。

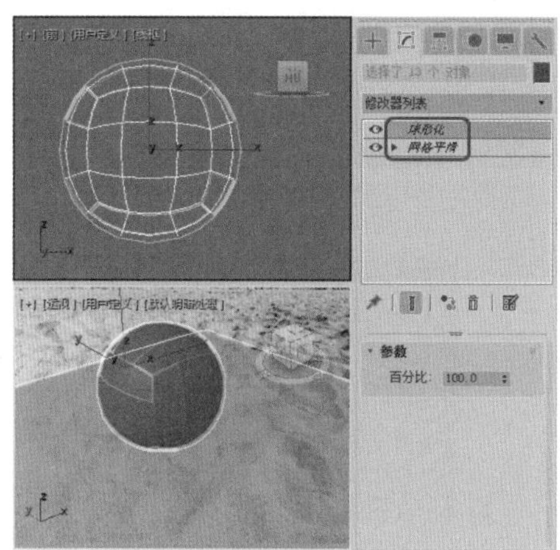

图5-6

Step 06 为其添加【编辑网格】修改器，将当前选择集定义为【多边形】，按Ctrl+A组合键选择所有的多边形，如图5-7所示。

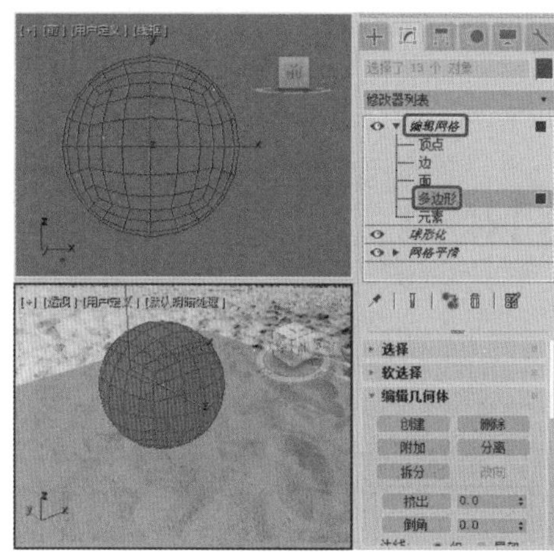

图5-7

Step 07 选择多边形后，在修改器下拉列表中选择【面挤出】修改器，在【参数】卷展栏中将【数量】、【比例】分别设置为1、99，如图5-8所示。

Step 08 在修改器下拉列表中选择【网格平滑】修改器，在【细分方法】卷展栏中将【细分方法】设置为【四边形输出】，在【细分量】卷展栏中将【迭代次数】设置为2，如图5-9所示。

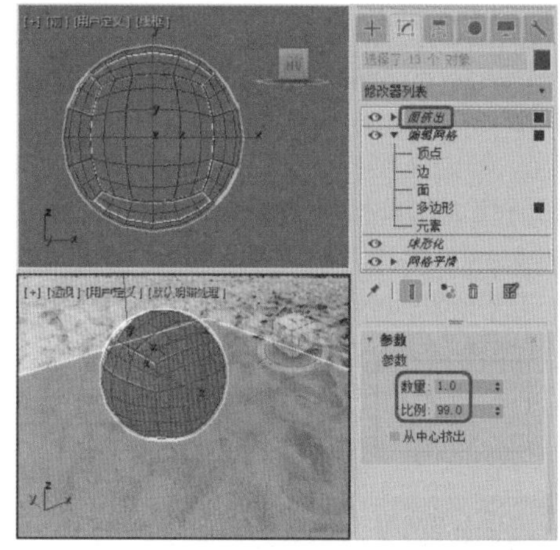

图5-8

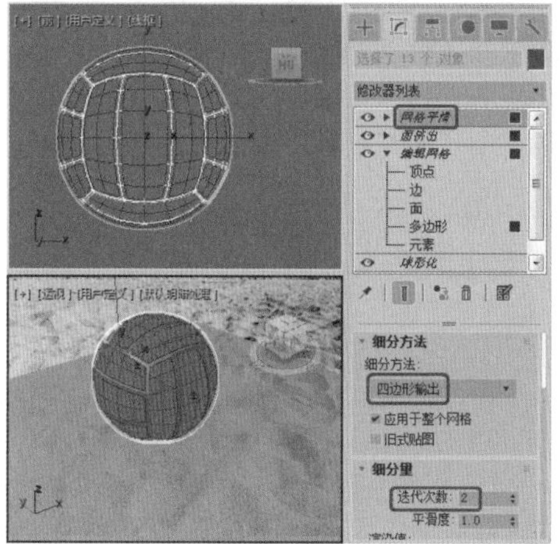

图5-9

◎知识链接

面挤出

【面挤出】用来对其下的选择面集合进行挤压使其成型，通常从原物体表面突出或陷入。

- 【数量】：设置挤出的数量。当它为负值时，表现效果为凹陷。
- 【比例】：对挤出的选择面进行尺寸缩放。

Step 09 按M键弹出【材质编辑器】对话框，选择空白的材质球，将其命名为【排球】。单击Standard按钮，在弹出的对话框中双击【通用】选项组下的【多维/子对象】选项，如图5-10所示。

Step 10 在弹出的【替换材质】对话框中选中【将旧材质保存为子材质】单选按钮，系统默认为选定状态，单击【确定】按钮。单击【设置数量】按钮，在弹出的对话框中将【材质数量】设置为2，单击【确定】按钮。单击ID1右侧【子材质】下的按钮，进入下一层级中，将其命名为【蓝】，将【环境光】的RGB值设置为13、77、150，将【高光级别】设置为75，将【光泽度】设置为15，然后单击【转到父对象】按钮。单击ID2右侧的【无】按钮，在弹出的对话框中选择【标准】选项，单击【确定】按钮。将其命名为【黄】，将【环境光】RGB设置为251、253、0，将【高光级别】设置为75，将【光泽度】设置为15。单击【转到父对象】按钮，确定【排球】对象处于选中状态，单击【将材质指定给选定对象】按钮，如图5-11所示。

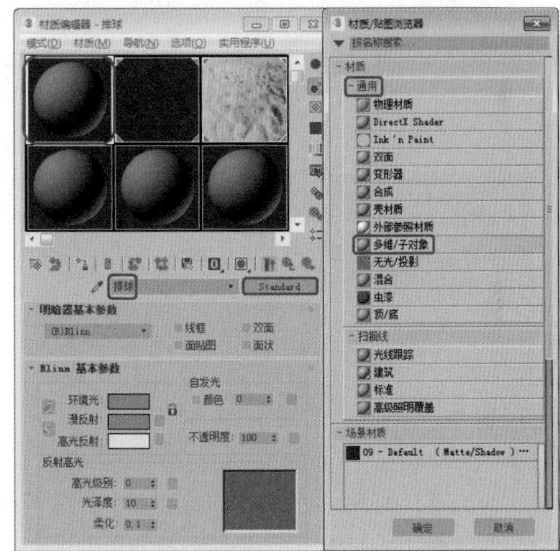

图5-10

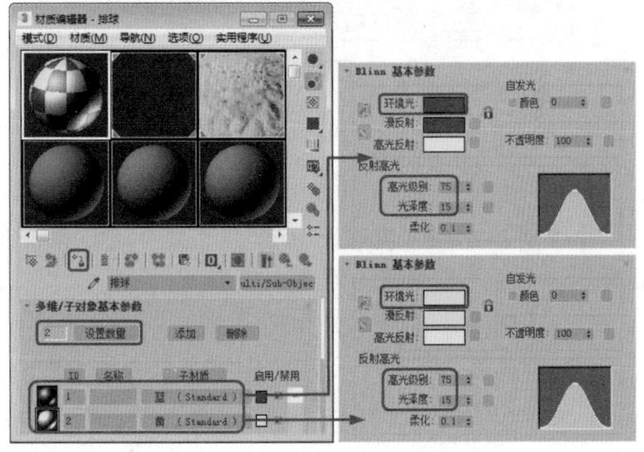

图5-11

Step 11 选中所有排球对象，在菜单栏中选择【组】|【组】命令，将其编组。在弹出的【组】对话框中将【组名】设置为【排球】，单击【确定】按钮。激活【透视】视图，按C键将其转换为摄影机视图，并在其他视图中调整排球的位置，如图5-12所示。

Step 12 在工具栏中右击【选择并旋转】按钮，在弹出的对话框中将【绝对：世界】选项组中的Z设置为5，如图5-13所示。

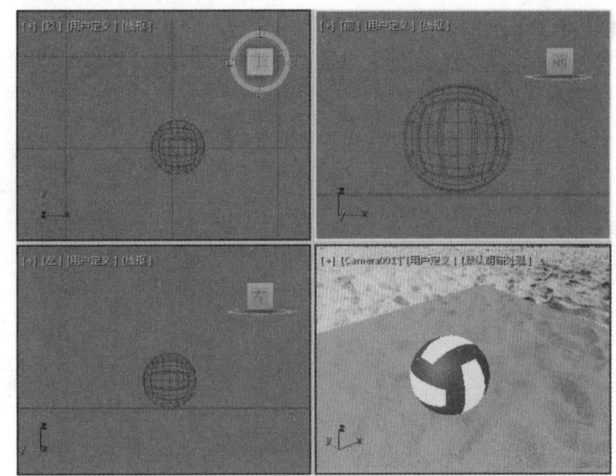

图5-12

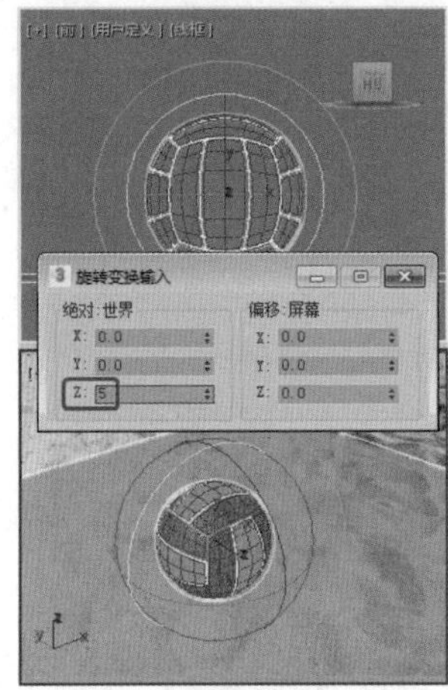

图5-13

实例145 制作魔方

魔方，又称为鲁比克方块。本案例将介绍魔方的制作方法，完成后的效果如图5-14所示。

图5-14

素材	Map\魔方背景.jpg
场景	Scene\Cha05\实例145 制作魔方.max
视频	视频教学\Cha05\实例145 制作魔方.mp4

Step 01 在命令面板中选择【创建】|【几何体】|【标准基本体】|【长方体】命令，在【顶】视图中创建一个长方体，将其重命名为【魔方】。在【参数】卷展栏中，将【长度】、【宽度】和【高度】的值均设置为100，将【长度分段】、【宽度分段】和【高度分段】的值均设置为3，如图5-15所示。

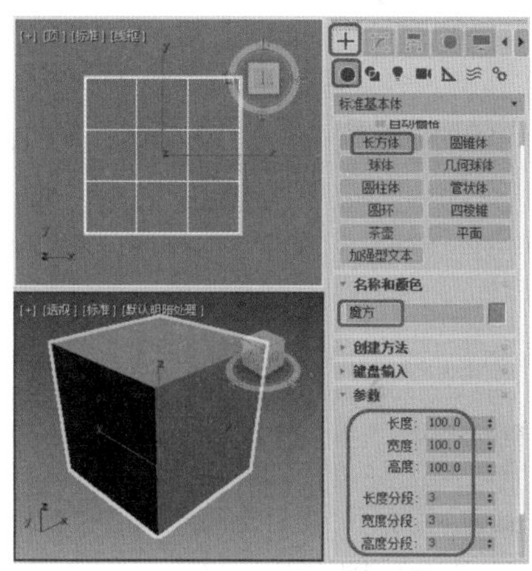

图5-15

Step 02 切换到【修改】命令面板，在【修改器列表】下拉列表中选择【编辑多边形】选项，添加【编辑多边形】修改器。将当前选择集定义为【多边形】，按Ctrl+A组合键选中所有的多边形，在【编辑多边形】卷展栏中单击【倒角】按钮右侧的【设置】按钮。在弹出的小盒控件中将倒角方式设置为【按多边形】，将【高度】的值设置为2，将【轮廓】的值设置为-1，单击【确定】按钮，如图5-16所示。

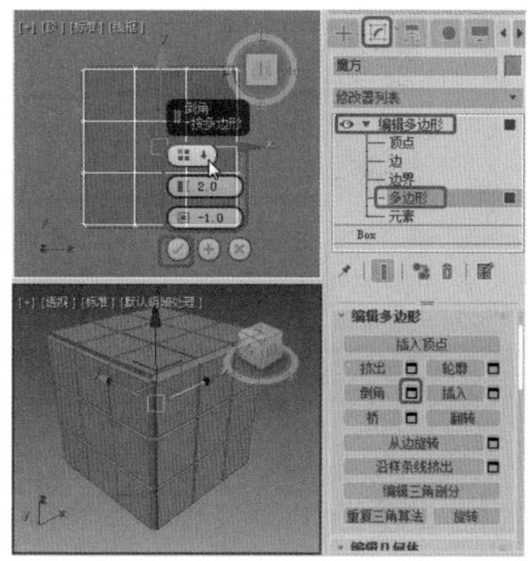

图5-16

Step 03 在【顶】视图中，按住Ctrl键的同时选中如图5-17所示的多边形，在【多边形：材质ID】卷展栏中将【设置ID】的值设置为1。

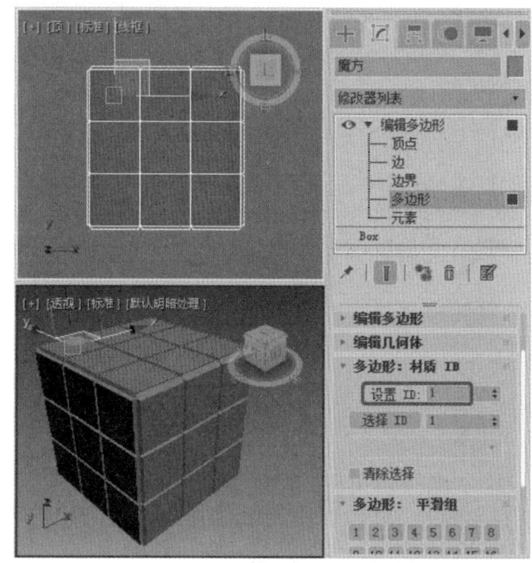

图5-17

Step 04 在【顶】视图中按B快捷键，切换为【底】视图，在【底】视图中选中如图5-18所示的多边形，在【多边形：材质ID】卷展栏中将【设置ID】的值设置为2。

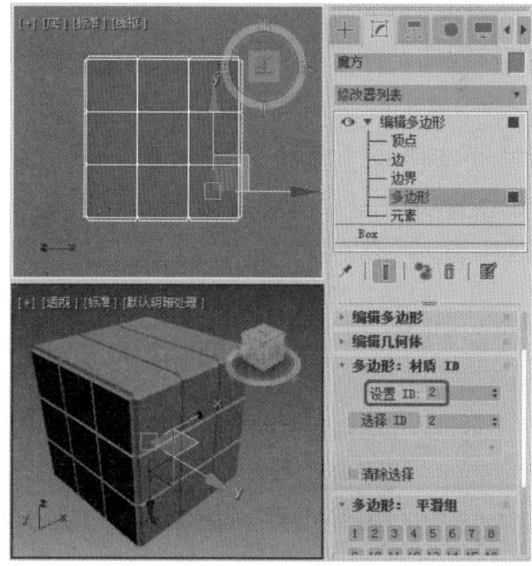

图5-18

Step 05 使用同样的方法给其他多边形设置ID，如图5-19所示，多边形的ID为7。

Step 06 退出当前选择集，确认【魔方】对象处于被选中状态，按M键打开【材质编辑器】对话框，选择一个新的材质球，单击Standard按钮，在弹出的【材质/贴图浏览器】对话框中选择【材质】|【通用】|【多维/子对象】选项，如图5-20所示。

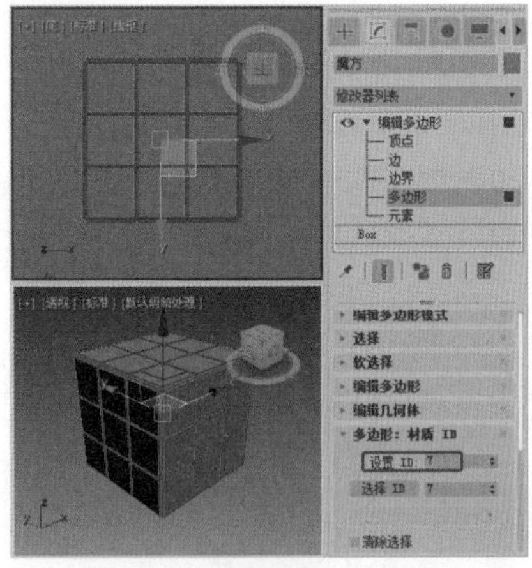

图5-19

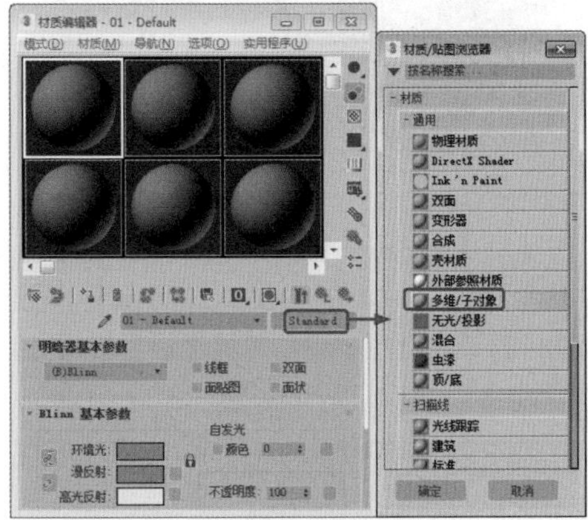

图5-20

Step 07 单击【确定】按钮，弹出【替换材质】对话框，选中【丢弃旧材质】单选按钮，单击【确定】按钮。在【多维/子对象基本参数】卷展栏中单击【设置数量】按钮，在弹出的【设置材质数量】对话框中将【材质数量】的值设置为7，单击【确定】按钮，如图5-21所示。

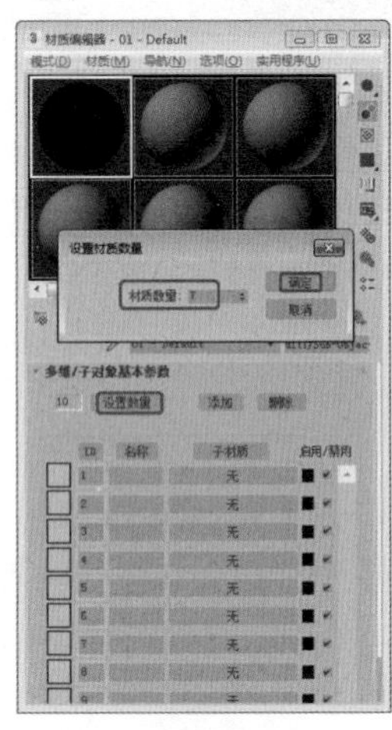

图5-21

Step 08 单击ID1右侧的【无】按钮，在弹出的【材质/贴图浏览器】对话框中选择【材质】|【扫描线】|【标准】选项，进入子级材质面板。在【明暗器基本参数】卷展栏中，将明暗器类型设置为【各向异性】。在【各向异性基本参数】卷展栏中，将【环境光】和【漫反射】的RGB值都设置为255、0、0，将【自发光】的值设置为30，将【漫反射级别】的值设置为105。在【反射高光】选项组中将【高光级别】、【光泽度】和【各向异性】的值分别设置为95、65和85，如图5-22所示。

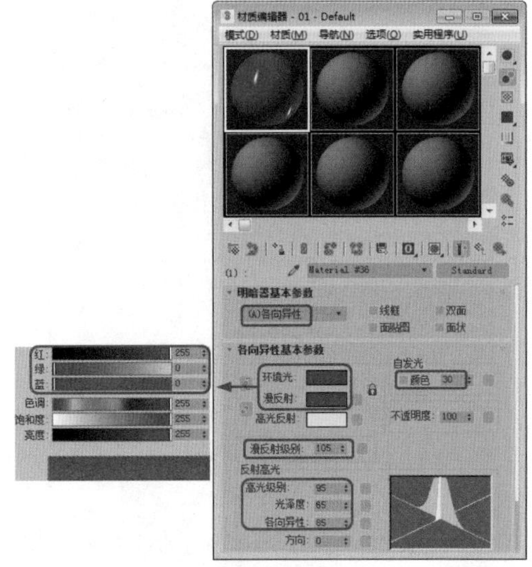

图5-22

Step 09 单击【转到父对象】按钮，返回父级材质设置面板。在ID1右侧的子材质按钮上，按住鼠标左键向下拖动，拖至ID2右侧的子材质按钮上，释放鼠标左键，在弹出的【实例（副本）材质】对话框中选中【复制】单选按钮，如图5-23所示。

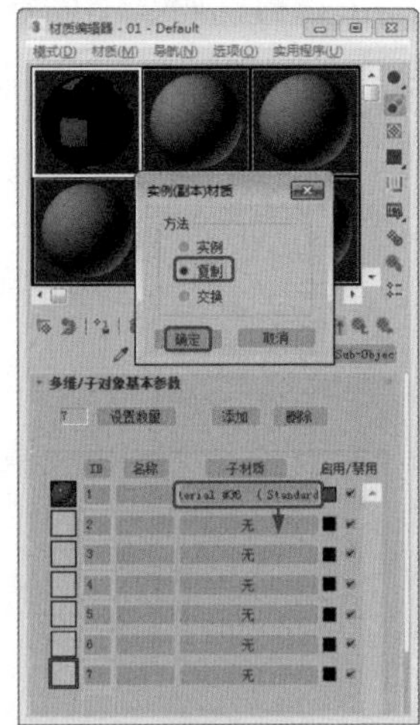

图5-23

Step 10 单击【确定】按钮，单击ID2材质按钮右侧的色块按钮，在弹出的对话框中将RGB值设置为0、230、255，如图5-24所示。

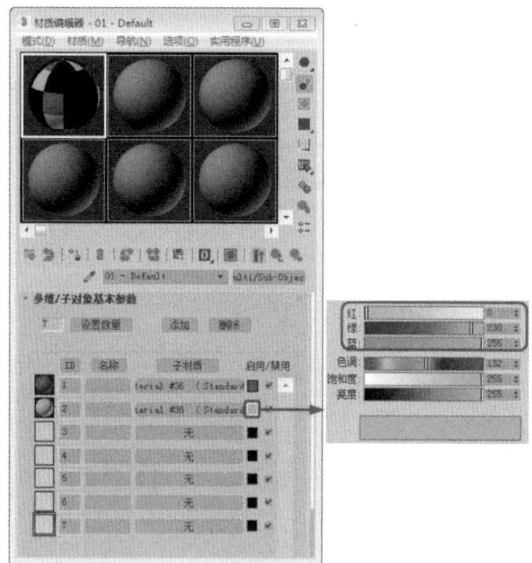

图5-24

Step 11 单击【确定】按钮，使用同样的方法设置其他材质。设置完成后单击【将材质指定给选定对象】按钮，将该材质指定给【魔方】对象，如图5-25所示。

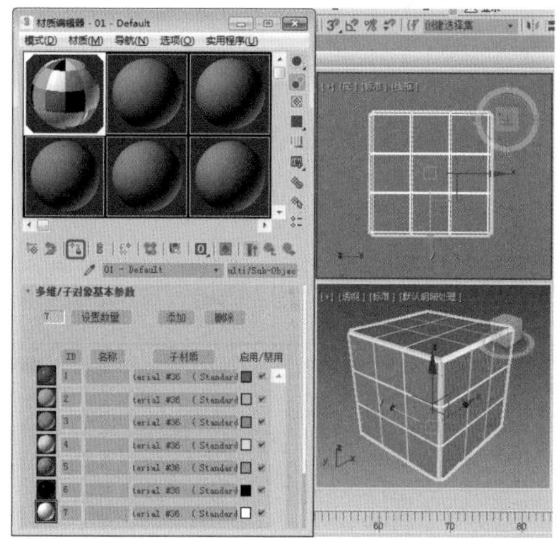

图5-25

Step 12 在命令面板中选择【创建】|【几何体】|【标准基本体】|【平面】命令，在【顶】视图中创建一个平面，在【参数】卷展栏中，将【长度】和【宽度】的值均设置为200，在视图中调整其位置，如图5-26所示。

Step 13 确认创建的平面处于被选中状态，按M键打开【材质编辑器】对话框，选择一个新的材质球，单击Standard按钮。在弹出的【材质/贴图浏览器】对话框中单击【材质/贴图浏览器选项】按钮，在弹出的下拉列表中选择【显示不兼容】选项。选择【材质】|【通用】|【无光/投影】选项，如图5-27所示。

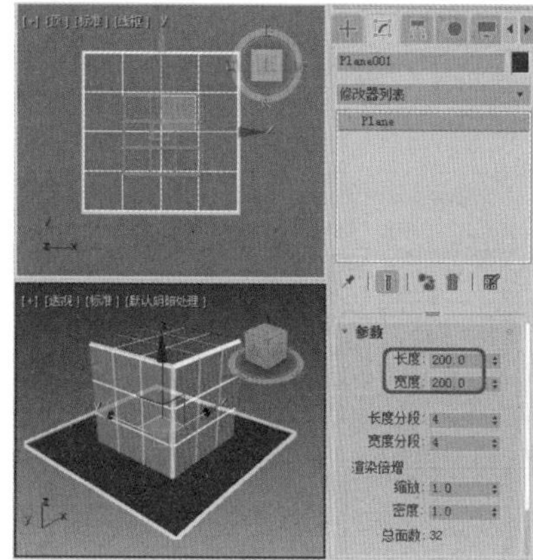

图5-26

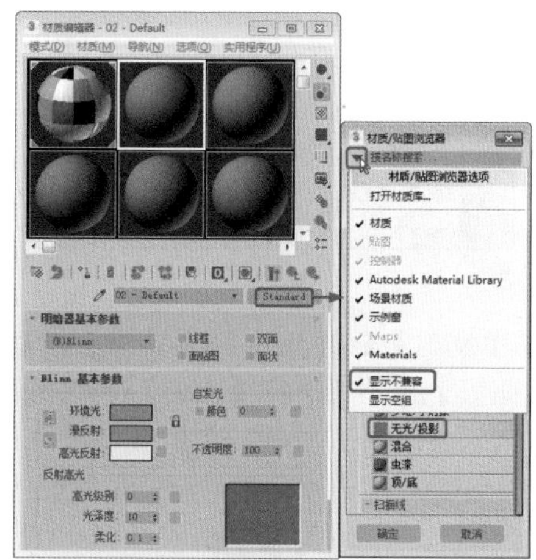

图5-27

Step 14 在【无光/投影基本参数】卷展栏中的【反射】选项组中，单击【贴图】右侧的【无贴图】按钮。在弹出的【材质/贴图浏览器】对话框中选择【贴图】|【扫描线】|【平面镜】选项，单击【确定】按钮，如图5-28所示。

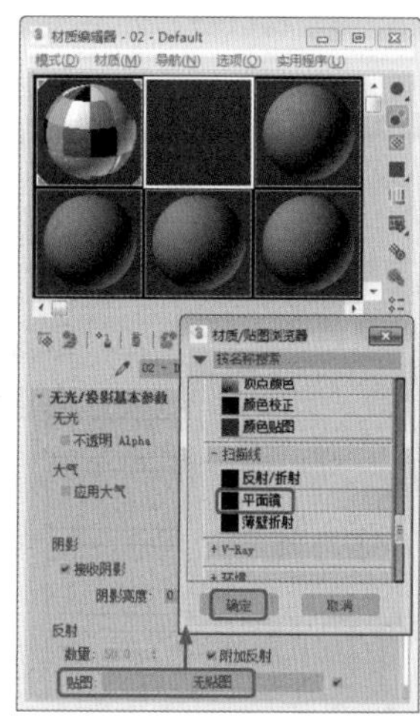

图5-28

Step 15 在【平面镜参数】卷展栏中勾选【应用于带ID的面】复选框，单击【转到父对象】按钮，如图5-29所示。

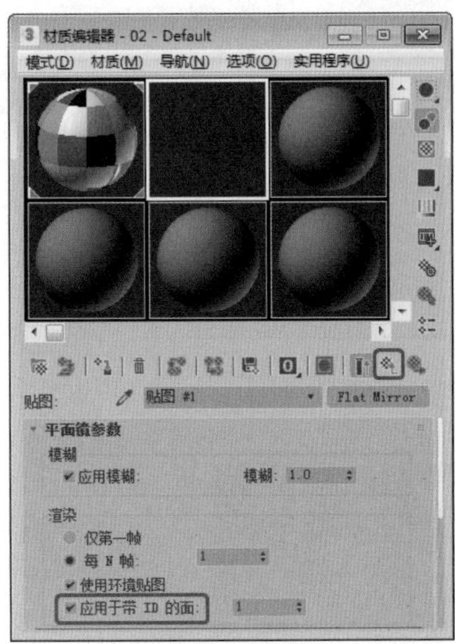

图5-29

Step 16 在【反射】选项组中将【数量】的值设置为10，在【阴影】选项组中将【颜色】的RGB值设置为55、55、55，如图5-30所示。单击【将材质指定给选定对象】按钮，将该材质指定给平面对象。

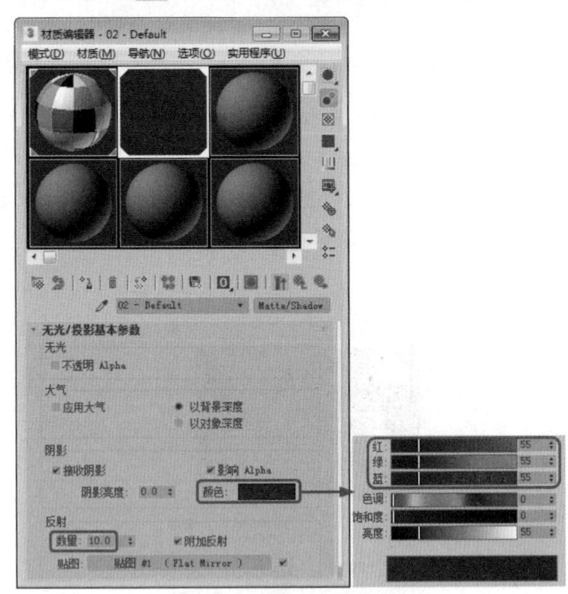

图5-30

Step 17 按8键打开【环境和效果】对话框，切换到【环境】选项卡。在【公用参数】卷展栏中单击【环境贴图】下的【无】按钮，弹出【材质/贴图浏览器】对话框。选择【贴图】|【通用】|【位图】选项，单击【确定】按钮，在弹出的【选择位图图像文件】对话框中选择“Map\魔方背景.jpg”贴图文件，单击【打开】按钮，如图5-31所示。

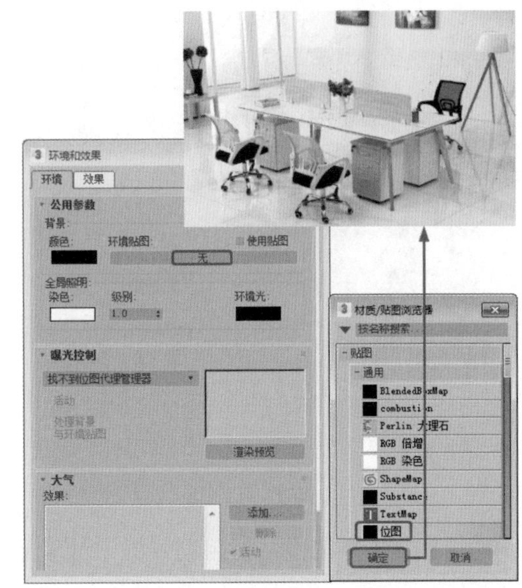

图5-31

Step 18 按M键弹出【材质编辑器】对话框，在【环境和效果】对话框中，将【环境贴图】下的贴图拖至一个新的材质球上。在弹出的【实例（副本）贴图】对话框中选中【实例】单选按钮，如图5-32所示。

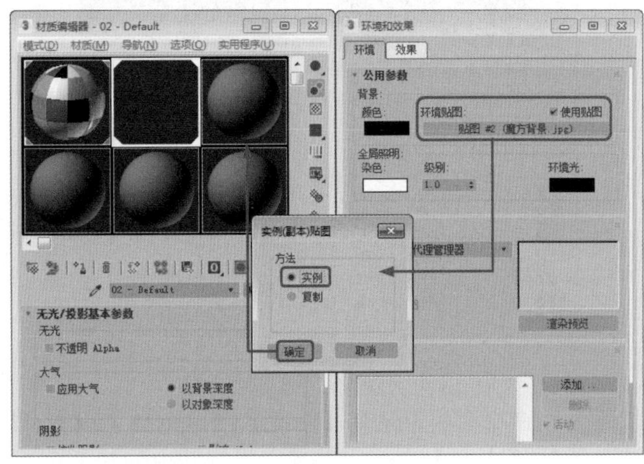

图5-32

Step 19 单击【确定】按钮，在【坐标】卷展栏中选中【环境】单选按钮，在【贴图】下拉列表中选择【屏幕】选项，如图5-33所示。

Step 20 关闭【环境和效果】对话框与【材质编辑器】对话框，切换到【透视】视图。按Alt+B组合键，在弹出的【视口配置】对话框中选中【使用环境背景】单选按钮，单击【确定】按钮，如图5-34所示。

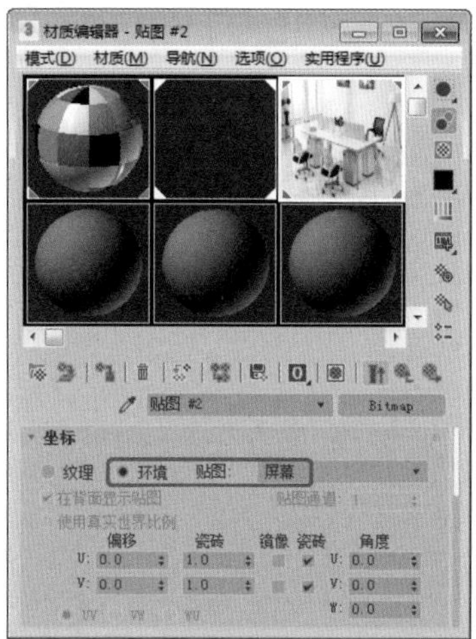

图5-33

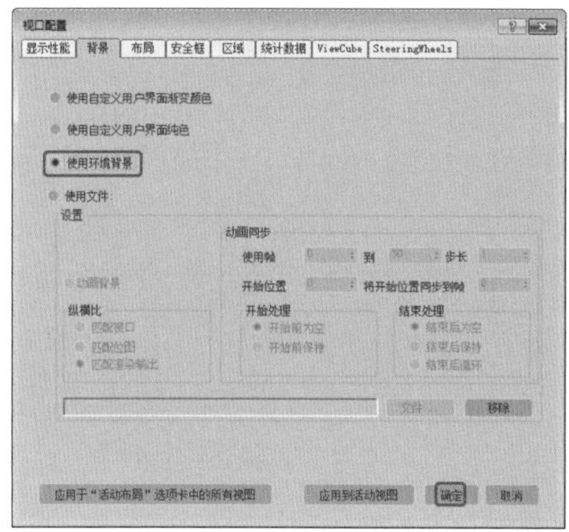

图5-34

Step 21 在命令面板中选择【创建】|【摄影机】|【标准】|【目标】命令，在【参数】卷展栏中，将【镜头】的值设置为42mm，在【顶】视图中创建一架目标摄影机。切换到【透视】视图，按C键将其转换为摄影机视图，然后在其他视图中调整摄影机的位置，如图5-35所示。

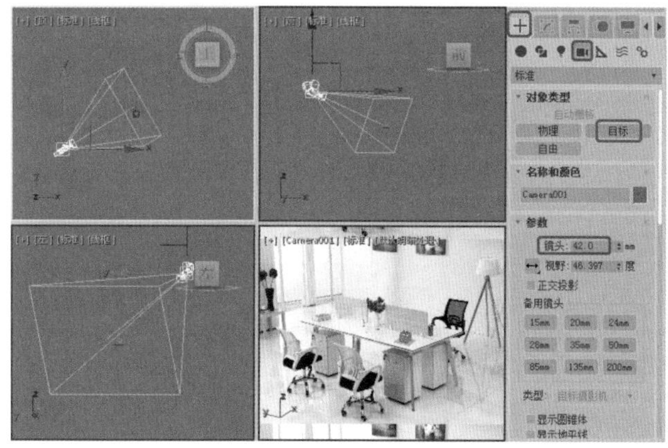

图5-35

Step 22 在命令面板中选择【创建】|【灯光】|【标准】|【天光】命令，在【顶】视图中创建天光，如图5-36所示。

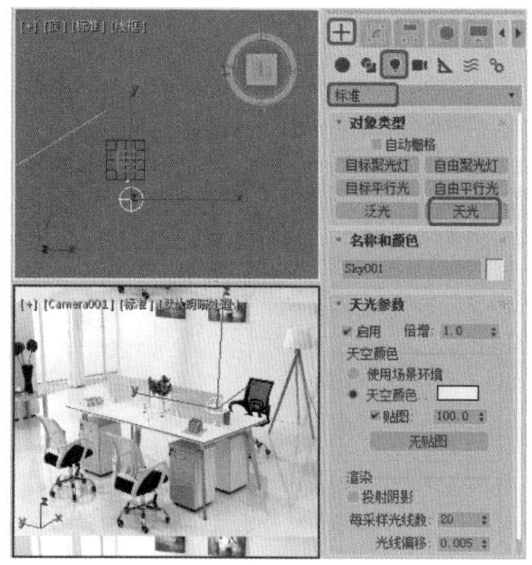

图5-36

Step 23 按F10键打开【渲染设置】对话框，切换到【高级照明】选项卡，在【选择高级照明】卷展栏中将高级照明类型设置为【光跟踪器】，如图5-37所示。

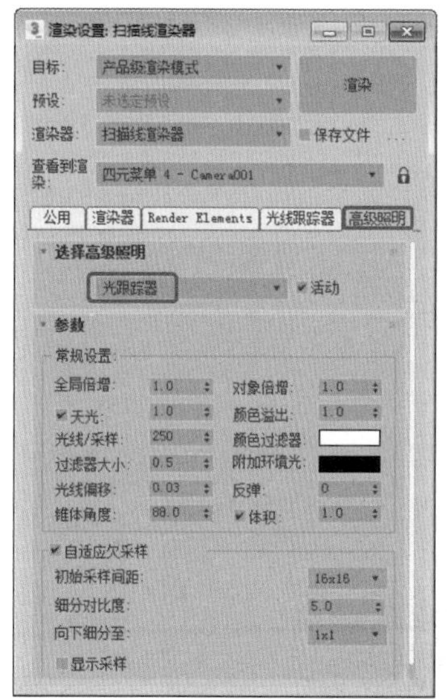

图5-37

Step 24 切换到摄影机视图，按F9键对摄影机视图进行渲染，渲染完成后将场景文件保存即可。

实例146 制作篮球

本例介绍篮球的制作。首先使用【球体】命令创建一个球体，再使用【编辑网格】删除球体的一半，并使用【对称】、【编辑多边形】等命令对球体进行编辑，最后为球体添加背景，并使用【摄影机】渲染效果，完成后的效果如图5-38所示。

图5-38

素材	Map\篮球背景.jpg
场景	Scene\Cha05\实例146 制作篮球.max
视频	视频教学\Cha05\实例146 制作篮球.mp4

Step 01 激活【顶】视图，选择【创建】|【几何体】|【球体】命令，在视图中创建一个【半径】为100的球体，并将其命名为【篮球】，如图5-39所示。

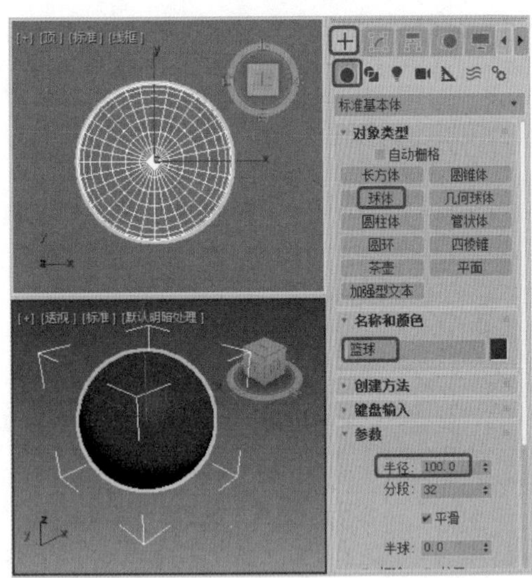

图5-39

Step 02 单击【修改】按钮，进入【修改】命令面板，在修改器列表中选择【编辑网格】修改器，将当前的选择集定义为【多边形】，然后拖动鼠标选中球体的一半，如图5-40所示。

Step 03 按Delete键，将其删除，重新定义当前的选择集为【顶点】。在工具栏中单击【选择并移动】按钮 ，在【顶】视图中用鼠标框选球体的中心点，然后拖动，如图5-41所示。

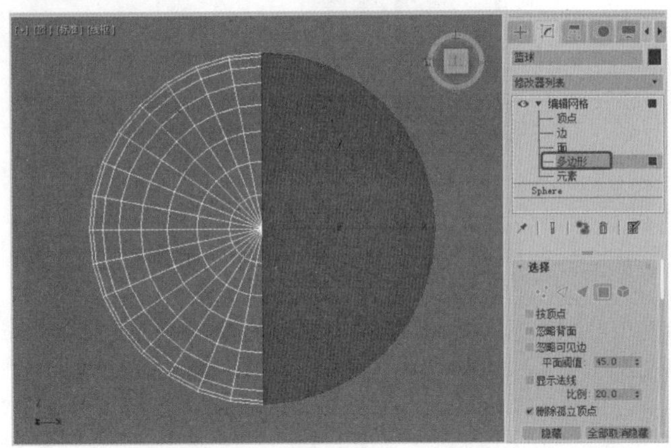

图5-40

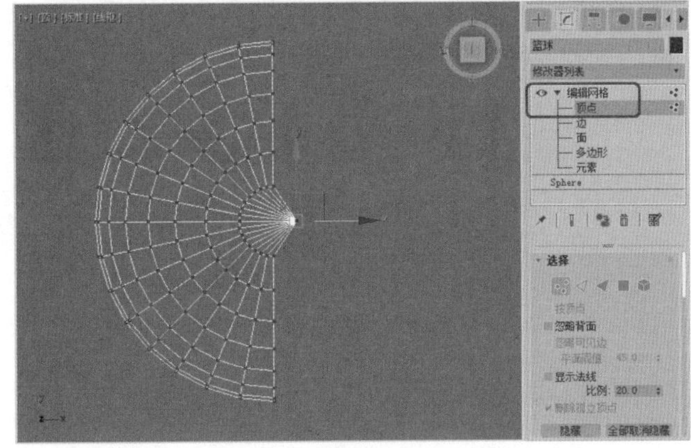

图5-41

Step 04 在修改器列表中选择【对称】修改器，使用【对称】修改器上的【镜像】命令，在【参数】卷展栏中将【镜像轴】定义为X轴，并勾选【翻转】复选框，将两个球合并在一起，如图5-42所示。

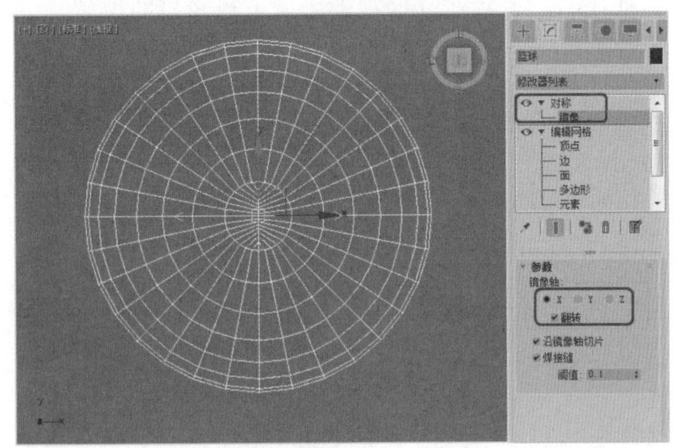

图5-42

◎知识链接·◦

【对称】修改器

【对称】可以应用到任何类型的模型上，当变换镜像线框时，会改变镜像或切片对物体的影响。

- 【镜像】：用于设置对称影响物体的程度，在视图中显示为黄色带双向箭头的线框，拖动这个线框时，镜像或切角对物体的影响也会改变。
- 【镜像轴】：用于指定镜像的作用轴向。
- 【翻转】：勾选该复选框时，翻转对称影响方向。

Step 05 在修改器列表中选择【编辑多边形】修改器，将当前的选择集定义为【边】。在【顶】视图中结合Ctrl键将边进行选取，并在其他视图中查看是否有漏选。在【编辑边】卷展栏中单击【切角】后面的□按钮，在打开的【切角边】控件中将【切角量】设置为1，最后单击【确定】按钮，如图5-43所示。

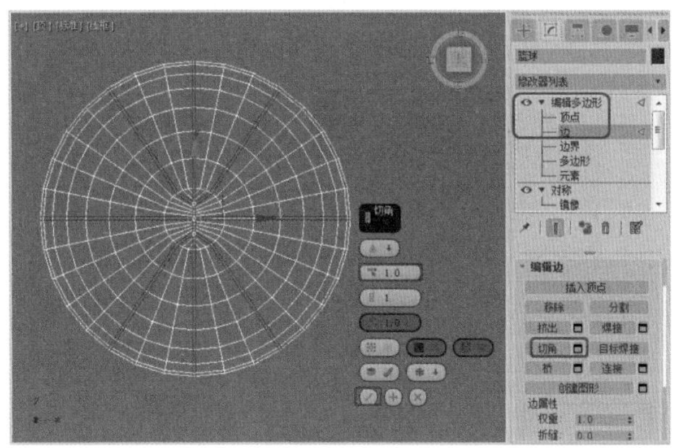

图5-43

Step 06 将当前的选择集定义为【多边形】，选择前面编辑的边。在【编辑多边形】卷展栏中单击【挤出】后面的□按钮，在打开的【挤出多边形】控件中选中【挤出类型】区域下的【本地法线】选项，将【挤出高度】设置为-2，最后单击【确定】按钮，如图5-44所示。

Step 07 确定当前的选择集为【多边形】，在【多边形：材质ID】卷展栏中将【设置ID】设置为2，如图5-45所示。

Step 08 选择【编辑】|【反选】菜单命令，将其进行反选，选中剩余的部分，在【多边形：材质ID】卷展栏中将【设置ID】设置为1，如图5-46所示。

Step 09 在修改器列表中为篮球指定一个【网格平滑】修改器，在【细分量】卷展栏中将【迭代次数】设置为2，如图5-47所示。

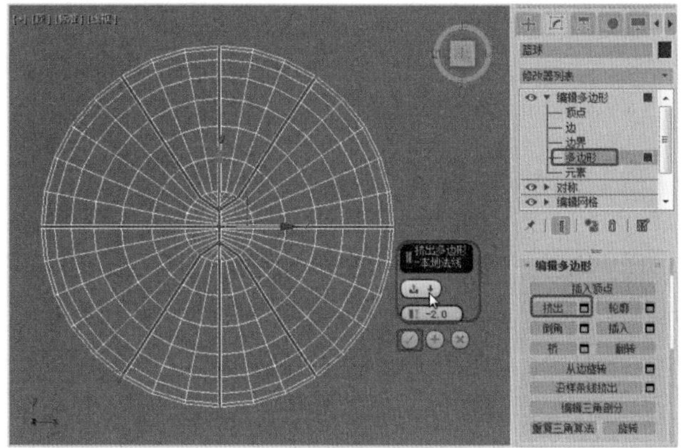

图5-44

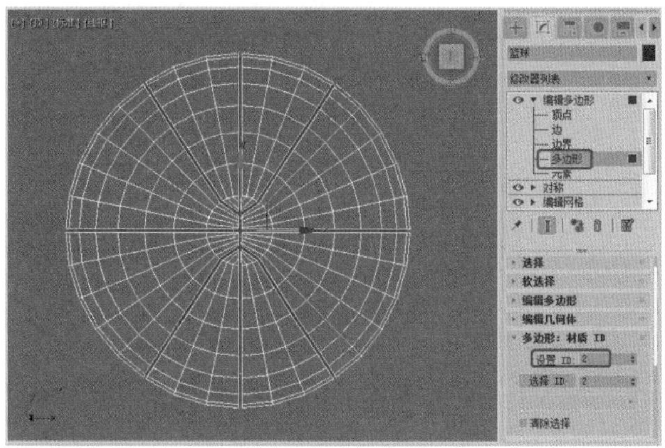

图5-45

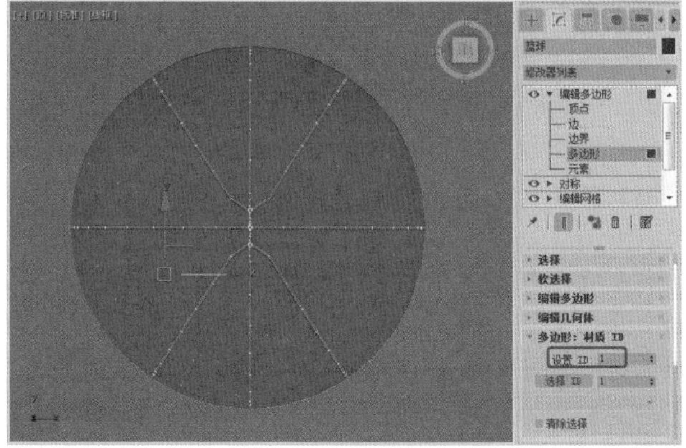

图5-46

Step 10 按M键打开【材质编辑器】对话框，激活一个样本球。单击名称栏右侧的Standard按钮，在打开的【材质/贴图浏览器】对话框中选择【多维/子对象】选项，弹出【替换材质】对话框，选中【将旧材质保存为子材质？】单选按钮。在【多维/子对象基本参数】卷展栏中单击【设置数量】按钮，在打开的【设置材质数量】对话框中将【材质数量】设置为2，单击【确定】按钮，如图5-48所示。

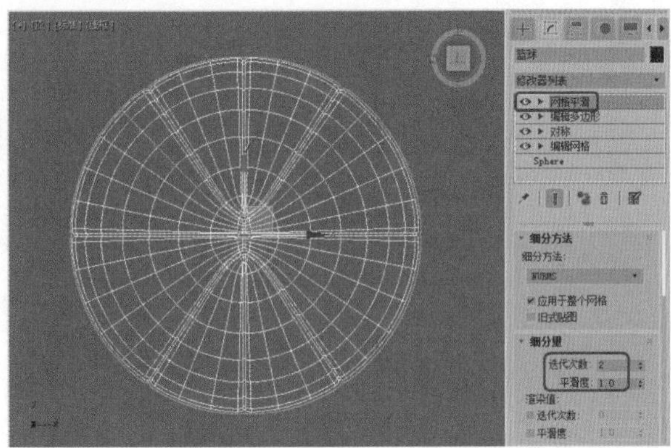

图5-47

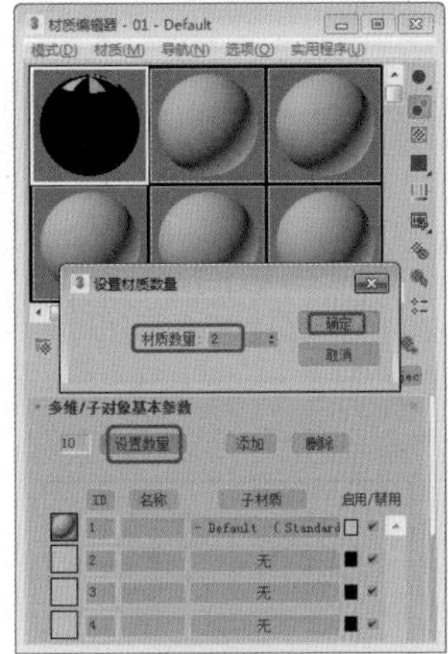

图5-48

Step 11 单击ID1后面的材质按钮，进入该子级材质面板中，在【明暗器基本参数】卷展栏中将阴影模式定义为Blinn。在【Blinn基本参数】卷展栏中将锁定的【环境光】和【漫反射】RGB值设置为82、15、8，将【自发光】区域下的【颜色】设置为13，将【反射高光】区域下的【高光级别】和【光泽度】分别设置为27、16。在【贴图】卷展栏中，将【凹凸】后面的数量设置为50，然后单击通道后的【无贴图】按钮，在打开的【材质浏览器】对话框中选择【噪波】贴图，单击【确定】按钮。进入【凹凸】材质层级，将【坐标】卷展栏中【瓷砖】下的X、Y、Z都设置为6。在【噪波参数】卷展栏中将【大小】设置为11，如图5-49所示。

Step 12 单击【转到父对象】按钮，回到顶层面板中。单击ID2后面的【无】按钮，进入到【材质/贴图浏览器】对话框，选择【标准】选项，如图5-50所示。

Step 13 进入该子级材质面板中。在【明暗器基本参数】卷展栏中将阴影模式定义为Blinn，在【Blinn基本参数】卷展栏中将锁定的【环境光】和【漫反射】RGB值都设置为0、0、0，将【自发光】区域下的【颜色】设置为50，将【反射高光】区域下的【高光级别】和【光泽度】分别设置为69、16，如图5-51所示。

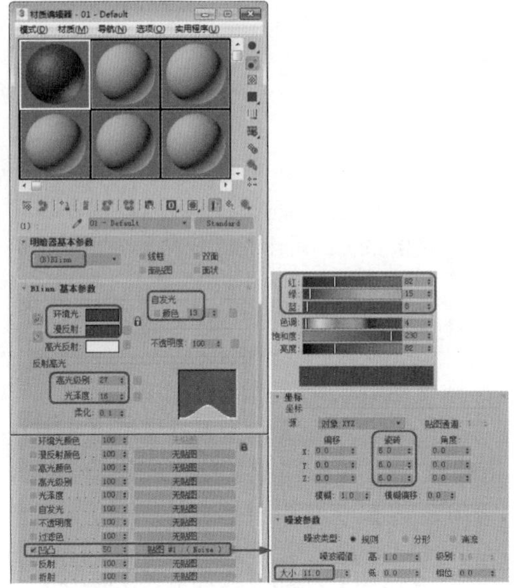

图5-49

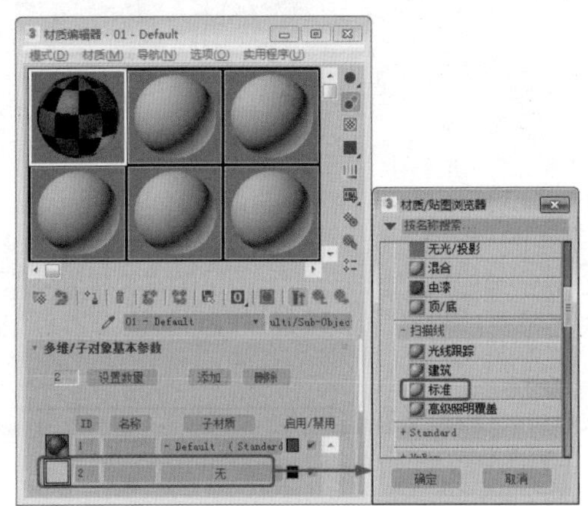

图5-50

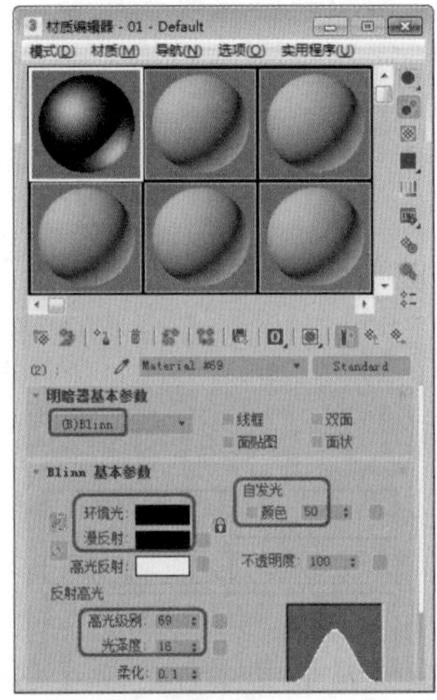

图5-51

Step 14 单击【转到父对象】按钮，回到顶层面板中，最后单击【将材质指定给选定对象】按钮，将当前材质赋予视图中的对象，如图5-52所示。

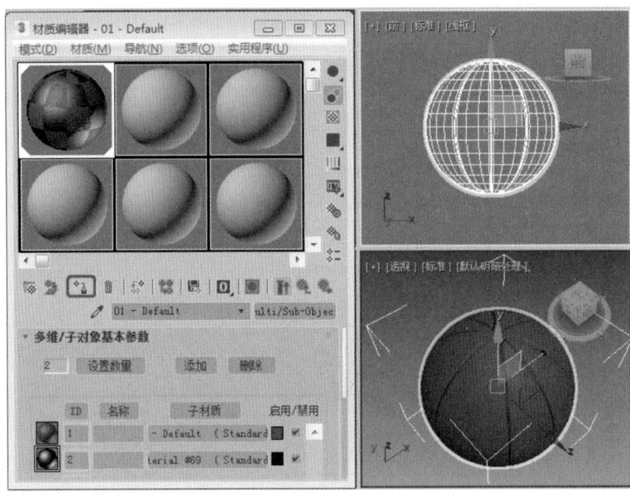

图5-52

Step 15 按8键打开【环境和效果】对话框，单击【公用参数】卷展栏下【环境贴图】的【无】按钮，在弹出的【材质/贴图浏览器】对话框中选择【位图】材质，在弹出的对话框中选择“Map\篮球背景.jpg”素材文件。将【环境和效果】对话框中的背景材质拖动到第二个材质样本球上，在弹出的【实例（副本）贴图】对话框中选中【实例】单选按钮，在【坐标】卷展栏中选中【环境】单选按钮，在【贴图】右侧的下拉列表中选择【屏幕】选项，如图5-53所示。

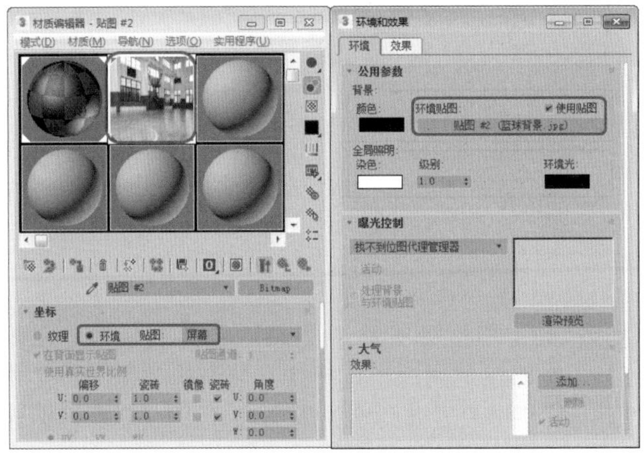

图5-53

Step 16 切换到【透视】视图，在菜单栏中选择【视图】|【视口背景】|【环境背景】命令，使用同样的方法在场景中创建摄影机、天光、泛光、平面对象，如图5-54所示。

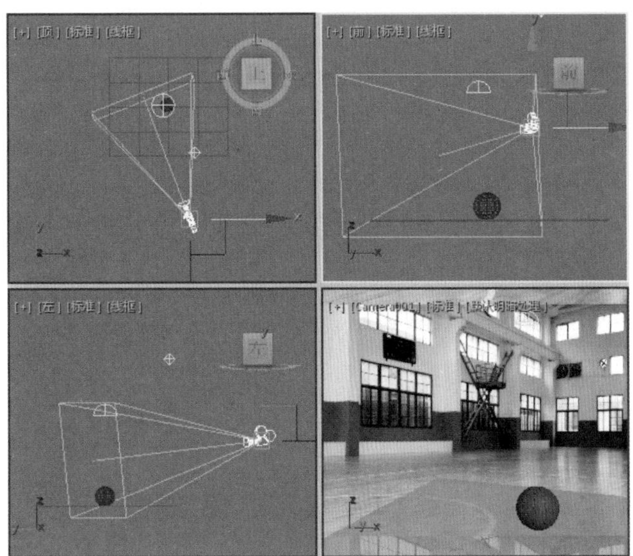

图5-54

实例147 制作折扇

本例将介绍如何制作折扇。首先是利用【矩形】工具、【编辑样条线】、【挤出】、【UVW贴图】修改器制作扇面，然后使用【长方体】工具，将其转换为可编辑多边形，对其进行修改，再将其旋转复制，最后给扇面和扇骨赋予材质，完成后的效果如图5-55所示。

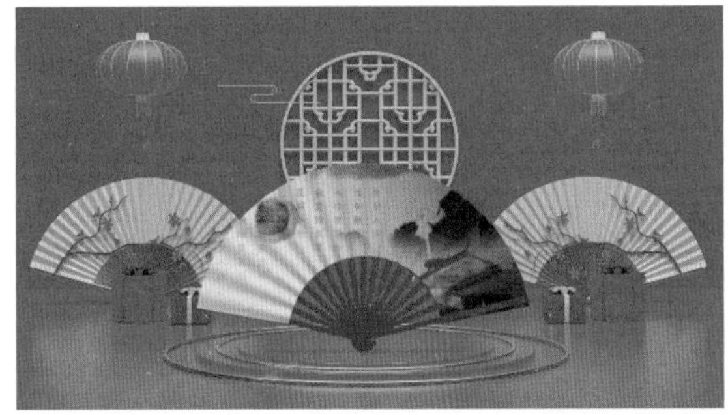

图5-55

素材	Map\折扇背景.jpg、1517.jpg、010bosse.jpg
场景	Scene\Cha05\实例147 制作折扇.max
视频	视频教学\Cha05\实例147 制作折扇.mp4

Step 01 选择【创建】|【图形】|【矩形】工具，在【顶】视图中创建【长度】为1、【宽度】为360的矩形，如图5-56所示。

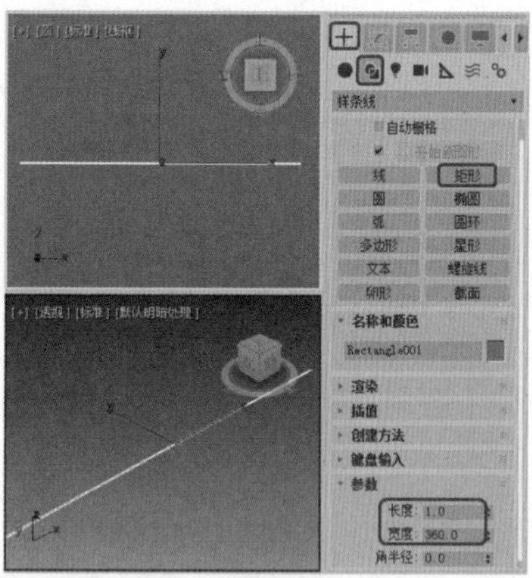

图5-56

Step 02 单击【修改】按钮，进入【修改】命令面板。在修改器列表中选择【编辑样条线】修改器，将当前选择集定义为【分段】，在场景中选择上下两段进行分段，在【几何体】卷展栏中设置【拆分】为32，单击【拆分】按钮，如图5-57所示。

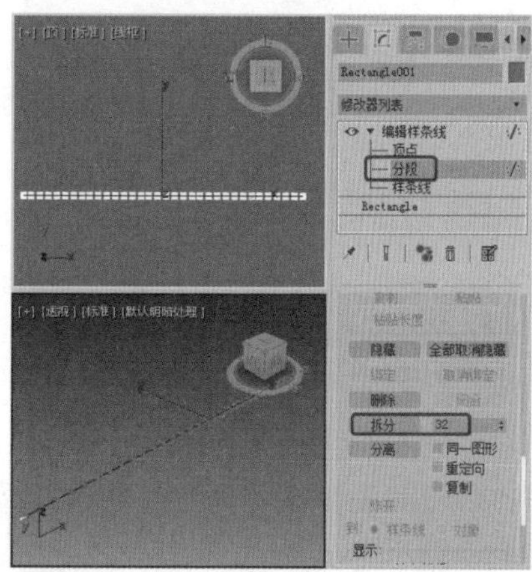

图5-57

Step 03 将当前选择集定义为【顶点】，在【场景】中调整顶点的位置，如图5-58所示。

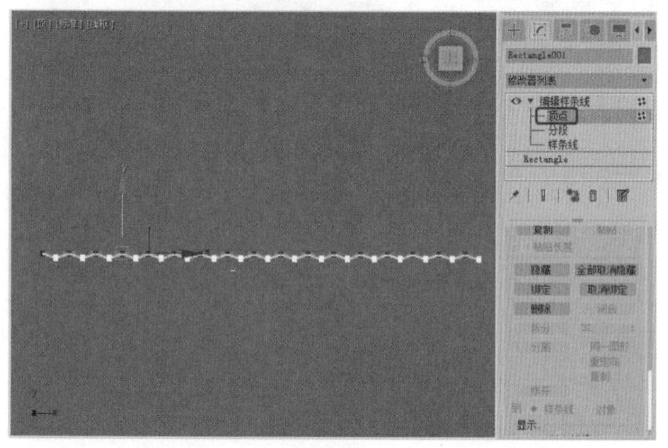

图5-58

Step 04 将当前选择集关闭。在修改器列表中选择【挤出】修改器，在【参数】卷展栏中设置【数量】为150，在【输出】卷展栏中选中【面片】单选按钮，如图5-59所示。

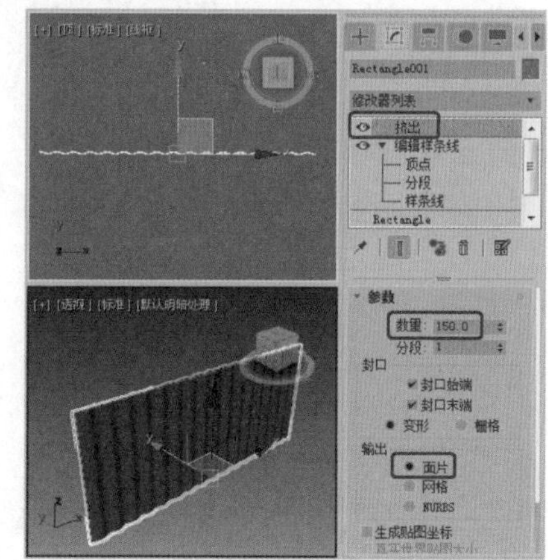

图5-59

Step 05 在修改器列表中，选择【UVW贴图】修改器，在【参数】卷展栏中选中【长方体】单选按钮，在【对齐】选项组中单击【适配】按钮，如图5-60所示。

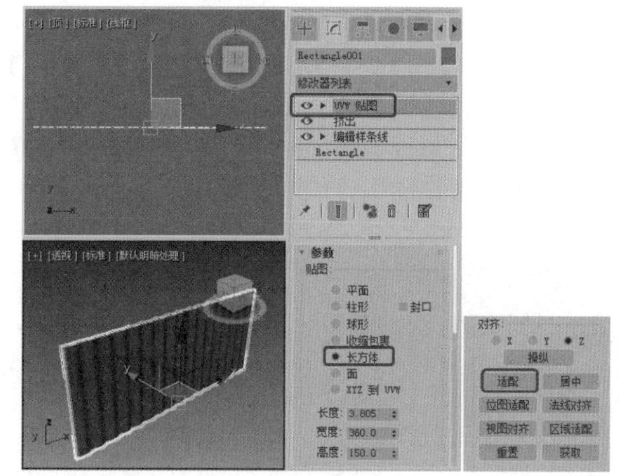

图5-60

Step 06 确定模型处于选中状态，将其命名为【扇面01】。在修改器列表中选择【弯曲】修改器，在【参数】卷展栏中设置【角度】为160，选中【弯曲轴】选项组中的X单选按钮，如图5-61所示。

Step 07 选择【创建】|【几何体】|【长方体】工具，在【前】视图中创建【长度】、【宽度】、【高度】分别为300、12、1的长方体，将其命名为【扇骨01】，如图5-62所示。

Step 08 在场景中选择【扇骨01】，单击鼠标右键，在弹出的快捷菜单中选择【转换为】|【转换为可编辑多

边形】命令，进入【修改】命令面板，将当前选择集定义为【顶点】。在场景中选择下面的两个顶点，然后对其进行缩放，关闭当前选择集。使用【选择并移动】和【选择并旋转】工具调整【扇骨01】的位置，如图5-63所示。

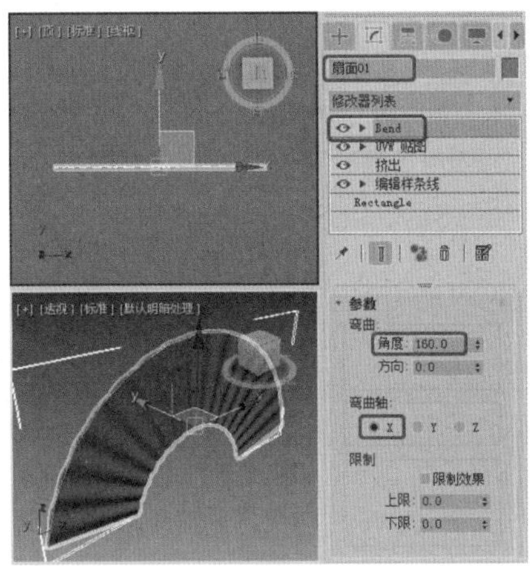

图5-61

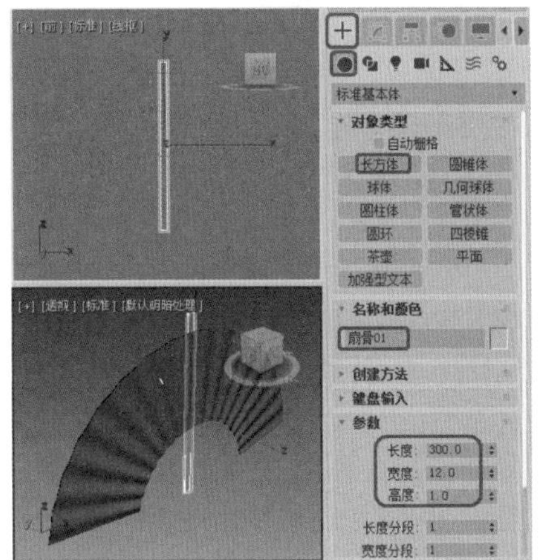

图5-62

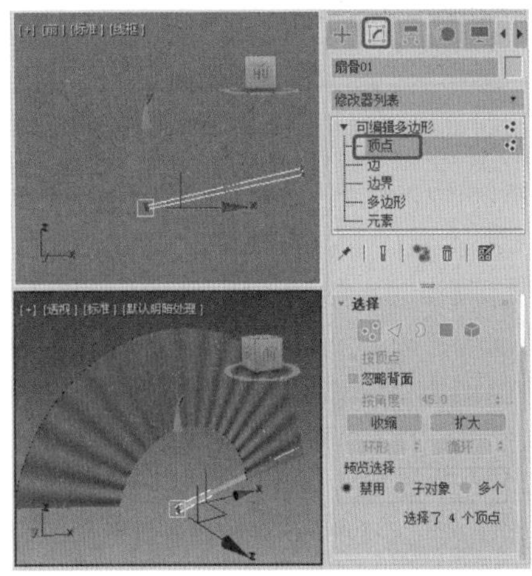

图5-63

Step 09 在场景中绘制两条与扇面边平行的线，选择【扇骨01】，单击【层次】按钮，进入【层次】面板。单击【轴】按钮，在【调整轴】卷展栏中单击【仅影响轴】按钮，然后在场景中将轴移动到两条线段的交点处，如图5-64所示。

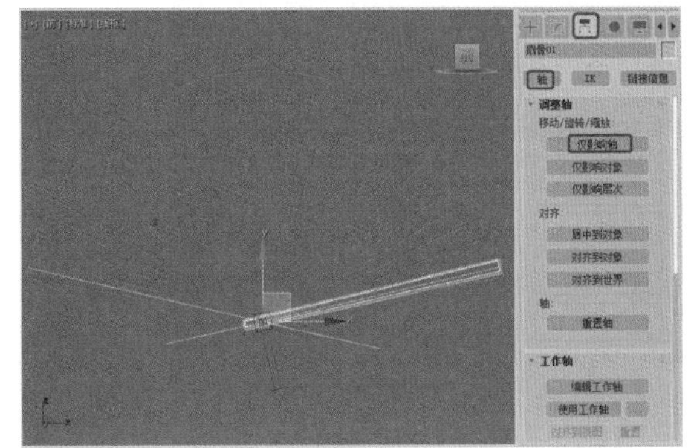

图5-64

Step 10 关闭【仅影响轴】按钮。在场景中使用【选择并旋转】工具，按住Shift键将其沿Z轴进行旋转，在弹出的对话框中选中【复制】单选按钮，将【副本数】设置为16，单击【确定】按钮，效果如图5-65所示。

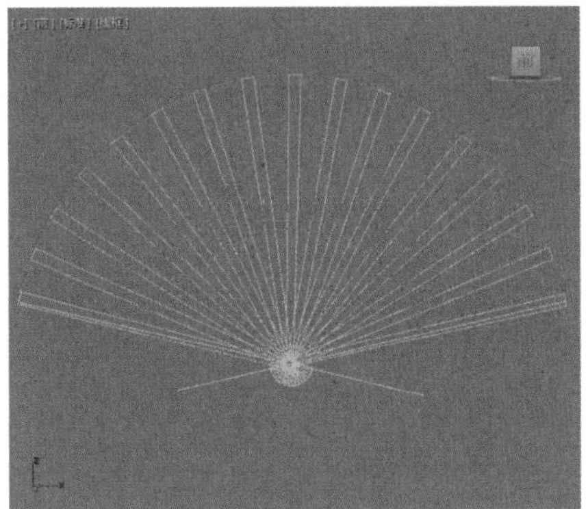

图5-65

Step 11 在场景中调整【扇骨01】，调整对象的位置，效果如图5-66所示。

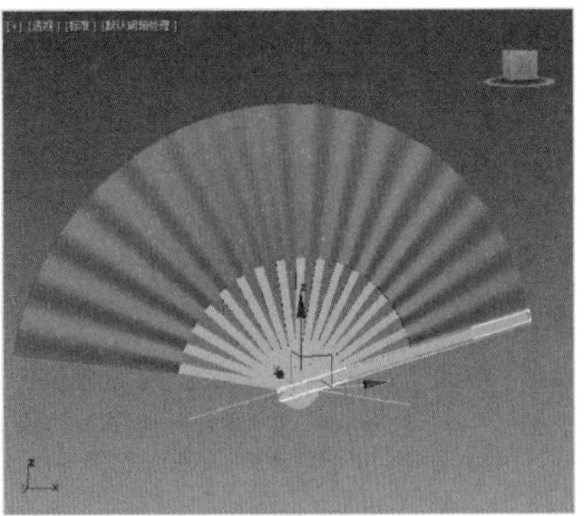

图5-66

Step 12 选择【创建】|【几何体】|【圆柱体】工具，在【前】视图中创建一个【半径】为3、【高度】为12的圆柱体。创建完成后对圆柱体进行调整，效果如图5-67所示。

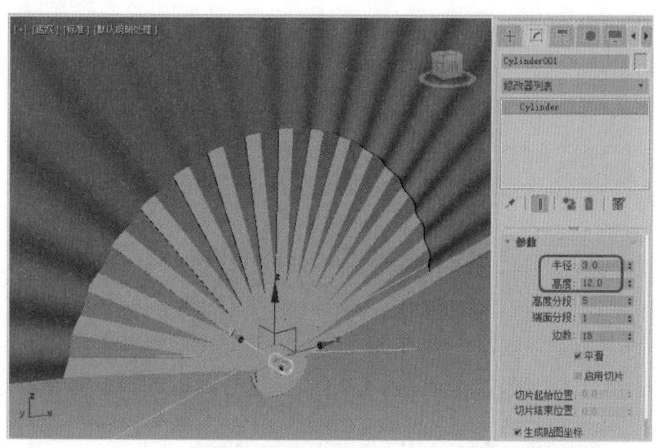

图5-67

Step 13 按M键，打开【材质编辑器】对话框，选择一个空白的材质样本球，将其命名为【木纹】。在【Blinn基本参数】卷展栏中将【高光级别】和【光泽度】分别设置为76、47。在【贴图】卷展栏中单击【漫反射颜色】通道后的【无贴图】按钮，在弹出的对话框中选择【位图】选项，单击【确定】按钮。在弹出的对话框中选择010bosse.jpg，然后按照图5-68所示的参数对位图进行设置，将材质指定给场景中的圆柱体和所有的【扇骨】对象。

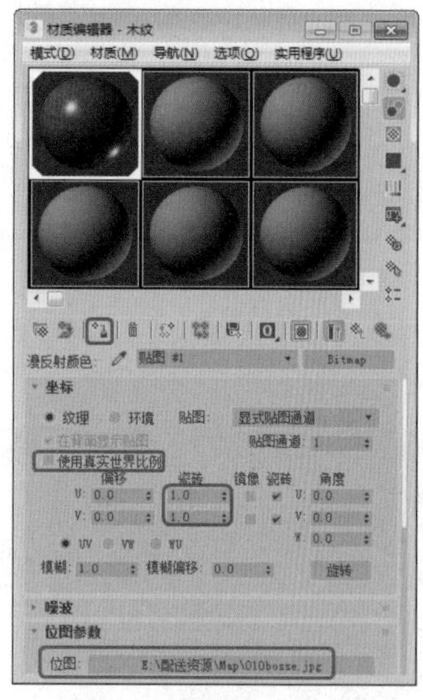

图5-68

Step 14 选择一个新的材质样本球，将其命名为【扇面】。在【明暗器基本参数】卷展栏中勾选【双面】复选框，单击【漫反射颜色】通道后的【无贴图】按钮，在弹出的对话框中选择【位图】选项，单击【确定】按钮。在弹出的对话框中选择1517.jpg，单击【打开】按钮，进入下一层级，对其进行如图5-69所示的设置。单击【转到父对象】按钮，将材质指定给场景中的【扇面】。

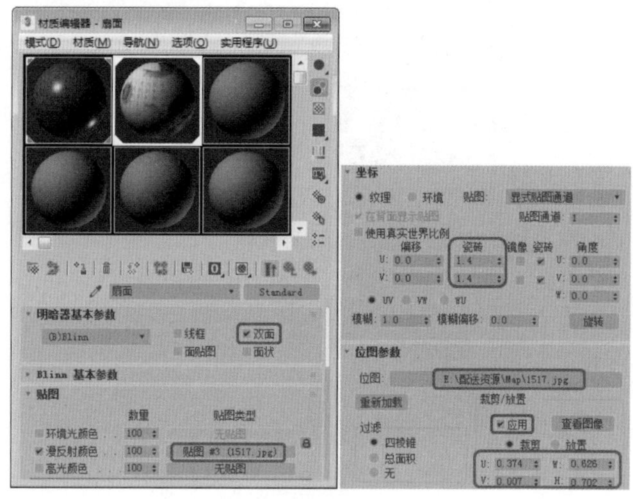

图5-69

Step 15 确定扇面处于选中状态，进入【修改】命令面板，在修改器列表中选择【UVW贴图】修改器。在【参数】卷展栏中，选中【长方体】单选按钮，将【长度】、【宽度】、【高度】分别设置为7.4、840、370，如图5-70所示。

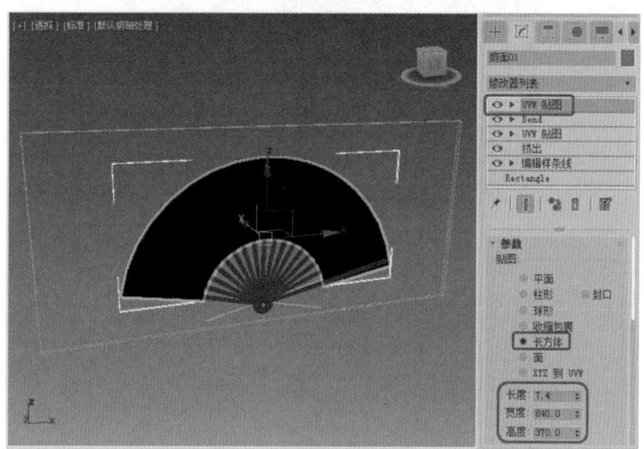

图5-70

Step 16 使用同样的方法制作平面、环境背景，为平面添加无光投影材质。在【顶】视图中创建摄影机，将【透视】视图调整为摄影机视图。在其他视图中调整摄影机的位置，确认选中摄影机视图，按Shift+F组合键，创建安全框。按F10键，弹出【渲染设置】对话框，将【宽度】、【高度】分别设置为640、356，如图5-71所示。

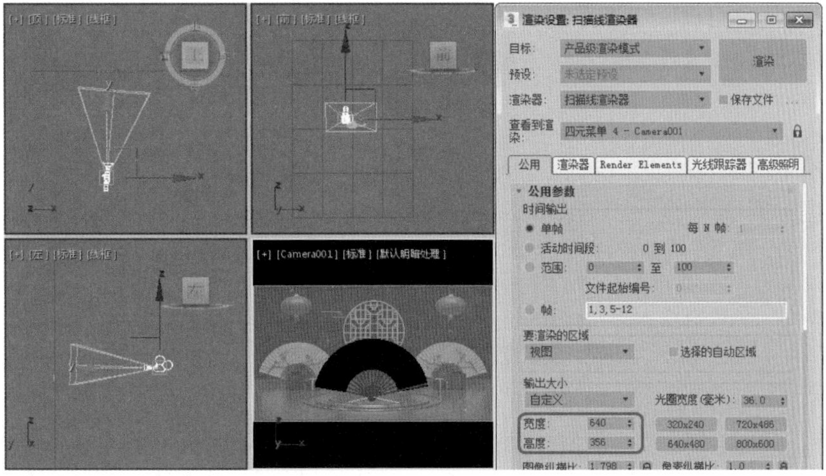

图5-71

实例148 制作五角星

五角星在日常生活中随处可见，本例将讲解如何利用3ds Max软件制作五角星，如图5-72所示。首先利用【星形】命令绘制出星形，然后利用【挤出】和【编辑网格】修改器进行修改。

图5-72

素材	Scene\Cha05\五角星素材.max
场景	Scene\Cha05\实例148 制作五角星.max
视频	视频教学\Cha05\实例148 制作五角星.mp4

Step 01 启动软件后，按Ctrl+O组合键，打开“Scene\Cha05\五角星素材.max”素材文件，选择【创建】|【图形】|【星形】命令。在【前】视图中绘制形状，将【名称】设置为【五角星】，将【颜色】设置为红色（RGB值为199、9、0）。在【参数】卷展栏中将【半径1】设置为90，将【半径2】设置为34，将【点】设置为5，如图5-73所示。

Step 02 切换到【修改】命令面板，在修改器下拉列表中选择【挤出】修改器，将【参数】卷展栏中的【数量】设置20，如图5-74所示。

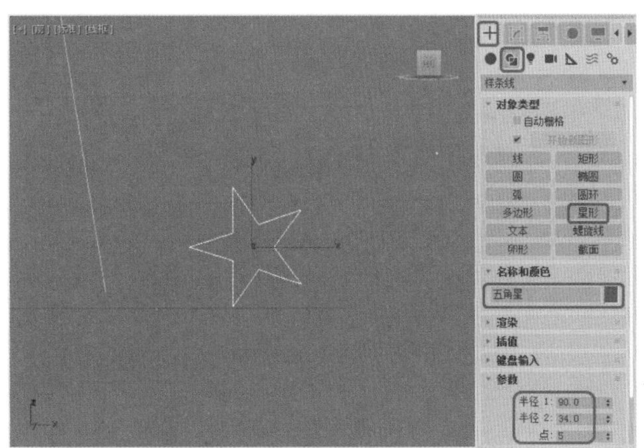

图5-73

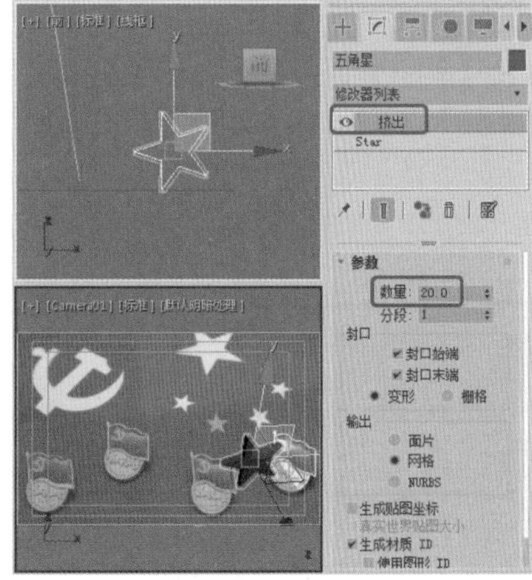

图5-74

提示

【挤出】修改器可以使二维线在垂直方向上产生厚度，从而生成三维实体。

Step 03 切换到【修改】命令面板，选择【编辑网格】修改器，并定义当前选择集为【顶点】，在【顶】视图中框选如图5-75所示的顶点。

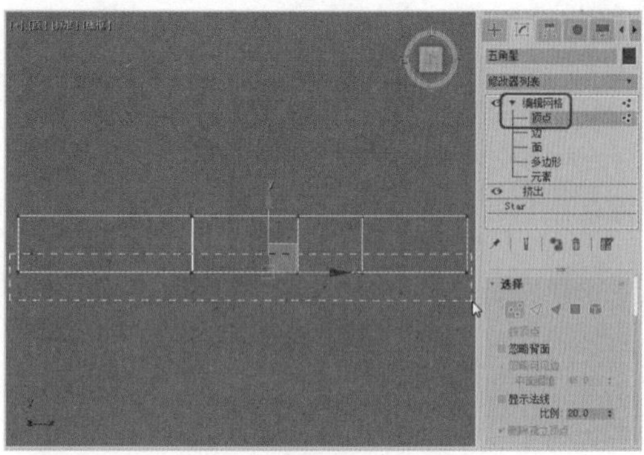

图5-75

Step 04 选择【选择并均匀缩放】工具，在【前】视图中对选中的顶点进行缩放，使其缩放到最小，即小到不可以再缩放为止，如图5-76所示。

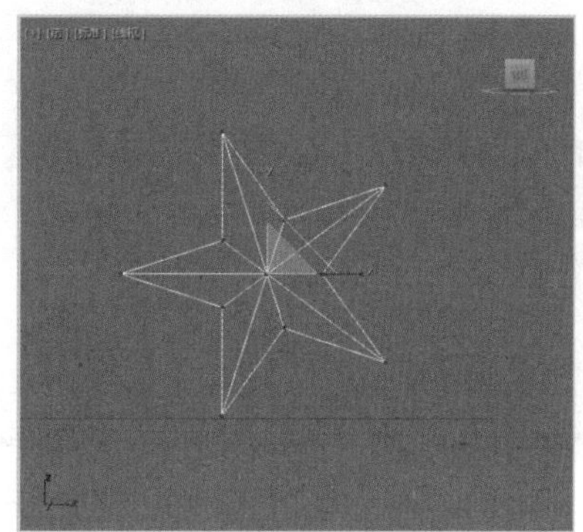

图5-76

Step 05 退出【顶点】选择集，选择【五角星】，使用【选择并旋转】工具，对【五角星】进行旋转，适当调整五角星的位置，效果如图5-77所示。

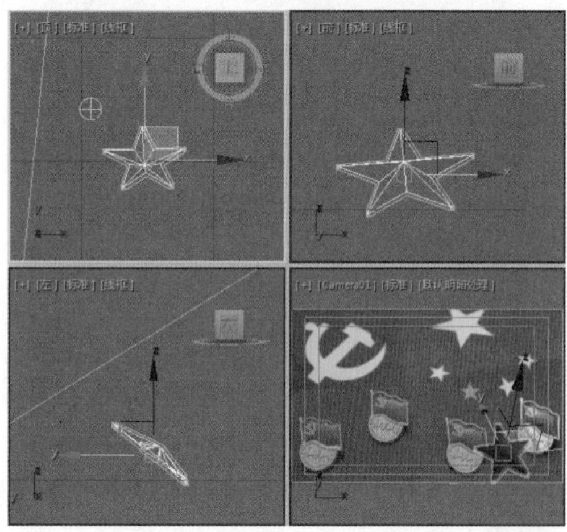

图5-77

Step 06 复制五角星，使用【选择并移动】和【选择并旋转】工具对其进行适当移动和旋转，如图5-78所示。切换到摄影机视图，按F9键进行渲染。

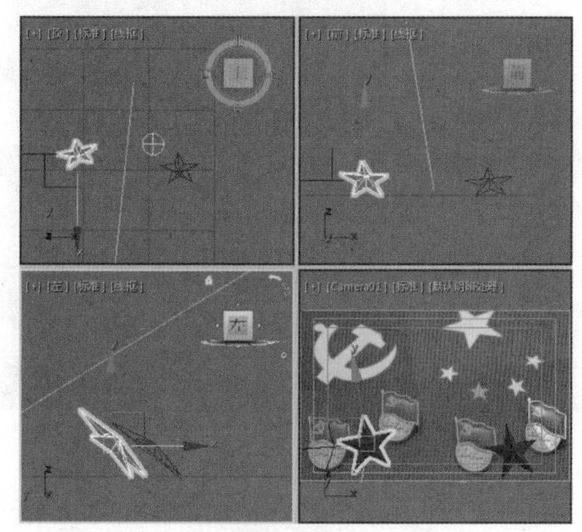

图5-78

实例149 制作茶杯

本案例介绍如何制作茶杯。首先使用【线】工具创建基本的轮廓，然后给其添加修改器，并添加贴图，从而达到想要的效果。完成后的效果如图5-79所示。

图5-79

素材	Scene\Cha05\茶杯素材.max Map\杯子.jpg、盘子.jpg
场景	Scene\Cha05\实例149 制作茶杯.max
视频	视频教学\Cha05\实例149 制作茶杯.mp4

Step 01 启动软件后，按Ctrl+O组合键，打开“Scene\Cha05\茶杯素材.max”素材文件，选择【创建】|【图形】|【线】命令，在【前】视图中绘制样条线并将其命名为【茶杯】。进入【修改】命令面板，调整顶点，在【插值】卷展栏中将【步数】设置为12，将当前选择集定义为【顶点】，并进行调整，如图5-80所示。

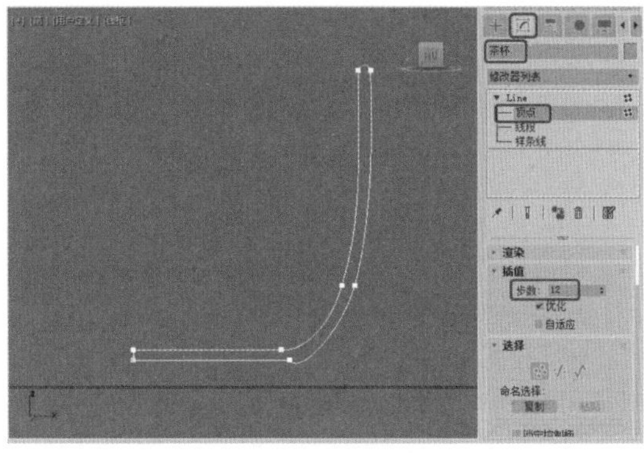
图5-80

Step 02 在修改器下拉列表中选择【车削】修改器。在【参数】卷展栏中，勾选【焊接内核】复选框，将【分段】设置为80，在【方向】选项组中单击Y按钮，在【对齐】选项组中单击【最小】按钮，如图5-81所示。

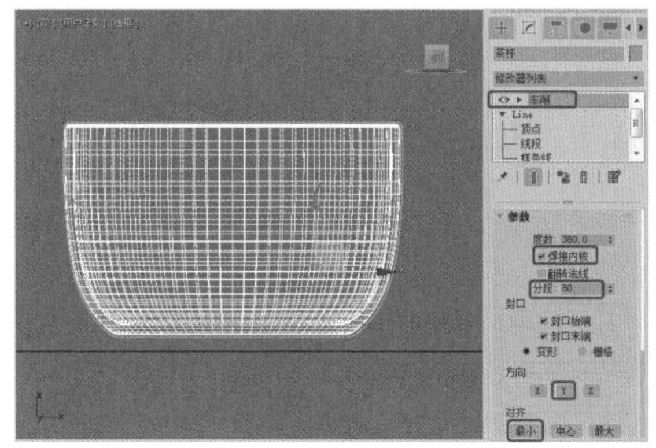
图5-81

Step 03 选择【茶杯】对象，按Ctrl+V组合键打开【克隆选项】对话框，选中【复制】单选按钮，将【名称】命名为【茶杯贴图】。在【修改器堆栈】中选择Line，将选择集定义为【顶点】，并调整其顶点的位置，如图5-82所示。

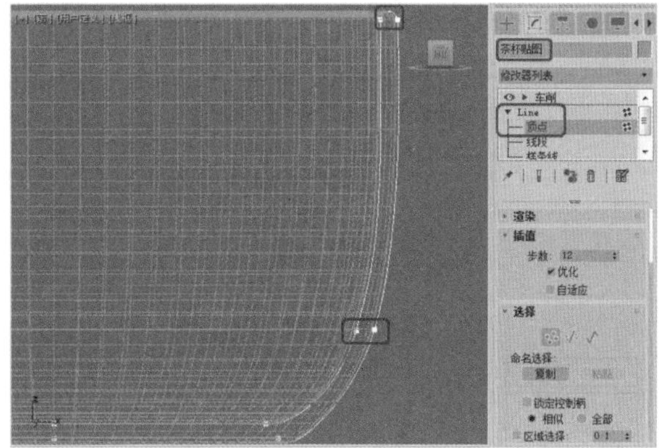
图5-82

Step 04 为【茶杯贴图】对象添加【UVW贴图】修改器。在【参数】卷展栏中选中【贴图】选项组中的【柱形】单选按钮，将【U向平铺】设置为2，选中【对齐】选项组中的X单选按钮，并单击【适配】按钮，如图5-83所示。

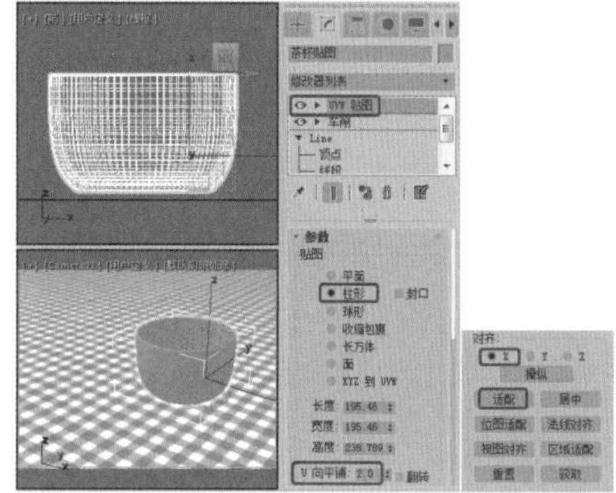
图5-83

Step 05 按M键，打开【材质编辑器】对话框，选择一个新的材质样本球，将其命名为【茶杯贴图】。在【明暗器基本参数】卷展栏中，将【明暗器类型】设置为（B）Blinn。在【Blinn基本参数】卷展栏中，将【环境光】和【漫反射】设置为白色，【自发光】下的【颜色】设置为30，将【反射高光】选项组中的【高光级别】和【光泽度】分别设置为100、83。在【贴图】卷展栏中，勾选【漫反射颜色】复选框并单击后面的【无贴图】按钮，在打开的【材质/贴图浏览器】对话框中选择【位图】选项，单击【确定】按钮，在打开的对话框中选择“Map\杯子.jpg”文件。返回到父级对象，单击【将材质指定给选定对象】按钮，将材质指定给场景中的【茶杯贴图】，如图5-84所示。

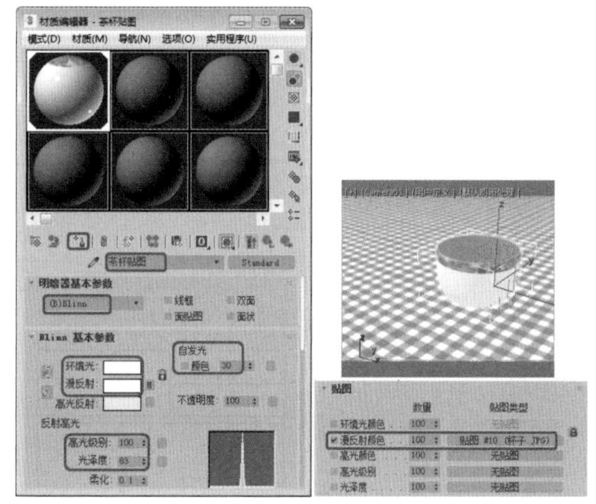
图5-84

Step 06 选择【创建】|【图形】|【线】命令，在【前】视图中绘制样条线，将其命名为【杯把】。进入【修

改】命令面板，在【渲染】卷展栏中勾选【在渲染中启用】和【在视口中启用】复选框，将【厚度】设置为25，将选择集定义为【顶点】，对顶点进行调整，如图5-85所示。

图5-85

Step 07 在修改器下拉列表中选择【编辑网格】和【锥化】修改器。选择【锥化】修改器，在【参数】卷展栏中将【锥化】选项组中的【数量】和【曲线】分别设置为0.7、-1.61，在【锥化轴】选项组中将【主轴】设置为X，【效果】设置为ZY，如图5-86所示。

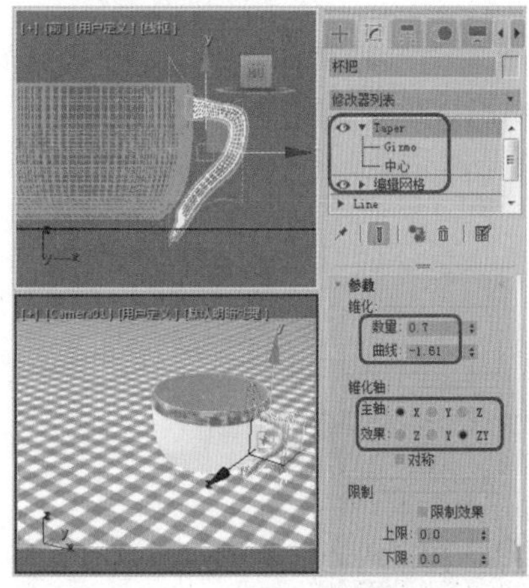

图5-86

Step 08 将选择集定义为Gizmo，使用【选择并移动】工具进行调整，完成后的效果如图5-87所示。

◎知识链接

【编辑网格】修改器

该修改器是一个针对三维对象操作的修改命令，同时也是一个修改功能非常强大的命令。其最大优势是可以创建个性化模型，若辅以其他修改工具，可适合创建表面复杂而无需精确建模的对象。

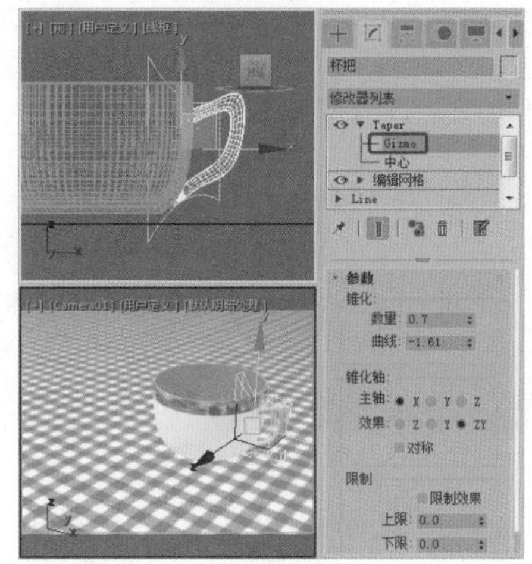

图5-87

Step 09 按M键，打开【材质编辑器】对话框，选择一个新的材质样本球，将其命名为【白色瓷器】。在【Blinn基本参数】卷展栏中，将【环境光】、【漫反射】和【高光反射】的颜色都设置为白色，将【自发光】下的【颜色】设置为35，将【反射高光】选项组中的【高光级别】和【光泽度】分别设置为100、83。在【贴图】卷展栏中，单击【反射】后面的【无贴图】按钮，在打开的【材质/贴图浏览器】对话框中选择【光线跟踪】选项，单击【确定】按钮，进入反射层级面板。单击【转到父对象】按钮，返回父级材质面板，将【反射】的数量设置为8，选择场景中的【茶杯】和【杯把】对象，单击【将材质指定给选定对象】按钮，为其指定材质，如图5-88所示。

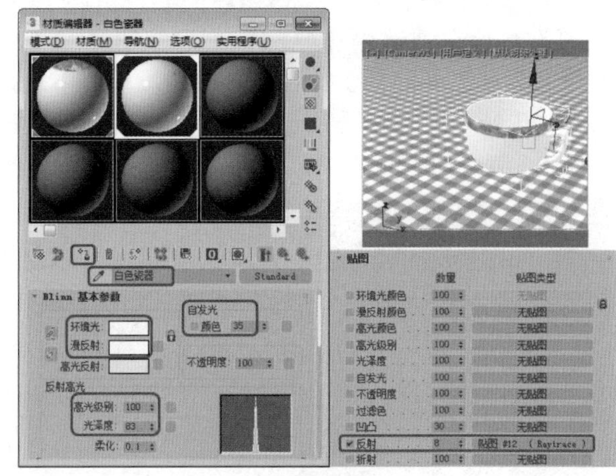

图5-88

Step 10 选择【创建】|【图形】|【线】命令，在场景中绘制托盘的截面，并将其命名为【托盘】，如图5-89所示。

Step 11 在【修改器列表】中选择【车削】修改器，

在【参数】卷展栏中将【分段】设置为80，单击【方向】选项组中的Y按钮和【对齐】选项组中的【最小】按钮，如图5-90所示。

图5-89

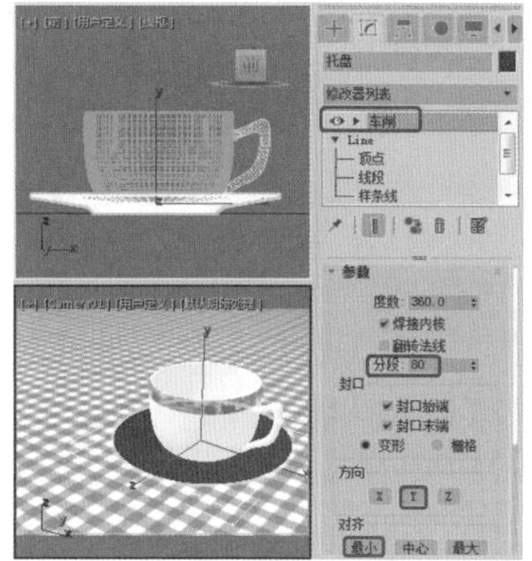

图5-90

Step 12 按M键，打开【材质编辑器】对话框，选择一个新的材质样本球，将其命名为【托盘】。在【Blinn基本参数】卷展栏中，将【自发光】设置为30，将【反射高光】选项组中的【高光级别】和【光泽度】分别设置为100、83。在【贴图】卷展栏中，单击【漫反射颜色】右侧的【无贴图】按钮，在打开的【材质/贴图浏览器】对话框中选择【位图】选项，单击【确定】按钮。在打开的对话框中选择“Map\盘子.jpg”文件，将其打开。返回父级材质面板，单击【反射】后面的【无贴图】按钮，在打开的【材质/贴图浏览器】对话框中选择【光线跟踪】选项，单击【确定】按钮，进入反射层级面板。返回父级材质面板，将【反射】的数量设置为8，单击【将材质指定给选定对象】按钮，将材质指定给场景中的【托盘】对象，如图5-91所示。

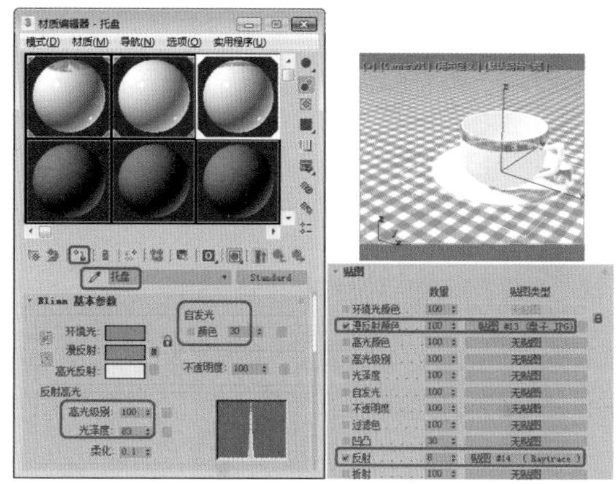

图5-91

Step 13 为【托盘】对象施加【UVW贴图】修改器，在【参数】卷展栏中选中【贴图】选项组中的【平面】单选按钮，在【对齐】选项组中选中Y单选按钮，单击【适配】按钮，如图5-92所示。

图5-92

Step 14 使用【线】工具在【前】视图中绘制茶杯盖的截面图形，并将其命名为【杯盖】，将其调整成如图5-93所示的形状。

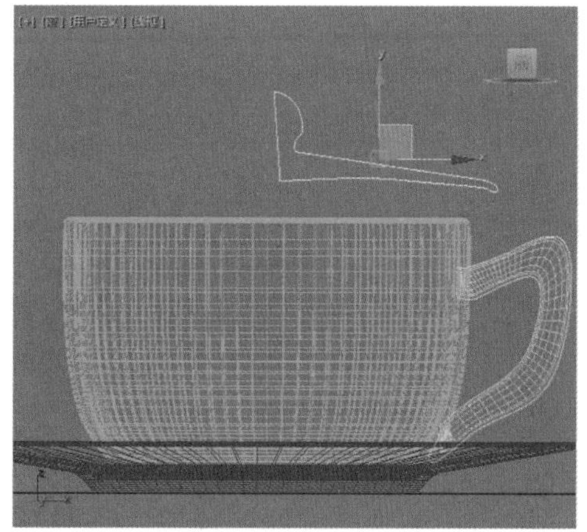

图5-93

Step 15 为【杯盖】对象施加【车削】修改器。在【参数】卷展栏中将【分段】设置为80，将【方向】设置为Y，将【对齐】设置为【最小】，如图5-94所示。

图5-94

Step 16 打开【材质编辑器】对话框，将【托盘】材质指定给【杯盖】对象，然后为【杯盖】对象施加【UVW贴图】修改器。在【参数】卷展栏中，选中【贴图】选项组中的【平面】单选按钮，选中【对齐】选项组中的Y单选按钮，单击【适配】按钮，如图5-95所示。

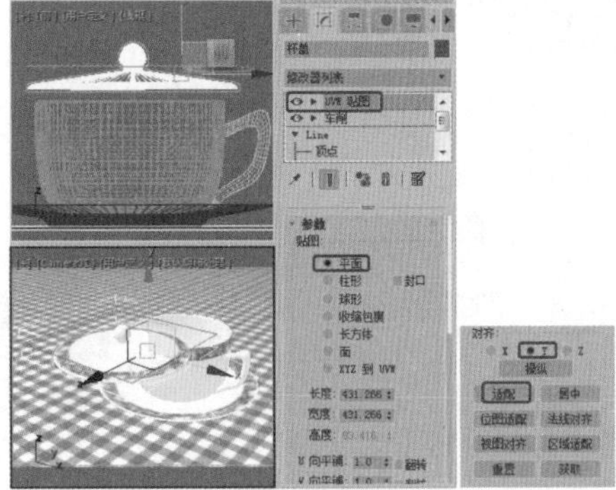

图5-95

Step 17 使用【选择并移动】和【选择并旋转】工具，对【杯盖】进行调整，如图5-96所示。

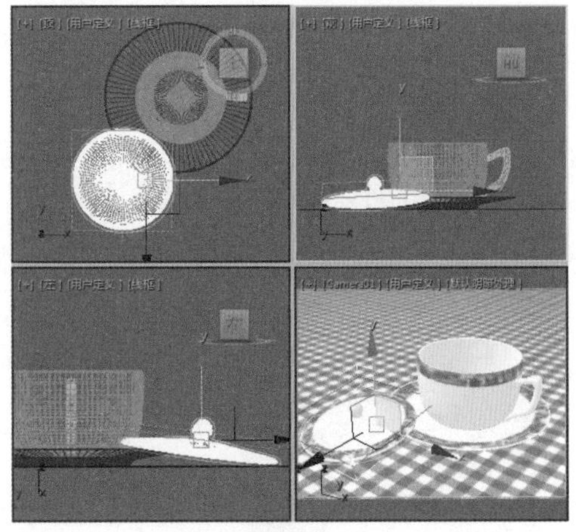

图5-96

实例150 制作鞋盒

本案例将讲解如何制作鞋盒。首先通过【切角长方体】制作鞋盒盖和鞋盒，再为鞋盒添加【编辑多边形】和【UVW贴图】修改器，为对象添加贴图，从而达到想要的效果，如图5-97所示。

图5-97

素材	Map\鞋柜.jpg、鞋盒材质1.jpg、鞋盒材质2.jpg
场景	Scene\Cha05\实例150 制作鞋盒.max
视频	视频教学\Cha05\实例150 制作鞋盒.mp4

Step 01 选择【创建】|【几何体】|【扩展基本体】|【切角长方体】工具，在【顶】视图中创建切角长方体，将切角长方体的【名称】设置为【鞋盒盖】。在【参数】卷展栏中，将【长度】、【宽度】、【高度】、【圆角】的参数分别设置为172、328、18、2，将【圆角分段】设置为3，如图5-98所示。

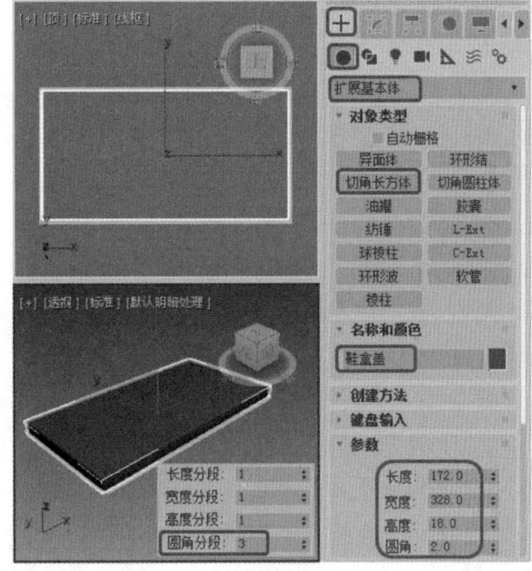

图5-98

Step 02 切换至【修改】命令面板，为图形添加【编辑多边形】修改器，将选择集定义为【多边形】，激活【透视】视图。旋转一下视图，选择底部的多边形，按Delete键删除，删除后的效果如图5-99所示。

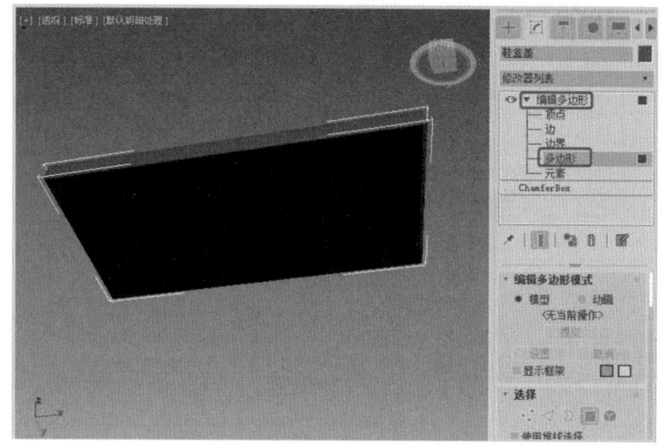

图5-99

Step 03 关闭当前选择集。选择【创建】|【几何体】|【扩展基本体】|【切角长方体】工具，在【顶】视图中绘制切角长方体，将切角长方体的【名称】设置为【鞋盒】。在【参数】卷展栏中，将【长度】、【宽度】、【高度】、【圆角】的参数分别设置为172、328、110、2，如图5-100所示。

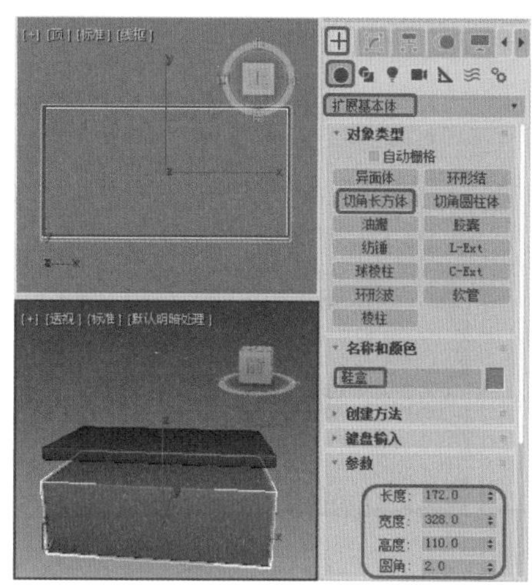

图5-100

Step 04 切换至【修改】命令面板。为图形添加【编辑多边形】修改器，将选择集定义为【多边形】，激活【透视】视图，选择顶部的多边形，按Delete键删除，删除后的效果，如图5-101所示。

Step 05 关闭当前选择集。使用【选择并移动】工具，移动对象的位置，如图5-102所示。

Step 06 选择【鞋盒盖】对象，为其添加【UVW贴图】修改器，如图5-103所示。

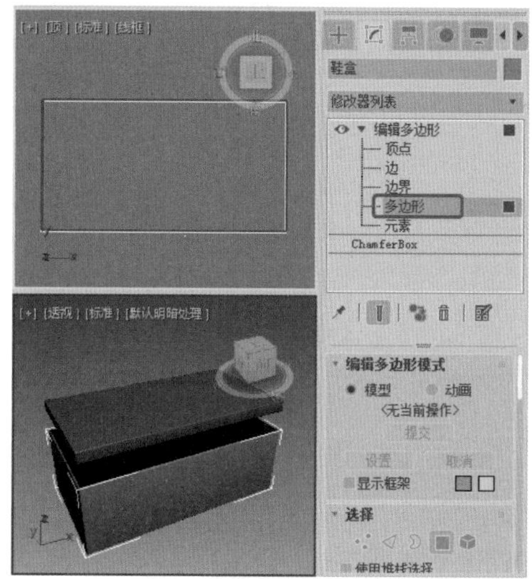

图5-101

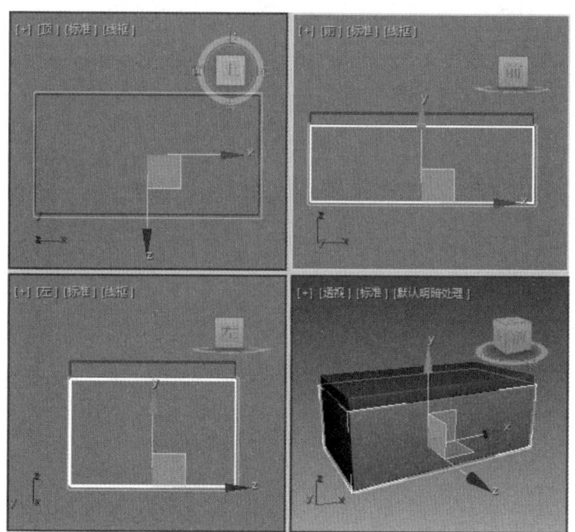

图5-102

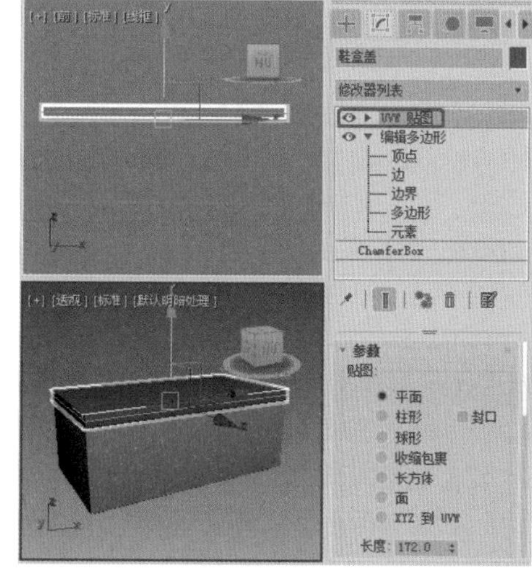

图5-103

Step 07 使用同样的方法，为【鞋盒】添加【UVW贴图】，如图5-104所示。

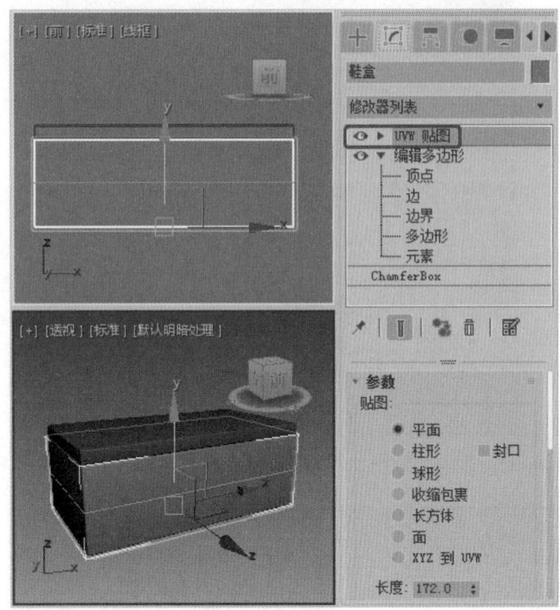

图5-104

Step 08 按M键弹出【材质编辑器】对话框，将【名称】设置为【鞋盒盖】，将【自发光】下的【颜色】设置为30，如图5-105所示。

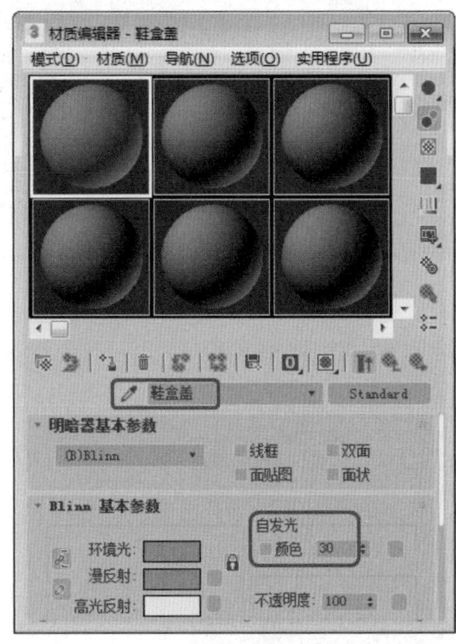

图5-105

Step 09 单击【漫反射】右侧的按钮，弹出【材质/贴图浏览器】对话框，选择【位图】选项，单击【确定】按钮。弹出【选择位图图像文件】对话框，在弹出的对话框中选择“Map\鞋盒材质1.jpg”贴图文件，如图5-106所示。

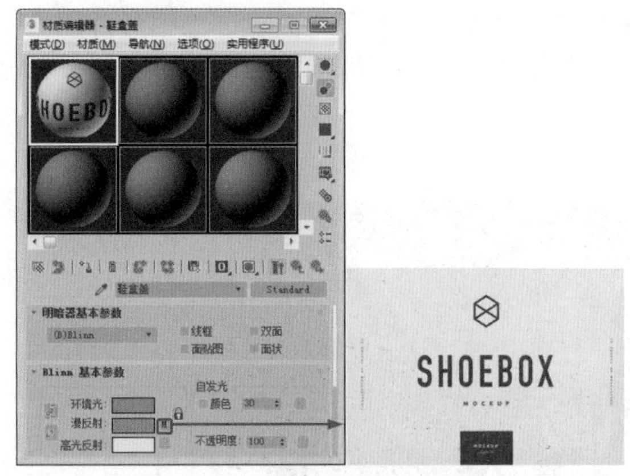

图5-106

Step 10 单击【转到父对象】按钮，选择【鞋盒盖】对象，单击【将材质指定给选定对象】按钮和【视口中显示明暗处理材质】按钮，如图5-107所示。

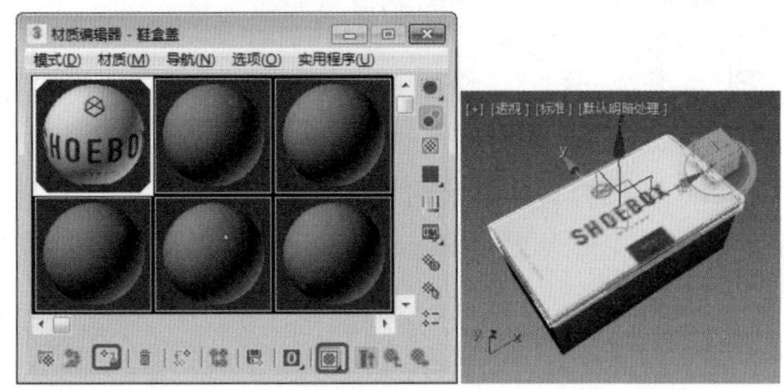

图5-107

Step 11 选择一个新的材质样本球，将【名称】设置为【鞋盒】，将【环境光】和【漫反射】的颜色均设置为白色，将【自发光】设置为30，如图5-108所示。

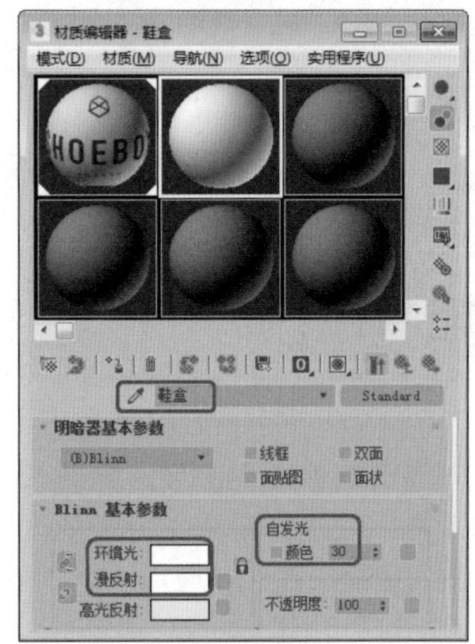

图5-108

Step 12 单击【漫反射】右侧的按钮，弹出【材质/贴图浏览器】对话框，选择【位图】选项，单击【确定】按钮。弹出【选择位图图像文件】对话框，在弹出的对话框中选择“Map\鞋盒材质2.jpg”贴图文件，如图5-109所示。

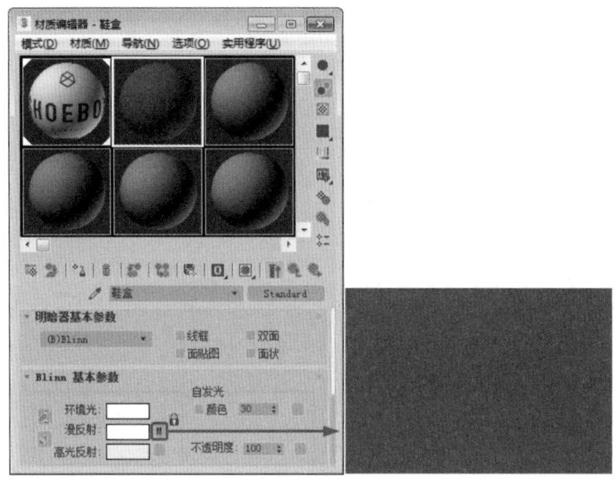

图5-109

Step 13 单击【转到父对象】按钮，选择【鞋盒】对象，单击【将材质指定给选定对象】按钮和【视口中显示明暗处理材质】按钮，如图5-110所示。

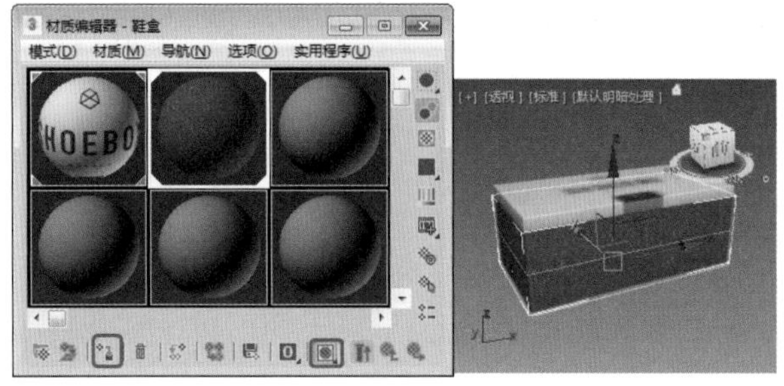

图5-110

Step 14 按8键，弹出【环境和效果】对话框。在【公用参数】卷展栏中单击【无】按钮。在弹出的【材质/贴图浏览器】对话框中双击【位图】选项，在弹出的对话框中选择“Map\鞋柜.jpg”素材文件，如图5-111所示。

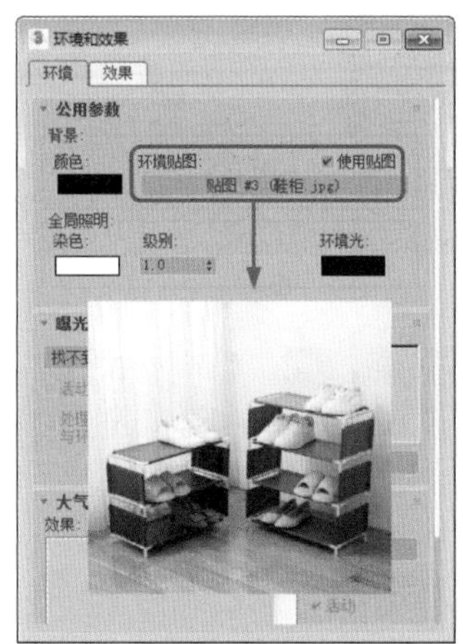

图5-111

Step 15 在【环境和效果】对话框中将环境贴图拖动至新的材质样本球上。在弹出的【实例（副本）贴图】对话框中选中【实例】单选按钮，单击【确定】按钮。在【坐标】卷展栏中，将【贴图】设置为【屏幕】，如图5-112所示。

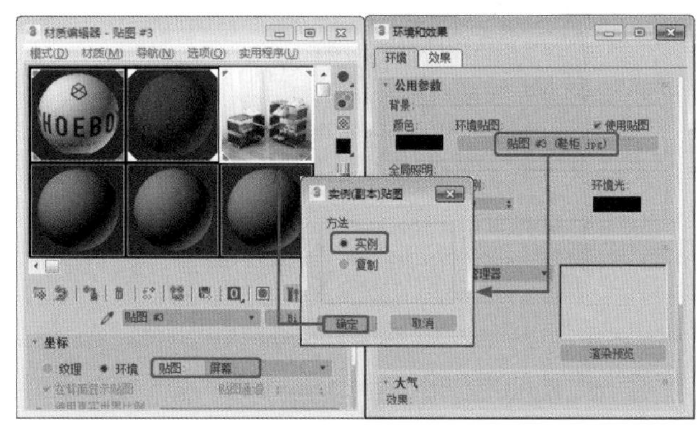

图5-112

Step 16 激活【透视】视图。按Alt+B组合键，在弹出的对话框中选中【使用环境背景】单选按钮，设置完成后，单击【确定】按钮，显示背景后的效果如图5-113所示。

图5-113

Step 17 选择【创建】|【几何体】|【标准基本体】|【长方体】工具，在【顶】视图中绘制长方体。切换至【修改】命令面板，将【颜色】设置为白色，将【参数】卷展栏下方的【长度】、【宽度】、【高度】分别设置为2255、1870、1，将【长度分段】、【宽度分段】、【高度分段】都设置为1，适当地调整对象的位置，如图5-114所示。

Step 18 按M键弹出【材质编辑器】对话框，选择新的材质样本球。单击Standard按钮，弹出【材质/贴图浏览器】对话框，选择【无光/投影】选项，单击【确定】按钮。选择绘制的长方体，单击【将材质指定给选定对象】按钮，如图5-115所示。

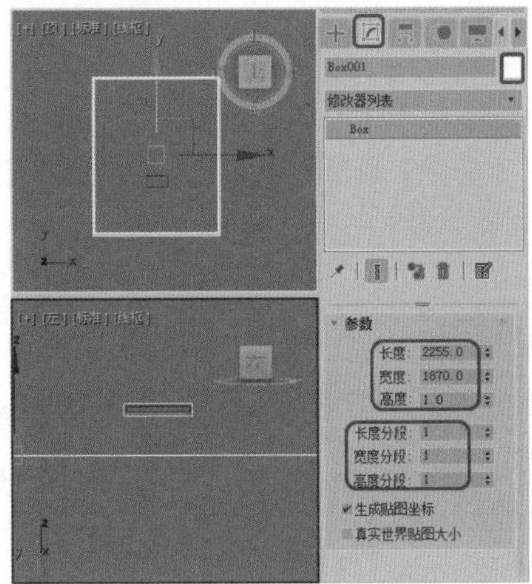

图5-114

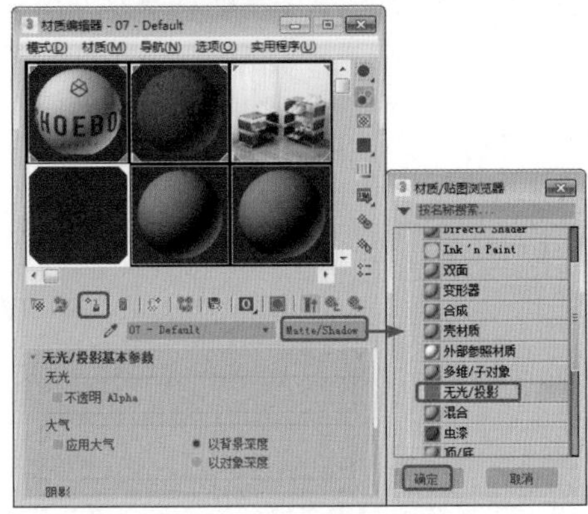

图5-115

Step 19 选中长方体，单击鼠标右键，在弹出的快捷菜单中选择【对象属性】命令，弹出【对象属性】对话框，勾选【透明】复选框，单击【确定】按钮，如图5-116所示。

图5-116

Step20 选择【创建】 |【摄影机】 |【目标】工具，在视图中创建摄影机。激活【透视】视图，按C键将其转换为摄影机视图，在其他视图中调整摄影机位置，如图5-117所示。

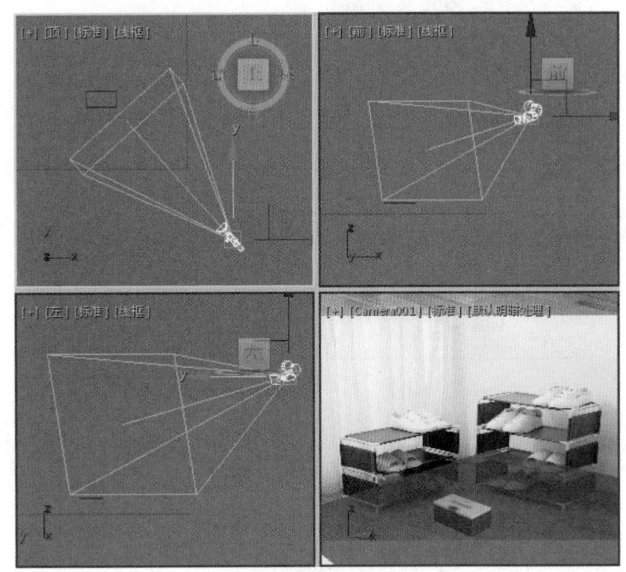

图5-117

Step21 选择【创建】 |【灯光】 |【标准】|【泛光】工具，在【顶】视图中创建泛光，适当地调整泛光的位置。切换至【修改】命令面板，展开【常规参数】卷展栏，勾选【阴影】选项组中的【启用】复选框。展开【强度/颜色/衰减】卷展栏，将【倍增】设置为0.5，如图5-118所示。

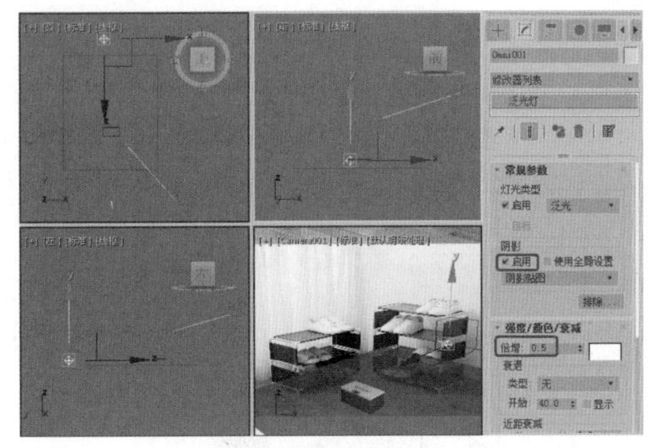

图5-118

Step22 选择【创建】 |【灯光】 |【标准】|【天光】工具，在【顶】视图中创建天光，适当地调整天光的位置。切换至【修改】命令面板，展开【天光参数】卷展栏，将【倍增】设置为1.2，勾选【渲染】选项组中的【投射阴影】复选框，如图5-119所示。至此，鞋盒的制作就完成了。

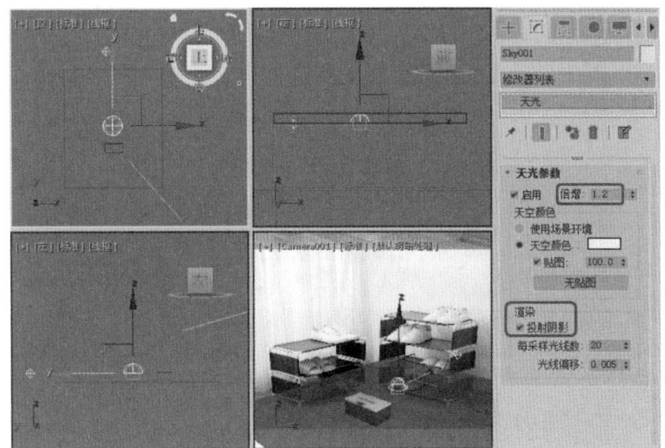

图5-119

实例 151 制作足球

本例将讲解如何制作足球，制作足球的重点是应用各种修改器。其中主要应用了【编辑网格】、【网格平滑】和【面挤出】修改器，效果如图5-120所示。

图5-120

素材	Scene\Cha05\足球素材.max
场景	Scene\Cha05\实例151 制作足球.max
视频	视频教学\Cha05\实例151 制作足球.mp4

Step 01 启动软件后，打开“Scene\Cha05\足球.max”素材文件，选择【创建】|【几何体】|【扩展基本体】|【异面体】工具，在【顶】视图中进行创建，并将其命名为【足球】。在【参数】卷展栏中选中【系列】选项组中的【十二面体/二十面体】单选按钮，将【系列参数】选项组中的P设置为0.35，将【半径】设置为50，如图5-121所示。

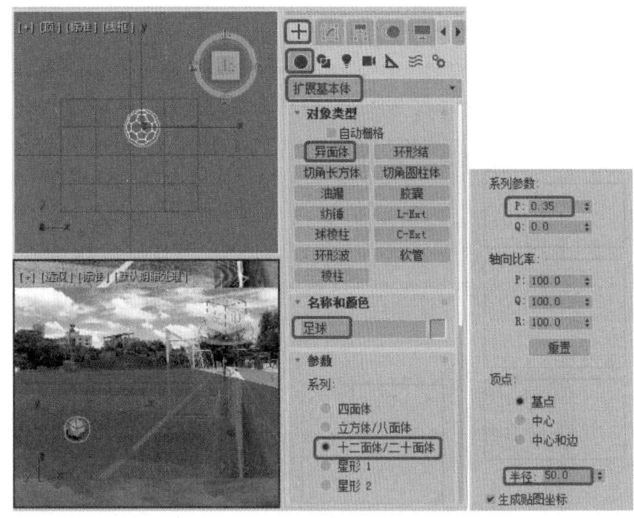

图5-121

Step 02 进入【修改】命令面板，在【修改器列表】中选择【编辑网格】修改器，将当前的选择集定义为【多边形】。按Ctrl+A组合键选择所有的多边形面，在【编辑几何体】卷展栏中单击【炸开】按钮，在打开的【炸开】对话框中将【对象名】设置为【足球】，单击【确定】按钮，如图5-122所示。

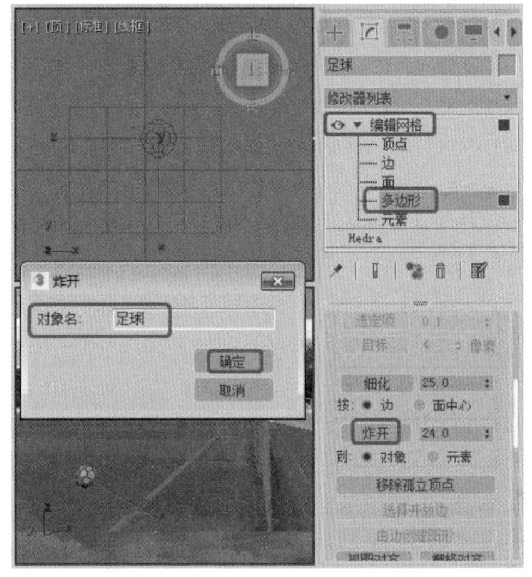

图5-122

提示

【炸开】用于将当前选择面炸散并分离出当前物体，使它们成为独立的新个体。

Step 03 选择【足球】所有对象，切换至【修改】命令面板，在【修改器列表】中选择【网格平滑】修改器。在【细分量】卷展栏中将【迭代次数】设置为2，如图5-123所示。

图5-123

Step 04 选中所有的【足球】对象，在【修改器列表】中选择【球形化】修改器并对其进行添加，如图5-124所示。

Step 05 确认选中所有【足球】对象，在【修改器列表】中选择【编辑网格】修改器并对其进行添加，将当前的选择集定义为【多边形】，打开【选择对象】对话框，选择如图5-125所示的对象，在【曲面属性】卷展栏中将【材质】选项组中的【设置ID】设置为1。

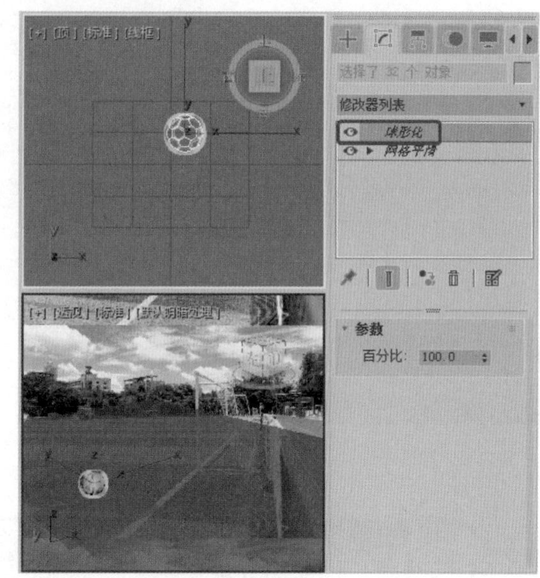

图5-124

Step 06 再次打开【选择对象】对话框，选择如图5-126所示的对象，将剩余的六边形选中，在【曲面属性】卷展栏中将【材质】选项组中的【设置ID】设置为2。

Step 07 退出【编辑网格】修改器，选中所有的【足球】对象，在修改器卷展栏中选择【面挤出】修改器并对其进行添加，在【参数】卷展栏中将【数量】和【比例】的值分别设置为1、98，如图5-127所示。

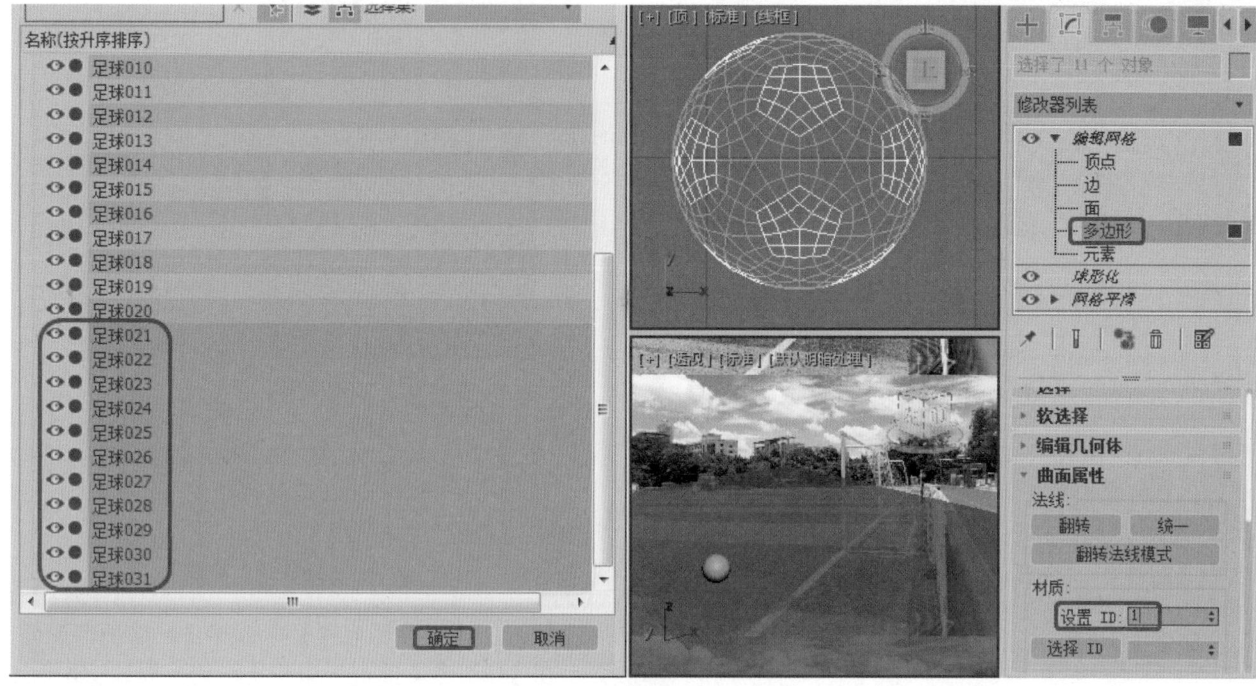

图5-125

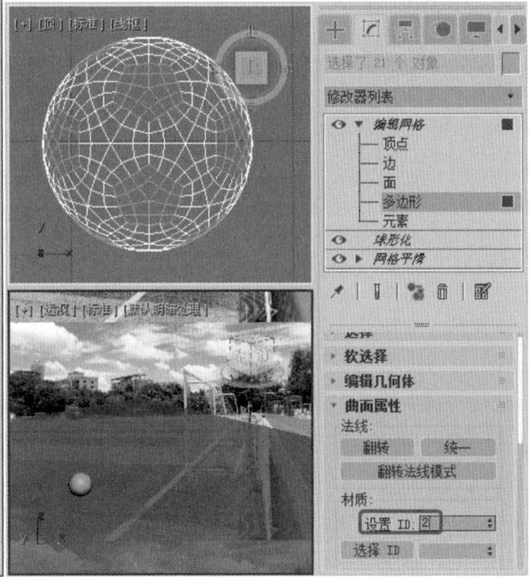

图5-126

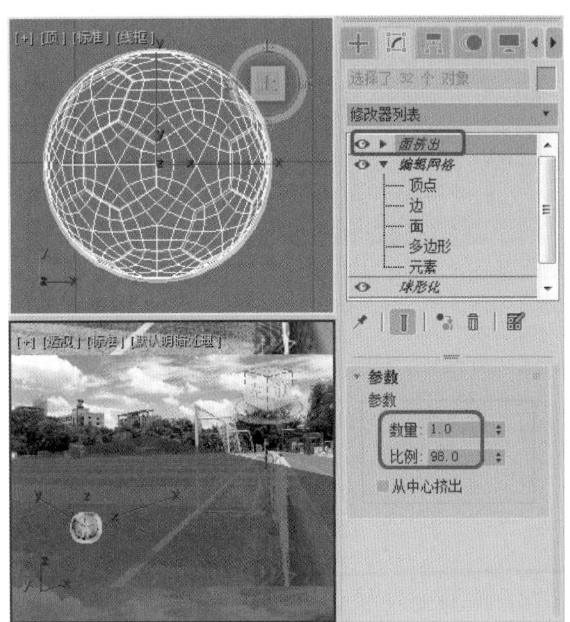

图5-127

Step 08 选中所有的足球对象，为其添加一个【网格平滑】修改器，在【细分方法】卷展栏中选择【四边形输出】选项，如图5-128所示。

Step 09 按M键，打开【材质编辑器】对话框，激活一个样本球，单击名称栏右侧的Standard按钮，在打开的【材质/贴图浏览器】对话框中选择【多维/子对象】选项。弹出【替换材质】对话框，选中【将旧材质保存为子材质？】单选按钮，设置材质数量为2，单击ID1后面的材质按钮，进入该子级材质面板。将明暗器的类型设置为（P）Phong，在【Phong基本参数】卷展栏中，将【环境光】和【漫反射】都设置为黑色，将【反射高光】选项组中的【高光级别】和【光泽度】分别设置为98、40，返回到父级材质层级中，如图5-129所示。

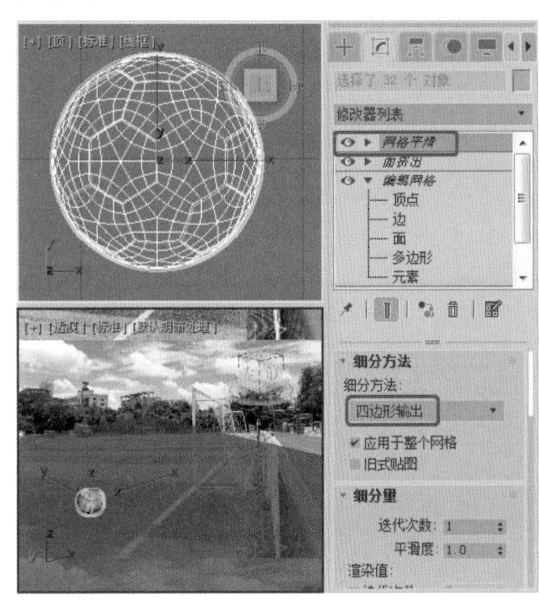

图5-128

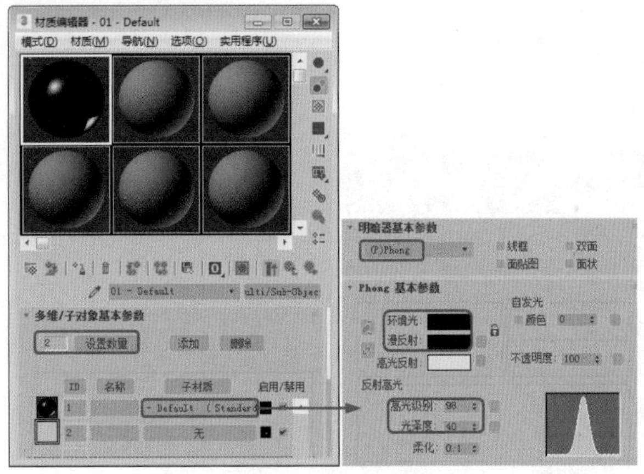

图5-129

Step 10 单击ID2后面的材质按钮，在弹出的对话框中双击【标准】选项，进入该子级材质面板。在【明暗器基本参数】卷展栏中，将阴影模式定义为（P）Phong。在【Phong基本参数】卷展栏中，将【环境光】和【漫反射】均设置为白色，将【自发光】选项组中的【颜色】设置为5，将【反射高光】选项组中的【高光级别】和【光泽度】分别设置为25、30。返回到父级材质层级，单击【将材质指定给选定对象】按钮，将当前材质赋予视图中的对象，如图5-130所示。

Step 11 选中所有的【足球】对象，进行适当调整，进行渲染查看效果，如图5-131所示。

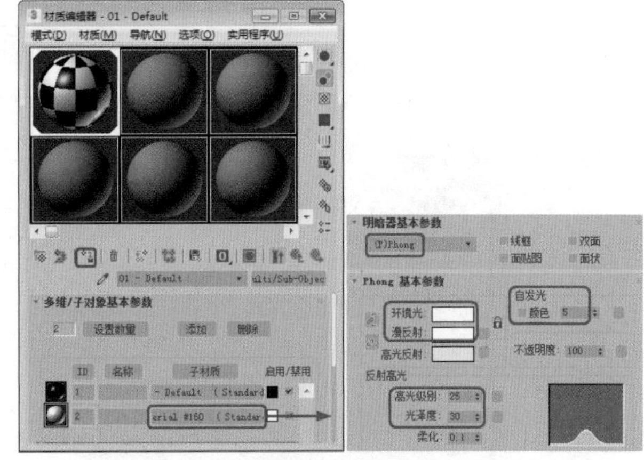

图5-130

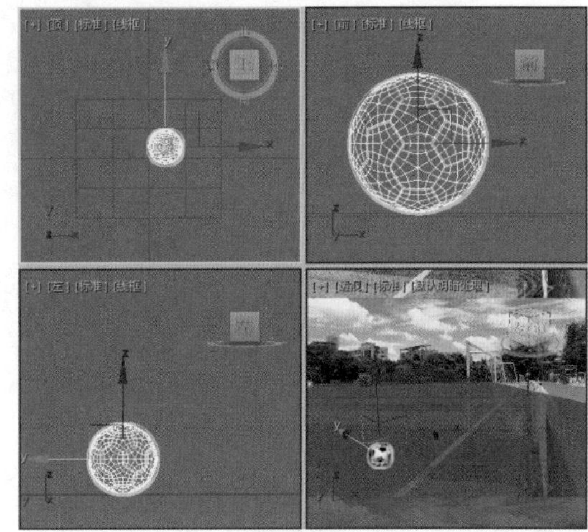

图5-131

第6章 工业模型的制作

本章导读

本章将介绍工业模型的制作。首先通过标准基本体、扩展基本体制作模型，再为模型添加修改器，使模型更具真实性。

实例152 制作隔离墩

本案例将介绍如何制作隔离墩。首先绘制一条样条线作为路障的截面，然后为其添加【车削】修改器，使其由二维图形转换为三维对象，接着再创建圆形及圆角矩形并为其添加【挤出】修改器，最后对圆角矩形与车削的对象进行布尔运算，为其指定材质，并创建平面、摄影机、灯光等，从而完成制作。最终效果如图6-1所示。

图6-1

素材	Map\隔离墩.jpg、马路.jpg
场景	Scene\Cha06\实例152 制作隔离墩.max
视频	视频教学\Cha06\实例152 制作隔离墩.mp4

Step 01 选择【创建】|【图形】|【线】工具，在【前】视图中绘制一条样条线，如图6-2所示。

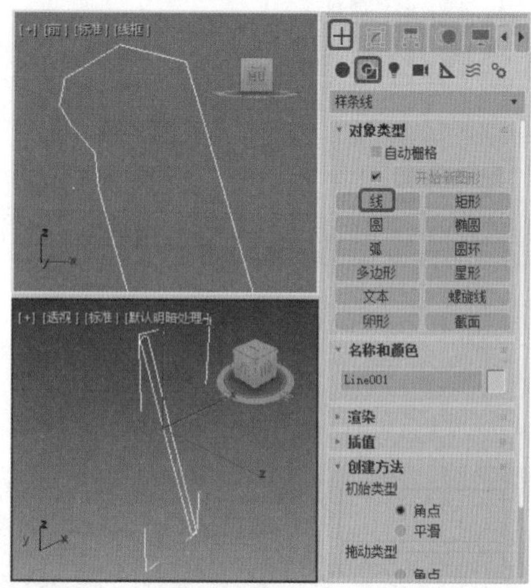

图6-2

Step 02 切换至【修改】命令面板，将当前选择集定义为【顶点】，在【前】视图中选择样条线上方的顶点，单击鼠标右键，在弹出的快捷菜单中选择【Bezier角点】命令，如图6-3所示。

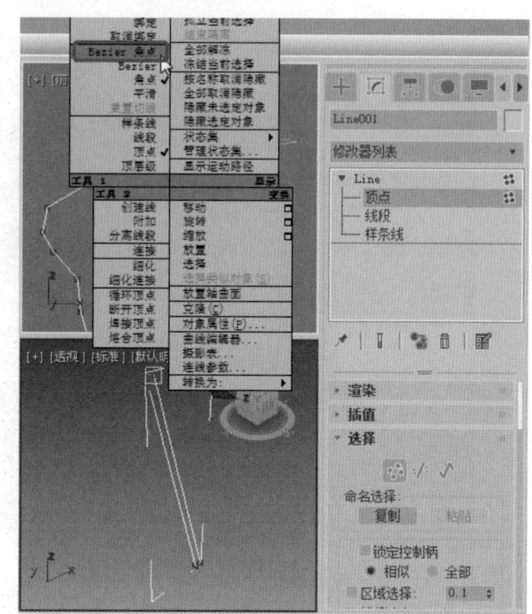

图6-3

Step 03 转换完成后，使用【选择并移动】工具在视图中对顶点进行调整。调整完成后，在【插值】卷展栏中将【步数】设置为20，效果如图6-4所示。

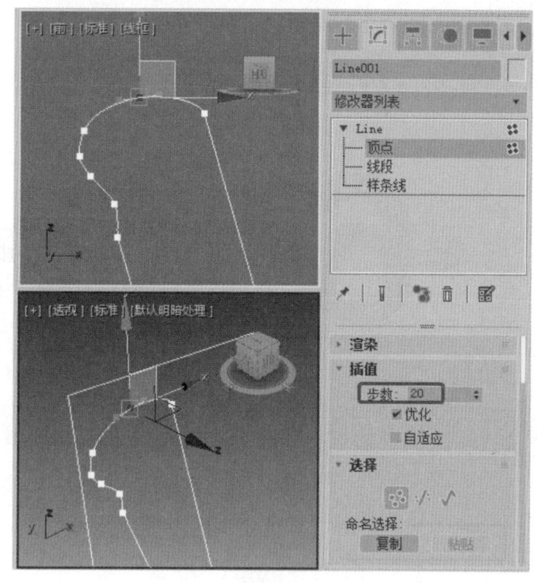

图6-4

Step 04 关闭当前选择集。在修改器下拉列表中选择【车削】修改器，在【参数】卷展栏中设置【分段】为55，单击【方向】选项组中的Y按钮，在【对齐】选项组中单击【最小】按钮，如图6-5所示。

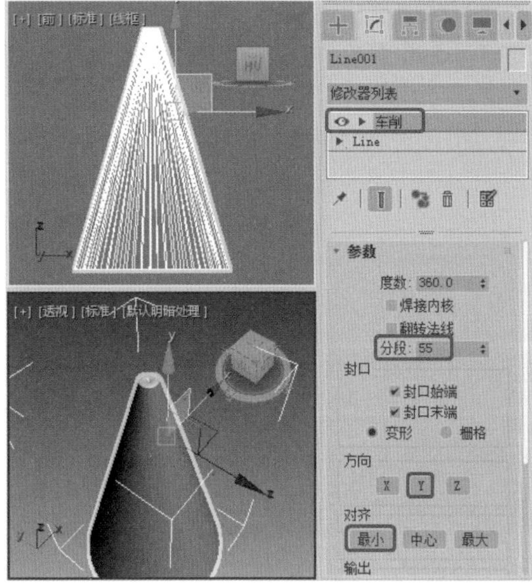

图6-5

Step 05 将当前选择集定义为【轴】，在【前】视图中对【车削】修改器的轴进行调整。调整后的效果如图6-6所示。

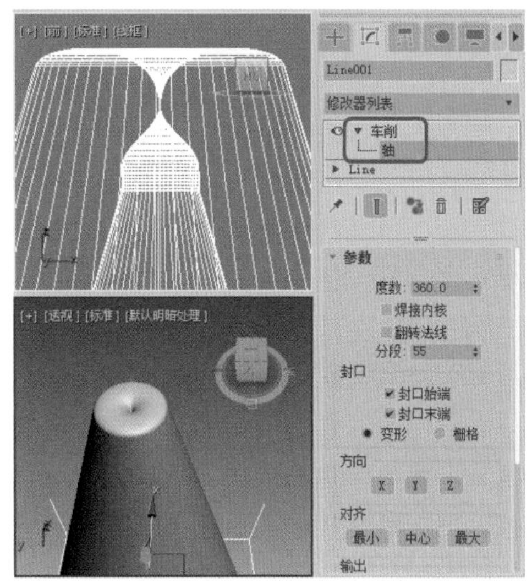

图6-6

Step 06 关闭当前选择集。在修改器下拉列表中选择【UVW 贴图】修改器，在【参数】卷展栏中选中【柱形】单选按钮，在【对齐】选项组中选中X单选按钮，并单击【适配】按钮，如图6-7所示。

Step 07 继续选中该对象，切换至【层次】命令面板，在【调整轴】卷展栏中单击【仅影响轴】按钮，在【对齐】选项组中单击【居中到对象】按钮，如图6-8所示。

Step 08 单击【仅影响轴】按钮，将其关闭。打开捕捉开关，在工具栏中右击【捕捉开关】按钮，在弹出的对话框中仅勾选【轴心】复选框，如图6-9所示。

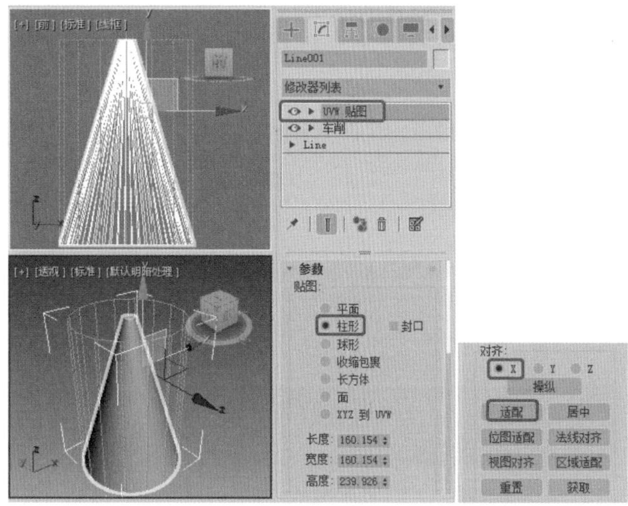

图6-7

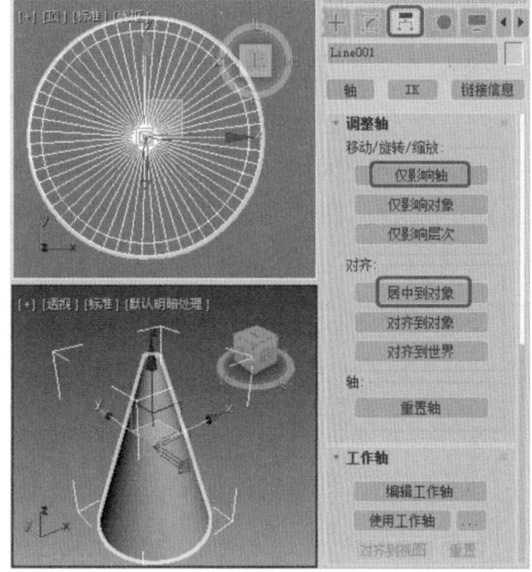

图6-8

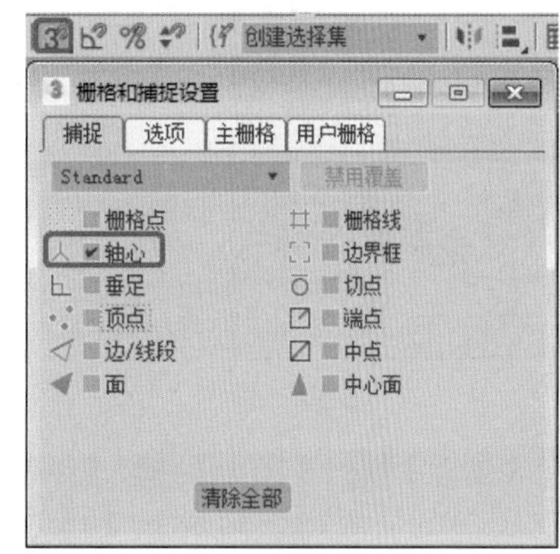

图6-9

Step 09 将该对话框关闭。选择【创建】 |【图形】 |【圆】工具，在【顶】视图中拾取车削对象的轴

心作为圆心创建一个圆形。切换到【修改】命令面板，在【插值】卷展栏中将【步数】设置为20，在【参数】卷展栏中将【半径】设置为100，如图6-10所示。

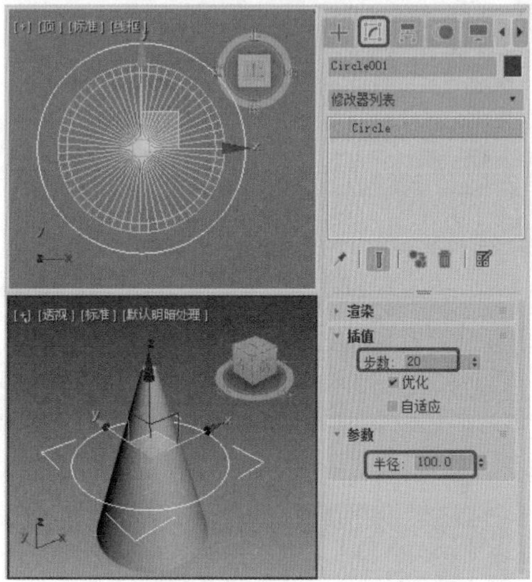

图6-10

Step 10 按S键，关闭捕捉开关。在修改器下拉列表中选择【挤出】修改器，在【参数】卷展栏中将【数量】设置为5，将【分段】设置为20，如图6-11所示。

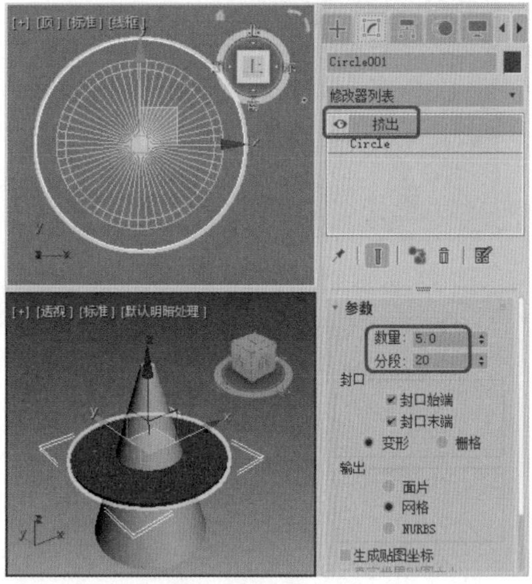

图6-11

Step 11 选择【创建】|【图形】|【矩形】工具，在【顶】视图中创建矩形。切换到【修改】命令面板，在【参数】卷展栏中将【长度】和【宽度】均设置为220，将【角半径】设置为40，如图6-12所示。

Step 12 使用【选择并移动】工具调整其位置。切换至【修改】命令面板，在修改器下拉列表中选择【编辑样条线】修改器，将当前选择集定义为【顶点】。在【几何体】卷展栏中单击【优化】按钮，在视图中对样条线进行优化，效果如图6-13所示。

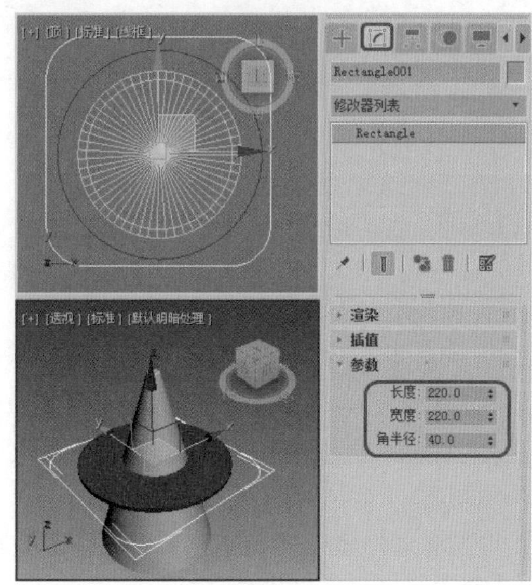

图6-12

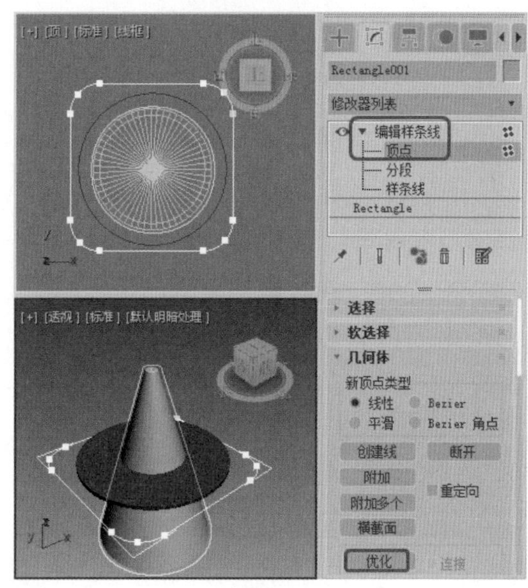

图6-13

Step 13 再次单击【优化】按钮，将其关闭。在视图中对添加的顶点进行调整，调整后的效果如图6-14所示。

Step 14 调整完成后，关闭当前选择集。在修改器下拉列表中选择【挤出】修改器，在【参数】卷展栏中将【数量】设置为10，将【分段】设置为20，如图6-15所示。

Step 15 在视图中调整圆角矩形与圆形的位置，调整后的效果如图6-16所示。

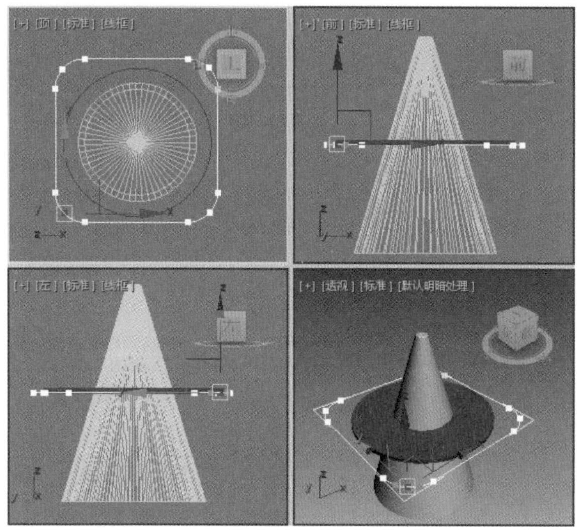

图6-14

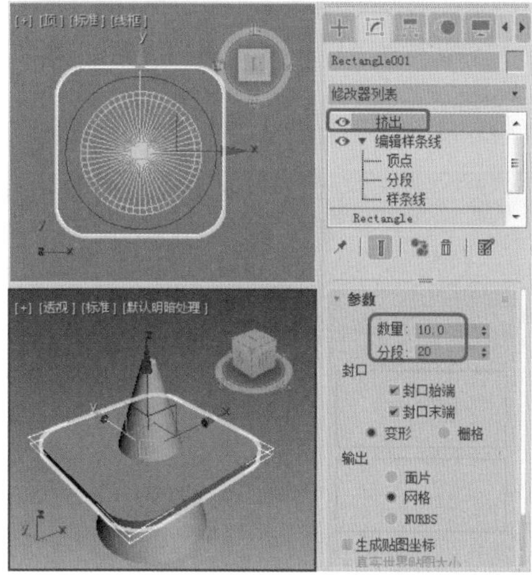

图6-15

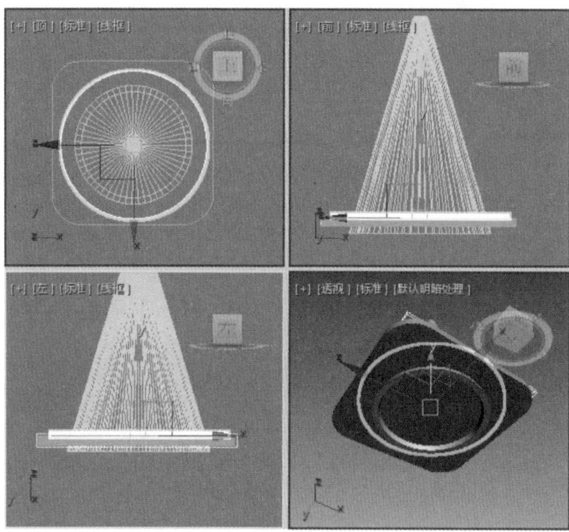

图6-16

◎提示·◦

为了方便后面的操作，在调整对象位置时，需要将圆角矩形的底部调整得高于Line001对象的底部。

Step 16 在视图中选择圆角矩形对象，单击鼠标右键，在弹出的快捷菜单中选择【转换为】|【转换为可编辑多边形】命令，如图6-17所示。

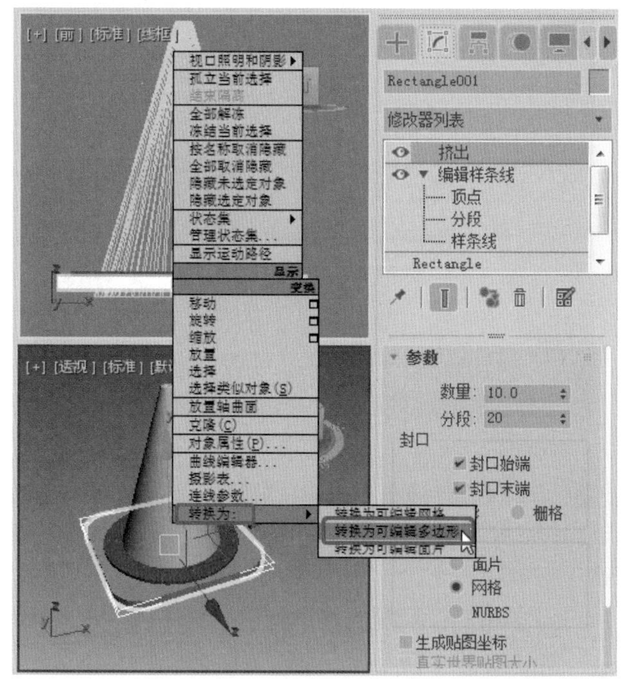

图6-17

Step 17 在【编辑几何体】卷展栏中单击【附加】按钮。在视图中选择圆形对象，将其附加在一起，如图6-18所示。

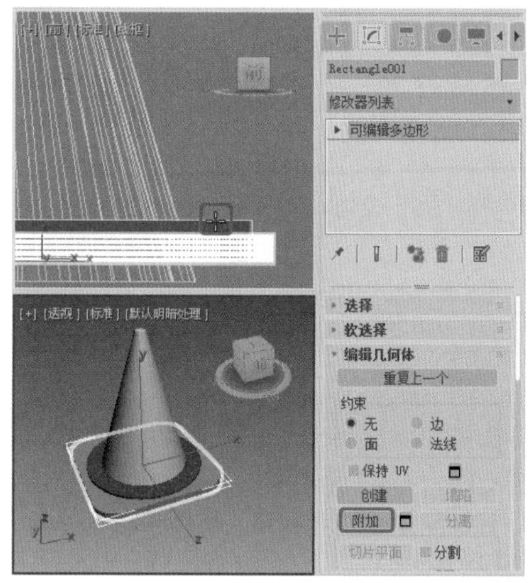

图6-18

Step 18 附加完成后，再次单击【附加】按钮，将其关闭。在场景中选择Line001对象，按Ctrl+V组合键，在弹出的对话框中选中【复制】单选按钮，单击【确定】按钮，如图6-19所示。

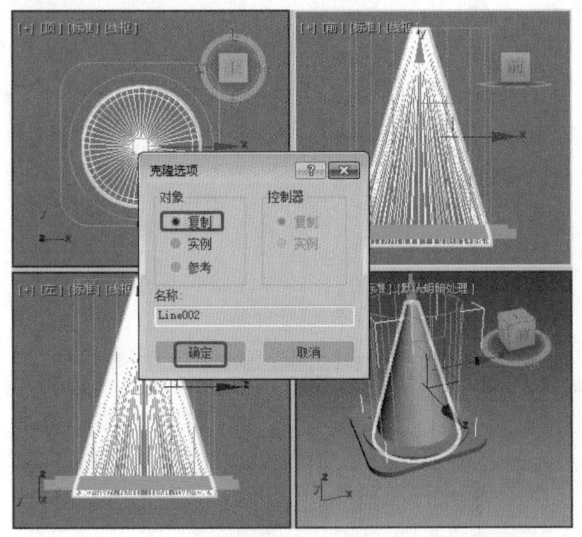

图6-19

Step 19 在视图中选择Line001对象，单击鼠标右键，在弹出的快捷菜单中选择【隐藏选定对象】命令，如图6-20所示。

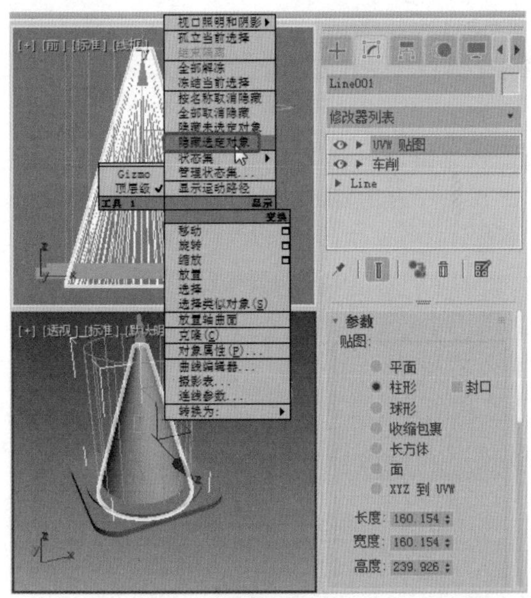

图6-20

Step 20 在视图中选择附加后的对象，然后选择【创建】 |【几何体】 |【复合对象】| ProBoolean工具，在【拾取布尔对象】卷展栏中单击【开始拾取】按钮，在场景中拾取Line002对象，如图6-21所示。

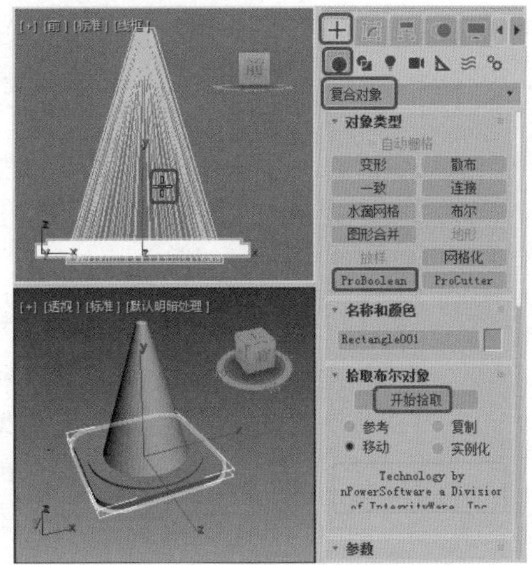

图6-21

Step 21 切换至【修改】命令面板，在修改器下拉列表中选择【编辑网格】修改器，将当前选择集定义为【元素】，在【顶】视图中选择如图6-22所示的元素，并按Delete键将其删除，关闭当前选择集。

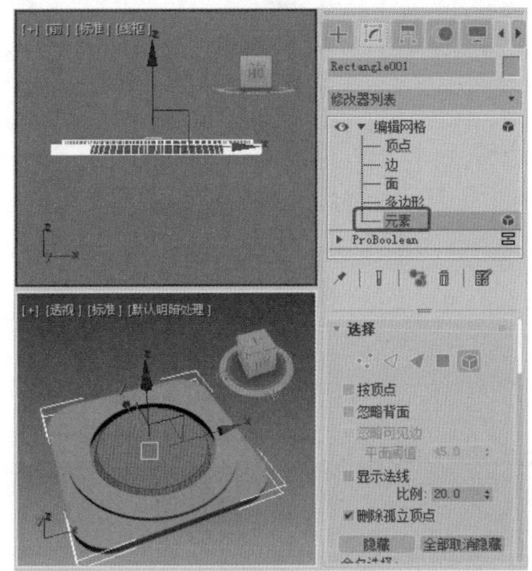

图6-22

Step 22 在视图中单击鼠标右键，在弹出的快捷菜单中选择【全部取消隐藏】命令，如图6-23所示。

Step 23 取消隐藏Line001对象，适当调整位置。在视图中选择圆角矩形对象，在【编辑几何体】卷展栏中单击【附加】按钮，在场景中拾取Line001对象，如图6-24所示。

Step 24 再次单击【附加】按钮，将其关闭，确认该对象处于选中状态，将其命名为【塑料路锥001】，如图6-25所示。

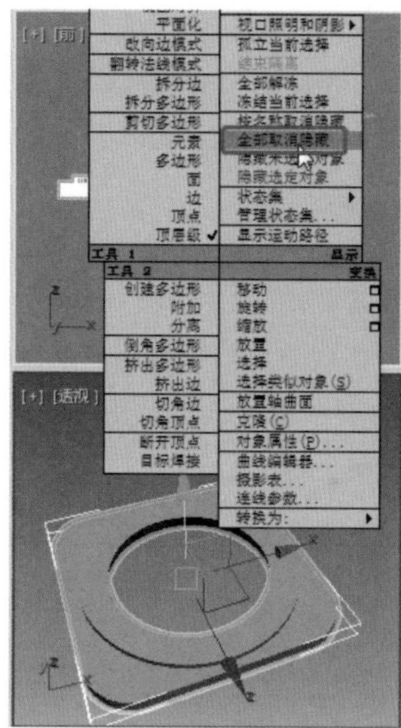
图6-23

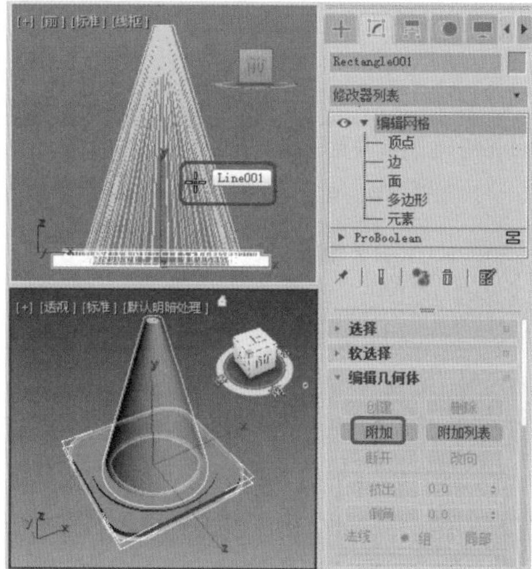
图6-24

图6-25

Step 25 继续选中该对象，按M键，在弹出的【材质编辑器】对话框中选择一个新的材质样本球，将其命名为【塑料路障】，在【Blinn基本参数】卷展栏中将【自发光】下的【颜色】设置为30，在【反射高光】选项组中将【高光级别】和【光泽度】分别设置为51、52，如图6-26所示。

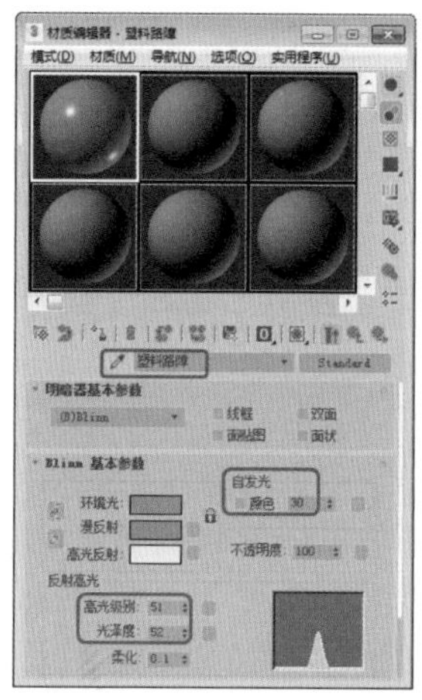
图6-26

Step 26 在【贴图】卷展栏中单击【漫反射颜色】右侧的【无贴图】按钮，在弹出的对话框中选择【位图】选项，如图6-27所示。

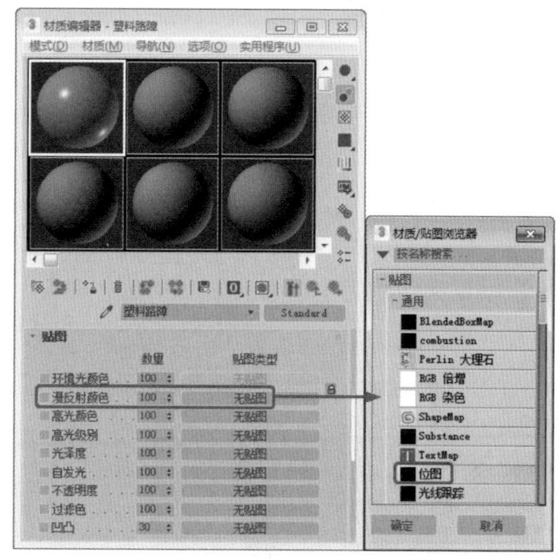
图6-27

Step 27 单击【确定】按钮，在弹出的对话框中选择“Map\隔离墩.jpg”贴图文件，单击【打开】按钮，单击【将材质指定给选定对象】按钮和【视口中显示明暗处理材质】按钮，将该对话框关闭。按8键，在弹出的对话框中切换到【环境】选项卡，在【公用参数】卷展栏中单击【环境贴图】下的【无】按钮，在弹出的对话框中选择【位图】选项，如图6-28所示。

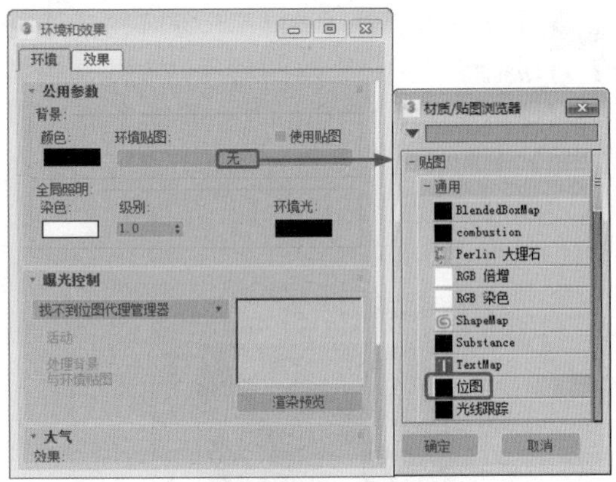

图6-28

Step 28 单击【确定】按钮，在弹出的对话框中选择"Map\马路.jpg"贴图文件，单击【打开】按钮，按M键打开【材质编辑器】对话框，在【环境和效果】对话框中选择【环境贴图】下的材质，按住鼠标左键将其拖动至新的材质样本球上，在弹出的对话框中选中【实例】单选按钮，如图6-29所示。

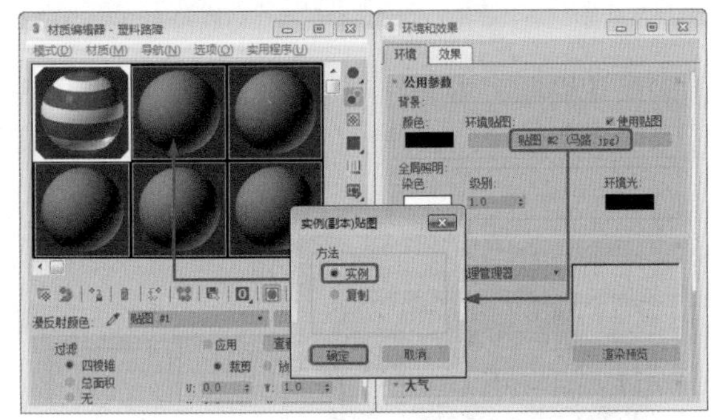

图6-29

Step 29 单击【确定】按钮，在【坐标】卷展栏中将【贴图】设置为【屏幕】，如图6-30所示。

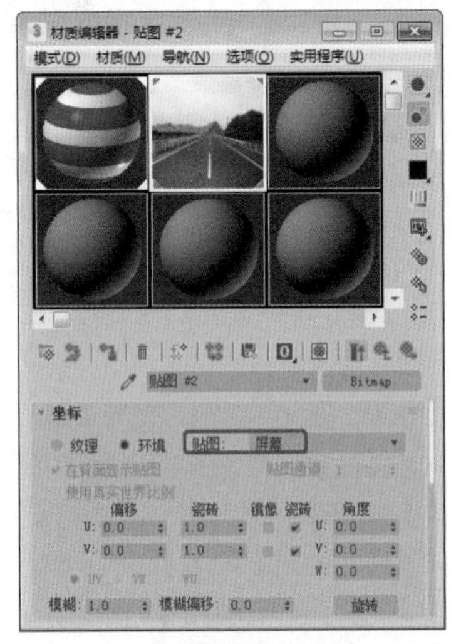

图6-30

Step 30 设置完成后，将【材质编辑器】对话框与【环境和效果】对话框关闭。激活【透视】视图，在菜单栏中选择【视图】|【视口背景】|【环境背景】命令，如图6-31所示。

图6-31

Step 31 选择【创建】 |【摄影机】 |【目标】工具，在【顶】视图中创建一架摄影机，激活【透视】视图，按C键将其转换为摄影机视图。切换至【修改】命令面板中，在【参数】卷展栏中将【镜头】设置为30，在其他视图中调整摄影机的位置，效果如图6-32所示。

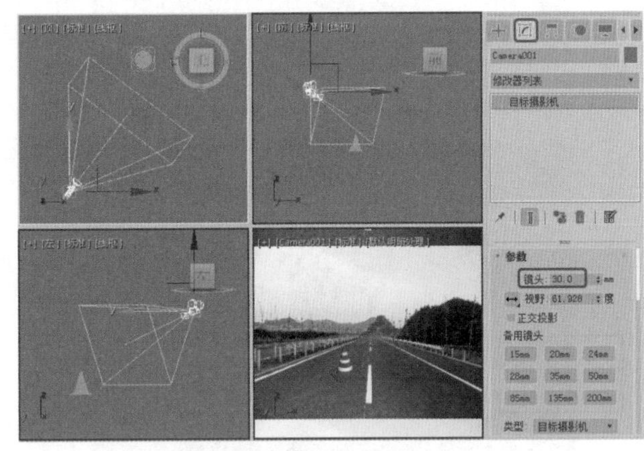

图6-32

Step 32 按Shift+C组合键将摄影机进行隐藏，选择【创建】 |【几何体】 |【平面】工具，在【顶】视图中绘制一个平面，将其命名为【地面】，在【参数】卷展栏中将【长度】、【宽度】都设置为1200，如图6-33所示。

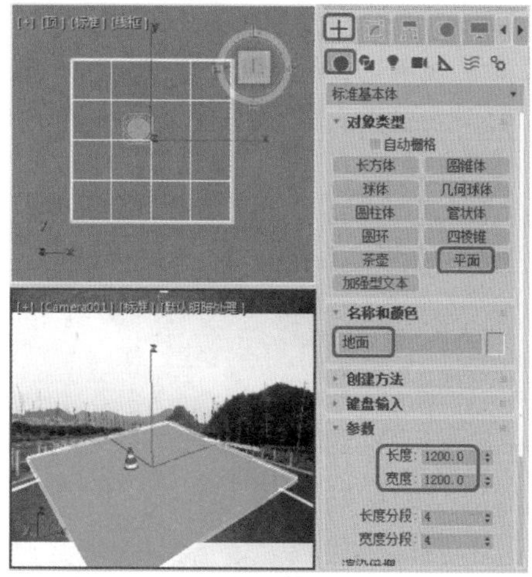

图6-33

Step 33 选中该对象，使用【选择并移动】工具在视图中调整其位置，在该对象上单击鼠标右键，在弹出的快捷菜单中选择【对象属性】命令，如图6-34所示。

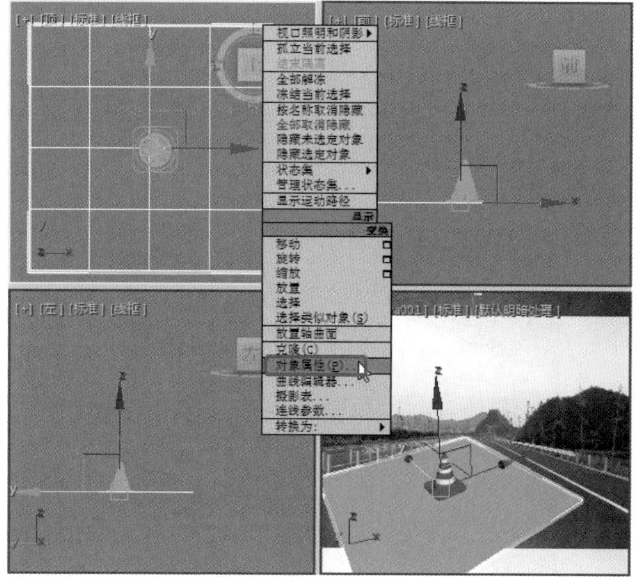

图6-34

Step 34 在弹出的【对象属性】对话框中切换到【常规】选项卡，在【显示属性】选项组中勾选【透明】复选框，如图6-35所示。

Step 35 单击【确定】按钮，确认该对象处于选中状态。按M键，在弹出的【材质编辑器】对话框中选择一个空白的材质样本球，将其命名为【地面】，单击Standard按钮，在弹出的【材质/贴图浏览器】对话框中选择【无光/投影】选项，如图6-36所示。

Step 36 单击【确定】按钮，将该材质指定给选定对象即可。选择【创建】|【灯光】|【标准】|【泛光】工具，在【顶】视图中创建泛光灯，并在其他视图中调整灯光的位置。切换至【修改】命令面板，在【强度/颜色/衰减】卷展栏中将【倍增】设置为0.35，如图6-37所示。

图6-35

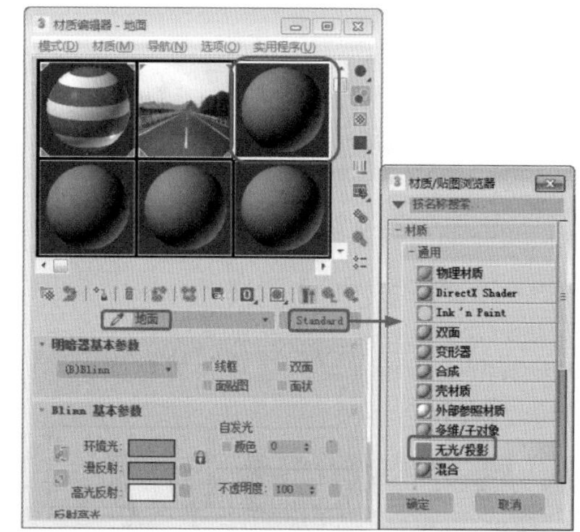

图6-36

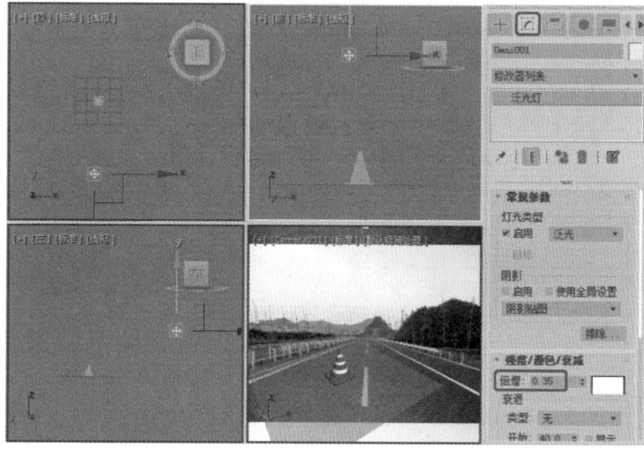

图6-37

Step 37 选择【创建】|【灯光】|【标准】|【天光】工具，在【顶】视图中创建天光。切换到【修改】命令面板，在【天光参数】卷展栏中勾选【投射阴影】复选框，如图6-38所示。

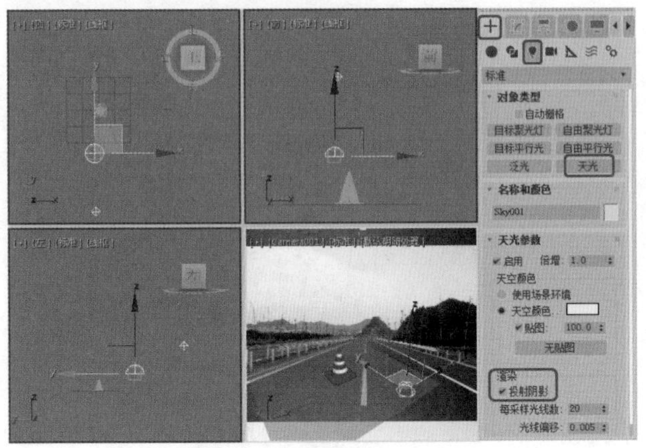

图6-38

Step 38 至此，隔离墩就制作完成了。激活摄影机视图，对视图进行渲染即可。

实例 153 制作引导提示板

本例将介绍引导提示板的制作。首先使用【长方体】工具和【编辑多边形】修改器来制作提示板，然后使用【圆柱体】、【星形】、【线】和【长方体】等工具来制作提示板支架，最后添加背景贴图即可。完成后的效果如图6-39所示。

图6-39

素材	Map\引导提示板背景.jpg、引导图.jpg
场景	Scene\Cha06\实例153 制作引导提示板.max
视频	视频教学\Cha06\实例153 制作引导提示板.mp4

Step 01 选择【创建】|【几何体】|【长方体】工具，在【前】视图中创建长方体，将其命名为【提示板】。切换到【修改】命令面板，在【参数】卷展栏中，设置【长度】为100、【宽度】为150、【高度】为8，设置【长度分段】为3、【宽度分段】为3、【高度分段】为1，如图6-40所示。

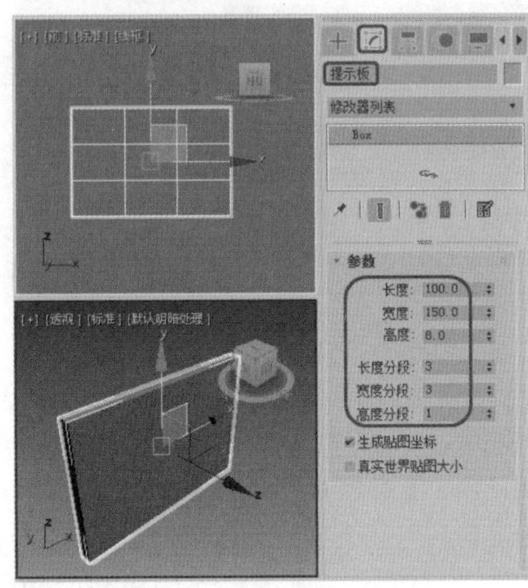

图6-40

Step 02 在修改器下拉列表中选择【编辑多边形】修改器，将当前选择集定义为【顶点】，在【前】视图中调整顶点的位置，如图6-41所示。

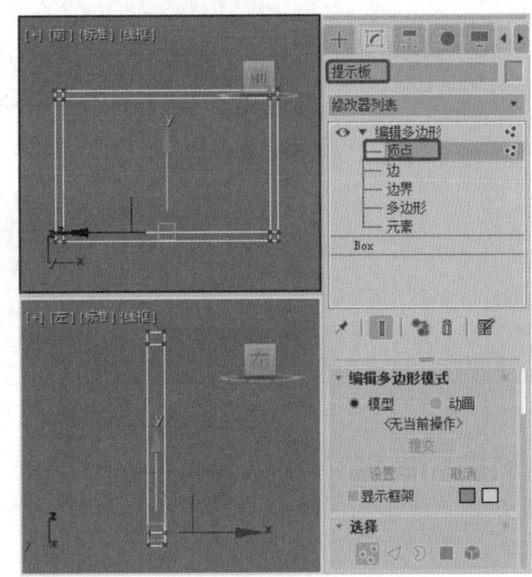

图6-41

◎提示·◦

顶点是位于相应位置的点，用来定义构成多边形对象的其他子对象的结构。当移动或编辑顶点时，它们形成的几何体也会受影响。顶点也可以独立存在，这些独立存在的顶点可以用来构建其他几何体，但在渲染时，它们是不可见的。

Step 03 将当前选择集定义为【多边形】，在【前】视图中选择多边形，在【编辑多边形】卷展栏中单击【挤出】后面的【设置】按钮▣，在弹出的【挤出多边形】对话框中，将【挤出高度】设置为-5.25，单击【确定】按钮，如图6-42所示。

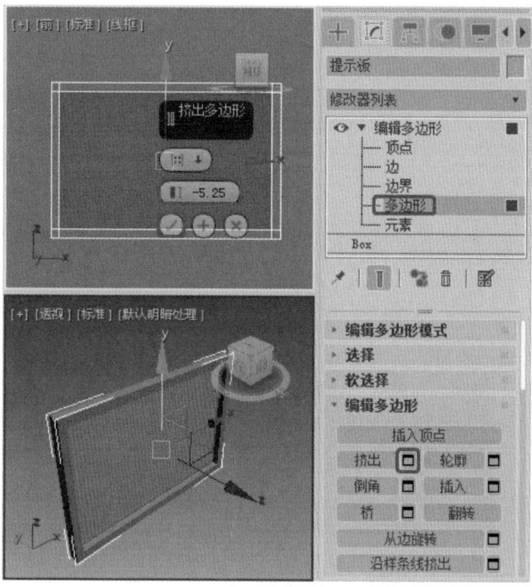

图6-42

Step 04 确定多边形处于选中状态，在【多边形：材质ID】卷展栏中将【设置ID】设置为1，如图6-43所示。

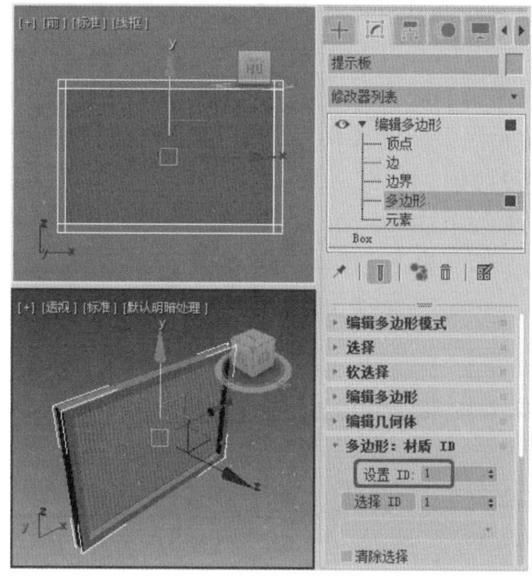

图6-43

Step 05 在菜单栏中选择【编辑】|【反选】命令，反选多边形，在【多边形：材质 ID】卷展栏中将【设置ID】设置为2，如图6-44所示。

Step 06 关闭当前选择集。按M键打开【材质编辑器】对话框，选择一个新的材质样本球，将其命名为【提示板】。单击Standard按钮，在弹出的【材质/贴图浏览器】对话框中选择【多维/子对象】选项，单击【确定】按钮，如图6-45所示。

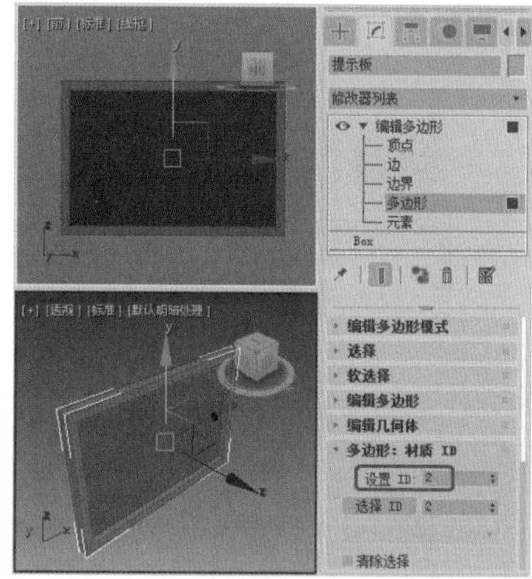

图6-44

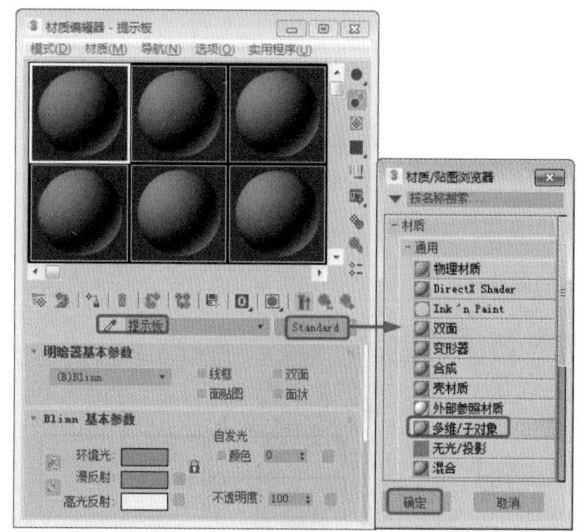

图6-45

Step 07 弹出【替换材质】对话框，在该对话框中选中【将旧材质保存为子材质？】单选按钮，单击【确定】按钮，如图6-46所示。

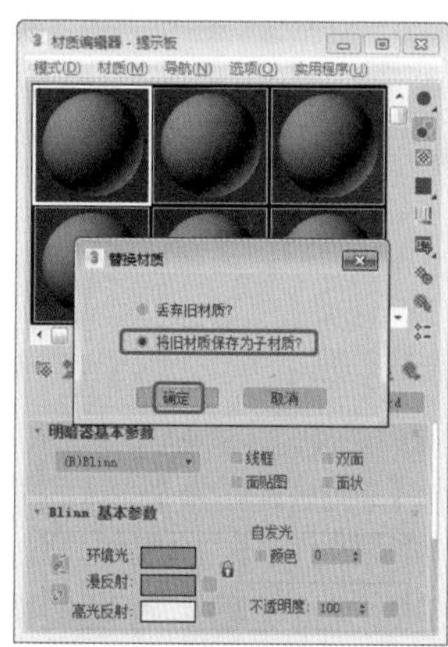

图6-46

Step 08 在【多维/子对象基本参数】卷展栏中单击【设置数量】按钮，在弹出的对话框中设置【材质数量】为2，单击【确定】按钮，如图6-47所示。

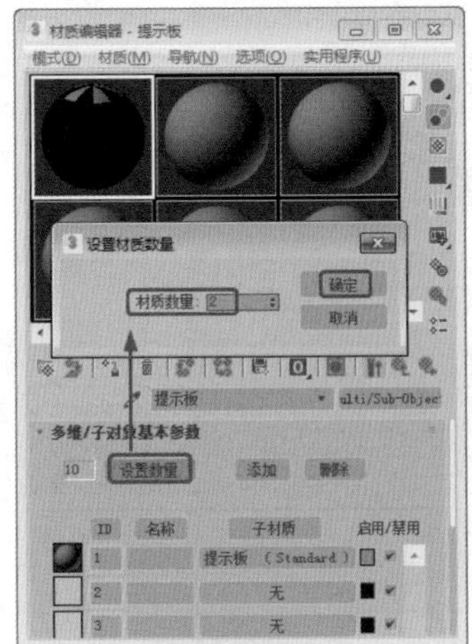

图6-47

Step 09 在【多维/子对象基本参数】卷展栏中单击ID1右侧的子材质按钮。进入ID1材质的设置面板，在【贴图】卷展栏中，单击【漫反射颜色】右侧的【无贴图】按钮，在弹出的【材质/贴图浏览器】对话框中选择【位图】选项，单击【确定】按钮，如图6-48所示。

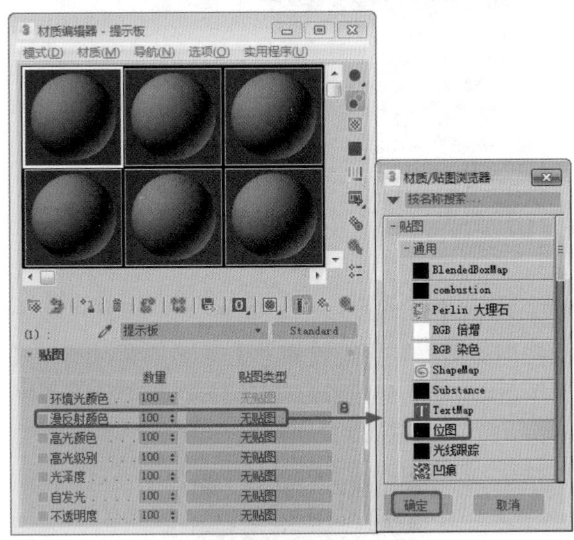

图6-48

Step 10 在弹出的对话框中选择“Map\引导图.jpg”素材文件，在【坐标】卷展栏中，将【瓷砖】下的U、V均设置为3，如图6-49所示。

Step 11 单击两次【转到父对象】按钮，在【多维/子对象基本参数】卷展栏中单击ID2右侧的【无】按钮，在弹出的【材质/贴图浏览器】对话框中选择【标准】选项，单击【确定】按钮，如图6-50所示。

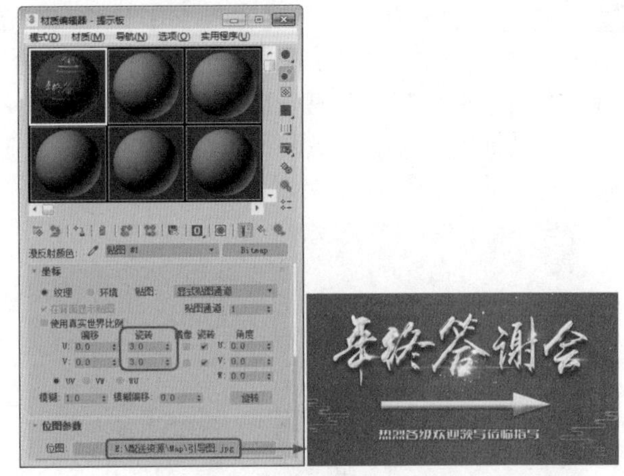

图6-49

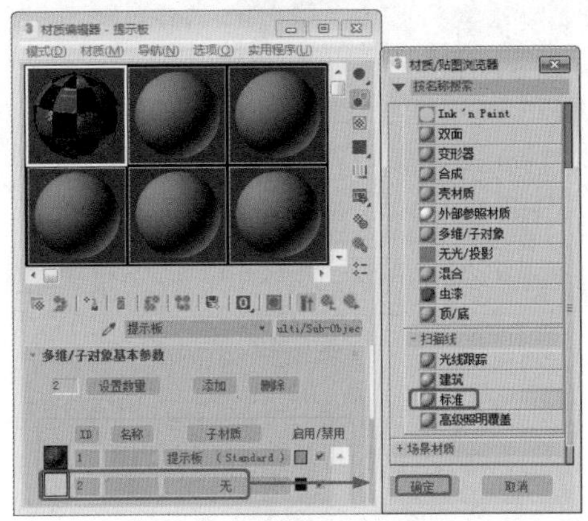

图6-50

Step 12 进入ID2材质的设置面板，在【Blinn基本参数】卷展栏中，将【环境光】和【漫反射】的RGB值均设置为240、255、255，将【自发光】选项组中的【颜色】设置为20，在【反射高光】选项组中，将【高光级别】和【光泽度】均设置为0，如图6-51所示。

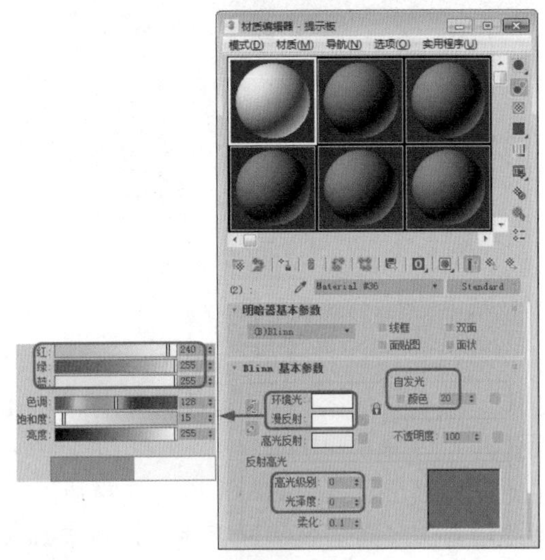

图6-51

Step 13 单击【转到父对象】按钮，返回到主材质面板。单击【将材质指定给选定对象】按钮，将材质指定给场景中的【提示板】对象，在工具栏中单击【选择并旋转】按钮，在【左】视图中调整模型的角度，如图6-52所示。

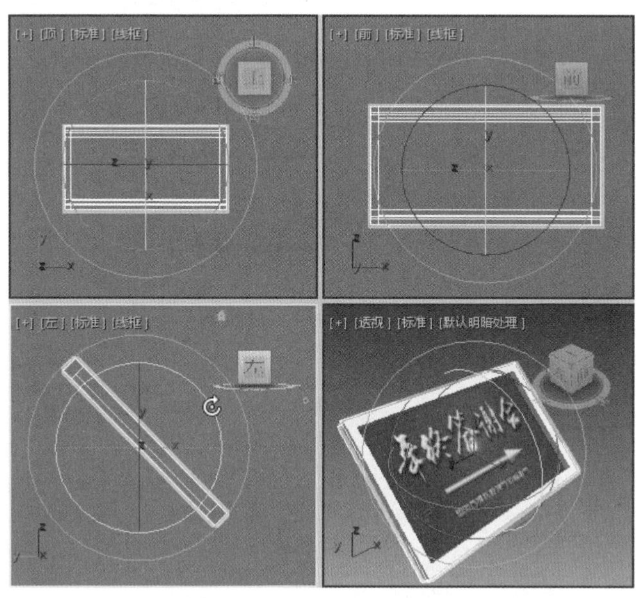

图6-52

Step 14 选择【创建】|【几何体】|【圆柱体】工具，在【顶】视图中创建圆柱体，将其命名为【支架001】。切换到【修改】命令面板，在【参数】卷展栏中，将【半径】设置为3、【高度】设置为200、【高度分段】设置为1、【端面分段】设置为1、【边数】设置为18，如图6-53所示。

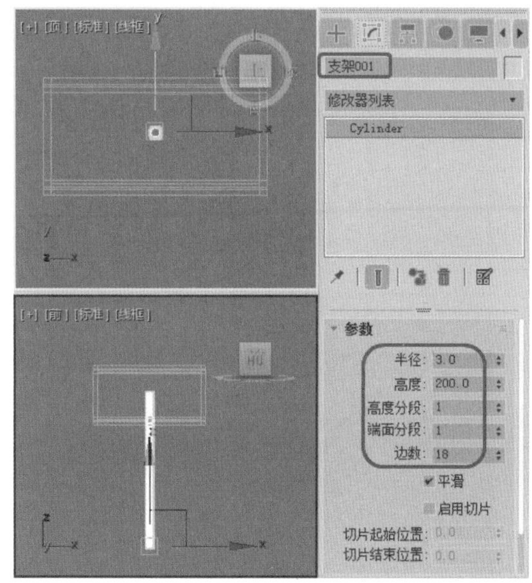

图6-53

Step 15 按M键打开【材质编辑器】对话框，选择一个新的材质样本球，将其命名为【塑料】。在【Blinn基本参数】卷展栏中，将【环境光】和【漫反射】的RGB值均设置为240、255、255，将【自发光】选项组中的【颜色】设置为20，在【反射高光】选项组中，将【高光级别】和【光泽度】均设置为0，单击【将材质指定给选定对象】按钮，将材质指定给【支架001】对象，如图6-54所示。

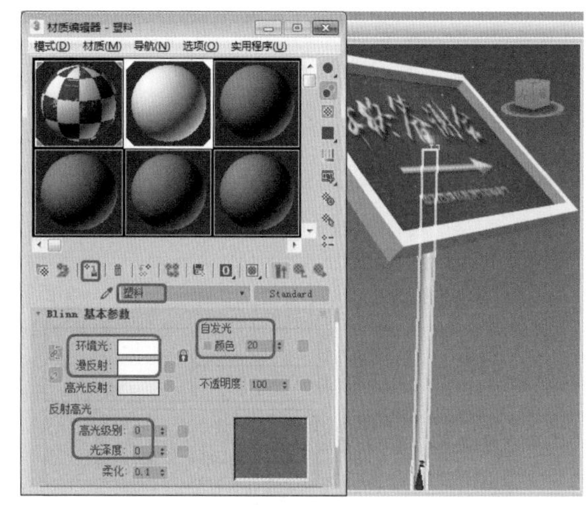

图6-54

Step 16 选择【创建】|【几何体】|【扩展基本体】|【切角圆柱体】工具，在【顶】视图中创建切角圆柱体，将其命名为【支架塑料001】。切换到【修改】命令面板，在【参数】卷展栏中设置【半径】为3.5、【高度】为10、【圆角】为0.5，设置【高度分段】为1、【圆角分段】为2、【边数】为18、【端面分段】为1，如图6-55所示。

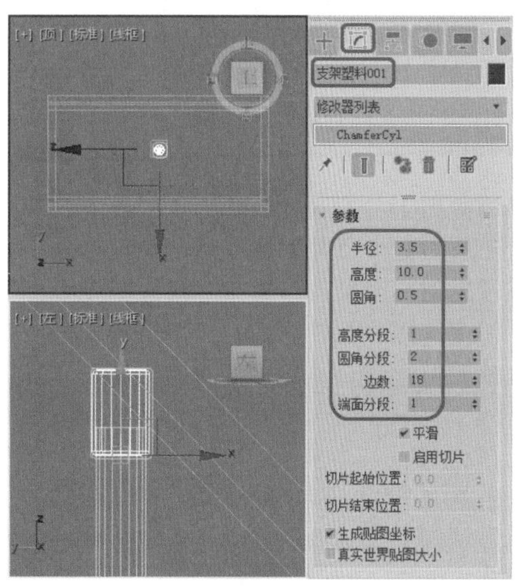

图6-55

◎提示·○

【半径】：用于设置切角圆柱体的半径。

【高度】：用于设置沿着中心轴的维度。输入负值时，将在构造平面下方创建切角圆柱体。

【圆角】：用于斜切切角圆柱体的顶部和底部封口边。数量越多越使沿着封口边的圆角更加精细。

【高度分段】：用于设置沿着相应轴的分段数量。

【圆角分段】：用于设置圆柱体圆角边时的分段数。添加圆角分段曲线边缘从而生成圆角圆柱体。

【边数】：用于设置切角圆柱体周围的边数。勾选【平滑】复选框时，较大的数值将着色和渲染为真正的圆。取消勾选【平滑】复选框时，较小的数值将创建规则的多边形。

【端面分段】：用于设置沿着切角圆柱体顶部和底部的中心，切角圆柱体同心分段的数量。

Step 17 在修改器下拉列表中选择【FFD 2×2×2】修改器，将当前选择集定义为【控制点】，在【左】视图中调整模型的形状，如图6-56所示。

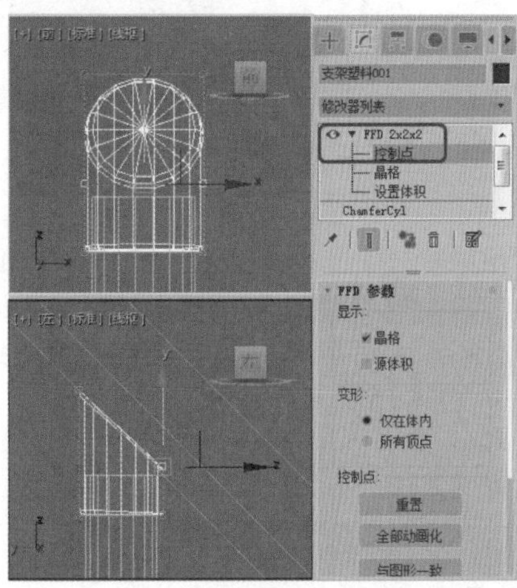

图6-56

Step 18 关闭当前选择集。按M键，打开【材质编辑器】对话框，选择一个新的材质样本球，将其命名为【黑色塑料】。在【Blinn 基本参数】卷展栏中将【环境光】和【漫反射】的RGB值均设置为37、37、37，在【反射高光】选项组中，将【高光级别】设置为57，将【光泽度】设置为23。单击【将材质指定给选定对象】按钮，将设置的材质指定给【支架塑料001】对象，如图6-57所示。

Step 19 确定【支架塑料001】对象处于选中状态，在【前】视图中按住Shift键沿Y轴向下移动对象，在弹出的【克隆选项】对话框中选中【复制】单选按钮，单击【确定】按钮，如图6-58所示。

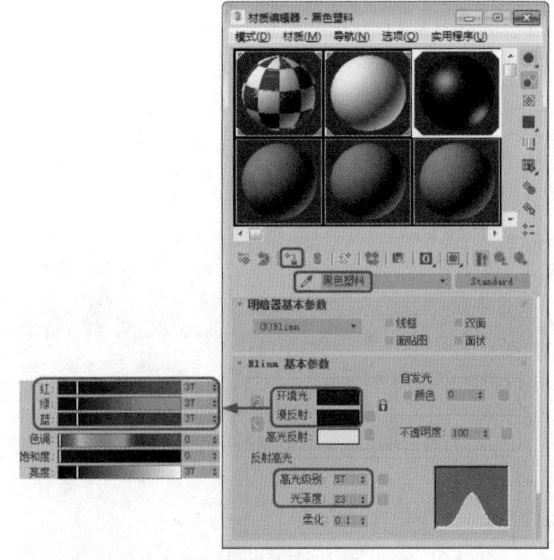

图6-57

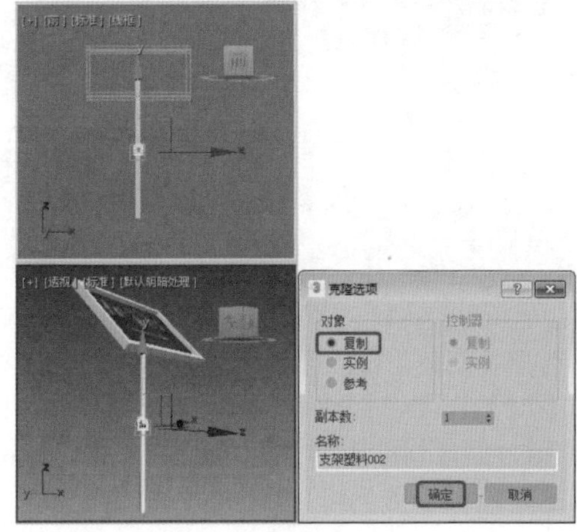

图6-58

Step 20 确定【支架塑料002】对象处于选中状态，在【修改】命令面板中删除【FFD 2×2×2】修改器，如图6-59所示。

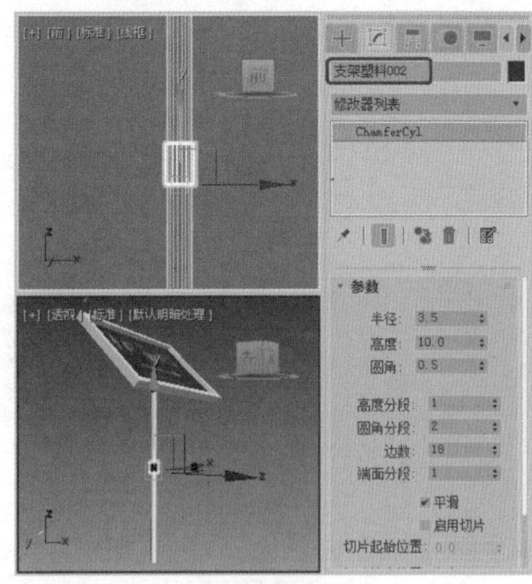

图6-59

Step 21 选择【创建】|【几何体】|【标准基本体】|【圆柱体】工具，在【前】视图中创建圆柱体，将其命名为【支架塑料003】。切换到【修改】命令面板，在【参数】卷展栏中设置【半径】为2.8、【高度】为5、【高度分段】为1、【端面分段】为1、【边数】为18，如图6-60所示。

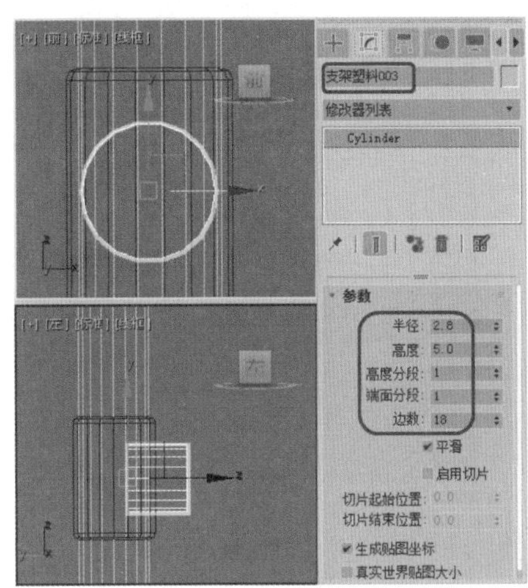

图6-60

Step 22 选择【创建】|【图形】|【星形】工具，在【前】视图中创建星形。切换到【修改】命令面板，在【参数】卷展栏中设置【半径1】为4.2、【半径2】为3.8、【点】为15、【圆角半径1】为0.3，如图6-61所示。

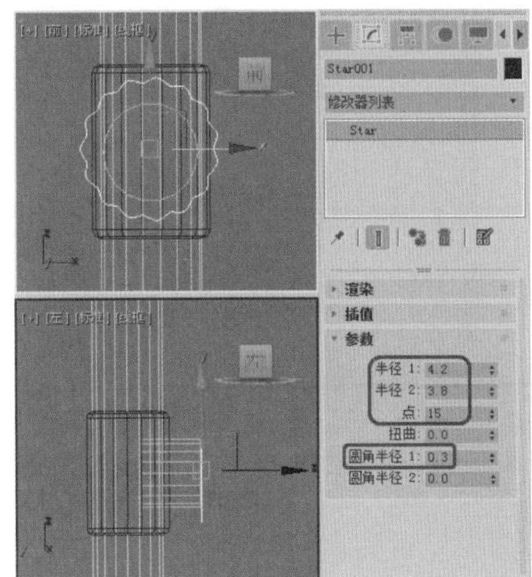

图6-61

◎提示·◦

在创建星形样条线时，可以使用鼠标在步长之间平移或环绕视口。要平移视口，请按住鼠标中键或鼠标滚轮进行拖动。要环绕视口，请同时按住 Alt 键和鼠标中键（或鼠标滚轮）进行拖动。

Step 23 在修改器下拉列表中选择【挤出】修改器，在【参数】卷展栏中设置【数量】为2，如图6-62所示。为【支架塑料003】对象和星形对象指定【黑色塑料】材质。

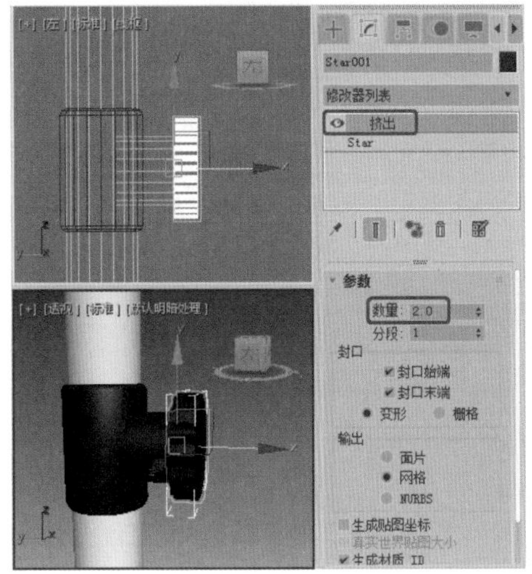

图6-62

Step 24 选择【创建】|【几何体】|【长方体】工具，在【顶】视图中创建长方体，将其命名为【底座001】。切换到【修改】命令面板，在【参数】卷展栏中设置【长度】为20、【宽度】为120、【高度】为6、【长度分段】为1、【宽度分段】为1、【高度分段】为1，如图6-63所示。

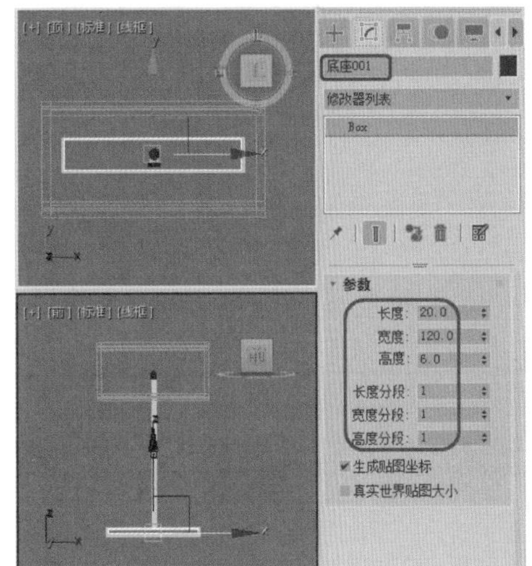

图6-63

Step 25 在【顶】视图中复制【底座001】对象，在【参数】卷展栏中，设置【长度】为65、【宽度】为6、【高度】为6，在场景中调整对象的位置，如图6-64所示。为【底座001】和【底座002】对象指定【塑料】材质。

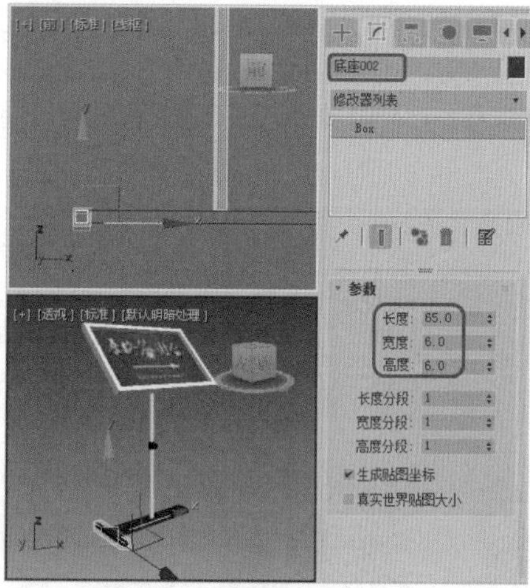

图6-64

Step 26 在场景中复制【底座002】对象，并将其命名为【底座塑料001】。在【参数】卷展栏中修改【长度】为8、【宽度】为7、【高度】为7，在场景中调整模型的位置，如图6-65所示。

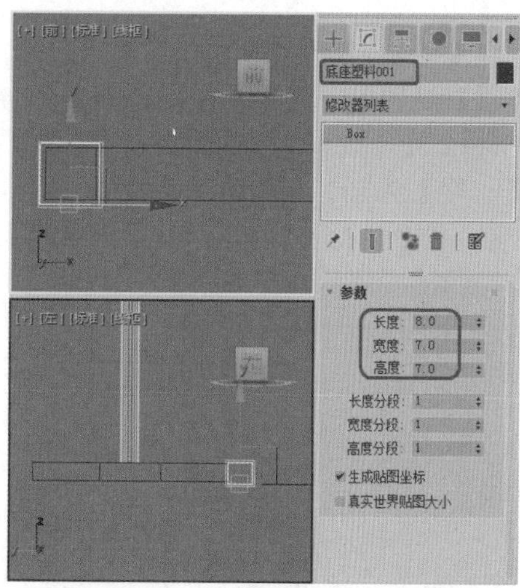

图6-65

Step 27 在场景中复制【底座塑料001】，在【顶】视图中将其调整至【底座002】的另一端，如图6-66所示。为【底座塑料001】和【底座塑料002】对象指定【黑色塑料】材质。

Step 28 同时选中【底座002】、【底座塑料001】和【底座塑料002】对象，并对其进行复制，在场景中调整其位置，效果如图6-67所示。

Step 29 选择【创建】 |【图形】 |【线】工具，在【左】视图中创建截面图形，将其命名为【轮子001】。切换到【修改】命令面板，将当前选择集定义为【顶点】，在场景中调整截面的形状，如图6-68所示。

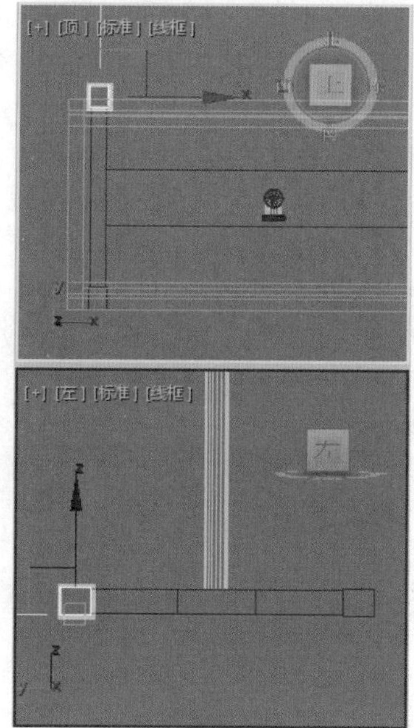

图6-66

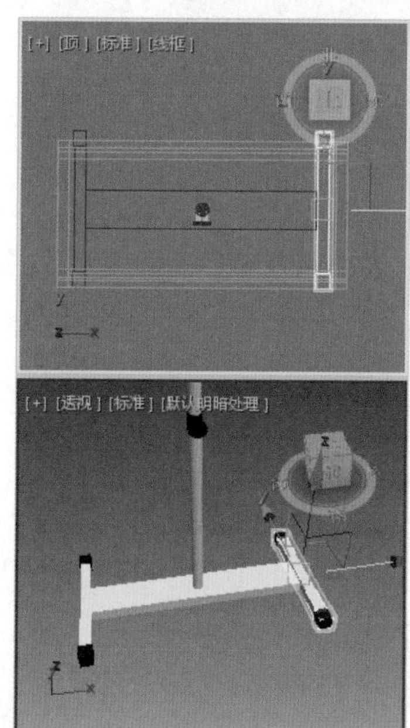

图6-67

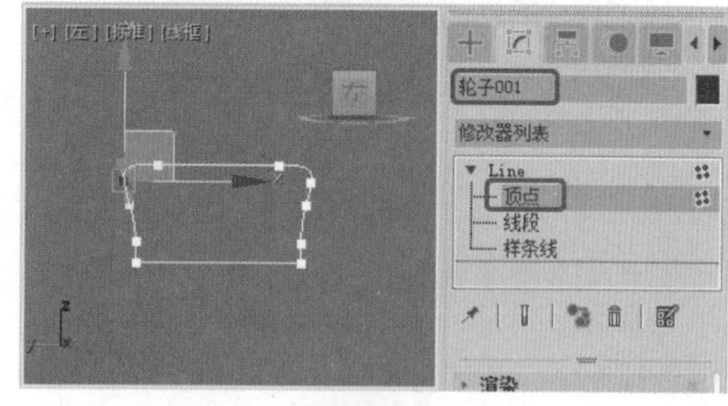

图6-68

Step 30 关闭当前选择集。在修改器下拉列表中选择【车削】修改器。在【参数】卷展栏中单击【方向】选项组中的X按钮，将当前选择集定义为【轴】，在场景中调整轴，如图6-69所示。

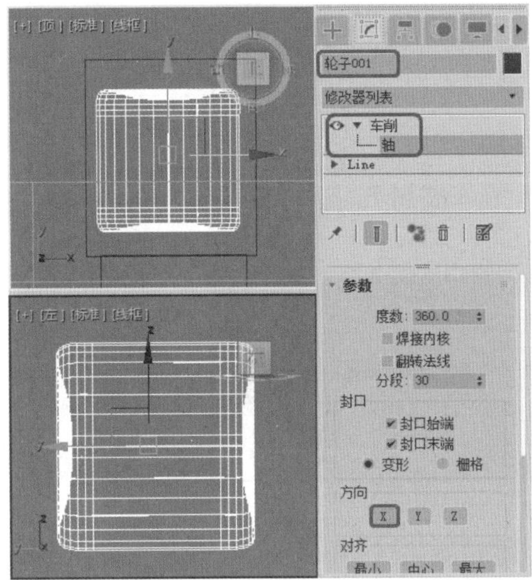

图6-69

Step 31 关闭当前选择集。选择【创建】 | 【图形】 | 【弧】工具，在【前】视图中创建弧，如图6-70所示。

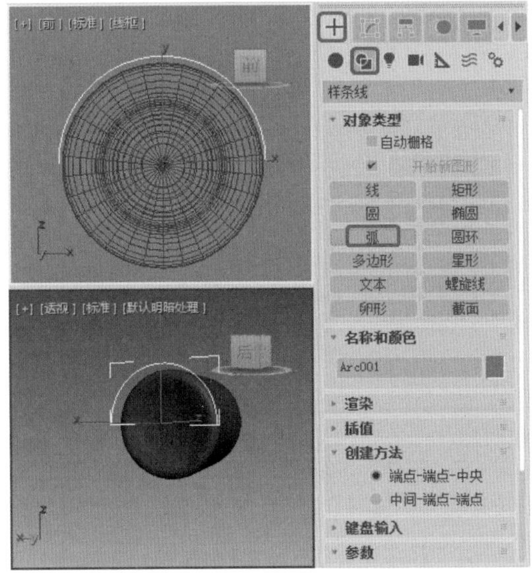

图6-70

Step 32 切换到【修改】命令面板，在修改器下拉列表中选择【编辑样条线】修改器，将当前选择集定义为【样条线】，在场景中选中弧，在【几何体】卷展栏中设置【轮廓】为-0.5，按Enter键设置出轮廓，如图6-71所示。

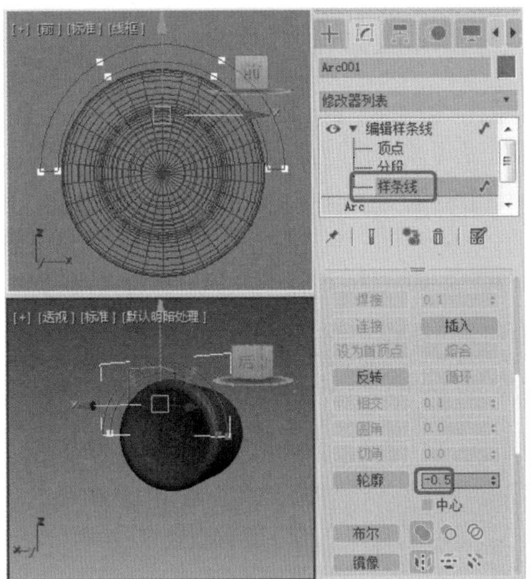

图6-71

◎提示

【轮廓】：用于制作样条线的副本。所有侧边上的距离偏移量由【轮廓宽度】微调器（在【轮廓】按钮的右侧）指定。选中一个或多个样条线，然后使用微调器动态地调整轮廓位置，或单击【轮廓】按钮然后拖动样条线。如果样条线是开口的，那么生成的样条线及其轮廓将是闭合的样条线。

Step 33 关闭当前选择集。在修改器下拉列表中选择【倒角】修改器，在【倒角值】卷展栏中设置【级别1】选项组中的【高度】为0.1、【轮廓】为0.1；勾选【级别2】复选框，设置【高度】为5；勾选【级别3】复选框，设置【高度】为0.1、【轮廓】为-0.1，如图6-72所示。

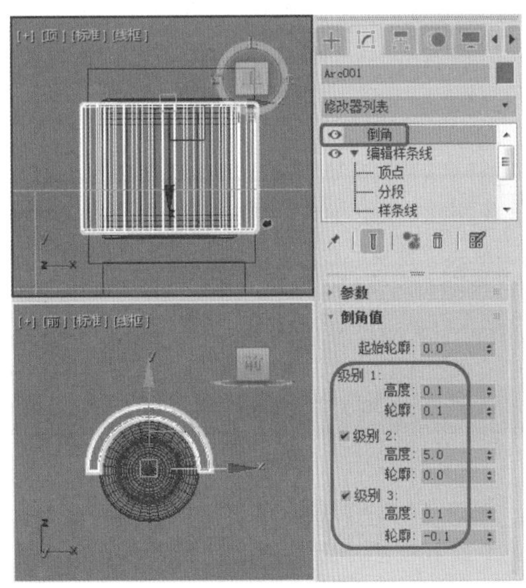

图6-72

Step 34 选择【创建】|【几何体】|【圆柱体】工具，在【顶】视图中创建圆柱体，将其命名为【轱辘支架001】。切换到【修改】命令面板，在【参数】卷展栏中设置【半径】为1.4、【高度】为3，将【高度分段】、【端面分段】、【边数】分别设置为5、1、12，如图6-73所示。为【轮子001】、【轱辘支架001】和圆弧指定【黑色塑料】材质，调整对象的位置。

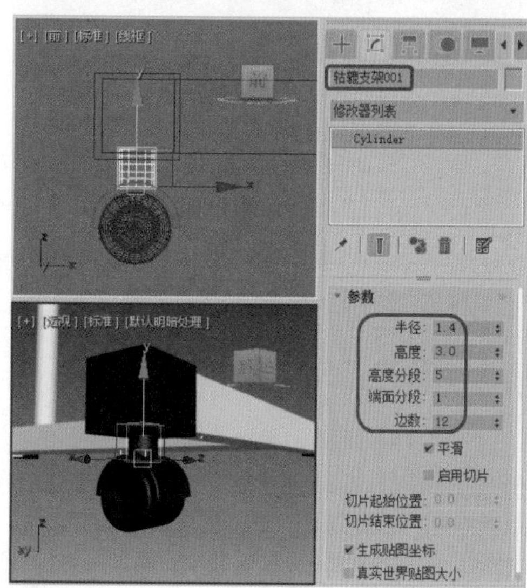

图6-73

Step 35 在场景中同时选中【轮子001】、【轱辘支架001】和圆弧，并对其进行复制，调整其位置，效果如图6-74所示。

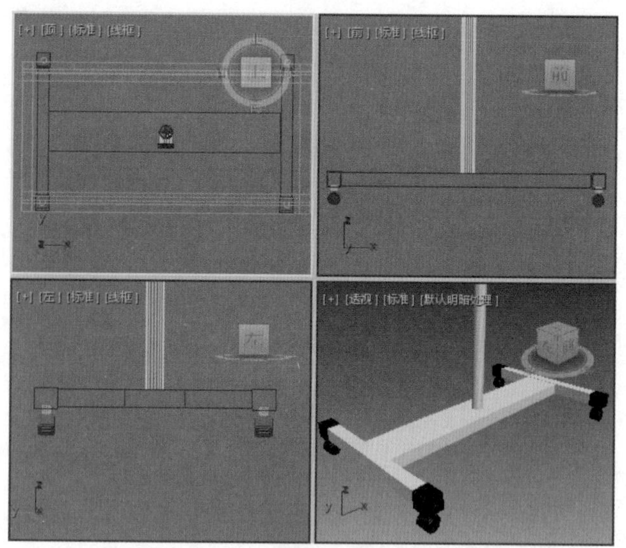

图6-74

Step 36 选择【创建】|【几何体】|【平面】工具，在【顶】视图中创建平面。切换到【修改】命令面板，在【参数】卷展栏中，将【长度】设置为130，将【宽度】设置为180，如图6-75所示。

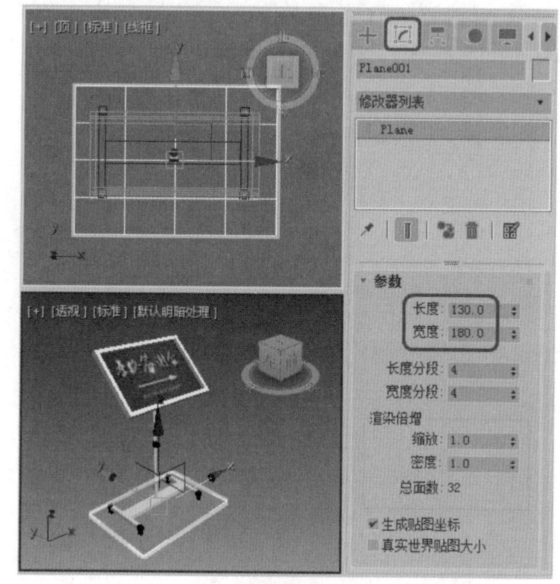

图6-75

Step 37 右击平面对象，在弹出的快捷菜单中选择【对象属性】命令，弹出【对象属性】对话框，在【显示属性】选项组中勾选【透明】复选框，单击【确定】按钮，如图6-76所示。

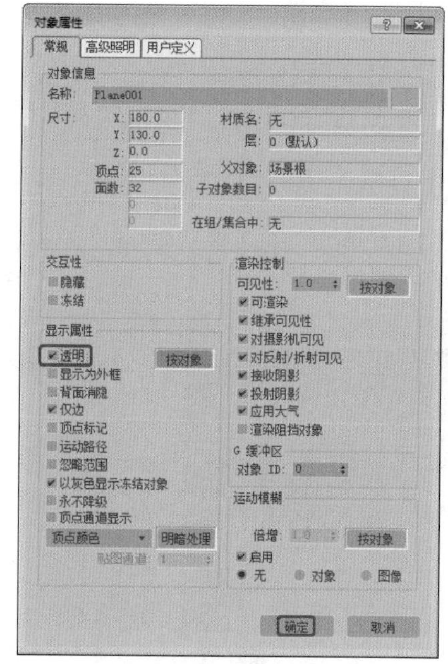

图6-76

Step 38 按M键打开【材质编辑器】对话框，选择一个新的材质样本球，单击Standard按钮，在弹出的【材质/贴图浏览器】对话框中选择【无光/投影】选项，单击【确定】按钮，如图6-77所示。

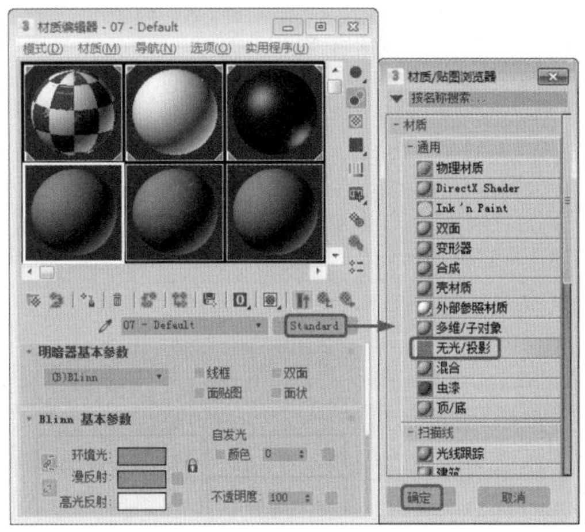

图6-77

Step 39 在【无光/投影基本参数】卷展栏中，单击【反射】选项组中【贴图】右侧的【无贴图】按钮，在弹出的【材质/贴图浏览器】对话框中选择【平面镜】选项，单击【确定】按钮，如图6-78所示。

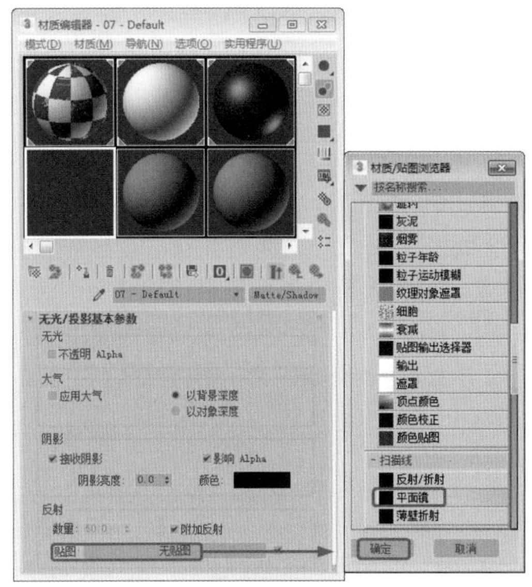

图6-78

Step 40 在【平面镜参数】卷展栏中勾选【应用于带ID的面】复选框，如图6-79所示。

Step 41 单击【转到父对象】按钮，在【无光/投影基本参数】卷展栏中，将【反射】选项组中的【数量】设置为10，单击【将材质指定给选定对象】按钮，将材质指定给平面对象，如图6-80所示。

Step 42 按8键弹出【环境和效果】对话框，在【公用参数】卷展栏中单击【无】按钮，在弹出的【材质/贴图浏览器】对话框中双击【位图】选项，在弹出的对话框中选择“Map/引导提示板背景.jpg”素材文件，如图6-81所示。

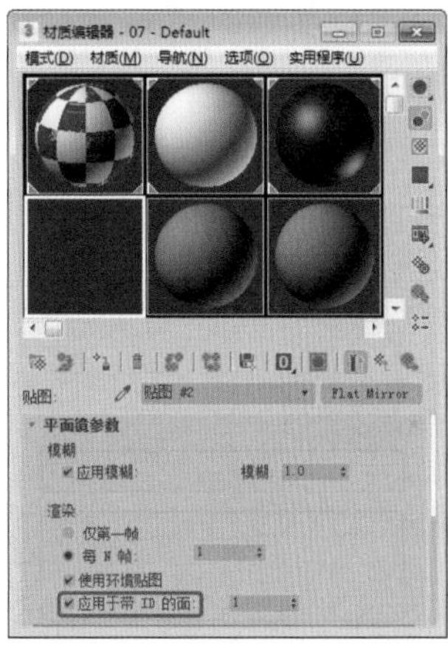

图6-79

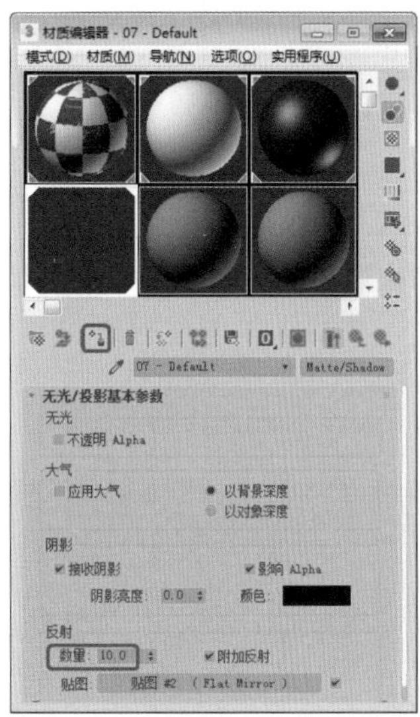

图6-80

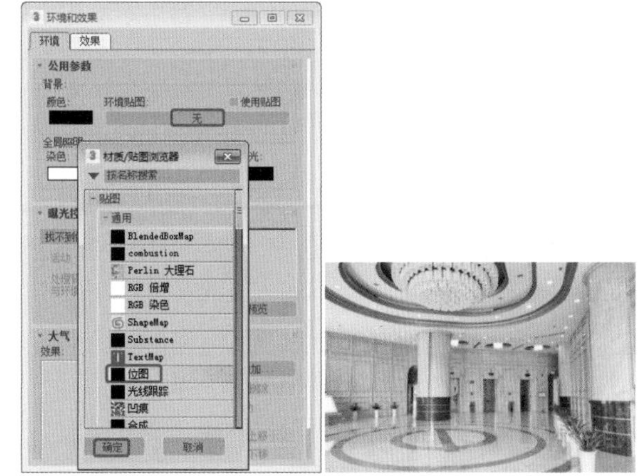

图6-81

Step 43 在【环境和效果】对话框中，将环境贴图按钮拖动至新的材质样本球上。在弹出的【实例（副本）贴图】对话框中选中【实例】单选按钮，单击【确定】按钮，在【坐标】卷展栏中，将【贴图】设置为【屏幕】，如图6-82所示。

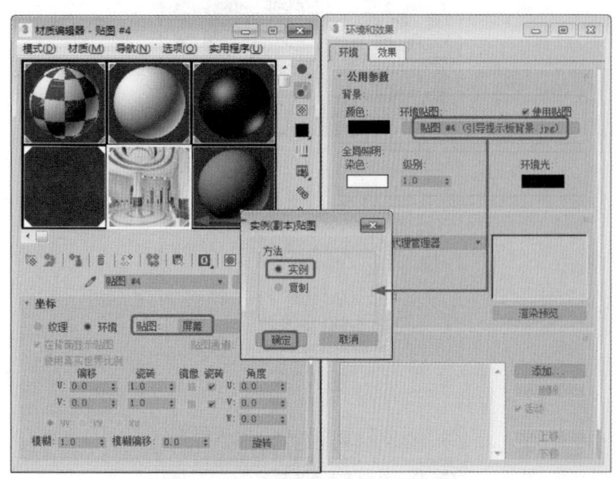

图6-82

Step 44 激活【透视】视图，在菜单栏中选择【视图】|【视口背景】|【环境背景】命令，即可在【透视】视图中显示环境背景。选择【创建】 |【摄影机】 |【目标】工具，在视图中创建摄影机，激活【透视】视图，按C键将其转换为摄影机视图，在其他视图中调整摄影机位置，效果如图6-83所示。

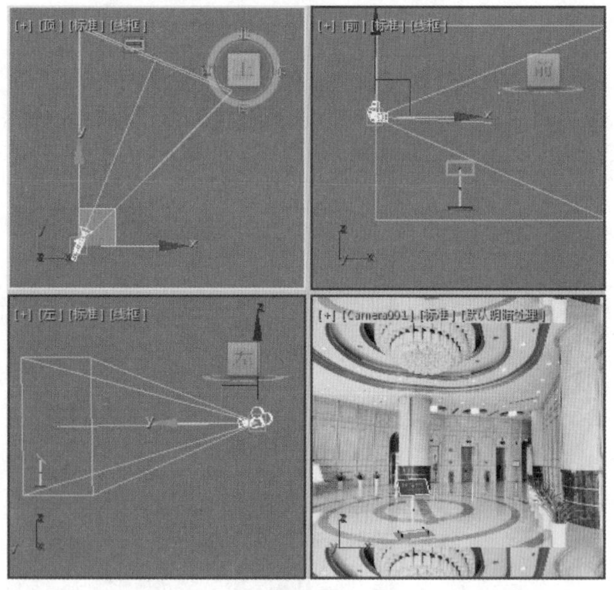

图6-83

Step 45 选择【创建】 |【灯光】 |【标准】|【泛光】工具，在【顶】视图中创建泛光灯，并在其他视图中调整灯光的位置。切换至【修改】命令面板，在【常规参数】卷展栏中，取消勾选【阴影】选项组中的【启用】复选框，将【倍增】设置为1，如图6-84所示。

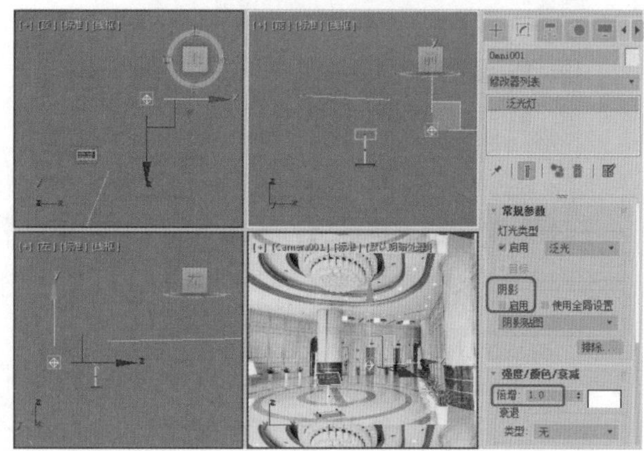

图6-84

◎提示·◦

阴影贴图是渲染器在预渲染场景通道时生成的一种位图。阴影贴图不会显示透明或半透明对象投射的颜色。另一方面，阴影贴图可以拥有边缘模糊的阴影，但光线跟踪阴影无法做到这一点。阴影贴图从灯光的方向进行投影。采用这种方法时，可以生成边缘较为模糊的阴影。但是，与光线跟踪阴影相比，其所需的计算时间较少，但精确性较低。

Step 46 选择【创建】 |【灯光】 |【标准】|【天光】工具，在【顶】视图中创建天光。切换到【修改】命令面板，在【天光参数】卷展栏中将【倍增】设置为1.2，勾选【渲染】选项组中的【投射阴影】复选框，如图6-85所示。

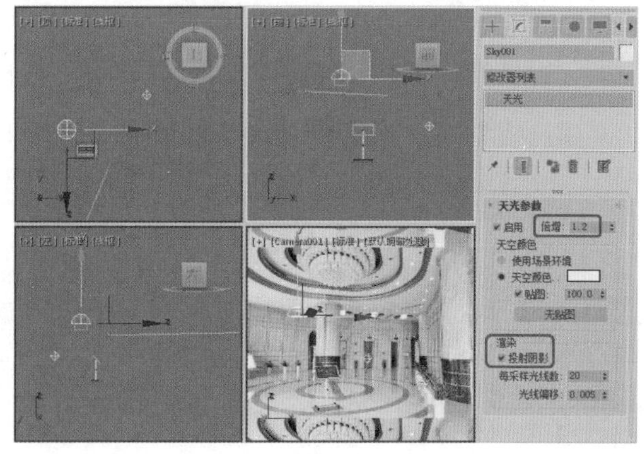

图6-85

◎提示·◦

当使用光能传递或光线跟踪时，【投射阴影】选项无效果。

Step 47 至此，引导提示板的制作就完成了。激活摄影机视图，对视图进行渲染即可。

实例154 制作灯笼

本案例将讲解如何制作灯笼。首先通过【长方体】工具和【弯曲】修改器制作灯笼的造型，最后对灯笼进行装饰。其效果如图6-86所示。

图6-86

素材	Map\房檐.jpg、灯笼贴图.jpg
场景	Scene\Cha06\实例154 制作灯笼.max
视频	视频教学\Cha06\实例154 制作灯笼.mp4

Step 01 选择【创建】|【几何体】|【标准基本体】|【长方体】工具，在【前】视图中创建一个长方体，将其命名为【灯笼】。在【参数】卷展栏中将【长度】、【宽度】和【高度】分别设置为160、500和1，将【长度分段】和【宽度分段】分别设置为18和36，如图6-87所示。

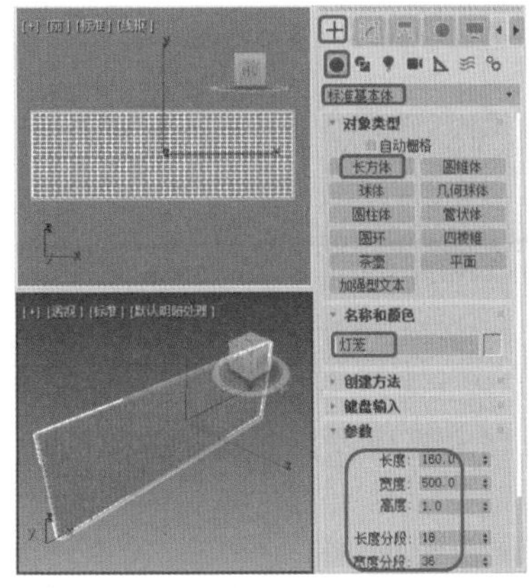

图6-87

Step 02 切换到【修改】命令面板，在【修改器列表】下拉列表中选择【UVW 贴图】选项，添加【UVW贴图】修改器，为【灯笼】对象指定贴图坐标。在【参数】卷展栏中取消勾选【真实世界贴图大小】复选框，其他参数保持默认设置，如图6-88所示。

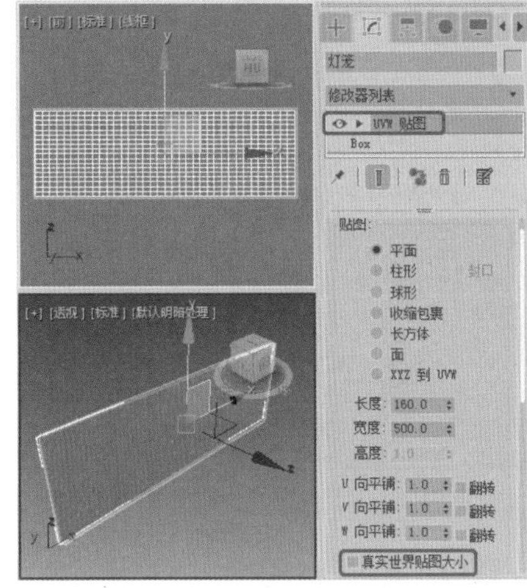

图6-88

Step 03 在【修改器列表】下拉列表中选择【弯曲】选项，添加【弯曲】修改器。在【参数】卷展栏中，将【弯曲】选项组中的【角度】和【方向】分别设置为180和90，在【弯曲轴】选项组中选中Y单选按钮，如图6-89所示。

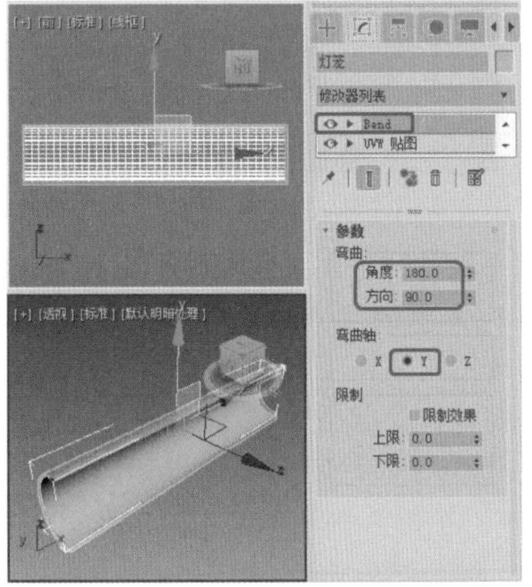

图6-89

Step 04 在【修改器列表】下拉列表中选择【弯曲】选项，添加【弯曲】修改器。在【参数】卷展栏中，将【弯曲】选项组中的【角度】和【方向】分别设置为-360和0，在【弯曲轴】选项组中选中X单选按钮，如图6-90所示。

Step 05 选择【创建】|【几何体】|【标准基本体】|【管状体】工具，在【顶】视图中创建一个管状体。在【参数】卷展栏中将【半径1】、【半径2】和【高度】分别设置为29、20和5，如图6-91所示。

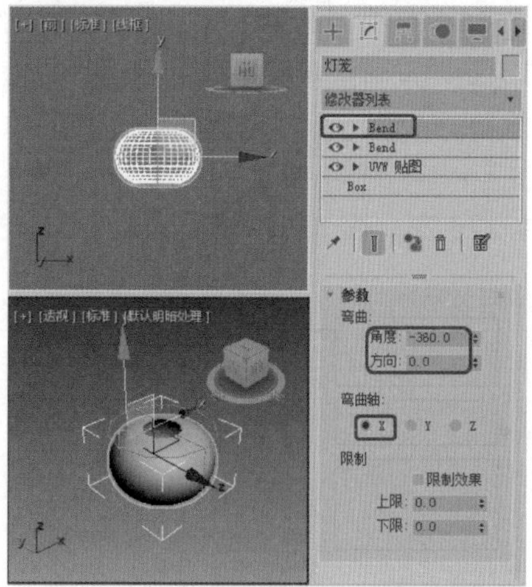

图6-90

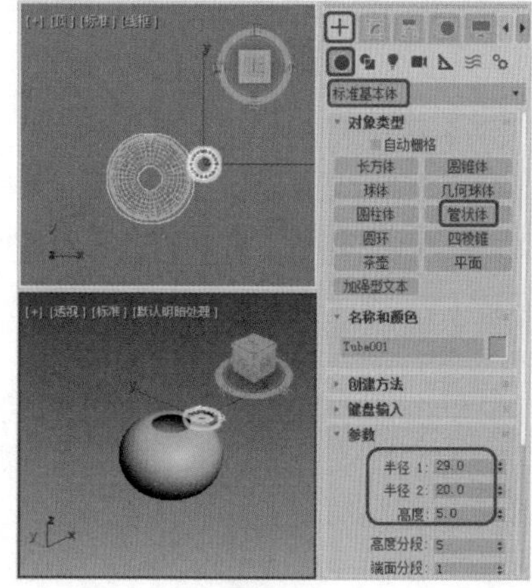

图6-91

Step 06 确定管状体处于选中状态，在场景中按Ctrl+V组合键，在弹出的【克隆选项】对话框中选中【复制】单选按钮，单击【确定】按钮，复制出一个管状体。在【参数】卷展栏中将【半径1】、【半径2】、【高度】和【边数】分别设置为12、5、10和8，如图6-92所示。

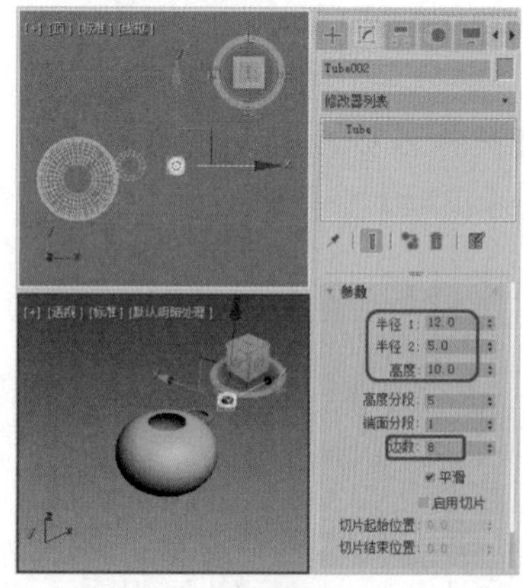

图6-92

Step 07 在场景中对创建的两个管状体的位置进行调整，如图6-93所示。

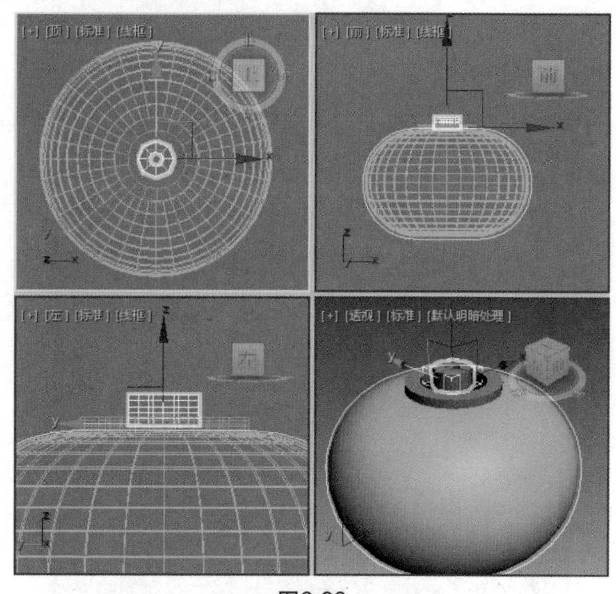

图6-93

Step 08 选择【创建】|【图形】|【样条线】|【线】工具，在【顶】视图中绘制线，如图6-94所示。

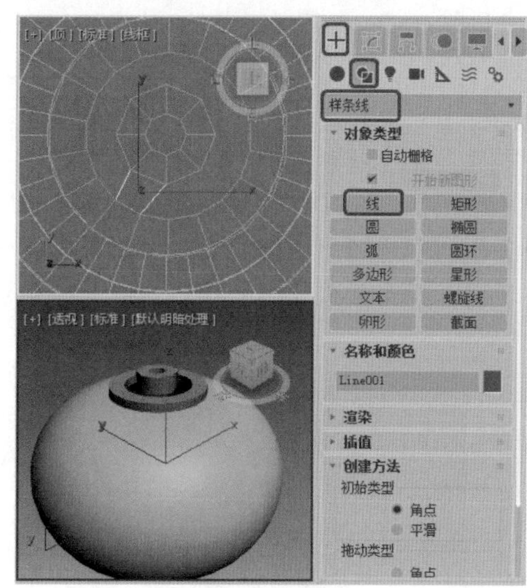

图6-94

Step 09 选中上一步绘制的线，切换到【修改】命令面板，在【修改器列表】下拉列表中选择【挤出】选项，添加【挤出】修改器，在【参数】卷展栏中，将【数量】设置为5，如图6-95所示。

Step 10 选中上一步创建的对象，切换到【层次】命令面板，单击【轴】按钮，在【调整轴】卷展栏中单击【仅影响轴】按钮，对轴进行调整，如图6-96所示。

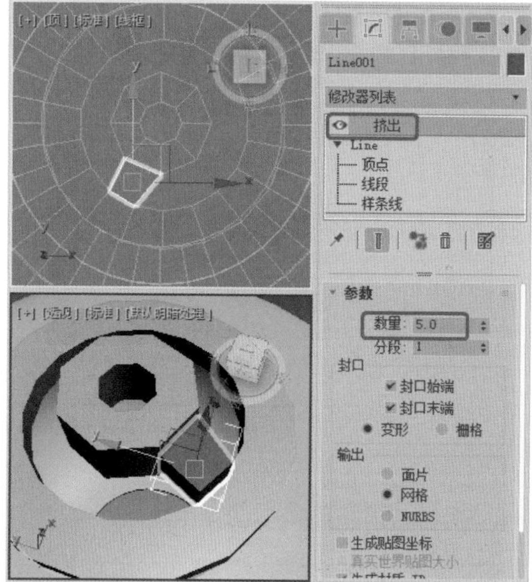

图6-95

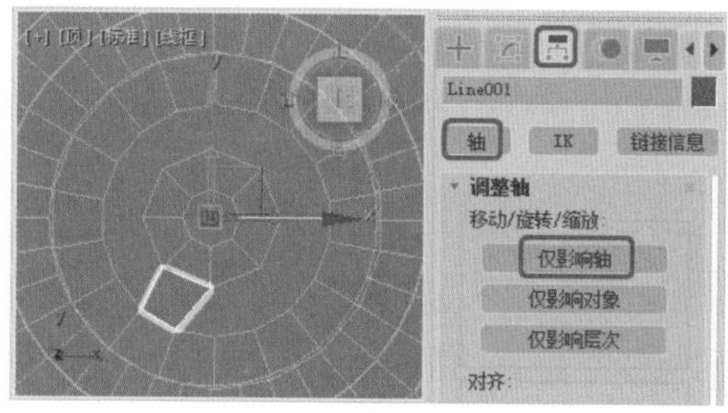

图6-96

Step 11 再次单击取消激活【仅影响轴】按钮，选中上一步调整好的对象，切换到【顶】视图中，在菜单栏中选择【工具】|【阵列】命令，如图6-97所示。

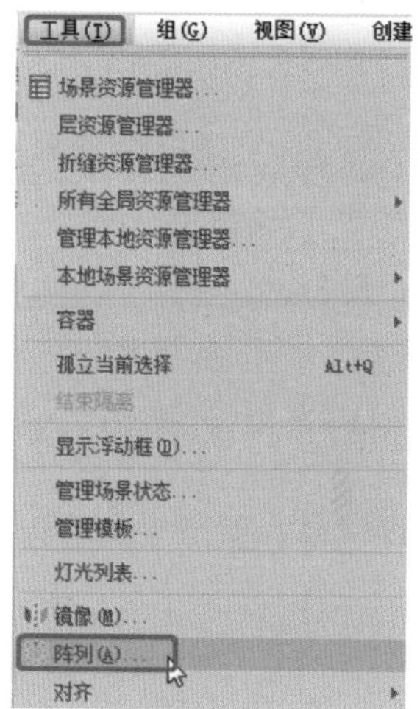

图6-97

Step 12 弹出【阵列】对话框，在【阵列变换：屏幕坐标（使用轴点中心）】选项组中，将Z轴的旋转增量设置为90；在【阵列维度】选项组中，选中1D单选按钮，设置其【数量】为4，单击【确定】按钮，如图6-98所示。

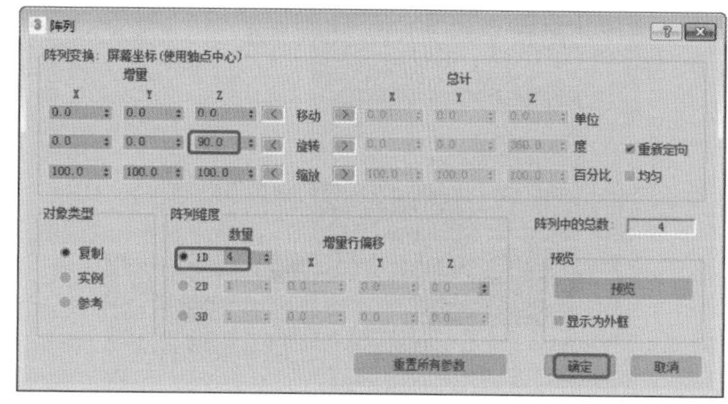

图6-98

Step 13 选中除【灯笼】以外的所有对象，在菜单栏中选择【组】|【组】命令，弹出【组】对话框，在【组名】文本框中输入“灯笼装饰01”，单击【确定】按钮，如图6-99所示。

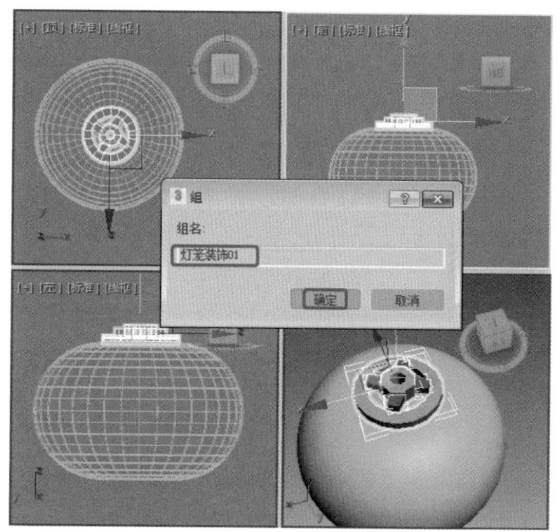

图6-99

Step 14 选中【灯笼装饰01】对象，在【名称和颜色】卷展栏中单击名称后面的色块按钮，弹出【对象颜色】对话框，单击【添加自定义颜色】按钮，弹出【颜色选择器：添加颜色】对话框，将RGB值设置为177、88、27，单击【添加颜色】按钮。返回【对象颜色】对话框，单击【确定】按钮，如图6-100所示。

Step 15 在【前】视图中选中【灯笼装饰01】对象，在工具栏中单击【镜像】按钮，弹出【镜像：屏幕坐标】对话框。在【镜像轴】选项组中选中Y单选按钮，在【偏移】数值框中输入合适的值，在【克隆当前选择】选项组中选中【复制】单选按钮，单击【确定】按钮，如图6-101所示。

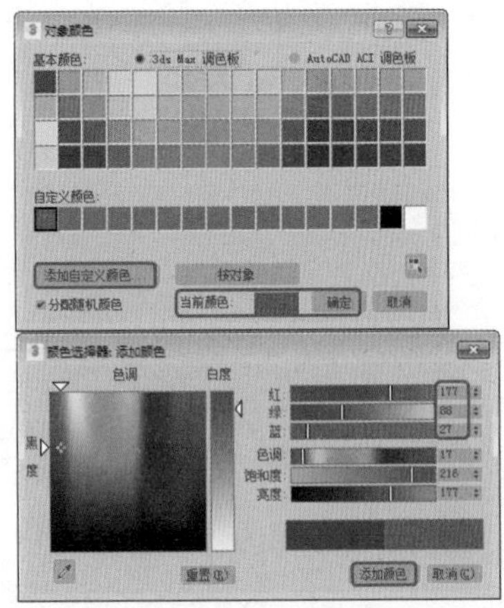

图6-100

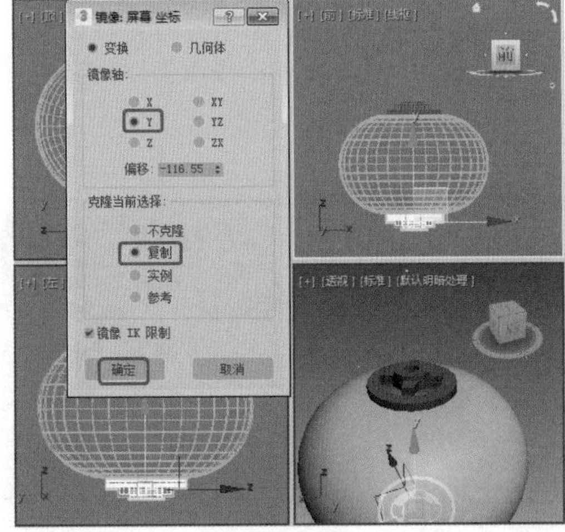

图6-101

Step 16 选择【创建】|【图形】|【样条线】|【线】工具，在【前】视图中创建一条线，将其颜色设置为黄色。在【渲染】卷展栏中勾选【在渲染中启用】复选框和【在视口中启用】复选框，将【厚度】设置为2，在场景中调整线的位置，如图6-102所示。

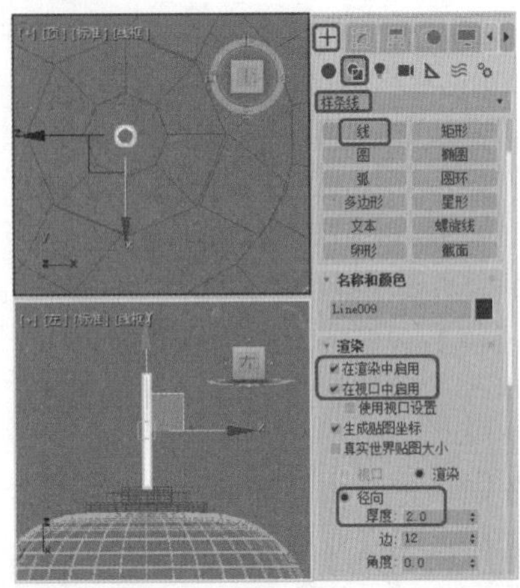

图6-102

Step 17 再创建一条线，在【渲染】卷展栏中勾选【在渲染中启用】复选框和【在视口中启用】复选框，将【厚度】设置为2。在场景中调整线的位置，将两条线段的颜色设置为黄色（RGB值为255、246、0），如图6-103所示。

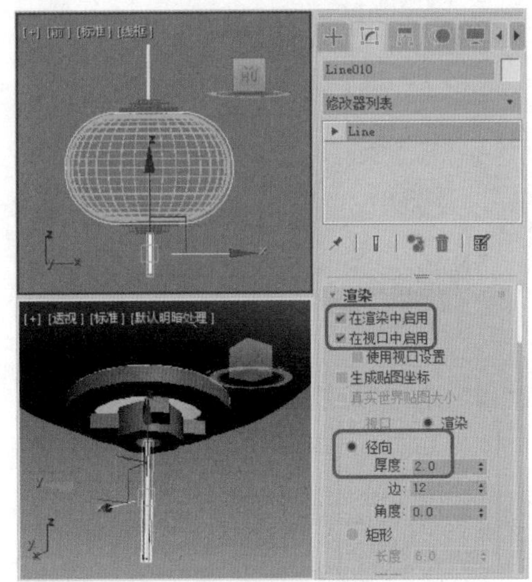

图6-103

Step 18 再创建一条线，在【渲染】卷展栏中勾选【在渲染中启用】复选框和【在视口中启用】复选框，将【厚度】设置为15。在场景中调整线的位置，将线段的颜色设置为红色（RGB值为255、0、0），如图6-104所示。

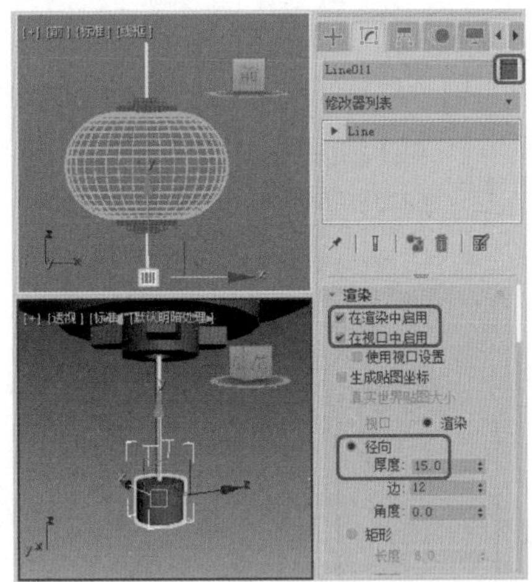

图6-104

Step 19 继续创建一条线，将颜色设置为黄色（RGB值为255、246、0），在【渲染】卷展栏中选中【在渲染中启用】复选框和【在视口中启用】复选框，将【厚度】设置为1。在场景中调整线的位置，并且进行多次复制，如图6-105所示。

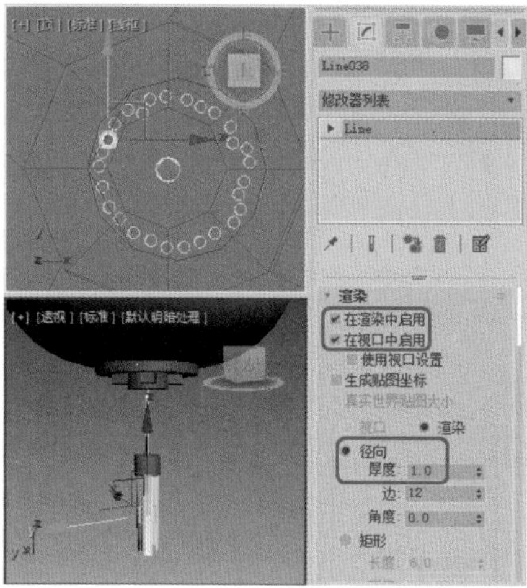

图6-105

Step 20 继续创建一条线，将其颜色设置为黑色，在【渲染】卷展栏中选中【在渲染中启用】复选框和【在视口中启用】复选框，将【厚度】设置为3，在场景中调整线的位置，如图6-106所示。

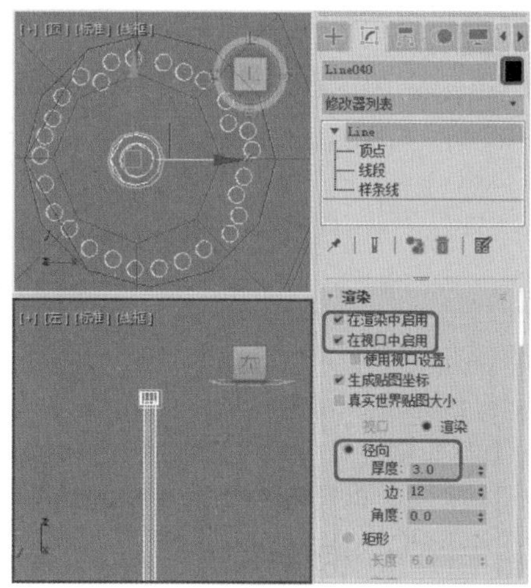

图6-106

Step 21 在菜单栏中选择【自定义】|【首选项】命令，弹出【首选项设置】对话框。切换至【Gamma和LUT】选项卡，勾选【启用Gamma/LUT校正】复选框，单击【确定】按钮，如图6-107所示。

Step 22 按M键打开【材质编辑器】对话框，选择一个新的材质球，将其命名为【灯笼】。单击Standard按钮，在弹出的【材质/贴图浏览器】对话框中选择【材质】|【通用】|【标准】选项，如图6-108所示。

Step 23 在【明暗器基本参数】卷展栏中，将【明暗器类型】设置为（B）Blinn，在【Blinn基本参数】卷展栏中，将【自发光】选项组中的【颜色】设置为50，如图6-109所示。

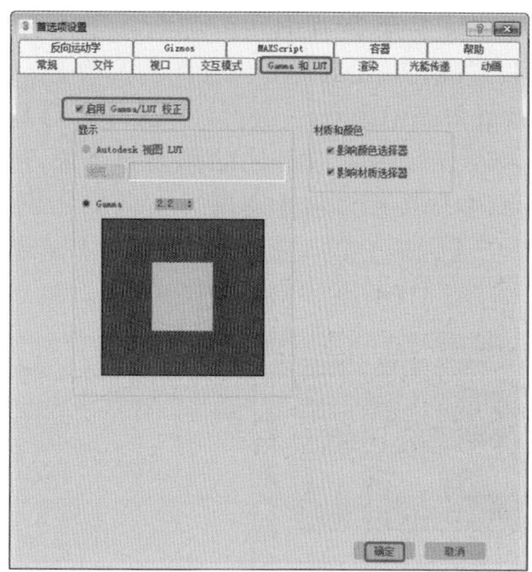

图6-107

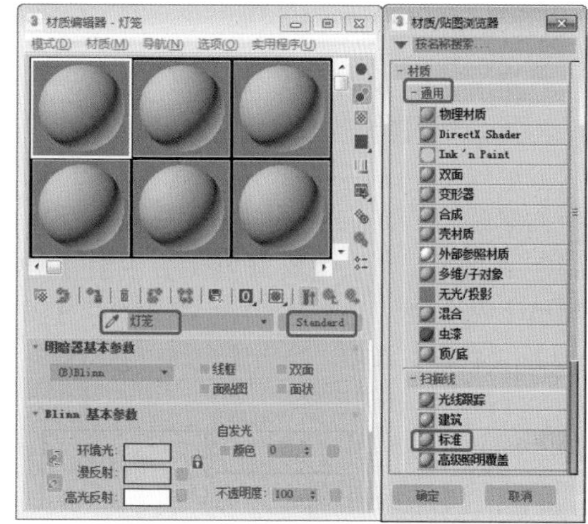

图6-108

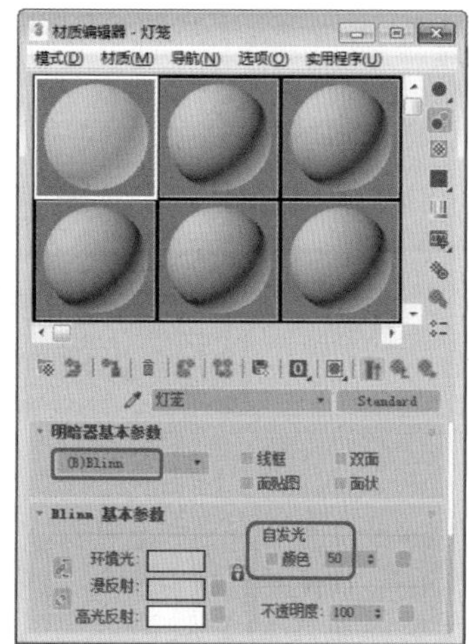

图6-109

Step 24 在【贴图】卷展栏中单击【漫反射颜色】后面的【无贴图】按钮，在弹出的【材质/贴图浏览器】对

话框中选择【材质】|【通用】|【位图】选项。单击【确定】按钮，弹出【选择位图图像文件】对话框，选择“Map\灯笼贴图.jpg”文件，单击【打开】按钮。进入【漫反射颜色】通道的贴图设置界面，在【坐标】卷展栏中取消勾选【使用真实世界比例】复选框，将U的【瓷砖】值设置为2，将V的【瓷砖】值设置为1，如图6-110所示。

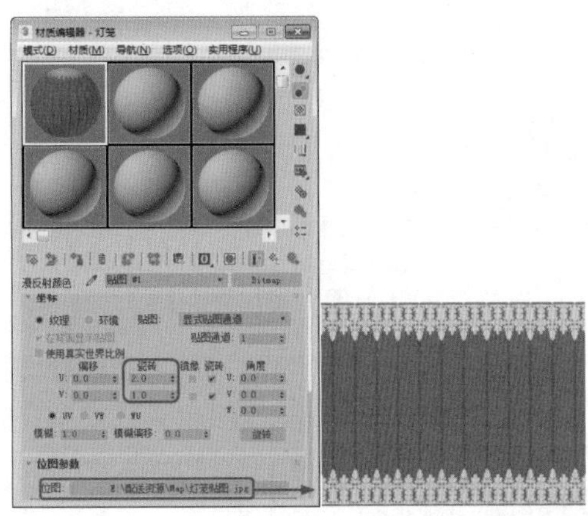

图6-110

Step 25 按8键，打开【环境和效果】对话框，切换到【环境】选项卡，单击【环境贴图】下的【无】按钮，弹出【材质/贴图浏览器】对话框。选择【材质】|【通用】|【位图】选项，弹出【选择位图图像文件】对话框，选择“Map\房檐.jpg”文件，单击【打开】按钮，如图6-111所示。

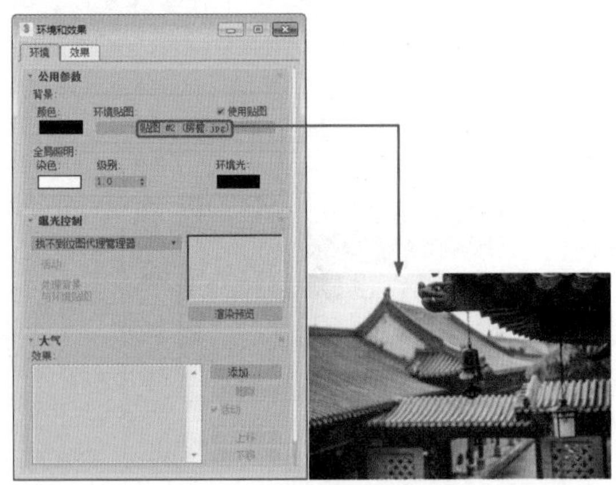

图6-111

Step 26 按M键，打开【材质编辑器】对话框，在【环境和效果】对话框中选中添加的贴图，按住鼠标左键将其拖至到【材质编辑器】对话框中的空白材质球上。弹出【实例（副本）贴图】对话框，选中【实例】单选按钮，单击【确定】按钮，在【坐标】卷展栏中将【贴图】设置为【屏幕】，如图6-112所示。

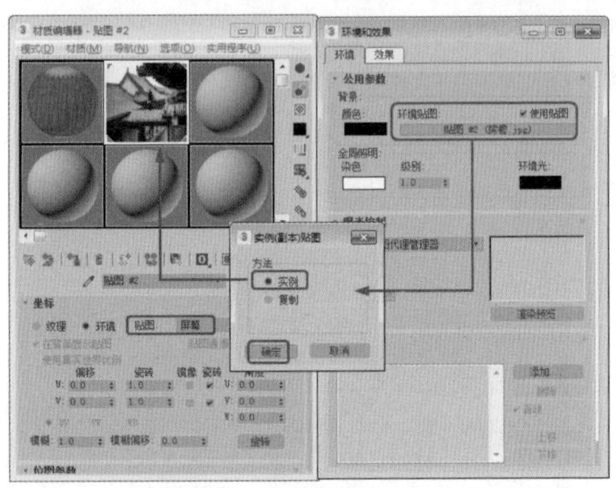

图6-112

Step 27 切换到【透视】视图，在菜单栏中选择【视图】|【视口背景】|【环境背景】命令，将【灯笼】材质指定给【灯笼】对象，如图6-113所示。

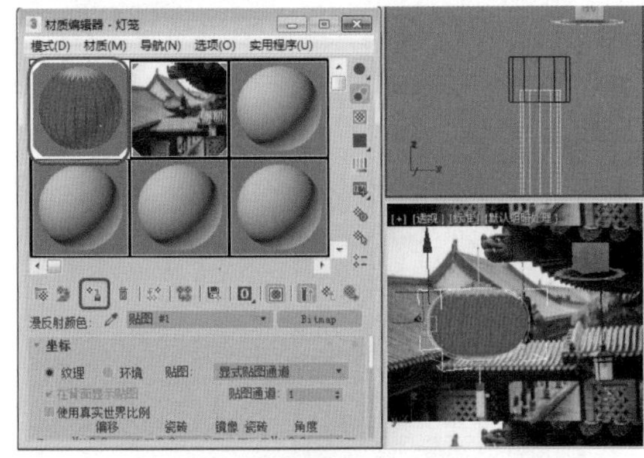

图6-113

Step 28 选择【创建】|【摄影机】|【标准】|【目标】工具，在【顶】视图中创建一架目标摄影机。在【透视】视图中按C键，转换到摄影机视图，调整目标摄影机的位置，如图6-114所示。

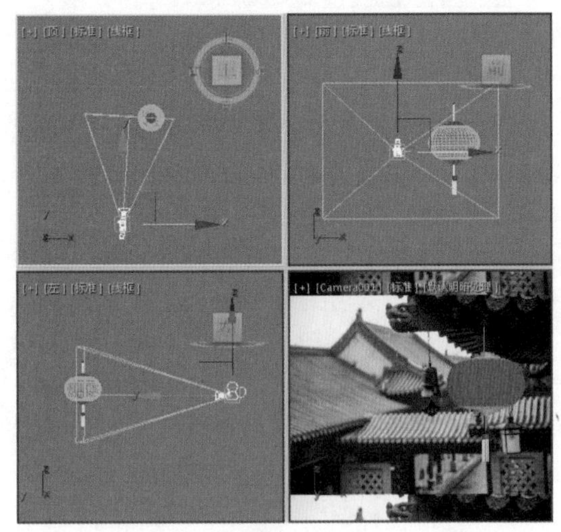

图6-114

实例155 制作抱枕

本例将介绍抱枕的制作。首先使用【切角长方体】工具和【FFD（长方体）】修改器来制作抱枕，然后为其添加背景贴图。完成后的效果如图6-115所示。

图6-115

素材	Map\抱枕背景图.jpg、抱枕贴图.jpg
场景	Scene\Cha06\实例155 制作抱枕.max
视频	视频教学\Cha06\实例155 制作抱枕.mp4

Step 01 选择【创建】 |【几何体】 |【扩展基本体】|【切角长方体】工具，在【顶】视图中创建一个切角长方体，将其命名为【抱枕001】。切换到【修改】命令面板，在【参数】卷展栏中将【长度】、【宽度】、【高度】、【圆角】、【长度分段】、【宽度分段】、【圆角分段】分别设置为400、400、100、50、5、6、3，如图6-116所示。

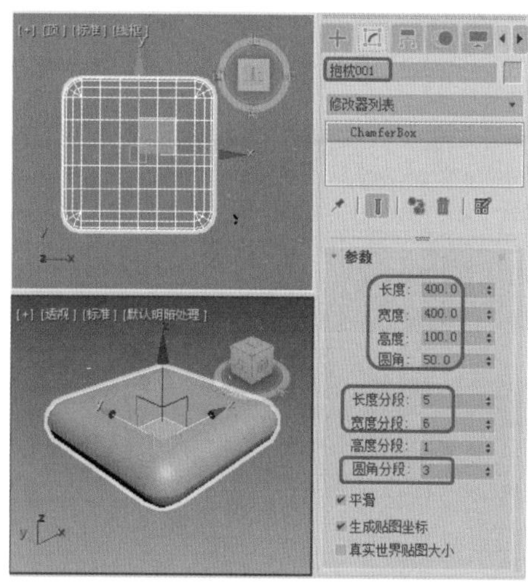

图6-116

Step 02 在修改器下拉列表中选择【FFD（长方体）】修改器，在【FFD参数】卷展栏中单击【设置点数】按钮，在弹出的【设置FFD尺寸】对话框中将【长度】、【宽度】和【高度】分别设置为5、6、2，单击【确定】按钮，如图6-117所示。

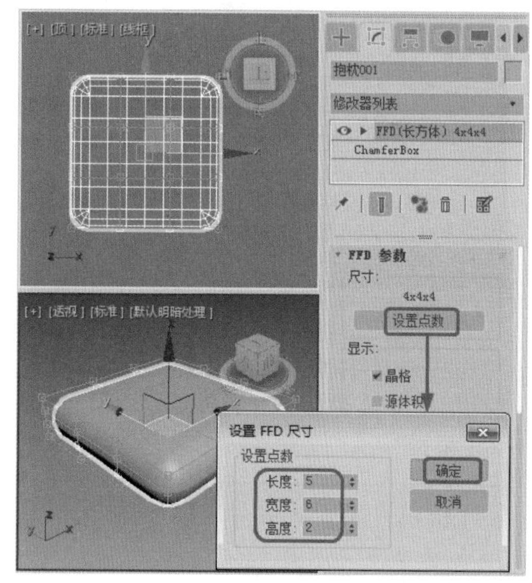

图6-117

Step 03 将当前选择集定义为【控制点】，在【顶】视图中选择最外围的所有控制点，在工具栏中单击【选择并均匀缩放】按钮，在【前】视图中沿Y轴向下拖动，如图6-118所示。

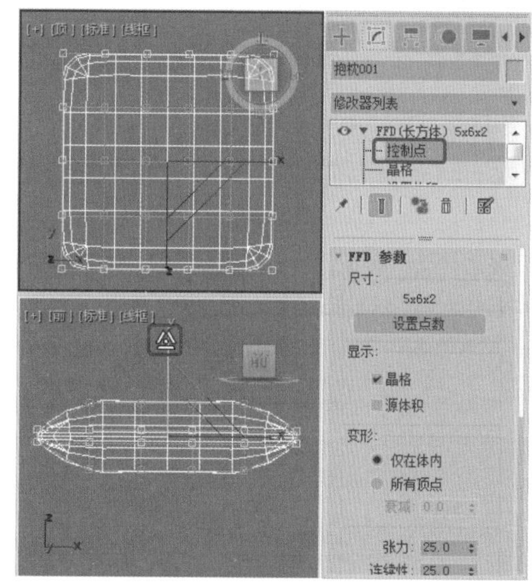

图6-118

Step 04 在【顶】视图中选中最外围除每个角外的所有控制点，将鼠标移至X、Y轴中心处并按住鼠标左键拖动，如图6-119所示。

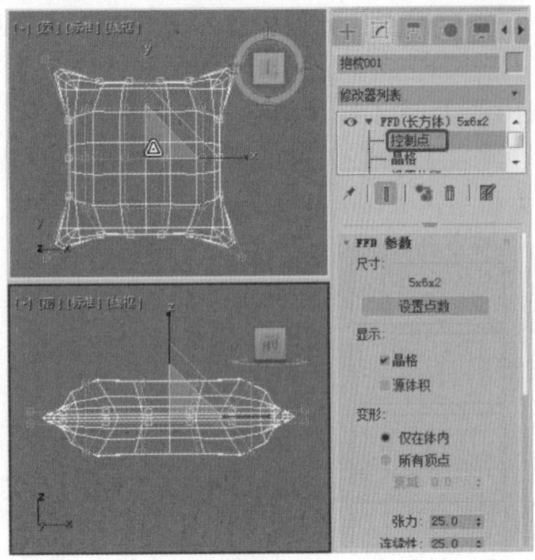

图6-119

Step 05 单击【选择并移动】按钮，在【前】视图和【左】视图中沿Y轴调整上下两边上的控制点，调整后的效果如图6-120所示。

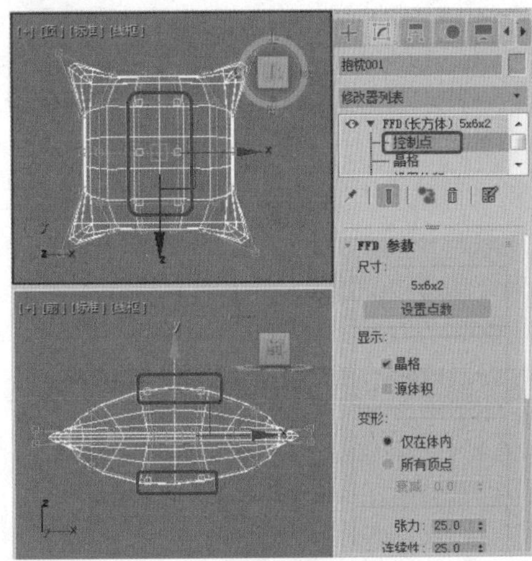

图6-120

Step 06 关闭当前选择集。在修改器下拉列表中选择【网格平滑】修改器，如图6-121所示。

提示

【网格平滑】修改器可使物体的棱角变得平滑，使外观更符合现实中的真实物体。其中【迭代次数】的值决定了平滑的程度，不过该值太大会造成面数过多，一般情况下不宜超过4。

Step 07 在场景中选择【抱枕001】对象，按M键打开【材质编辑器】对话框，选择一个新的材质样本球，将其命名为【布料材质】。在【Blinn基本参数】卷展栏中，将【自发光】下的【颜色】设置为50，如图6-122所示。

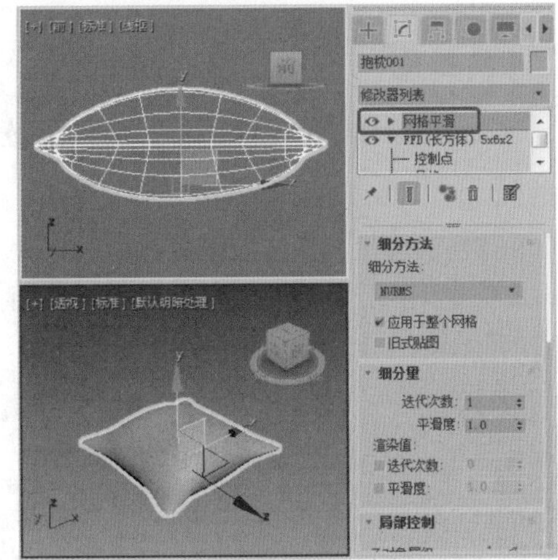

图6-121

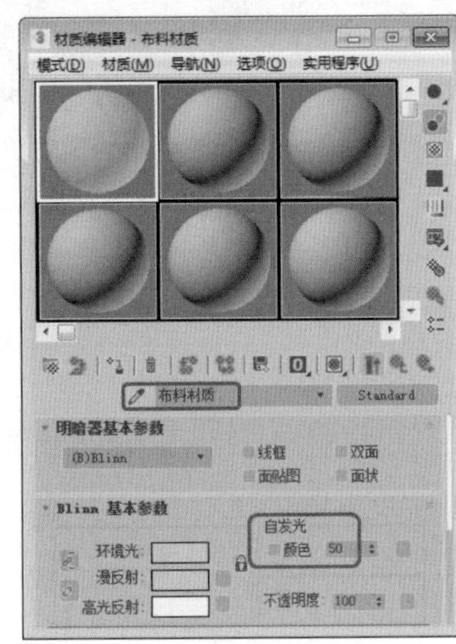

图6-122

Step 08 在【贴图】卷展栏中单击【漫反射颜色】后面的【无贴图】按钮，在弹出的【材质/贴图浏览器】对话框中选择【位图】选项，单击【确定】按钮，如图6-123所示。

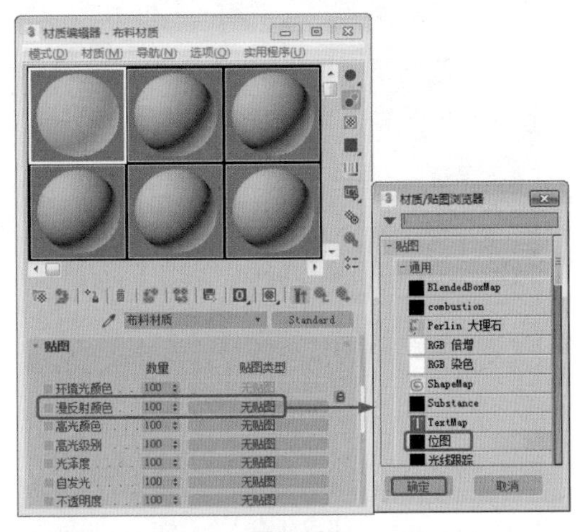

图6-123

Step 09 在弹出的对话框中选择“Map\抱枕贴图.jpg”文件，单击【打开】按钮。在【坐标】卷展栏中将【角度】下的U、V、W设置为-7、-10、50，将【模糊】设置为0.05，如图6-124所示。设置完成后，单击【转到父对象】按钮和【将材质指定给选定对象】按钮，将材质指定给【抱枕001】对象。

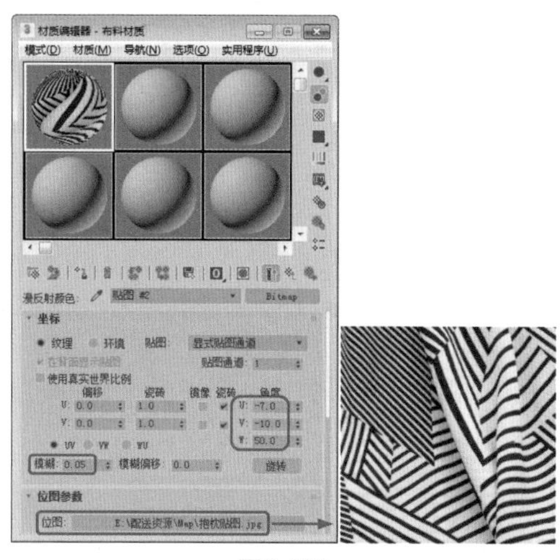

图6-124

Step 10 按8键弹出【环境和效果】对话框，在【公用参数】卷展栏中单击【无】按钮，在弹出的【材质/贴图浏览器】对话框中双击【位图】选项，在弹出的对话框中打开“抱枕背景图.jpg”素材文件，如图6-125所示。

图6-125

Step 11 在【环境和效果】对话框中，将环境贴图按钮拖动至新的材质样本球上。在弹出的【实例（副本）贴图】对话框中选中【实例】单选按钮，单击【确定】按钮。在【坐标】卷展栏中，将【贴图】设置为【屏幕】，如图6-126所示。

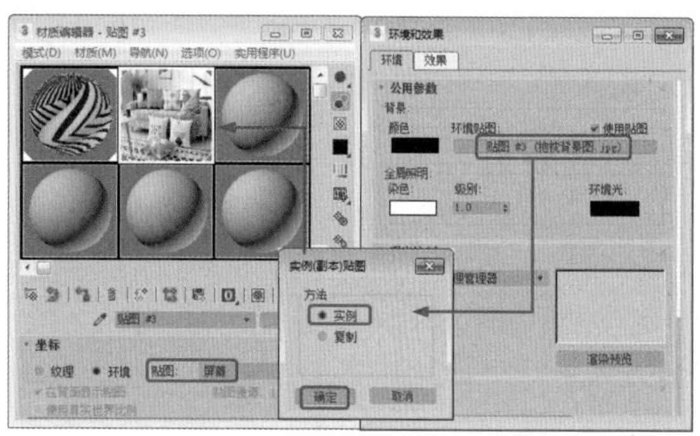

图6-126

Step 12 激活【透视】视图，在菜单栏中选择【视图】|【视口背景】|【环境背景】命令，即可在【透视】视图中显示环境背景。选择【创建】|【摄影机】|【目标】工具，在视图中创建摄影机，激活【透视】视图，按C键将其转换为摄影机视图。切换到【修改】命令面板，在【参数】卷展栏中，将【镜头】设置为35，在其他视图中调整摄影机位置，适当地旋转抱枕的旋转角度和位置，如图6-127所示。

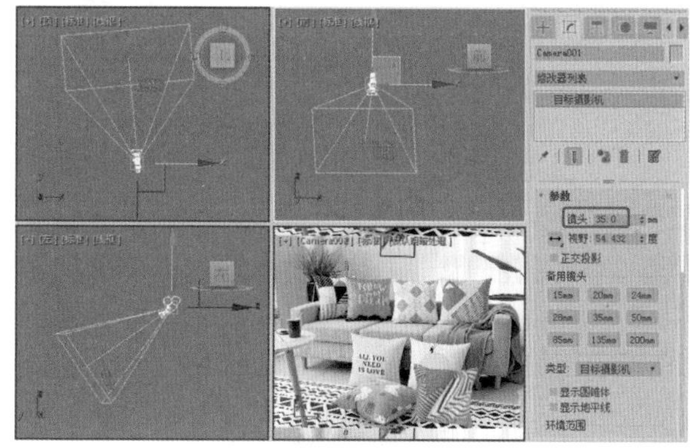

图6-127

Step 13 选择【创建】|【几何体】|【平面】工具，在【顶】视图中绘制一个平面。在【参数】卷展栏中将【长度】、【宽度】分别设置为1195、1377。选中该对象，使用【选择并移动】工具在视图中调整其位置，在该对象上右击鼠标，在弹出的快捷菜单中选择【对象属性】命令，弹出【对象属性】对话框，在【显示属性】选项组中勾选【透明】复选框。按M键，在弹出的对话框中选择一个空白的材质样本球，单击Standard按钮，在弹出的对话框中选择【无光/投影】选项，将材质指定给平面对象，如图6-128所示。

Step 14 选择【创建】|【灯光】|【标准】|【目标聚光灯】工具，在【顶】视图中创建目标聚光灯，在其他视图中调整灯光的位置。切换至【修改】命令面板，在【强度/颜色/衰减】卷展栏中将【倍增】设置为

1，效果如图6-129所示。

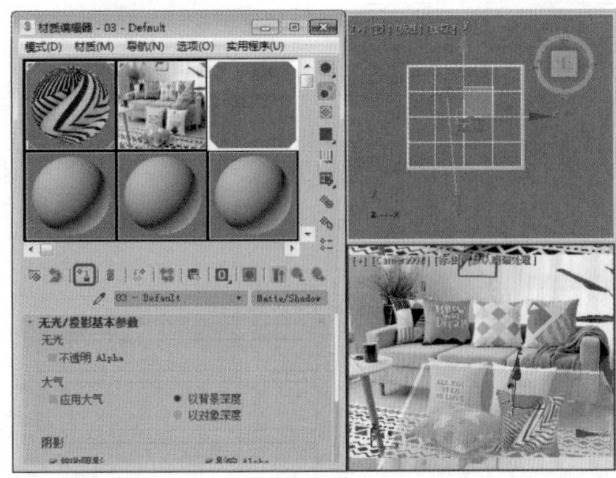

图6-128

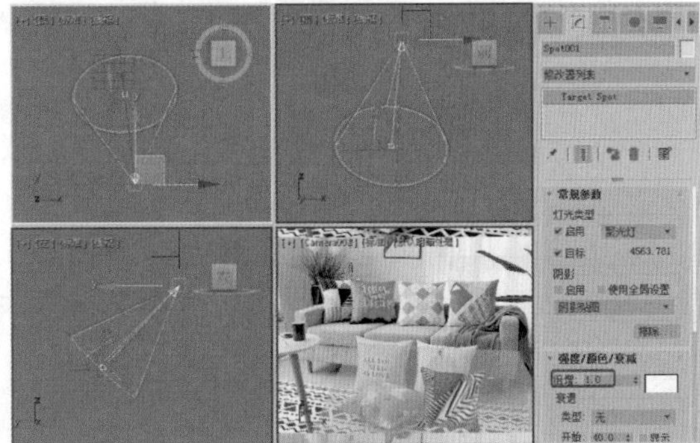

图6-129

Step 15 选择【创建】 |【灯光】 |【标准】|【泛光】工具，在【顶】视图中创建泛光灯，在其他视图中调整灯光的位置。切换至【修改】命令面板，在【常规参数】卷展栏中，勾选【阴影】选项组中的【启用】复选框，在【强度/颜色/衰减】卷展栏中将【倍增】设置为0.5，将颜色设置为黑色，如图6-130所示。

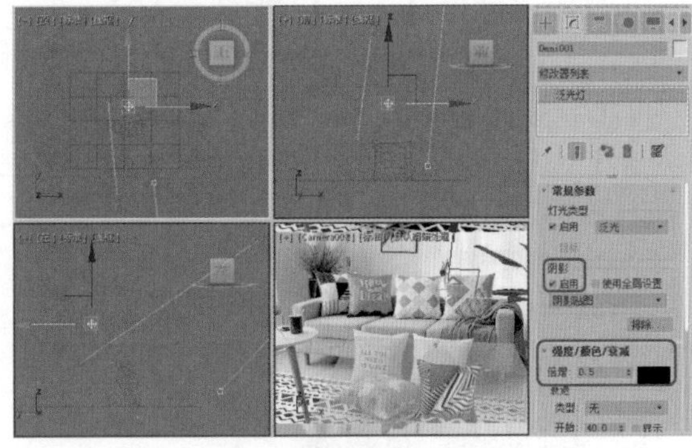

图6-130

Step 16 选择【创建】 |【灯光】 |【标准】|【天光】工具，在【顶】视图中创建天光。切换到【修改】命令面板，在【天光参数】卷展栏中将【倍增】设置为0.1，勾选【渲染】选项组中的【投射阴影】复选框，如图6-131所示。

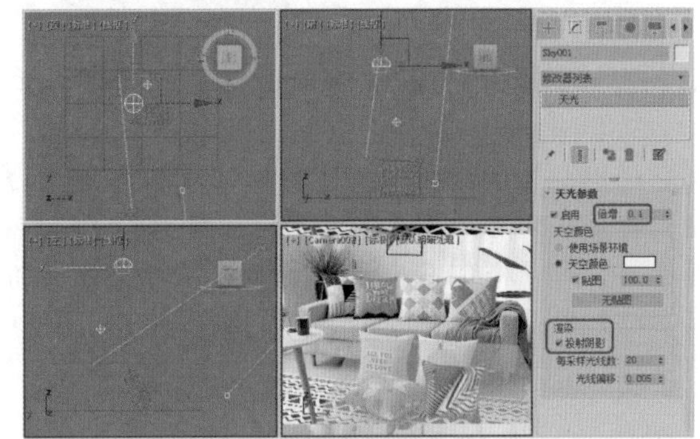

图6-131

Step 17 至此，抱枕的制作就完成了。激活摄影机视图，对视图进行渲染即可。

第7章 材质与贴图

本章导读

材质是指物体表面或许多个面的特性，它决定在着色时的特定的表现方式。材质在表现模型对象时起着至关重要的作用。材质的调试主要在材质编辑器中完成，通过设置不同的材质通道，可以调试出逼真的材质效果，使模型对象能够被完美地表现。

实例 156 为咖啡杯添加瓷器材质

本案例将介绍如何为咖啡杯添加瓷器材质。该案例主要通过为选中的咖啡杯设置环境光、自发光以及反射高光参数，从而使其达到瓷器效果，如图7-1所示。

图7-1

素材	Scene\Cha07\为咖啡杯添加瓷器材质.max
场景	Scene\Cha07\实例156 为咖啡杯添加瓷器材质.max
视频	视频教学\Cha07\实例156 为咖啡杯添加瓷器材质.mp4

Step 01 按Ctrl+O组合键，打开“Scene\Cha07\为咖啡杯添加瓷器材质.max”素材文件，如图7-2所示。

图7-2

Step 02 在场景文件中选中【咖啡杯】，按M键打开【材质编辑器】对话框，在该对话框中选择一个材质样本球，将其命名为【咖啡杯】。在【Blinn基本参数】卷展栏中将【环境光】的RGB设置为255、255、255，将【自发光】设置为15，将【反射高光】选项组中的【高光级别】、【光泽度】分别设置为93、75，如图7-3所示。

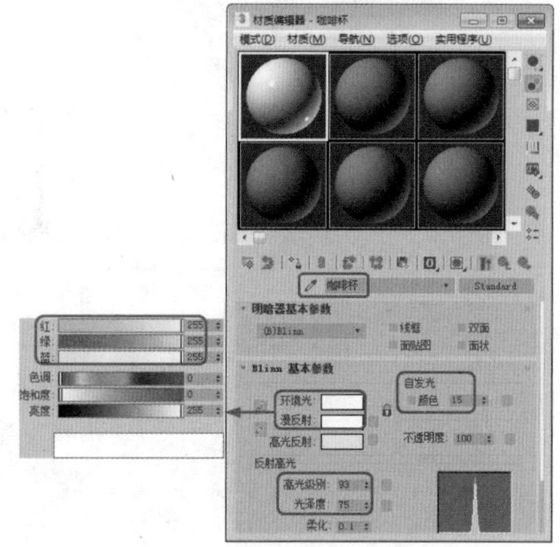

图7-3

Step 03 单击【将材质指定给选定对象】按钮，指定完成后的效果如图7-4所示。将材质编辑器关闭，激活摄影机视图，按F9键进行渲染即可。

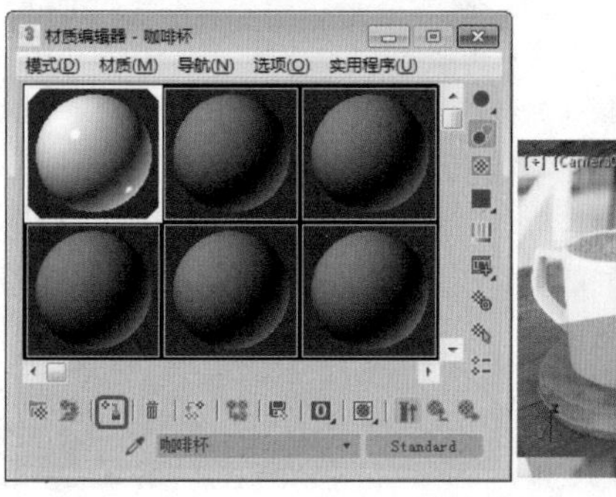

图7-4

实例 157 为勺子添加不锈钢材质

本案例将介绍为勺子添加不锈钢材质。该效果主要通过设置明暗器类型、添加反射贴图等来达到不锈钢效果，如图7-5所示。

图7-5

素材	Scene\Cha07\为勺子添加不锈钢材质.max Map\Chromic.jpg
场景	Scene\Cha07\实例157 为勺子添加不锈钢材质.max
视频	视频教学\Cha07\实例157 为勺子添加不锈钢材质.mp4

Step 01 按Ctrl+O组合键，打开“Scene\Cha07\为勺子添加不锈钢材质.max”素材文件，在场景文件中选择【勺子】，如图7-6所示。

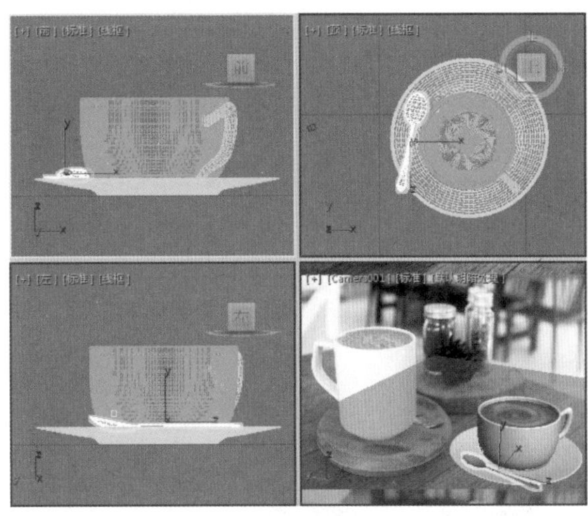

图7-6

Step 02 按M键，打开【材质编辑器】对话框，在该对话框中选择一个材质样本球，将其命名为【勺子】。在【明暗器基本参数】卷展栏中将明暗器类型设置为【（M）金属】，在【金属基本参数】卷展栏中单击【环境光】左侧的按钮，取消【环境光】与【漫反射】的链接，将【环境光】的RGB设置为0、0、0，将【漫反射】的RGB设置为255、255、255，将【自发光】设置为5，在【反射高光】选项组中将【高光级别】和【光泽度】分别设置为100、80，如图7-7所示。

◎提示

制作中没有严格的要求非要将漫反射贴图与环境光贴图锁定在一起，通过对漫反射贴图和环境光贴图分别指定不同的贴图，可以制作出很多有趣的融合效果。但如果漫反射贴图用于模拟单一的表面，就需要将漫反射贴图和环境光贴图锁定在一起。

Step 03 在【贴图】卷展栏中单击【反射】右侧的【无贴图】按钮，在弹出的对话框中选择【位图】选项，单击【确定】按钮。在弹出的对话框中选择Map\Chromic.jpg贴图文件，单击【打开】按钮，如图7-8所示。

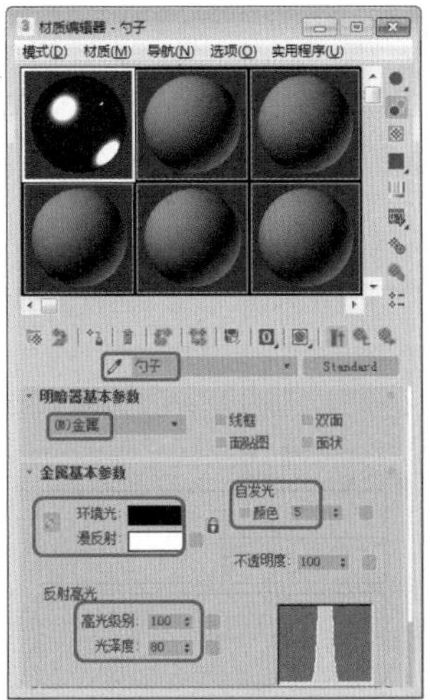

图7-7

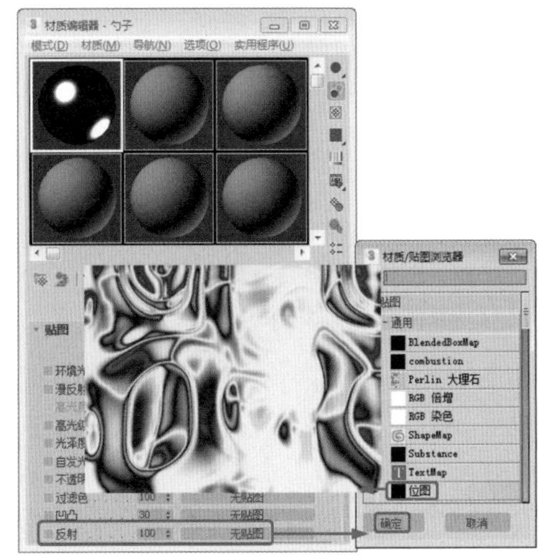

图7-8

Step 04 在【坐标】卷展栏中将【模糊偏移】设置为0.096。设置完成后，单击【将材质指定给选定对象】按钮，如图7-9所示，对完成后的场景进行保存即可。

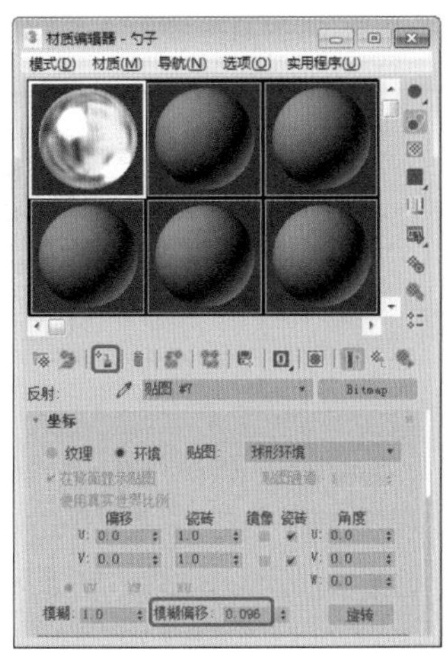

图7-9

实例158 为桌子添加木质材质

本例将介绍如何为桌子添加木质材质。首先通过为【漫反射颜色】通道添加【位图】贴图来设置木纹材质，最后将设置好的材质指定给选定对象，效果如图7-10所示。

图7-10

素材	Scene\Cha07\为桌子添加木质材质.max Map\ A-d-017.jpg
场景	Scene\Cha07\实例158 为桌子添加木质材质.max
视频	视频教学\Cha07\实例158 为桌子添加木质材质.mp4

Step 01 按Ctrl+O组合键，打开“Scene\Cha07\为桌子添加木质材质.max”素材文件，在【顶】视图中框选所有的桌子对象，如图7-11所示。

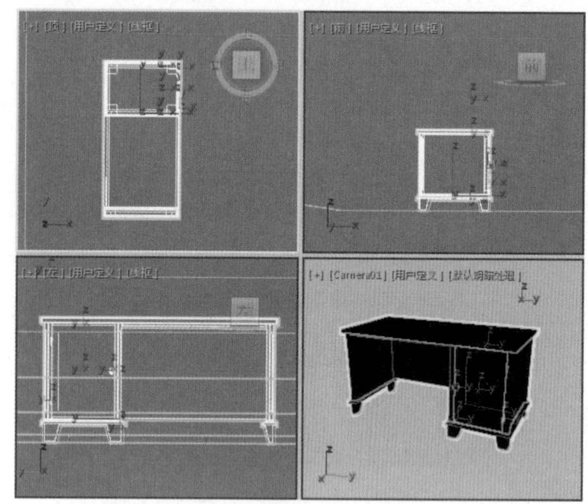

图7-11

Step 02 按M键，在弹出的对话框中选择一个材质样本球，将其命名为【桌子】。在【Blinn基本参数】卷展栏中将【环境光】的RGB设置为255、192、83，将【自发光】设置为35，将【反射高光】选项组中的【高光级别】、【光泽度】分别设置为178、68，如图7-12所示。

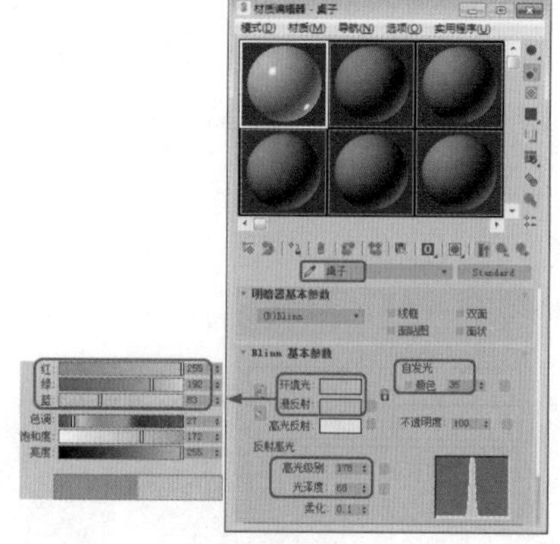

图7-12

Step 03 在【贴图】卷展栏中单击【漫反射颜色】右侧的【无贴图】按钮，在弹出的对话框中选择【位图】选项，单击【确定】按钮。在弹出的对话框中选择A-d-017.jpg贴图文件，单击【打开】按钮，如图7-13所示。

图7-13

Step 04 在【坐标】卷展栏中将【瓷砖】下的U、V分别设置为2、1，将【模糊偏移】设置为0.05，如图7-14所示。

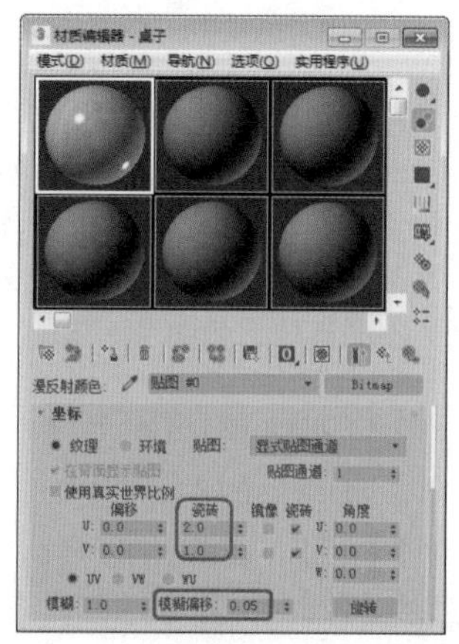

图7-14

Step 05 单击【将材质指定给选定对象】按钮，将材质编辑器关闭。激活摄影机视图，按F9键进行渲染即可。

实例159 为礼盒添加多维次物体材质

本例将介绍多维次物体材质的制作。首先设置模型的ID面，然后通过【多维/子对象】材质来表现其效果，效果如图7-15所示。

图7-15

素材	Scene\Cha07\为礼盒添加多维次物体材质.max Map\1副本.tif、2副本.tif、3副本.tif
场景	Scene\Cha07\实例159 为礼盒添加多维次物体材质.max
视频	视频教学\Cha07\实例159 为礼盒添加多维次物体材质.mp4

Step 01 按Ctrl+O组合键，打开"Scene\Cha07\为礼盒添加多维次物体材质.max"素材文件，如图7-16所示。

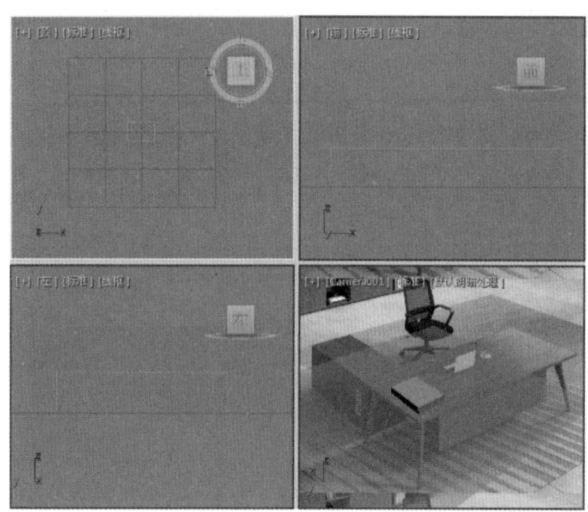

图7-16

Step 02 在场景中选中【礼盒】，切换到【修改】命令面板，在修改器下拉列表中选择【编辑多边形】修改器，将当前选择集定义为【多边形】。在视图中选择正面和背面，在【多边形：材质ID】卷展栏中的【设置ID】文本框中输入1，按Enter键确认，如图7-17所示。

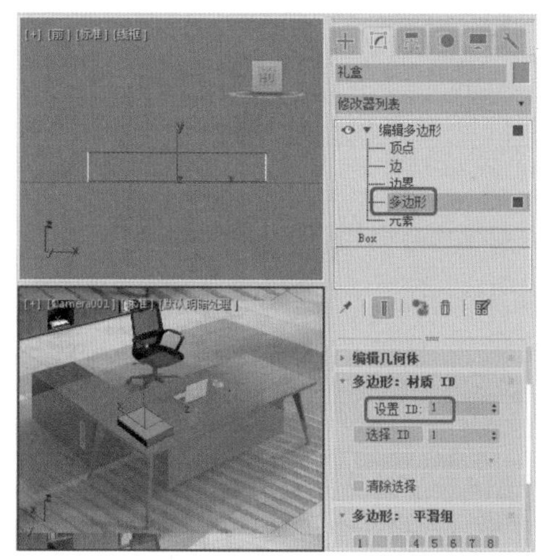

图7-17

提示

【设置 ID】：用于向选定的多边形分配特殊的材质 ID 编号，以供与【多维/子对象】材质和其他应用一同使用。

【选择 ID】：选择相邻 ID 字段中指定的【材质 ID】对应的多边形。

Step 03 在视图中选择如图7-18所示的面，在【多边形：材质ID】卷展栏中的【设置ID】文本框中输入2，按Enter键确认。

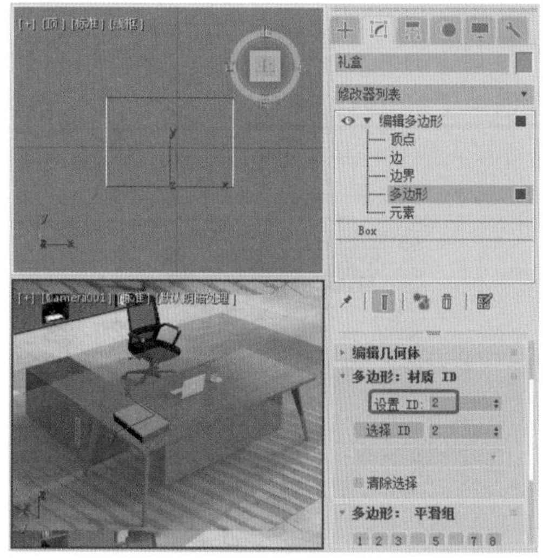

图7-18

Step 04 在视图中选择如图7-19所示的面，在【多边形：材质ID】卷展栏中的【设置ID】文本框中输入3，按Enter键确认。

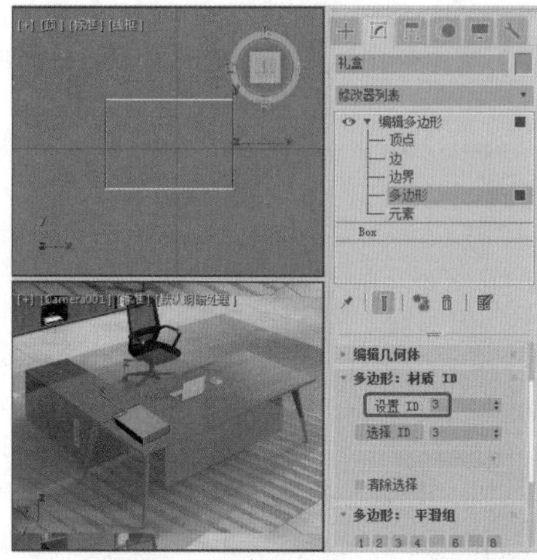

图7-19

Step 05 关闭当前选择集。按M键，打开【材质编辑器】对话框，选择一个新的材质样本球，单击Standard按钮，在弹出的【材质/贴图浏览器】对话框中选择【多维/子对象】选项，如图7-20所示。

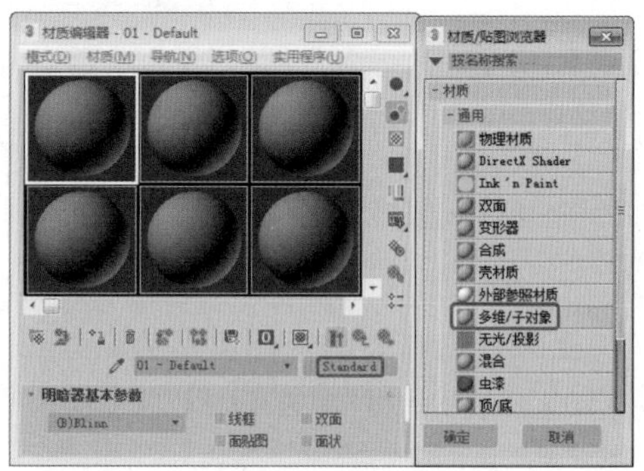

图7-20

Step 06 单击【确定】按钮，在弹出的【替换材质】对话框中选中【将旧材质保存为子材质？】单选按钮，单击【确定】按钮，如图7-21所示。

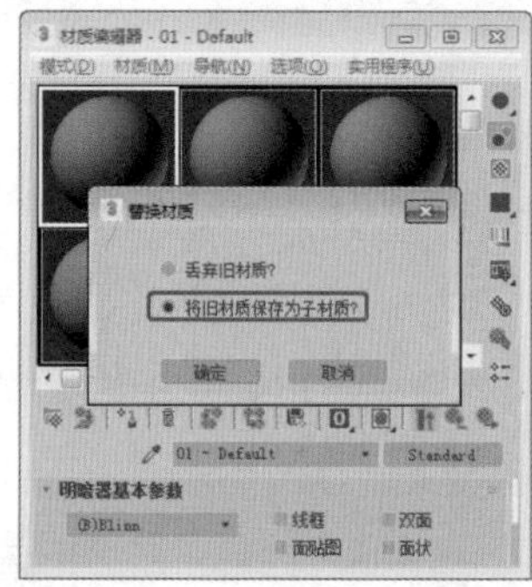

图7-21

> **提示**
>
> 【多维/子对象】用于将多种材质赋予给物体的各个次对象，在物体表面的不同位置显示不同的材质。该材质是根据次对象的ID号进行设置的，使用该材质前，首先要给物体的各个次对象分配ID号。

Step 07 在【多维/子对象基本参数】卷展栏中单击【设置数量】按钮，在弹出的对话框中将【材质数量】设置3，单击【确定】按钮，如图7-22所示。

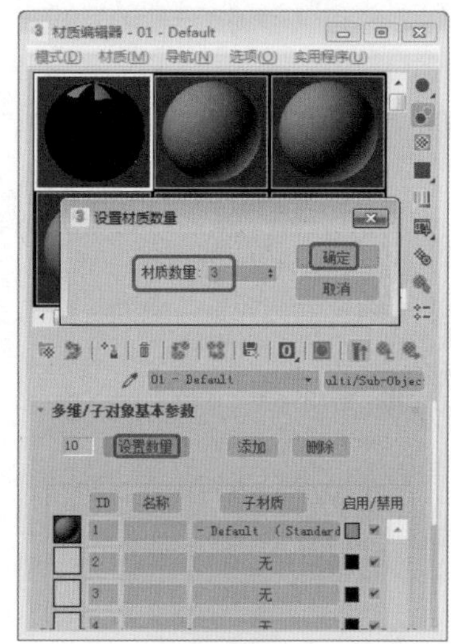

图7-22

Step 08 在【多维/子对象基本参数】卷展栏中单击ID1右侧的子材质按钮，在【Blinn基本参数】卷展栏中将【环境光】和【漫反射】的RGB都设置为255、187、80，将【自发光】设置为80，在【反射高光】选项组中将【高光级别】和【光泽度】分别设置为20、10，如图7-23所示。

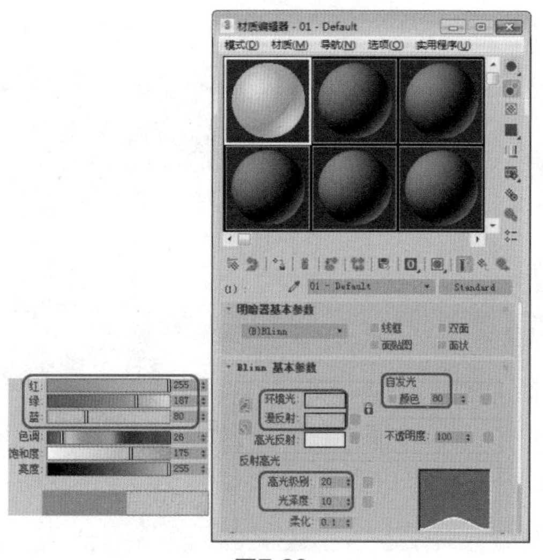

图7-23

Step 09 在【贴图】卷展栏中，单击【漫反射颜色】右侧的【无贴图】按钮，在弹出的【材质/贴图浏览器】对话框中选择【位图】选项，单击【确定】按钮，如图7-24所示。

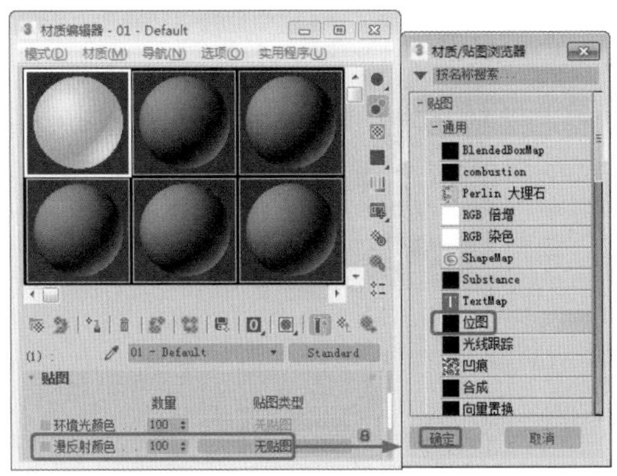

图7-24

Step 10 在弹出的对话框中打开“Map\1副本.tif”文件，在【坐标】卷展栏中使用默认参数，如图7-25所示。

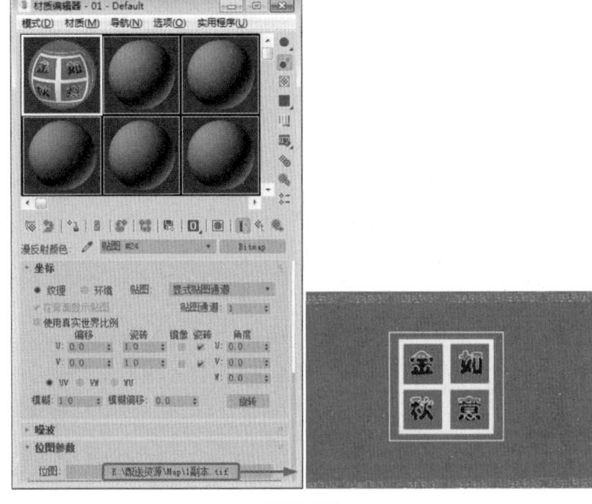

图7-25

Step 11 单击【转到父对象】按钮，在【贴图】卷展栏中，将【漫反射颜色】右侧的材质按钮拖动到【凹凸】右侧的材质按钮上，在弹出的对话框中选中【复制】单选按钮，单击【确定】按钮，如图7-26所示。

Step 12 单击【视口中显示明暗处理材质】按钮和【将材质指定给选定对象】按钮，指定材质后的效果如图7-27所示。

Step 13 单击【转到父对象】按钮，在【多维/子对象基本参数】卷展栏中单击ID2右侧的【无】按钮，在弹出的【材质/贴图浏览器】对话框中选择【标准】选项，单击【确定】按钮，如图7-28所示。

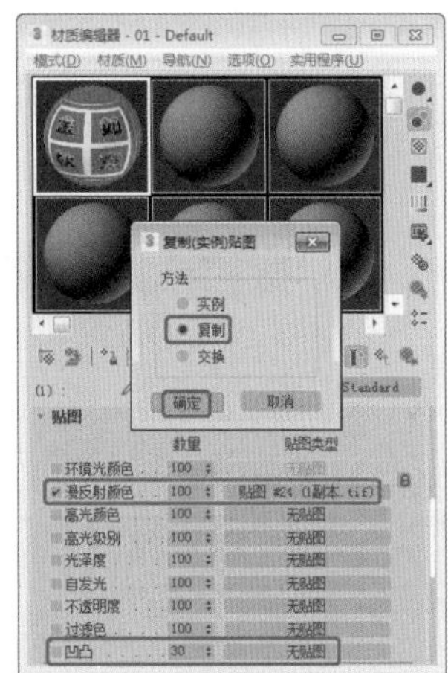

图7-26

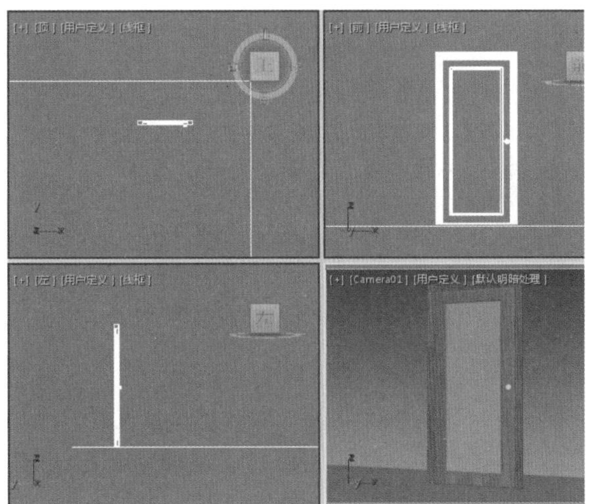

图7-27

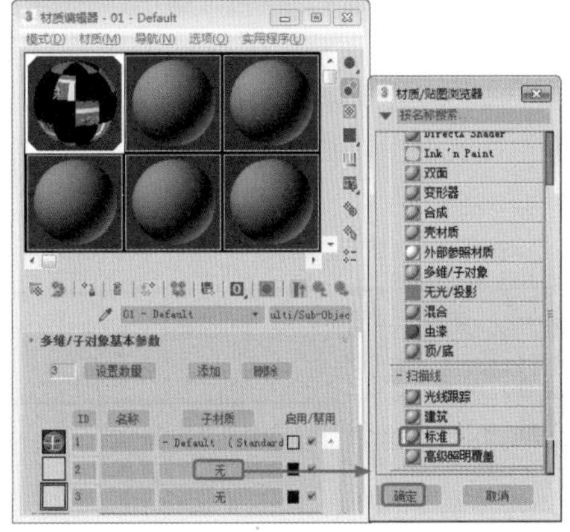

图7-28

Step 14 在【Blinn基本参数】卷展栏中将【环境光】和【漫反射】的RGB设置为255、186、0，将【自发光】设置为80，在【反射高光】选项组中，将【高光级别】和【光泽度】分别设置为20、10，如图7-29所示。

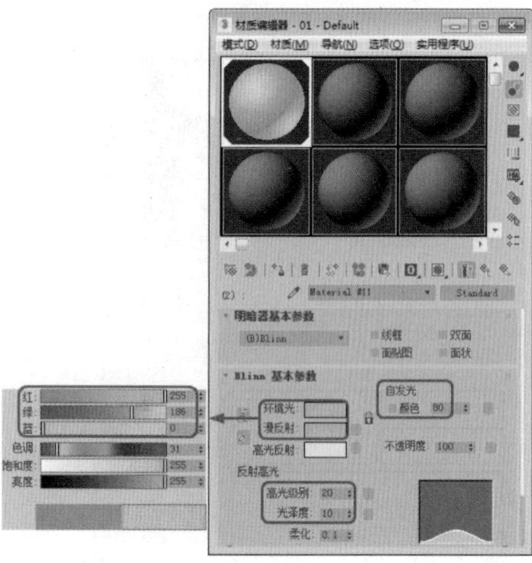

图7-29

◎提示·◦

【自发光】参数的设置可以使材质具备自身发光效果，常用于制作灯泡、太阳等光源。100％的发光度会使阴影色失效，对象在场景中不受到来自其他对象的投影影响，自身也不受灯光的影响，只表现出漫反射的纯色和一些反光，亮度值（HSV颜色值）一般与场景灯光保持一致。在3ds Max中，自发光颜色可以直接显示在视图中。以前的版本只在视图中显示自发光值，但不显示其颜色。

指定自发光有两种方式。一种是勾选前面的复选框，使用带有颜色的自发光。另一种是取消勾选复选框，使用可以调节数值的单一颜色的自发光，对数值的调节可以看作是对自发光颜色的灰度比例进行调节。

Step 15 在【贴图】卷展栏中单击【漫反射颜色】右侧的【无贴图】按钮，在弹出的对话框中双击【位图】选项，在弹出的对话框中打开“Map\2副本.tif”文件，在【坐标】卷展栏中，将【角度】下的W设置为180，如图7-30所示。

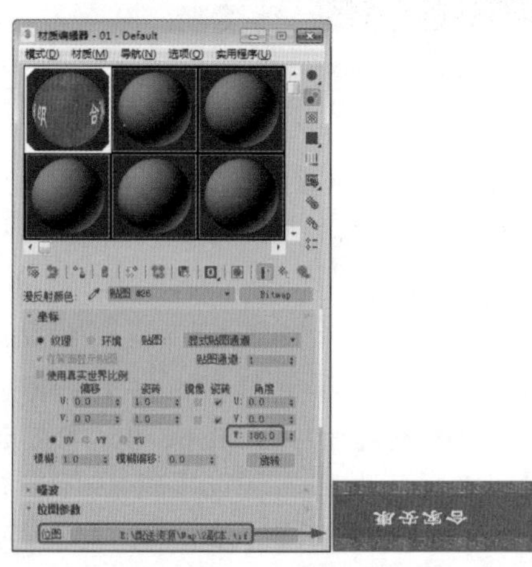

图7-30

Step 16 单击【转到父对象】按钮，在【贴图】卷展栏中，将【漫反射颜色】右侧的材质按钮拖动到【凹凸】右侧的材质按钮上，在弹出的对话框中选中【复制】单选按钮，单击【确定】按钮，如图7-31所示。

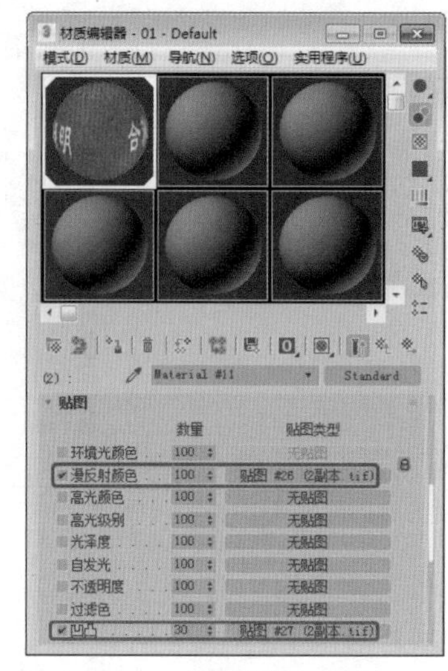

图7-31

Step 17 使用前面介绍的方法设置ID3的材质，如图7-32所示。

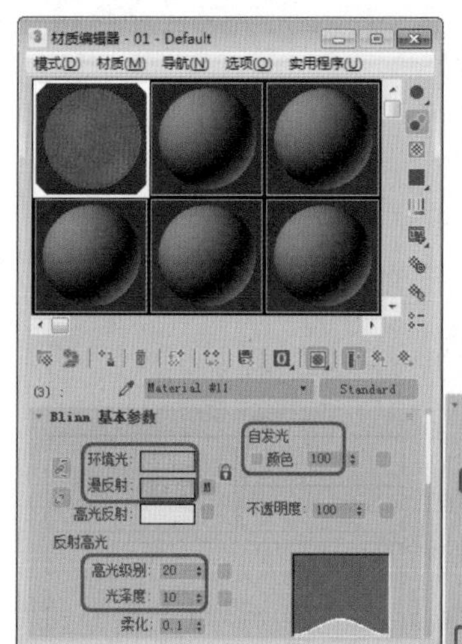

图7-32

实例160 为苹果添加复合材质

本例将介绍如何制作苹果的材质。苹果一般分为两部分：苹果主体部分和把儿，主要使用【漫反射颜色】、【凹凸】贴图制作而成，效果如图7-33所示。

图7-33

素材	Scene\Cha07\为苹果添加复合材质.max Map\ Apple-A.jpg、Apple-B. jpg Stemcolr.TGA、Stembump.TGA
场景	Scene\Cha07\实例160 为苹果添加复合材质.max
视频	视频教学\Cha07\实例160 为苹果添加复合材质.mp4

Step 01 按Ctrl+O组合键，打开“Scene\Cha07\为苹果添加复合材质.max”素材文件，如图7-34所示。

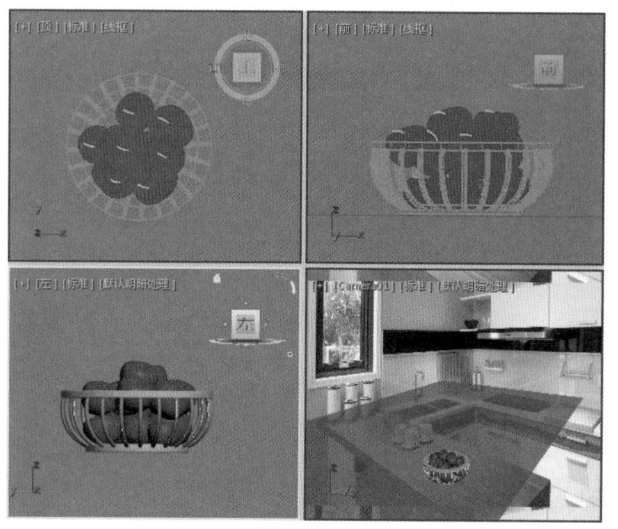

图7-34

Step 02 按M键，打开【材质编辑器】对话框，选择一个空的材质样本球，将其命名为【苹果】。将【环境光】和【漫反射】的RGB都设置为137、50、50，将【自发光】下的【颜色】设置为15，将【高光级别】设置为45，将【光泽度】设置为25，如图7-35所示。

提示

除了上述方法可以打开【材质编辑器】对话框以外，还可以直接在工具栏中单击【材质编辑器】按钮，也可以在菜单栏中执行【渲染】|【材质编辑器】命令，在弹出的子菜单中选择相应的材质编辑器选项即可。

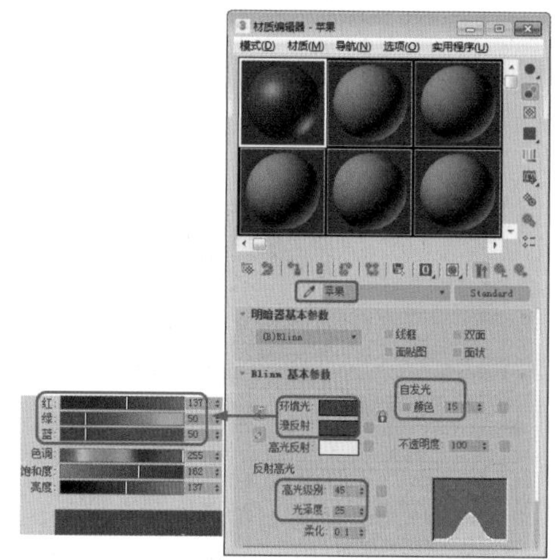

图7-35

Step 03 切换到【贴图】卷展栏中，单击【漫反射颜色】后面的【无贴图】按钮，弹出【材质/贴图浏览器】对话框，选择【贴图】|【通用】|【位图】选项，弹出【选择位图图像文件】对话框，选择Map\Apple-A.jpg文件，单击【打开】按钮。返回到【材质编辑器】对话框中，保持默认值，单击【转到父对象】按钮，单击【凹凸】后面的【无贴图】按钮，弹出【材质/贴图浏览器】对话框，选择【贴图】|【通用】|【位图】选项，弹出【选择位图图像文件】对话框，选择Map\Apple-B.jpg文件。返回到【材质编辑器】对话框中，单击【返回到父对象】按钮，将【凹凸】设置为12，如图7-36所示。

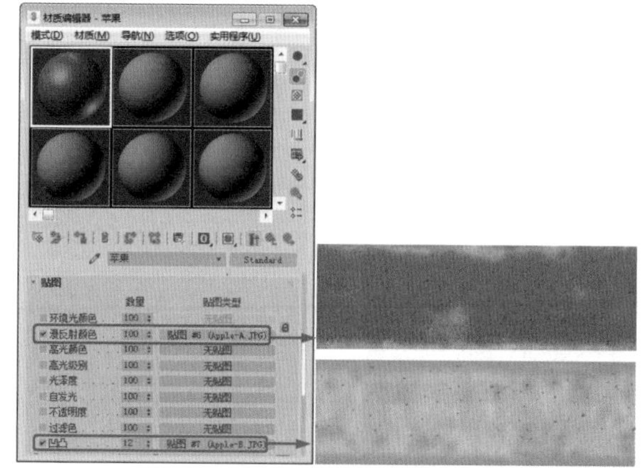

图7-36

Step 04 选择一个空的材质样本球，将其命名为【把】，将明暗器的类型设置为（B）Blinn。在【Blinn基本参数】卷展栏中取消【环境光】和【漫反射】的锁定，将【环境光】的RGB设置为44、14、2，将【漫反射】的RGB设置为100、44、22，将【高光反射】的RGB设置为241、222、171，将【自发光】选项组中的【颜色】设置为9，将【反射高光】选项组中的【高光级别】设置为75，将【光泽度】设置为15，如图7-37所示。

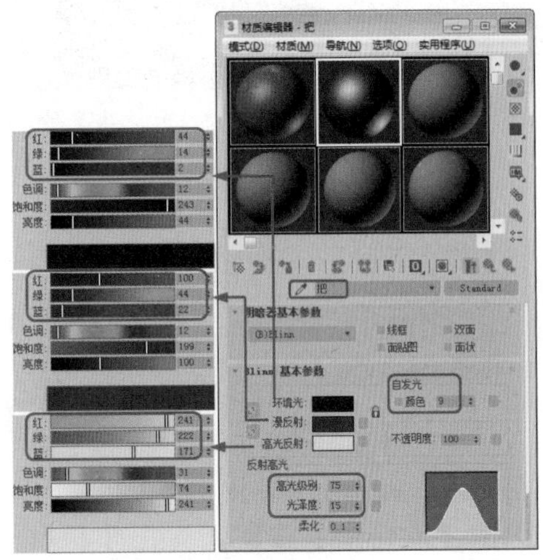

图7-37

> ◎提示·◦
>
> 在设置【自发光】选项组中的【颜色】时，可以勾选【颜色】左侧的复选框，通过其后面的色块来设置不同的颜色。在渲染时系统会根据所选的颜色的色相、明度等来调整物体自发光的亮度、颜色。

Step 05 切换到【贴图】卷展栏中，单击【漫反射颜色】后面的【无贴图】按钮，弹出【材质/贴图浏览器】对话框，选择【贴图】|【通用】|【位图】选项，弹出【选择位图图像文件】对话框，选择Map\Stemcolr.TGA文件，单击【打开】按钮。返回到【材质编辑器】对话框中，选择【位图参数】卷展栏，在【裁剪/放置】选项组中勾选【应用】复选框，将U、V、W、H分别设置为0、0.099、1、0.901，单击【转到父对象】按钮，查看效果，如图7-38所示。

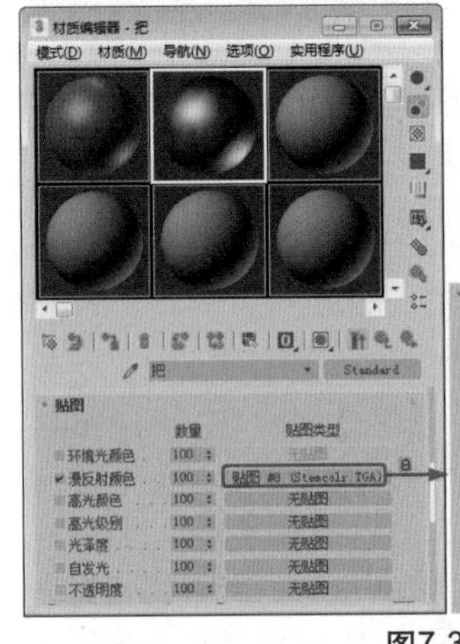

图7-38

Step 06 单击【高光级别】后面的【无贴图】按钮，弹出【材质/贴图浏览器】对话框，选择【贴图】|【通用】|【位图】选项，弹出【选择位图图像文件】对话框，选择Map\Stembump.TGA文件，单击【打开】按钮。返回到【材质编辑器】对话框中，保持默认值。单击【转到父对象】按钮，将【高光级别】的设置为78，单击【凹凸】后面的【无贴图】按钮，在弹出的对话框中选择【位图】选项，弹出【选择位图图像文件】对话框，选择Map\Stembump.TGA文件，单击【打开】按钮，返回到【材质编辑器】对话框中，保持默认值，单击【转到父对象】按钮，查看效果，如图7-39所示。

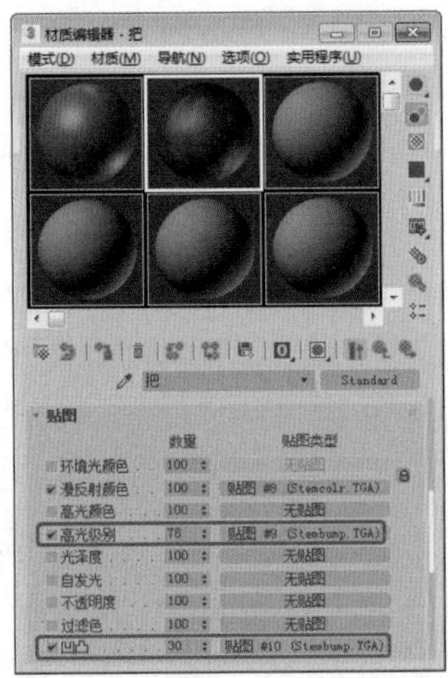

图7-39

Step 07 将制作好的材质分别指定给场景中的图形，按F9键进行渲染即可。

实例161 为植物添加渐变材质

本例将介绍如何利用【渐变材质】制作出栩栩如生的植物。本例的重点是渐变色的选择，合理的渐变色的搭配能起到意想不到的效果，如图7-40所示。

图7-40

素材	Scene\Cha07\为植物添加渐变材质.max
场景	Scene\Cha07\实例161 为植物添加渐变材质.max
视频	视频教学\Cha07\实例161 为植物添加渐变材质.mp4

Step 01 按Ctrl+O组合键，打开“Scene\Cha07\为植物添加渐变材质.max”素材文件，如图7-41所示。

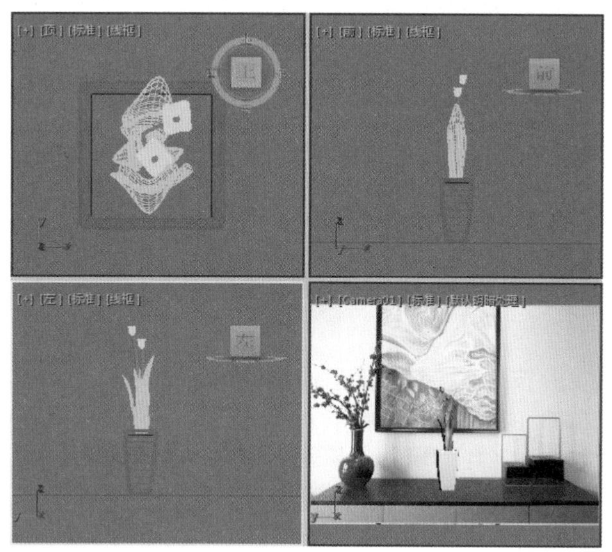

图7-41

Step 02 按M键，打开【材质编辑器】对话框，选择一个空的样本球，将其命名为【花朵】。在【明暗器基本参数】卷展栏中将明暗器的类型设置为（B）Blinn，在【Blinn基本参数】卷展栏中将【自发光】中的【颜色】设置为50，如图7-42所示。

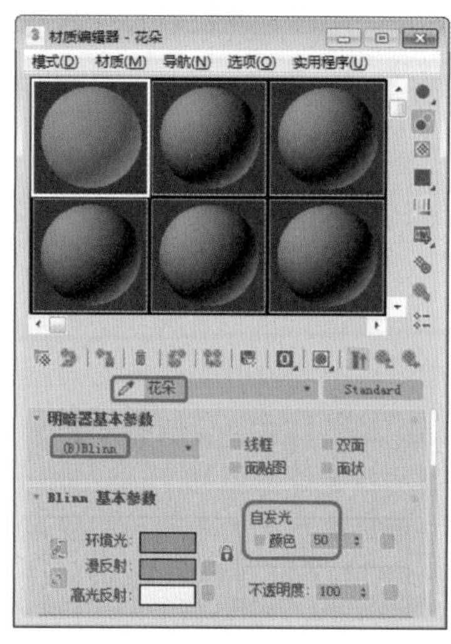

图7-42

Step 03 在【贴图】卷展栏中单击【漫反射颜色】后面的【无贴图】按钮，弹出【材质/贴图浏览器】对话框，选择【贴图】|【标准】|【渐变】选项，单击【确定】按钮，进入渐变的材质编辑器中，在【渐变参数】卷展栏，将【颜色#1】的RGB设置为49、137、233，将【颜色#2】的RGB设置为240、235、152，将【颜色2位置】设置为0.3，如图7-43所示。

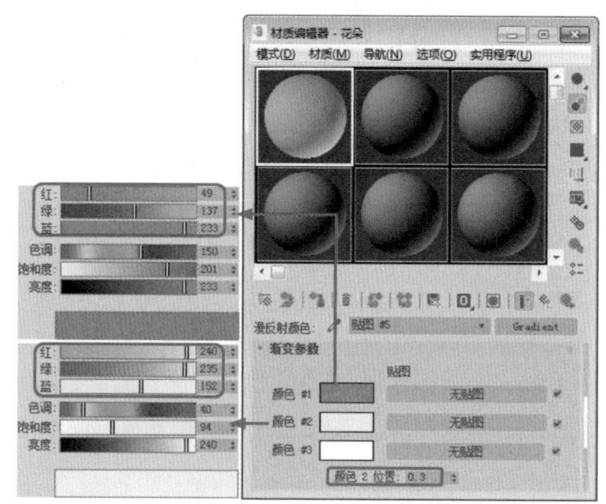

图7-43

Step 04 单击【转到父对象】按钮，选择一个空的样本球，将其命名为【叶子】，确认明暗器的类型为（B）Blinn。切换到【贴图】卷展栏，单击【漫反射颜色】右侧的【无贴图】按钮，弹出【材质/贴图浏览器】对话框，选择【贴图】|【通用】|【渐变】选项，如图7-44所示。

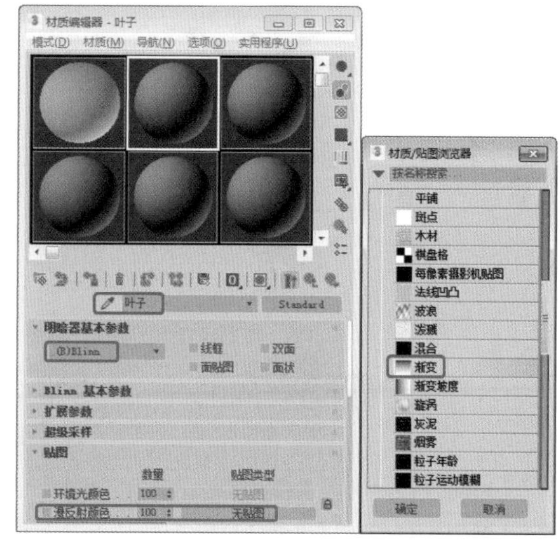

图7-44

Step 05 单击【确定】按钮，进入渐变的材质编辑器中。切换到【渐变参数】卷展栏中，将【颜色#1】的RGB设置为22、119、0，将【颜色#2】的RGB 设置为223、220、172，将【颜色#3】的RGB设置为168、164、101，将【颜色2位置】设置为0.2，如图7-45所示。

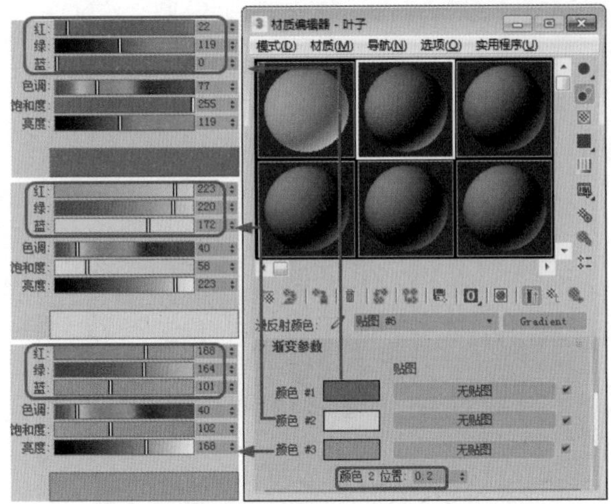

图7-45

Step 06 单击【转到父对象】按钮，将创建的材质分别指定给场景中的对象。

实例 162 为盆栽添加材质

本例将介绍如何为植物添加材质，主要应用【混合材质】功能，以及合理的贴图，效果如图7-46所示。

图7-46

素材	Scene\Cha07\为盆栽添加材质.max Map\Arch41_029_leaf_1.jpg、Arch41_029_leaf_2.jpg、Arch41_029_leaf_mask.jpg、Arch41_029_leaf_bump.jpg、Arch41_029_bark.jpg、Arch41_029_bark_bump.jpg
场景	Scene\Cha07\实例162 为盆栽添加材质.max
视频	视频教学\Cha07\实例162 为盆栽添加材质.mp4

Step 01 按Ctrl+O组合键，打开"Scene\Cha07\为盆栽添加材质.max"素材文件，如图7-47所示。

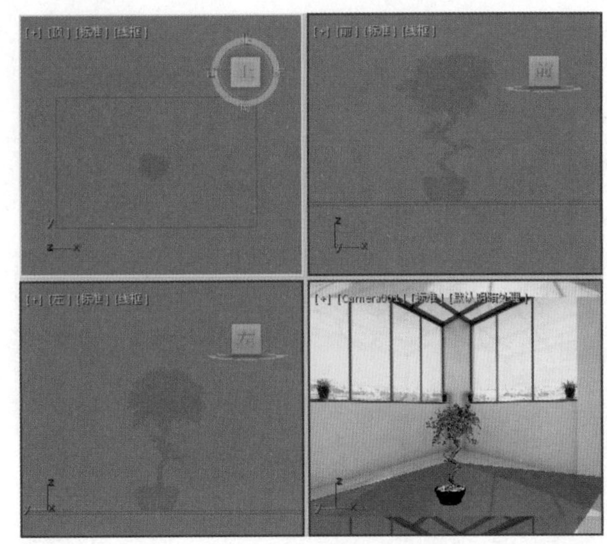

图7-47

Step 02 按M键，打开【材质编辑器】对话框，选择一个空的样本球，将其命名为【树叶】，将明暗器的类型设置为（B）Blinn。切换到【贴图】卷展栏，单击【漫反射颜色】右侧的【无贴图】按钮，弹出【材质/贴图浏览器】对话框，选择【贴图】|【通用】|【混合】选项，单击【确定】按钮，如图7-48所示。

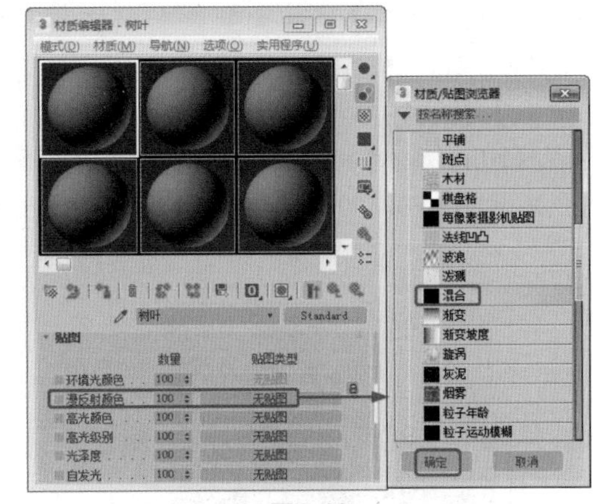

图7-48

提示

【混合】材质是指在曲面的单个面上将两种材质进行混合。通过设置【混合量】参数可控制材质的混合程度。该参数还可以用来绘制材质变形功能曲线，以控制随时间混合两个材质的方式。

Step 03 在【混合选项】参数卷展栏中单击【颜色#1】后面的【无贴图】按钮，弹出【材质/贴图浏览器】对话框，选择【贴图】|【通用】|【位图】选项，单击【确定】按钮，弹出【选择位图图像文件】对话框，选择Map\Arch41_029_leaf_1.jpg文件，单击【打开】

按钮，进入贴图的子菜单，保持默认值，单击【转到父对象】按钮。使用同样的方法单击【颜色#2】后面的【无贴图】按钮，选择【位图】选项，添加Map\Arch41_029_leaf_2.jpg文件，单击【混合量】后面的【无贴图】按钮，选择Map\Arch41_029_leaf_mask.jpg文件，进入其子菜单，在【坐标】卷展栏中将【贴图通道】设置为2，如图7-49所示。

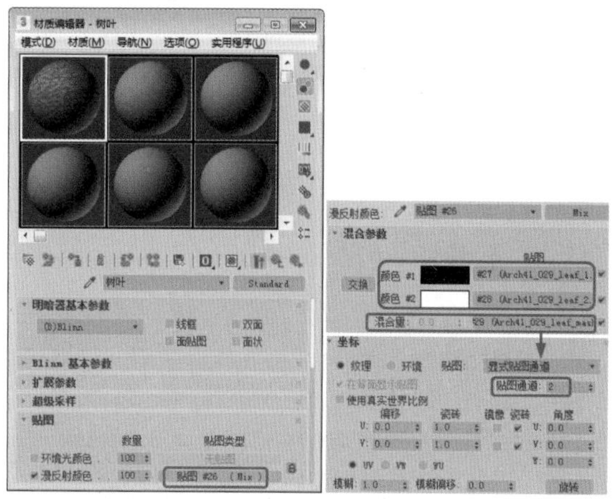

图7-49

Step 04 单击【转到父对象】按钮，在【贴图】卷展栏中单击【凹凸】右侧的【无贴图】按钮，弹出【材质/贴图浏览器】对话框，选择【贴图】|【通用】|【位图】选项，单击【确定】按钮。在弹出的【选择位图图像文件】对话框中选择Map\Arch41_029_leaf_bump.jpg文件，单击【打开】按钮，返回到【贴图】子菜单，保持默认值。单击【转到父对象】按钮，将【凹凸】设置为300，如图7-50所示。

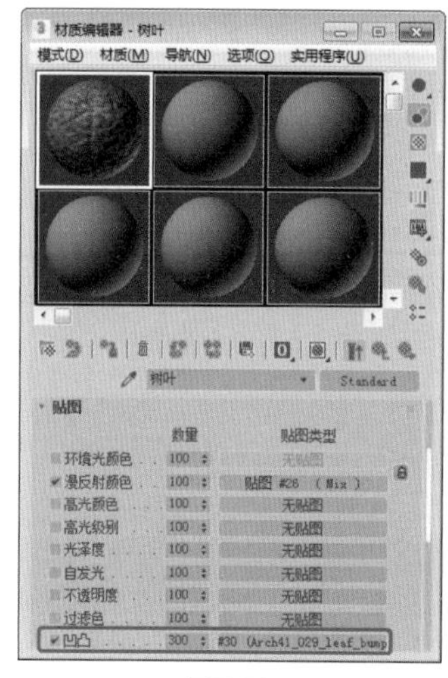

图7-50

Step 05 选择一个新的样本球，将其命名为【树干】，将明暗器类型设置为（B）Blinn。在【贴图】卷展栏中单击【漫反射颜色】右侧的【无贴图】按钮，弹出【材质/贴图浏览器】对话框，选择【贴图】|【通用】|【混合】选项，单击【确定】按钮，如图7-51所示。

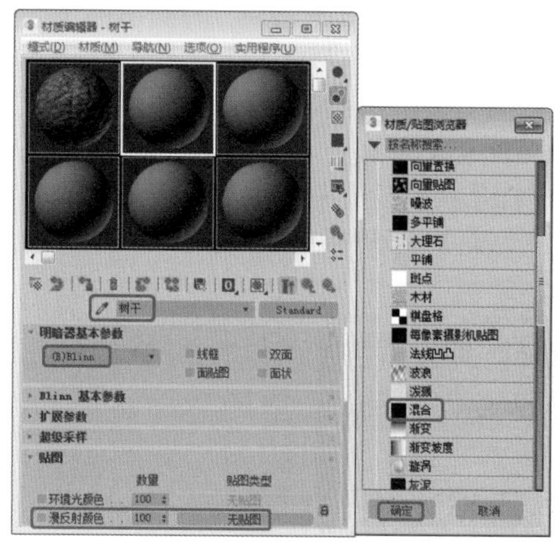

图7-51

Step 06 在【混合选项】参数卷展栏中单击【颜色#1】后面的【无贴图】按钮，弹出【材质/贴图浏览器】对话框，选择【贴图】|【通用】|【位图】选项，单击【确定】按钮。弹出【选择位图图像文件】对话框，选择Map\Arch41_029_bark.jpg文件，单击【打开】按钮，进入【贴图】的子菜单，在【坐标】卷展栏中将【瓷砖】的U和V值都设置为3。单击【转到父对象】按钮，使用同样的方法单击【颜色#2】后面的【无贴图】按钮，选择【位图】选项添加Map\Arch41_029_bark.jpg文件，在【坐标】卷展栏中将【瓷砖】的U和V值都设置为3，单击【转到父对象】按钮，单击【混合量】后面的【无贴图】按钮，选择Map\Arch41_029_leaf_mask.jpg文件，进入其子菜单，保持默认值，如图7-52所示。

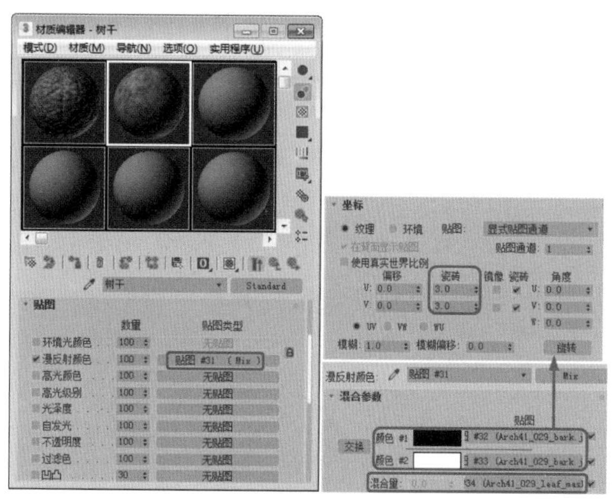

图7-52

Step 07 单击【转到父对象】按钮，在【贴图】卷展栏中单击【凹凸】右侧的【无贴图】按钮，弹出【材质/贴图浏览器】对话框，选择【贴图】|【通用】|【位图】选项，单击【确定】按钮，在弹出的【选择位图图像文件】对话框中选择Map\Arch41_029_bark_bump.jpg文件，单击【打开】按钮。返回到【贴图】子菜单，在【坐标】卷展栏中将【瓷砖】的U和V值都设置为3，将【模糊】设置为4，单击【转到父对象】按钮，将【凹凸】设置为300，如图7-53所示。

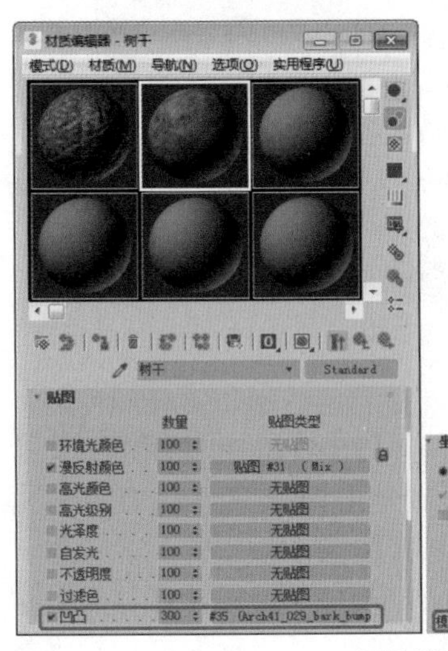

图7-53

Step 08 选择创建好的材质，将其指定给场景中的对象。

实例 163 为冰块添加材质

本例将介绍如何制作冰块材质。首先设置材质的明暗器类型，通过为【反射】通道设置材质来表现冰块的材质，然后为【折射】设置【光线跟踪】材质，使冰块具有透明的效果，最后对摄影机视图进行渲染，效果如图7-54所示。

图7-54

素材	Scene\Cha07\为冰块添加材质.max Map\ Chromic.jpg
场景	Scene\Cha07\实例163 为冰块添加材质.max
视频	视频教学\Cha07\实例163 为冰块添加材质.mp4

Step 01 按Ctrl+O组合键，打开“Scene\Cha07\为冰块添加材质.max”素材文件，如图7-55所示。

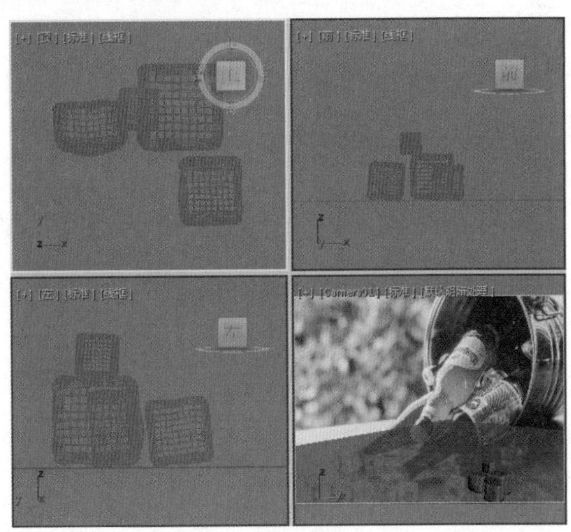

图7-55

Step 02 按M键，在打开的对话框中选择新的材质球，将明暗器类型设置为【（M）金属】，将【高光级别】设置为66，将【光泽度】设置为76，将【反射】设置为60，单击其右侧的【无贴图】按钮。在弹出的对话框中选择【位图】选项，添加Map\Chromic.jpg贴图文件，如图7-56所示。

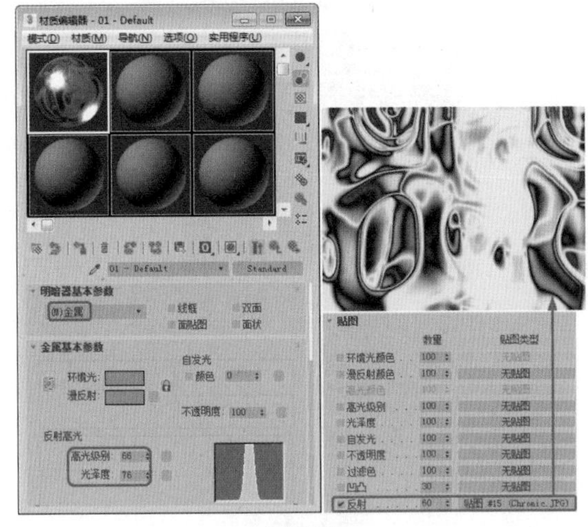

图7-56

Step 03 单击【位图参数】卷展栏，勾选【应用】复选框，将U、V、W、H分别设置为0.225、0.209、0.427、0.791，如图7-57所示。

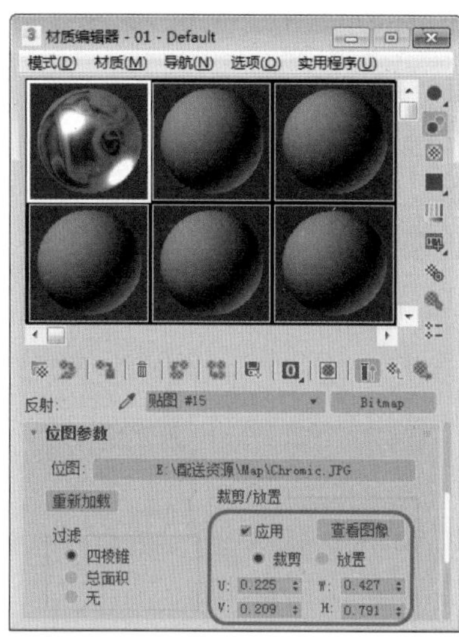

图7-57

Step 04 单击【转到父对象】按钮，将【折射】设置为70，单击右侧的【无贴图】按钮，在弹出的【材质/贴图浏览器】对话框中选择【光线跟踪】选项，单击【确定】按钮。单击【转到父对象】按钮，在场景中选择所有的冰块，单击【将材质指定给选定对象】按钮，如图7-58所示，对摄影机视图进行渲染即可。

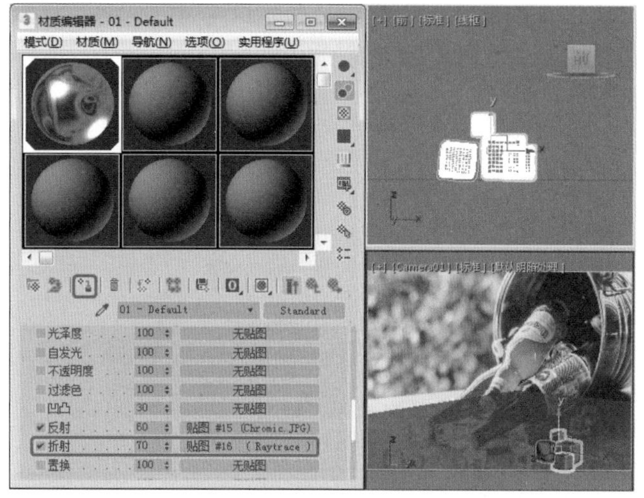

图7-58

实例164 为青铜器添加材质

本例将介绍如何制作青铜材质。首先设置好【环境光】、【漫反射】和【高光反射】，然后设置贴图，效果如图7-59所示。

图7-59

素材	Scene\Cha07\为青铜器添加材质.max Map\MAP03.JPG
场景	Scene\Cha07\实例164 为青铜器添加材质.max
视频	视频教学\Cha07\实例164 为青铜器添加材质.mp4

Step 01 按Ctrl+O组合键，打开"Scene\Cha07\为青铜器添加材质.max"素材文件，如图7-60所示。

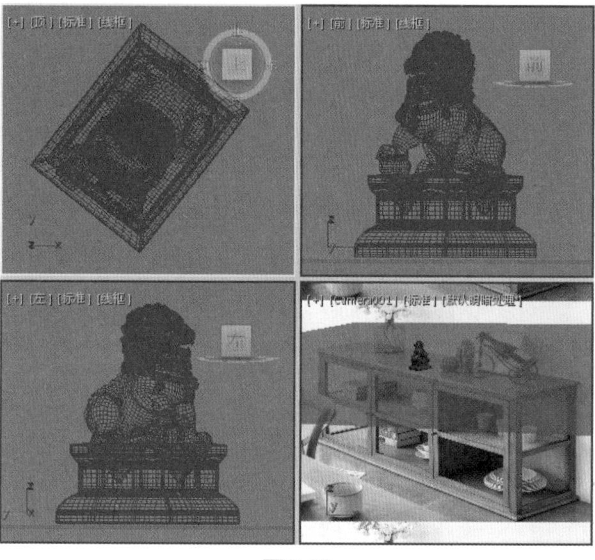

图7-60

Step 02 按M键打开【材质编辑器】对话框，选择一个空的样本球，将其命名为【青铜】，将明暗器类型设置为（B）Blinn。在【Blinn基本参数】卷展栏中取消【环境光】和【漫反射】的锁定，将【环境光】的RGB设置为166、47、15，将【漫反射】的RGB设置为51、141、45，将【高光反射】的RGB设置为255、242、188，在【自发光】选项组中将【颜色】设置为14，在【反射高光】选项组中将【高光级别】设置为65，将【光泽度】设置为25，如图7-61所示。

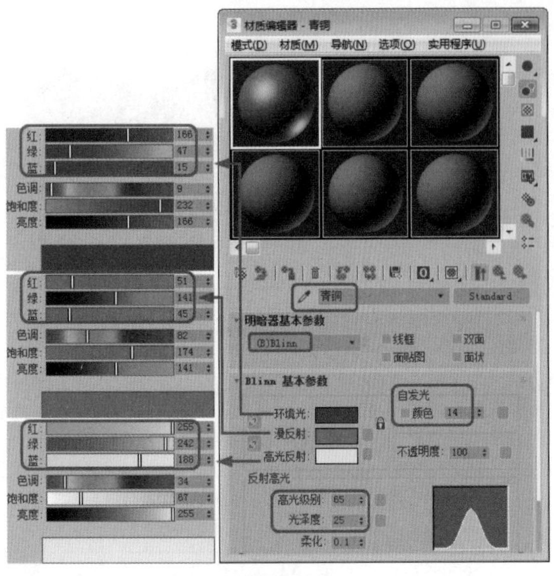

图7-61

Step 03 切换到【贴图】卷展栏中，单击【漫反射颜色】右侧的【无贴图】按钮，弹出【材质/贴图浏览器】对话框，选择【位图】选项，单击【确定】按钮，弹出【选择位图图像文件】对话框，选择Map\MAP03.JPG文件，单击【打开】按钮，进入【位图】材质编辑器中，保持默认值。单击【转到父对象】按钮，将【漫反射颜色】的数量设置为75，如图7-62所示。

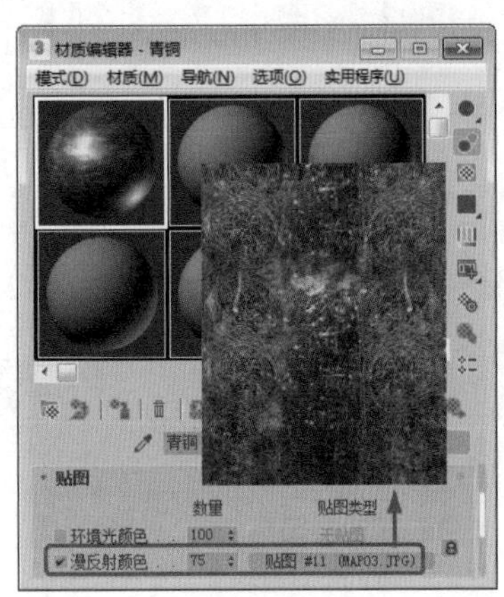

图7-62

Step 04 单击【凹凸】后面的【无贴图】按钮，弹出【材质/贴图浏览器】对话框，选择【位图】选项，单击【确定】按钮，弹出【选择位图图像文件】对话框，选择Map\MAP03.JPG文件，单击【打开】按钮，进入【位图】材质编辑器中，保持默认值。单击【转到父对象】按钮，在场景中选择【狮子】对象，单击【将材质指定给选定对象】按钮和【视口中显示明暗处理材质】按钮，如图7-63所示。

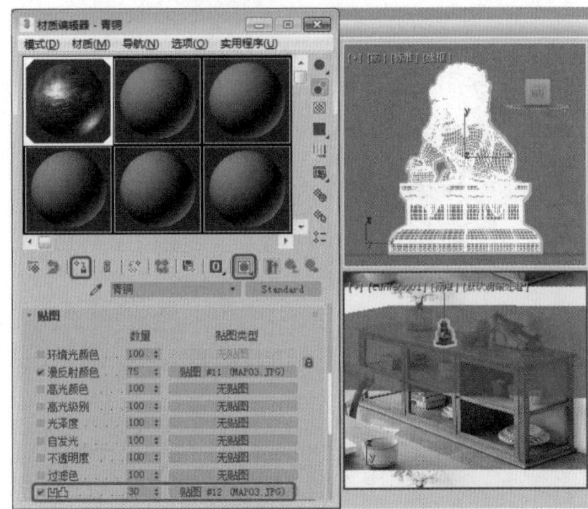

图7-63

实例165 为座椅添加材质

本案例通过【材质编辑器】对话框中的【环境光】和【漫反射】、【自发光】制作出座椅皮革的材质，通过【反射高光】选项组中的【高光级别】、【光泽度】制作出座椅皮革的光泽质感，然后将材质指定给沙发对象，效果如图7-64所示。

图7-64

素材	Scene\Cha07\为座椅添加材质.max Map\ A-B-044.jpg
场景	Scene\Cha07\实例165 为座椅添加材质.max
视频	视频教学\Cha07\实例165 为座椅添加材质.mp4

Step 01 按Ctrl+O组合键，打开“Scene\Cha07\为座椅添加材质.max”素材文件，如图7-65所示。

Step 02 选择新的样本球，将其重新命名为【皮革】，在【明暗器基本参数】卷展栏中将明暗器类型定义为（P）Phong。在【Phong基本参数】卷展栏中将【环境光】和【漫反射】的RGB设置为255、255、255，将

【自发光】下的【颜色】设置为20，在【反射高光】选项组中将【高光级别】和【光泽度】分别设置为0、0，如图7-66所示。

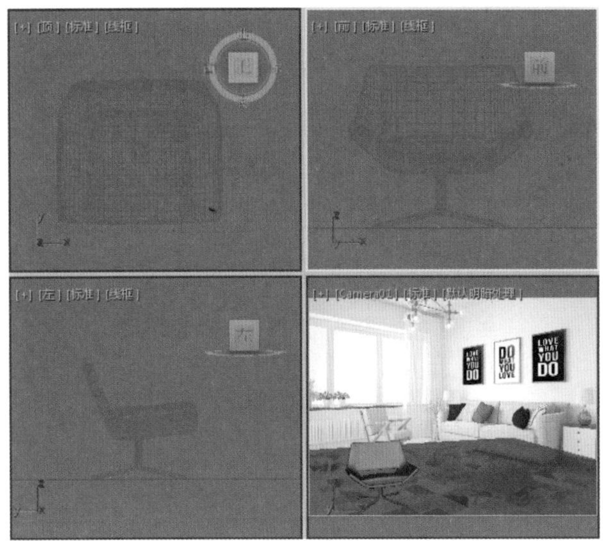

图7-65

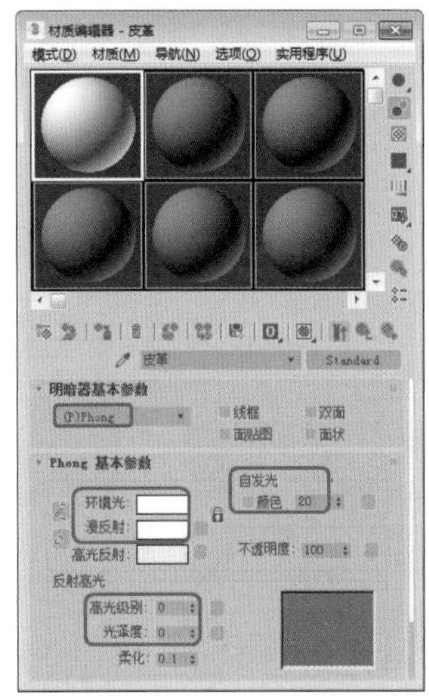

图7-66

Step 03 展开【贴图】卷展栏，单击【漫反射颜色】右侧的【无贴图】按钮，弹出【材质/贴图浏览器】对话框，选择【位图】选项，单击【确定】按钮，在弹出的对话框中选择Map\A-B-044.jpg素材图片，如图7-67所示。

Step 04 单击【转到父对象】按钮，按H键，弹出【从场景选择】对话框，选择如图7-68所示的图形对象，单击【确定】按钮。

Step 05 单击【将材质指定给选定对象】按钮，将材质指定给选定的对象，并渲染摄影机视图查看效果，然后将场景文件保存。

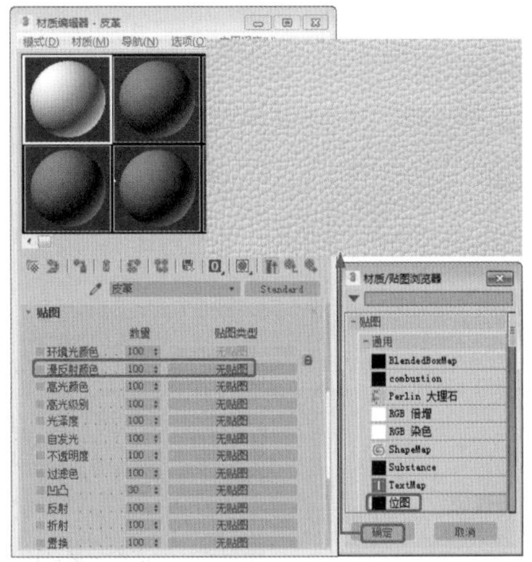

图7-67

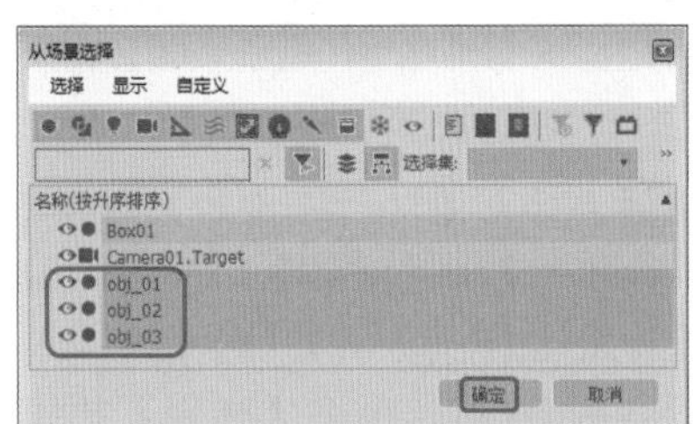

图7-68

实例166 为酒杯添加材质

本案例将介绍如何利用V-Ray为酒杯添加红酒的材质。红酒材质一般偏重于红色，其中最重要的一点是半透明。下面详细介绍为酒杯添加红酒材质的方法，效果如图7-69所示。

图7-69

素材	Scene\Cha07\为酒杯添加材质.max
场景	Scene\Cha07\实例166 为酒杯添加材质.max
视频	视频教学\Cha07\实例166 为酒杯添加材质.mp4

Step 01 按Ctrl+O组合键，打开“Scene\Cha07\为酒杯添加材质.max”素材文件，如图7-70所示。

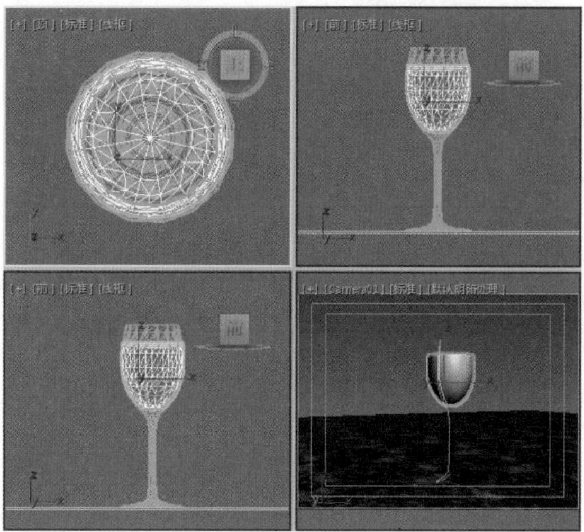

图7-70

Step 02 按M键，打开【材质编辑器】对话框，选择一个材质球，将其命名为【红酒】。单击Standard按钮，在弹出的【材质/贴图浏览器】对话框中选择【材质】| V-Ray | VRayMtl选项。单击【确定】按钮，在Basic parameters卷展栏中，将Diffuse的RGB设置为133、0、0，将Reflect的RGB设置为133、133、133，将Subdivs设置为50，勾选Fresnel reflecti复选框，将Refract颜色设置为白色，将Subdivs设置为50，将Fog color的RGB设置为249、124、124，将Fog multiplie设置为0.05，勾选GI复选框，如图7-71所示。

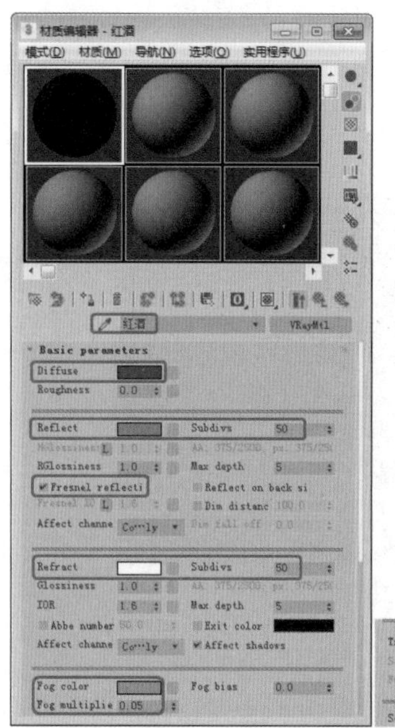

图7-71

Step 03 在BRDF卷展栏中选择Phong选项，在Options卷展栏中，取消勾选Fog system units scal复选框，如图7-72所示。

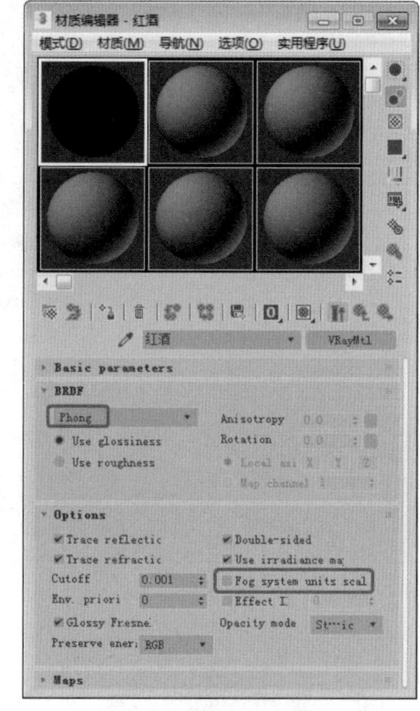

图7-72

Step 04 设置完成后，将【红酒】材质指定给红酒对象，如图7-73所示，按F9键对摄影机视图进行渲染。

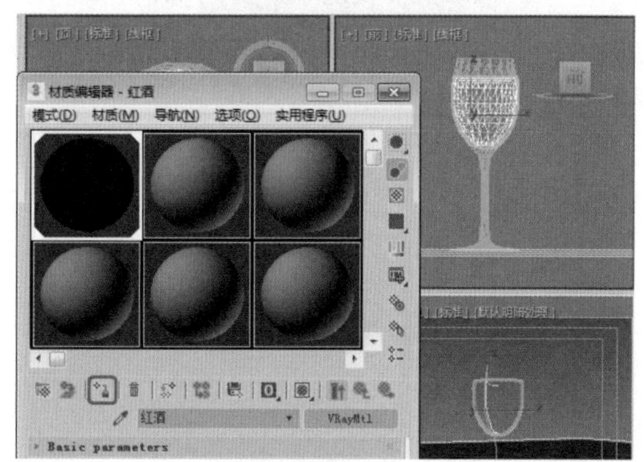

图7-73

实例167 为鞭炮添加材质

无论是过年、过节，还是结婚、升迁，以至大厦落成、商店开张等，只要为了表示喜庆，人们都习惯以放鞭炮来庆祝。本例将介绍如何导入材质库为鞭炮指定材质，完成后的效果如图7-74所示。

图7-74

素材	Scene\Cha07\为鞭炮添加材质.max、鞭炮材质.mat
场景	Scene\Cha07\实例167 为鞭炮添加材质.max
视频	视频教学\Cha07\实例167 为鞭炮添加材质.mp4

Step 01 按Ctrl+O组合键，打开“Scene\Cha07\为鞭炮添加材质.max”素材文件，如图7-75所示。

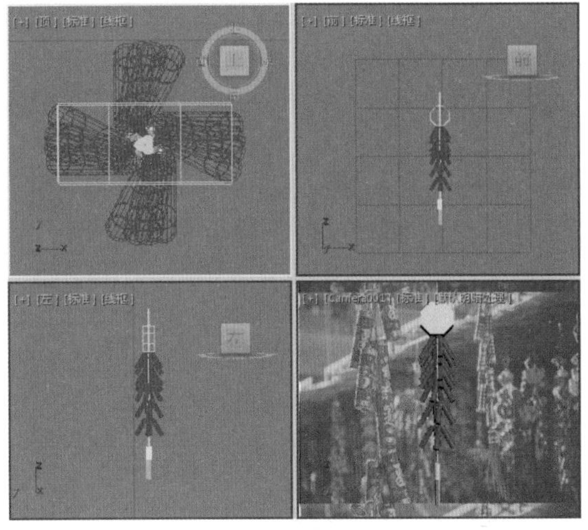

图7-75

Step 02 按M键打开【材质编辑器】对话框，单击【获取材质】按钮，打开【材质/贴图浏览器】对话框，单击【材质/贴图浏览器选项】按钮，在弹出的下拉菜单中选择【打开材质库】命令，如图7-76所示。

图7-76

Step 03 在打开的【导入材质库】对话框中选择“Scene\Cha07\鞭炮材质.mat”文件，单击【打开】按钮，将【鞭炮材质】卷展栏中的材质添加至【材质编辑器】对话框中的样本球，如图7-77所示。

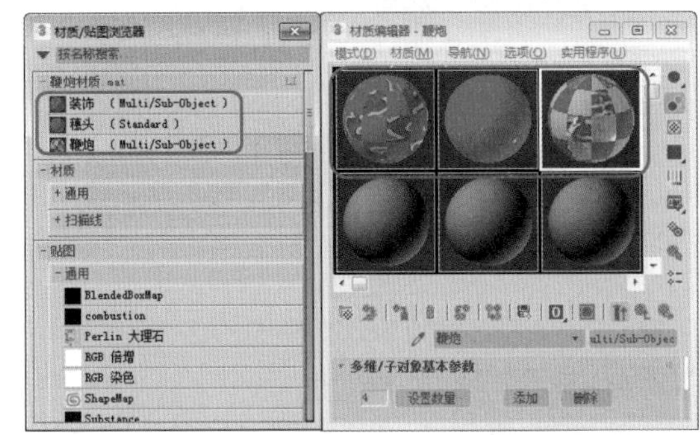

图7-77

Step 04 在场景中按H键，在弹出的对话框中选择【装饰】选项，单击【确定】按钮，在弹出的【材质编辑器】对话框中选择【装饰】材质样本球，单击【将材质指定给选定的对象】按钮，将材质指定给场景中选择的对象，如图7-78所示。

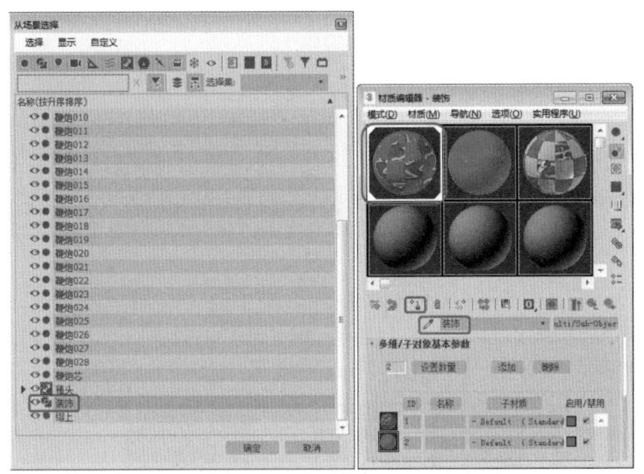

图7-78

Step 05 在场景中按H键，在弹出的对话框中选择【鞭炮01】、【鞭炮002~鞭炮028】、【缀上】对象，单击【确定】按钮。在弹出的【材质编辑器】对话框中选择【鞭炮】材质样本球，单击【将材质指定给选定的对象】按钮，将材质指定给场景中选择的对象，如图7-79所示。

Step 06 在场景中按H键，在弹出的对话框中选择【穗头】和【鞭炮芯】对象，单击【确定】按钮。在弹出的【材质编辑器】对话框中选择【穗头】材质样本球，单击【将材质指定给选定的对象】按钮，将材质指定给场景中选择的对象，如图7-80所示。

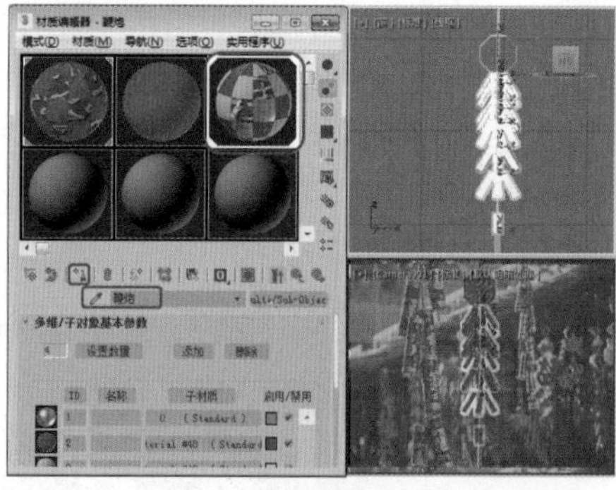

图7-79

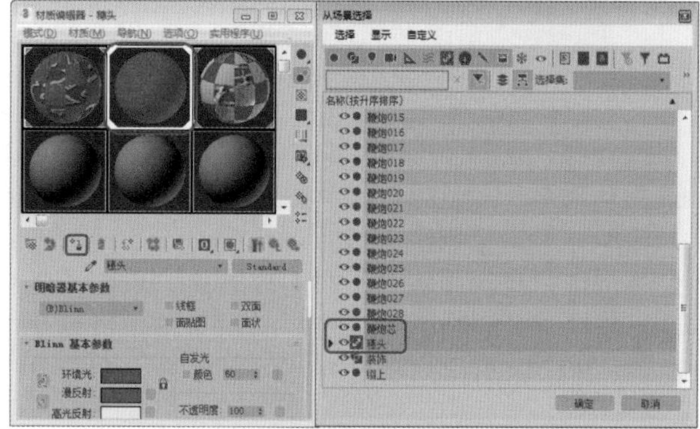

图7-80

实例168 为中国结添加材质

中国结以其独特的东方神韵、丰富多彩的变化，充分体现了中国人民的智慧和深厚的文化底蕴。本例将介绍如何制作中国结，完成后的效果如图7-81所示。

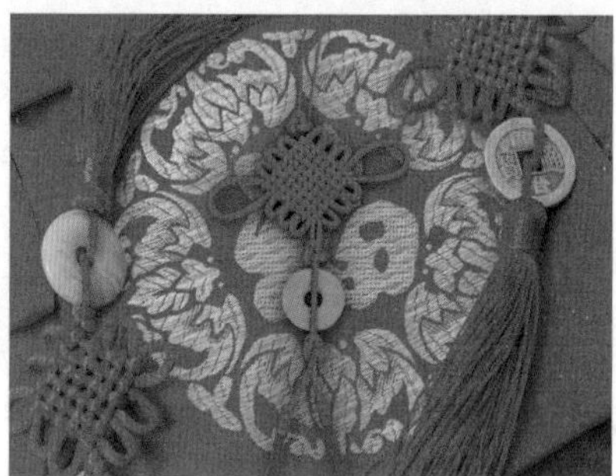

图7-81

素材	Scene\Cha07\为中国结添加材质.max Map\ 41840332.jpg、27065127.jpg、huangjin.jpg、黄金02.jpg
场景	Scene\Cha07\实例168 为中国结添加材质.max
视频	视频教学\Cha07\实例168 为中国结添加材质.mp4

Step 01 按Ctrl+O组合键，打开“Scene\Cha07\为中国结添加材质.max”素材文件，如图7-82所示。

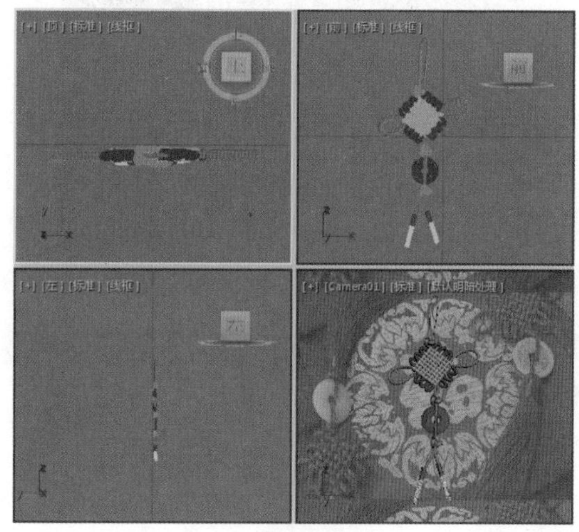

图7-82

Step 02 按M键，打开【材质编辑器】对话框，在该对话框中选择一个空白的材质样本球，将其命名为【主体】。在【Blinn基本参数】卷展栏中，将【环境光】和【漫反射】的RGB值都设置为190、0、0，将【自发光】下的【颜色】设置为20。在【贴图】卷展栏中，单击【漫反射颜色】右侧的【无贴图】按钮，打开【材质/贴图浏览器】对话框，选择【位图】选项，单击【确定】按钮。在【选择位图图像文件】对话框中选择 Map\41840332.jpg文件，单击【打开】按钮，如图7-83所示。

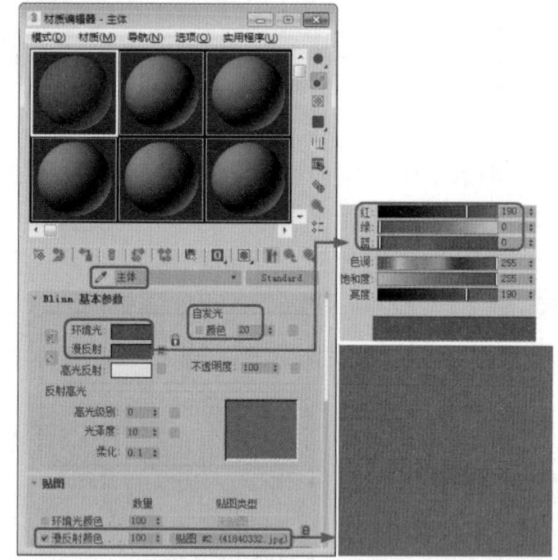

图7-83

Step 03 将【凹凸】设置为-5，单击其右侧的【无贴图】按钮，在弹出的对话框中选择【位图】选项，单击【确定】按钮，在弹出的对话框中选择Map\27065127.jpg，单击【打开】按钮，如图7-84所示。

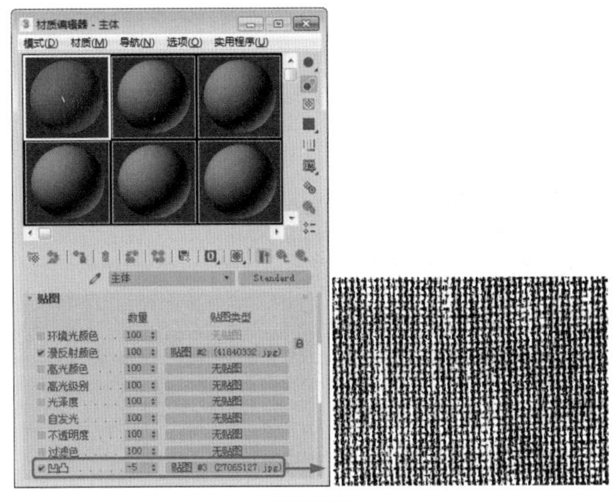

图7-84

Step 04 按H键，打开【从场景选择】对话框，在该对话框中选择如图7-85所示的对象，单击【确定】按钮。在【材质编辑器】对话框中单击【将材质指定给选定对象】按钮，如图7-86所示。

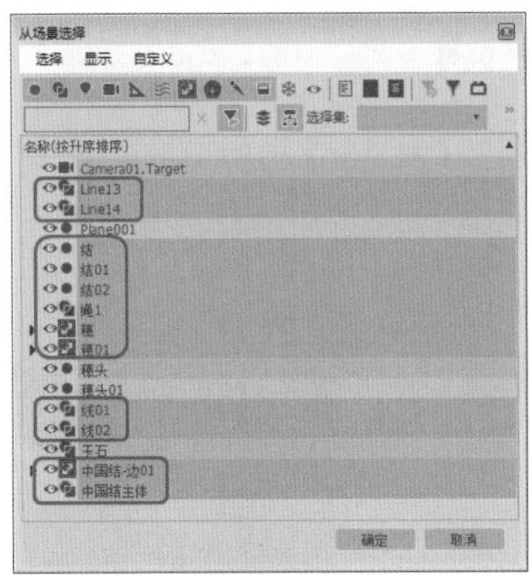

图7-85

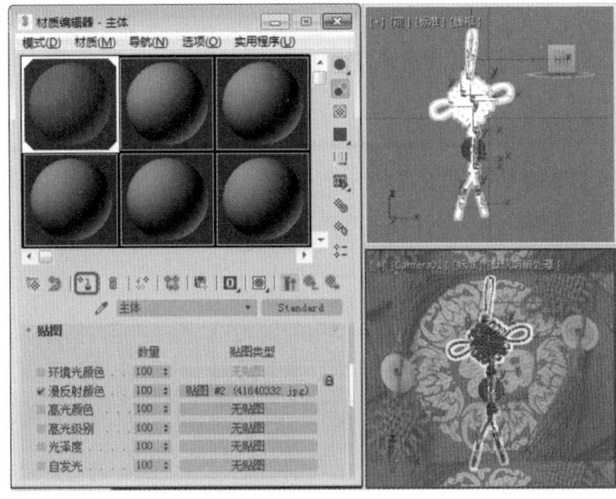

图7-86

Step 05 选择一个空白的材质样本球，将其命名为【玉石】，将明暗器类型设置为【半透明明暗器】，将【环境光】RGB设置为66、152、0，将【自发光】下的【颜色】设置为30，将【高光反射】的RGB设置为174、198、172，将【反射高光】选项组中的【高光级别】设置为406，将【光泽度】设置为68，如图7-87所示。

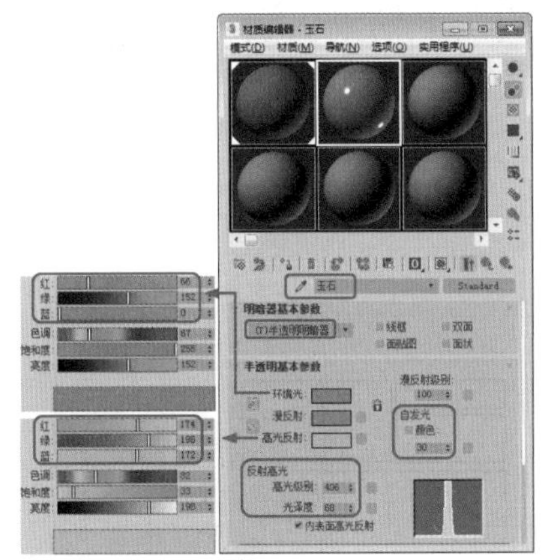

图7-87

Step 06 展开【贴图】卷展栏，将【漫反射颜色】的数量设置为70，单击其右侧的【无贴图】按钮，在弹出的对话框中选择【烟雾】选项，如图7-88所示。

Step 07 单击【确定】按钮，在【烟雾参数】卷展栏中将【相位】设置为50，将【迭代次数】设置为7，将【指数】设置为3，单击【颜色#1】右侧的色块，将其RGB设置为73、141、0，如图7-89所示。

知识链接

【烟雾参数】卷展栏

烟雾是生成无序、基于分形的湍流图案的 3D 贴图。其主要用于设置动画的不透明度贴图，用于模拟一束光线中的烟雾效果或其他云状流动效果。

下面介绍【烟雾参数】卷展栏中各参数的作用。

- 【大小】：更改烟雾“团”的比例。默认设置为 40。
- 【迭代次数】：设置应用分形函数的次数。该值越大，烟雾越详细，但计算时间会更长。默认设置为 5。
- 【相位】：转移烟雾图案中的湍流。设置该参数的动画即可设置烟雾移动的动画。默认设置为 0。
- 【指数】：使代表烟雾的颜色更清晰、更缭绕。随着该值的增加，烟雾“火舌”将在图案中变得更小。默认设置为 1.5。
- 【颜色#1】：表示效果的无烟雾部分。
- 【颜色#2】：表示烟雾。由于通常将该贴图用作不透明贴图，因此可以调整其颜色值的亮度，以改变烟雾效果的对比度。

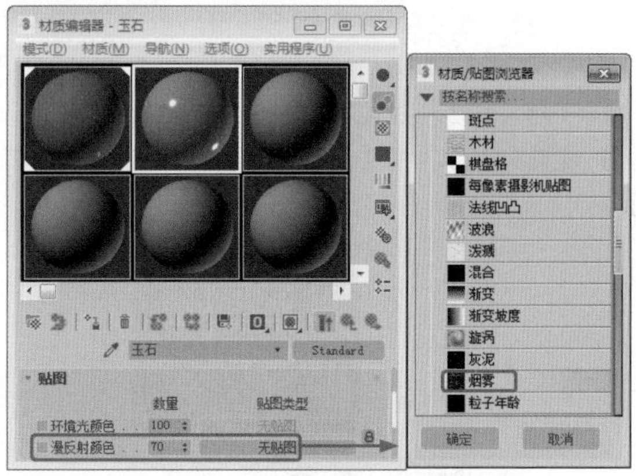

图7-88

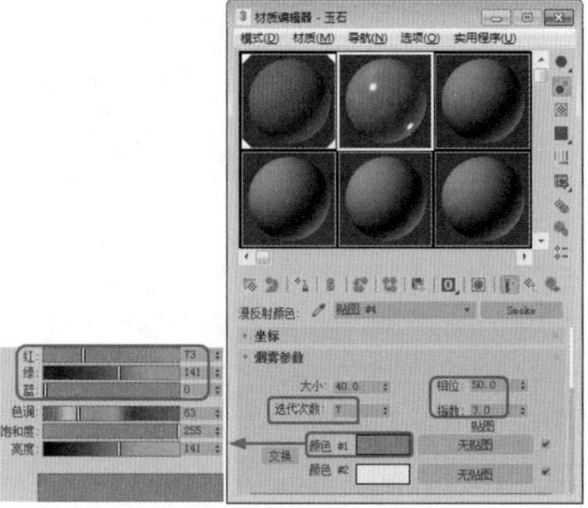

图7-89

Step 08 单击【转到父对象】按钮，在场景中选择【玉石】对象，单击【将材质指定给选定对象】按钮，效果如图7-90所示。

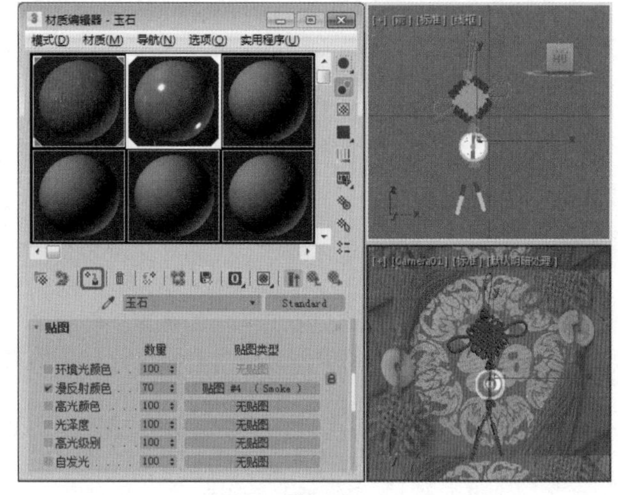

图7-90

Step 09 选择一个空白的材质样本球，将其命名为【穗头】，单击Standard按钮，弹出【材质/贴图浏览器】对话框，在该对话框选择【多维/子对象】选项，单击【确定】按钮，弹出【替换材质】对话框，在该对话框中选中【将旧材质保存为子材质？】单选按钮，单击【确定】按钮，如图7-91所示。

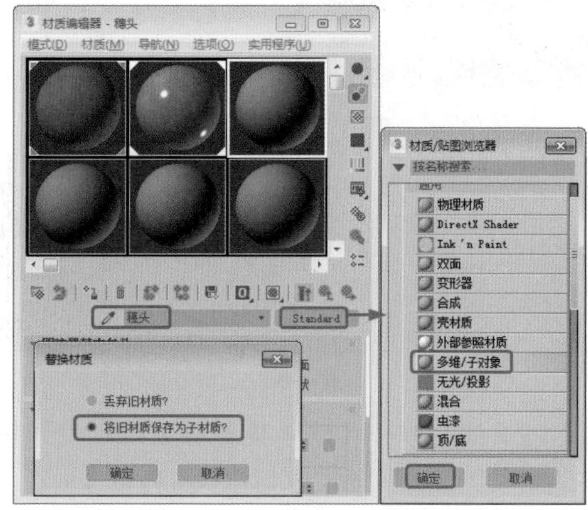

图7-91

Step 10 单击【设置数量】按钮，在弹出的对话框中将【数量】设置为2，单击【确定】按钮，单击ID1右侧的按钮，将明暗器类型设置为【（M）金属】，将【环境光】和【漫反射】的RGB均设置为240、120、12，将【高光级别】、【光泽度】分别设置为100、70，如图7-92所示。

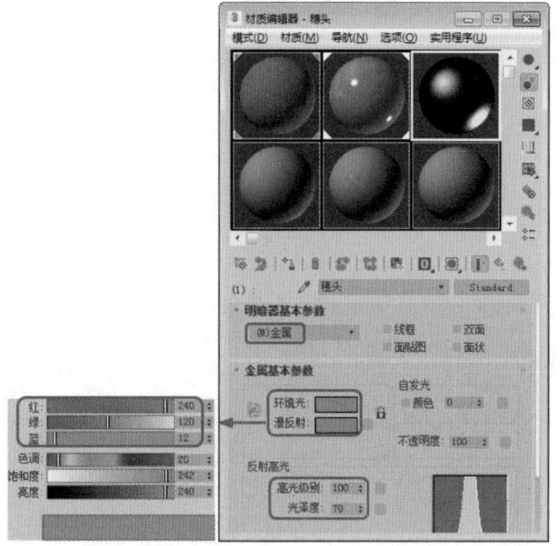

图7-92

Step 11 展开【贴图】卷展栏，将【凹凸】的数量设置为-8，单击其右侧的【无贴图】按钮，在弹出的【材质/贴图浏览器】对话框中选择【位图】选项，单击【确定】按钮。在弹出的【选择位图图像文件】对话框中选择Map\huangjin.jpg文件，单击【打开】按钮，如图7-93所示。

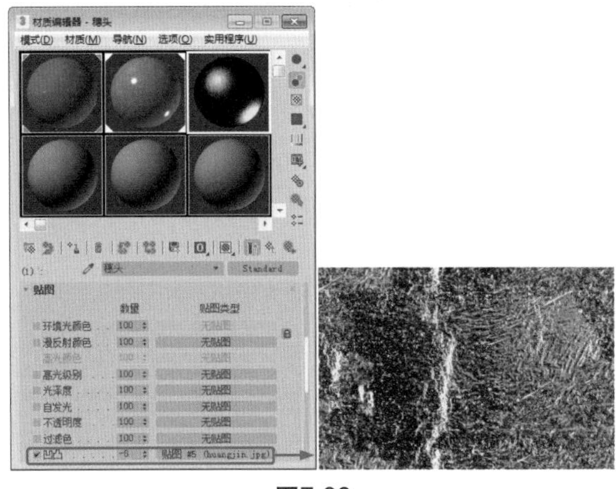

图7-93

Step 12 将【瓷砖】下的U、V分别设置为2、2，如图7-94所示。

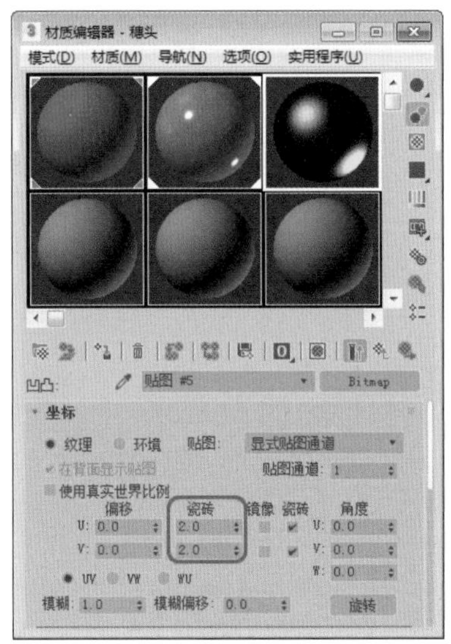

图7-94

Step 13 单击【转到父对象】按钮，在【贴图】卷展栏中，单击【反射】后面的【无贴图】按钮，打开【材质/贴图浏览器】对话框，选择【混合】选项，单击【确定】按钮。单击【混合参数】卷展栏中【颜色#1】后面的【无贴图】按钮，进入到【材质/贴图浏览器】对话框中，选择【光线跟踪】选项，单击【确定】按钮，使用默认的参数，单击【转到父对象】按钮。单击【混合参数】卷展栏中【颜色#2】后面的【无贴图】按钮，进入到【材质/贴图浏览器】对话框中，选择【位图】选项，单击【确定】按钮。在打开的【选择位图图像文件】对话框中选择“Map\黄金02.jpg”文件，单击【打开】按钮，进入【坐标】卷展栏中，将【模糊偏移】设置为0.05，单击【转到父对象】按钮，如图7-95所示。

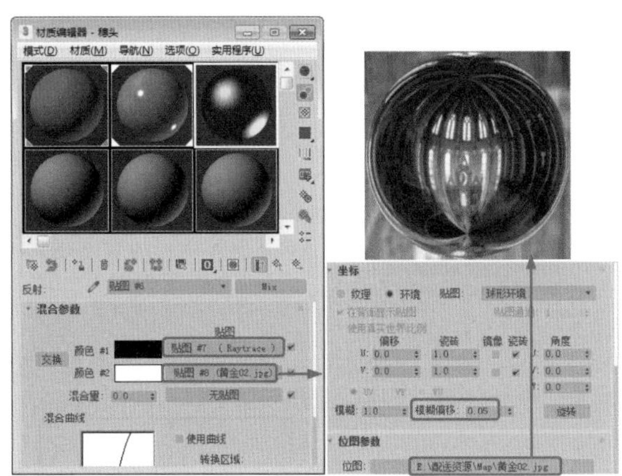

图7-95

Step 14 单击两次【转到父对象】按钮，在【多维/子对象基本参数】卷展栏中单击ID2右侧的【无】按钮，在弹出的对话框中选择【标准】选项，如图7-96所示。

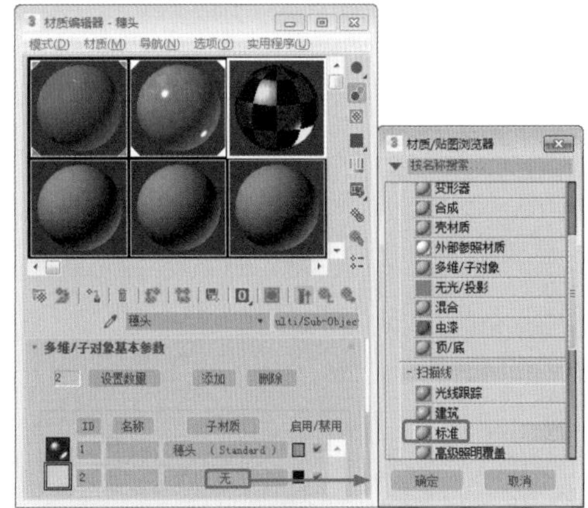

图7-96

Step 15 单击【确定】按钮，返回【材质编辑器】对话框，在【Blinn基本参数】卷展栏中将【环境光】的RGB设置为214、0、0，单击【转到父对象】按钮，然后在场景中选择【穗头】、【穗头01】对象，单击【将材质指定给选定对象】按钮，如图7-97所示。

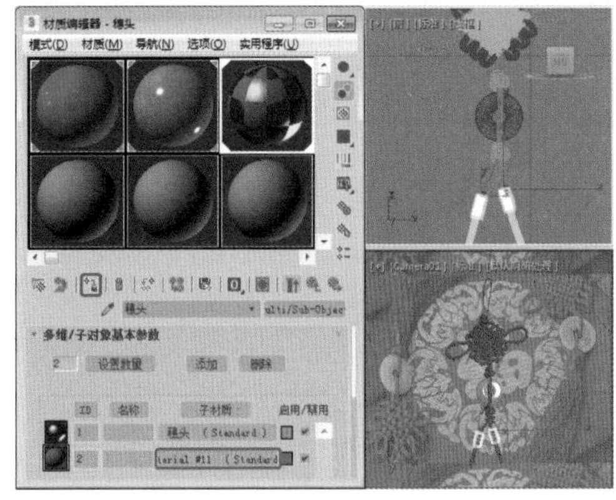

图7-97

第8章 简单的对象动画

本章导读

3ds Max软件提供了一些常用动画的制作，包括关键帧和轨迹视图动画的制作。本章重点讲解这两种动画的制作流程，通过对本章的学习读者可对动画制作有一定的了解。

实例169 制作蝴蝶动画

本例将学习制作蝴蝶飞舞的动画。首先对蝴蝶的翅膀添加关键帧，然后对蝴蝶的位置添加关键帧，完成后的效果如图8-1所示。

图8-1

素材	Scene\Cha08\制作蝴蝶动画.max
场景	Scene\Cha08\实例169 制作蝴蝶动画.max
视频	视频教学\Cha08\实例169 制作蝴蝶动画.mp4

Step 01 按Ctrl+O组合键，打开“Scene\Cha08\制作蝴蝶动画.max”素材文件，查看效果，如图8-2所示。

图8-2

Step 02 在动画控制区域单击【设置关键点】按钮，开启设置关键帧模式。选择蝴蝶的翅膀，确认光标在第0帧处，单击【设置关键点】按钮，添加关键帧，如图8-3所示。

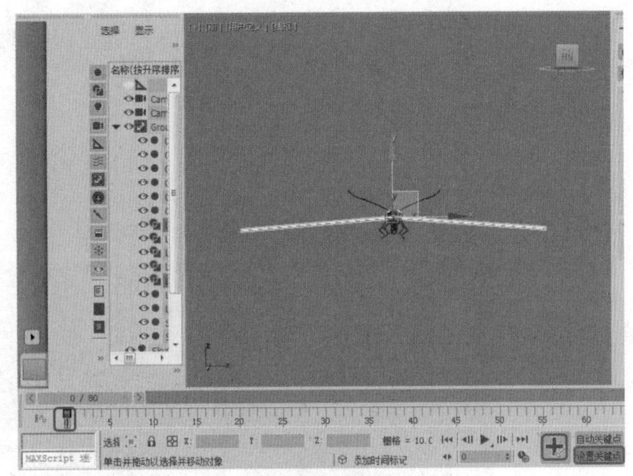

图8-3

Step 03 单击【关键点过滤器】按钮，在弹出的对话框中勾选【位置】、【旋转】、【缩放】复选框，如图8-4所示。

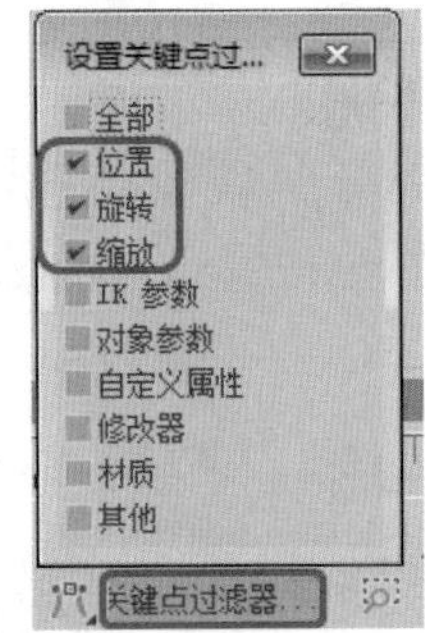

图8-4

Step 04 将时间滑块移动到第4帧处，使用【选择并旋转】工具，在【前】视图中对蝴蝶的翅膀分别进行旋转，并添加关键帧，如图8-5所示。

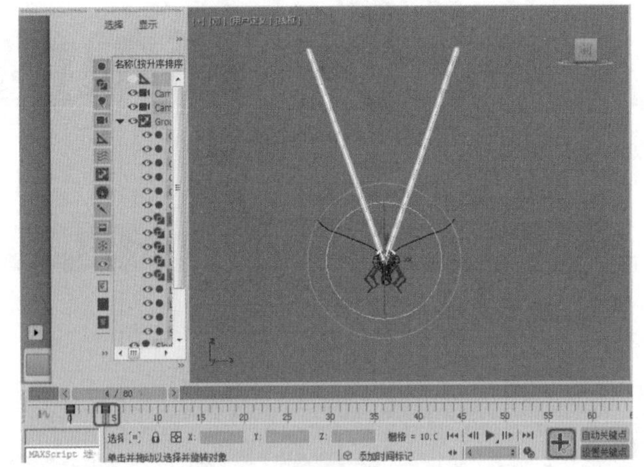

图8-5

Step 05 将时间滑块移动到第8帧位置，使用【选择并旋转】工具对翅膀分别进行旋转，并为其添加关键帧，如图8-6所示。

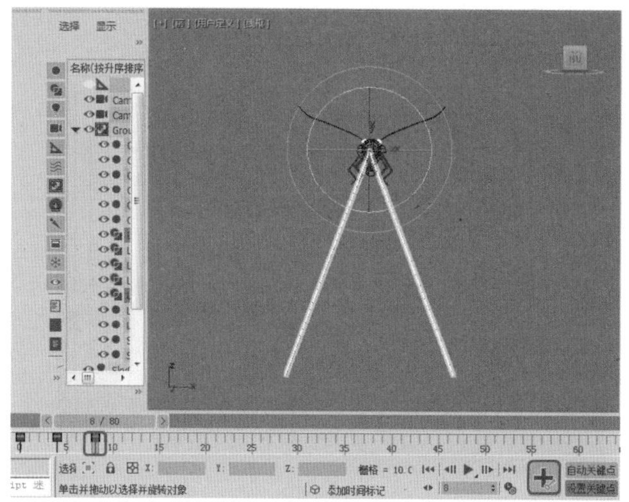

图8-6

Step 06 确认选中蝴蝶左右翅膀，选中第4帧处的关键帧，按住Shift键将其复制到第16帧处，如图8-7所示。

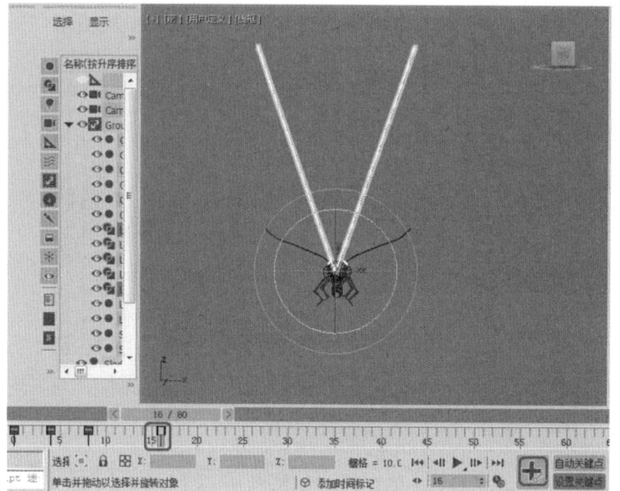

图8-7

> ◎提示·◦
>
> 当选择一个关键帧时，按住Shift键对其进行移动，就可以将此关键帧复制，如果不按住Shift键，那么该帧就只是单纯地移动。

Step 07 选择第8帧处的关键帧，按住Shift键将其复制到第24帧的位置，如图8-8所示。

Step 08 使用相同的方法添加其他关键帧，并调整蝴蝶翅膀的旋转角度，如图8-9所示。

Step 09 关闭关键帧记录，对动画进行输出即可。

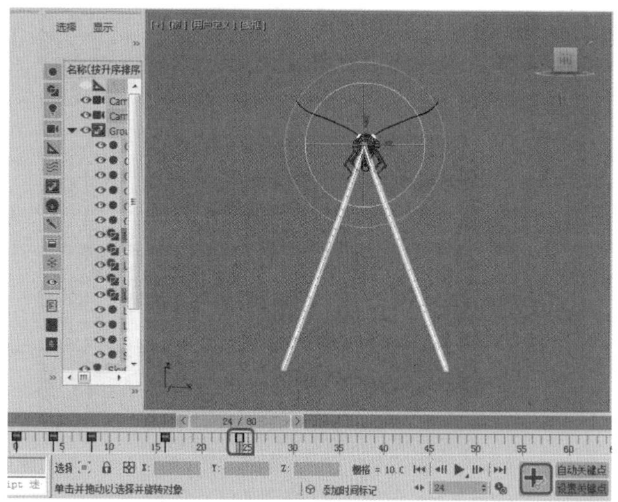

图8-8

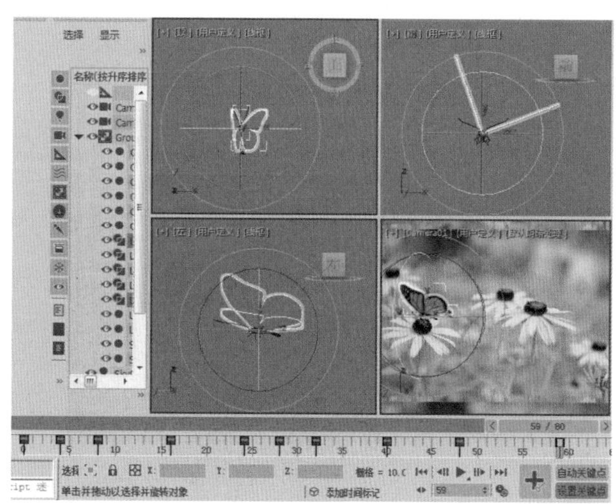

图8-9

实例 170 制作落叶动画

本例将使用变化工具制作落叶动画。选中其中一片落叶后，单击【自动关键点】按钮，打开关键帧动画模式，然后使用【选择并移动】工具和【选择并旋转】工具设置各个关键帧动画。完成后的效果如图8-10所示。

素材	Scene\Cha08\制作落叶动画.max
场景	Scene\Cha08\实例170 制作落叶动画.max
视频	视频教学\Cha08\实例170 制作落叶动画.mp4

图8-10

Step 01 按Ctrl+O组合键，打开“Scene\Cha08\制作落叶动画.max”素材文件，如图8-11所示。

图8-11

Step 02 在第0帧处，单击【自动关键点】按钮，打开关键帧动画模式，选择Plane01树叶对象，使用【选择并移动】工具和【选择并旋转】工具对其进行调整，如图8-12所示。

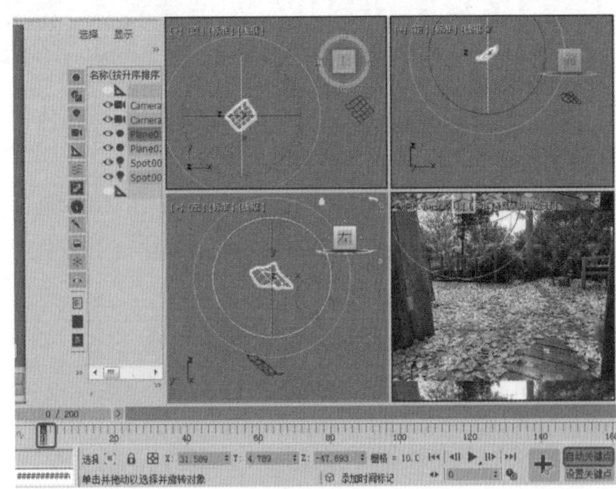

图8-12

Step 03 在第50帧处，使用【选择并移动】工具和【选择并旋转】工具选择Plane01树叶对象，将其向下移动并进行适当调整，如图8-13所示。

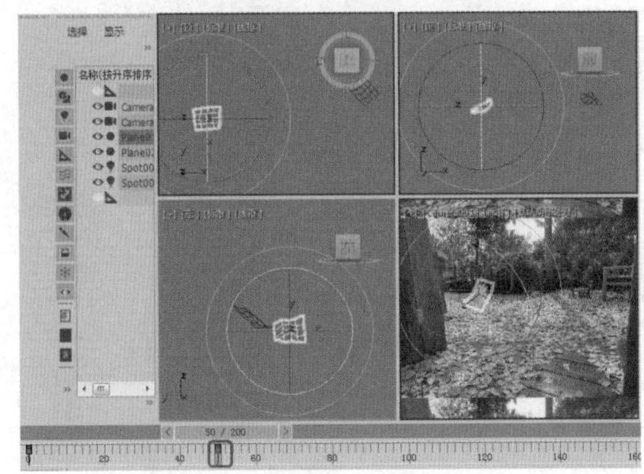

图8-13

Step 04 在第80帧处，使用【选择并移动】工具和【选择并旋转】工具选择Plane01树叶对象，将其向下移动并进行适当调整，如图8-14所示。

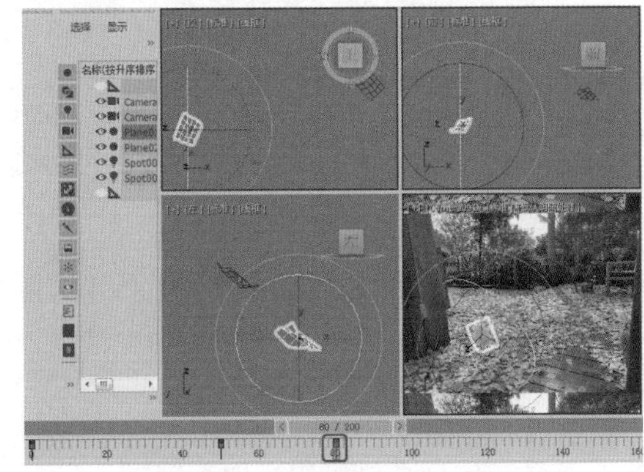

图8-14

Step 05 在第110帧处，使用【选择并移动】工具和【选择并旋转】工具选择Plane01树叶对象，将其向下移动并进行适当调整，如图8-15所示。

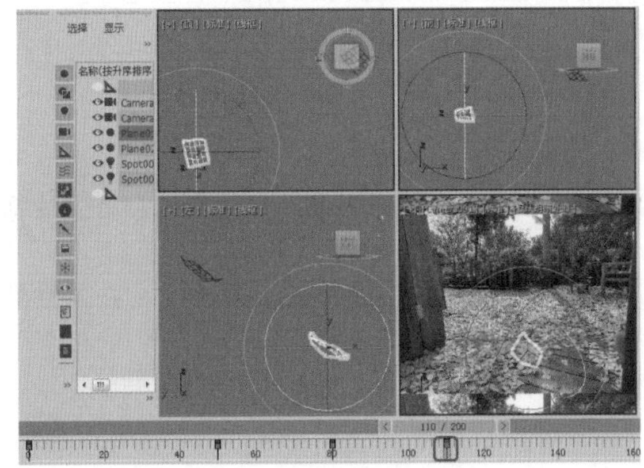

图8-15

Step 06 在第147帧处，使用【选择并移动】工具选择Plane01树叶对象，将其向下移动，如图8-16所示。

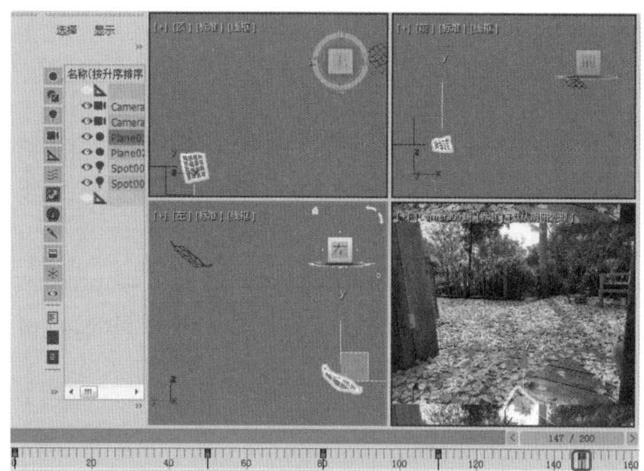

图8-16

Step 07 在第180帧处，使用【选择并移动】工具选择Plane01树叶对象，将其向下移动，如图8-17所示。

图8-17

Step 08 单击【自动关键点】按钮，关闭关键帧动画模式。使用相同的方法设置Plane02树叶对象的动画，如图8-18所示。最后将动画进行渲染并保存场景文件。

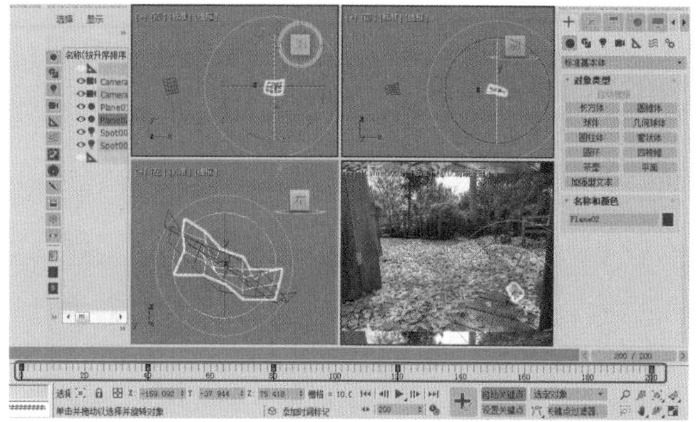

图8-18

实例171 制作排球动画

本例将使用【自动关键点】制作排球动画。首先选中排球，单击【自动关键点】按钮，打开关键帧动画模式，然后使用【选择并移动】工具和【选择并旋转】工具设置各个关键帧动画，最后开启【运动模糊】模式。完成后的效果如图8-19所示。

图8-19

素材	Scene\Cha08\制作排球动画.max
场景	Scene\Cha08\实例171 制作排球动画.max
视频	视频教学\Cha08\实例171 制作排球动画.mp4

Step 01 按Ctrl+O组合键，打开“Scene\Cha08\制作排球动画.max”素材文件，单击【时间配置】按钮，在弹出的【时间配置】对话框中，将【帧速率】设置为【电影】，将【结束时间】设置为120，单击【确定】按钮，如图8-20所示。

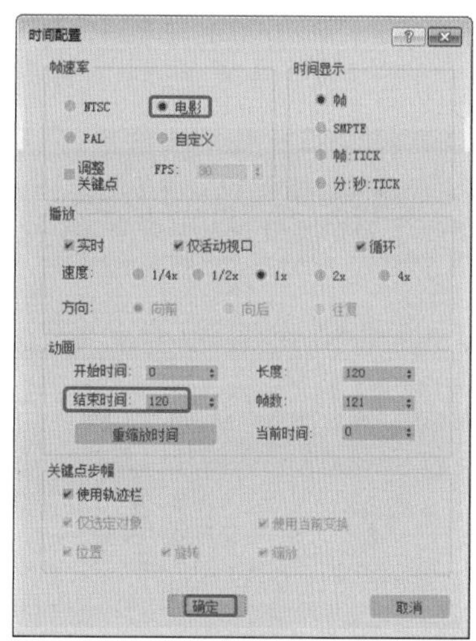

图8-20

Step 02 在第0帧处，单击【自动关键点】按钮，打开关键帧动画模式，如图8-21所示。

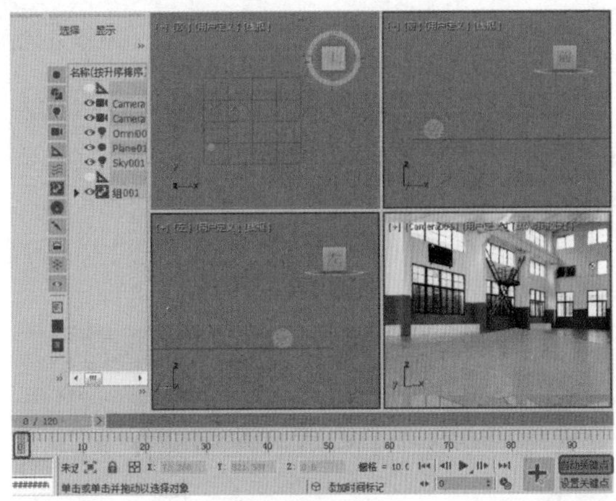

图8-21

Step 03 在第5帧处，在【前】视图中，使用【选择并移动】工具将排球向前移动，并向上移动适当距离，如图8-22所示。

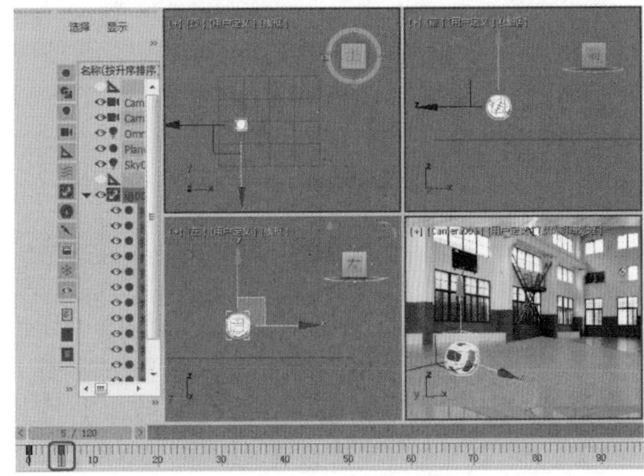

图8-22

Step 04 在第10帧处，使用【选择并移动】工具将排球向前移动，并向下移动适当距离，如图8-23所示。

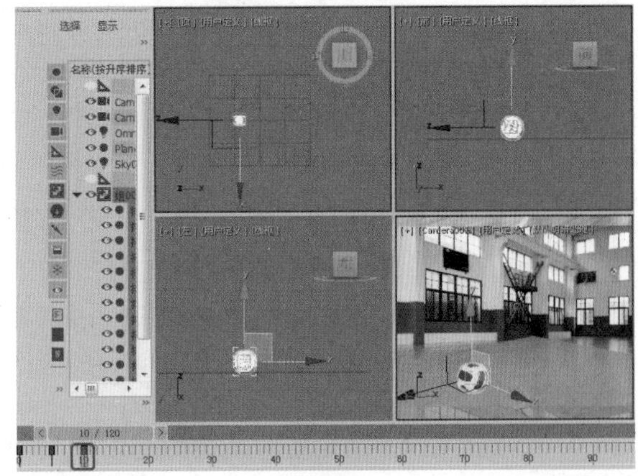

图8-23

Step 05 使用【选择并移动】工具，按照相同的方法设置其他向前运动的动画，如图8-24所示。

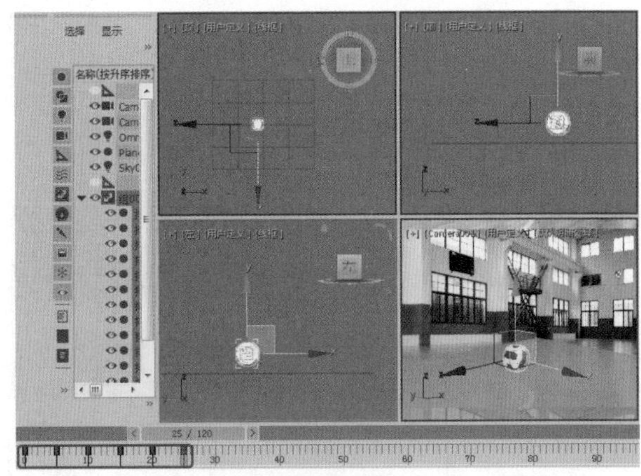

图8-24

Step 06 参照前面的操作步骤，使用【选择并移动】工具，模拟排球跳动动画，如图8-25所示。

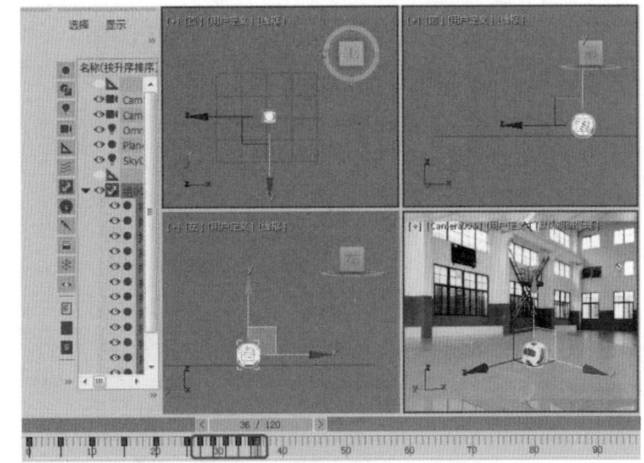

图8-25

Step 07 在第70帧处，使用【选择并移动】工具和【选择并旋转】工具将排球向前移动并调整旋转方向，模拟排球滚动动画，如图8-26所示。

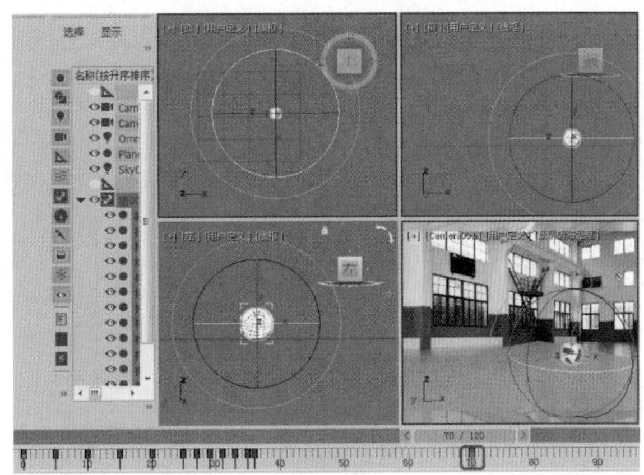

图8-26

Step 08 单击【自动关键点】按钮，关闭关键帧动画模式。选择排球，单击鼠标右键，在弹出的快捷菜单中选择【对象属性】命令，在弹出的【对象属性】对话框中，选中【运动模糊】选项组中的【图像】单选按钮，单击【确定】按钮，如图8-27所示。最后将动画进行渲染并保存场景文件。

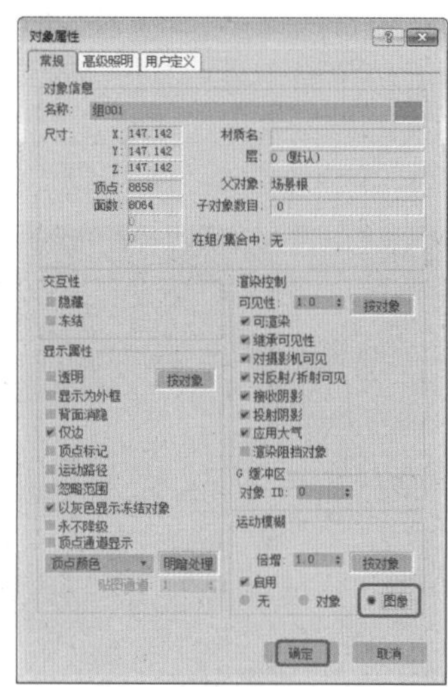

图8-27

> **提示**
>
> 开启【运动模糊】模式可以模拟物体真实的运动效果，可以增加物体移动的真实效果。

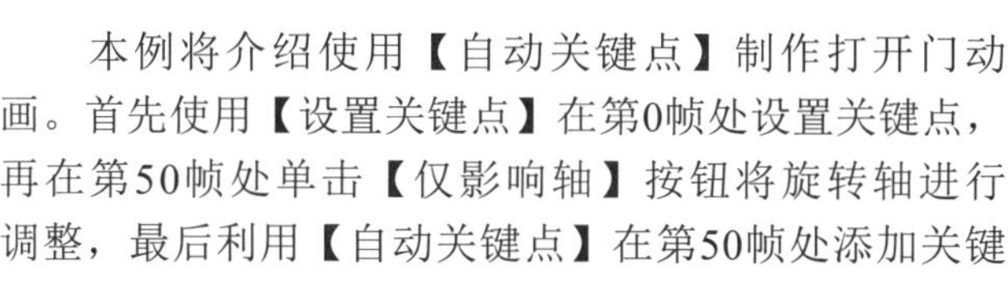

实例172 制作打开门动画

本例将介绍使用【自动关键点】制作打开门动画。首先使用【设置关键点】在第0帧处设置关键点，再在第50帧处单击【仅影响轴】按钮将旋转轴进行调整，最后利用【自动关键点】在第50帧处添加关键点，效果如图8-28所示。

图8-28

素材	Scene\Cha08\制作打开门动画.max
场景	Scene\Cha08\实例172 制作打开门动画.max
视频	视频教学\Cha08\实例172 制作打开门动画.mp4

Step 01 按Ctrl+O组合键，打开“Scene\Cha08\制作打开门动画.max”素材文件，如图8-29所示。

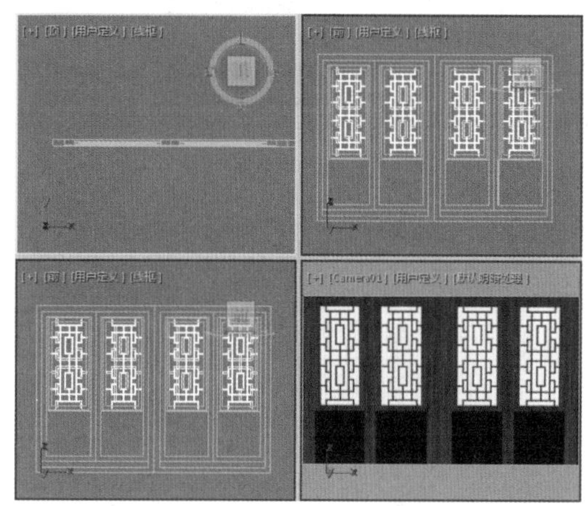

图8-29

Step 02 在【顶】视图中选择门的最左侧的一扇，关键帧在第0帧处时，单击【设置关键点】按钮，如图8-30所示。

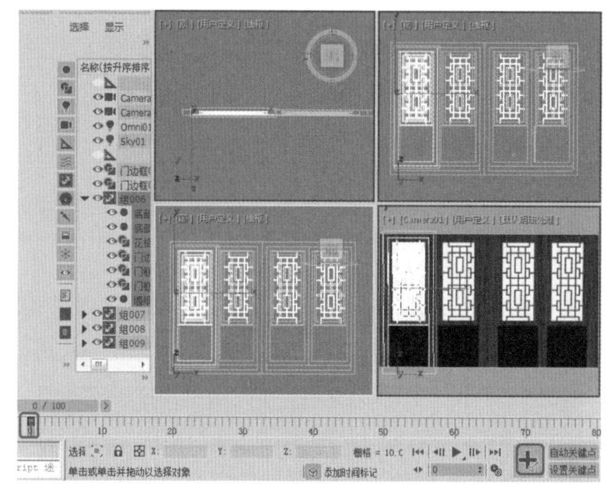

图8-30

Step 03 将关键帧调整到第50帧处，选择【层次】|【轴】工具，在【调整轴】卷展栏中单击【仅影响轴】按钮，将轴调整到适当位置，如图8-31所示。

Step 04 将【仅影响轴】关闭，单击【自动关键点】按钮，在工具栏中右键单击【角度捕捉切换】按钮，在弹出的对话框中将【角度】设置为90度，设置完成后将其关闭，并使【角度捕捉切换】处于选中状态。单击【选择并旋转】按钮，在【顶】视图中将选择的门向上旋转90度，如图8-32所示。

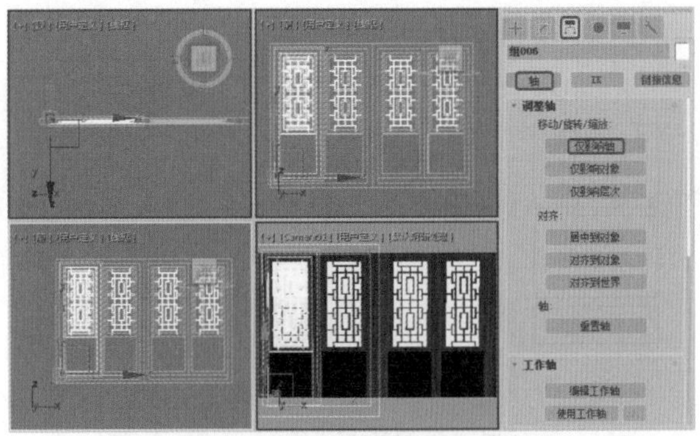

图8-31

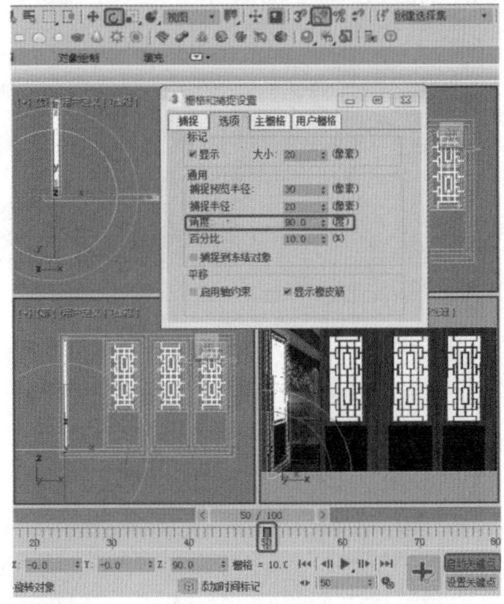

图8-32

◎提示·◦

有时需要在特定的一点对对象进行旋转或移动，此时可以通过设置轴点进行操作。

Step 05 使用同样的方法，对其他的三扇门进行设置，如图8-33所示。

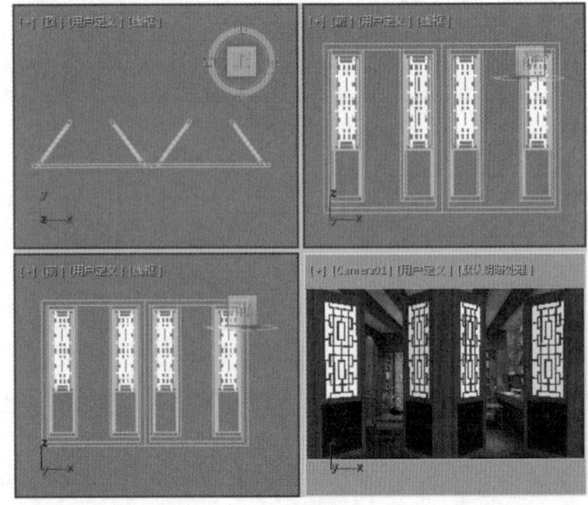

图8-33

实例173 制作秋千动画

本例将介绍如何通过使用轨迹视图制作秋千动画。首先将【链】和【座】链接在一起，然后调整轴的位置，打开【自动关键点】，使用【选择并旋转】工具调整链的旋转角度，最后打开【轨迹视图—曲线编辑器】对话框，为对象添加【往复】参数曲线，从而完成秋千动画，效果如图8-34所示。

图8-34

素材	Scene\Cha08\制作秋千动画.max
场景	Scene\Cha08\实例173 制作秋千动画.max
视频	视频教学\Cha08\实例173 制作秋千动画.mp4

Step 01 按Ctrl+O组合键，打开“Scene\Cha08\制作秋千动画.max”素材文件，按H键，在弹出的对话框中选择【座】，单击【确定】按钮。在菜单栏中选择【动画】|【约束】|【链接约束】命令，如图8-35所示。

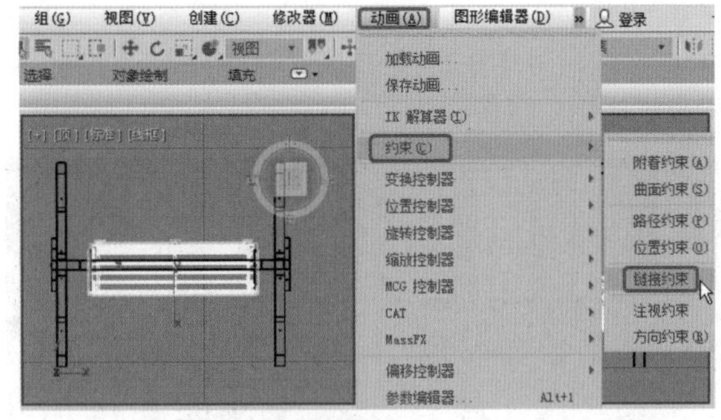

图8-35

Step 02 将【链】和【座】链接在一起，选择【链】对象，进入【层次】面板，单击【轴】按钮，在【调整轴】卷展栏中的单击【仅影响轴】按钮，调整轴的位置，如图8-36所示。

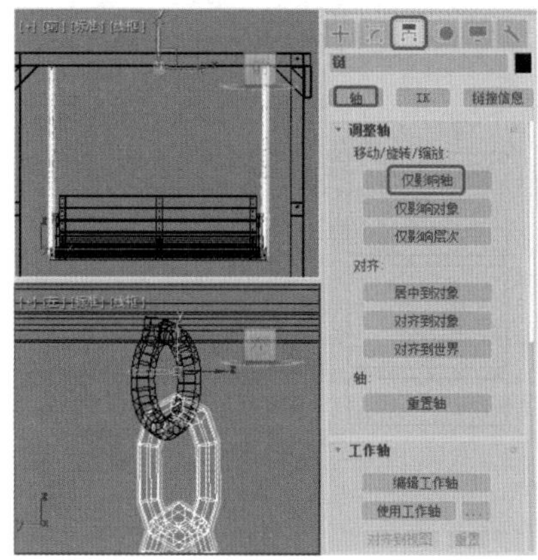

图8-36

Step 03 单击【仅影响轴】按钮，在工具栏中右击【角度捕捉切换】按钮，在弹出的【栅格和捕捉设置】对话框中切换到【选项】选项卡，将【角度】设置为35度，如图8-37所示。

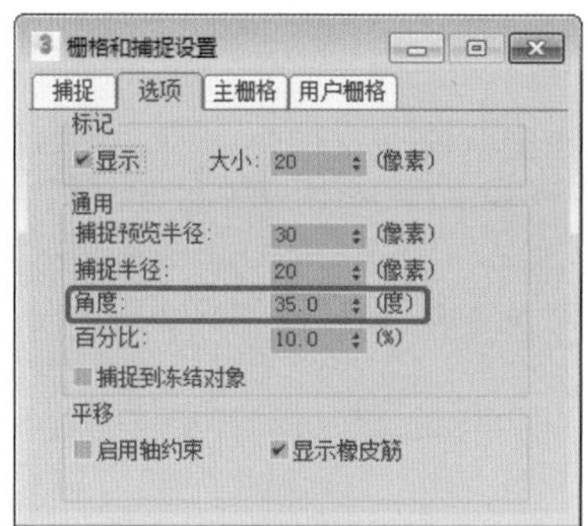

图8-37

Step 04 打开【角度捕捉切换】视图，单击【选择并旋转】按钮，在【左】视图中将其向左旋转35度，如图8-38所示。

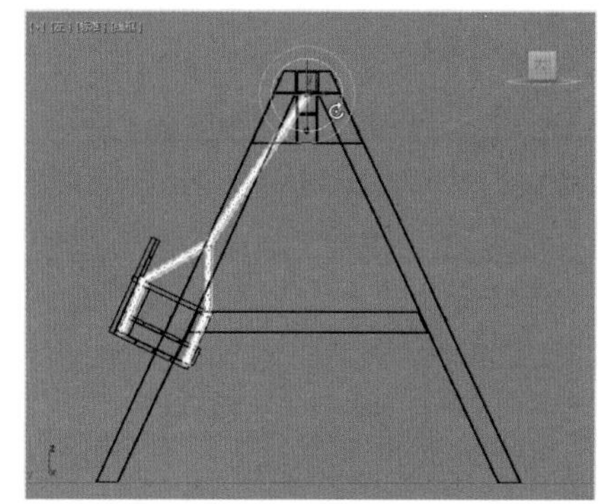

图8-38

Step 05 单击【自动关键点】按钮，将时间滑块拖动至第20帧处，将其向右旋转35度；将时间滑块拖动至第40帧处，将其向右旋转35度，如图8-39所示。

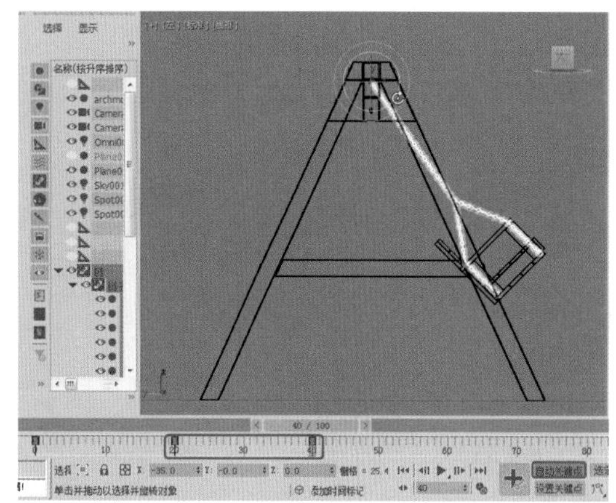

图8-39

Step 06 在工具栏中单击【曲线编辑器】按钮，弹出【轨迹视图-曲线编辑器】对话框，在左侧列表框中选择【X轴旋转】、【Y轴旋转】、【Z轴旋转】选项。在菜单栏中选择【编辑】|【控制器】|【超出范围类型】命令，弹出【参数曲线超出范围类型】对话框，选择【往复】，单击【确定】按钮，如图8-40所示。

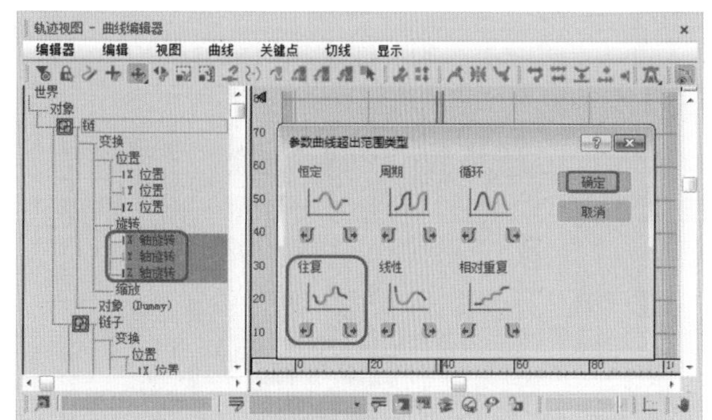

图8-40

Step 07 将对话框关闭，按N键关闭自动关键帧，激活摄影机视图，对该视图进行渲染即可。

> **提示**
>
> 使用【往复】曲线类型，可将动画扩展到现有关键帧范围以外，从而不用设置过多的关键帧。

实例174 制作象棋动画

本例将介绍如何利用设置关键点制作象棋动画。首先打开自动关键点，使用【选择并移动】工具调整对象的位置，设置关键点，最后对摄影机视图进行渲染。完成后的效果如图8-41所示。

图8-41

素材	Scene\Cha08\制作象棋动画.max
场景	Scene\Cha08\实例174 制作象棋动画.max
视频	视频教学\Cha08\实例174 制作象棋动画.mp4

Step 01 按Ctrl+O组合键，打开“Scene\Cha08\制作象棋动画.max”素材文件，选择一个黑兵，按N键，打开【自动关键点】，将时间滑块拖动至第20帧处，在【顶】视图中调整黑兵的位置，如图8-42所示。

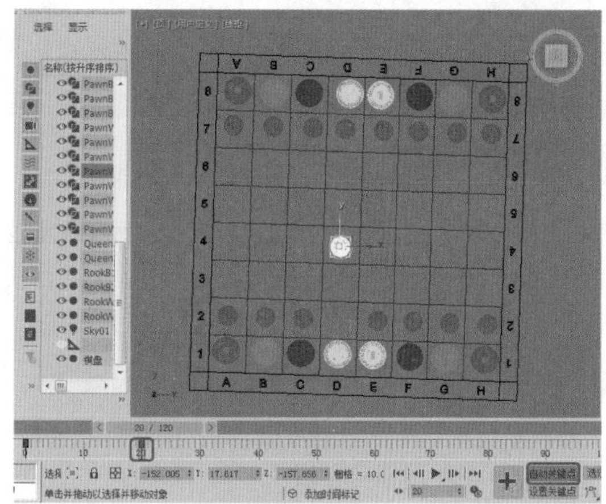
图8-42

Step 02 选择一个白兵，单击【设置关键点】按钮，将时间滑块拖动至第40帧处，将白兵向前推动一段距离，如图8-43所示。

Step 03 选择一个黑兵，单击【设置关键帧】按钮，将时间滑块拖动至第60帧处，将黑兵向前推进一段距离，如图8-44所示。

Step 04 选择白后，单击【设置关键帧】按钮，将时间滑块拖动至第80帧处，将白后拖动至一定距离，如图8-45所示。

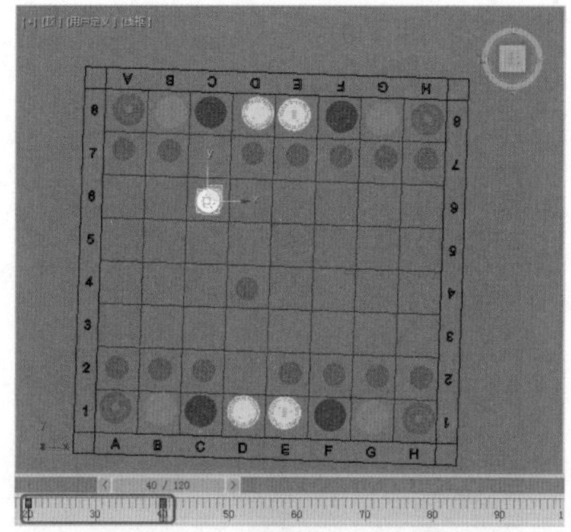
图8-43

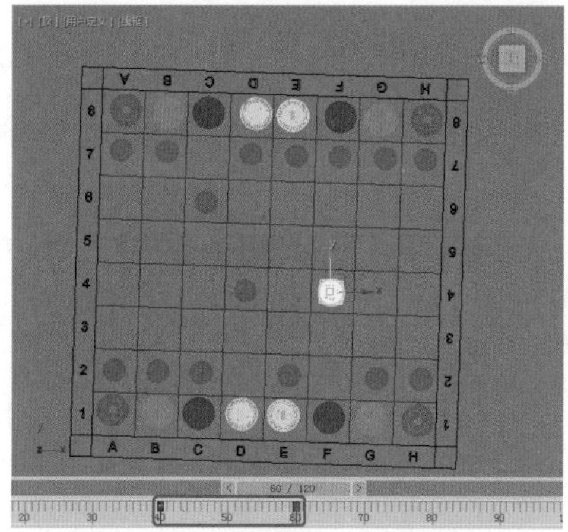
图8-44

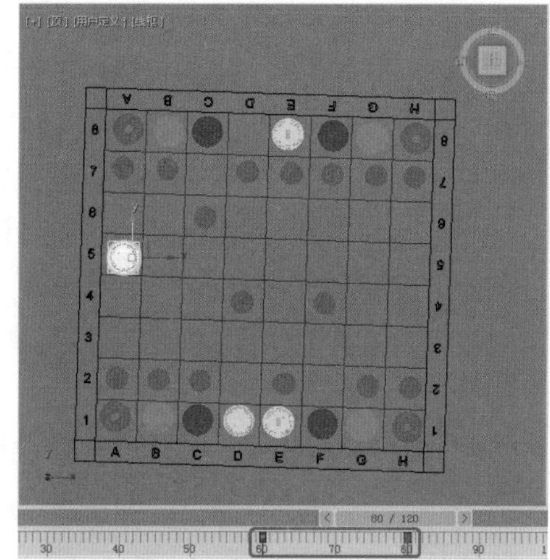
图8-45

Step 05 选择一个黑兵，单击【设置关键帧】按钮，将时间滑块拖动至第100帧位置处，调整它的位置，如图8-46所示。

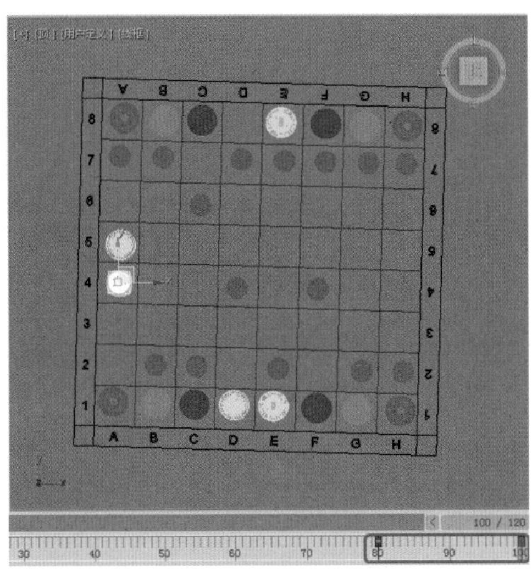

图8-46

Step 06 选择白后，单击【设置关键帧】按钮+，将时间滑块拖动至第110帧处，将其拖动至黑王的位置。选择黑王，将时间滑块拖动至第110帧处，单击【设置关键帧】按钮，将时间滑块拖动至第120帧位置处，调整其位置，如图8-47所示。按N键关闭自动关键点，对摄影机视图进行渲染。

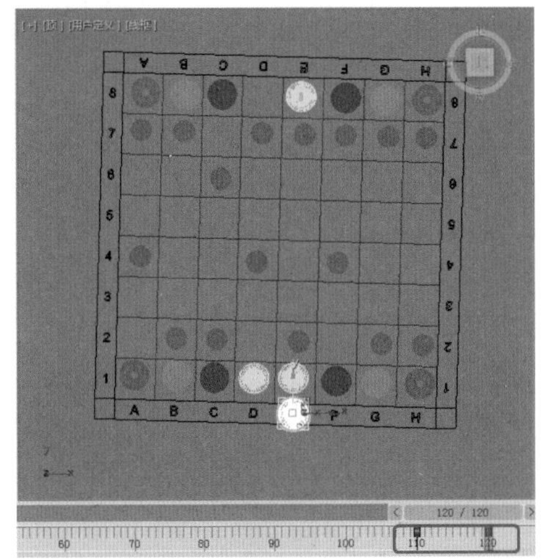

图8-47

实例 175 制作风车旋转动画

本案例将介绍如何使用轨迹视图来制作风车旋转动画。本案例主要通过为风车叶片添加关键帧来使风车旋转，然后在轨迹视图中调整路径，最后为其添加运动模糊效果。完成后的效果如图8-48所示。

图8-48

素材	Scene\Cha08\制作风车旋转动画.max
场景	Scene\Cha08\实例175 制作风车旋转动画.max
视频	视频教学\Cha08\实例175 制作风车旋转动画.mp4

Step 01 按Ctrl+O组合键，打开"Scene\Cha08\制作风车旋转动画.max"素材文件，如图8-49所示。

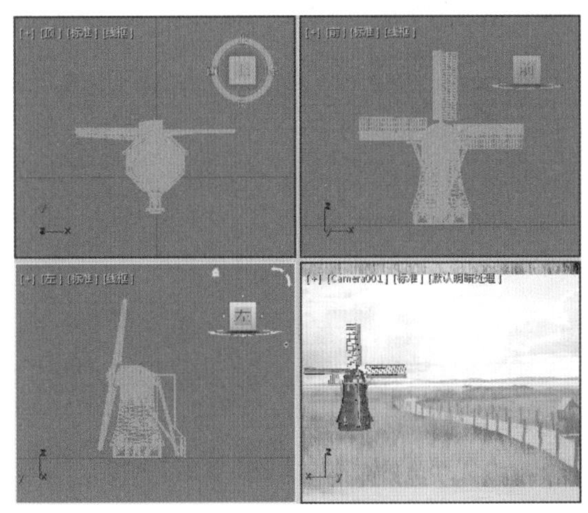

图8-49

Step 02 在场景文件中选择所有的风车叶片对象，然后在菜单栏中选择【组】|【组】命令，在弹出的【组】对话框中设置【组名】为【风车叶片】，单击【确定】按钮，如图8-50所示。

图8-50

◎提示·◦

成组以后不会对原对象做任何修改，但对组的编辑会影响组中的每一个对象。成组以后，只要单击组内的任意一个对象，整个组都会被选中，如果想单独对组内对象进行操作，必须先将组暂时打开。

Step 03 将时间滑块拖动至第100帧处，单击【自动关键点】按钮，使用【选择并旋转】工具在【前】视图中沿Y轴旋转风车叶片对象，如图8-51所示。

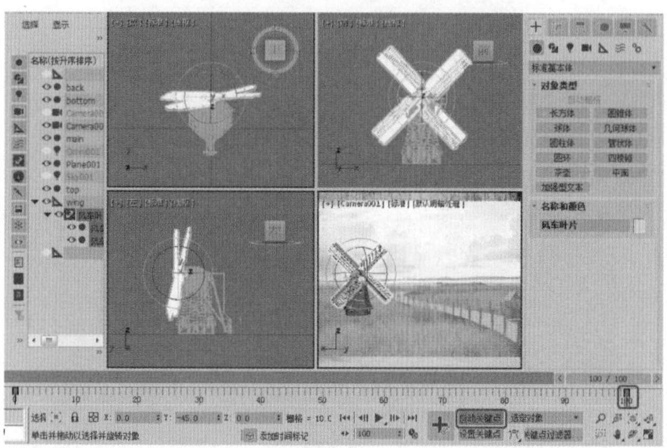

图8-51

Step 04 再次单击【自动关键点】按钮，将其关闭。在工具栏中单击【曲线编辑器（打开）】按钮，弹出【轨迹视图-曲线编辑器】对话框，在左侧的列表框中选择【旋转】组下的【Y轴旋转】选项，如图8-52所示。

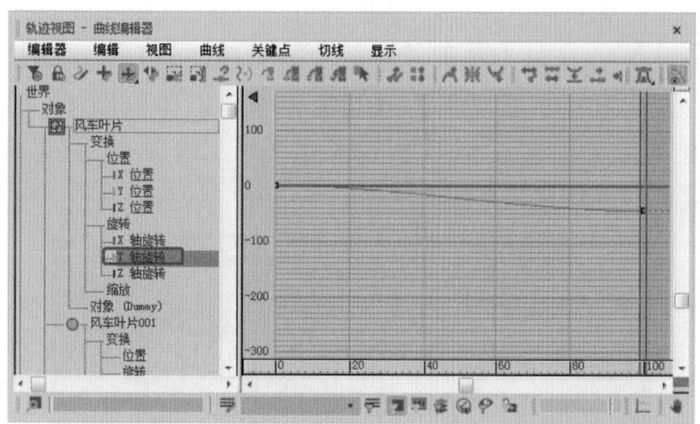

图8-52

◎提示·◦

使用【轨迹视图】可以精确地修改动画。轨迹视图有两种不同的模式，即【曲线编辑器】和【摄影表】。

Step 05 右击位于第0帧的关键帧，在弹出的对话框中设置【输入】和【输出】，如图8-53所示。

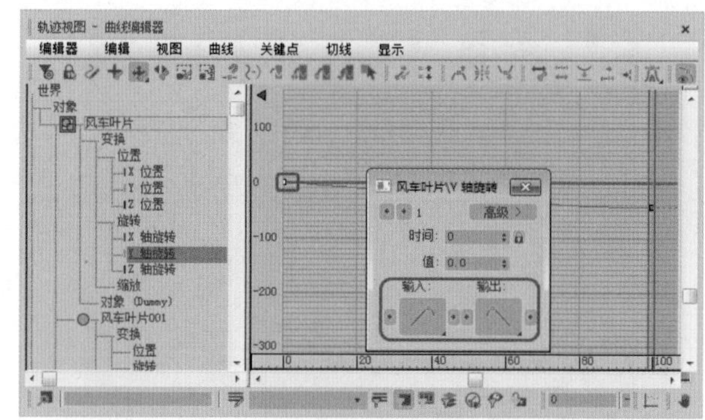

图8-53

Step 06 使用同样的方法，设置第100帧的关键帧，将【值】设置为360，如图8-54所示。

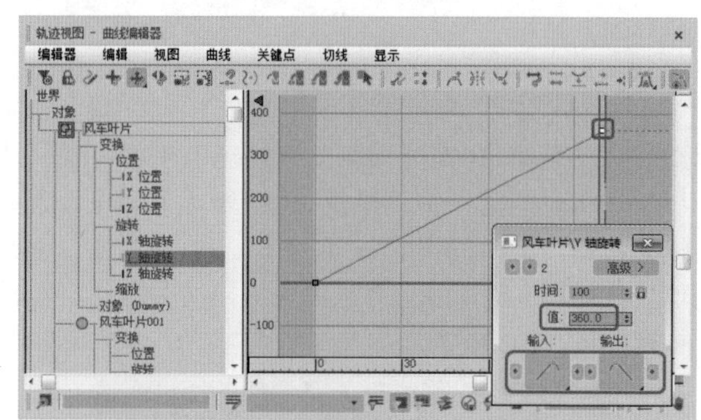

图8-54

Step 07 设置完成后关闭轨迹视图。右击【风车叶片】，在弹出的快捷菜单中选择【对象属性】命令，弹出【对象属性】对话框，在【运动模糊】选项组中选中【图像】单选按钮，如图8-55所示。

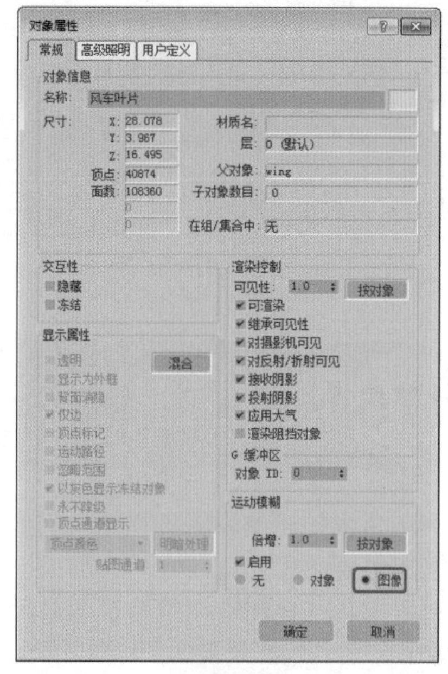

图8-55

Step 08 设置完成后单击【确定】按钮。按8键弹出【环境和效果】对话框，切换到【效果】选项卡，在【效果】卷展栏中单击【添加】按钮，在弹出的【添加效果】对话框中选择【运动模糊】选项，单击【确定】按钮，即可添加运动模糊效果，如图8-56所示。

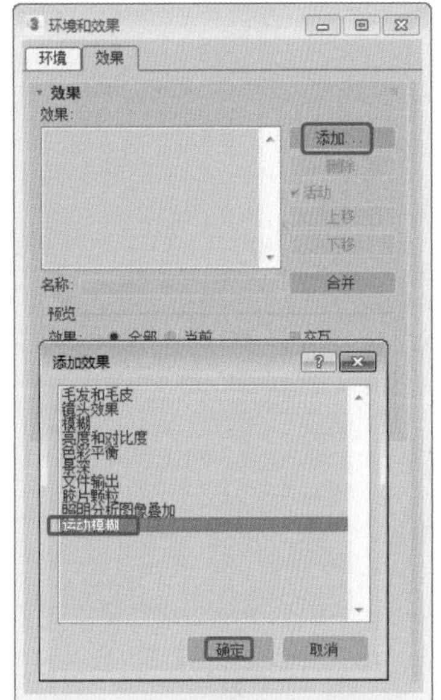

图8-56

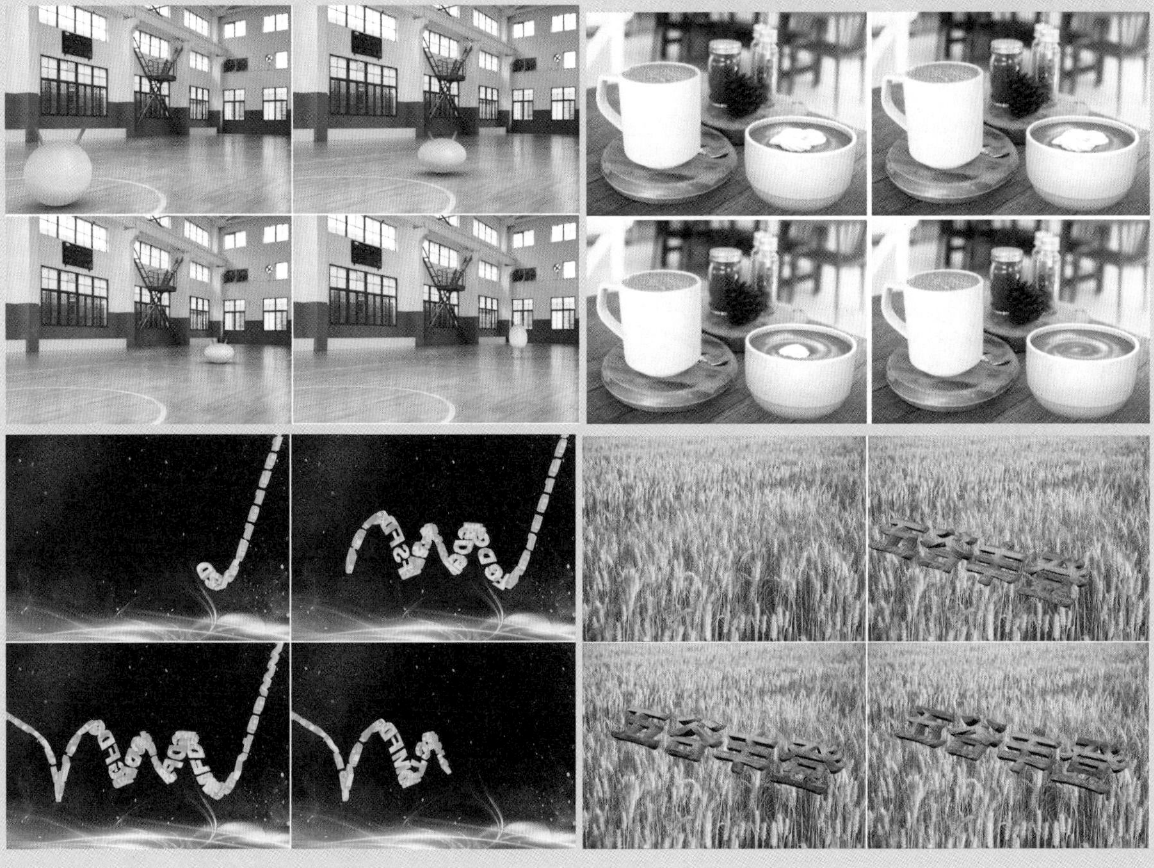

第9章 常用编辑修改器动画

在制作三维动画时经常会使用修改器来控制动画。在【修改】命令面板的修改器列表中有多个类型的修改器，通过设置不同的修改器参数，能够得到不同形状的对象。在变形的过程中通过添加动画关键帧，可以使模型对象完成多种动作，使其构成一系列动画片段。

实例176 制作塑料球变形动画

本例将讲解如何制作塑料球变形动画。首先设置塑料球的运动路线，并设置关键帧，然后对其添加【拉伸】修改器，通过设置不同的拉伸值，使小球产生变形，完成后的效果如图9-1所示。

图9-1

素材	Scene\Cha09\制作塑料球变形动画.max
场景	Scene\Cha09\实例176 制作塑料球变形动画.max
视频	视频教学\Cha09\实例176 制作塑料球变形动画.mp4

Step 01 按Ctrl+O组合键，打开"Scene\Cha09\制作塑料球变形动画.max"素材文件，如图9-2所示。

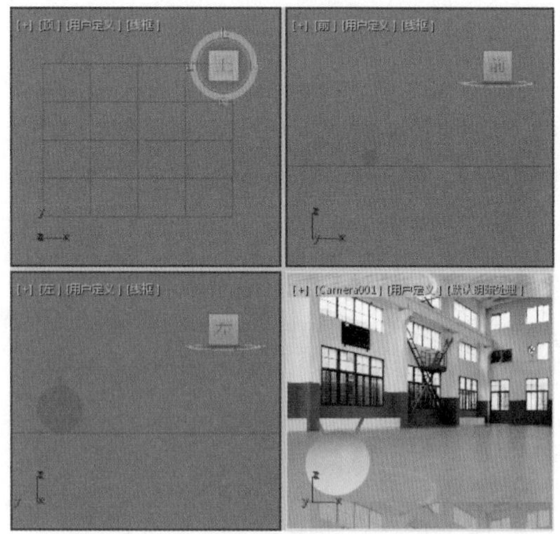

图9-2

Step 02 单击【自动关键点】按钮，打开动画记录模式，单击【关键点过滤器】按钮，弹出【设置关键点】对话框，勾选【全部】复选框，将时间滑块移动到第110帧处，使用【选择并移动】工具移动小球的位置，此时会自动添加关键帧，如图9-3所示。

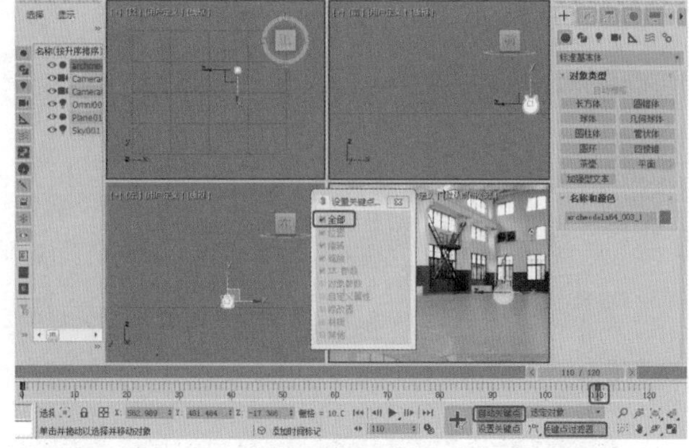

图9-3

Step 03 将时间滑块移动到第20帧处，在工具箱中使用【选择并移动】工具，将Z的值设置为42，此时会自动添加关键帧，如图9-4所示。

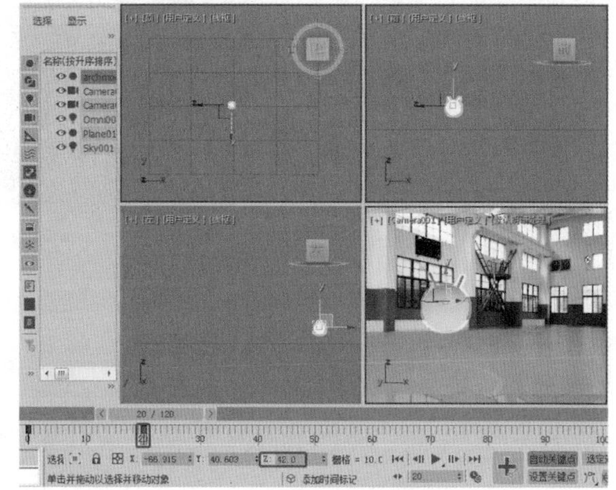

图9-4

Step 04 使用同样的方法，分别将第40、60、80、100、110帧处的Z值设置为-33、40、-33、13、-17，如图9-5所示。

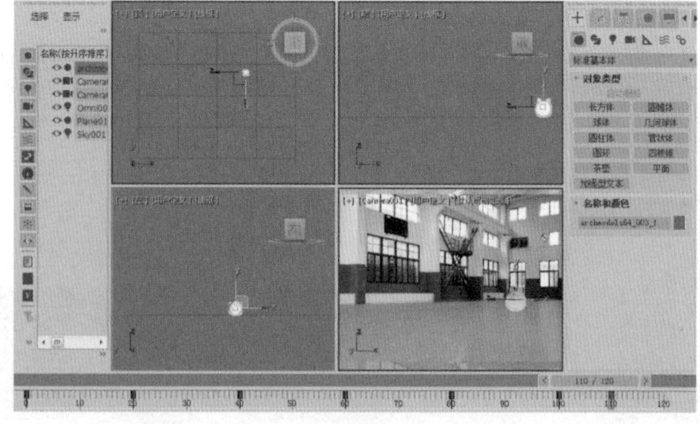

图9-5

Step 05 关闭动画记录模式，确认塑料球处于选中状态，切换到【修改】命令面板，添加【拉伸】修改器，如图9-6所示。

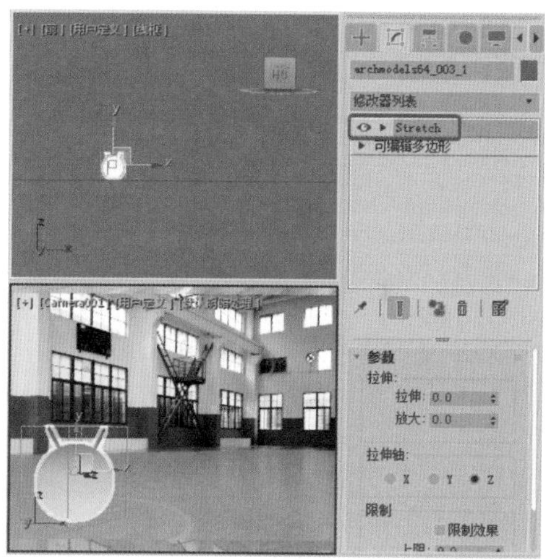

图9-6

Step 06 开启动画记录模式，将时间滑块移动到第20帧处，选择【拉伸】修改器。在【参数】卷展栏中将【拉伸】的值设置为0.2，将【拉伸轴】设置为Z，此时系统会自动添加【拉伸】关键帧，如图9-7所示。

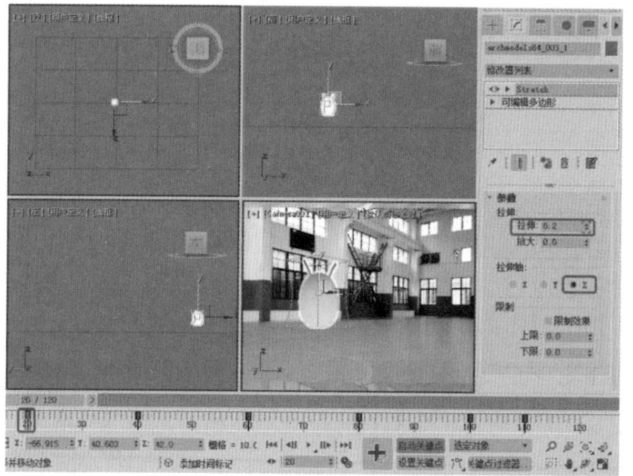

图9-7

> **◎提示**
>
> 【拉伸】修改器可以模拟【挤压和拉伸】的传统动画效果。【拉伸】沿着特定拉伸轴应用缩放效果，并沿着剩余的两个副轴产生相反的缩放效果。副轴上相反的缩放量会根据距缩放效果中心的距离发生变化。最大的缩放量在中心处，并且会朝着末端衰减。

Step 07 使用同样的方法，分别将第40、60、80、100帧处的【拉伸】值设置为-0.2、0.2、-0.2、0.2，完成后的效果如图9-8所示。

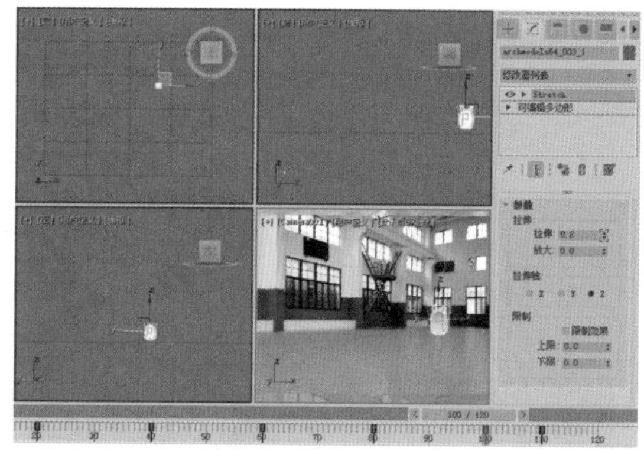

图9-8

Step 08 关闭动画记录模式，渲染第60帧的效果，如图9-9所示。

图9-9

实例177 制作冰激凌融化动画

本例将介绍如何制作冰激凌融化动画。主要方法是为对象添加【融化】修改器，更改【融化】修改器的参数，并配合自动关键点为对象添加关键点。完成制作的冰激凌融化动画效果如图9-10所示。

图9-10

素材	Scene\Cha09\制作冰激凌融化动画.max
场景	Scene\Cha09\实例177 制作冰激凌融化动画.max
视频	视频教学\Cha09\实例177 制作冰激凌融化动画.mp4

Step 01 按Ctrl+O组合键，打开“Scene\Cha09\制作冰激凌融化动画.max”素材文件，选择【冰激凌】对象，在【修改器列表】中选择【融化】修改器，如图9-11所示。

图9-11

Step 02 按N键，打开【自动关键点】，将时间滑块拖动至第70帧处。在【参数】卷展栏中将【融化】选项组中的【数量】设置为73，在【扩散】选项组中将【融化百分比】设置为57.9，如图9-12所示。

图9-12

◎知识链接◦

【融化】修改器选项参数介绍

- 数量：用于指定【衰退】程度，或者应用于Gizmo上的融化效果，从而影响对象。范围为0.0～1000.0。
- 融化百分比：随着【数量】值增加，对象和融化会不断扩展。
- 【固态】组：决定融化对象中心的相对高度。固态稍低的物质在融化时中心下陷得比较多。该组为物质的不同类型提供多个预设值，同时也含有【自定义】文本框，用于设置个性化的固态。
- X/Y/Z：选择会产生融化的轴（对象的局部轴）。注意这里的轴是【融化】Gizmo的局部轴，与选中的实体无关。默认情况下，【融化】Gizmo轴与对象的局部坐标一起排列，但是通过旋转Gizmo可以更改它们。
- 翻转轴：通常，融化沿着给定的轴从正向朝着负向发生。通过启用【翻转轴】可以反转这一方向。

Step 03 按N键关闭【自动关键点】，激活摄影机视图，对该视图进行渲染输出。

实例178 制作路径约束文字动画

本例将介绍如何制作路径约束文字动画。首先绘制一条路径及螺旋线，然后创建文字，对文字进行倒角并赋予材质，通过对其添加【路径变形绑定（WSM）】修改器，将其添加到路径中，通过调整其百分比创作出动画，完成后的效果如图9-13所示。

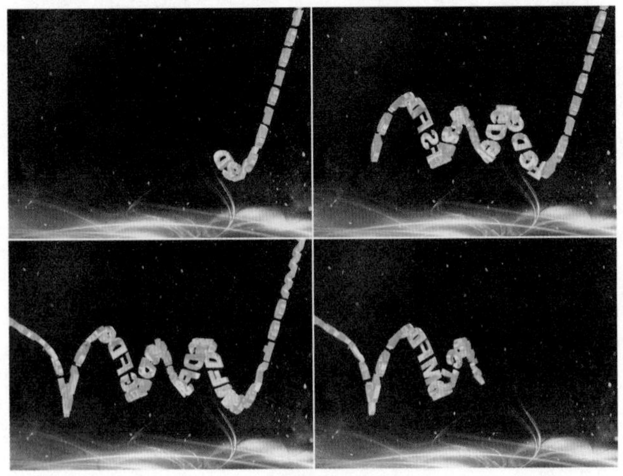

图9-13

素材	Scene\Cha09\制作路径约束文字动画.max
场景	Scene\Cha09\实例178 制作路径约束文字动画.max
视频	视频教学\Cha09\实例178 制作路径约束文字动画.mp4

Step 01 按Ctrl+O组合键，打开“Scene\Cha09\制作路径约束文字动画.max”素材文件，使用摄影机视图进行渲染，如图9-14所示。

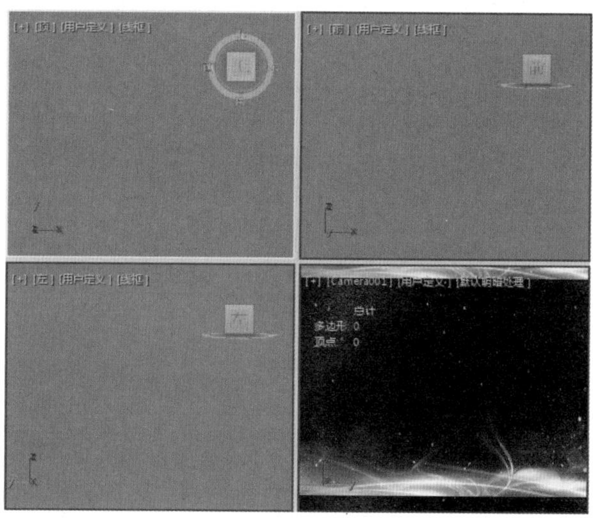

图9-14

Step 02 选择【创建】|【图形】|【样条线】|【螺旋线】命令，在【前】视图中绘制螺旋线。切换到【修改】命令面板中，将【半径1】和【半径2】都设置为12，将【高度】和【圈数】分别设置为90和3.722，选中【顺时针】单选按钮，调整位置，如图9-15所示。

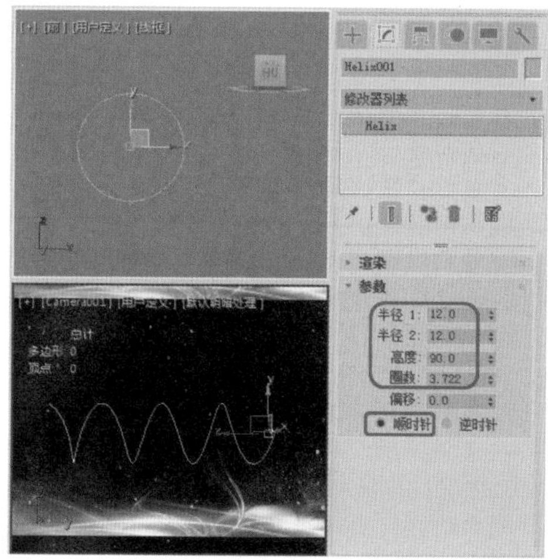

图9-15

Step 03 选择【创建】|【图形】|【样条线】|【文本】命令，将【字体】设置为Arial Black，将【大小】设置为15，在文本框中输入自己需要的文字，在【前】视图中单击创建文本，如图9-16所示。

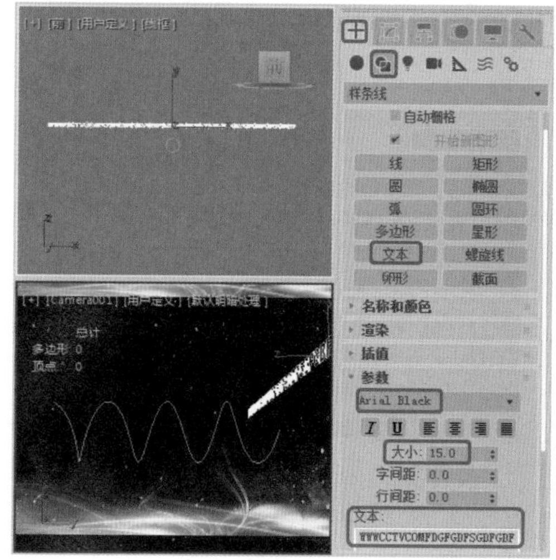

图9-16

Step 04 选中上一步创建的文本，对其添加【倒角】修改器，在【倒角值】卷展栏中将【级别1】下的【高度】设置为2，勾选【级别2】复选框，分别将【高度】和【轮廓】设置为0.1和-0.1，如图9-17所示。

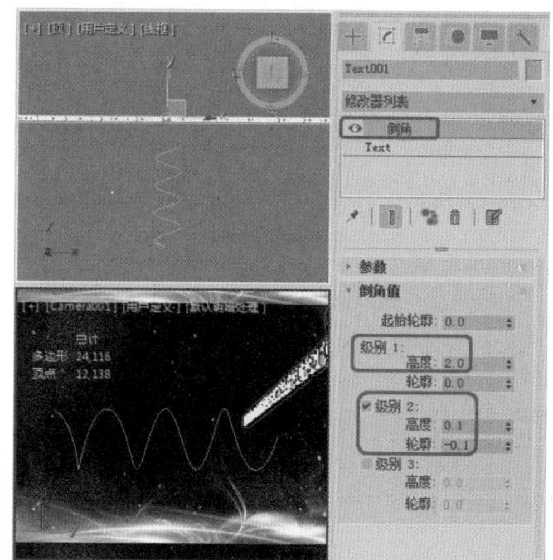

图9-17

Step 05 选中创建的文本，对其添加【路径变形绑定（WSM）】修改器，在【参数】卷展栏中单击【拾取路径】按钮，在视图中拾取创建的螺旋线，单击【转到路径】按钮，将【路径变形轴】定义为X，如图9-18所示。

提示

【路径变形绑定（WSM）】：该修改器是一种用途非常广泛的动画控制器，当需要使对象沿线路轨迹运动并且不发生变形时，往往会使用该修改器。

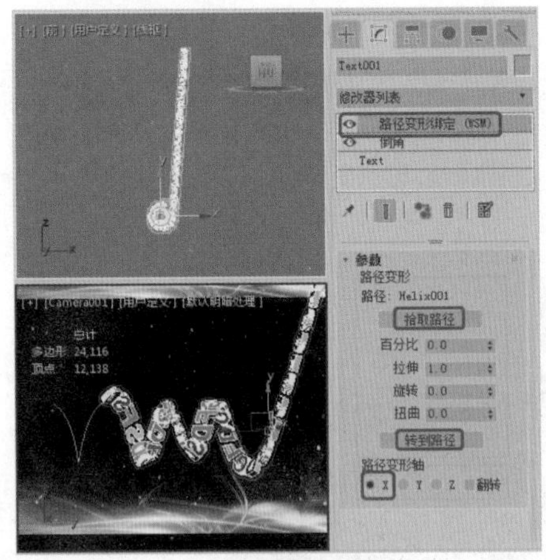

图9-18

Step 06 按M键，打开【材质编辑器】对话框，选择【黄金】材质样本球，将其添加到创建的文字上，渲染摄影机视图查看效果，如图9-19所示。

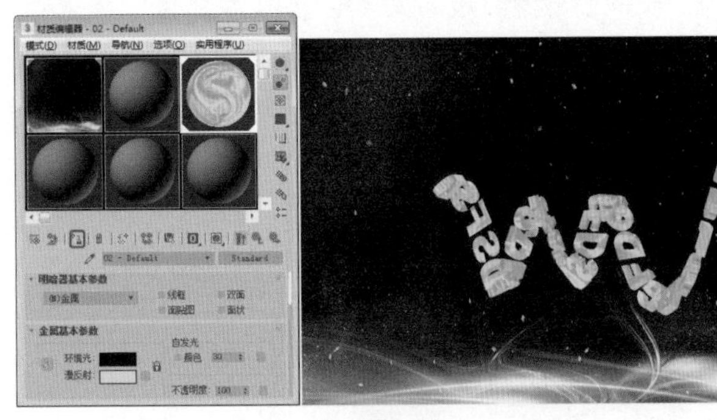

图9-19

Step 07 单击【时间配置】按钮，弹出【时间配置】对话框，将【结束时间】设置为300，单击【确定】按钮，如图9-20所示。

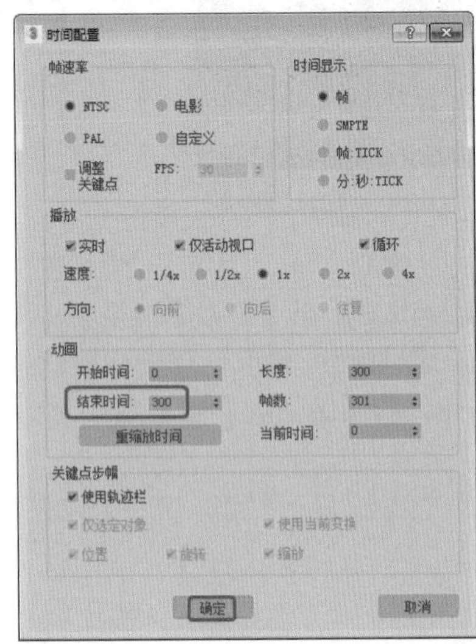

图9-20

Step 08 选中文字，切换到【修改】命令面板，选择【路径变形绑定（WSM）】修改器，单击【自动关键点】按钮，开启动画记录模式，将时间滑块拖动到第0帧处，在【参数】卷展栏中将【百分比】设置为-96，如图9-21所示。

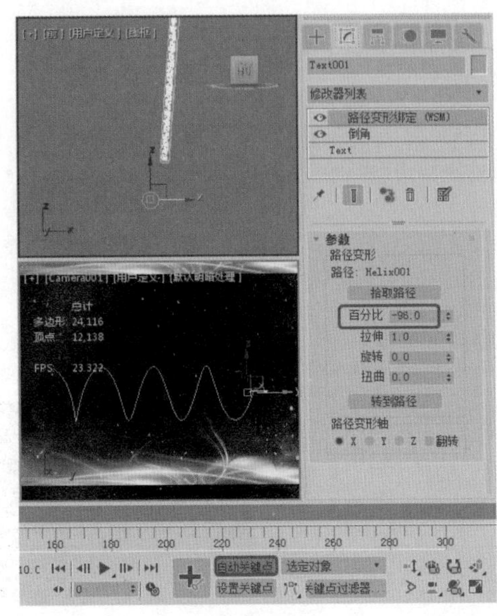

图9-21

◎知识链接·○

【路径变形绑定（WSM）】修改器选项参数介绍

- 路径：显示选定路径对象的名称。
- 拾取路径：单击该按钮，然后选择一条样条线或NURBS曲线以作为使用路径。对于操作时出现的Gizmo可设置成路径一样的形状，并使其与对象的局部Z轴对齐。一旦指定了路径，就可以使用该卷展栏上剩下的控件调整对象的变形。所拾取的路径应当含有单个的开放曲线或封闭曲线。如果使用含有多条曲线的路径对象，那么只使用第一条曲线。
- 百分比：根据路径长度的百分比，沿着Gizmo路径移动对象。
- 拉伸：以使用对象的轴点作为缩放的中心，沿着Gizmo路径缩放对象。
- 旋转：关于Gizmo路径旋转对象。
- 扭曲：关于路径扭曲对象。根据路径一端的旋转决定扭曲的角度。通常，变形对象只占据路径的一部分，所以产生的效果很微小。
- X/Y/Z：选择一条轴以旋转Gizmo路径，使其与对象的指定局部轴对齐。
- 翻转：将Gizmo路径关于指定轴反转180度。

Step 09 将时间滑块拖动到第300帧处，将【百分比】设置为186.5，此时系统会自动添加关键帧，取消动画记录模式，如图9-22所示。

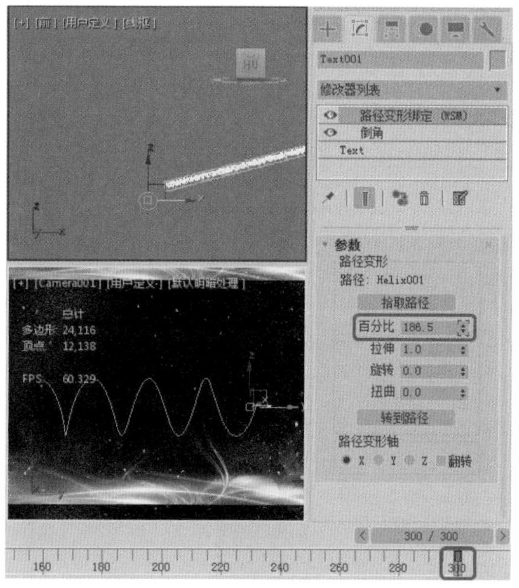

图9-22

Step 10 动画设置完成后，对其进行渲染，保存动画。渲染到第100帧时的效果如图9-23所示。

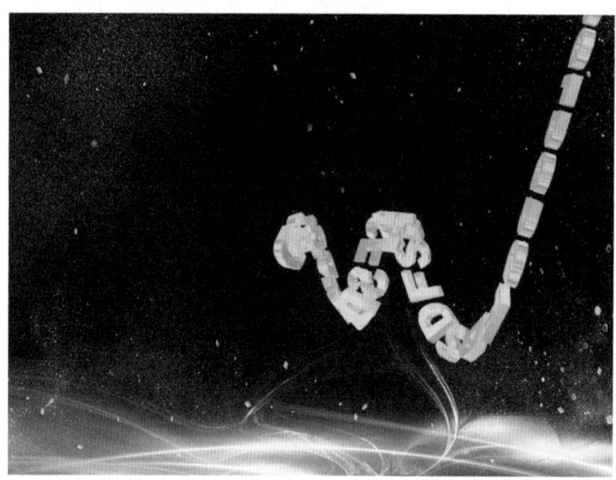

图9-23

实例179 制作波浪文字动画

本例将介绍波浪文字动画的制作。首先设置摄影机动画，然后为场景中的文字添加【波浪】修改器并设置相应的动画参数。完成后的效果如图9-24所示。

素材	Scene\Cha09\制作波浪文字动画.max
场景	Scene\Cha09\实例179 制作波浪文字动画.max
视频	视频教学\Cha09\实例179 制作波浪文字动画.mp4

图9-24

Step 01 按Ctrl+O组合键，打开"Scene\Cha09\制作波浪文字动画.max"素材文件，如图9-25所示。

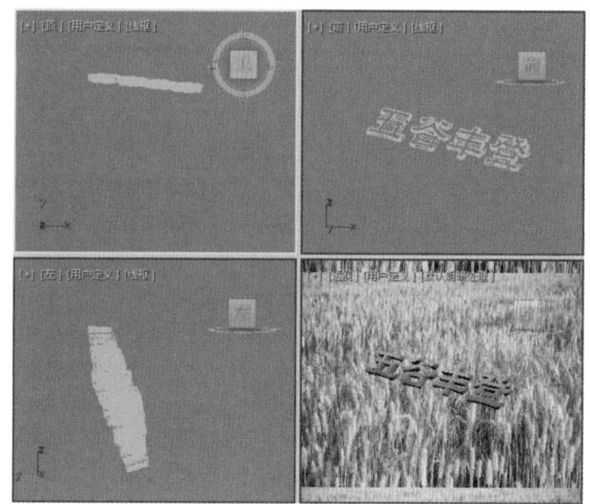

图9-25

Step 02 选择【创建】|【摄影机】|【目标】工具，在【顶】视图中创建一个目标摄影机。激活【透视】视图，按C键，将【透视】视图转换为摄影机视图，在【前】视图中调整摄影机的位置，如图9-26所示。

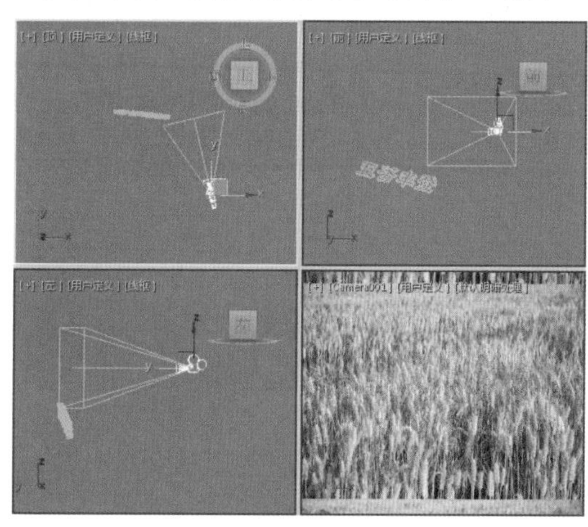

图9-26

Step 03 单击【自动关键点】按钮，开启动画记录模式，将时间滑块拖动到第40帧处，在【前】视图中调整摄影机的位置，如图9-27所示。

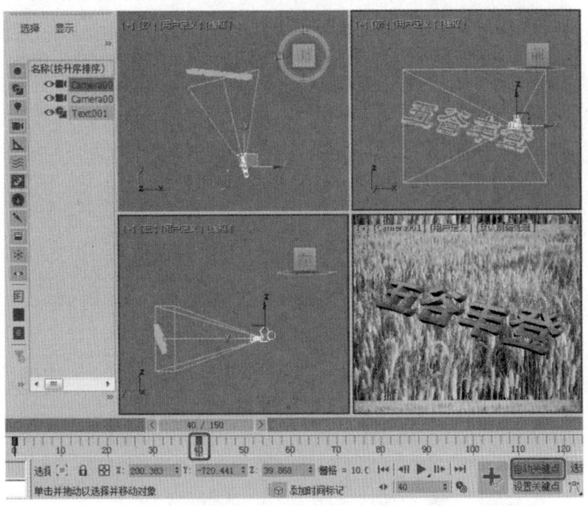

图9-27

Step 04 单击【自动关键点】按钮，关闭动画记录模式。选中场景中的文字，切换至【修改】命令面板，为其添加【波浪】修改器，将【振幅1】和【振幅2】都设置为9，单击【自动关键点】按钮，开启动画记录模式，如图9-28所示。

图9-28

◎提示·○

【波浪】修改器用来在对象上产生波浪效果。通过变换【波浪】修改器的Gizmo和中心，可产生不同的波浪效果。

Step 05 将时间滑块拖动到第150帧处，将【振幅1】和【振幅2】都设置为10，将【相位】设置为1.5，如图9-29所示。

图9-29

Step 06 单击【自动关键点】按钮，关闭动画记录模式。

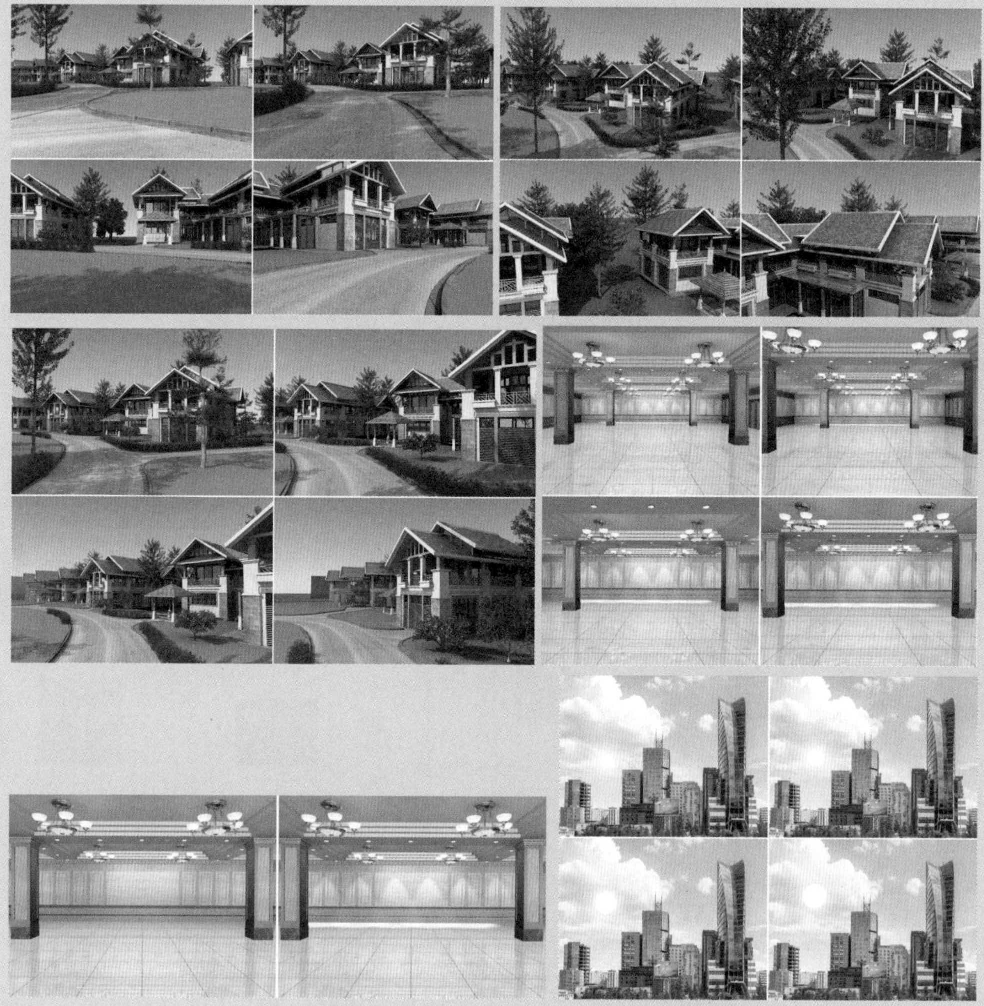

第10章 摄影机及灯光动画

摄影机好比人的眼睛，创建场景对象、布置灯光、调整材质所创作的效果图等，都要通过这双“眼睛”来观察。灯光也是画面视觉信息与视觉造型的基础，没有灯光便无法体现物体的形状、质感和颜色。本章将介绍摄影机及灯光动画的制作。

实例180 制作仰视旋转动画

本例将介绍如何使用摄影机制作仰视旋转动画。在建筑动画中，制作摄影机仰视旋转的镜头是非常常见的，完成后的效果如图10-1所示。

图10-1

素材	Scene\Cha10\制作仰视旋转动画.max
场景	Scene\Cha10\实例180 制作仰视旋转动画.max
视频	视频教学\Cha10\实例180 制作仰视旋转动画.mp4

Step 01 按Ctrl+O组合键，打开“Scene\Cha10\制作仰视旋转动画.max”素材文件，弹出【缺少外部文件】对话框，单击【浏览】按钮，如图10-2所示。

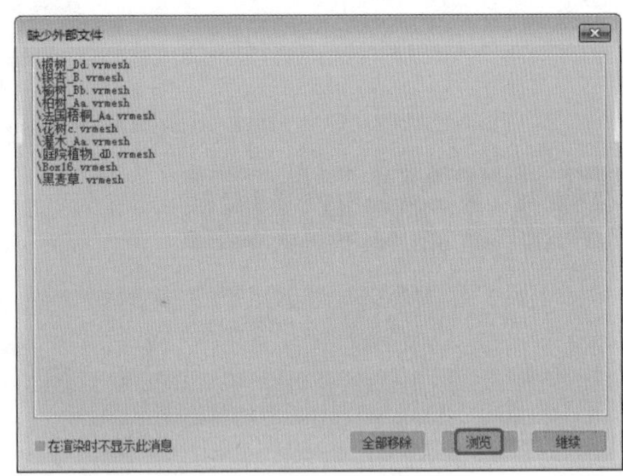

图10-2

Step 02 弹出【配置外部文件路径】对话框，单击【添加】按钮，如图10-3所示。

Step 03 弹出【选择新的外部文件路径】对话框，设置路径为Map\别墅map，单击【使用路径】按钮，如图10-4所示。

图10-3

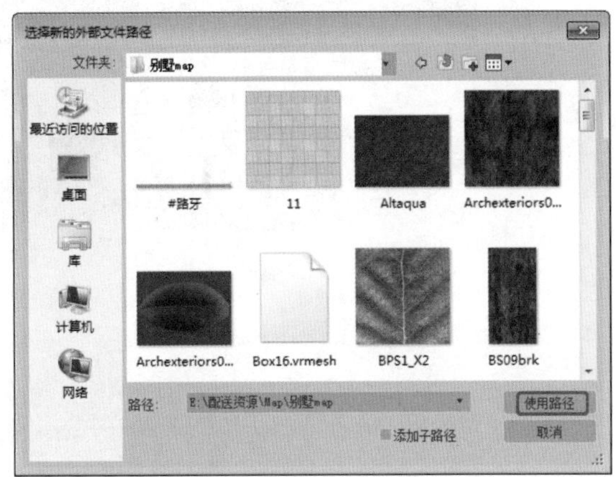

图10-4

Step 04 返回至【配置外部文件路径】对话框，可以看到添加的路径，单击【确定】按钮，如图10-5所示。

图10-5

Step 05 返回至【缺少外部文件】对话框，单击【继续】按钮，进入【创建】命令面板，在【摄影机】对象面板中单击【目标】按钮，在视图中创建目标摄影机。激活【透视】视图，按C键将其转换为摄影机视图，在【参数】卷展栏中将【镜头】设置为24，在其他视图中调整其位置，如图10-6所示。

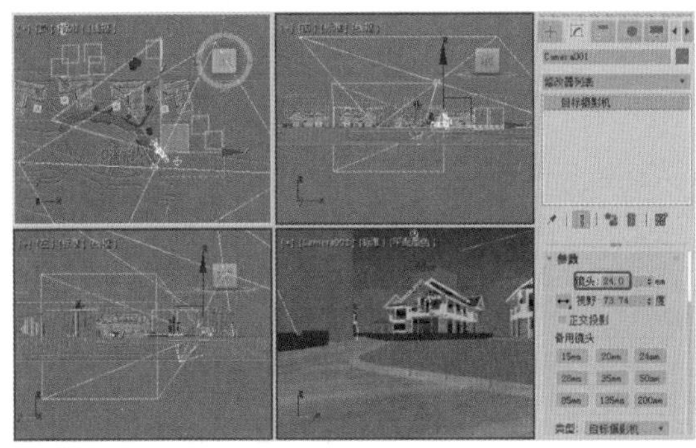

图10-6

Step 06 将时间滑块拖动至第100帧处，单击【自动关键点】按钮，在视图中调整摄影机位置，如图10-7所示。单击【自动关键点】按钮，将其关闭，渲染动画即可。

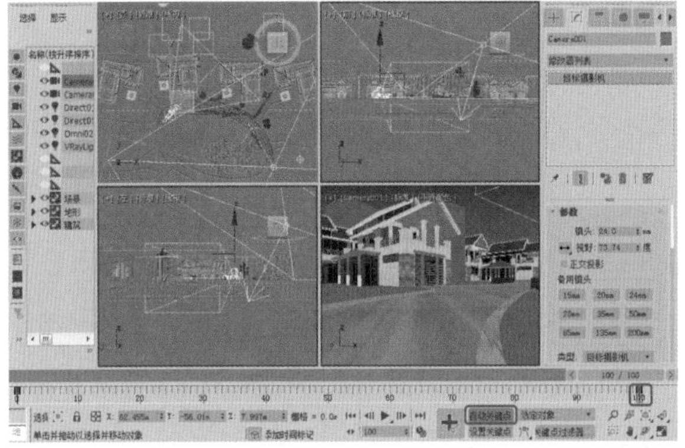

图10-7

实例181 制作俯视旋转动画

本案例将介绍如何使用摄影机制作俯视旋转动画。该动画仍然使用设置关键点的制作方法来完成。完成后的效果如图10-8所示。

图10-8

素材	Scene\Cha10\制作俯视旋转动画.max
场景	Scene\Cha10\实例181 制作俯视旋转动画.max
视频	视频教学\Cha10\实例181 制作俯视旋转动画.mp4

Step 01 按Ctrl+O组合键，打开“Scene\Cha10\制作俯视旋转动画.max”素材文件，如图10-9所示。

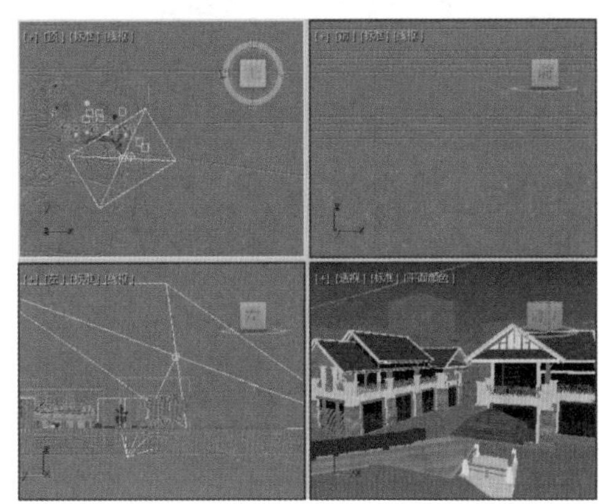

图10-9

Step 02 进入【创建】命令面板，在【摄影机】对象面板中单击【目标】按钮，在视图中创建目标摄影机。激活【透视】视图，按C键，将其转换为摄影机视图，在【参数】卷展栏中将【镜头】设置为28，在其他视图中调整其位置，如图10-10所示。

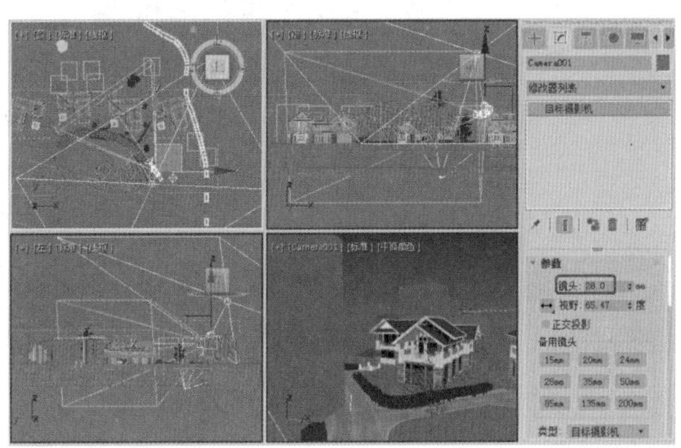

图10-10

> **提示**
>
> 【目标】摄影机：用于查看目标对象周围的区域，它有摄影机、目标点两部分。

Step 03 将时间滑块拖动至第100帧处，单击【自动关键点】按钮，在视图中调整摄影机位置，如图10-11所示。

Step 04 再次单击【自动关键点】按钮，将其关闭，渲染动画即可。

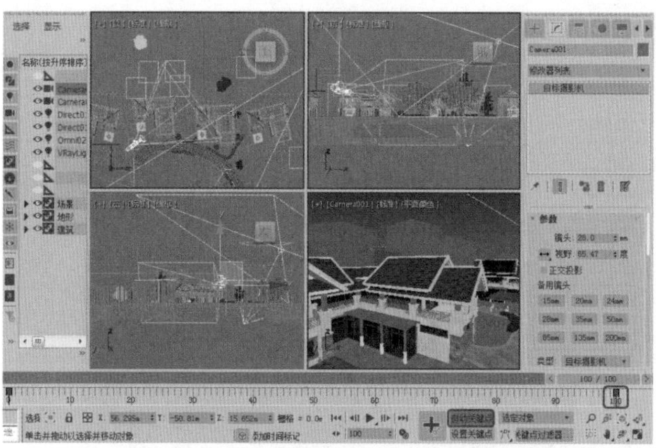

图10-11

实例 182 制作穿梭动画

本案例将介绍如何使用摄影机制作穿梭动画。通过设置多个关键点，调整摄影机和目标点来完成，效果如图10-12所示。

图10-12

素材	Scene\Cha10\制作穿梭动画.max
场景	Scene\Cha10\实例182 制作穿梭动画.max
视频	视频教学\Cha10\实例182 制作穿梭动画.mp4

Step 01 按Ctrl+O组合键，打开“Scene\Cha10\制作穿梭动画.max”素材文件，如图10-13所示。

Step 02 进入【创建】命令面板，在【摄影机】对象面板中单击【目标】按钮，在视图中创建目标摄影机。激活【透视】视图，按C键，将其转换为摄影机视图，在【参数】卷展栏中将【镜头】设置为28，在其他视图中调整其位置，如图10-14所示。

Step 03 将时间滑块拖动至第30帧处，单击【自动关键点】按钮，在视图中调整摄影机位置，如图10-15所示。

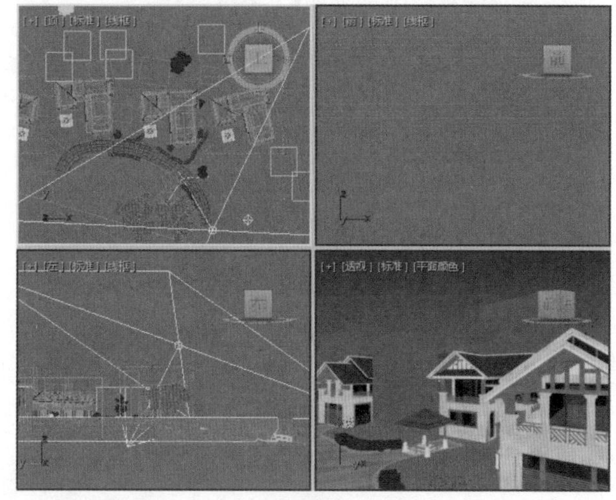

图10-13

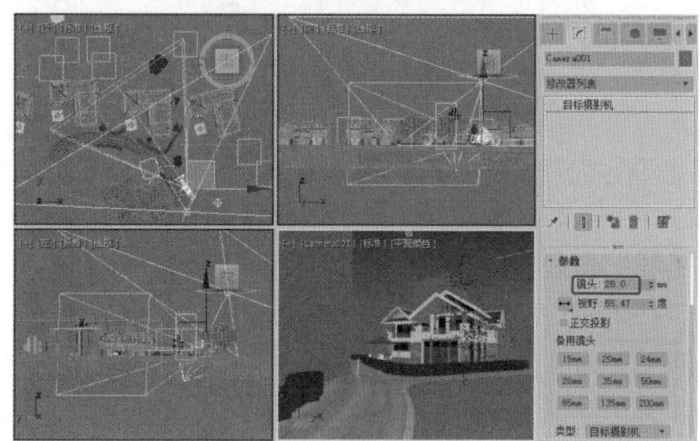

图10-14

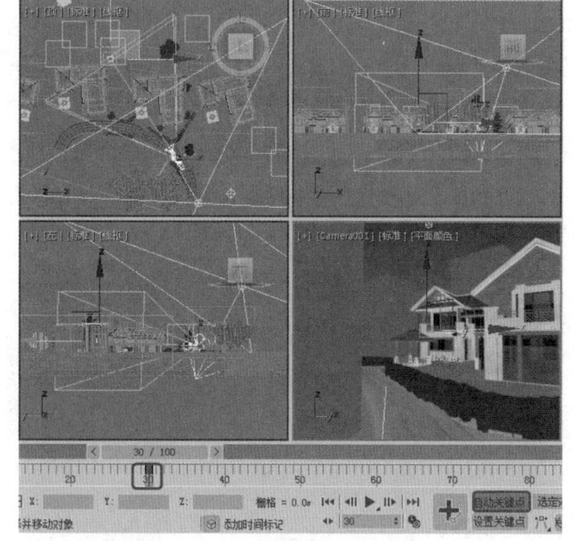

图10-15

Step 04 将时间滑块拖动至第60帧处，在视图中调整摄影机位置，如图10-16所示。

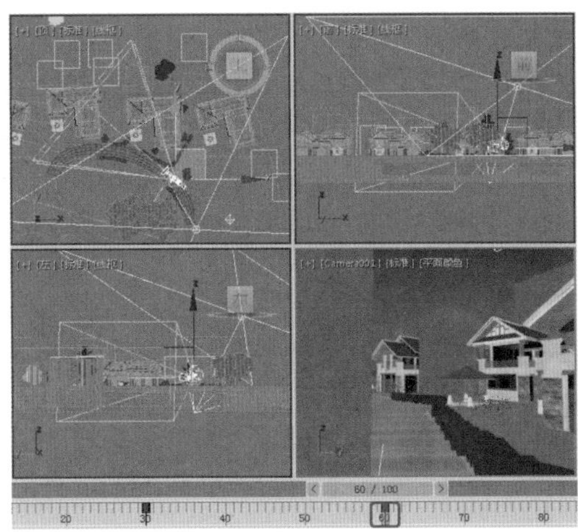

图10-16

Step 05 将时间滑块拖动至第80帧处，在视图中调整摄影机位置，如图10-17所示。

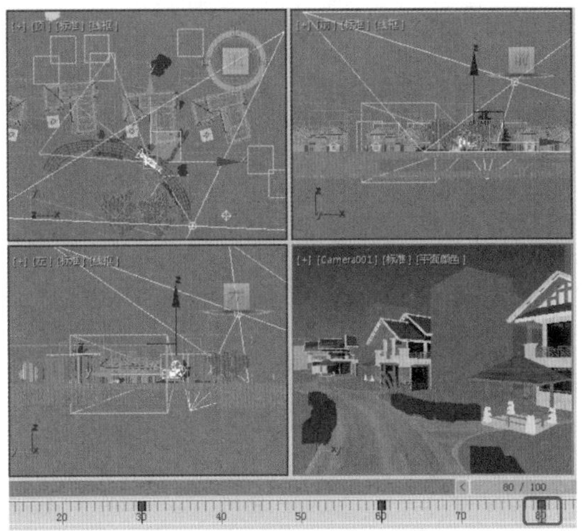

图10-17

Step 06 将时间滑块拖动至第100帧处，在视图中调整摄影机位置，如图10-18所示。

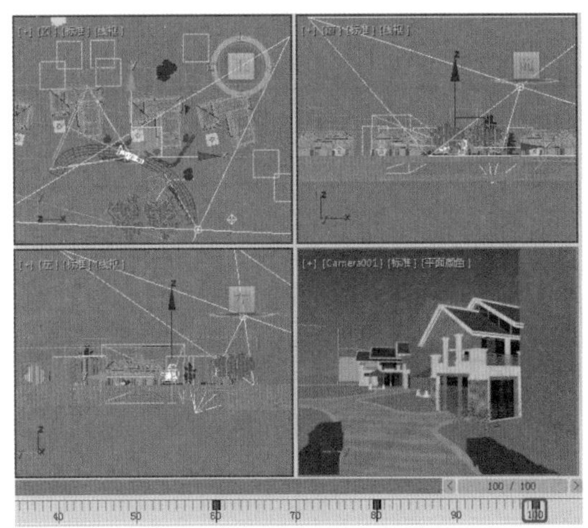

图10-18

Step 07 再次单击【自动关键点】按钮，将其关闭，渲染动画即可。

实例183 制作平移动画

本案例将介绍使用摄影机制作平移动画。该动画效果的制作主要是通过使用【推拉摄影机】工具来完成的。完成后的效果如图10-19所示。

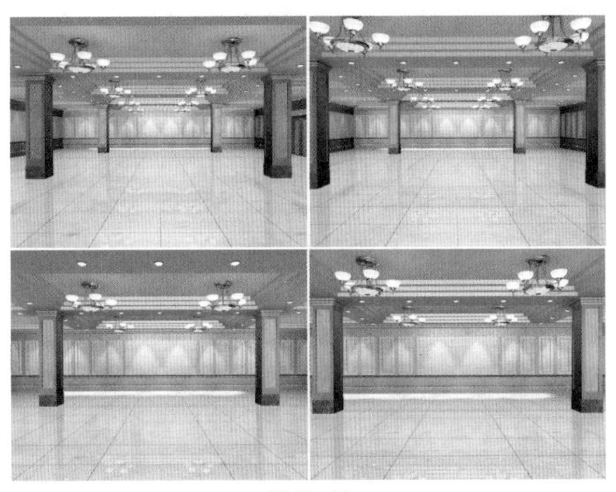

图10-19

素材	Scene\Cha10\制作平移动画.max
场景	Scene\Cha10\实例183 制作平移动画.max
视频	视频教学\Cha10\实例183 制作平移动画.mp4

Step 01 按Ctrl+O组合键，打开“Scene\Cha10\制作平移动画.max”素材文件，如图10-20所示。

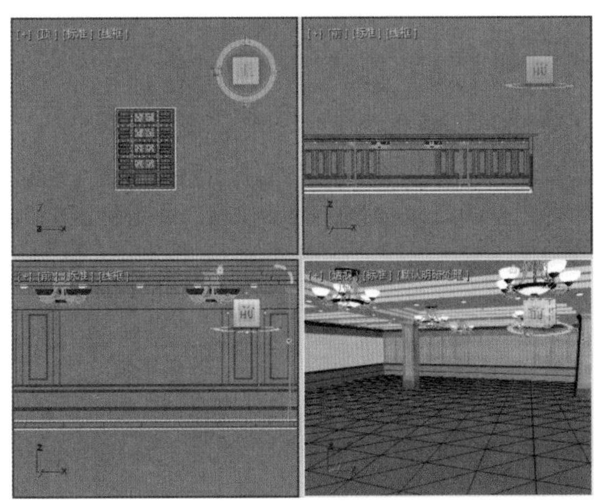

图10-20

Step 02 进入【创建】命令面板，在【摄影机】对象面板中单击【目标】按钮，在视图中创建目标摄影机，激活【透视】视图，按C键将其转换为摄影机视图，在【参数】卷展栏中将【镜头】设置为20，并在其他视图中调整其位置，如图10-21所示。

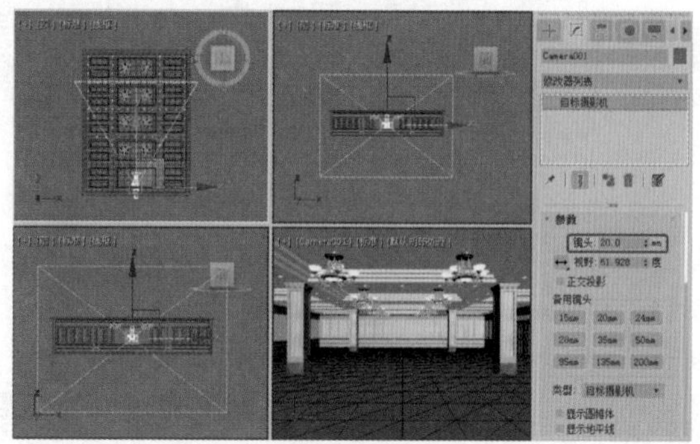

图10-21

Step 03 将时间滑块拖动至第80帧处，单击【自动关键点】按钮，激活摄影机视图，在摄影机视口控制区域单击【推拉摄影机】按钮，在摄影机视图中向前推进摄影机，如图10-22所示。

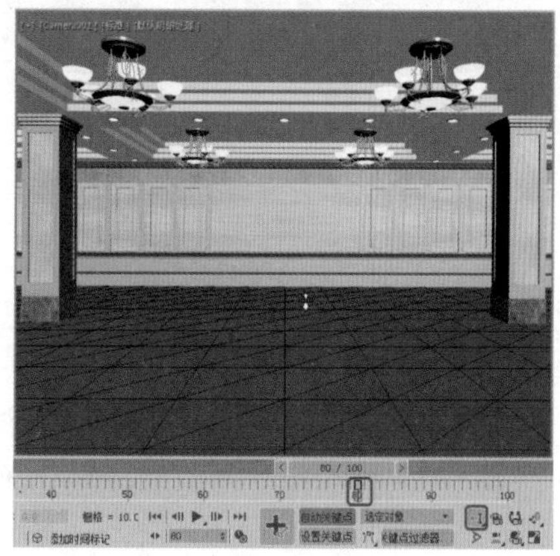

图10-22

Step 04 再次单击【自动关键点】按钮，将其关闭，渲染动画即可。

提示

【推拉摄影机】：沿视线移动摄影机的出发点，保持出发点与目标点之间连线的方向不变，使出发点在此线上滑动，这种方式不改变目标点的位置，只改变出发点的位置。

实例184 制作灯光闪烁动画

本例将制作灯光闪烁动画。灯光闪烁动画制作的关键在于灯光【倍增】参数，效果如图10-23所示。

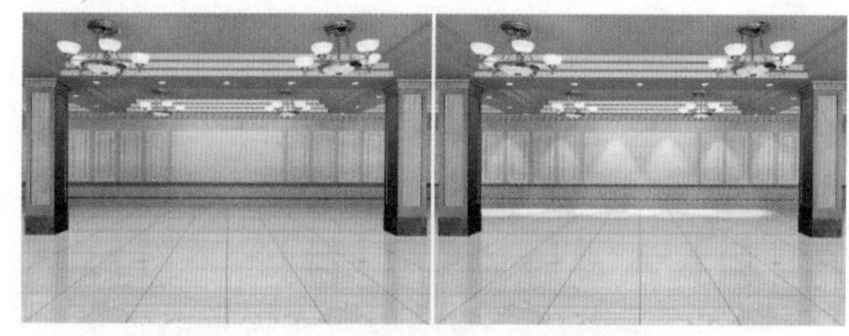

图10-23

素材	Scene\Cha10\制作灯光闪烁动画.max
场景	Scene\Cha10\实例184 制作灯光闪烁动画.max
视频	视频教学\Cha10\实例184 制作灯光闪烁动画.mp4

Step 01 按Ctrl+O组合键，打开“Scene\Cha10\制作灯光闪烁动画.max”素材文件，如图10-24所示。

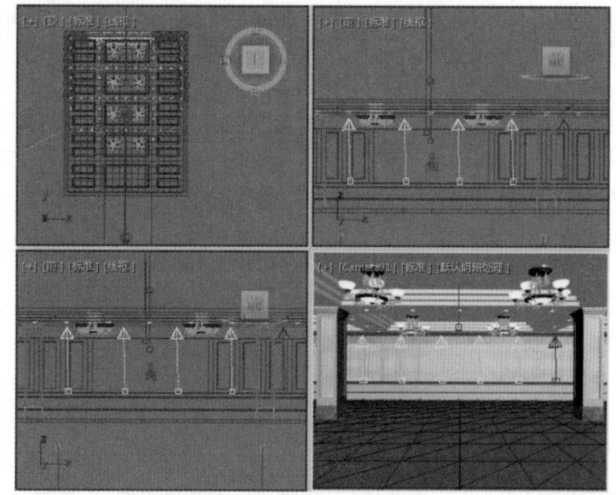

图10-24

Step 02 选中图10-25所示的灯光，将时间滑块拖动到第0帧处，按N键，开启动画记录模式。切换到【修改】命令面板，在【强度/颜色/衰减】卷展栏中设置【倍增】为0，单击【倍增】后面的色块，将其颜色的RGB值设置为248、248、248。

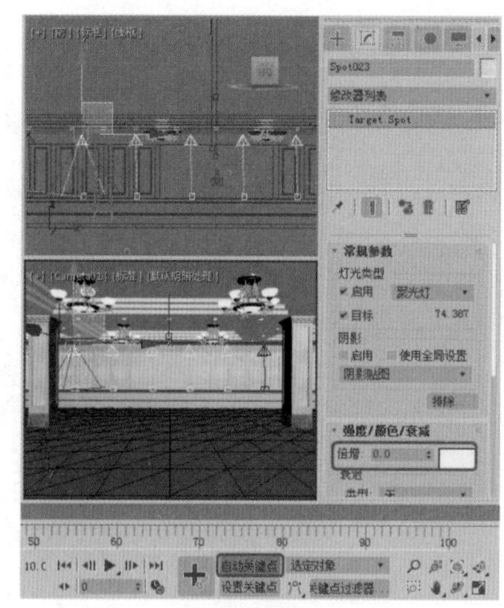

图10-25

◎提示·◦

【泛光灯】：向四周发散光线。标准的泛光灯用来照亮场景，它的优点是易于建立和调节，不用考虑是否有对象在范围外而不被照射；缺点是不能创建太多，否则会显得无层次感。泛光灯可以投射阴影和投影，单个投射阴影的泛光灯等同于6盏聚光灯的效果，且从中心指向外侧。

Step 03 将时间滑块拖动到第20帧处，在【强度/颜色/衰减】卷展栏中设置【倍增】为0.5，如图10-26所示。

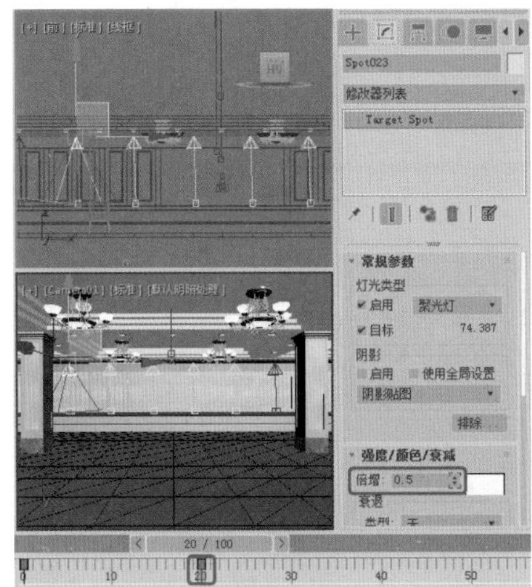

图10-26

Step 04 将时间滑块拖动到第40帧处，将【倍增】设置为0，如图10-27所示。

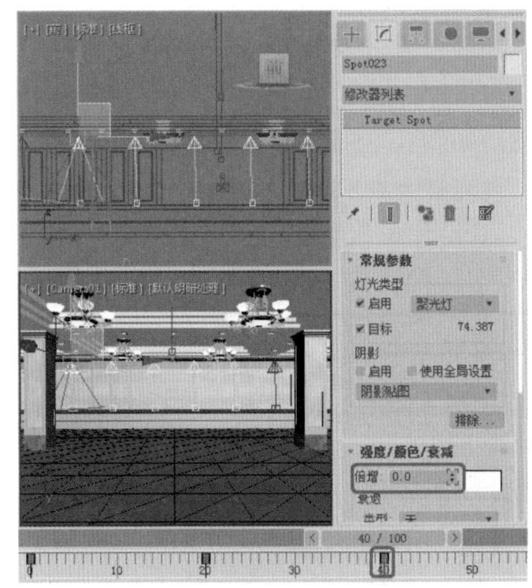

图10-27

Step 05 将时间滑块拖动到第60帧处，将【倍增】设置为0.5，如图10-28所示。

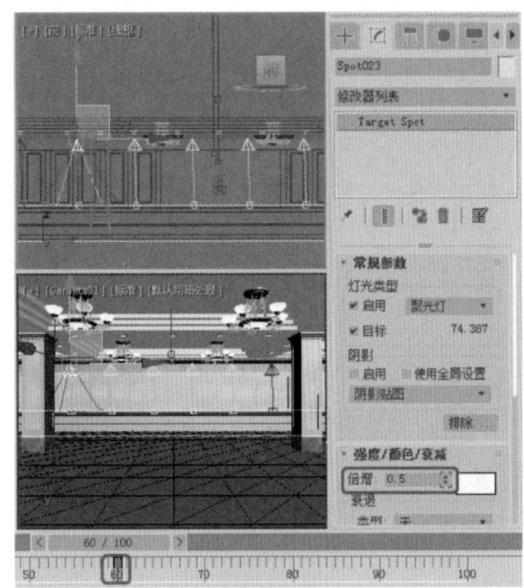

图10-28

Step 06 将时间滑块拖动到第80帧处，将【倍增】设置为0，如图10-29所示。

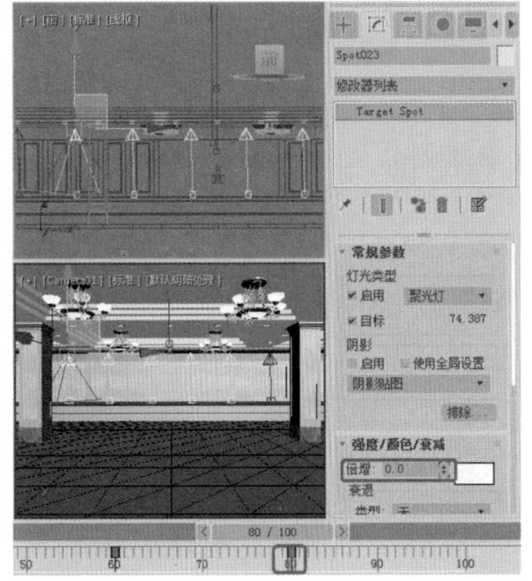

图10-29

Step 07 将时间滑块拖动到第100帧处，将【倍增】设置为0.5，如图10-30所示。

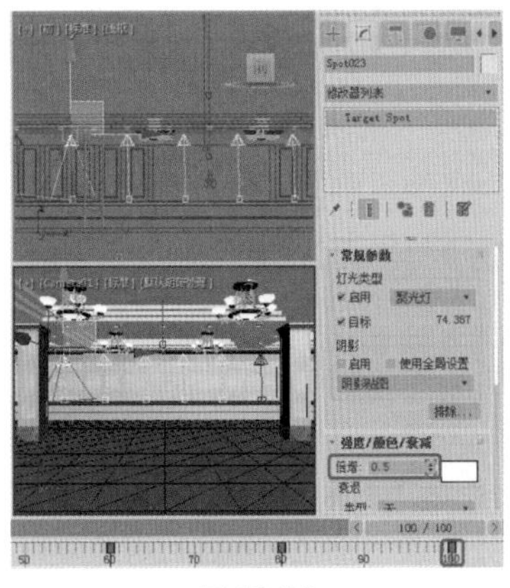

图10-30

Step 08 使用同样的方法，为其他5盏灯光添加关键帧动画。按N键退出动画记录模式，如图10-31所示。

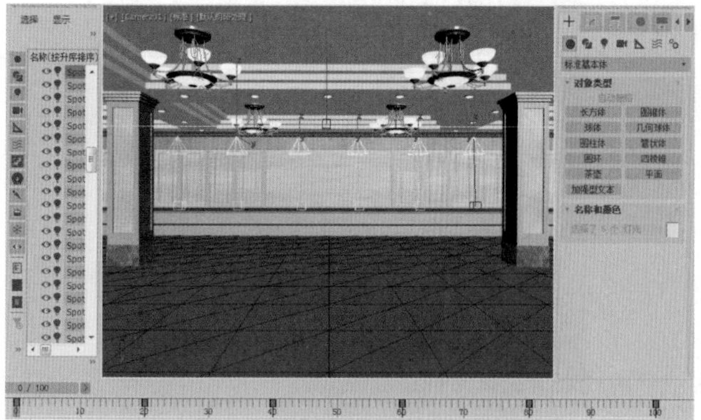

图10-31

实例185 制作太阳升起动画

本案例将介绍如何使用泛光灯制作太阳升起动画。首先通过为泛光灯添加镜头效果来模拟太阳，然后通过设置关键帧制作太阳升起动画。完成后的效果如图10-32所示。

图10-32

素材	Scene\Cha10\制作太阳升起动画.max
场景	Scene\Cha10\实例185 制作太阳升起动画.max
视频	视频教学\Cha10\实例185 制作太阳升起动画.mp4

Step 01 按Ctrl+O组合键，打开"Scene\Cha10\制作太阳升起动画.max"素材文件，如图10-33所示。

Step 02 进入【创建】命令面板，在【灯光】对象面板中单击【泛光】按钮，在视图中创建一盏泛光灯，如图10-34所示。

图10-33

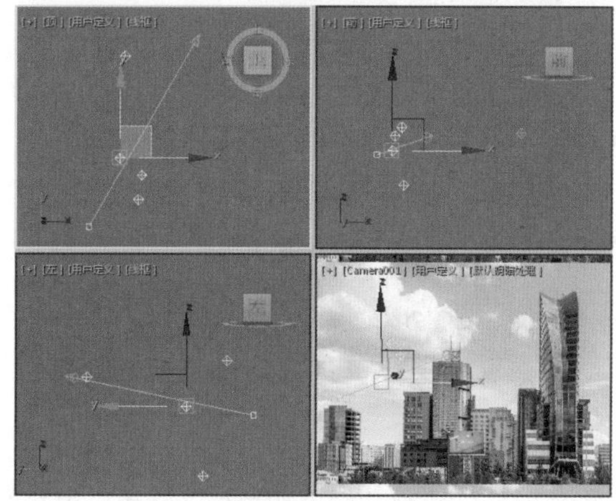

图10-34

Step 03 确认创建的泛光灯处于选中状态。切换到【修改】命令面板，在【强度/颜色/衰减】卷展栏中将【倍增】设置为0.7，将灯光颜色的RGB值设置为255、255、228，如图10-35所示。

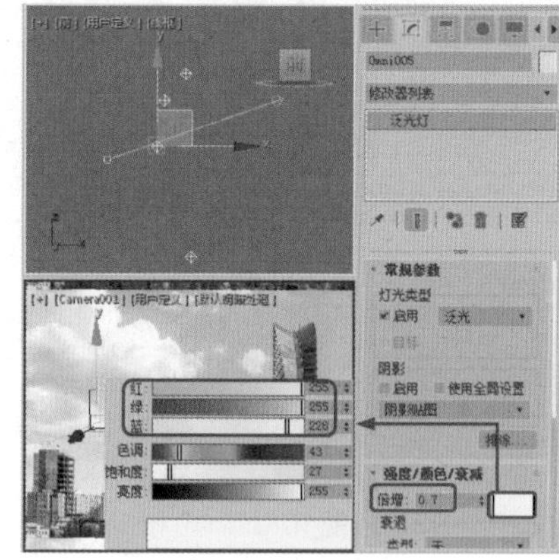

图10-35

Step 04 在【大气和效果】卷展栏中，单击【添加】按钮，在弹出的【添加大气或效果】对话框中选择【镜头效果】选项，单击【确定】按钮，即可添加【镜头效果】，如图10-36所示。

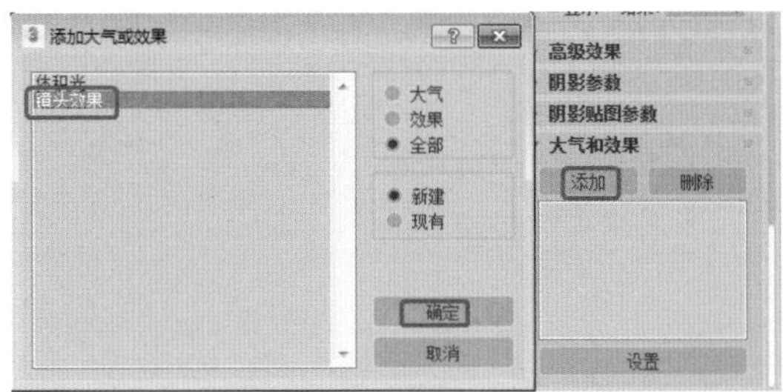

图10-36

Step 05 选择添加的【镜头效果】，单击【设置】按钮，弹出【环境和效果】对话框，在【镜头效果参数】卷展栏中为灯光添加【光晕】效果，如图10-37所示。

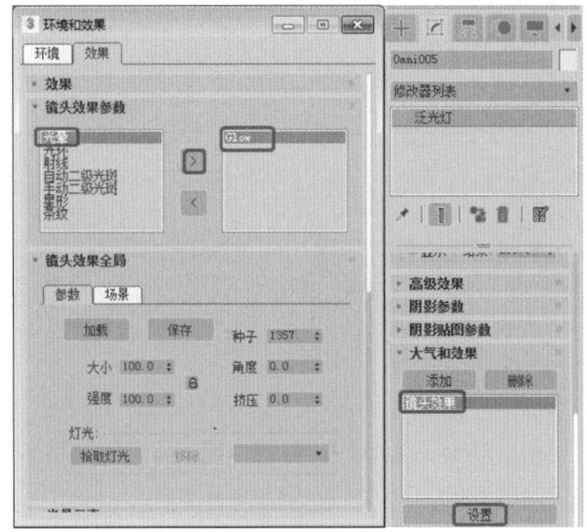

图10-37

Step 06 在【光晕元素】卷展栏中，将【大小】设置为45，将【强度】设置为160，并取消勾选【光晕在后】复选框，如图10-38所示。

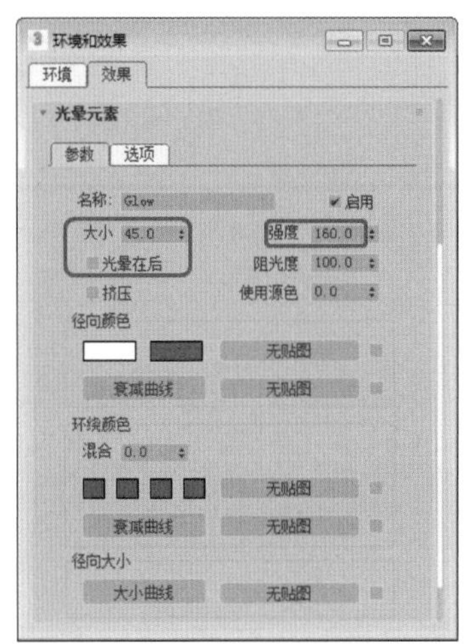

图10-38

Step 07 将时间滑块拖动至第300帧处，单击【自动关键点】按钮，使用【选择并移动】工具，在【前】视图中调整泛光灯的位置，如图10-39所示。

图10-39

Step 08 在【强度/颜色/衰减】卷展栏中将【倍增】设置为1，将灯光颜色的RGB值设置为255、255、166，如图10-40所示。

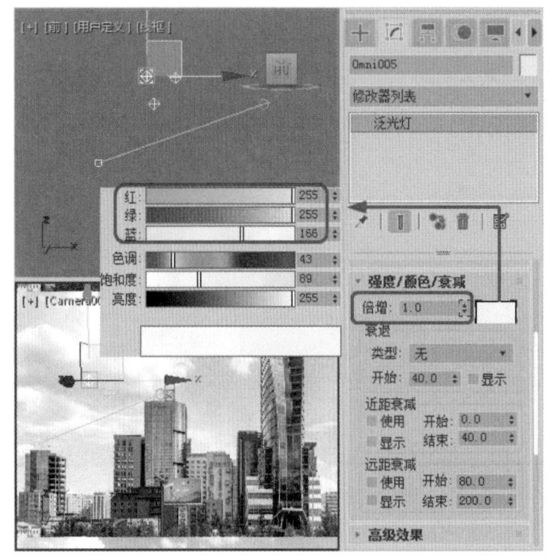

图10-40

Step 09 再次单击【自动关键点】按钮，将其关闭，渲染动画即可。

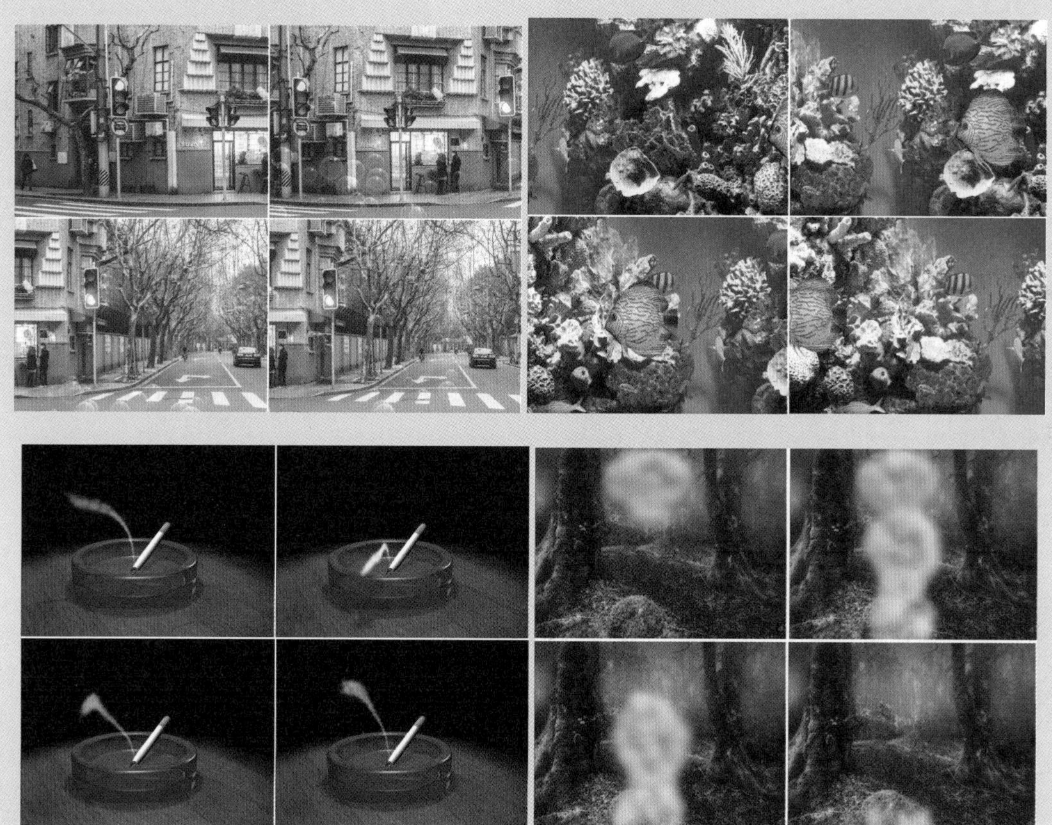

第11章 空间扭曲动画

空间扭曲用于创建影响其他对象变形的力场（如重力、涟漪、波浪和风），其效果类似于几何体修改器，只不过空间扭曲影响的是世界空间，而几何体修改器影响的是对象空间。空间扭曲与粒子系统配合使用，往往能够制作出流水或烟雾等自然现象。

实例186 制作泡泡动画

本例将介绍如何制作泡泡动画。首先制作一个泡泡的材质，并赋予其球体，然后创建粒子云，将球体绑定在粒子云上，最后创建马达对象，将粒子云绑定到马达对象上。完成后的效果如图11-1所示。

图11-1

素材	Scene\Cha11\制作泡泡动画.max
场景	Scene\Cha11\实例186 制作泡泡动画.max
视频	视频教学\Cha11\实例186 制作泡泡动画.mp4

Step 01 按Ctrl+O组合键，打开“Scene\Cha11\制作泡泡动画.max”素材文件，激活摄影机视图查看效果，如图11-2所示。

图11-2

Step 02 选择【创建】|【几何体】|【标准基本体】|【球体】工具，创建球体，将其【半径】设置为5，将【分段】设置为100，如图11-3所示。

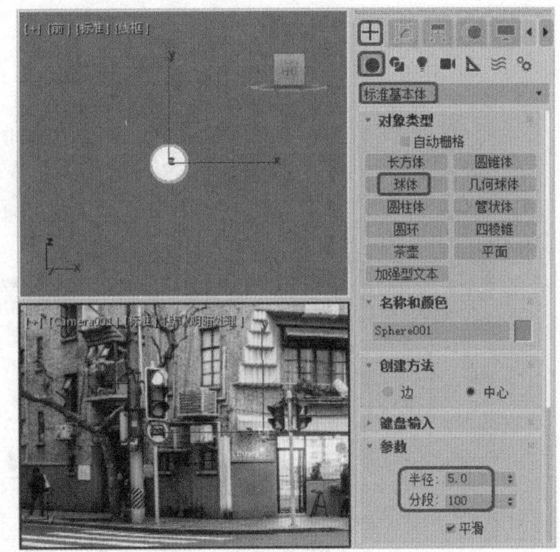

图11-3

Step 03 按M键快速打开【材质编辑器】对话框，选择一个空白材质球，将其命名为【气泡】。选择【各向异性】明暗器类型，在【各向异性基本参数】卷展栏中将【环境光】与【漫反射】的颜色都设置为白色，勾选【颜色】复选框，将右侧的色标颜色设置为白色，将【不透明度】设置为0。在【反射高光】选项组中将【高光级别】设置为79，将【光泽度】设置为40，将【各向异性】设置为63，将【方向】设置为0。切换到【贴图】卷展栏中，单击【自发光】后面的【无贴图】按钮，在弹出的对话框中选择【衰减】选项，保持默认值，如图11-4所示。

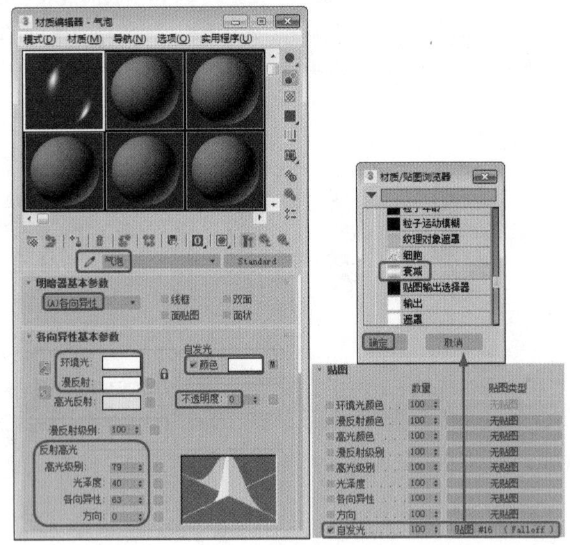

图11-4

Step 04 单击【转到父对象】按钮，单击【不透明度】后面的【无贴图】按钮，在弹出的对话框中选择【衰减】选项，单击【确定】按钮。在【衰减参数】卷展栏中将第一个颜色的RGB值设置为47、0、0，将第二个色标颜色RGB值设置为255、178、178。单击【转到父对象】按钮，将【不透明度】后面的值设置为40，如图11-5所示。

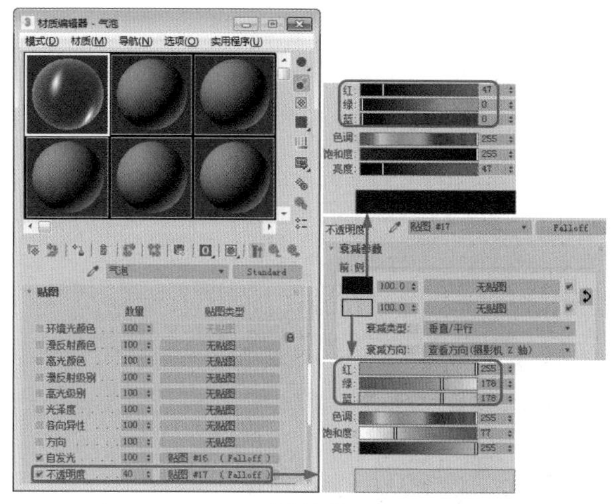

图11-5

Step 05 单击【反射】后面的【无贴图】按钮，在弹出的对话框中选择【光线跟踪】选项，单击【确定】按钮，保持默认值。单击【转到父对象】按钮，将【反射】设置为10，如图11-6所示。

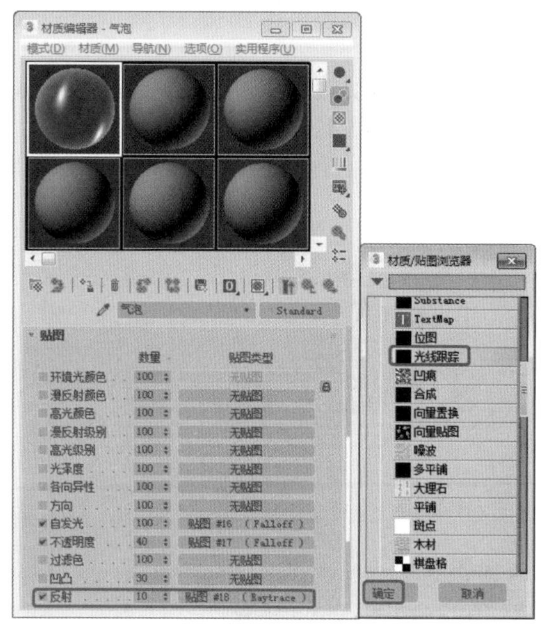

图11-6

Step 06 选中创建的气泡材质，为其赋予创建的球体。选择【创建】|【几何体】|【粒子系统】|【粒子云】工具，在【前】视图中进行创建。切换到【修改】命令面板，在【基本参数】卷展栏中，将【半径/长度】设置为908，将【宽度】设置为370，将【高度】设置为3，如图11-7所示。

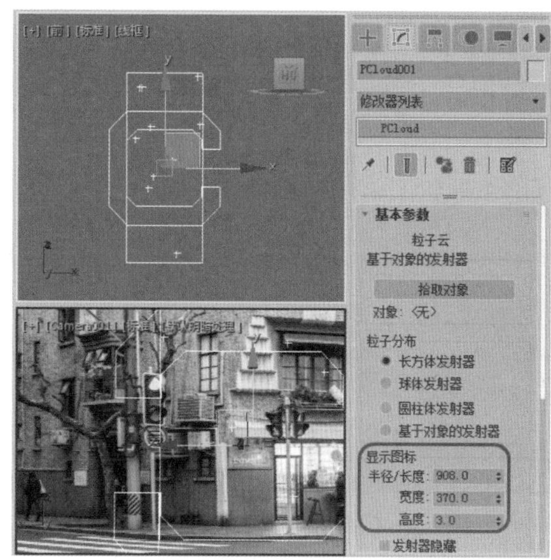

图11-7

Step 07 切换到【粒子生成】卷展栏中，在【粒子数量】选项组中选中【使用总数】单选按钮，将数量设置为300，在【粒子运动】选项组中将【速度】设置为1，【变化】设置为100，选中【方向向量】单选按钮，分别将X、Y、Z值设置为0、0、10，在【粒子计时】选项组中将【发射停止】设置为100，在【粒子大小】选项组中将【大小】设置为3，将【变化】设置为100，如图11-8所示。

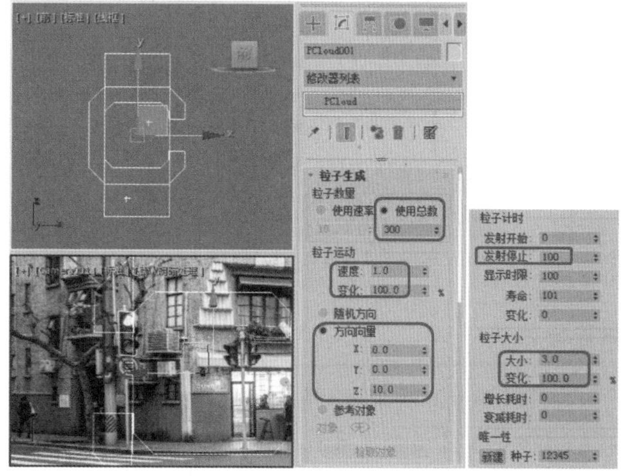

图11-8

Step 08 在【粒子类型】卷展栏中将【粒子类型】设置为【实例几何体】。单击【拾取对象】按钮，拾取场景中的球体，单击【材质来源】按钮，如图11-9所示。

Step 09 选择【创建】|【空间扭曲】|【马达】命令，在【前】视图创建马达。单击工具栏中的【绑定到空间扭曲】按钮，将创建的粒子对象绑定到马达对象上，适当调整马达的位置，如图11-10所示。

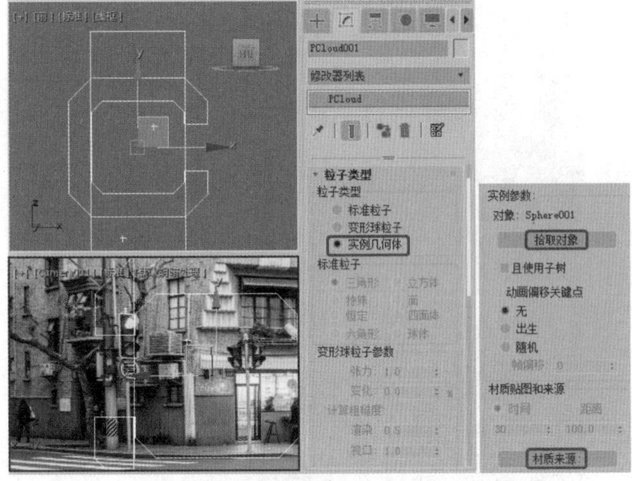

图11-9

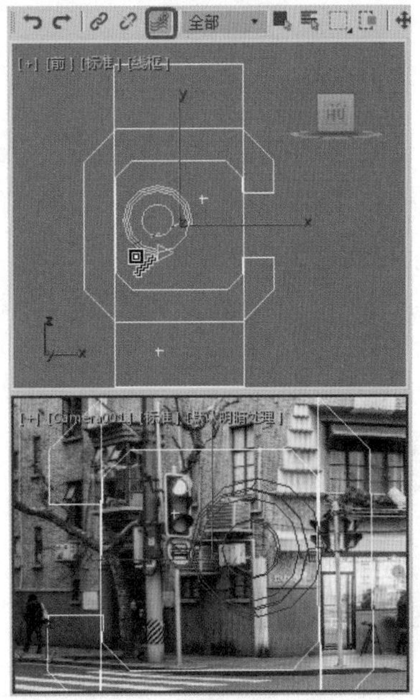

图11-10

◎提示·◦

【马达】：用来产生一种螺旋推力，像发动机旋转一样旋转粒子，将粒子甩向旋转方向。

【粒子云】系统：限制控件在空间内部产生粒子效果。通常空间可以是球形、柱体或长方体，也可以是任意指定的分布对象。空间内的粒子可以是标准基本图、变形球体或任何几何体，常用来制作堆积的不规则群体。

Step 10 选中创建的马达对象，切换到【修改】命令面板，在【参数】卷展栏中将【结束时间】设置为100，将【基本扭矩】设置为100，勾选【启用反馈】复选框，分别将【目标转速】和【增益】设置为500、100，在【周期变化】选项组中勾选【启用】复选框，将【图标大小】设置为99，如图11-11所示，适当调整马达与粒子对象的位置，适当渲染即可。

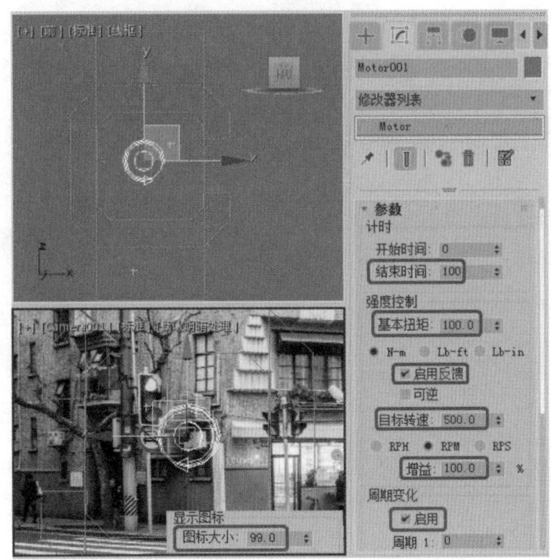

图11-11

实例187 制作游动的鱼

本例将制作游动的鱼动画。首先选择鱼鳍部分，通过对其添加【波浪】修改器，使鱼鳍颤动，最后通过添加【波浪】空间扭曲制作出最终动画，如图11-12所示。

图11-12

素材	Scene\Cha11\制作游动的鱼.max
场景	Scene\Cha11\实例187 制作游动的鱼.max
视频	视频教学\Cha11\实例187 制作游动的鱼.mp4

Step 01 按Ctrl+O组合键，打开“Scene\Cha11\制作游动的鱼.max”素材文件，如图11-13所示。

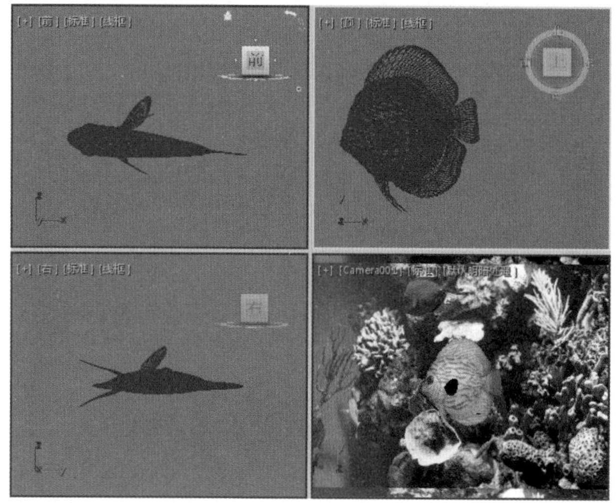

图11-13

Step 02 选中鱼儿的尾巴，切换到【修改】命令面板，选择【网格选择】修改器，将当前的选择集定义为【顶点】。选中所有的顶点，在【软选择】卷展栏中勾选【使用软选择】复选框，将【衰减】设置为80，如图11-14所示。

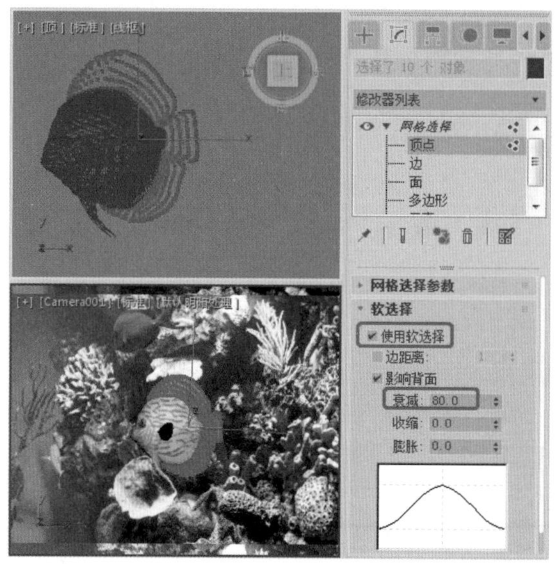

图11-14

Step 03 在修改器列表中选择【波浪】修改器，在【参数】卷展栏中将【振幅1】和【振幅2】都设置为5，开启动画记录模式。将时间滑块移动到第100帧处，设置【相位】为10，系统自动添加关键帧，如图11-15所示。

Step 04 关闭动画记录模式，在【创建】命令面板中选择【空间扭曲】|【几何/可变形】|【波浪】命令，创建【波浪】空间扭曲对象。切换到【修改】命令面板，在【参数】卷展栏中将【振幅1】和【振幅2】都设置为0，将【波长】设置为110，如图11-16所示。

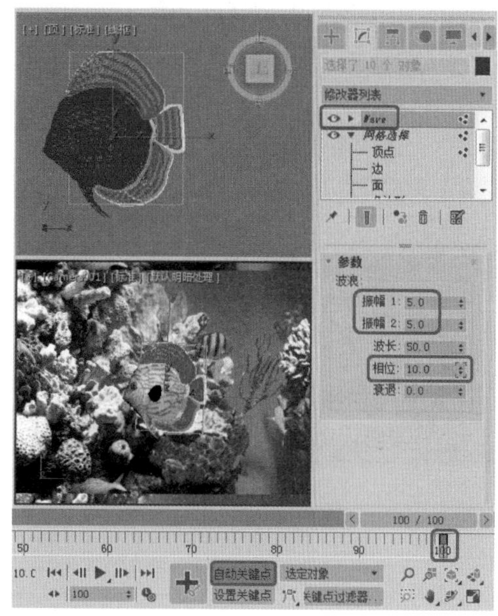

图11-15

图11-16

> **提示**
>
> 振幅 1：设置沿波浪扭曲对象的局部 Y 轴的波浪振幅。
>
> 振幅 2：设置沿波浪扭曲对象的局部 X 轴的波浪振幅。

Step 05 在工具栏中单击【绑定到空间扭曲】按钮，将鱼鳍绑定到【波浪】对象中。选择【波浪】对象，开启动画记录模式。将时间滑块拖动到第0帧处，在【参数】卷展栏中将【振幅1】和【振幅2】都设置为5，如图11-17所示。

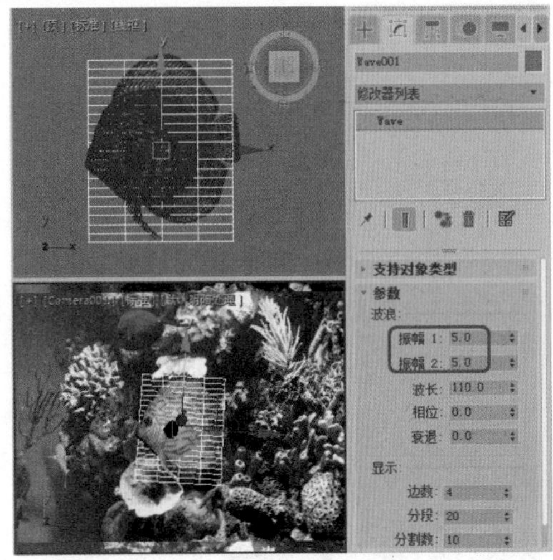

图11-17

◎提示

振幅用单位数表示。该波浪是一个沿其Y轴为正弦，沿其X轴为抛物线的波浪。区别振幅的方法是，振幅1位于为波浪Gizmo的中心，振幅2位于Gizmo的边缘。

Step 06 将时间滑块拖动到第60帧处，在【参数】卷展栏中将【振幅1】和【振幅2】都设置为10，如图11-18所示。

图11-18

Step 07 将时间滑块拖动到第100帧处，在【参数】卷展栏中将【振幅1】和【振幅2】都设置为20，如图11-19所示。

Step 08 选中鱼的所有部分，将其成组，将时间滑块拖动到第0帧处，选择鱼和【波浪】，调整位置，为其添加位置关键帧，如图11-20所示。

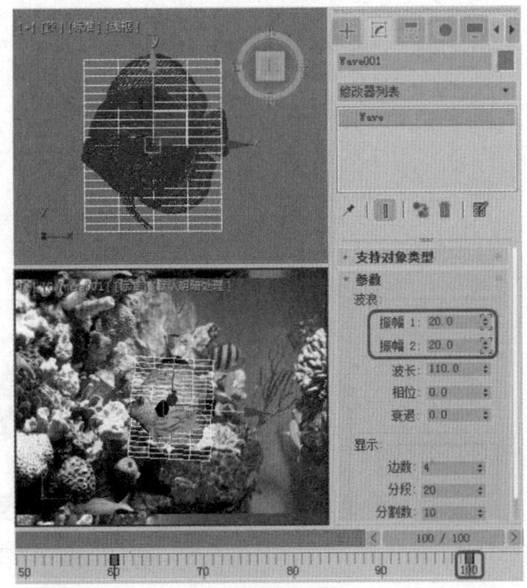

图11-19

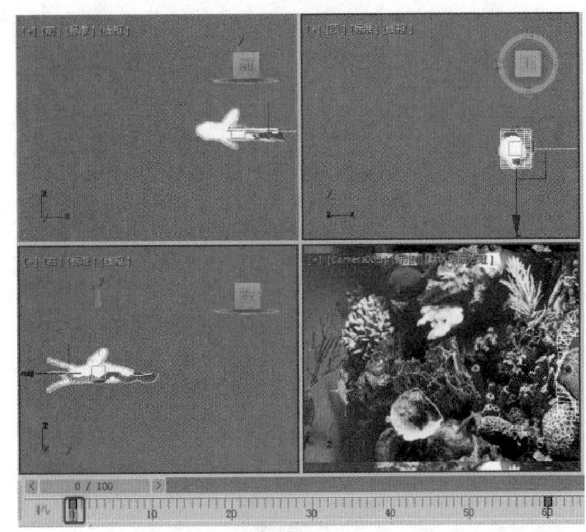

图11-20

Step 09 将时间滑块拖动到第100帧处，移动鱼和【波浪】位置，添加关键帧，如图11-21所示。

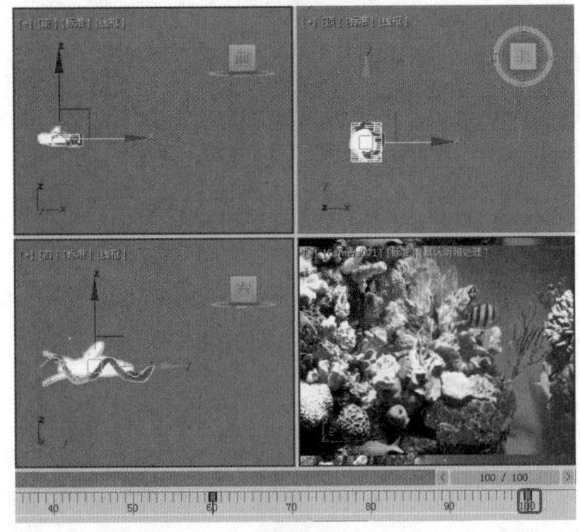

图11-21

Step 10 关闭动画记录模式，对摄影机视图进行渲染，渲染到第50帧时的效果如图11-22所示。

图11-22

实例188 制作香烟动画

本例将介绍如何制作香烟动画。首先在场景中创建【超级喷射】，并调整其参数，再为粒子系统创建【风】和【阻力】，并调整其参数，最后为其添加【自由关键点】。渲染效果如图11-23所示。

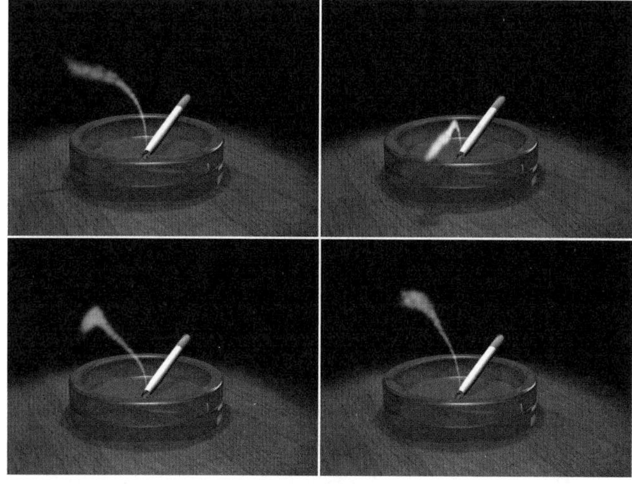

图11-23

素材	Scene\Cha11\制作香烟动画.max
场景	Scene\Cha11\实例188 制作香烟动画.max
视频	视频教学\Cha11\实例188 制作香烟动画.mp4

Step 01 按Ctrl+O组合键，打开“Scene\Cha11\制作香烟动画.max”素材文件，如图11-24所示。

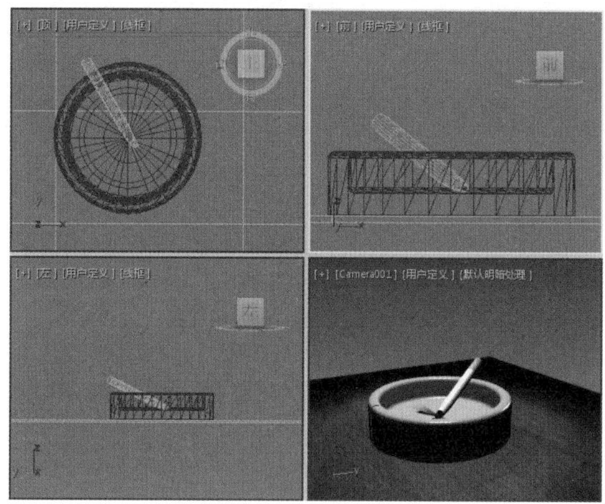

图11-24

Step 02 选择【创建】|【几何体】|【粒子系统】|【超级喷射】命令，在【顶】视图中绘制【超级喷射】粒子对象。创建完成后确认其处于选中状态，在【修改】命令面板中，将【基本参数】卷展栏中的【扩散】分别设置为1和180，将【图标大小】设置为8，选中【网格】单选按钮，将【粒子数百分比】设置为50，如图11-25所示。

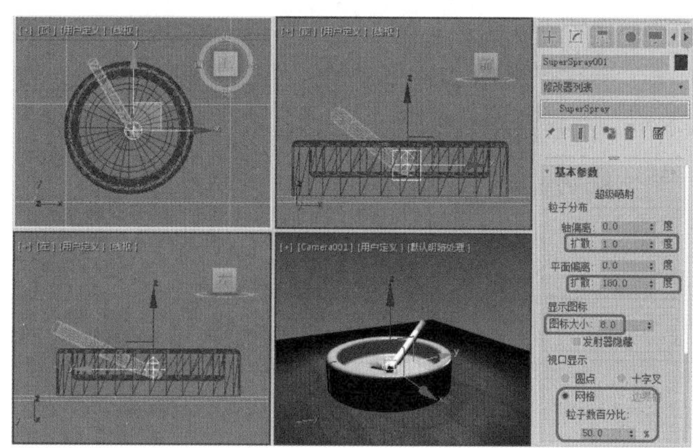

图11-25

Step 03 打开【粒子生成】卷展栏，将【粒子运动】选项组中的【速度】设置为1，【变化】设置为10，将【粒子计时】选项组中的【发射开始】、【发射停止】、【显示时限】、【寿命】、【变化】分别设置为-90、300、301、100、5，将【粒子大小】选项组中的【大小】【变化】【增长耗时】【衰减耗时】分别设置为4、25、100、10，将【种子】设置为14218，如图11-26所示。

Step 04 打开【粒子类型】卷展栏，在【标准粒子】选项组中选中【面】单选按钮，如图11-27所示。

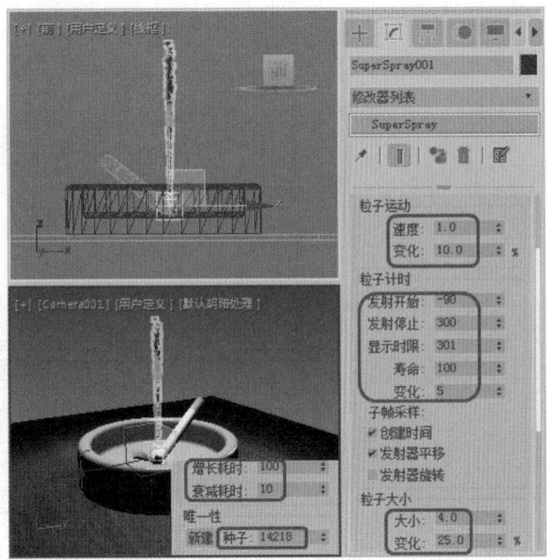

图11-26

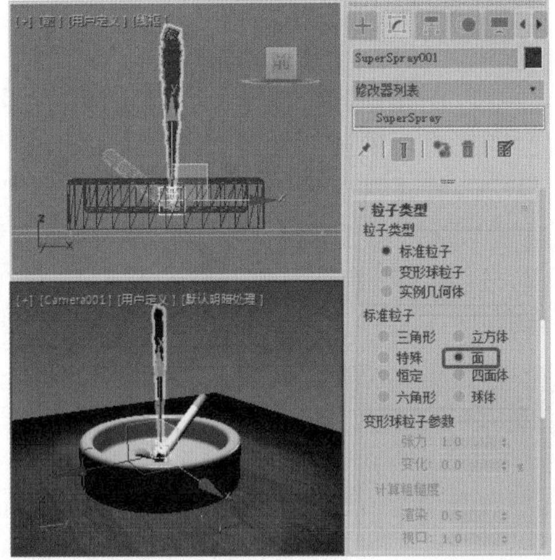

图11-27

Step 05 确认创建的【超级喷射】的粒子系统处于选中状态，在工具栏中单击【材质编辑器】按钮，在弹出的【材质编辑器】对话框中将第一个材质球【烟】的材质赋予给所选的对象，效果如图11-28所示。

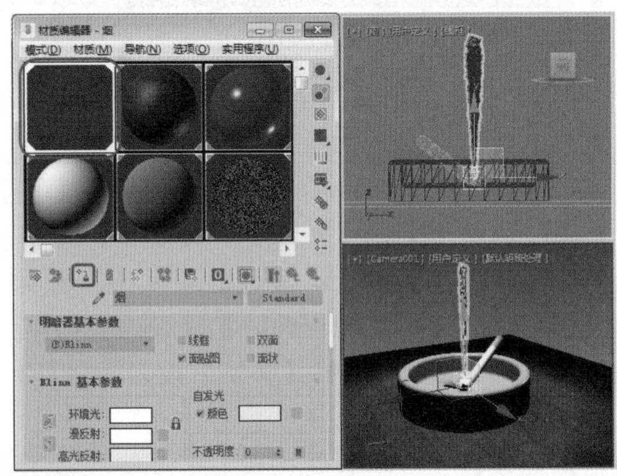

图11-28

Step 06 选择【创建】|【空间扭曲】|【力】|【风】工具，在【前】视图中创建风对象，并进行调整。在视图中选中粒子对象，在工具栏中单击【绑定到空间扭曲】按钮，将粒子绑定到风对象上，如图11-29所示。

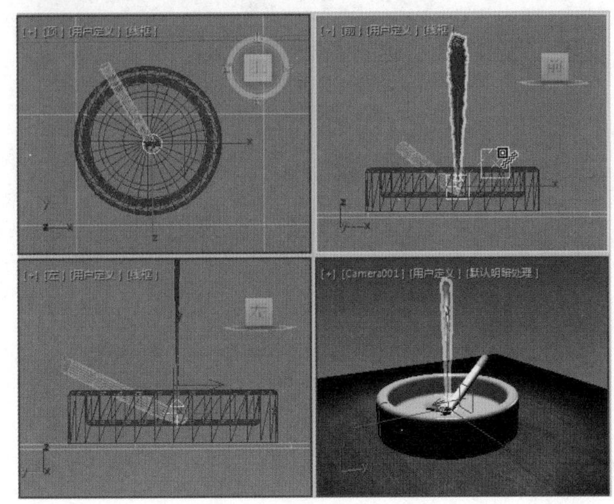

图11-29

Step 07 选择风对象，在其【参数】卷展栏中将【强度】设置为0.01，将【湍流】、【频率】、【比例】分别设置为0.04、0.26、0.03，如图11-30所示。

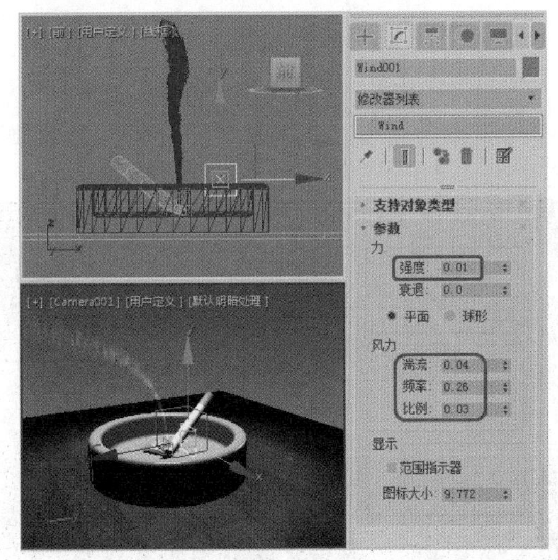

图11-30

Step 08 选择【创建】|【空间扭曲】|【力】|【阻力】工具，在【前】视图创建一个阻力对象，在视图中选择粒子对象，在工具栏中单击【绑定到空间扭曲】按钮，将离子绑定到阻力对象上，如图11-31所示。

Step 09 在视图中选择阻力对象，在【参数】卷展栏中将【开始时间】和【结束时间】分别设置为-100和300，将【线性阻尼】选项组中的【X轴】、【Y轴】、【Z轴】分别设置为1、1和3，如图11-32所示。

图11-31

图11-32

◎提示-◦

应用【线性阻尼】的各个粒子的运动将被分离到空间扭曲的X、Y和Z轴的局部向量中。在它上面对各个向量施加阻尼的区域是一个无限的平面，其厚度由相应的【范围】值决定。

- X轴/Y轴/Z轴：指定受阻尼影响，粒子沿局部运动的百分比。
- 【范围】：用于设置垂直于指定轴的范围平面或者无限平面的厚度。仅在取消选中【无限范围】复选框时生效。
- 【衰减】：指定在X、Y或Z范围外应用线性阻尼的距离。阻尼在距离为【范围】值时的强度最大，在距离为【衰减】值时线性降至最低，对超出的部分没有任何效果。【衰减】效果仅在超出【范围】值的部分生效，它是从图标的中心开始测量的，并且其最小值总是和【范围】值相等。仅在取消选中【无限范围】复选框时生效。

实例189 制作烟雾旋转动画

本案例将介绍烟雾旋转动画的制作方法。首先创建一个圆环，作为发射器，再创建一个球体，作为粒子对象，然后创建粒子阵列对象并设置其参数。创建旋涡和导向板并将其与粒子阵列链接，最后调整圆环位置，并创建摄影机，效果如图11-33所示。

图11-33

素材	Scene\Cha11\制作烟雾旋转动画.max
场景	Scene\Cha11\实例189 制作烟雾旋转动画.max
视频	视频教学\Cha11\实例189 制作烟雾旋转动画.mp4

Step 01 按Ctrl+O组合键，打开“Scene\Cha11\制作烟雾旋转动画.max”素材文件，如图11-34所示。

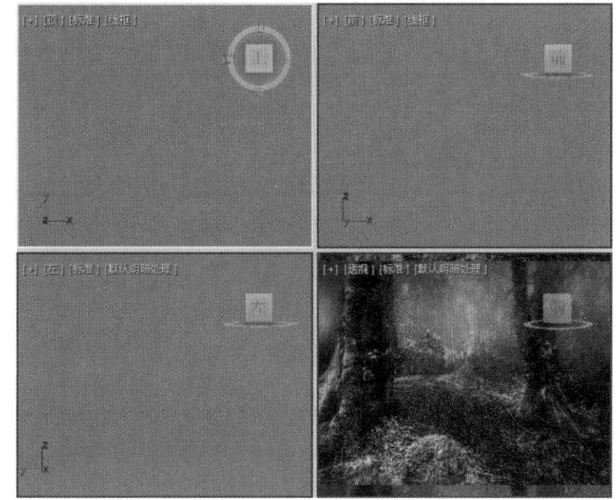

图11-34

Step 02 在命令面板中选择【创建】|【几何体】|【圆环】工具，在【顶】视图中创建一个圆环，设置【半

径1】的值为150、【半径2】的值为1.1，适当调整对象的位置，如图11-35所示。

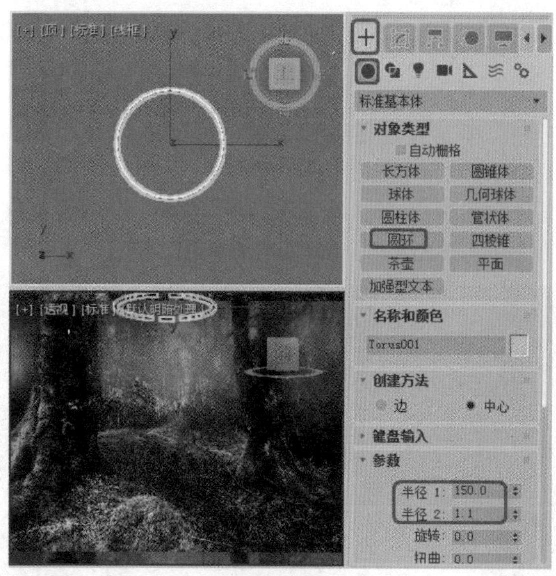

图11-35

Step 03 在命令面板中选择【创建】|【几何体】|【标准基本体】|【球体】工具，在【顶】视图中创建一个球体。在【参数】卷展栏中，将【半径】设置为6，将【分段】设置为10，如图11-36所示。

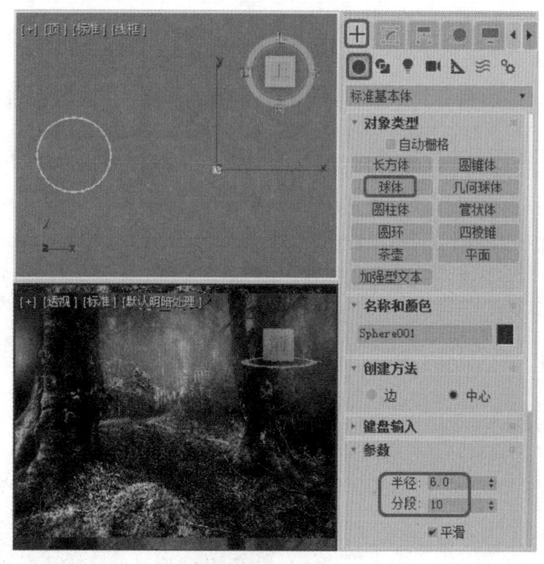

图11-36

Step 04 在命令面板中选择【创建】|【几何体】|【粒子系统】|【粒子阵列】工具，在【顶】视图中创建一个粒子阵列对象。在【基本参数】卷展栏中，将【图标大小】设置为113，单击【基于对象的发射器】选项组中的【拾取对象】按钮，在场景中拾取圆环对象，如图11-37所示。

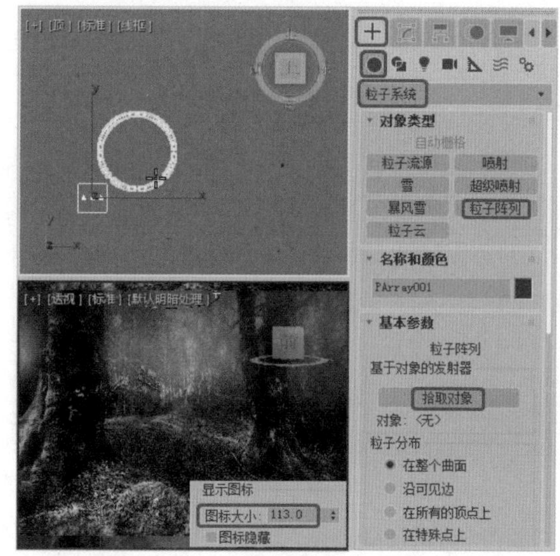

图11-37

Step 05 展开【粒子生成】卷展栏，在【粒子运动】选项组中，将【速度】设置为0。在【粒子计时】选项组中，将【发射停止】设置为150，将【显示时限】设置为200，将【寿命】设置为55。在【粒子大小】选项组中，将【大小】设置为13。在【粒子类型】卷展栏中，在【粒子类型】选项组中选中【实例几何体】单选按钮，单击【实例参数】选项组中的【拾取对象】按钮，拾取场景中的球体对象，如图11-38所示。

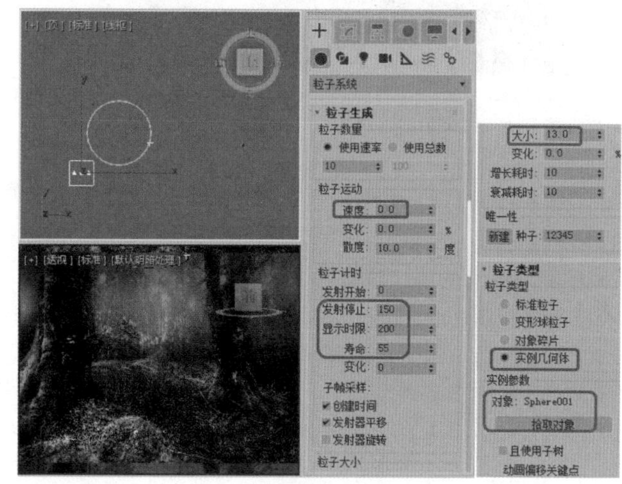

图11-38

Step 06 在命令面板中选择【创建】|【空间扭曲】|【力】|【漩涡】工具，在【顶】视图中的圆环内部创建一个漩涡对象。在【参数】卷展栏中，将【计时】选项组中的【结束时间】设置为200，在【捕获和运动】选项组中，将【轴向下拉】设置为1.2，将【轨道速度】设置为1，将【径向拉力】设置为5，将【阻尼】设置为1，将【图标大小】设置为61，如图11-39所示。

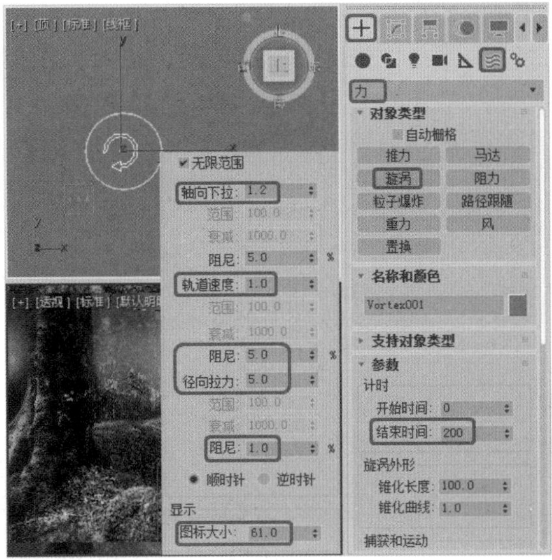

图11-39

Step 07 单击【绑定到空间扭曲】按钮，将漩涡对象绑定到粒子阵列对象上，如图11-40所示。

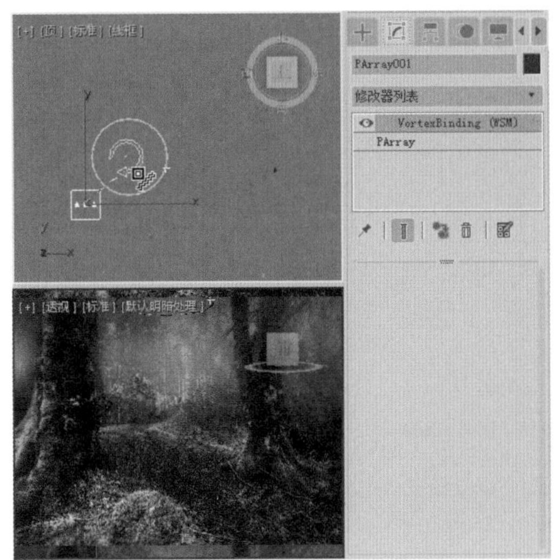

图11-40

Step 08 在命令面板中选择【创建】|【空间扭曲】|【导向器】|【导向板】工具，在【顶】视图中创建一个导向板对象。在【参数】卷展栏中，将【反弹】设置为0.1，如图11-41所示。

> ◎提示
>
> 【导向板】能阻挡并排斥由粒子系统产生的粒子，起着平面防护板的作用。

Step 09 单击【绑定到空间扭曲】按钮，将导向板对象绑定到粒子阵列对象上，如图11-42所示。

图11-41

图11-42

Step 10 选中粒子阵列对象，打开【材质编辑器】对话框，将【烟雾】材质指定给粒子阵列对象，如图11-43所示。

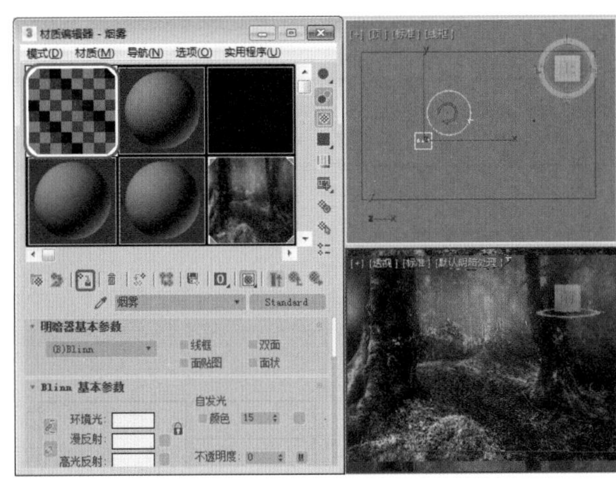

图11-43

Step 11 使用【选择并移动】工具，在【前】视图中调整各个对象的位置，如图11-44所示。

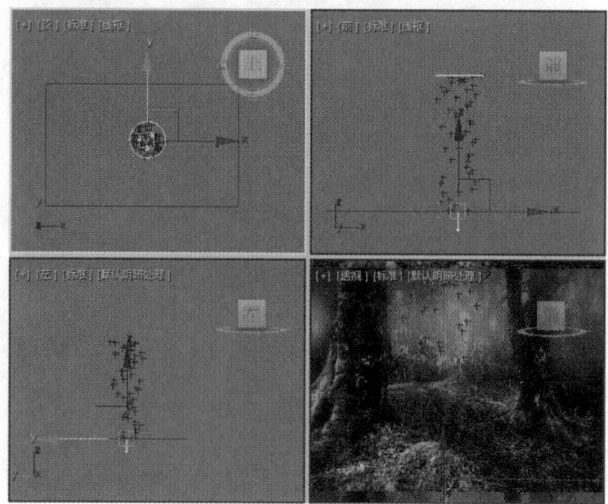

图11-44

Step 12 在命令面板中选择【创建】|【摄影机】|【目标】工具，在【顶】视图中创建一架目标摄影机。切换到【透视】视图，按C键将其转换为摄影机视图，并且在其他视图中调整摄影机的位置，如图11-45所示。最后渲染场景并保存文件。

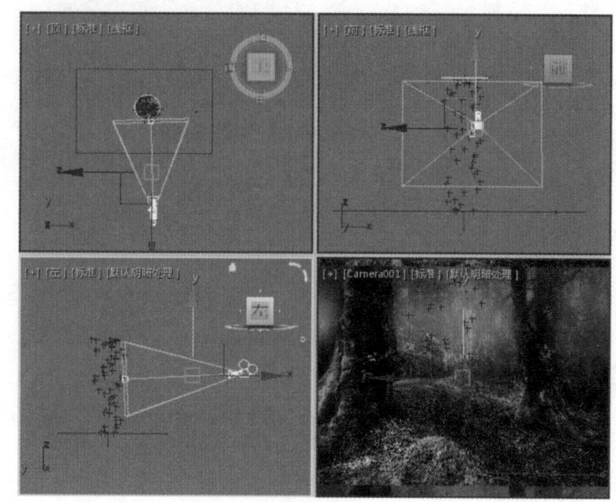

图11-45

第12章 粒子与特效动画

3ds Max 中的粒子系统可以模仿天气、水、气泡、烟花、火等高密度粒子对象。通过对粒子对象进行设置，可以表现一些动态效果。本章将通过5个案例来讲解使用粒子系统的相关内容。

实例190 制作飘雪效果

本例将介绍飘雪效果动画的制作方法。首先选择一张雪景图片，通过创建【雪】对象对其进行调整，最后赋予材质。完成后的效果如图12-1所示。

图12-1

素材	Scene\Cha12\制作飘雪效果.max
场景	Scene\Cha12\实例190 制作飘雪效果.max
视频	视频教学\Cha12\实例190 制作飘雪效果.mp4

Step 01 按Ctrl+O组合键，打开“Scene\Cha12\制作飘雪效果.max”素材文件，激活摄影机视图查看效果，如图12-2所示。

图12-2

Step 02 激活【顶】视图，选择【创建】|【几何体】|【粒子系统】|【雪】工具，在【顶】视图中创建一个雪粒子系统，将其命名为【雪】。在【参数】选项组中将【视口计数】和【渲染计数】分别设置为1000和800，将【雪花大小】和【速度】分别设置为1.8和8，将【变化】设置为2，选中【雪花】单选按钮，在【渲染】选项组中选中【面】单选按钮，如图12-3所示。

◎提示

- 【雪花大小】：用于设置渲染时颗粒的大小。
- 【速度】：用于设置微粒从发射器流出时的速度。
- 【变化】：用于设置影响粒子的初速度和方向。变化值越大，粒子喷射得就越猛烈，喷洒的范围就越大。

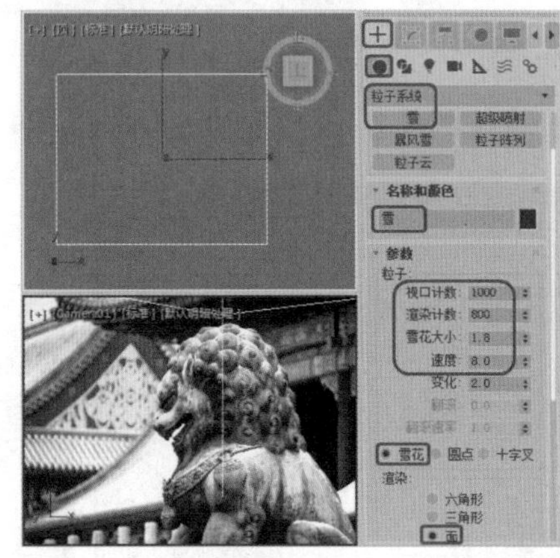

图12-3

◎提示

粒子系统是一个相对独立的造型系统，用来创建雨、雪、灰尘、泡沫、火花等。它还能将任何造型制作为粒子，用来表现群体动画效果。粒子系统主要用于表现动画效果，与时间和速度的关系非常紧密，一般用于动画的制作。

Step 03 在【计时】选项组中将【开始】和【寿命】分别设置为-100和100，将【发射器】选项组中的【宽度】和【长度】分别设置为430和488，如图12-4所示。

图12-4

Step 04 按M键打开【材质编辑器】对话框，选择一个新的样本球，将其命名为【雪】，将明暗器类型设置为（B）Blinn。在【Blinn基本参数】卷展栏中选中【自发光】选项组中的【颜色】复选框，将颜色的RGB值设置为196、196、196。打开【贴图】卷展栏，单击【不透明度】后面的【无贴图】按钮，在打开的【材质/贴图浏览器】对话框中选择【渐变坡度】选项，单击【确定】按钮，进入渐变坡度材质层级。在【渐变坡度参数】卷展栏中将【渐变类型】定义为【径向】，打开【输出】卷展栏，勾选【反转】复选框，如图12-5所示。

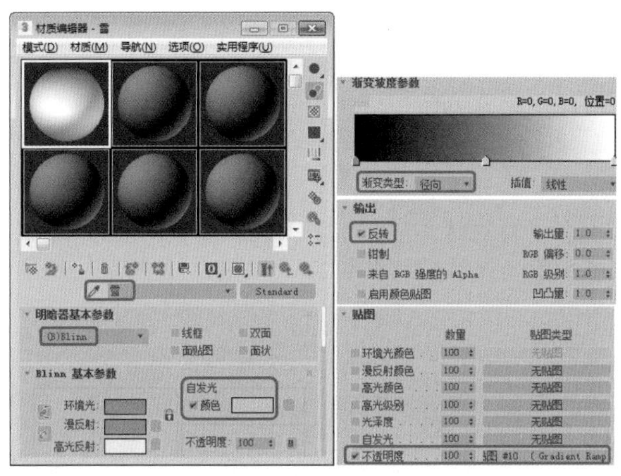

图12-5

Step 05 选择制作好的【雪】材质，指定给场景中的【雪】对象，适当调整雪粒子的位置，适当渲染查看效果。

实例 191 制作下雨效果

本例将介绍下雨效果的制作方法。该例主要使用喷射粒子系统来制作下雨效果，完成后的效果如图12-6所示。

图12-6

素材	Scene\Cha12\制作下雨效果.max
场景	Scene\Cha12\实例191 制作下雨效果.max
视频	视频教学\Cha12\实例191 制作下雨效果.mp4

Step 01 按Ctrl+O组合键，打开“Scene\Cha12\制作下雨效果.max”素材文件，激活摄影机视图查看效果，如图12-7所示。

图12-7

Step 02 选择【创建】|【几何体】|【粒子系统】|【喷射】工具，在【顶】视图创建对象，将其命名为【雨】。在【参数】卷展栏中将【粒子】选项组中的【视口计数】和【渲染计数】分别设置为1000和10000，将【水滴大小】、【速度】和【变化】分别设置为5、20和0.6，选中【水滴】单选按钮，在【渲染】选项组中选中【四面体】单选按钮，如图12-8所示。

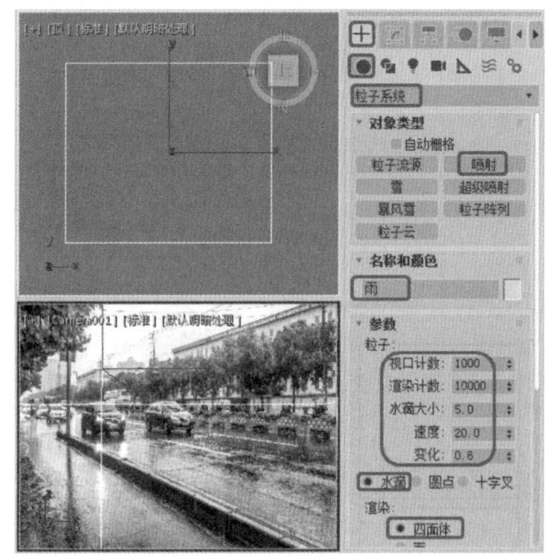

图12-8

Step 03 选择【参数】卷展栏中的【计时】选项组，将【开始】和【寿命】分别设为-100和400，勾选【恒定】复选框，将【宽度】和【长度】都设置为1500，对【雨】粒子进行适当调整，如图12-9所示。

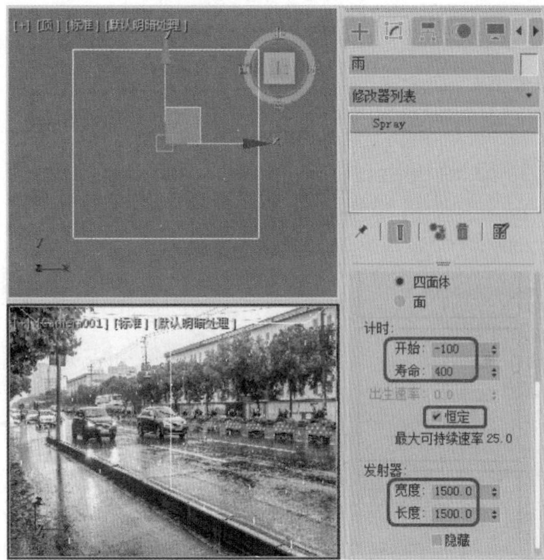

图12-9

Step 04 按M键打开【材质编辑器】对话框，选择一个空的样本球，将其命名为【雨】，确认明暗器的类型为（B）Blinn。在【Blinn基本参数】卷展栏中将【环境光】和【漫反射】的RGB值都设置为230、230、230，将【反射高光】选项组中的【高光级别】设置为0，选中【自发光】选项组中的【颜色】复选框，并将【颜色】的RGB值设置为240、240、240，将【不透明度】设置为50，如图12-10所示。

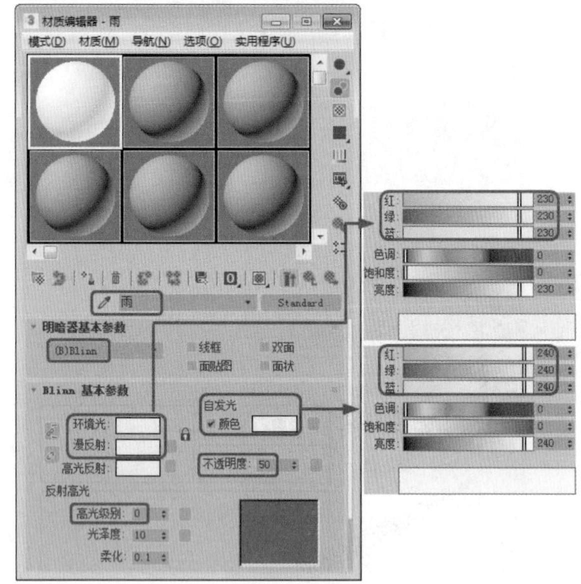

图12-10

Step 05 打开【扩展参数】卷展栏，选中【高级透明】选项组中【衰减】下的【外】单选按钮，将【数量】设置为100，如图12-11所示。

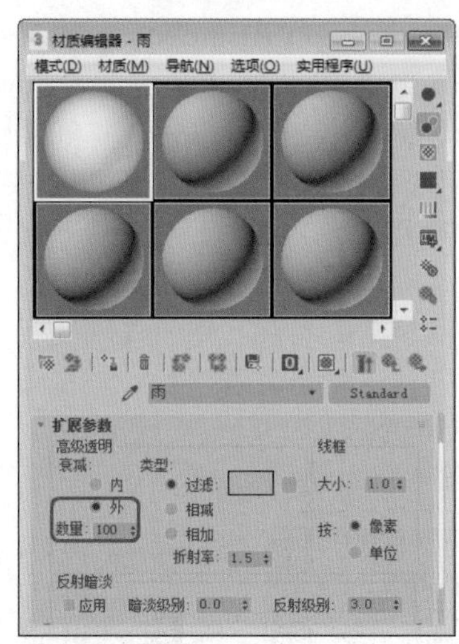

图12-11

Step 06 设置完成后将该材质指定给场景中的喷射粒子系统，适当调整粒子的位置，如图12-12所示，适当渲染即可。

图12-12

实例 192 制作星光闪烁动画

本案例将介绍星光闪烁效果的制作。本例将使用【暴风雪】粒子系统制作星星，然后在视频合成器中使用【镜头效果光晕】过滤器和【镜头效果高光】过滤器使星星产生光芒的效果，完成后的效果如图12-13所示。

素材	Map\3659.jpg
场景	Scene\Cha12\实例192 制作星光闪烁动画.max
视频	视频教学\Cha12\实例192 制作星光闪烁动画.mp4

图12-13

Step 01 启动软件后，在命令面板中选择【创建】|【几何体】|【粒子系统】|【暴风雪】工具，在【前】视图中创建一个暴风雪粒子系统，如图12-14所示。

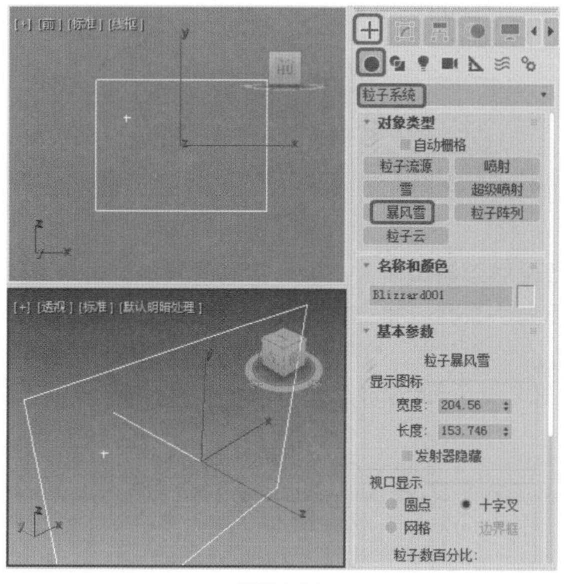

图12-14

Step 02 切换到【修改】命令面板，在【基本参数】卷展栏中将【显示图标】选项组中的【宽度】和【长度】都设置为500，将【粒子数百分比】设置为50，如图12-15所示。

Step 03 在【粒子生成】卷展栏中，将【使用速率】设置为4，将【粒子运动】选项组中的【速度】和【变化】分别设置为50和20，将【粒子计时】选项组中的【发射开始】、【发射停止】、【显示时限】和【寿命】分别设置为-100、100、100和100，将【粒子大小】选项组中【大小】设置为1.5，如图12-16所示。

Step 04 在【粒子类型】卷展栏中选中【标准粒子】选项组中的【球体】单选按钮，如图12-17所示。

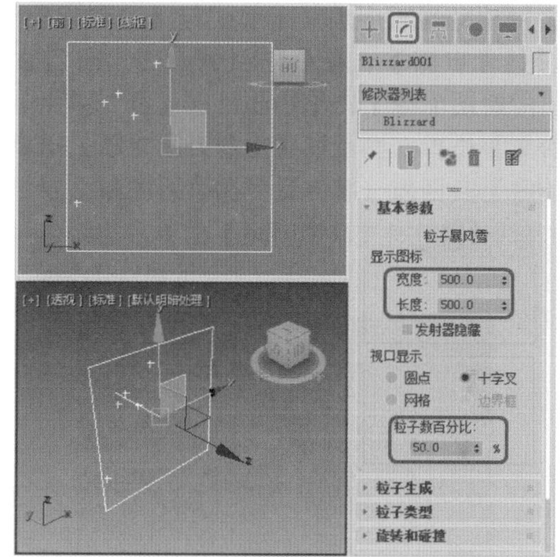

图12-15

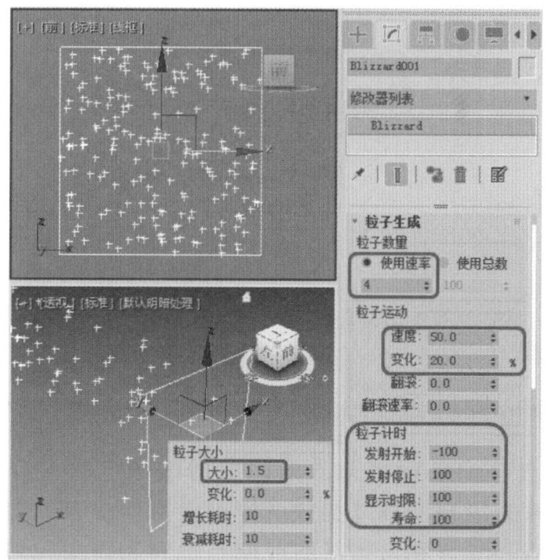

图12-16

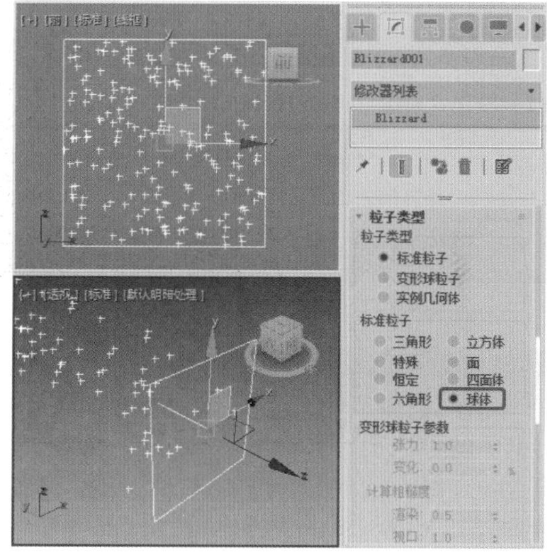

图12-17

Step 05 在命令面板中选择【创建】|【摄影机】|【标准】|【目标】工具，在【顶】视图中创建一架目标摄影机。切换到【透视】视图，按C键，将当前视图转换为摄影机视图，在其他视图中对其位置进行调整，如图12-18所示。

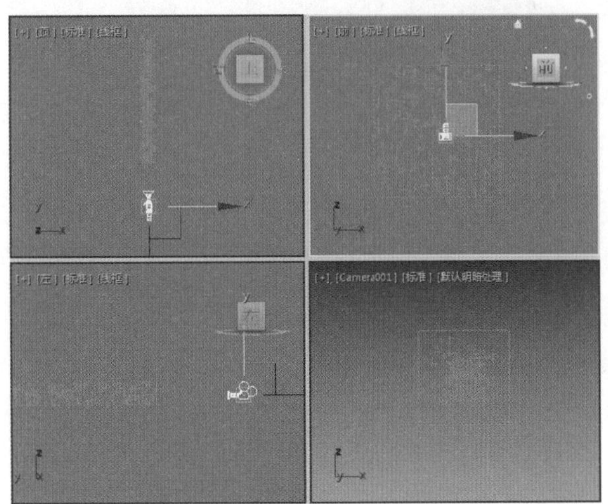

图12-18

Step 06 选中粒子系统，激活【顶】视图，在工具栏中右击【选择并旋转】按钮，弹出【旋转变换输入】对话框，在【绝对：世界】选项组中X后的文本框中输入-90.0，按Enter键确认。调整其位置，如图12-19所示。

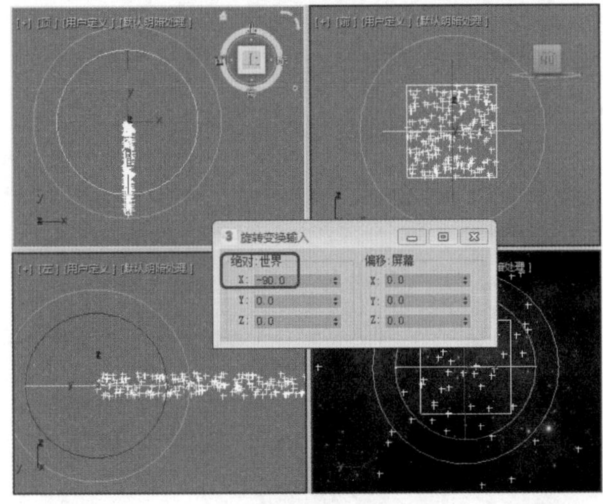

图12-19

Step 07 确定粒子系统处于被选中状态，单击鼠标右键，在弹出的快捷菜单中选择【对象属性】命令，如图12-20所示。

Step 08 在弹出的【对象属性】对话框中，将【渲染控制】选项组中的【对象ID】设置为1，单击【确定】按钮，如图12-21所示。

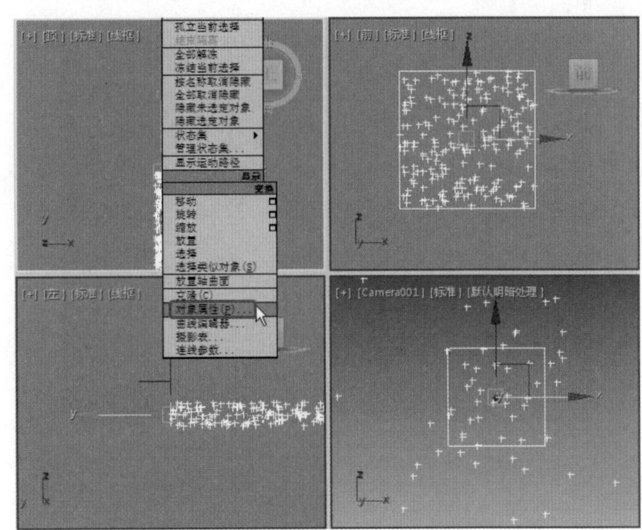

图12-20

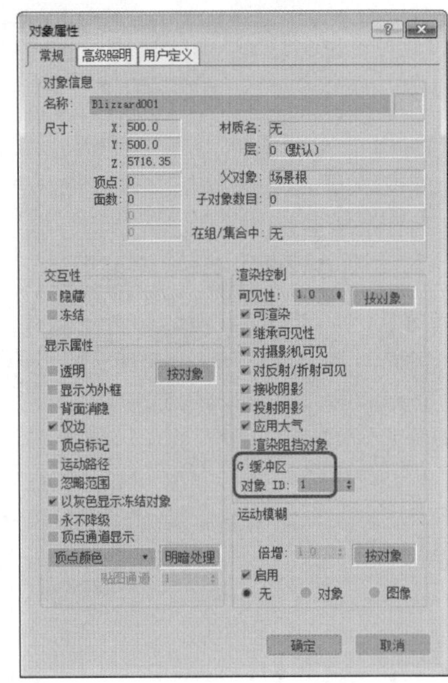

图12-21

Step 09 在菜单栏中选择【渲染】|【视频后期处理】命令，打开视频合成器。单击【添加场景事件】按钮，弹出【添加场景事件】对话框，保持默认参数设置，单击【确定】按钮，添加一个场景事件，如图12-22所示。

Step 10 单击【添加图像过滤事件】按钮，弹出【添加图像过滤事件】对话框，在该对话框中选择过滤器列表中的【镜头效果光晕】选项，单击【确定】按钮，添加一个过滤器，如图12-23所示。

Step 11 单击【添加图像过滤事件】按钮，弹出【添加图像过滤事件】对话框，在该对话框中选择过滤器列表中的【镜头效果高光】选项，单击【确定】按钮添加一个过滤器，如图12-24所示。

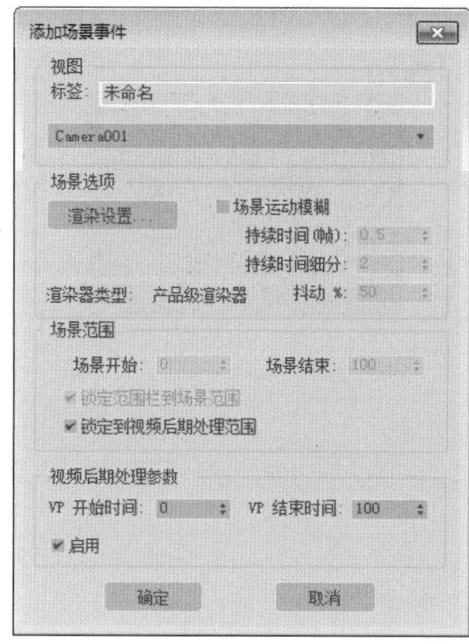

图12-22

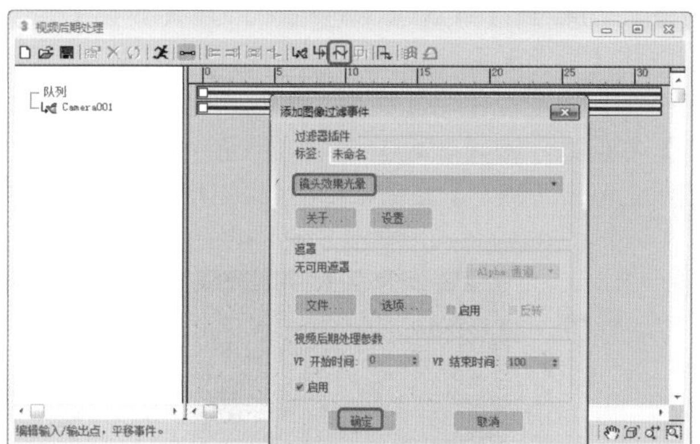

图12-23

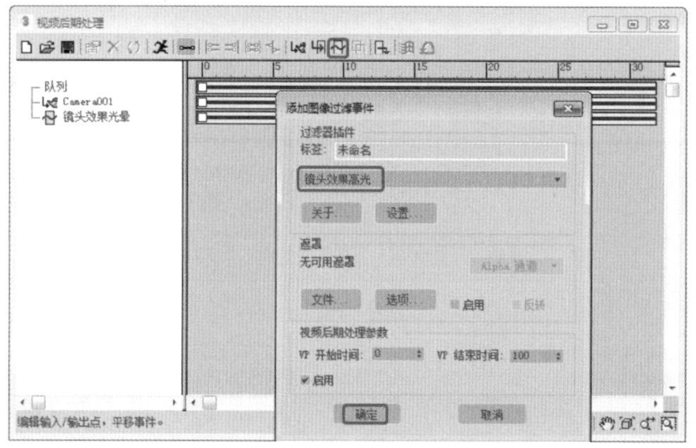

图12-24

Step 12 双击第一个过滤事件，弹出【编辑过滤事件】对话框，单击【设置】按钮，如图12-25所示。

图12-25

Step 13 弹出【镜头效果光晕】对话框，单击【VP队列】和【预览】按钮，在【属性】选项卡中的【过滤】选项组中勾选【周界Alpha】复选框，如图12-26所示。

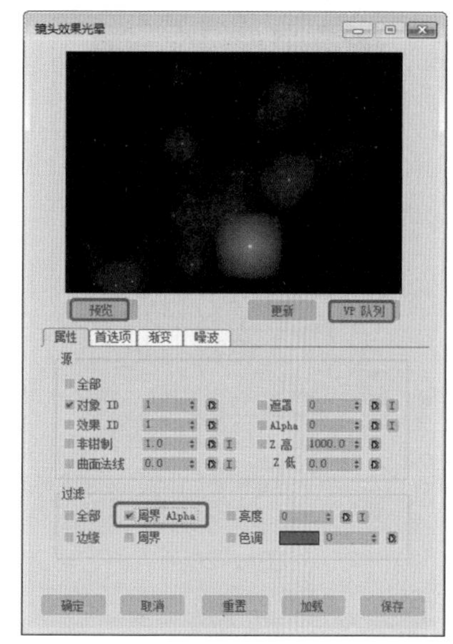

图12-26

Step 14 切换到【首选项】选项卡，在【效果】选项组中将【大小】设置为1，将【强度】设置为80，如图12-27所示。

Step 15 切换到【噪波】选项卡，将【质量】设置为3，分别勾选【红】、【绿】和【蓝】复选框。在【参数】选项组中，将【大小】和【速度】分别设置为10和0.2，单击【确定】按钮，如图12-28所示。

Step 16 双击第二个过滤事件，在弹出的【编辑过滤事件】对话框中单击【设置】按钮，弹出【镜头效果高光】对话框，单击【VP队列】和【预览】按钮。在【属性】选项卡中勾选【过滤】选项组中的【边缘】复选框，如图12-29所示。

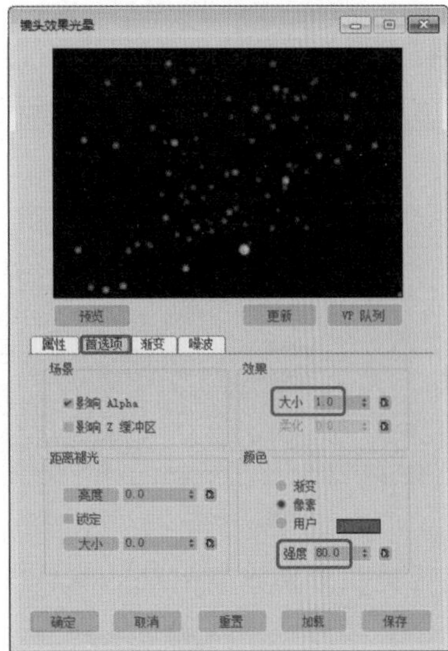

图12-27

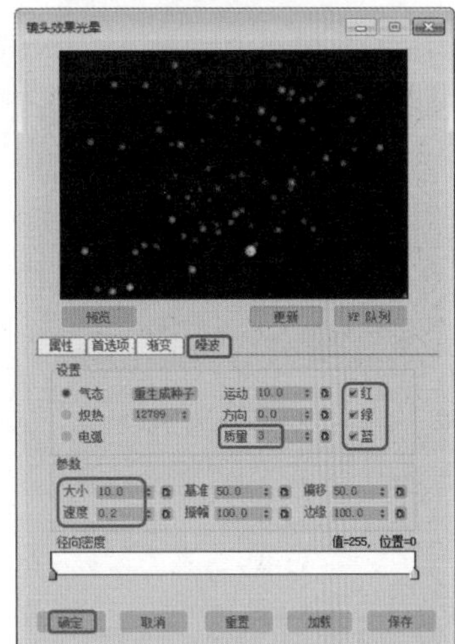

图12-28

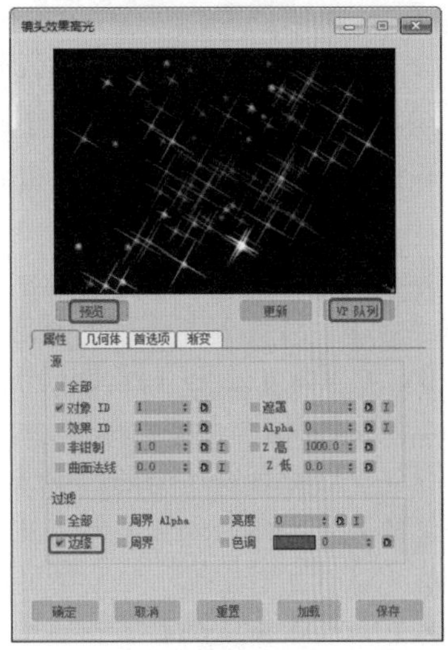

图12-29

Step 17 切换到【几何体】选项卡，在【效果】选项组中将【角度】和【钳位】分别设置为100和20，在【变化】选项组中单击【大小】按钮，如图12-30所示。

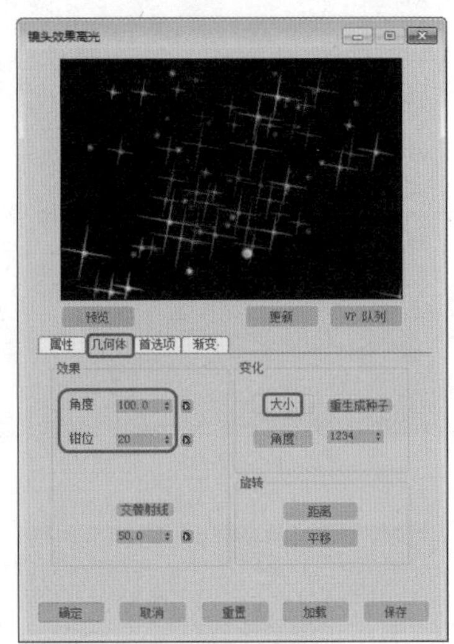

图12-30

Step 18 切换到【首选项】选项卡，在【效果】选项组中将【大小】和【点数】分别设置为5和4，在【距离褪光】选项组中将【亮度】设置为4000，勾选【锁定】复选框，在【颜色】选项组中选中【渐变】单选按钮，单击【确定】按钮，如图12-31所示。

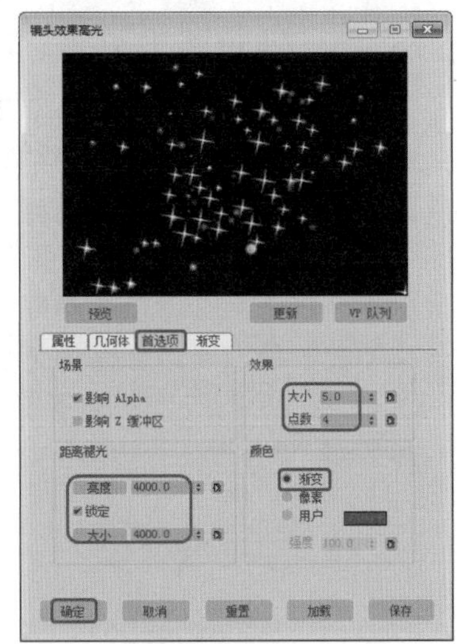

图12-31

Step 19 切换到摄影机视图，按8键，在弹出的【环境和效果】对话框中单击【环境贴图】下的【无】按钮，在弹出的【材质/贴图浏览器】对话框中选择【贴图】|【标准】|【位图】选项，单击【确定】按钮，在弹出的【选择位图图像文件】对话框中选择Map\3659.jpg贴图文件，如图12-32所示。

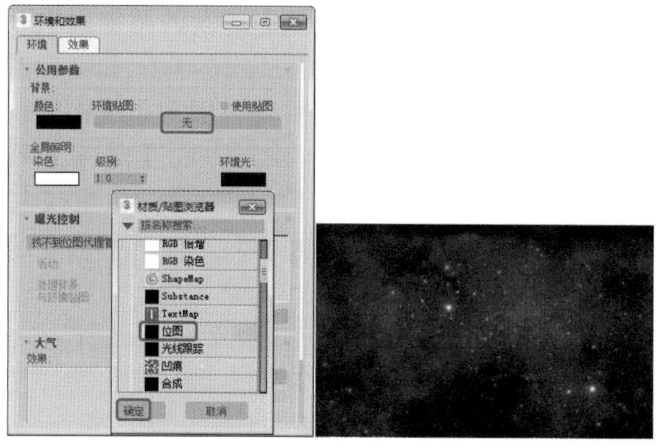

图12-32

Step 20 单击【打开】按钮，按M键打开【材质编辑器】对话框，在【环境和效果】对话框中选择环境贴图，按住鼠标左键将其拖动到材质编辑器中的材质球上，释放鼠标后，在弹出的【实例（副本）贴图】对话框中选中【实例】单选按钮，在【材质编辑器】对话框中将【贴图】设置为【屏幕】，如图12-33所示。

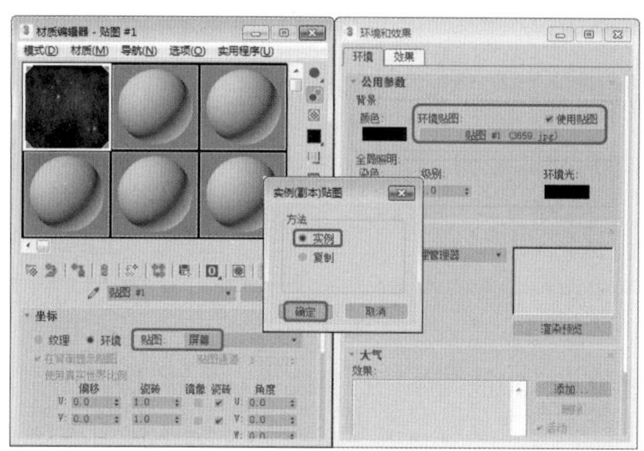

图12-33

Step 21 设置完成后，关闭该对话框，切换到摄影机视图，将【视口背景】设置为【环境贴图】，如图12-34所示。

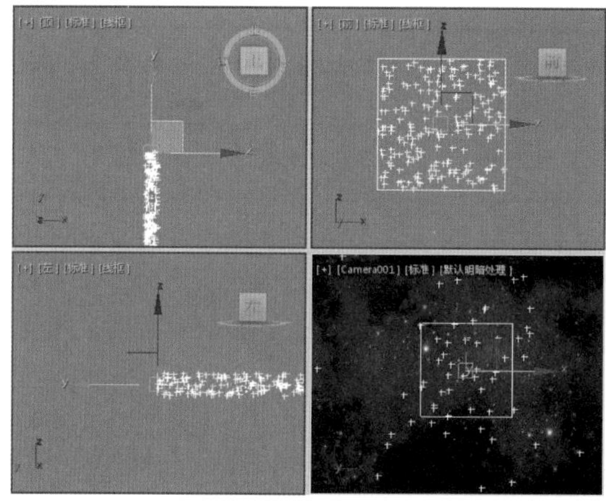

图12-34

Step 22 在【视频后期处理】对话框中单击【添加图像输出事件】按钮，在弹出的【添加图像输出事件】对话框中单击【文件】按钮，在弹出的【为视频后期处理输出选择图像文件】对话框中指定保存路径、文件名称以及保存类型，如图12-35所示。

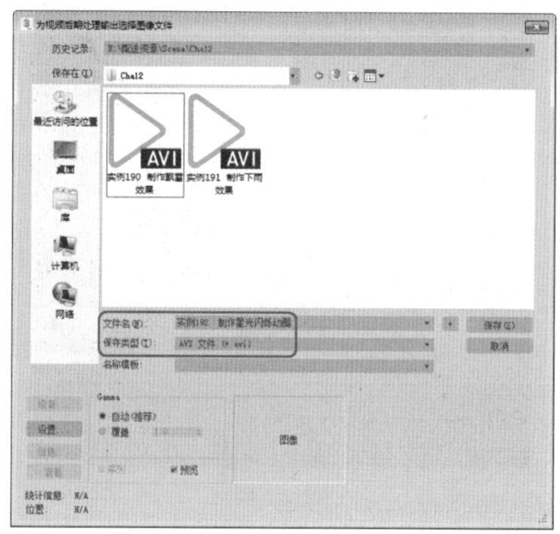

图12-35

Step 23 设置完成后，单击【保存】按钮，在返回的对话框中单击【确定】按钮，在弹出的【视频后期处理】对话框中，单击【执行序列】按钮，弹出【执行视频后期处理】对话框，在【输出大小】选项组中设置【宽度】为640，【高度】为480，如图12-36所示。

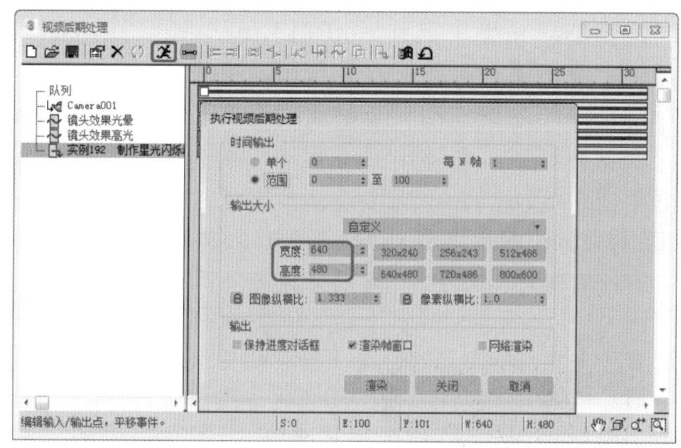

图12-36

Step 24 单击【渲染】按钮，对场景进行渲染，对完成后的场景进行保存。

实例193 制作礼花动画

本例将介绍如何制作礼花动画。首先创建【超级喷射】，然后设置【超级喷射】的参数，再为【超级喷射】创建【重力】，设置【视频后期处理】，最后渲染输出，效果如图12-37所示。

图12-37

素材	Map\213.jpg
场景	Scene\Cha12\实例193 制作礼花动画.max
视频	视频教学\Cha12\实例193 制作礼花动画.mp4

Step 01 启动软件，按8键，在弹出的【环境和效果】对话框中，单击【环境贴图】下的【无】按钮，在弹出的【材质/贴图浏览器】对话框中选择【位图】选项，在弹出的对话框中选择Map\213.jpg贴图文件，在工具栏中单击【材质编辑器】按钮，将【环境和效果】对话框中的贴图拖动到【材质编辑器】对话框中的第一个材质球上，在弹出的【实例（副本）贴图】对话框中选中【实例】单选按钮，单击【确定】按钮。在【坐标】卷展栏中选中【环境】单选按钮，将【贴图】设置为【屏幕】，如图12-38所示。

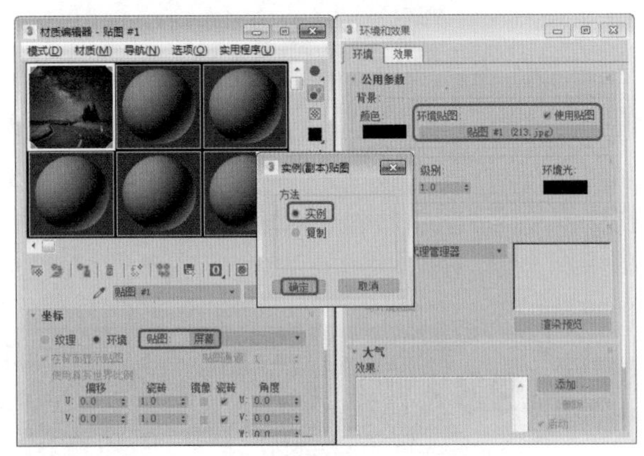

图12-38

Step 02 选择【创建】|【几何体】|【粒子系统】|【超级喷射】工具，在【顶】视图中创建【超级喷射】，将其命名为【礼花01】。选择【修改】命令面板，在【基本参数】卷展栏中将【粒子分布】选项组中的【扩散】依次设置为30、90，将【图标大小】设置为28。选中【视口显示】选项组中的【网格】单选按钮，并将【粒子数百分比】设置为100。在【粒子生成】卷展栏中选中【粒子数量】选项组中的【使用总数】单选按钮，将【数量】设置为21，将【粒子运动】选项组中的【速度】、【变化】分别设置为2.5、26，将【粒子计时】选项组中的【发射开始】、【发射停止】、【显示时限】、【寿命】分别设置为-59、60、100、40，将【粒子大小】选项组中的【大小】设置为0.35，如图12-39所示。

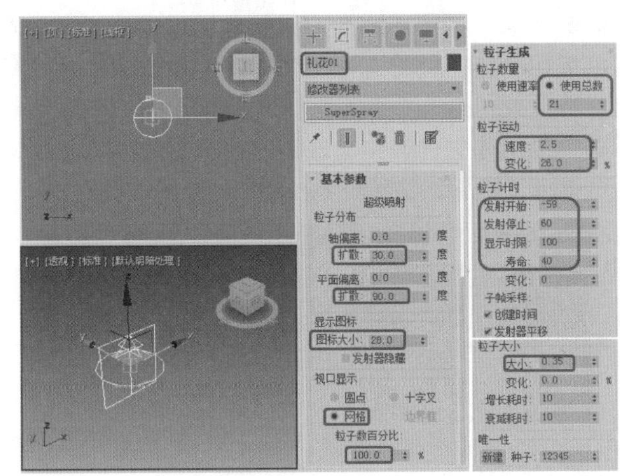

图12-39

Step 03 在【粒子类型】卷展栏中选中【标准粒子】选项组中的【立方体】单选按钮，在【粒子繁殖】卷展栏中选中【粒子繁殖效果】选项组中的【消亡后繁殖】单选按钮，将【倍增】设置为200，【变化】设置为100，将【方向混乱】选项组中的【混乱度】设置为100，如图12-40所示。

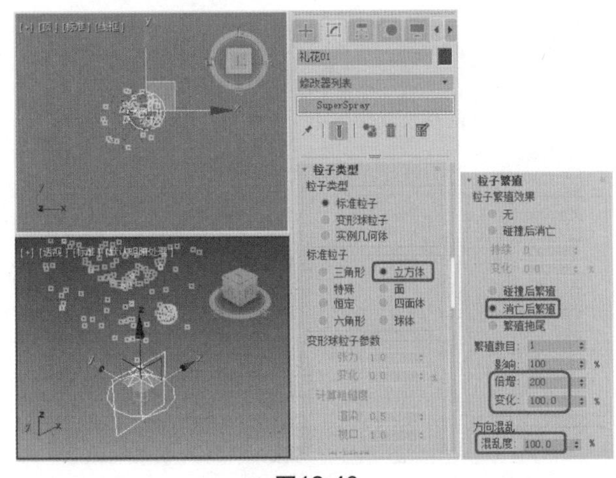

图12-40

Step 04 单击【材质编辑器】按钮，选择第二个材质球，在【Blinn基本参数】卷展栏中将【自发光】选项组中的【颜色】设置为100，将【反射高光】选项组中的【高光级别】、【光泽度】分别设置为25、6，如图12-41所示。

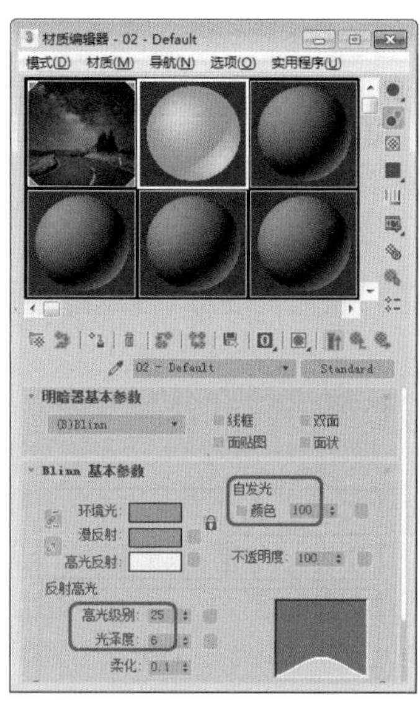

图12-41

Step 05 在【贴图】卷展栏中单击【漫反射颜色】后的【无贴图】按钮，在弹出的对话框中选择【粒子年龄】，将【粒子年龄参数】卷展栏中的【颜色#1】的RGB设置为255、100、227，将【颜色#2】的RGB设置为255、200、0，将【颜色#3】的RGB设置为255、0、0。设置完成后单击【转到父对象】，将材质指定给对象，如图12-42所示。

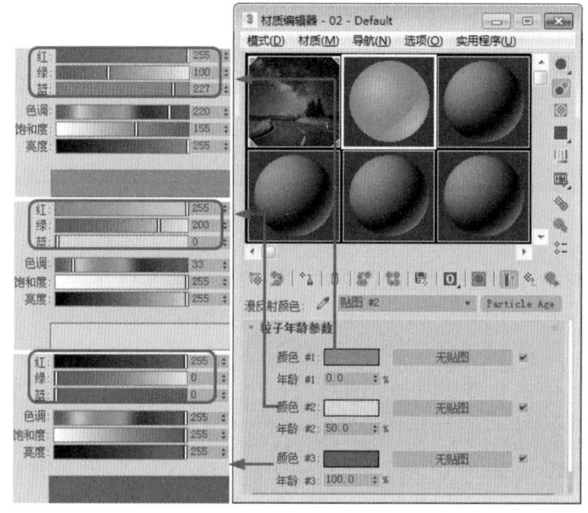

图12-42

Step 06 确认【超级喷射】处于选定状态，单击鼠标右键，在弹出的快捷菜单中选择【对象属性】命令，弹出【对象属性】对话框，将【G缓冲区】选项组中的【对象ID】设置为1，选中【运动模糊】选项组中的【图像】单选按钮，将【倍增】设置为0.8，如图12-43所示。

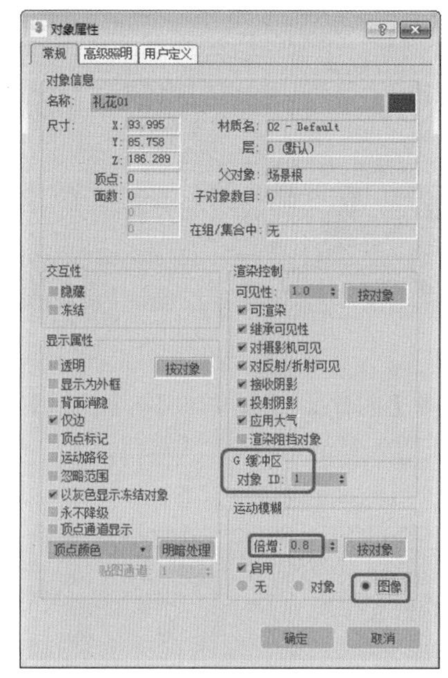

图12-43

Step 07 选择【创建】|【空间扭曲】|【力】|【重力】工具，在【顶】视图中添加一个重力，将【强度】设置为0.02，将【图标大小】设置为11。在工具栏中单击【绑定到空间扭曲】，将绘制的【超级喷射】绑定到空间扭曲上，如图12-44所示。

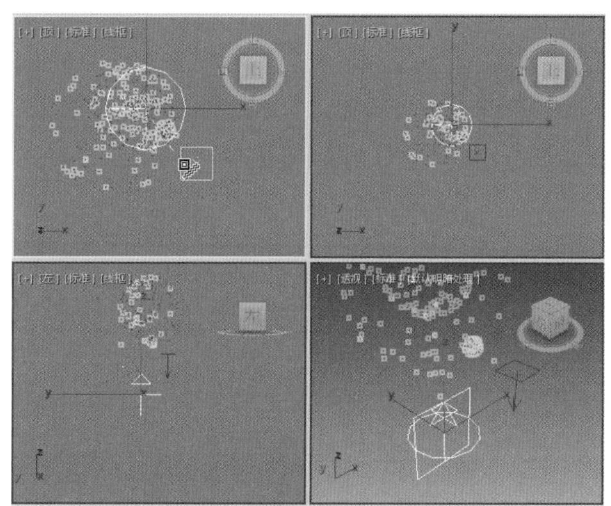

图12-44

Step 08 使用同样的方法绘制其他【超级喷射】，将其分别命名为【礼花02】、【礼花03】和【礼花04】，如图12-45所示。

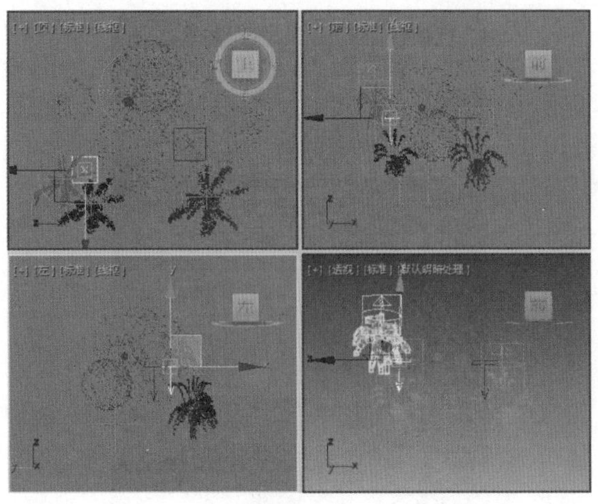

图12-45

Step 09 选择【创建】|【摄影机】|【目标】工具，将【镜头】设置为36mm，选择【透视图】，按C键进入到Camera001中，如图12-46所示。

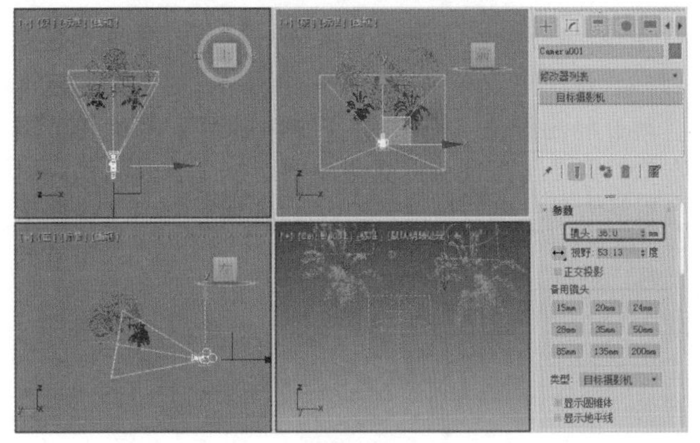

图12-46

Step 10 在菜单栏中选择【渲染】|【视频后期处理】命令，在弹出的【添加场景事件】对话框中选择Camera001选项，单击【确定】按钮，如图12-47所示。

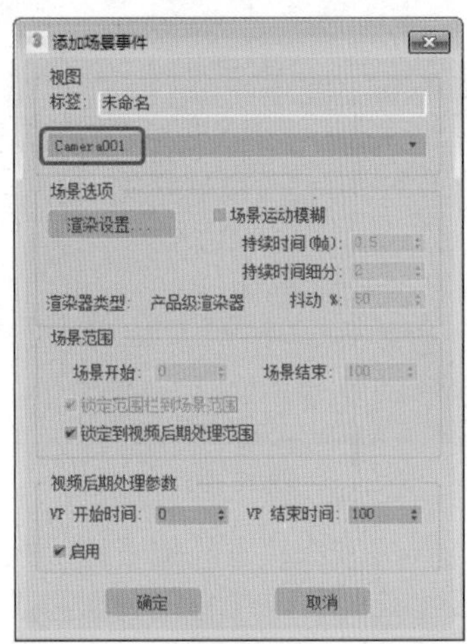

图12-47

Step 11 单击【添加图像过滤事件】，在弹出的【添加图像过滤事件】对话框中，将【底片】设置为【镜头效果光晕】，将其命名为1，单击【确定】按钮。使用同样的方法再创建3个【队列】，如图12-48所示。

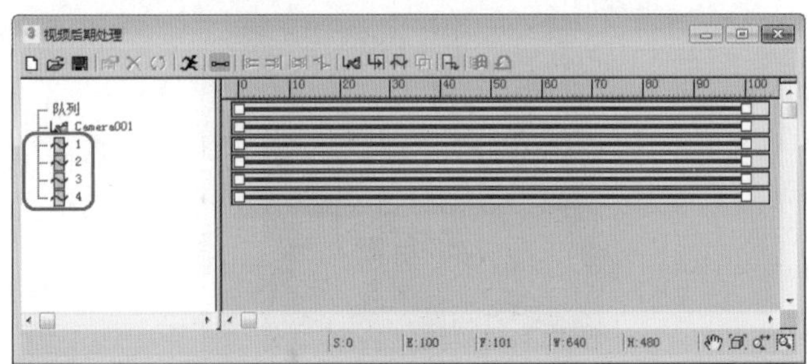

图12-48

Step 12 选择【视频后期处理】，选择1并双击，进入到【编辑过滤事件】对话框，单击【设置】按钮，进入到【镜头效果光晕】对话框。单击【预览】和【VP队列】按钮，切换到【首选项】选项卡，将【效果】选项组中的【大小】设置为6，将【颜色】选项组中的【强度】设置为30。切换到【噪波】选项卡，将【运动】设置为2，将【质量】设置为3，勾选【红】、【绿】、【蓝】复选框，如图12-49所示。

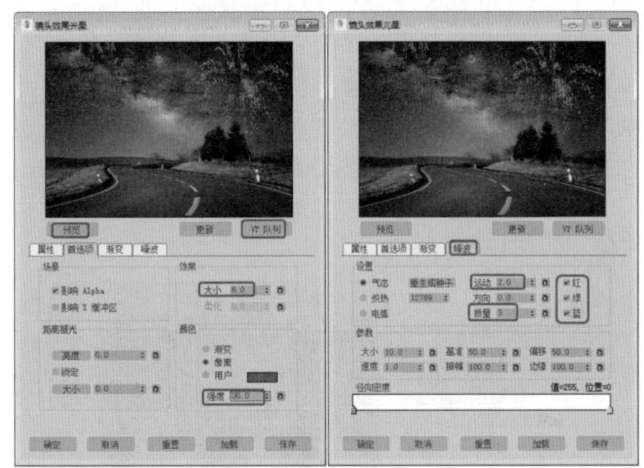

图12-49

Step 13 设置完成后选择2并双击，进入到【编辑过滤事件】对话框，单击【设置】按钮，进入到【镜头效果光晕】对话框，单击【预览】和【VP队列】按钮，在【首选项】选项卡中将【大小】设置为39，将【强度】设置为55，如图12-50所示。

Step 14 选择【视频后期处理】，选择3并双击，进入到【编辑过滤事件】对话框，单击【设置】按钮，进入到【镜头效果光晕】对话框，单击【预览】和【VP队列】按钮，在【首选项】选项卡中将【大小】设置为7，【强度】设置为0，如图12-51所示。

图12-50

图12-51

Step 15 选择【视频后期处理】，选择4并双击，进入到【编辑过滤事件】对话框，单击【设置】按钮，进入到【镜头效果光晕】对话框，单击【预览】和【VP队列】按钮，在【首选项】选项卡中将【大小】设置为1，将【柔化】设置为0，选中【渐变】单选按钮，如图12-52所示。

Step 16 切换到【渐变】选项卡，在【径向颜色】条中的位置13处添加色标，设置其RGB为1、0、3，将最右侧的色标设置为55、0、124，单击【确定】按钮，如图12-53所示。

Step 17 将【输出大小】设置为410×480，根据前面介绍的方法对场景进行输出及保存。

图12-52

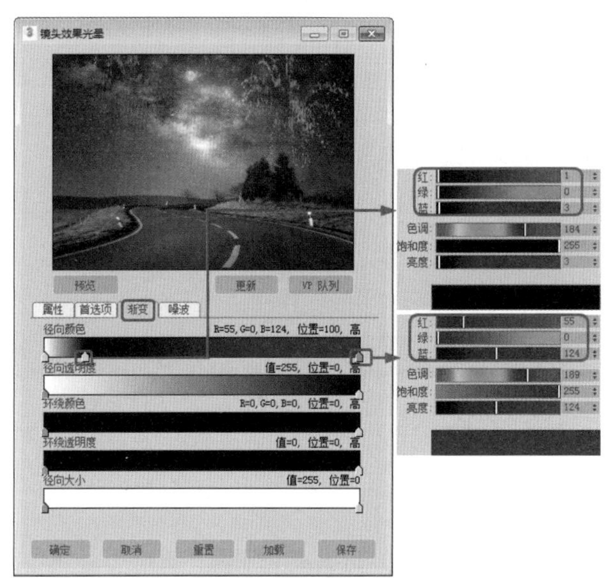

图12-53

实例194 制作心形粒子动画

本例将介绍如何制作心形粒子动画。首先使用线工具绘制出心形路径，然后绘制圆柱体，为圆柱体添加【路径变形】修改器，拾取心形为路径。其次创建粒子云系统，拾取圆柱体为发射器，设置粒子参数。最后通过视频后期处理为粒子添加【镜头效果光晕】和【镜头效果高光】过滤器，将视频渲染输出。效果如图12-54所示。

图12-54

素材	Map\烟花背景.jpg
场景	Scene\Cha12\实例194 制作心形粒子动画.max
视频	视频教学\Cha12\实例194 制作心形粒子动画.mp4

Step 01 启动软件，选择【创建】|【图形】|【样条线】|【线】工具，激活【前】视图，在该视图中绘制图12-55所示的形状。进入【修改】命令面板，将当前选择集定义为【顶点】，选择所有的顶点，单击鼠标右键，在弹出的快捷菜单中选择【bezier角点】命令，调整柄和顶点的位置，将形状调整为心形。

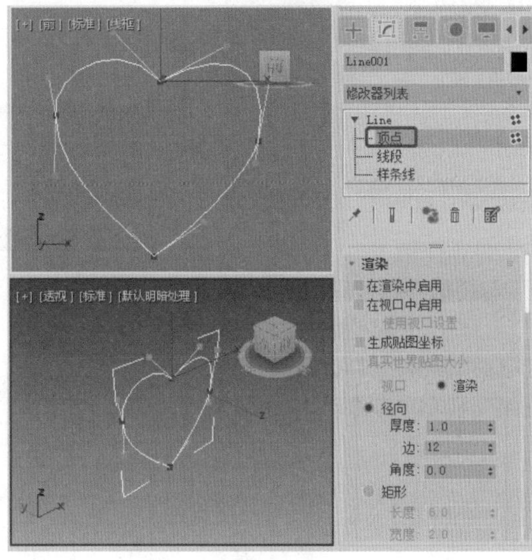

图12-55

Step 02 选择【创建】|【几何体】|【标准基本体】|【圆柱体】工具，在【前】视图中绘制圆柱体。在【参数】卷展栏中将【半径】设置为25，将【高度】设置为90，将【高度分段】设置为50，将【端面分段】设置为5，如图12-56所示。

◎提示

为了使路径更加圆滑，可以将普通的顶点转换为bezier角点，此时会出现一个手柄，通过调节手柄可以使曲线更加平滑。

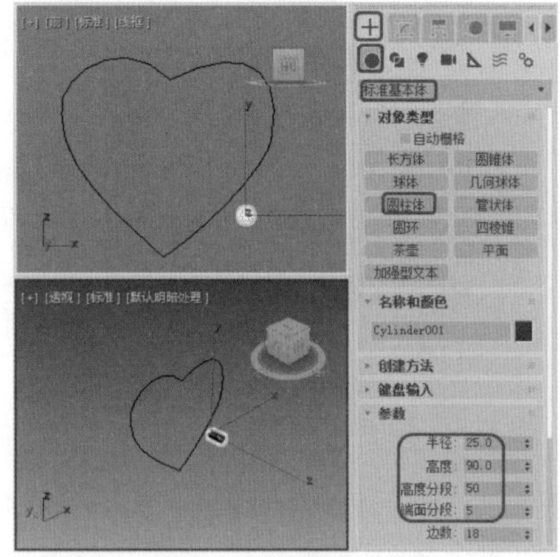

图12-56

Step 03 选择【创建】|【几何体】|【粒子系统】|【粒子云】工具，在【前】视图中创建粒子对象，在【基本参数】卷展栏中单击【拾取对象】按钮，在场景中选择圆柱体。此时，在【粒子分布】选项组中系统将自动选中【基于对象的发射器】单选按钮，将【半径/长度】设置为56，如图12-57所示。

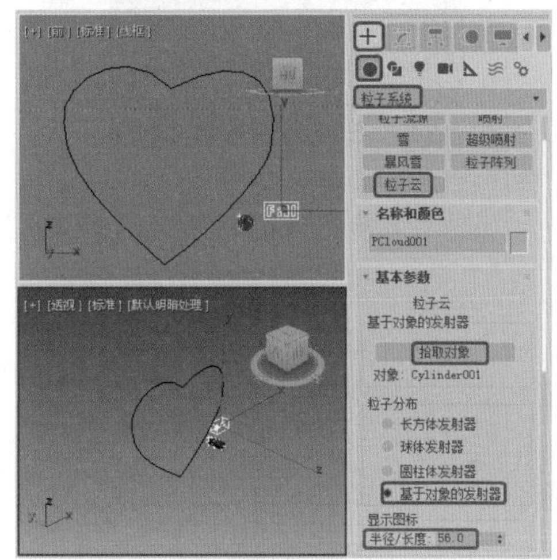

图12-57

Step 04 在场景中选择圆柱体，进入【修改】命令面板，在【修改器列表】中选择【路径变形绑定（WSM）】修改器。在【参数】卷展栏中单击【拾取路径】按钮，拾取线段，再单击【转到路径】按钮，在【路径变形轴】选项组中选中Z单选按钮，如图12-58所示。

Step 05 按N键打开动画记录模式，将第0帧处的【拉伸】设置为0，将时间滑块拖动至第40帧处，将【拉伸】设置为24，如图12-59所示。

Step 06 按N键关闭自动动画记录模式。选择圆柱体，单击鼠标右键，在弹出的快捷菜单中选择【对象属性】命令，弹出【对象属性】对话框。切换到【常规】选项卡，在【渲染控制】选项组中取消勾选【可渲染】复选框，如图12-60所示。

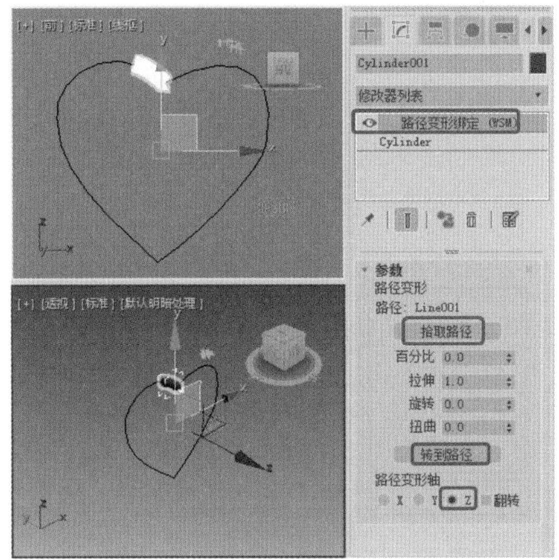

图12-58

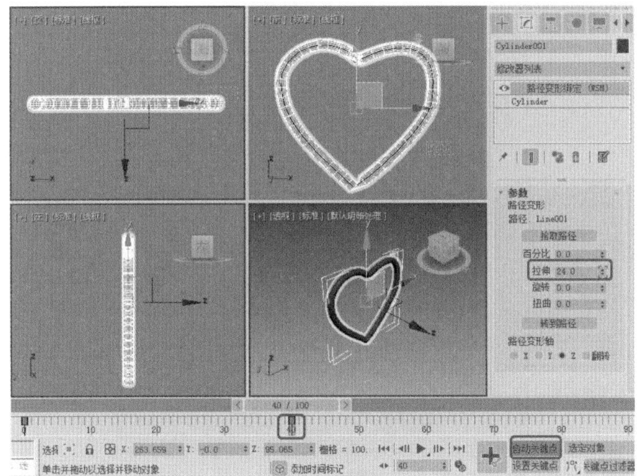

图12-59

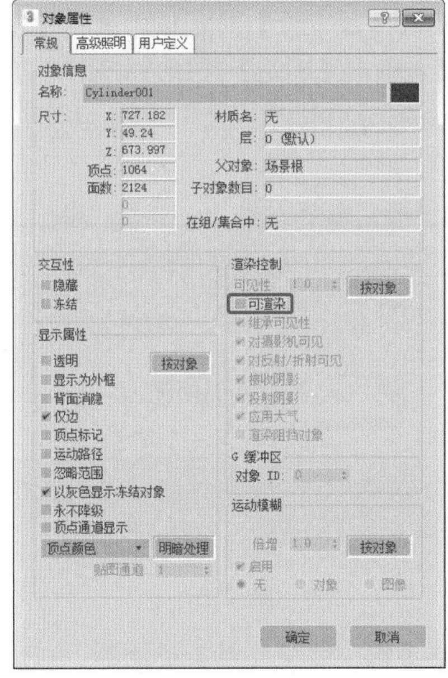

图12-60

Step 07 单击【确定】按钮，选择粒子系统，进入【修改】命令面板，在【粒子生成】卷展栏中将【使用速率】设置为10，在【粒子运动】选项组中将【速度】设置为1，在【粒子计时】选项组中将【发射开始】、【发射停止】、【显示时限】、【寿命】分别设置为0、100、100、100，在【粒子大小】选项组中将【大小】设置为10，如图12-61所示。

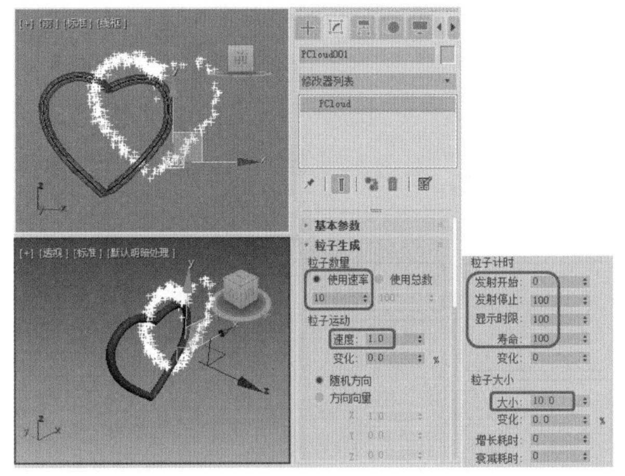

图12-61

Step 08 展开【粒子类型】卷展栏，在【粒子类型】选项组中选中【标准粒子】单选按钮，在【标准粒子】选项组中选中【球体】单选按钮，如图12-62所示。

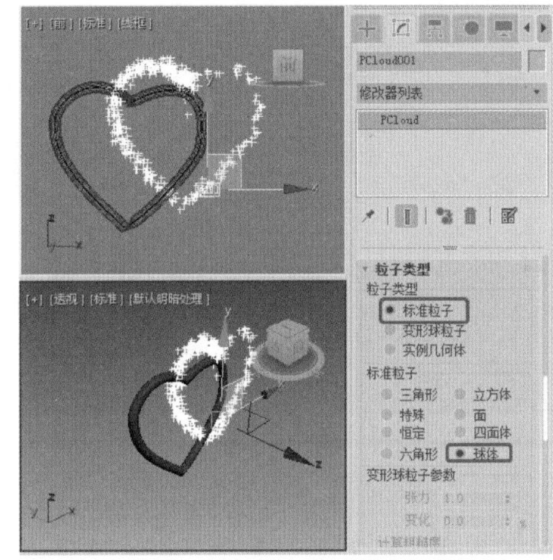

图12-62

Step 09 选择粒子系统，单击鼠标右键，在弹出的快捷菜单中选择【对象属性】命令，弹出【对象属性】对话框。切换到【常规】选项卡，在【G缓冲区】选项组中将【对象ID】设置为1，如图12-63所示。

Step 10 设置完成后单击【确定】按钮。选择【创建】|【摄影机】|【标准】|【目标】工具，在【顶】视图中创建摄影机，将【透视】视图转换为摄影机视图，在

其他视图中调整摄影机的位置，如图12-64所示。

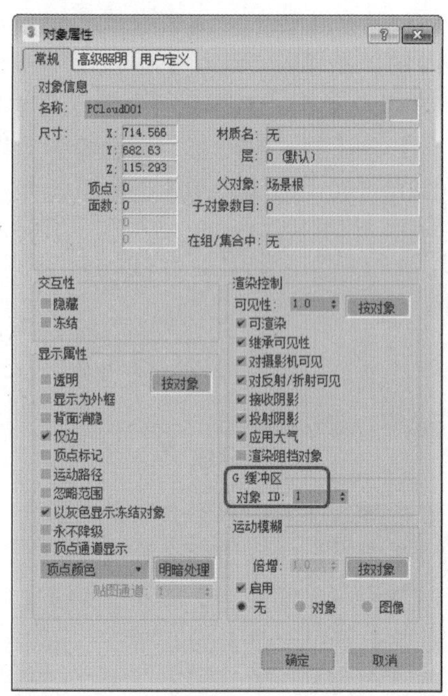

图12-63

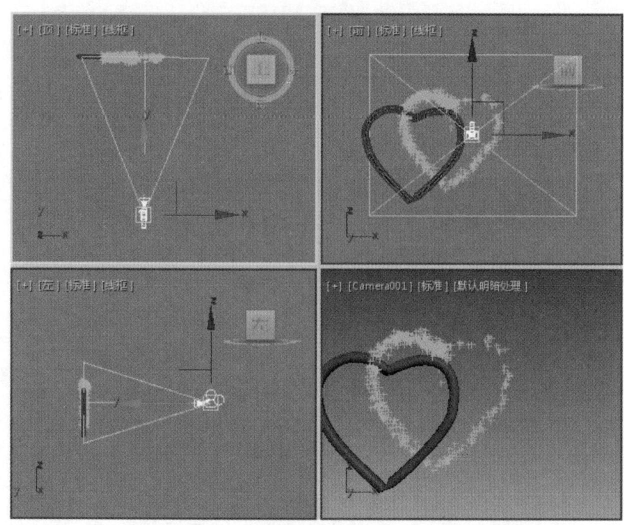

图12-64

Step 11 在菜单栏中选择【渲染】|【视频后期处理】命令，弹出【视频后期处理】对话框，在该对话框中单击【添加场景事件】按钮，弹出【添加场景事件】对话框，将【视图】设置为Camera001，如图12-65所示。

Step 12 单击【确定】按钮，单击【添加图像过滤事件】按钮，弹出【添加图像过滤事件】对话框，在过滤器列表中选择【镜头效果光晕】过滤器，单击【确定】按钮，如图12-66所示。

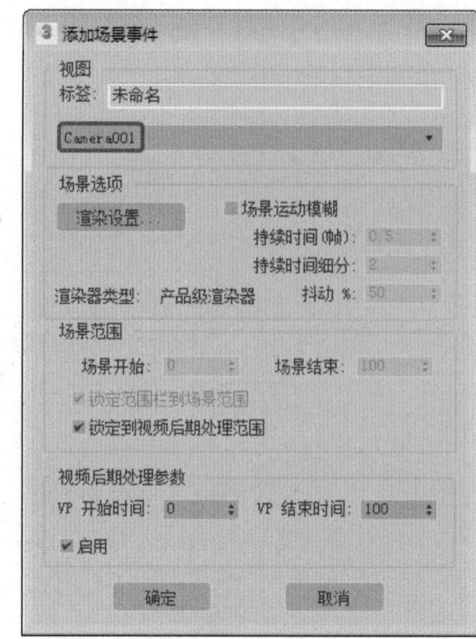

图12-65

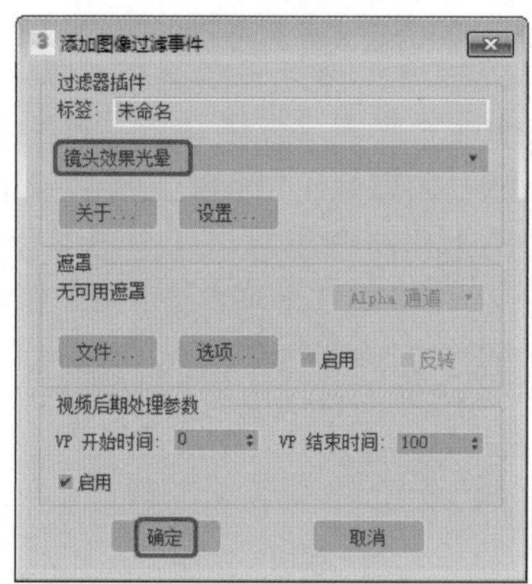

图12-66

Step 13 单击【添加图像过滤事件】按钮，在弹出的【添加图像过滤事件】对话框中选择【镜头效果高光】过滤器，单击【确定】按钮，如图12-67所示。

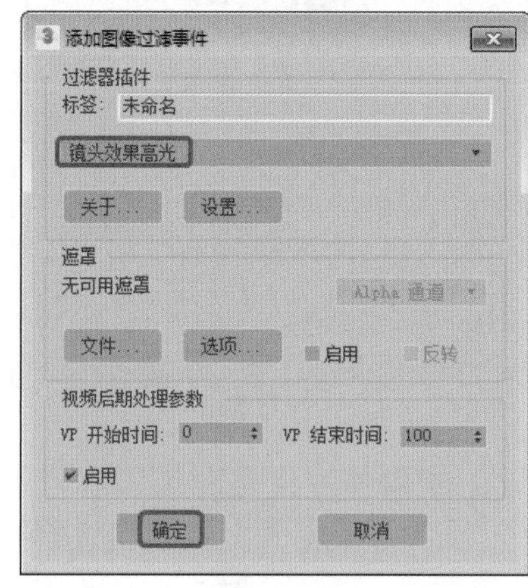

图12-67

Step 14 双击【镜头效果光晕】过滤器，在弹出的对话框中单击【设置】按钮。进入【镜头效果光晕】对话框中，在【源】选项组中将【对象ID】设置为1，在【过滤】选项组中勾选【全部】复选框，如图12-68所示。

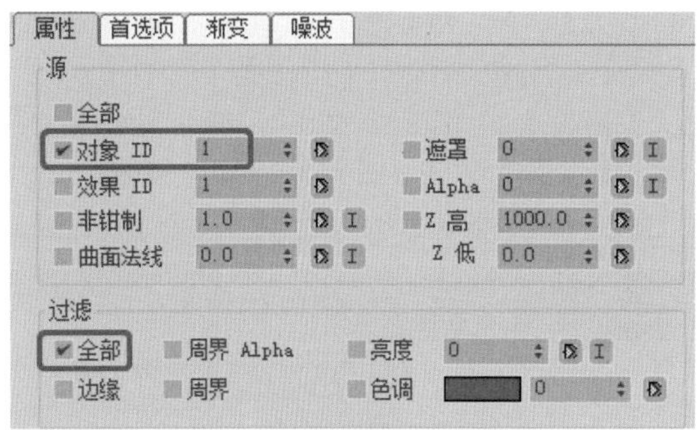

图12-68

Step 15 切换到【首选项】选项卡，在【效果】选项组中将【大小】设置为3，在【颜色】选项组选中【渐变】单选按钮。切换到【噪波】选项卡，将【运动】设置为5，勾选【红】、【绿】、【蓝】复选框，在【参数】选项组中将【大小】、【速度】分别设置为1、0.5，如图12-69所示。

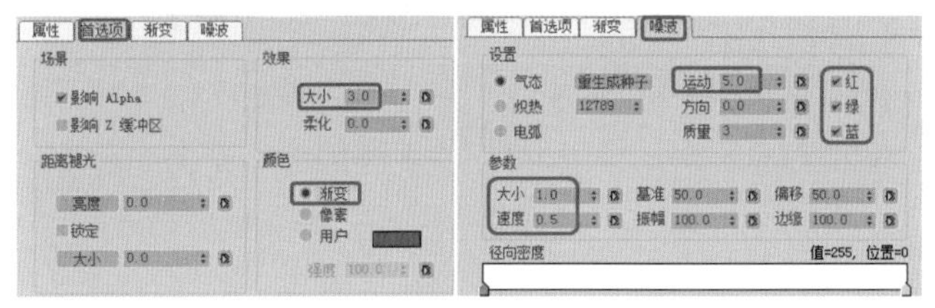

图12-69

Step 16 单击【确定】按钮，返回到【视频后期处理】对话框，双击【镜头效果高光】，在弹出的对话框中单击【设置】按钮。切换到【属性】选项卡，在【源】选项组中将【对象ID】设置为1，在【过滤】选项组中勾选【全部】复选框。切换到【几何体】选项卡，在【效果】选项组中将【角度】设置为40，将【钳位】设置为10，在【变化】选项组中单击【大小】按钮，如图12-70所示。

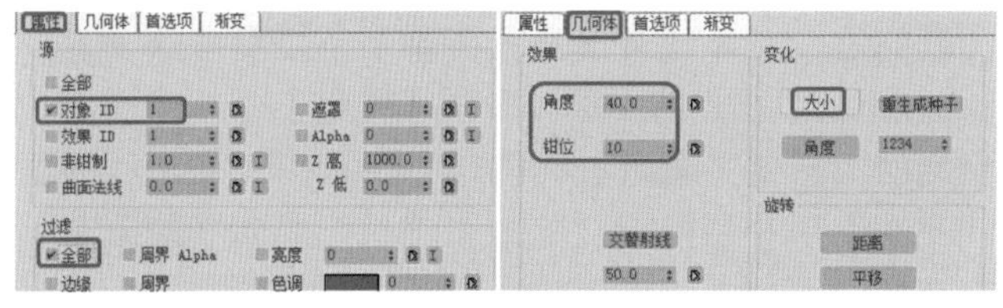

图12-70

Step 17 切换到【首选项】选项卡，在【效果】选项组中将【大小】设置为7，将【点数】设置为6，在【颜色】选项组中选中【渐变】单选按钮，如图12-71所示。

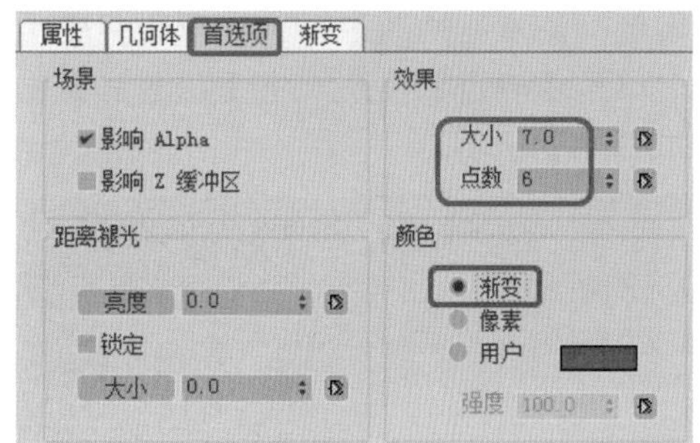

图12-71

Step 18 单击【确定】按钮，返回到【视频后期处理】对话框中，单击【添加图像输出事件】按钮，在弹出的对话框中单击【文件】按钮。在弹出的对话框中将【文件名】设置为【实例194 制作心形粒子动画】，将【保存类型】设置为AVI文件格式，如图12-72所示。

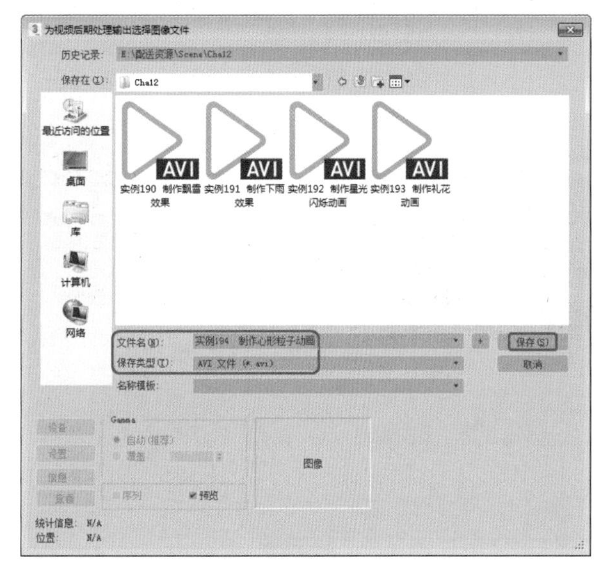

图12-72

Step 19 单击【保存】按钮，在弹出的对话框中单击【确定】按钮。再次单击【确定】按钮，返回到【视频后期处理】对话框中，将该对话框最小化，在场景中选择除摄影机以外的所有对象，按住Shift键在【前】视图中将其向右拖动，释放鼠标，在弹出的对话框中选中【复制】单选按钮，将【名称】设置为【拷贝】，单击【确定】按钮，如图12-73所示。

Step 20 按8键打开【环境和效果】对话框，单击【环境贴图】下的【无】按钮，在弹出的【材质/贴图浏览器】对话框中双击【位图】选项，在打开的【选择位图图像文件】对话框中选择“烟花背景.jpg”素材文件，单击【打开】按钮。按M键打开【材质编辑器】对话框，将贴图拖动至空白材质样本球上，在弹出的【实例（副本）贴图】对话框中选中【实例】单选按钮，单击【确定】按钮，将【贴图】设置为【屏幕】，如图12-74所示。

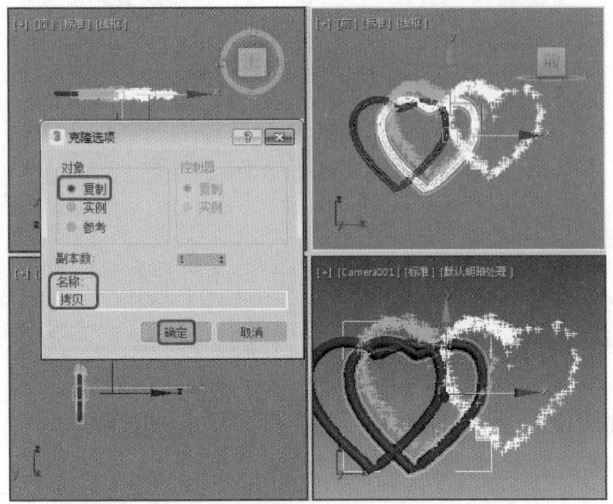

图12-73

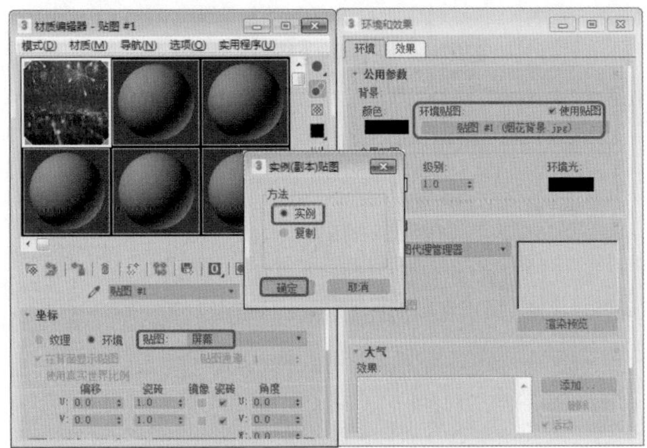

图12-74

Step 21 将对话框关闭。选择复制后的圆柱体，进入【修改】命令面板，在【路径变形轴】选项组中勾选【翻转】复选框。将【视频后期处理】对话框最大化，单击【执行序列】按钮，在弹出的【执行视频后期处理】对话框中选中【范围】单选按钮，将【宽度】、【高度】分别设置为640、480，如图12-75所示。单击【渲染】按钮，即可将视频渲染输出。

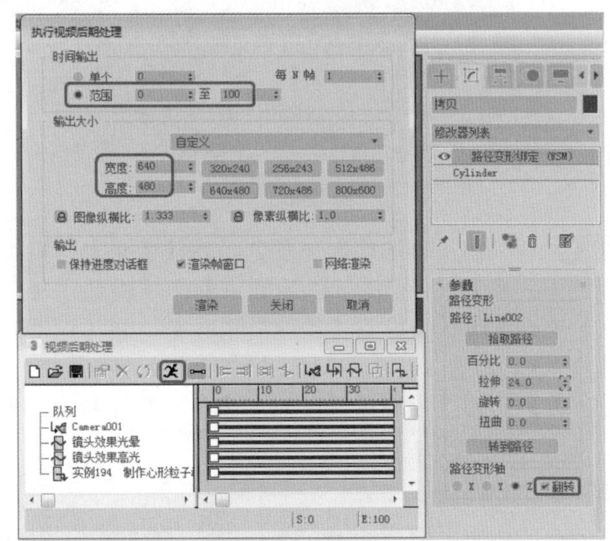

图12-75

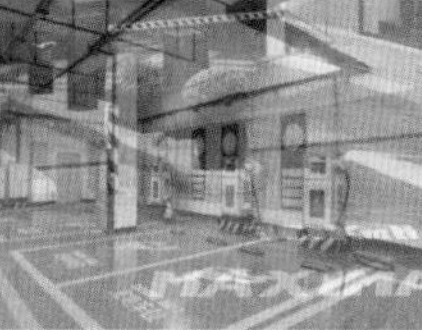

第13章 大气特效与后期制作

在3ds Max中，可以使用一些特殊的效果对场景进行加工和润色，从而模拟出现实中的视觉效果。视频后期处理器是3ds Max中可独立使用的一大部分，相当于一个视频后期处理软件，包括动态影像的非线性编辑功能以及特殊效果处理功能，类似于After Effects后期合成软件的性质。本章主要介绍如何使用大气特效制作动画，以及动画的后期合成。

实例195 制作图片擦除动画

本例将介绍如何制作简单的擦除动画。本例主要应用了简单擦除效果，使两个图片之间有擦除切换，效果如图13-1所示。

图13-1

素材	Scene\Cha13\制作图片擦除动画.max Map\酒店2.jpg
场景	Scene\Cha13\实例195 制作图片擦除动画.max
视频	视频教学\Cha13\实例195 制作图片擦除动画.mp4

Step 01 按Ctrl+O组合键，打开“Scene\Cha13\制作图片擦除动画.max”素材文件，切换到【透视】视图对其进行渲染，查看效果，如图13-2所示。

图13-2

Step 02 打开【视频后期处理】对话框，单击【添加场景事件】按钮，弹出【添加场景事件】对话框。在该对话框中选择【透视】视图，单击【确定】按钮，如图13-3所示。

> **提示**
>
> 【添加场景事件】：将选定摄影机视口中的场景添加至队列。场景事件是当前 3ds Max 场景的视图。它用来选择显示哪个视图，以及如何同步最终视频与场景。

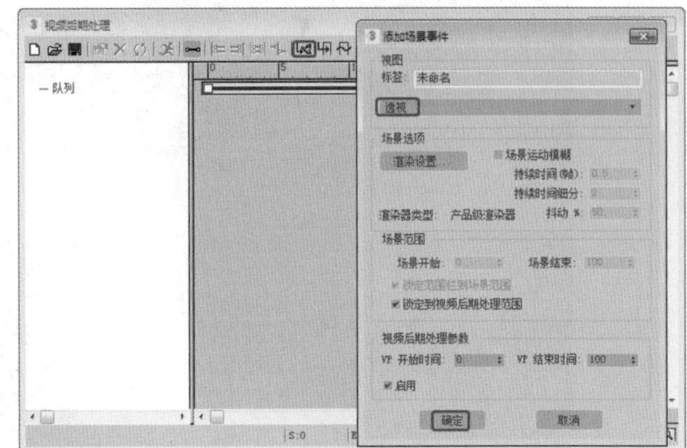

图13-3

> **提示**
>
> 【添加图像输入事件】：将静止或移动的图像添加至场景。图像输入事件可将图像放置到队列中，但它不同于场景事件，该图像是一个事先保存过的文件或设备生成的图像。

Step 03 返回到【视频后期处理】对话框，单击【添加图像输入事件】按钮，弹出【添加图像输入事件】对话框，单击【文件】按钮，在弹出的对话框中选择“Map\酒店2.jpg”贴图文件，单击【打开】按钮。返回到【添加图像输入事件】对话框中，单击【确定】按钮，如图13-4所示。

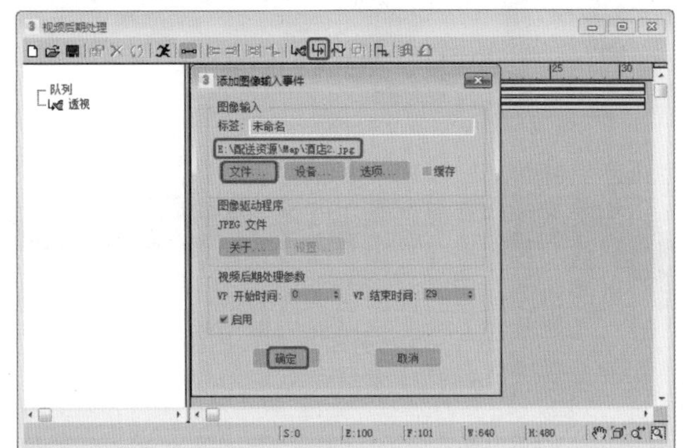

图13-4

Step 04 返回到【视频后期处理】对话框，选择添加的图像事件，将输出点调整到第100帧处，选择添加的两个事件，单击【添加图像层事件】按钮，在弹出的【添加图像层事件】对话框中选择【简单擦除】效果，如图13-5所示。

◎提示·◦

【添加图像层事件】：图像层事件始终是带有两个子事件的父事件。子事件自身也可以是带有子事件的父事件。图像层事件可以是场景中的事件、图像输入事件，还可以是包含场景或图像输入事件的层事件。

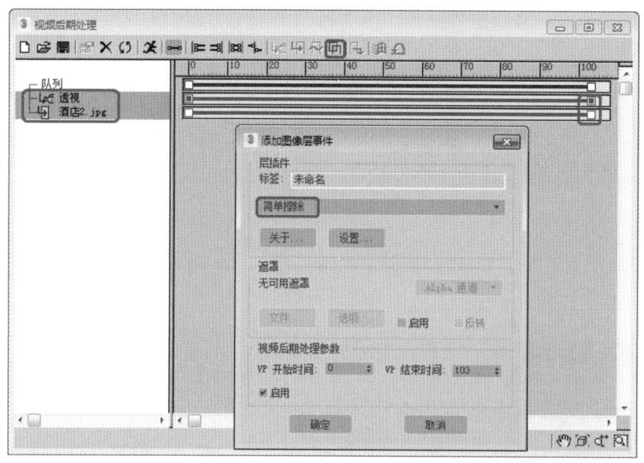

图13-5

Step 05 单击【设置】按钮，弹出【简单擦除控制】对话框，对其进行如图13-6所示的设置。设置完成后单击【确定】按钮。

图13-6

Step 06 单击【确定】按钮，返回到【添加图像层事件】对话框，在该对话框中单击【确定】按钮。在【视频后期处理】对话框中单击【添加图像输出】按钮，弹出【添加图像输出】对话框，单击【文件】按钮，设置正确的保存路径及名称。返回到【视频后期处理】对话框，单击【执行序列】按钮，输入动画即可，如图13-7所示。

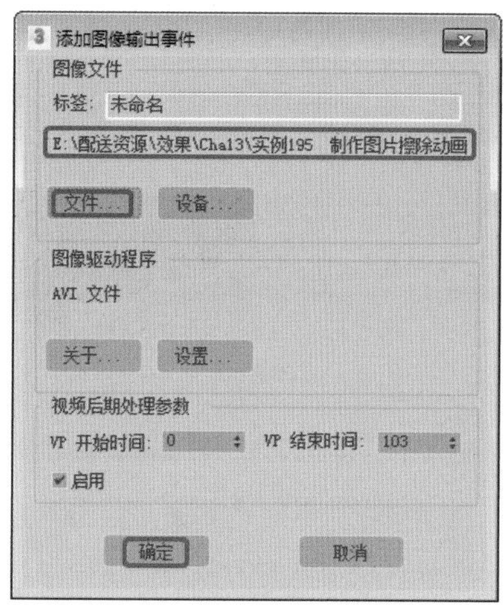

图13-7

实例196 制作图像合成动画

本例将介绍如何使用淡入淡出效果制作图像合成动画。首先使用【环境和效果】对话框添加背景贴图，然后使用【视频后期处理】对话框对动画进行调整，效果如图13-8所示。

素材	Map\T1.jpg、T2.jpg
场景	Scene\Cha13\实例196 制作图像合成动画.max
视频	视频教学\Cha13\实例196 制作图像合成动画.mp4

图13-8

Step 01 重置场景后，按8键，在弹出的【环境和效果】对话框中，单击【环境贴图】下的【无】按钮，在弹出的【材质/贴图浏览器】对话框中选择【位图】选项，在弹出的【选择位图图像文件】对话框中选择Map\T1.jpg文件，如图13-9所示。

图13-9

Step 02 按M键打开【材质编辑器】对话框，将【环境和效果】对话框中的贴图拖动到新的材质球上，在弹出的【实例（副本）贴图】对话框中选中【实例】单选按钮，单击【确定】按钮。在【坐标】卷展栏中选中【环境】单选按钮，将【贴图】设置为【屏幕】，如图13-10所示。

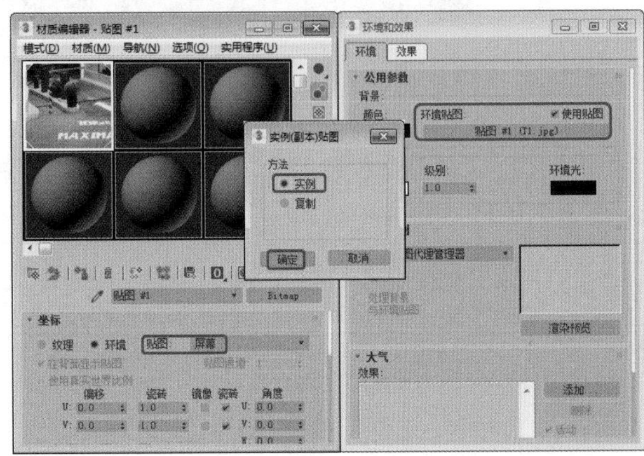

图13-10

Step 03 在菜单栏中选择【渲染】|【视频后期处理】命令，弹出【视频后期处理】对话框。单击【添加场景事件】按钮，在弹出的【添加场景事件】对话框中，选择【透视】选项，单击【确定】按钮，如图13-11所示。

Step 04 单击【添加图像输入事件】按钮，在弹出的【添加图像输入事件】对话框中单击【文件】按钮，在弹出的对话框中选择Map\T2.jpg文件，单击【打开】按钮，返回到【添加图像输入事件】对话框，将【VP结束时间】设置为100，单击【确定】按钮，如图13-12所示。

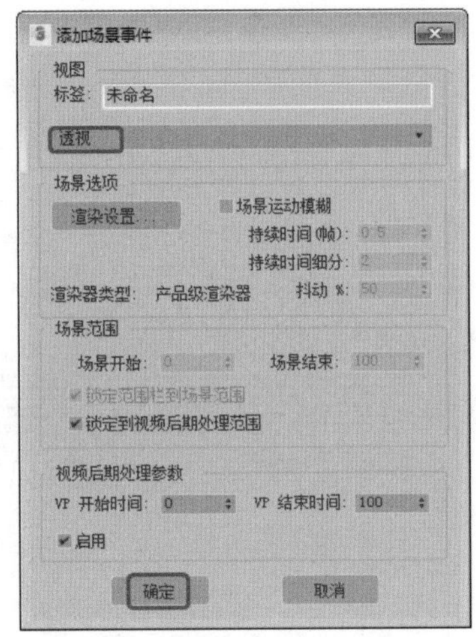

图13-11

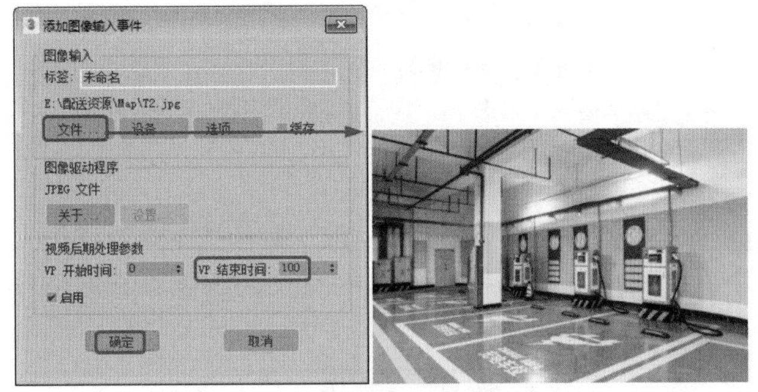

图13-12

Step 05 在【视频后期处理】对话框中同时选中添加的两个事件，单击【添加图像层事件】按钮，在弹出的【添加图像层事件】对话框中选择【交叉衰减变换】选项，单击【确定】按钮，如图13-13所示。

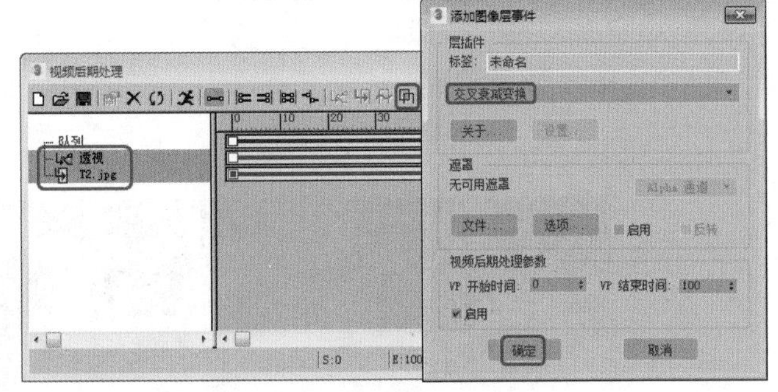

图13-13

提示

【交叉衰减变换】选项：将背景图像渐隐为前景图像。

Step 06 取消了选中的所有事件，单击【添加图像输出事件】按钮，弹出【添加图像输出事件】对话框，在该对话框中单击【文件】按钮，在弹出的对话框中设置文件的输出路径、文件名称及保存格式。设置完成后单击【保存】按钮，再在弹出的对话框中单击【确定】按钮，如图13-14所示。

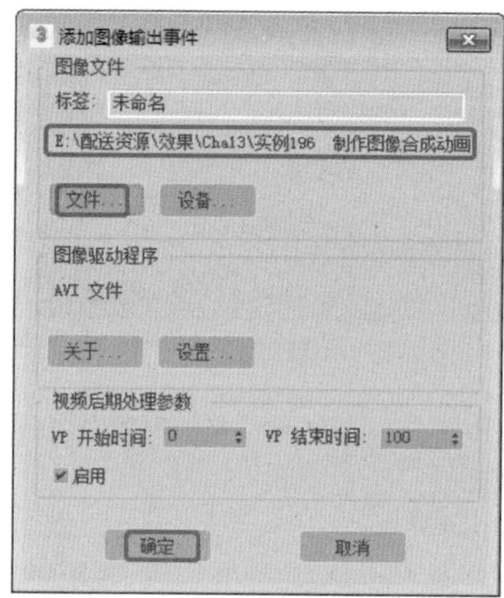

图13-14

Step 07 在【视频后期处理】对话框中单击【执行序列】按钮，在弹出的对话框中将【输出大小】设置为640×480，单击【渲染】按钮进行渲染，如图13-15所示。

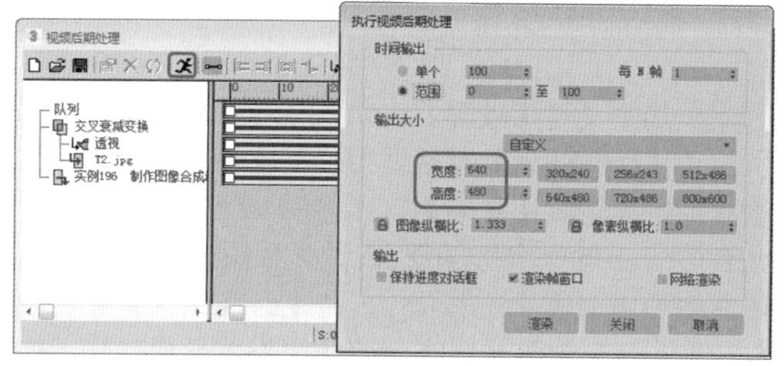

图13-15

Step 08 渲染的静帧效果如图13-16所示。

图13-16

实例197 制作太阳光特效

本例将介绍如何使用镜头效果光斑和镜头效果制作太阳光特效。首先使用【环境和效果】对话框添加背景贴图，然后使用【视频后期处理】对话框对其进行调整，效果如图13-17所示。

图13-17

素材	Map\森林背景.jpg
场景	Scene\Cha13\实例197 制作太阳光特效.max
视频	视频教学\Cha13\实例197 制作太阳光特效.mp4

Step 01 重置场景后，按8键，在弹出的【环境和效果】对话框中单击【环境贴图】下的【无】按钮，在弹出的【材质/贴图浏览器】对话框中选择【位图】选项，在弹出的【选择位图图像文件】对话框中选择“Map\森林背景.jpg”文件，如图13-18所示。

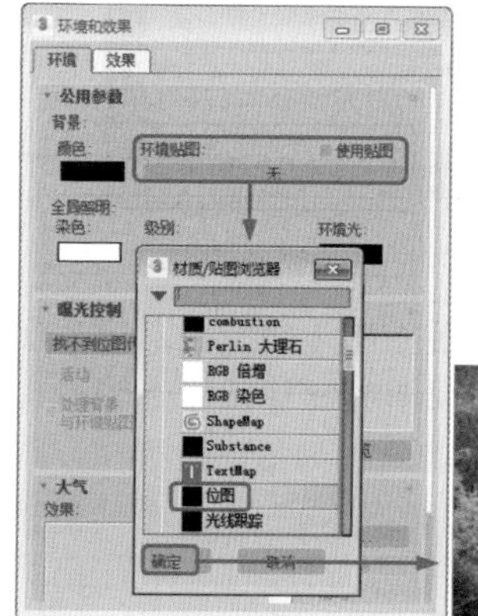

图13-18

Step 02 按M键打开【材质编辑器】对话框，将【环境和效果】对话框中的贴图按钮拖动到新的材质球上，在弹出的【实例（副本）贴图】对话框中选中【实例】单选按钮，单击【确定】按钮，在【坐标】卷展栏中选中【环境】单选按钮，将【贴图】设置为【屏幕】，如图13-19所示。

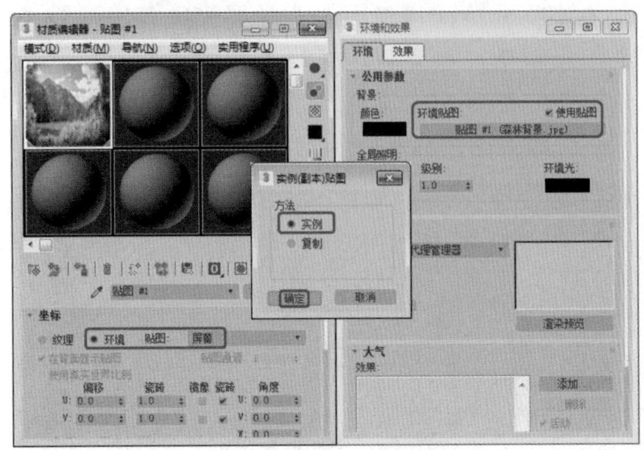

图13-19

Step 03 激活【透视】视图，在菜单栏中选择【视图】|【视口背景】|【环境背景】命令，即可显示环境贴图，如图13-20所示。

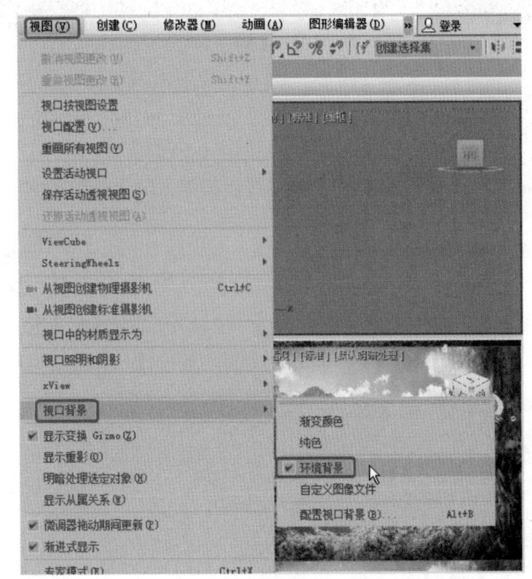

图13-20

Step 04 进入【创建】命令面板，在【摄影机】对象面板中单击【目标】按钮，在视图中创建目标摄影机。激活【透视】视图，按C键将其转换为摄影机视图，在【参数】卷展栏中将【镜头】设置为43mm，在其他视图中调整其位置，如图13-21所示。

Step 05 选择【创建】|【灯光】|【泛光】工具，在视图中创建一个泛光灯，并调整其位置，确认灯光处于选中状态。切换至【修改】命令面板，在【大气和效果】卷展栏中单击【添加】按钮，在弹出的【添加大气或效果】对话框中选择【镜头效果】选项，单击【确定】按钮，如图13-22所示。

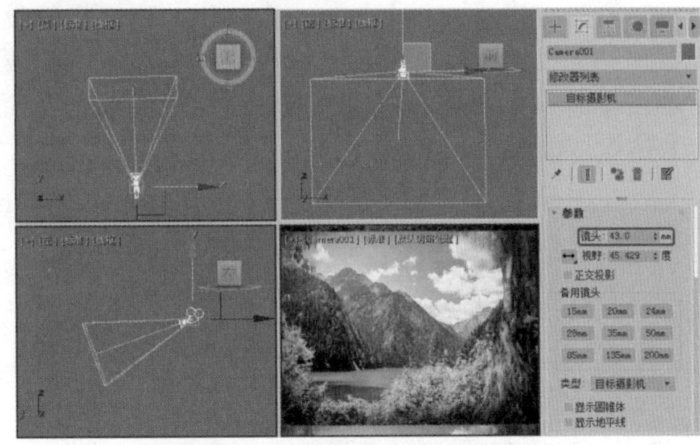

图13-21

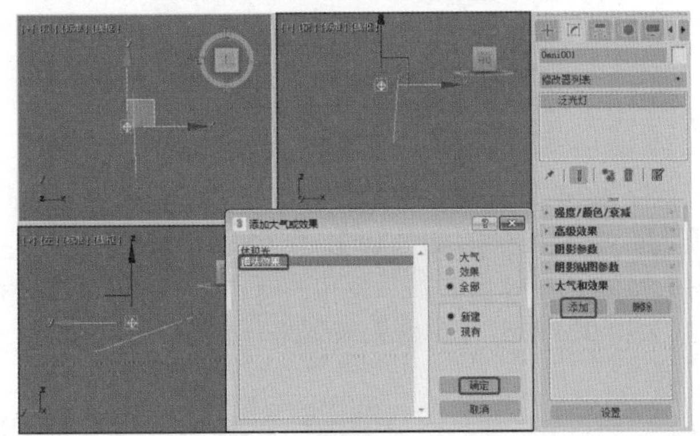

图13-22

Step 06 选中【镜头效果】，单击【设置】按钮，在弹出的【环境和效果】对话框中打开【镜头效果参数】卷展栏，分别将【光晕】、【自动二级光斑】、【射线】、【手动二级光斑】添加至右侧的列表框中，在右侧的列表框中选择Ray。在【射线元素】卷展栏中切换到【参数】选项卡，将【大小】设置为10，如图13-23所示。

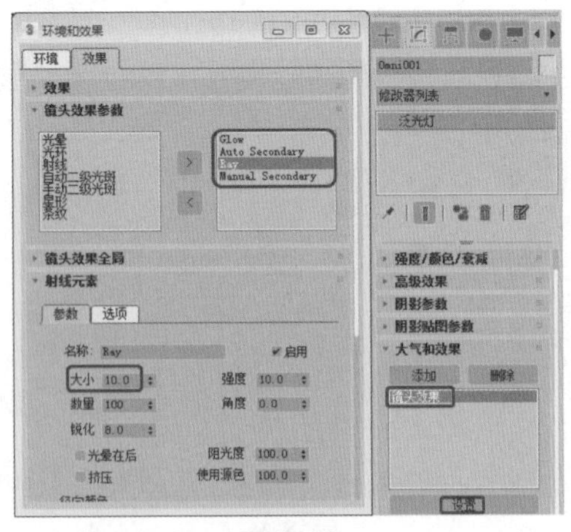

图13-23

Step 07 在右侧的列表中选择Manual Secondary，在【手动二级光斑元素】卷展栏中，将【大小】设置为400，将【平面】设置为150，将【强度】设置为60，将【使用源色】设置为20，将【边数】设置为【三】，如图13-24所示。

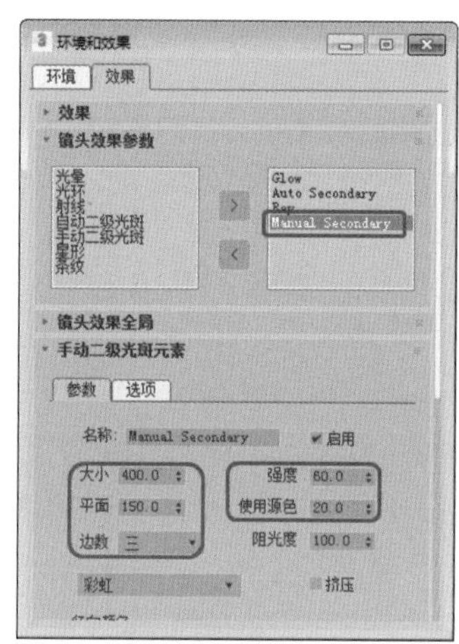

图13-24

Step 08 设置完成后，将该对话框关闭。按F9键渲染查看效果，如图13-25所示。

图13-25

Step 09 在菜单栏中选择【渲染】|【视频后期处理】命令，在弹出的【视频后期处理】对话框中单击【添加场景事件】按钮，在弹出的【添加场景事件】对话框中使用默认的设置，单击【确定】按钮，如图13-26所示。

Step 10 使用前面介绍的方法添加一个【镜头效果光斑】过滤器。双击该过滤器，在弹出的对话框中单击【设置】按钮，打开【镜头效果光斑】对话框，单击【VP队列】和【预览】按钮，显示场景图像效果，将【强度】设置为10。在【镜头光斑属性】选项组中单击【节点源】按钮，拾取场景中的泛光灯对象，如图13-27所示。

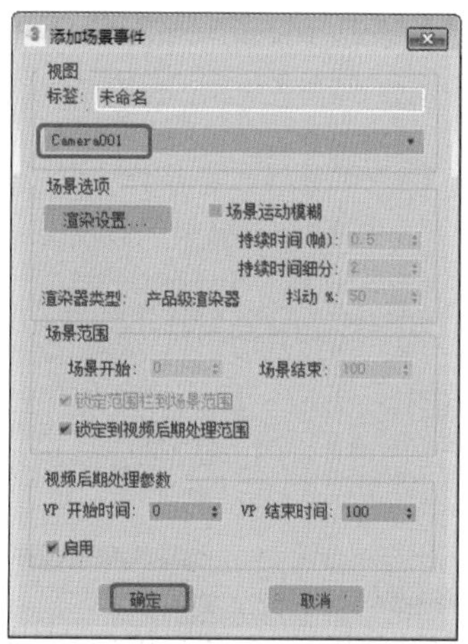

图13-26

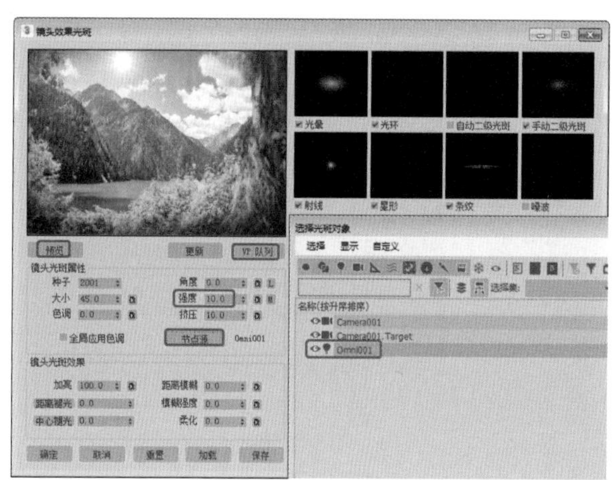

图13-27

提示

退出【镜头效果光斑】时，如果【预览】和【VP队列】按钮保持活动状态，那么下次启动【镜头效果光斑】对话框时，将重新渲染主预览窗口中的场景，多花费几秒钟时间。

- 【预览】：单击【预览】按钮时，如果光斑拥有自动或手动二级光斑元素，那么在对话框左上角显示光斑。如果光斑不包含这些元素，光斑就会在预览窗口的中央显示。如果【VP队列】按钮未处于启用状态，那么预览将显示一个可以调整的常规光斑。每次更改设置时，预览都会自动更新。如果有一条白线出现在预览窗口底部，那么表示预览正在更新。
- 【VP队列】：在主预览窗口中显示队列的内容。【预览】按钮必须处于启用状态。【VP队列】将显示最终的合成结果（将正在编辑的效果与【视频后期处理】对话框中的队列内容结合在一起）。

Step 11 对其他参数进行设置，如图13-28所示。

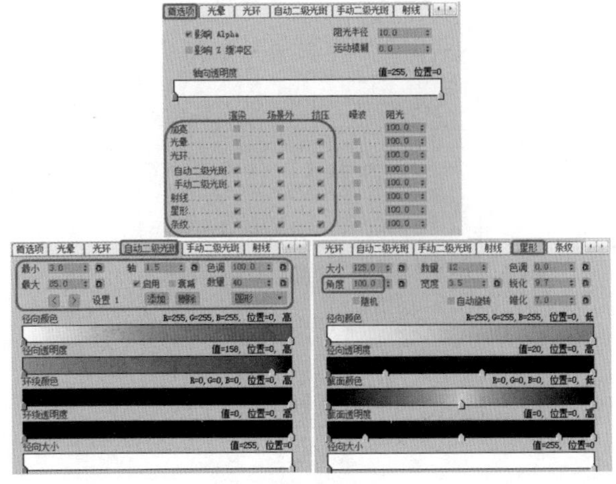

图13-28

Step 12 设置完成后单击【确定】按钮，使用前面介绍的方法设置文件的渲染输出，如图13-29所示。

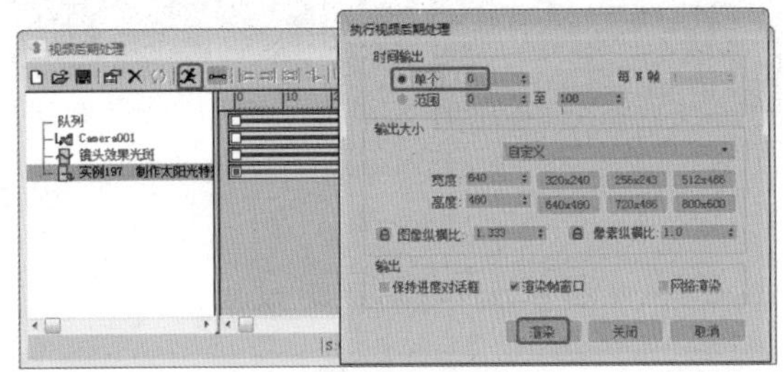

图13-29

实例 198 制作闪电效果

本例讲解使用【镜头效果光晕】制作闪电效果。首先设置闪电对象的【对象ID】，然后在【视频后期处理】对话框中设置【镜头效果光晕】参数，最后渲染输出文件。完成后的效果如图13-30所示。

图13-30

素材	Scene\Cha13\制作闪电效果.max
场景	Scene\Cha13\实例198 制作闪电效果.max
视频	视频教学\Cha13\实例198 制作闪电效果.mp4

Step 01 按Ctrl+O组合键，打开“Scene\Cha13\制作闪电效果.max”素材文件，选择【组001】对象，如图13-31所示。

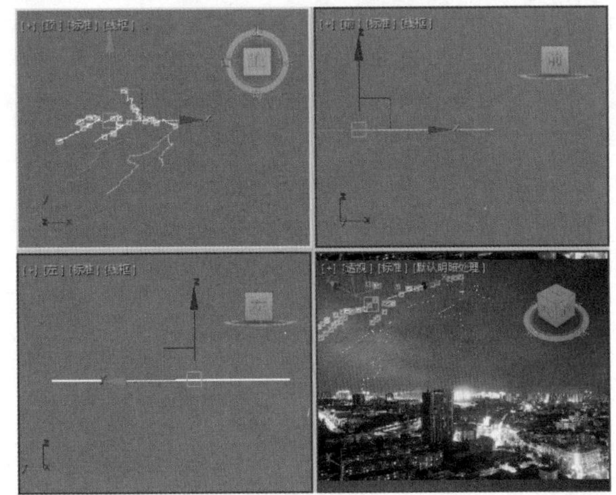

图13-31

Step 02 单击鼠标右键，在弹出的快捷菜单中选择【对象属性】命令，弹出【对象属性】对话框，设置【对象ID】为1，选择【组002】对象，将其【对象ID】设置为2，如图13-32所示。

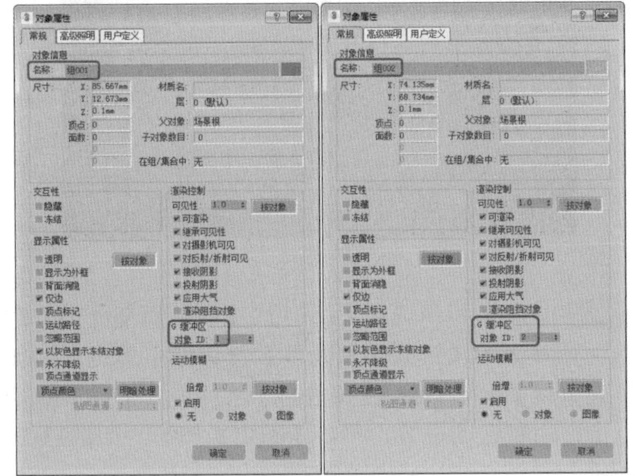

图13-32

提示

将【对象ID】设置为非零值，意味着对象将接收与【渲染效果】中编号为该值的通道相关的渲染效果，以及与【视频后期处理】对话框中编号为该值的通道相关的后期处理效果。

Step 03 在【透视】视图中，将【闪电】移动到如图13-33所示的位置。

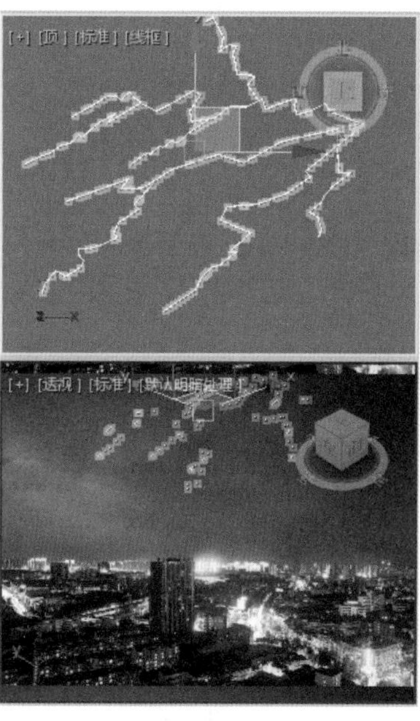

图13-33

Step 04 在菜单栏中选择【渲染】|【视频后期处理】命令，打开【视频后期处理】对话框，单击【添加场景事件】按钮，在弹出的【添加场景事件】对话框中，将【视图】设置为【透视】视图，如图13-34所示，单击【确定】按钮。

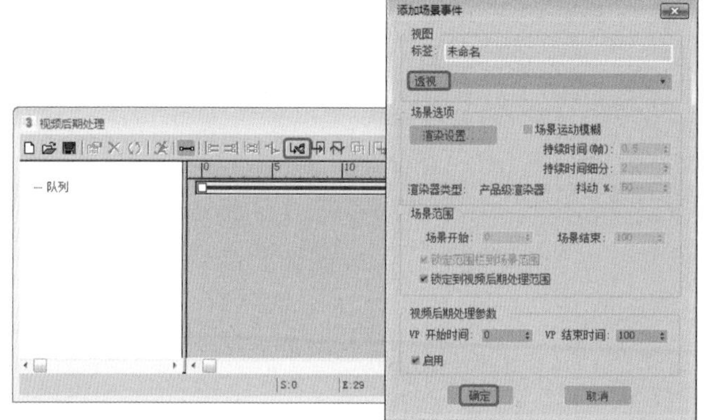

图13-34

◎提示·◦

对二维样条线图形应用Video Post特效的前提是，必须使它在视口中渲染可见，因为Video Post只能对三维实体产生光效果。

Step 05 单击【添加图像过滤事件】按钮，在弹出的对话框中选择【镜头效果光晕】选项，单击【设置】按钮，在弹出的【镜头效果光晕】对话框中，切换至【首选项】选项卡，设置【颜色】为【渐变】，设置【效果】选项组中的【大小】为2，【柔化】为0，单击【VP队列】按钮和【预览】按钮，预览效果如图13-35所示。单击【确定】按钮。

图13-35

◎提示·◦

在【镜头效果光晕】对话框中有两种指定效果的类型，分别是【对象ID】和【效果ID】。使用【对象ID】，需要在对象的属性面板中设置相应的ID号。使用【效果ID】需要在材质编辑器中对该物体的材质指定一个效果ID号。

Step 06 添加一个【镜头效果光晕】图像过滤事件。在该事件的【属性】选项卡中设置【对象ID】为2，如图13-36所示。

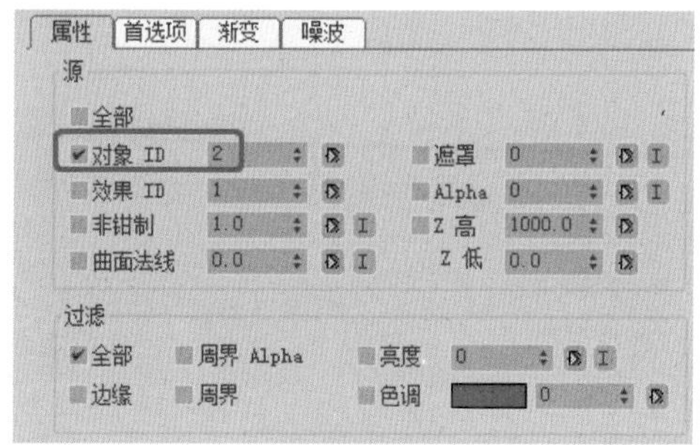

图13-36

Step 07 切换至【首选项】选项卡，设置【颜色】为【渐变】，设置【效果】选项组中的【大小】为2，【柔化】为10，单击【VP队列】按钮和【预览】按钮，预览效果如图13-37所示。单击【确定】按钮。

图13-37

Step 08 单击【添加图像输出事件】按钮，在弹出的【添加图像输出事件】对话框中，单击【文件】按钮，选择文件输出位置，单击【确定】按钮，如图13-38所示。

Step 09 单击【执行序列】按钮，在弹出的【执行视频后期处理】对话框中设置场景的输出参数，单击【渲染】按钮，如图13-39所示。最后将场景文件进行保存。

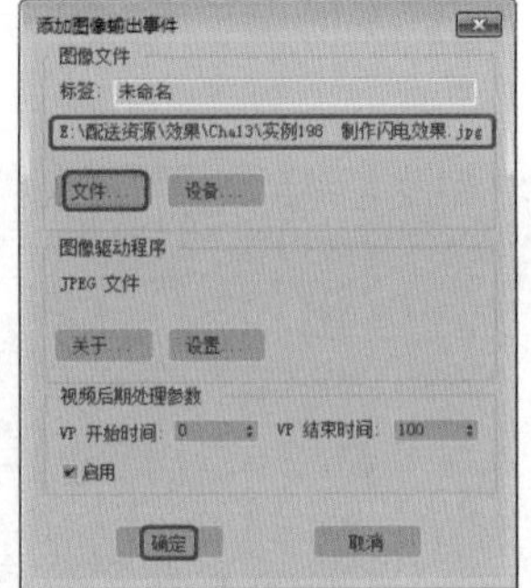

图13-38

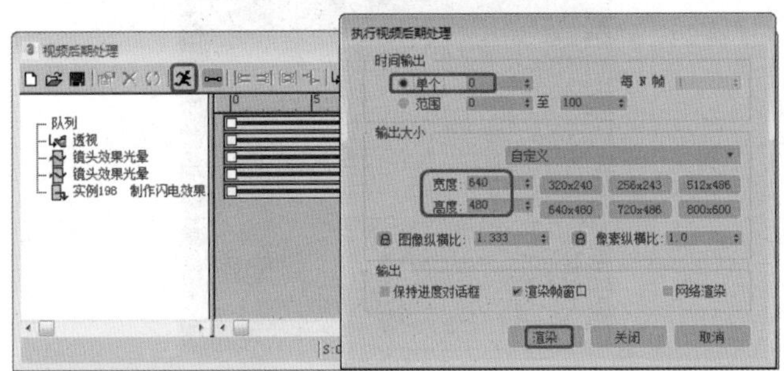

图13-39

提示

在【视频后期处理】对话框中添加的同一层级的各个事件在渲染时依次由上到下执行。虽然已经添加了多个过滤事件，但是如果选择最上层的进行设置，那么在预览效果中就只能看到该层事件的效果。

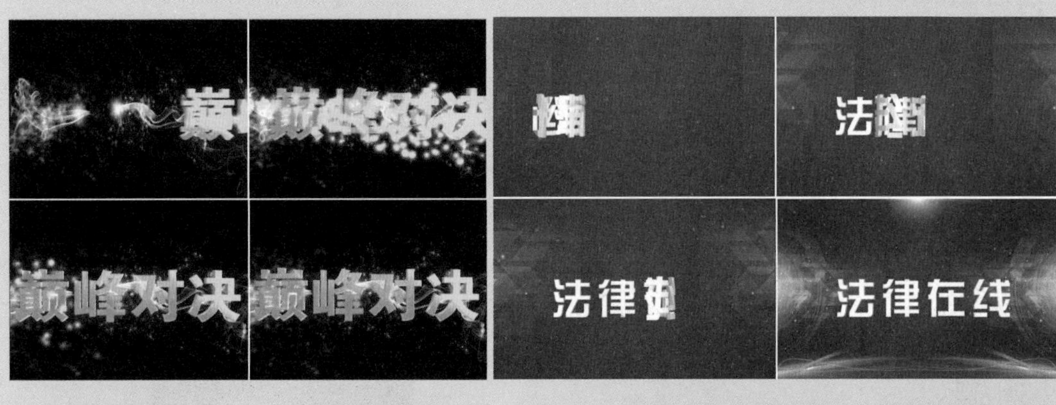

第14章 三维文字动画的制作

本章导读

三维文字动画经常被应用在一些影视片头中。通过对三维文字设置绚丽的动画效果，能够将文字很好地突显出来。在3ds Max中制作三维文字动画，不仅需要添加【倒角】或【挤出】修改器，还要使用灯光或粒子系统设置特殊效果，还要在【视频后期处理】中进行后期渲染处理，并配合关键帧设置文字动画。

实例199 制作火焰拖尾文字动画

本例将介绍如何制作火焰拖尾文字。首先制作出文字对象，并设置其移动关键帧，在【视频后期处理】对话框中通过添加【镜头效果光晕】和【镜头效果光斑】制作出火的效果。完成后的效果如图14-1所示。

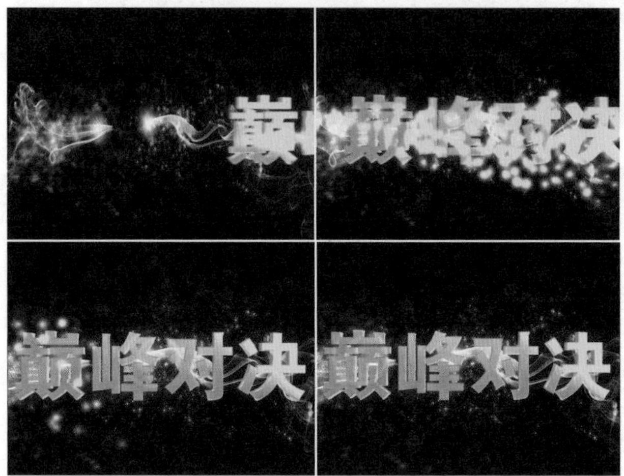

图14-1

素材	Scene\Cha14\制作火焰拖尾文字动画.max
场景	Scene\Cha14\实例199 制作火焰拖尾文字动画.max
视频	视频教学\Cha14\实例199 制作火焰拖尾文字动画.mp4

Step 01 按Ctrl+O组合键，打开“Scene\Cha14\制作火焰拖尾文字动画.max”素材文件，选择【创建】|【图形】|【样条线】|【文本】工具。在【参数】卷展栏中将【字体】设置为【方正大黑简体】，将【大小】设置为100，将【字间距】、【行间距】都设置为0，在文本框中输入“巅峰对决”，在【前】视图中创建文字，如图14-2所示。

提示

使用【文本】工具可以直接产生文字图形。在中文Windows平台下可以直接产生各种字体的中文字形，字形的内容、大小、间距都可以调整，而且用户在完成动画制作后，仍可以修改文字内容。

Step 02 切换到【修改】命令面板，添加【倒角】修改器，在【参数】卷展栏中勾选【避免线相交】复选框，在【倒角值】卷展栏中将【级别1】的【高度】和【轮廓】都设置为0，将【级别2】的【高度】和【轮廓】分别设置为9、0，将【级别3】的【高度】和【轮廓】分别设置为2、-1，如图14-3所示。

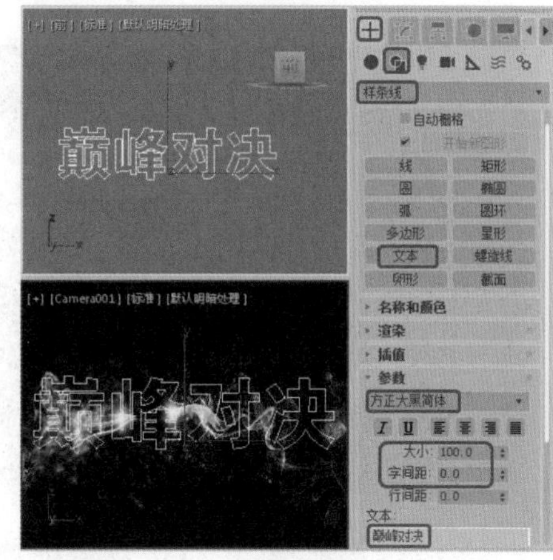

图14-2

图14-3

Step 03 按M键打开【材质编辑器】对话框，选择01 - Default材质球，将其指定给上一步创建的文字，激活摄影机视图，对其进行渲染查看效果，如图14-4所示。

图14-4

Step 04 选择【创建】|【图形】|【螺旋线】工具，在【左】视图中绘制螺旋线，在【参数】卷展栏中将【半径1】和【半径2】都设置为50，将【高度】设置为274.55，将【圈数】和【偏移】分别设置为1、0，选

中【顺时针】单选按钮，如图14-5所示。

图14-5

> ◎提示·◦
>
> 【螺旋线】工具：用来制作平面或空间的螺旋线，常用于完成弹簧、线轴等造型，还可以用来制作运动路径。

Step 05 使用【选择并均匀缩放】工具对上一步绘制的螺旋线进行缩放，完成后的效果如图14-6所示。

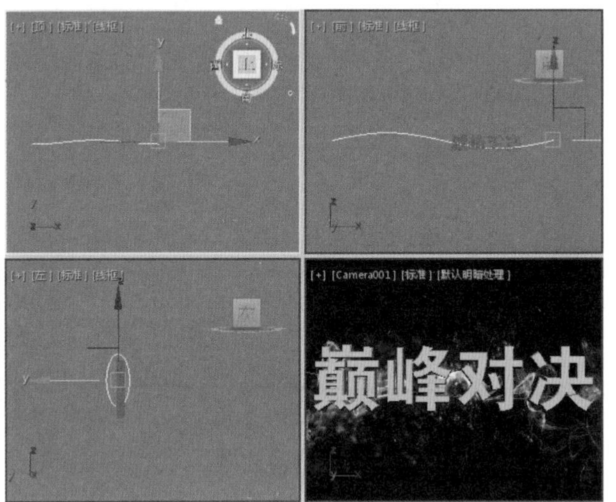

图14-6

Step 06 选择【创建】|【几何体】|【粒子系统】|【超级喷射】工具，在【顶】视图中创建一个超级喷射粒子系统。在【基本参数】卷展栏中将【轴偏离】和【平面偏离】下的【扩散】分别设置为10和180，将【图标大小】设置为50，在【视口显示】选项组中将【粒子数百分比】设置为100，如图14-7所示。

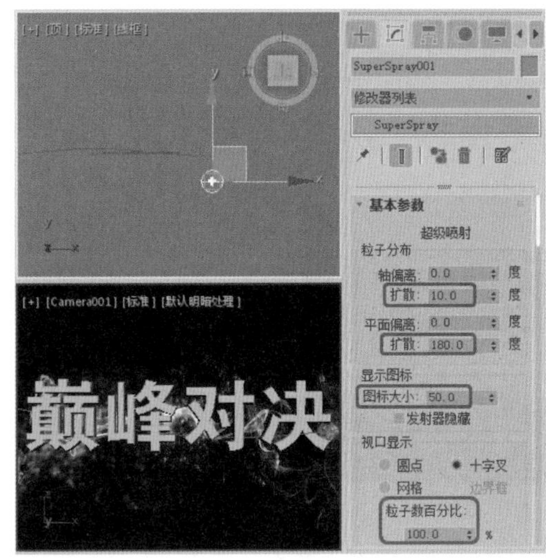

图14-7

Step 07 切换到【粒子生成】卷展栏中，选中【粒子数量】选项组中的【使用总数】单选按钮，将其下面的值设置为4000。在【粒子计时】选项组中将【发射开始】、【发射停止】、【显示时限】、【寿命】、【变化】分别设置为-150、150、100、50、10，在【粒子大小】选项组中将【大小】、【变化】、【增长耗时】、【衰减耗时】分别设置为3、30、5、11，如图14-8所示。

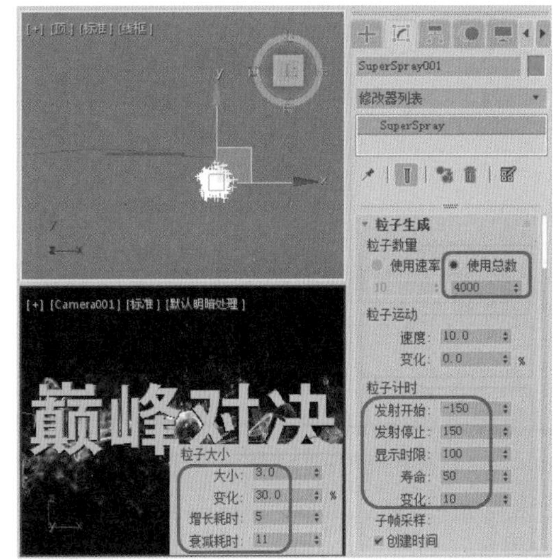

图14-8

Step 08 在【粒子类型】卷展栏中选中【标准粒子】选项组中的【六角形】单选按钮。在【旋转和碰撞】卷展栏中将【自旋速度控制】选项组中的【自旋时间】设置为45。在【气泡运动】卷展栏中将【周期】设置为150533，如图14-9所示。

图14-9

Step 09 确认粒子系统处于选中状态，单击【运动】按钮，进入【运动】命令面板，在【指定控制器】卷展栏中选择【变换】下的【位置】选项。单击【指定控制器】按钮✓，在打开的【指定位置控制器】对话框中选择【路径约束】选项。单击【确定】按钮，添加一个路径约束控制器，如图14-10所示。

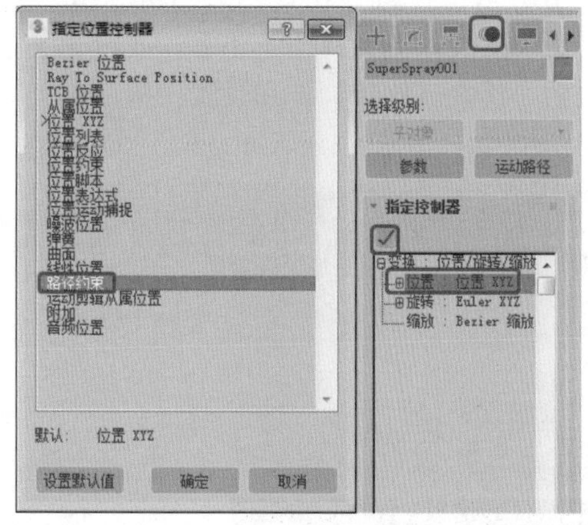

图14-10

Step 10 在【路径参数】卷展栏中单击【添加路径】按钮，在视图中选择【螺旋线】对象，在【路径选项】选项组中勾选【跟随】复选框，在【轴】选项组中选中Z单选按钮并勾选【翻转】复选框，这样粒子系统便被放置在了路径上，此时系统会自动添加关键帧，选择第100帧处的关键帧，将其移动到第90帧处，如图14-11所示。

提示

【路径约束】：该控制器可以使物体沿着一条样条曲线或沿多条样条曲线之间的平均距离运动。曲线可以是各种样条曲线，可对其进行位移、旋转、缩放动画等设置。

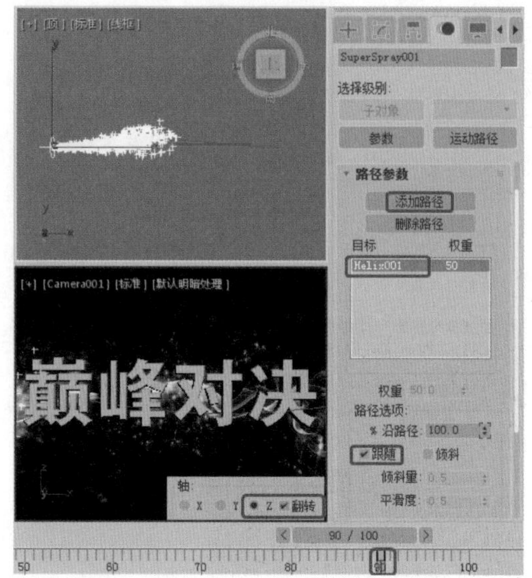

图14-11

Step 11 在视图中选择粒子系统，单击鼠标右键，在弹出的快捷菜单中选择【对象属性】命令，在打开的【对象属性】对话框中将粒子系统的【对象ID】设置为1，在【运动模糊】选项组中选中【图像】单选按钮，单击【确定】按钮，如图14-12所示。

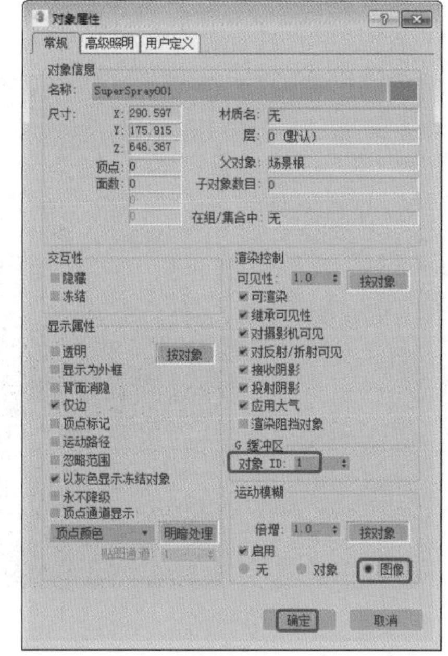

图14-12

Step 12 使用同样的方法将文字对象的ID设置为2，设置【运动模糊】方式为【图像】。打开【视频后期处理】对话框，单击【添加场景事件】按钮，弹出【添加场景事件】对话框，选择Camera001选项，单击【确定】按钮，如图14-13所示。

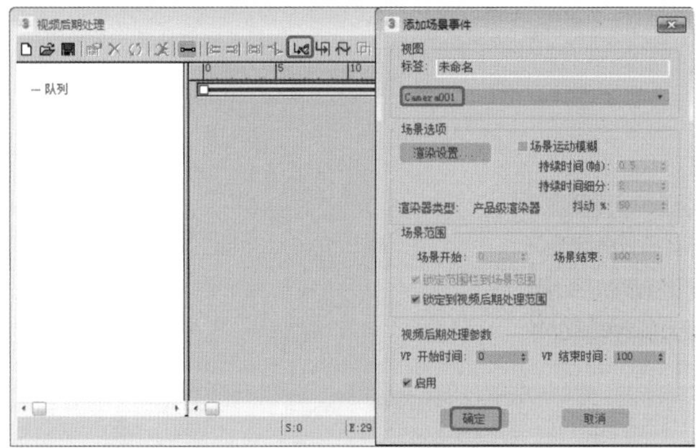

图14-13

Step 13 单击【添加图像过滤事件】按钮，添加3个【镜头效果光晕】和1个【镜头效果光斑】，如图14-14所示。

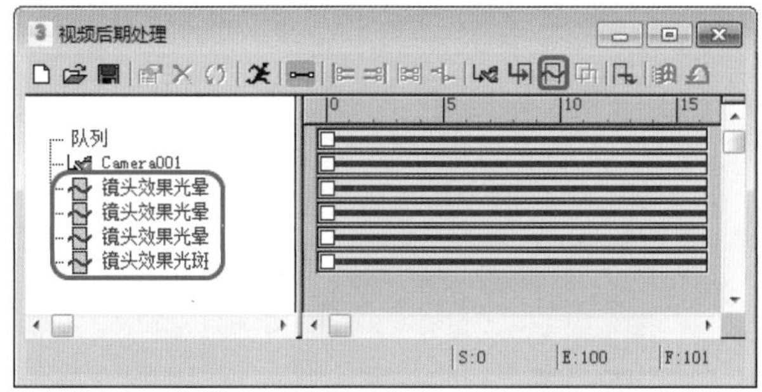

图14-14

Step 14 双击新添加的第一个【镜头效果光晕】事件，在打开的对话框中单击【设置】按钮。进入发光过滤器的控制面板，单击【VP队列】按钮和【预览】按钮，切换到【首选项】选项卡，在【效果】选项组中将【大小】设置为1.2，在【颜色】选项组中选中【用户】单选按钮，将颜色的RGB设置为255、79、0，将【强度】设置为32。切换到【渐变】选项卡，设置径向渐变颜色，将第一个色标颜色的RGB值设置为255、50、34，将第二个色标设置为白色，将第三个色标的RGB值设置为248、36、0，如图14-15所示。

Step 15 双击第二个【镜头效果光晕】事件，在打开的对话框中单击【设置】按钮。进入发光过滤器的控制面板，单击【VP队列】按钮和【预览】按钮。切换至【首选项】选项卡，在【效果】选项组中将【大小】设置为2，在【颜色】选项组中选中【渐变】单选按钮。切换到【渐变】选项卡，设置径向渐变颜色，将第一个色标颜色的RGB值设置为255、255、0，将第二个色标的RGB值设置为255、0、0。切换到【噪波】选项卡，将【运动】设置为0，勾选【红】、【绿】、【蓝】复选框，将【参数】选项组中的【大小】和【偏移】分别设置为17和60，如图14-16所示。设置完成后单击【确定】按钮，返回到视频合成器。

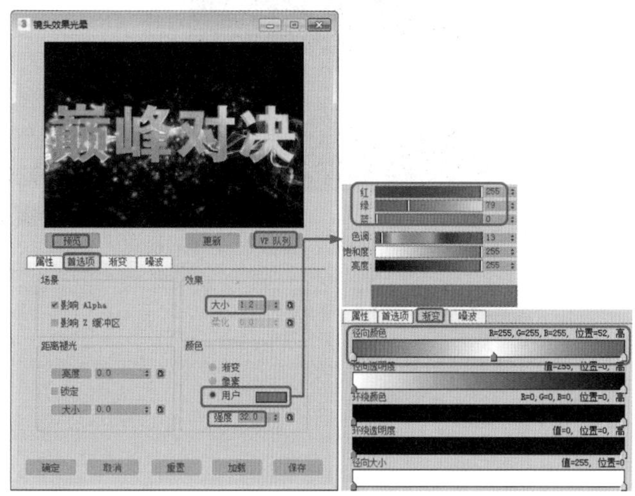

图14-15

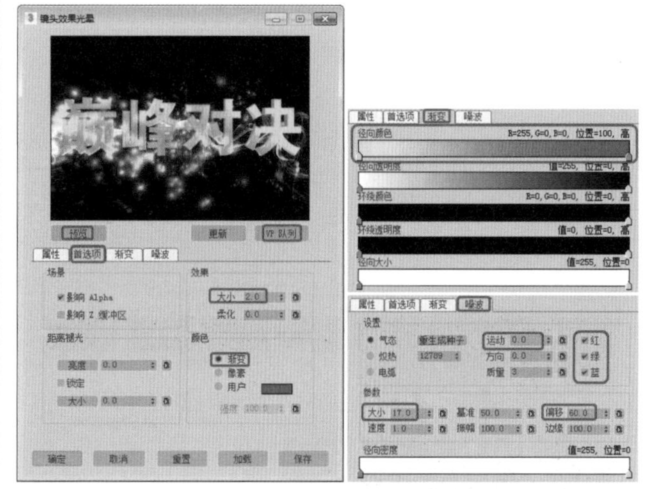

图14-16

Step 16 双击第三个的光晕事件，在打开的对话框中单击【设置】按钮。进入发光过滤器的控制面板，单击【VP队列】按钮和【预览】按钮。切换到【属性】选项卡，将【对象ID】设置为2，勾选【过滤】选项组中的【边缘】复选框。切换到【首选项】选项卡，在【效果】选项组中将【大小】设置为3，在【颜色】选项组中选中【用户】单选按钮，将颜色的RGB设置为253、185、0，将【强度】设置为20。切换到【渐变】选项卡中设置径向渐变颜色，将第一个色标的RGB值设置为235、67、0。切换到【噪波】选项卡中将【运动】设置为8，将【参数】选项组中的【速度】设置为0.1，如图14-17所示。设置完成后单击【确定】按钮，返回到视频合成器。

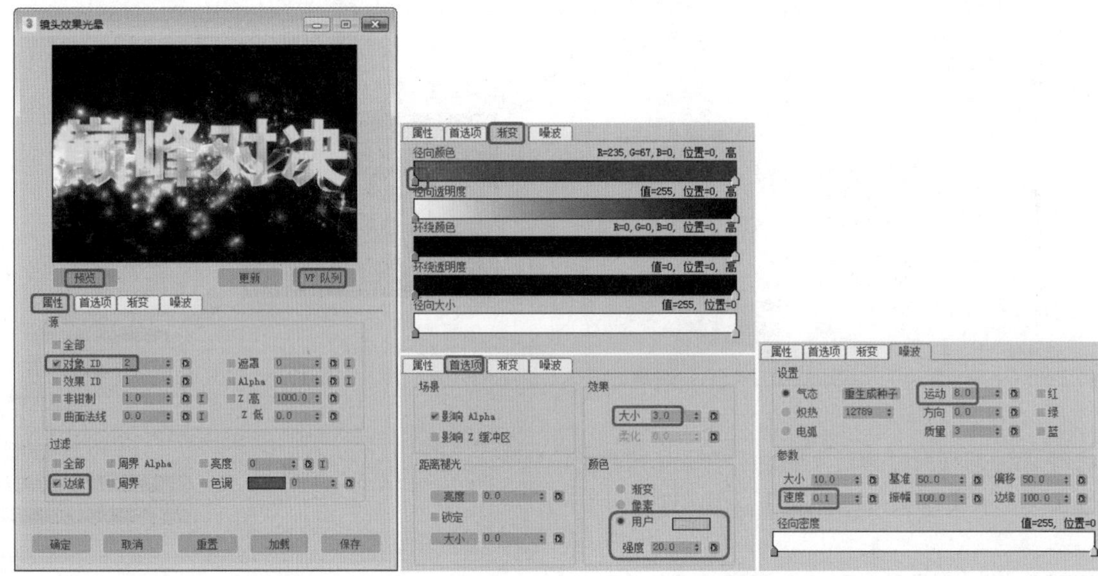

图14-17

Step 17 双击新添加的光斑事件，在弹出的对话框中单击【设置】按钮。进入【镜头效果光斑】对话框，单击【VP队列】按钮和【预览】按钮，在【镜头光斑属性】选项组中将【大小】设置为20。单击【节点源】按钮，在打开的【选择光斑对象】对话框中选择粒子系统，单击【确定】按钮，将粒子系统作为光芯来源，如图14-18所示。

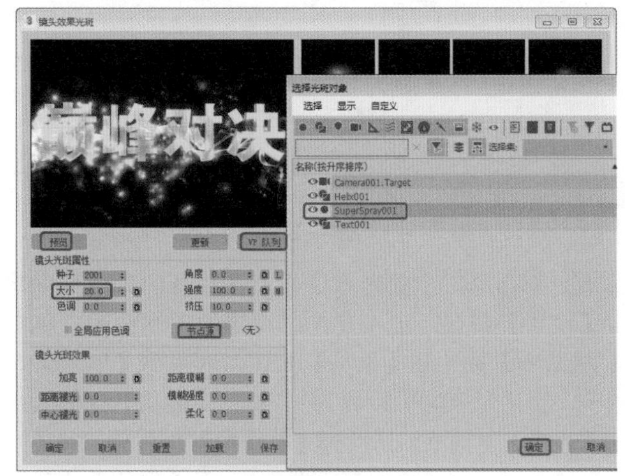

图14-18

Step 18 切换到【首选项】选项卡，勾选【光晕】、【手动二级光斑】、【射线】和【星形】后面的前两个复选框，将其他的复选框取消勾选，如图14-19所示。

提示

【首选项】：该页面可以控制激活的镜头光斑部分，以及它们影响整个图像的方式。

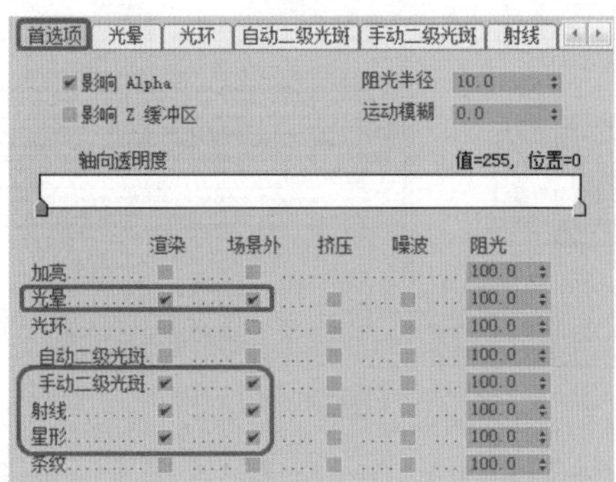

图14-19

Step 19 切换到【光晕】选项卡，进入镜头光斑的发光面板，将【大小】设置为30。设置【径向颜色】，将第一个色标的颜色设置为白色，将第二个色标的颜色的RGB值设置为255、242、207，将第三个色标的RGB值设置为255、155、0。设置【径向透明度】，将第一个色标颜色设置为白色，将第二个色标的RGB值设置为248、248、248，将第三个色标设置为黑色，如图14-20所示。

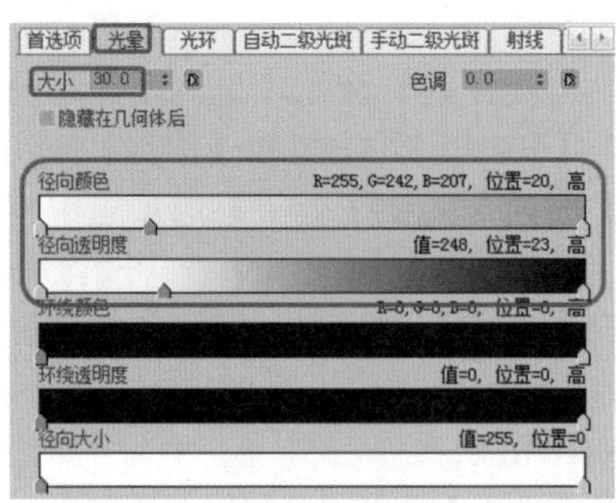

图14-20

◎提示

【光晕】：以光斑的源对象为中心的常规光晕。它可以控制光晕的颜色、大小、形状等。

Step 20 切换到【光环】选项卡，将【大小】和【厚度】分别设置为96和12，将径向透明度颜色条上第24处和第78处颜色的RGB都设置为80、80、80，如图14-21所示。

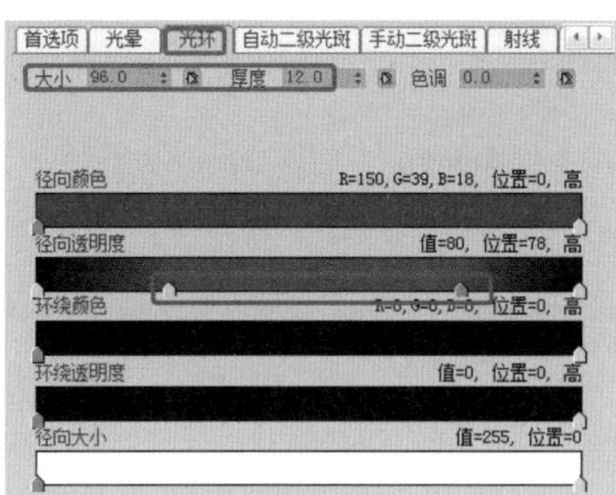

图14-21

◎提示

【光环】：围绕源对象中心的彩色圆圈。它可以控制光环的颜色、大小、形状等。

Step 21 切换到【手动二级光斑】选项卡，将【大小】设置为140，将【平面】设置为-135，将【比例】设置为3，设置径向颜色条上的颜色，将两个色标的颜色的RGB值都设置为255、220、220，如图14-22所示。

◎提示

【手动二级光斑】：添加到镜头光斑效果中的附加二级光斑。

Step 22 切换到【射线】选项卡，将【大小】、【数量】和【锐化】分别设置为100、125和10。将【径向颜色】第一色标的RGB值设置为255、255、167，将第二个色标的RGB值设置为255、155、74。将【径向透明度】内多余的色标删除，如图14-23所示。

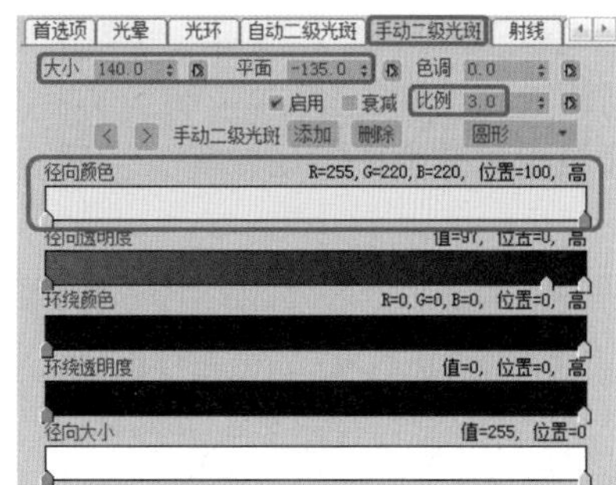

图14-22

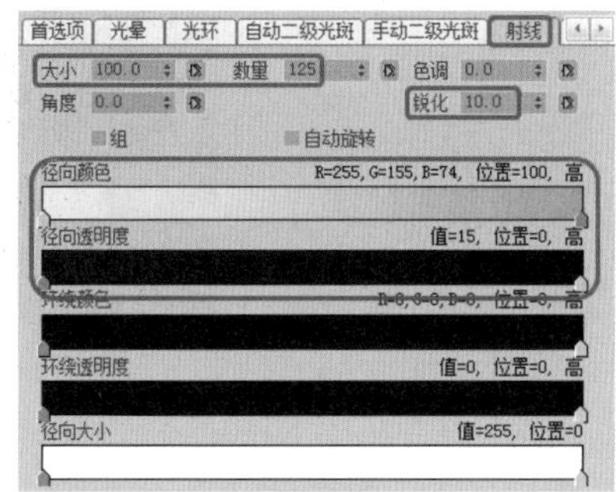

图14-23

◎提示

【射线】：从源对象中心发出的明亮的直线，为对象提供很强的亮度。

Step 23 切换到【星形】选项卡，将【大小】、【数量】、【锐化】和【锥化】分别设置为35、8、0和1。切换到【条纹】选项卡，将【大小】、【宽度】、【锐化】和【锥化】分别设置为250、10、10和0。参照图14-24所示的参数设置渐变条上的颜色。设置完成后单击【确定】按钮。

◎提示

【星形】：从源对象中心发出的明亮的直线，通常包括 6 条或多于 6 条辐射线（而不是像射线一样有数百条）。星形辐射线比较粗，并且从源对象的中心向外延伸得要比射线更远。

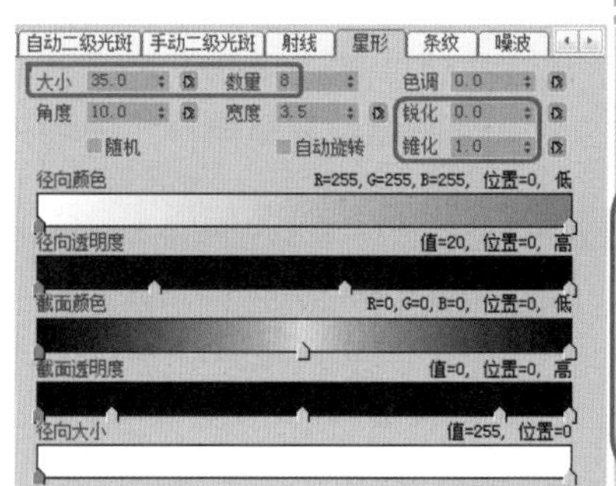

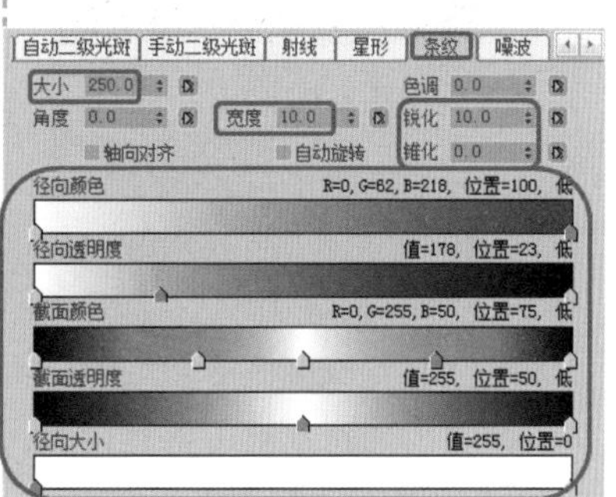

图14-24

Step 24 单击【设置关键点】按钮，开启关键点设置模式，将时间滑块移动到第0帧处，选择文字，调整其位置，单击【设置关键点】按钮添加关键帧，如图14-25所示。

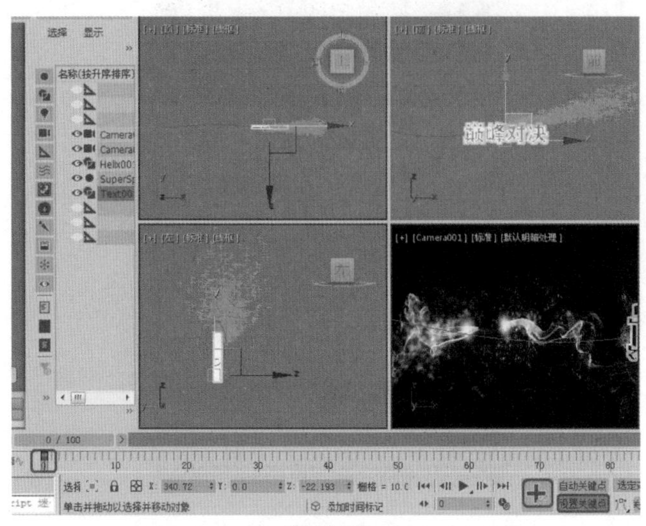

图14-25

Step 25 将时间滑块移动到第60帧处，在【前】视图中使用【选择并移动】工具将文字沿着X轴进行移动，单击【设置关键点】按钮，添加关键帧，如图14-26所示。

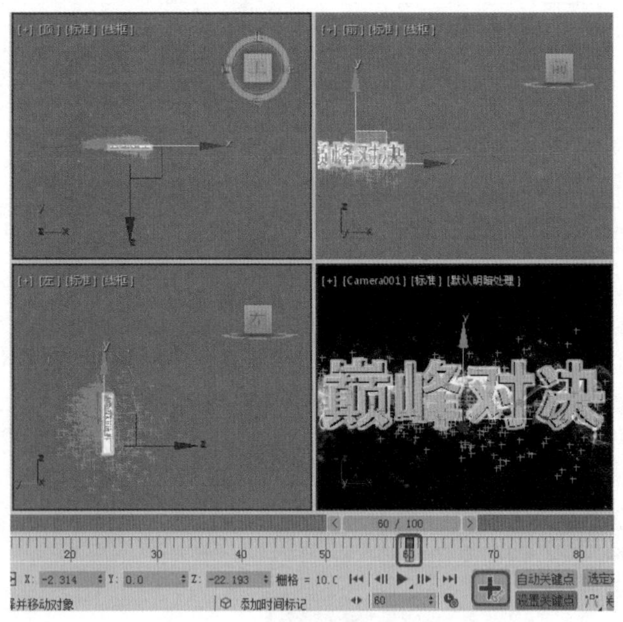

图14-26

Step 26 关闭关键帧记录，打开【视频后期处理】对话框，单击【添加图像输出事件】按钮，在弹出的对话框中单击【文件】按钮，在弹出的对话框中选择相应的路径，并为文件命名，将【文件类型】定义为AVI，单击【保存】按钮，在弹出的对话框中选择相应的压缩设置，单击【确定】按钮，如图14-27所示。

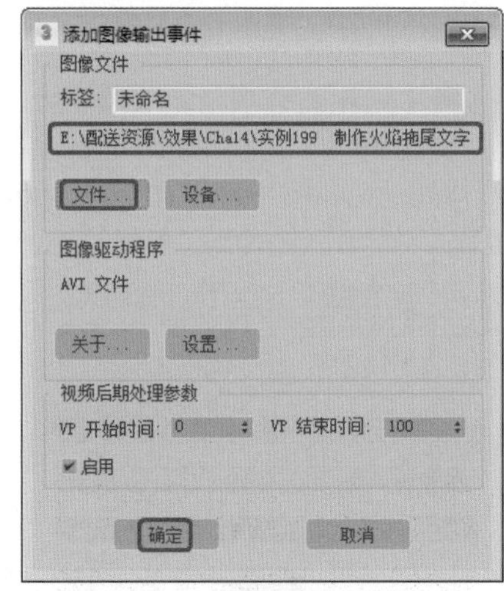

图14-27

Step 27 单击【执行序列】按钮，在弹出的【执行视频后期处理】对话框中设置输出大小，设置完成后单击【渲染】按钮，如图14-28所示。

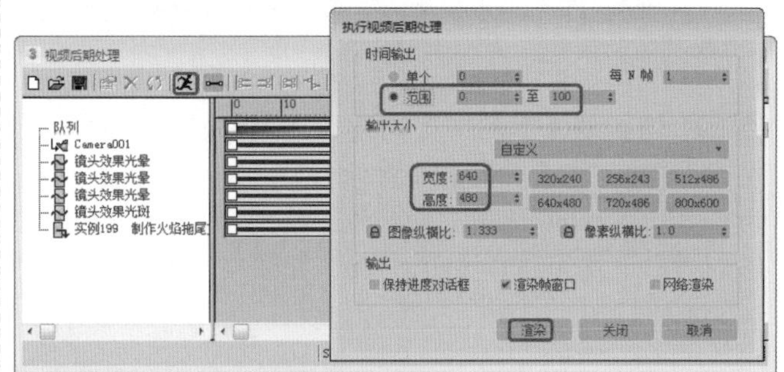

图14-28

实例200 制作卷页字动画

本例将介绍如何使用【弯曲】修改器制作卷页字动画。首先使用【文本】工具在场景中输入文字，其次为文字添加【倒角】和【弯曲】修改器，通过打开【自动关键点】和调整弯曲轴的位置来制作动画，最后将效果渲染输出，效果如图14-29所示。

素材	Map\LPL14.jpg
场景	Scene\Cha14\实例200 制作卷页字动画.max
视频	视频教学\Cha14\实例200 制作卷页字动画.mp4

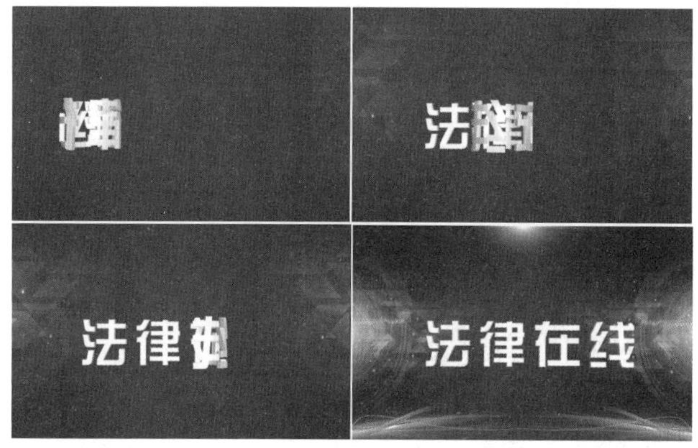

图14-29

Step 01 重置文件，选择【创建】|【图形】|【文本】工具，在【参数】卷展栏中将【字体】设置为【汉仪综艺体简】，将【大小】设置为100，将【字间距】设置为10，在文本框中输入文本“法律在线”，在【前】视图中单击创建文字，如图14-30所示。

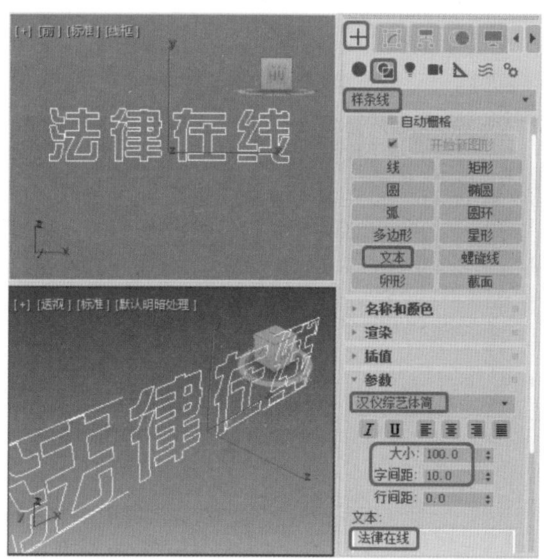

图14-30

Step 02 确定文字处于选中状态，在【修改】命令面板中，选择【倒角】修改器。在【倒角值】卷展栏中将【级别1】下的【高度】、【轮廓】分别设置为7、0，勾选【级别2】复选框，将【高度】设置为3，将【轮廓】设置为-1，如图14-31所示。

Step 03 按M键打开【材质编辑器】对话框，选择一个空白的材质样本球，将【环境光】和【漫反射】都设置为白色，在【自发光】选项组中的【颜色】文本框中输入45，将【高光级别】设置为69，将【光泽度】设置为33，如图14-32所示。

Step 04 单击【将材质指定给选定对象】按钮，将材质指定给文字对象。激活【透视】视图，对该视图进行渲染，效果如图14-33所示。

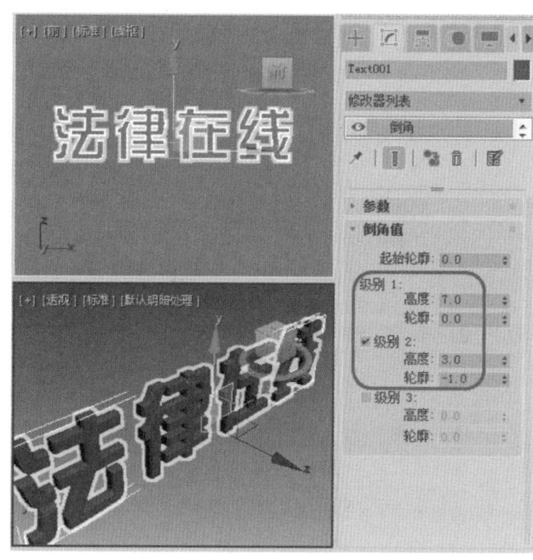

图14-31

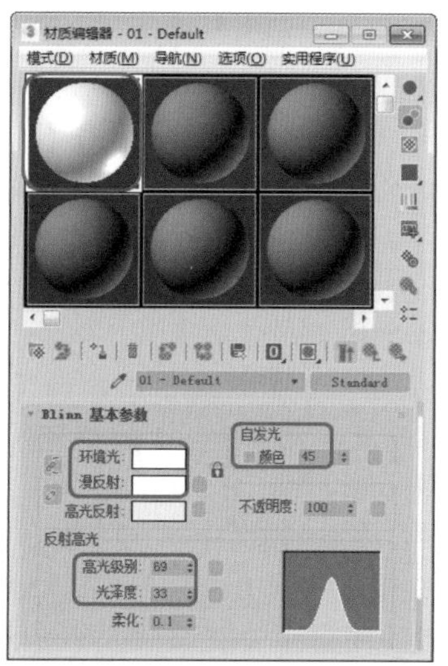

图14-32

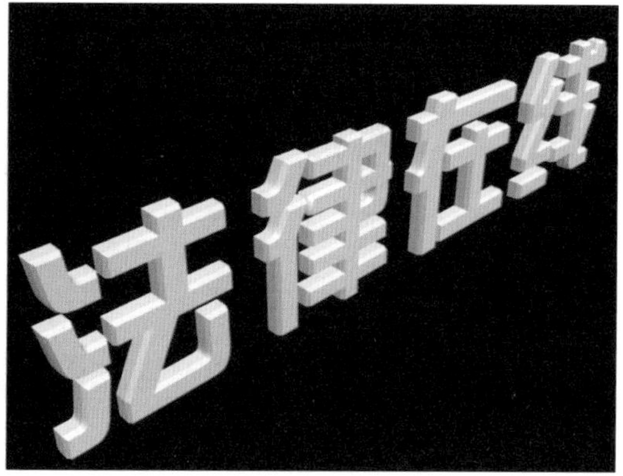

图14-33

Step 05 按8键打开【环境和效果】对话框，在该对话框中单击【环境贴图】下的【无】按钮，在弹出的对话框中选择【位图】选项，单击【确定】按钮，如图14-34所示。

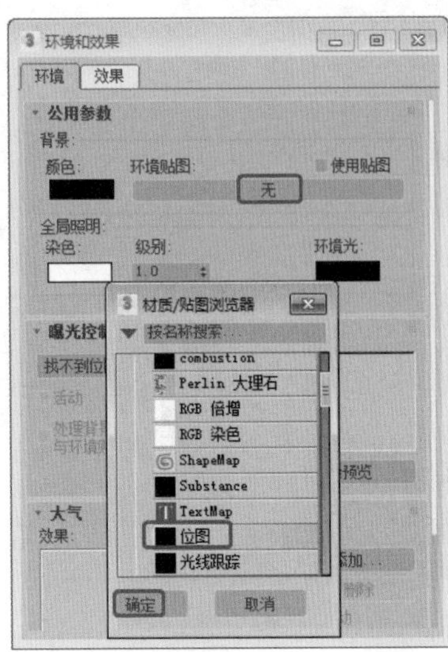

图14-34

Step 06 弹出【选择位图图像文件】对话框，在该对话框中选择LPL14.jpg素材文件，单击【打开】按钮，将该贴图拖动至【材质编辑器】对话框中的一个空白材质样本球上，在弹出的对话框中选中【实例】单选按钮。在【坐标】卷展栏中将【贴图】设置为【屏幕】，如图14-35所示。

Step 07 在【位图参数】卷展栏中勾选【应用】复选框。按N键打开【自动关键点】，确定时间滑块处于第0帧处，将U、V、W、H分别设置为0.313、0.451、0.344、0.259，将时间滑块拖动至第100帧处，将U、V、W、H分别设置为0、0、1、1，如图14-36所示。

Step 08 按N键关闭自动关键点，将对话框关闭。激活【透视】视图，选择【视图】|【视口背景】|【环境背景】命令。选择【创建】|【摄影机】|【标准】|【目标】工具，在【顶】视图中创建目标摄影机，将【透视】视图转换为摄影机视图，在其他视图中调整摄影机的位置。激活摄影机视图，按Shift+F组合键开启安全框，按F10键，弹出【渲染设置】对话框，将【宽度】、【高度】分别设置为640、400，效果如图14-37所示。

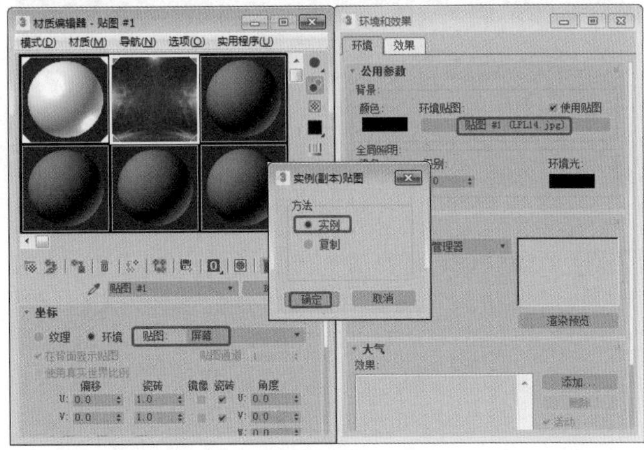

图14-35

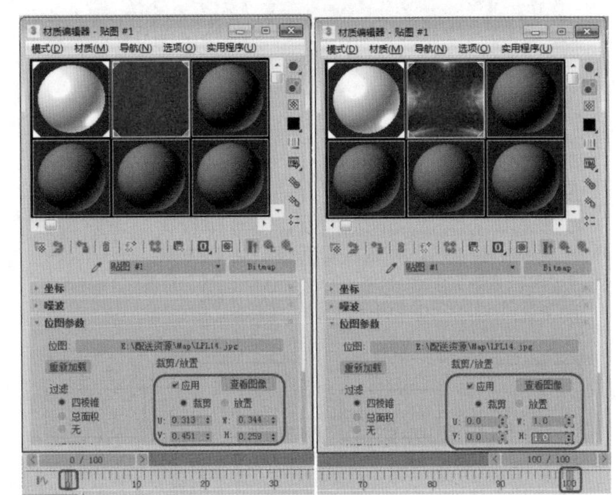

图14-36

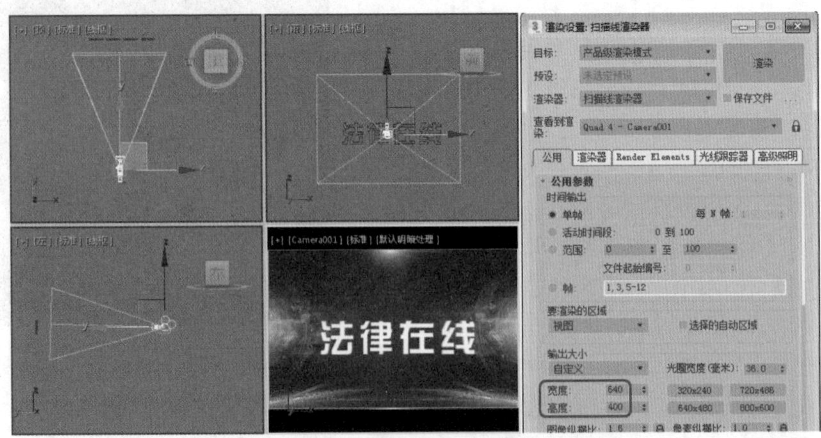

图14-37

Step 09 选择文字，切换至【修改】命令面板，在【修改器列表】中选择【弯曲】修改器，在【参数】卷展栏中将【角度】设置为-360，将【弯曲轴】设置为X，勾选【限制效果】复选框，将【上限】设置为360，展开Bend选择Gizmo，使用【选择并移动】工具调整弯曲轴的位置，如图14-38所示。

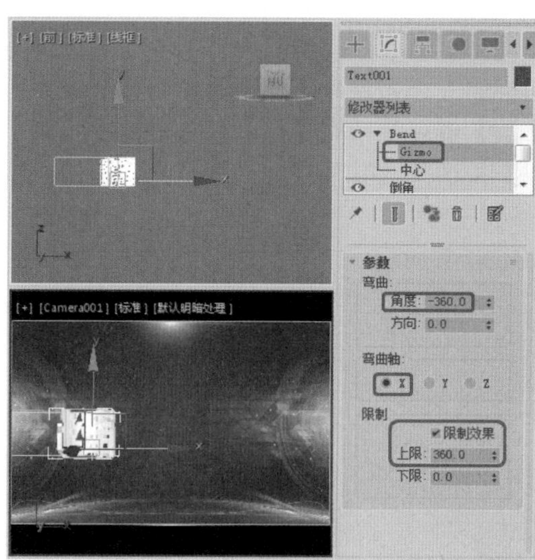

图14-38

Step 10 展开Bend选择Gizmo，打开【自动关键点】，将时间滑块拖动至第80帧处，使用【选择并移动】工具调整弯曲轴的位置，效果如图14-39所示。

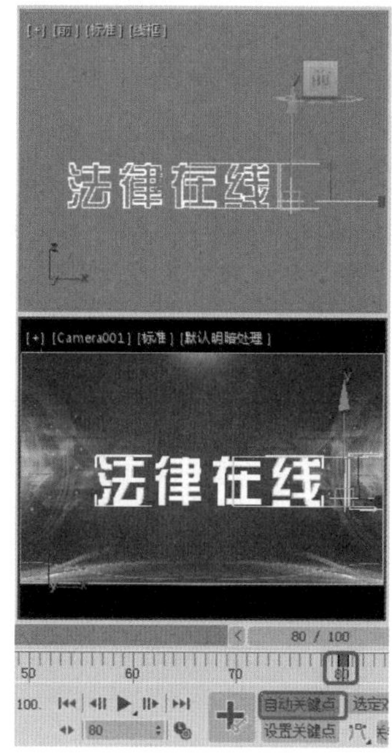

图14-39

Step 11 关闭【自动关键点】，对摄影机视图进行渲染输出即可。

◎知识链接·◦

【弯曲】修改器各个选项参数介绍

- 【弯曲】选项组
  - 【角度】：设置弯曲角度的大小。
  - 【方向】：用来调整弯曲方向的变化。
- 【弯曲轴】选项组
  - X、Y、Z：指定要弯曲的轴。
- 【限制】选项组
  - 【限制效果】：对物体指定限制效果，影响区域将由下面的上限和下限值来确定。
  - 【上限】：设置弯曲的上限，在该限度以上的区域将不会受到弯曲影响。
  - 【下限】：设置弯曲的下限，在该限度与上限之间的区域将都受到弯曲影响。

实例 201 制作光影文字动画

本例将介绍如何制作光影文字动画。首先在场景中创建文本文字，使用【倒角】修改器将文字制作得有立体感，然后将制作完成的文字复制，使用【锥化】修改器将复制后的文字修改，再使用【自动关键点】记录动画，使用【曲线编辑器】修改位置，最后对其进行渲染，效果如图14-40所示。

图14-40

素材	Map\Gold04.jpg、Z4.jpg
场景	Scene\Cha14\实例201 制作光影文字动画.max
视频	视频教学\Cha14\实例201 制作光影文字动画.mp4

Step 01 在菜单栏中选择【自定义】|【单位设置】命令，在弹出的【单位设置】对话框中设置【公制】为

【厘米】，设置完成后单击【确定】按钮。选择【创建】|【图形】|【样条线】|【文本】工具，在【文本】下面的文本框中输入“每日快讯”。激活【前】视图，在【前】视图中单击创建的“每日快讯”文字标题，将其命名为【每日快讯】。选择【修改】命令面板，在【参数】卷展栏中将【字体】设置为【汉仪综艺体简】，将【大小】设置为200，如图14-41所示。

图14-41

Step 02 确定文本处于选中状态，进入【修改】命令面板，在修改器列表中选择【倒角】修改器。在【倒角值】卷展栏中将【起始轮廓】设置为1.5，将【级别1】下的【高度】设置为13，勾选【级别2】复选框，将它下面的【高度】和【轮廓】分别设置为1和-1.4，如图14-42所示。

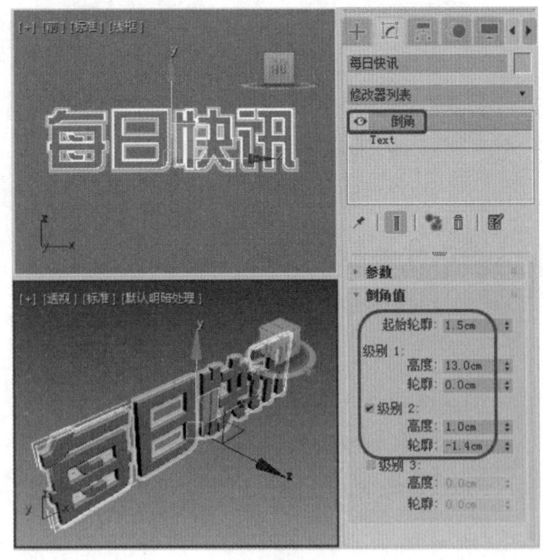

图14-42

◎提示

在捕捉类型浮动框中，可以选择所要捕捉的类型，还可以控制捕捉的灵敏度，这一点比较重要。如果捕捉到了对象，系统会显示一个浅蓝色（你可以修改）的有15个像素的方格以及相应的线。

Step 03 选择【创建】|【摄影机】|【标准】选项，在【对象类型】卷展栏中选择【目标】工具，在【顶】视图中创建一个摄像机。切换至【修改】命令面板，在【参数】卷展栏中将【镜头】参数设置为35，在除【透视】视图外的其他视图中调整摄影机的位置，激活【透视】视图，按C键将当前视图转换成为摄影机视图。如图14-43所示。

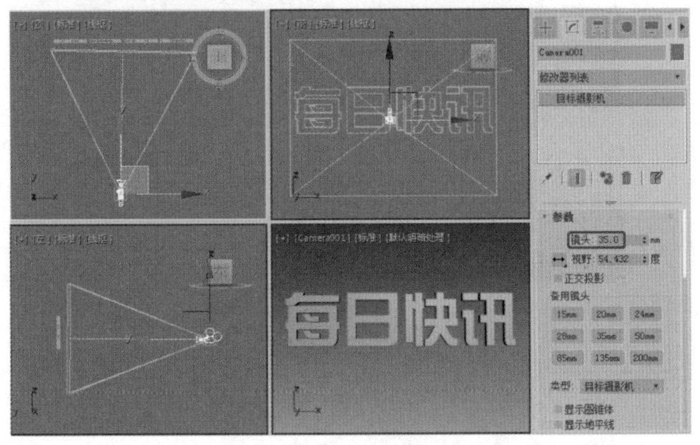

图14-43

Step 04 确定【每日快讯】对象处于选中状态。在工具栏中单击【材质编辑器】按钮，打开【材质编辑器】对话框。将第一个材质样本球命名为【每日快讯】。在【明暗器基本参数】卷展栏中，将明暗器类型定义为【金属】。在【金属基本参数】卷展栏中，单击按钮，解除【环境光】与【漫反射】的颜色锁定，将【环境光】的RGB值设置为0、0、0，单击【确定】按钮。将【漫反射】的RGB值设置为255、255、255，单击【确定】按钮。将【反射高光】选项组中的【高光级别】、【光泽度】都设置为100，如图14-44所示。

◎提示

显示安全框的另一种方法是：在激活视图中的视图名称中单击鼠标右键，在弹出的快捷菜单中选择【显示安全框】命令，这时在视图的周围会出现一个杏黄色的边框，这个边框就是安全框。

Step 05 打开【贴图】卷展栏，单击【反射】通道右侧的【无贴图】按钮，在打开的【材质/贴图浏览器】对话框中选择【位图】选项，单击【确定】按钮，在打开的对话框中选择Map\Gold04.jpg文件，打开位图文件，在【坐标】卷展栏中将【瓷砖】中的U、V设置为1、1，将【偏移】的U、V分别设置为0.179、0.09，如图14-45所示。

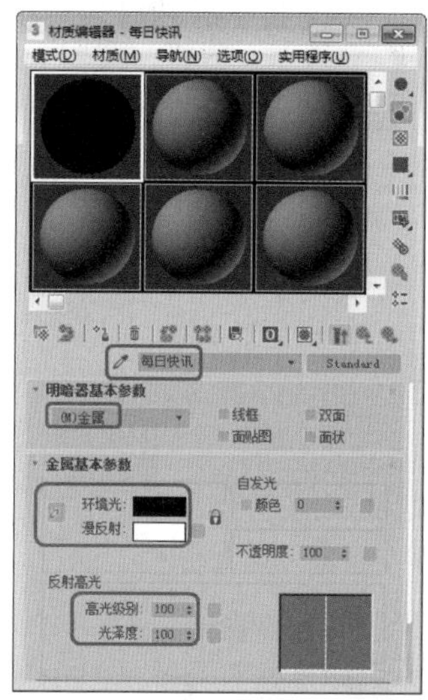

图14-44

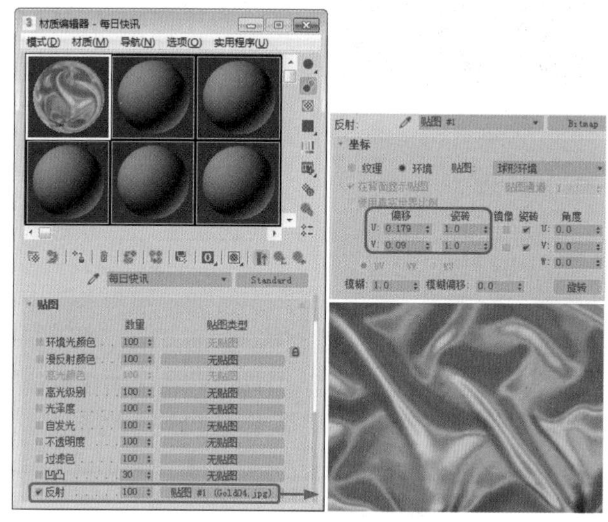

图14-45

Step 06 在【输出】卷展栏中，将【输出量】设置为1.2，按Enter键确认。在场景中选择【每日快讯】对象，单击【将材质指定给选定对象】按钮，将材质指定给【每日快讯】，如图14-46所示。

Step 07 将时间滑块移动至第100帧处，开启【自动关键点】按钮，勾选【位图参数】卷展栏中的【应用】复选框，将【裁剪/放置】选项组中的W、H分别设置为0.474、0.474，如图14-47所示。设置完成后，关闭【自动关键点】按钮。

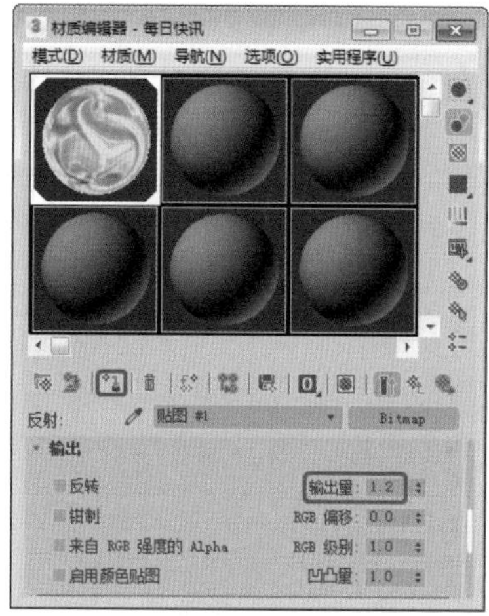

图14-46

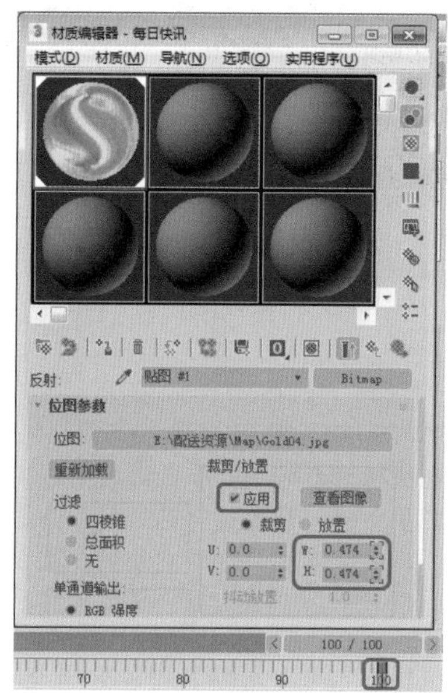

图14-47

Step 08 在场景中选择【每日快讯】对象，按Ctrl+V组合键对它进行复制，在打开的【克隆选项】对话框中，选中【对象】选项组中的【复制】单选按钮，将新复制的对象重新命名为【每日快讯光影】，如图14-48所示。

图14-48

Step 09 单击【确定】按钮，单击【修改】按钮，进入【修改】命令面板，在堆栈中选择【倒角】修改器，单击堆栈下的【从堆栈中移除修改器】按钮，将【倒角】删除。在【修改器列表】中选择【挤出】修改器，在【参数】卷展栏中将【数量】设置为500，按Enter键确认。将【封口】选项组中的【封口始端】与【封口末端】取消勾选，如图14-49所示。

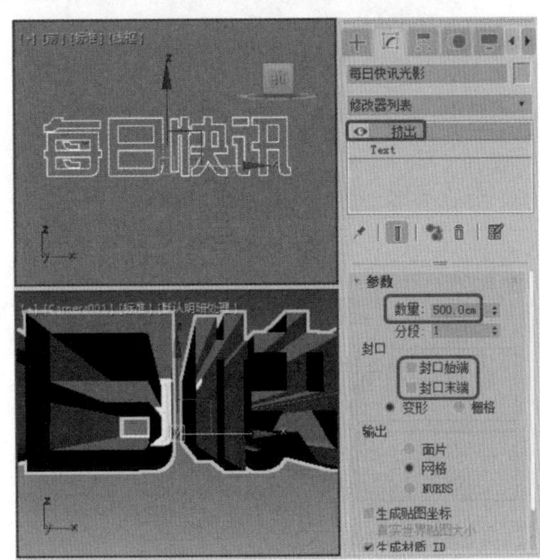

图14-49

◎提示

大量的片头文字经常使用光芒四射的效果来表现，这种效果在3ds Max中可以通过多种方法实现。本例将为读者介绍一种通过特殊的材质与模型相结合来完成光影效果的方法。这种方法的优点是渲染速度快，制作简便。

Step 10 确定【每日快讯光影】对象处于选中状态。激活第二个材质样本球，将当前材质名称重命名为【光影材质】。在【明暗器基本参数】卷展栏中勾选【双面】复选框。在【Blinn 基本参数】卷展栏中，将【环境光】和【漫反射】的RGB值都设置为255、255、255，单击【确定】按钮，将【自发光】下的【颜色】设置为100，按Enter键确认，将【反射高光】选项组中的【光泽度】设置为0，如图14-50所示。

Step 11 打开【贴图】卷展栏，单击【不透明度】通道右侧的【无贴图】按钮，打开【材质/贴图浏览器】对话框，在该对话框中选择【遮罩】选项，单击【确定】按钮。进入到【遮罩】二级材质设置面板，单击【贴图】右侧的【无贴图】按钮，在打开的【材质/贴图浏览器】对话框中选择【棋盘格】选项，单击【确定】按钮。在打开的【棋盘格】层级材质面板中，在【坐标】卷展栏中将【瓷砖】下的U和V分别设置为250和-0.001，打开【噪波】参数卷展栏，勾选【启用】复选框，将【数量】设置为5，如图14-51所示。

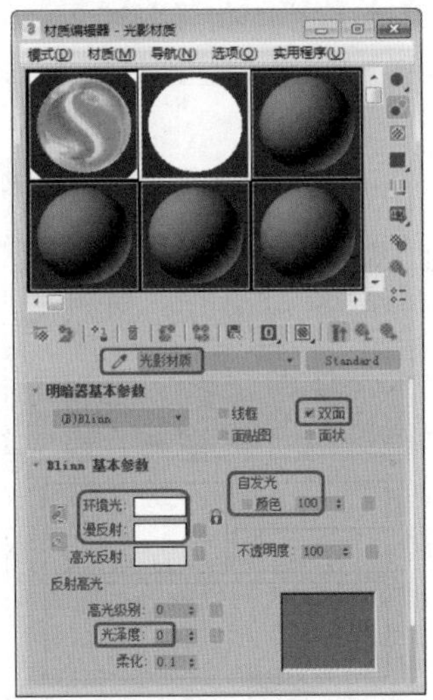

图14-50

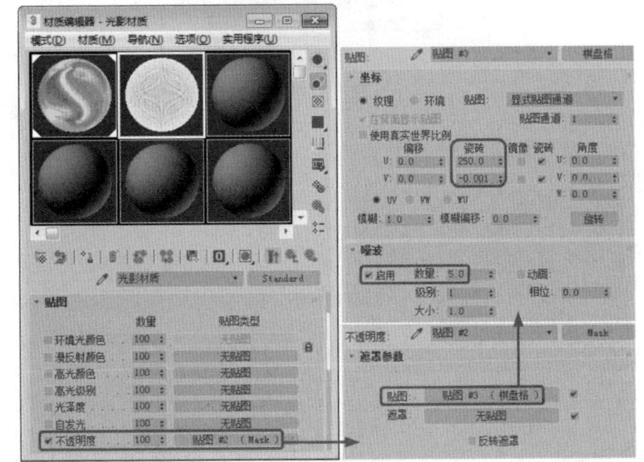

图14-51

Step 12 打开【棋盘格参数】卷展栏，将【柔化】设置为0.01，按Enter键确认，将【颜色 #2】的RGB设置为156、156、156，如图14-52所示。

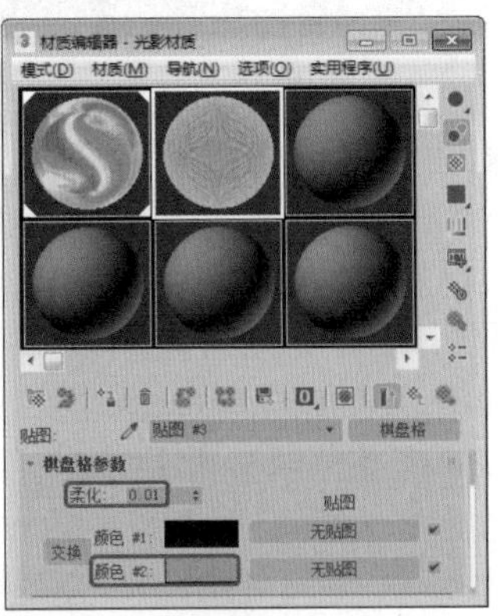

图14-52

◎提示·◦

【遮罩】是使用一张贴图作为罩框，透过它可以观看上面的材质效果。罩框图本身的明暗强度决定了材质的透明程度。

【双面】：用来渲染与物体法线相反的一面，通常计算机为了简化计算，只渲染物体法线为正方向的表面（即可视的外表面），这对大多数物体都适用，但有些敞开面的物体，其内壁会出现看不到任何材质的效果，这时就需要打开双面设置对其进行渲染。

Step 13 设置完毕后，选择【转到父对象】按钮，返回到遮罩层级。单击【遮罩】右侧的【无贴图】按钮，在打开的【材质/贴图浏览器】对话框中选择【渐变】选项，如图14-53所示。单击【确定】按钮。

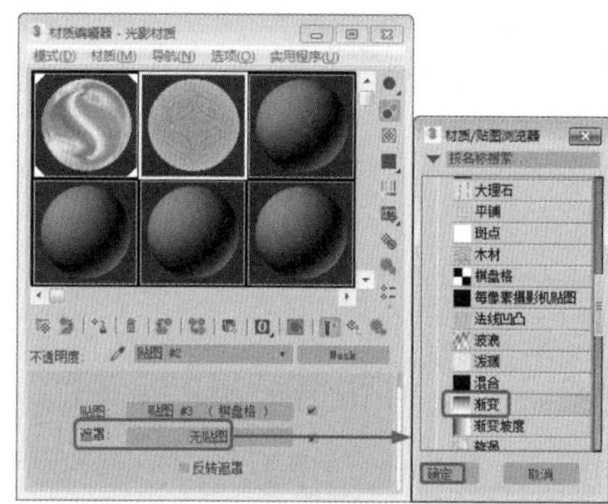

图14-53

Step 14 在打开的【渐变】层级材质面板中，打开【渐变参数】卷展栏，将【颜色 #2】的RGB设置为0、0、0。将【噪波】选项组中的【数量】设置为0.1，【大小】设置为5，选中【分形】单选按钮，如图14-54所示。单击两次【转到父对象】按钮，返回父级材质面板。在【材质编辑器】对话框中单击【将材质指定给选定的对象】按钮，将当前材质赋予视图中的【每日快讯光影】对象。

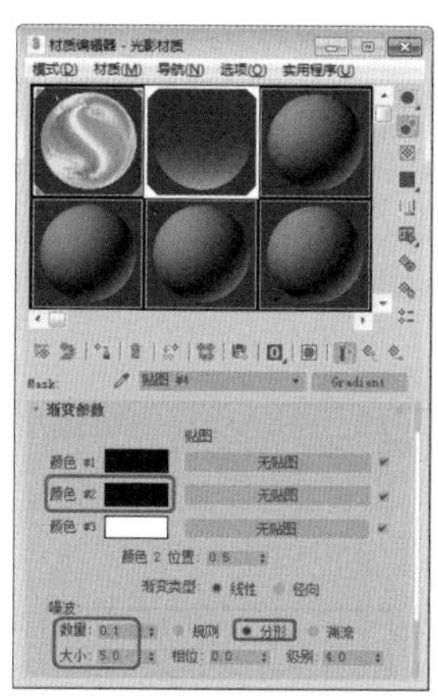

图14-54

Step 15 设置完材质后，将时间滑块拖动至第60帧处，渲染该帧图像，效果如图14-55所示。

图14-55

Step 16 在【贴图】卷展栏中将【反射】的数量设置为5，单击其后面的【无贴图】按钮，在打开的【材质/贴图浏览器】对话框中选择【位图】选项，在打开的对话框中选择Map\Gold04.ipg文件，单击【确定】按钮，进入【位图】层级面板，在【输出】卷展栏中将【输出量】设置为1.35，如图14-56所示。

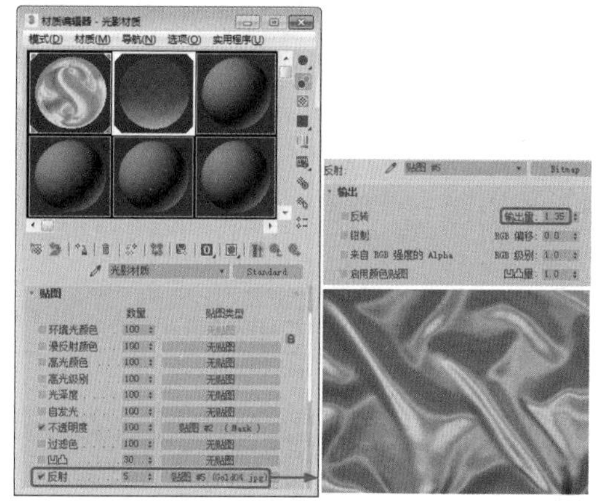

图14-56

Step 17 在场景中选择【每日快讯光影】对象，单击【修改】按钮，切换到【修改】命令面板。在【修改器列表】中选择【锥化】修改器，打开【参数】卷展栏，将【数量】设置为1，按Enter键确认，如图14-57所示。

Step 18 在场景中选择【每日快讯】和【每日快讯光影】对象，在工具栏中选择【选择并移动】工具，在【顶】视图中沿Y轴将选择的对象移动至摄影机下方，如图14-58所示。

Step 19 将视口底端的时间滑块拖动至第60帧处，单击【自动关键点】按钮，将选择的对象重新移动到移动前的位置，如图14-59所示。

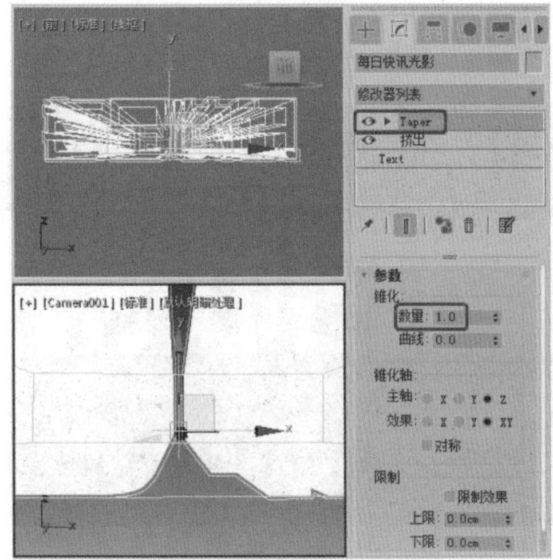

图14-57

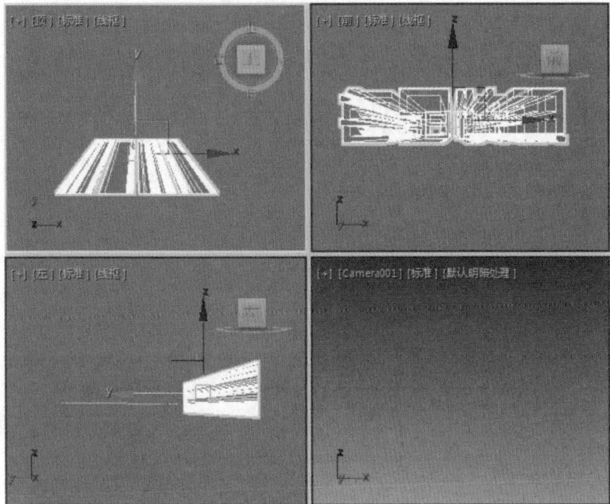

图14-58

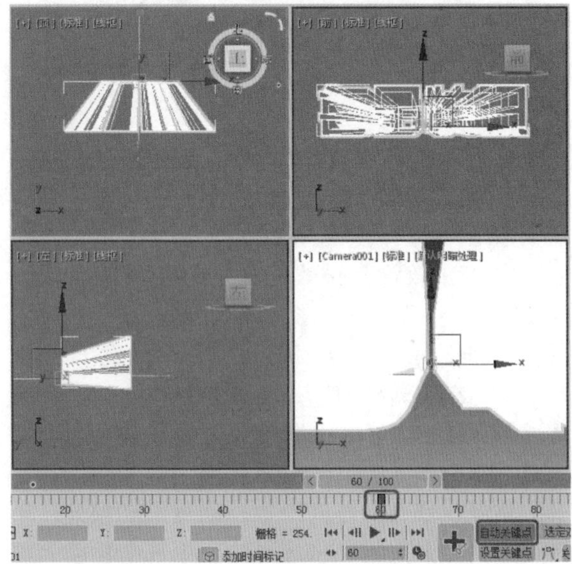

图14-59

Step 20 将时间滑块拖动至第80帧处，选择【每日快讯光影】对象，在【修改】命令面板中将【锥化】修改器的【数量】设置为0，如图14-60所示。

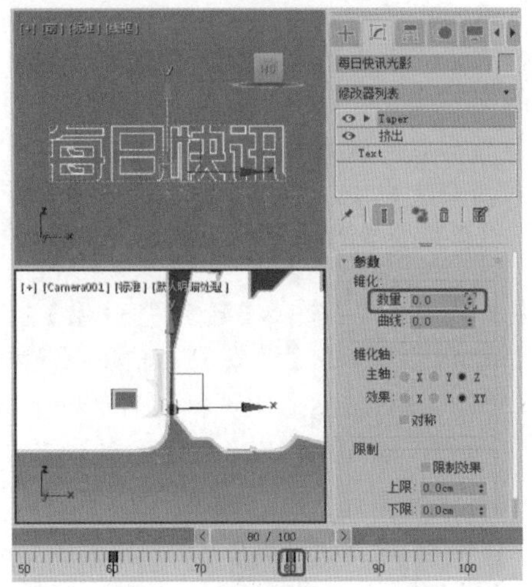

图14-60

Step 21 确定当前帧仍然为第80帧。激活【顶】视图，在工具栏中选择【选择并非均匀缩放】工具，单击鼠标右键，在弹出的【缩放变换输入】对话框中设置【偏移：屏幕】选项组中的Y值为1，如图14-61所示。

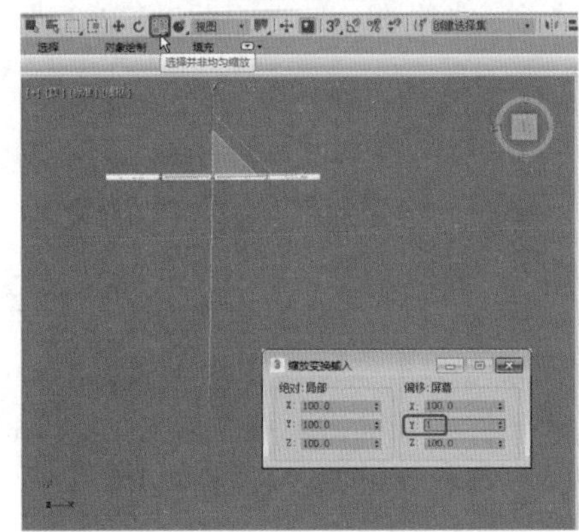

图14-61

Step 22 关闭【自动关键点】按钮。确定【每日快讯光影】对象仍然处于选中状态。在工具栏中单击【曲线编辑器】按钮，打开【轨迹视图-曲线编辑器】对话框。选择【编辑器】|【摄影表】命令，如图14-62所示。

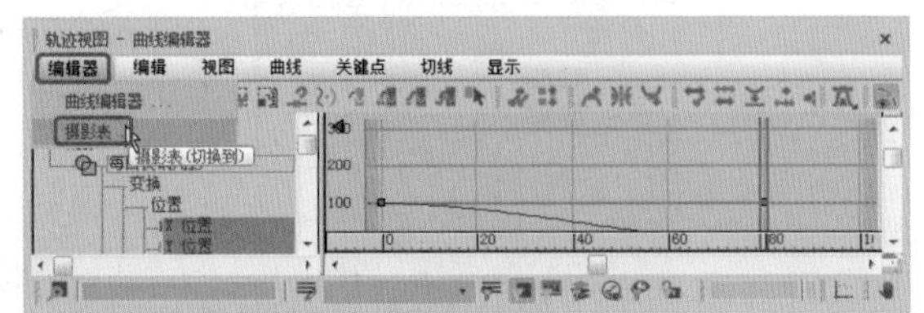

图14-62

Step 23 在展开的【每日快讯光影】列表中选择【变换】|【缩放】选项，将第0帧处的关键点移动至第60帧处，如图14-63所示。

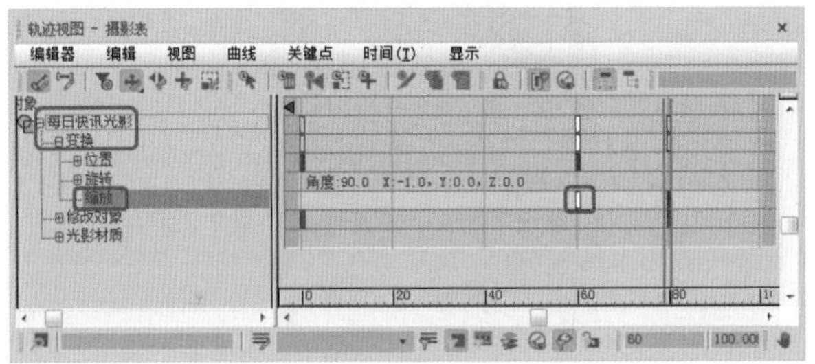

图14-63

Step 24 按8键，在打开的【环境和效果】对话框中，单击【环境贴图】下的【无】按钮，在弹出的【材质/贴图浏览器】对话框中双击【位图】选项，在打开的对话框中选择Map\Z4.jpg文件，如图14-64所示。

图14-64

Step 25 打开【材质编辑器】对话框，在【环境和效果】对话框中拖动环境贴图按钮到材质编辑器中的一个新的材质样本球上。在弹出的对话框中选中【实例】单选按钮，单击【确定】按钮，将【贴图】设置为【屏幕】，如图14-65所示。

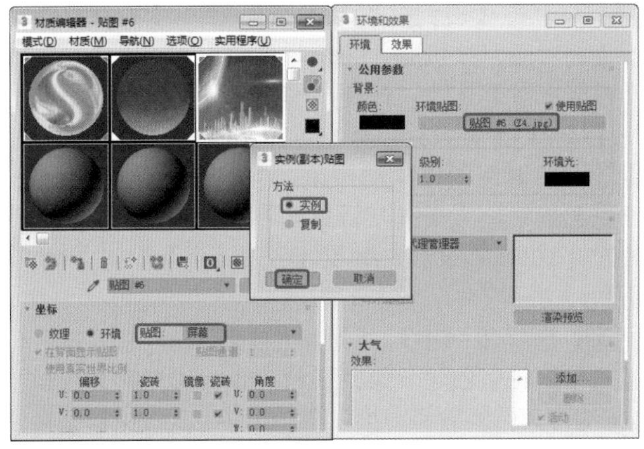

图14-65

Step 26 在【位图参数】卷展栏中勾选【应用】复选框，按N键打开【自动关键点】，确定时间滑块处于第0帧处，将U、V、W、H分别设置为0.4、0.331、0.6、0.385，将时间滑块拖动至第80帧处，将U、V、W、H分别设置为0、0、1、1，如图14-66所示。关闭【自动关键点】按钮，对其进行渲染即可。

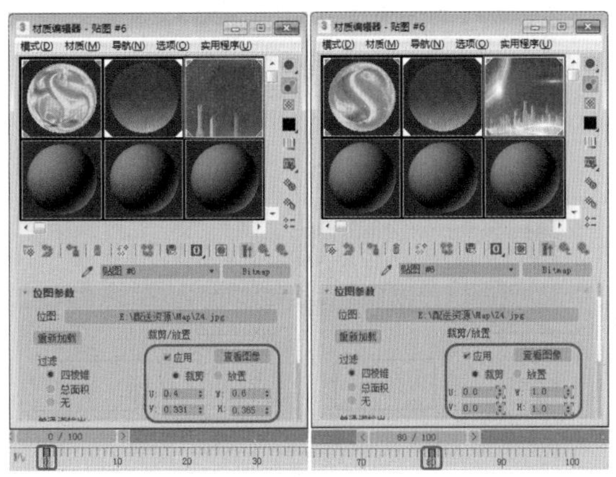

图14-66

实例202 制作文字标版动画

本例将介绍如何制作文字标版动画。首先为创建并指定材质的文字创建两架摄影机，然后通过视频后期处理制作两架摄影机的视频动画的交互，效果如图14-67所示。

图14-67

素材	Map\Gold04.jpg、Z4.jpg
场景	Scene\Cha14\实例202 制作文字标版动画.max
视频	视频教学\Cha14\实例202 制作文字标版动画.mp4

Step 01 重置场景文件，选择【创建】|【图形】|【文本】工具，在【参数】卷展栏中将【字体】设置为【方正综艺简体】，在文本框中输入“每日资讯”，在【顶】视图中单击创建文本，将【大小】设置为100，如图14-68所示。

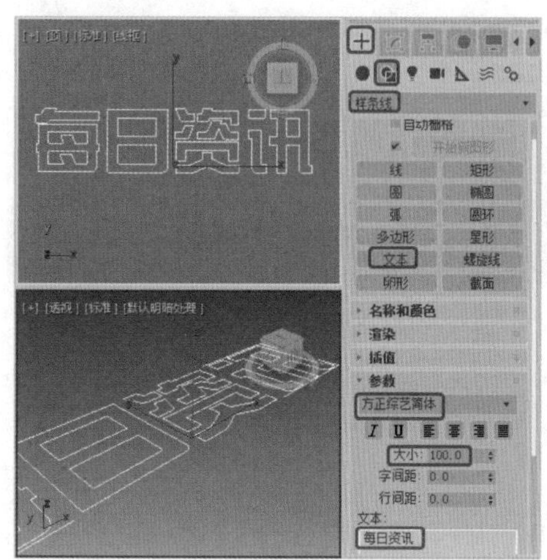

图14-68

Step 02 切换到【修改】命令面板。在【修改器列表】中选择【倒角】修改器，在【倒角值】卷展栏中将【级别1】下的【高度】设置为8，勾选【级别2】复选框，将【高度】和【轮廓】分别设置为2、-1，如图14-69所示。

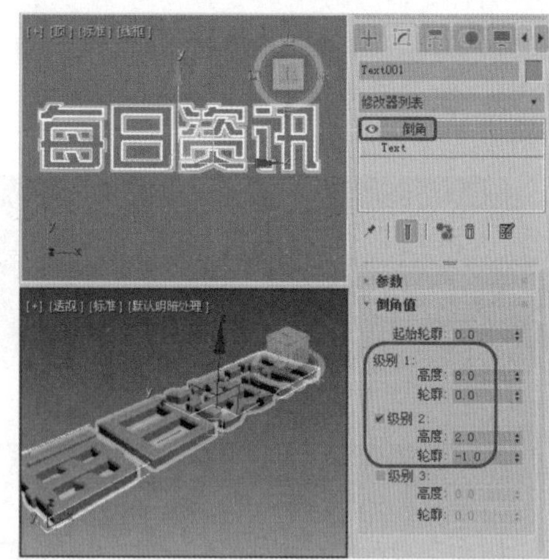

图14-69

Step 03 按M键打开【材质编辑器】对话框，选择一个新的材质样本球。在【明暗器基本参数】卷展栏中将明暗器类型定义为【（M）金属】，在【金属基本参数】卷展栏中将【环境光】的RGB值均设置为0，将【漫反射】的RGB值分别设置为255、182、55，将【反射高光】选项组中的【高光级别】和【光泽度】分别设置为120、75，如图14-70所示。

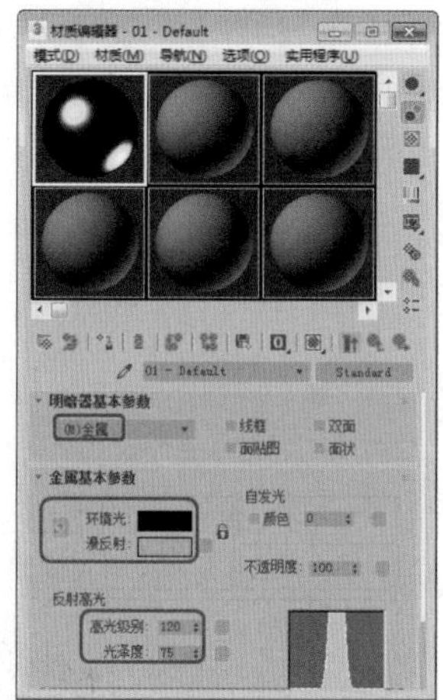

图14-70

Step 04 在【贴图】卷展栏中单击【反射】通道后面的【无贴图】按钮，在打开的对话框中双击【位图】选项，在打开的对话框中选择Gold04.jpg文件，单击【打开】按钮，在【输出】卷展栏中将【输出量】设置为1.3，如图14-71所示。

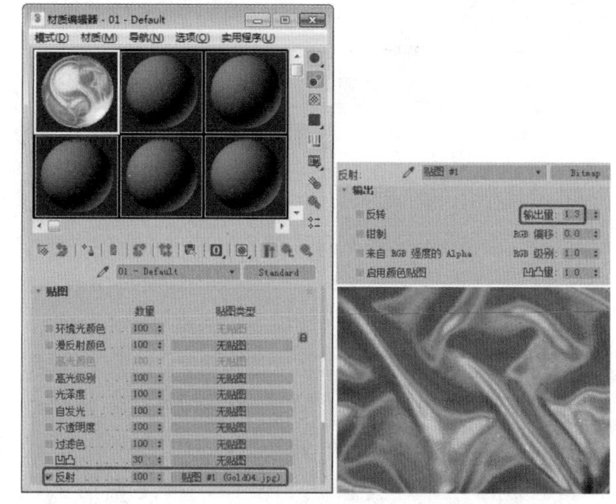

图14-71

Step 05 单击【转到父对象】按钮和【将材质指定给选定对象】按钮，将材质指定给文本对象，单击【时间配置】按钮，在弹出的【时间配置】对话框中将【结束时间】设置为250，如图14-72所示。

Step 06 将时间滑块拖动至第250帧处，单击【自动关键点】按钮，将【高光级别】和【光泽度】分别设置为75、100，按N键关闭【自动关键点】，如图14-73所示。

Step 07 选择【创建】|【摄影机】|【目标】工具，在【顶】视图中创建一架摄影机。激活【透视】视图，按C键将其转换为摄影机视图，在其他视图中调整其位置，如图14-74所示。

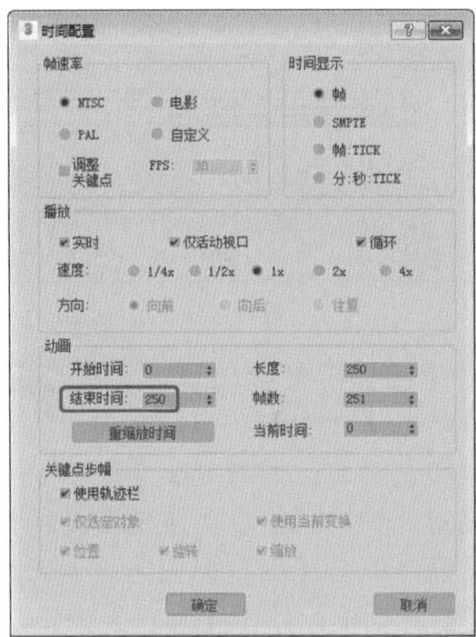

图14-72

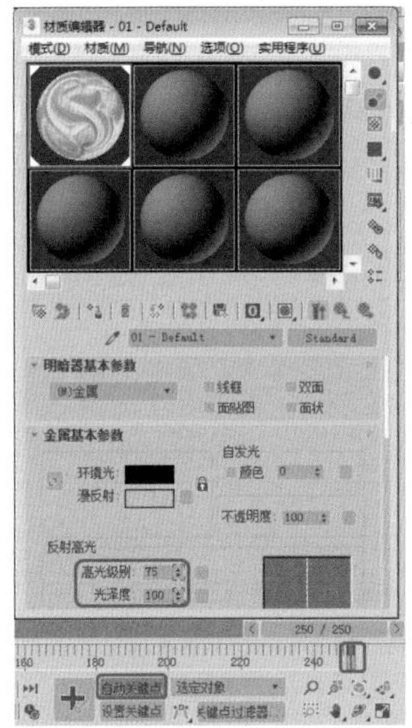

图14-73

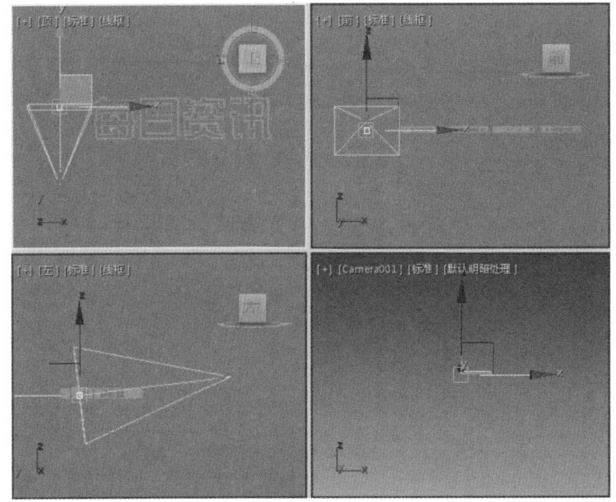

图14-74

Step 08 单击【自动关键点】按钮，按H键打开【从场景选择】对话框，选择Camera001、Camera.target选项，单击【确定】按钮。将时间滑块拖动至第125帧处，在【顶】视图中使用【选择并移动】工具调整摄影机的位置，将其调整至【资】与【讯】之间，效果如图14-75所示。

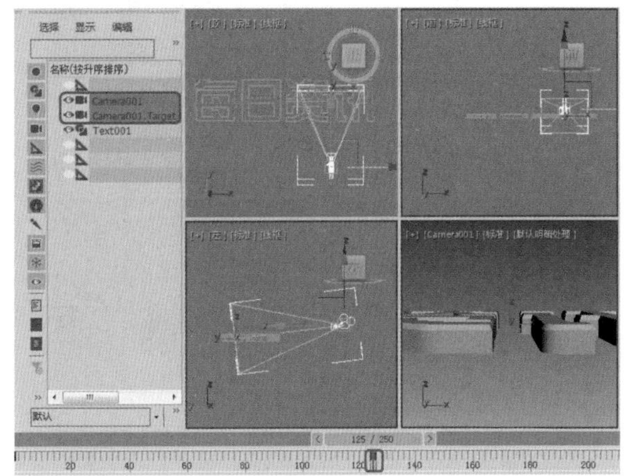

图14-75

Step 09 关闭【自动关键点】按钮，将Camera001隐藏显示。再次创建一架摄影机，激活【前】视图，按C键将其转换为摄影机视图，将【镜头】设置为35，在其他视图中调整摄影机的位置，如图14-76所示。

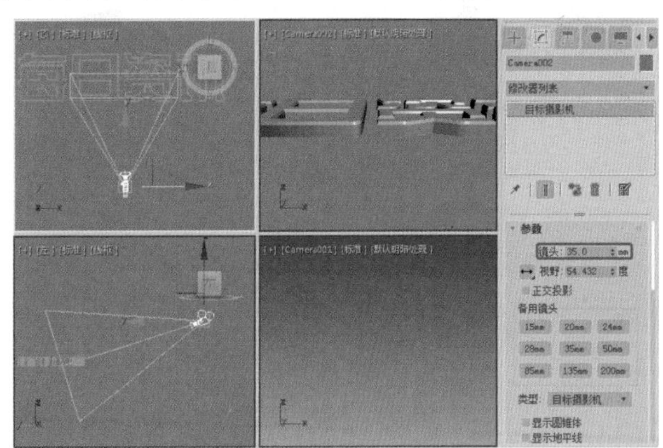

图14-76

Step 10 单击【自动关键点】按钮，将时间滑块拖动至第250帧处，调整摄影机的位置，将第0帧处的关键帧拖动至第125帧处，如图14-77所示。

Step 11 按N键关闭自动关键点，使用前面介绍的方法添加Map\Z4.jpg环境背景贴图，如图14-78所示。

Step 12 选择【渲染】|【视频后期处理】命令，弹出【视频后期处理】对话框，在该对话框中单击【添加场景事件】按钮，在弹出的对话框中选择Camera001，单击【确定】按钮。再次单击【添加场景

事件】按钮，在弹出的对话框中选择Camera002，单击【确定】按钮。选择Camera001摄影机第250帧处的关键点，将其拖动至第125帧处，选择Camera002摄影机第0帧处的关键点，将其拖动至第125帧处，如图14-79所示。

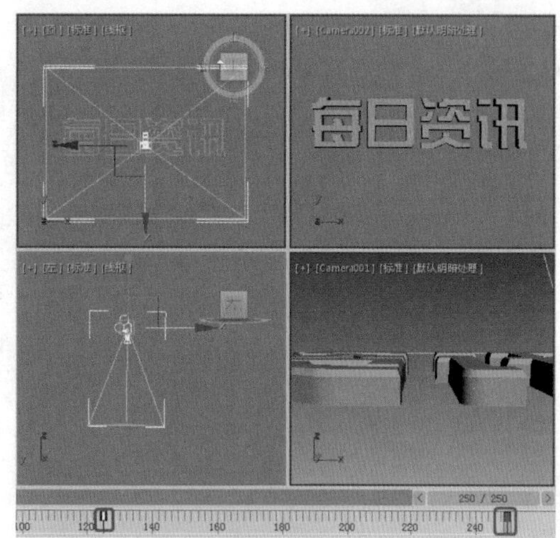

图14-77

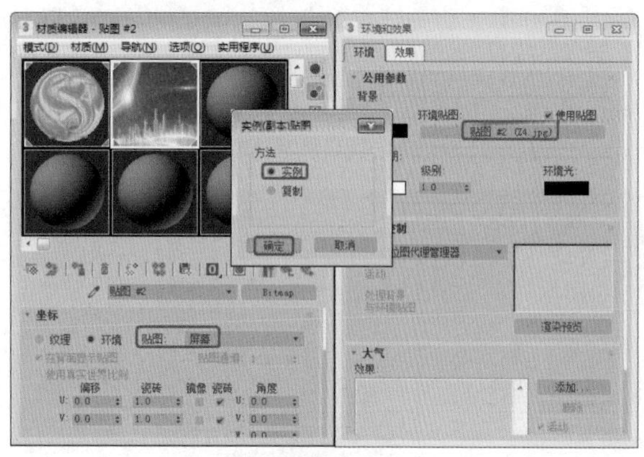

图14-78

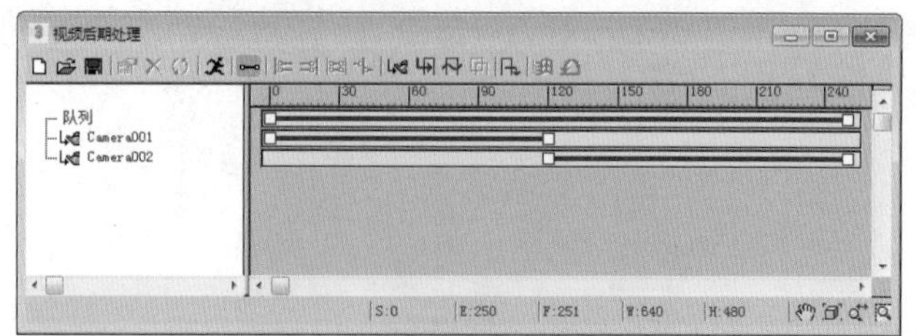

图14-79

Step 13 单击【添加图像输出事件】按钮，在弹出的对话框中单击【文件】按钮，在弹出的对话框中设置存储路径和文件名，将【格式】设置为AVI。单击【保存】按钮，弹出【AVI文件压缩设置】对话框，保持默认设置，单击【确定】按钮。返回至【编辑输出图像事件】对话框，单击【确定】按钮，单击【执行序列】按钮，在弹出的【执行视频后期处理】对话框中单击【渲染】按钮将文件渲染输出，如图14-80所示。

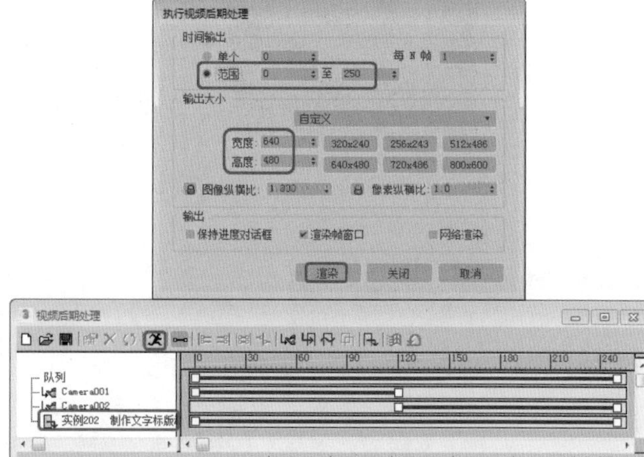

图14-80

图15-1

第15章 制作电视台栏目片头

本例将介绍电视台栏目片头动画的制作。本例主要通过为实体文字添加动画，并创建粒子系统和光斑作为发光物体，以及为其添加特效，最终完成动画制作，效果如图15-1所示。

实例203 制作文本标题

文本标题的制作在片头动画中最为常见，在制作上也非常便于实现。本节将介绍如何创建文本并为创建的文本添加材质等。

素材	Map\Meta101.tif、Metals.jpg
场景	Scene\Cha15\制作电视台栏目片头.max
视频	视频教学\Cha15\实例203 制作文本标题.mp4

Step 01 启动3ds Max 2018，在动画控制区域中单击【时间配置】按钮，在打开的对话框中将【动画】选项组中的【结束时间】设置为330，如图15-2所示。

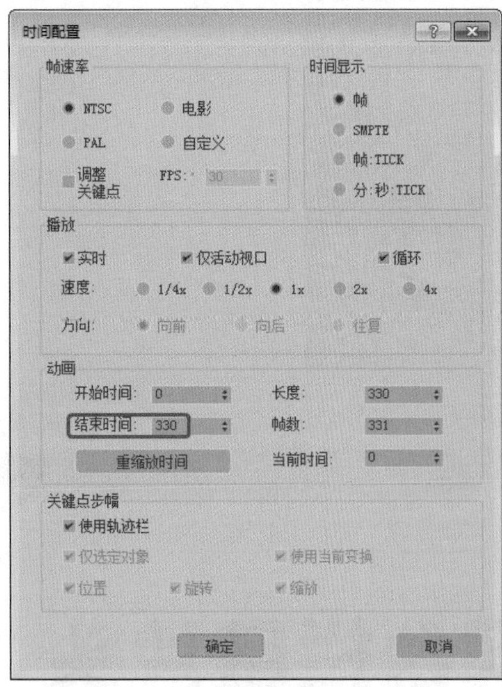

图15-2

Step 02 设置完成后，单击【确定】按钮，选择【创建】 |【图形】 |【文本】工具。在【参数】卷展栏中将【字体】设置为【汉仪书魂体简】，在【文本】文本框中输入“聚焦财经”，在【前】视图中单击，创建文本，将其命名为【聚焦财经】，如图15-3所示。

Step 03 选择【修改】命令面板，在修改器下拉列表中选择【倒角】修改器。在【参数】卷展栏中取消勾选【生成贴图坐标】复选框，在【相交】选项组中勾选【避免线相交】复选框，在【倒角值】卷展栏中将【级别1】下的【高度】设置为4，勾选【级别2】复选框，将【高度】和【轮廓】分别设置为1和-1，如图15-4所示。

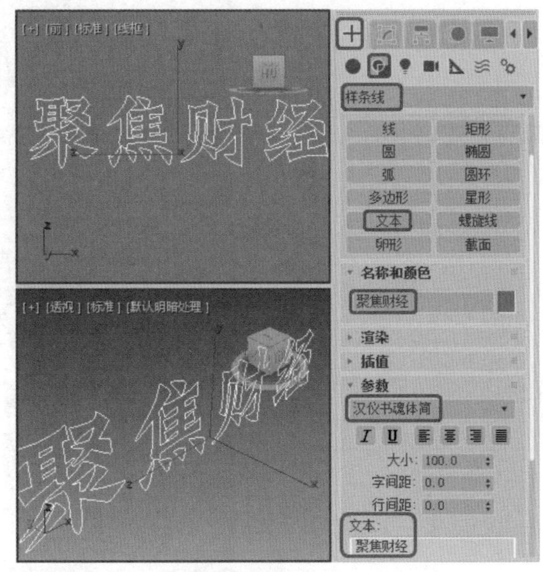

图15-3

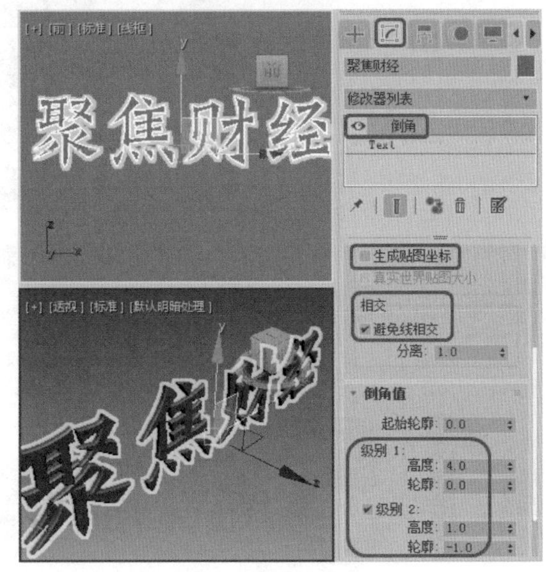

图15-4

提示

选中【避免线相交】复选框会增加系统的运算时间，可能会等待很久，而且将来在改动其他倒角参数时系统也会变得迟钝，所以尽量避免使用这个功能。如果遇到线相交的情况，最好返回到曲线图形中手动对其进行修改，将转折过于尖锐的地方调节圆滑。

Step 04 设置完成后，在【修改器列表】中选择【UVW贴图】修改器，并使用其默认参数，效果如图15-5所示。

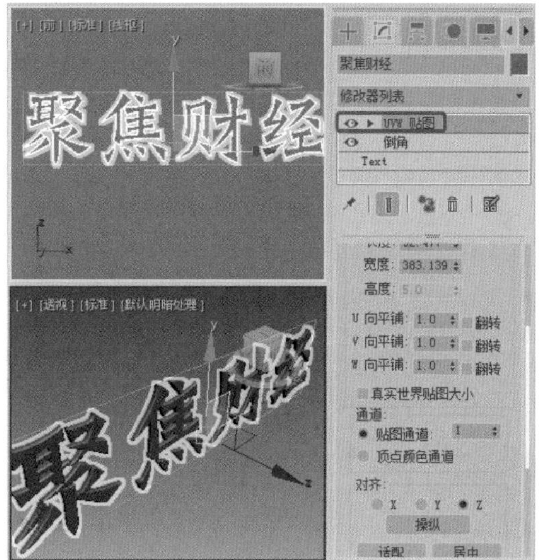
图15-5

◎知识链接

【UVW贴图】修改器选项参数介绍

- 【生成贴图坐标】：选中该复选框，将贴图坐标应用于倒角对象。
- 【真实世界贴图大小】：控制应用于该对象的纹理贴图材质所使用的缩放方法。
- 【避免线相交】：选中该复选框，可以防止尖锐折角产生的突出变形。
- 【分离】：设置两个边界线之间保持的距离间隔，以防止越界交叉。
- 【倒角值】卷展栏：在【起始轮廓】选项组中包括级别1、级别2和级别3，它们用来设置倒角的【高度】和【轮廓】。

Step 05 确认该对象处于选中状态，按Ctrl+V组合键，在弹出的对话框中选中【复制】单选按钮，如图15-6所示。

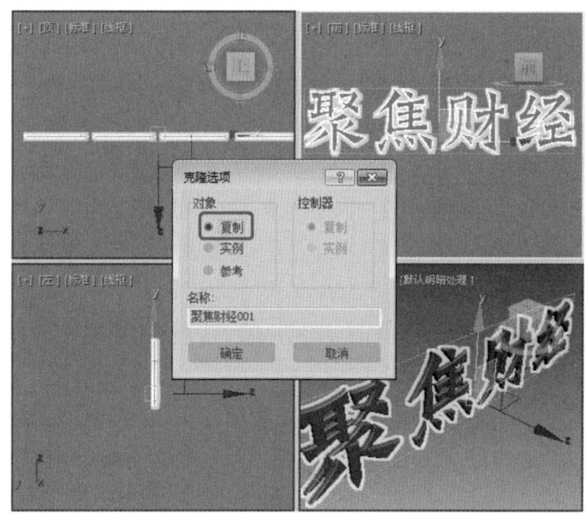
图15-6

Step 06 单击【确定】按钮，确认复制后的对象处于选中状态，在【修改】命令面板中按住Ctrl键选择【UVW贴图】和【倒角】修改器，单击鼠标右键，在弹出的快捷菜单中选择【删除】命令，如图15-7所示。

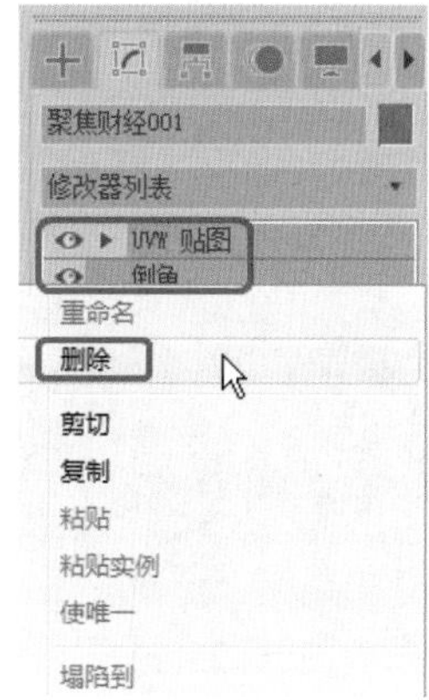
图15-7

Step 07 选中复制的对象，单击鼠标右键，在弹出的快捷菜单中选择【转换为】|【转换为可编辑样条线】命令，如图15-8所示。

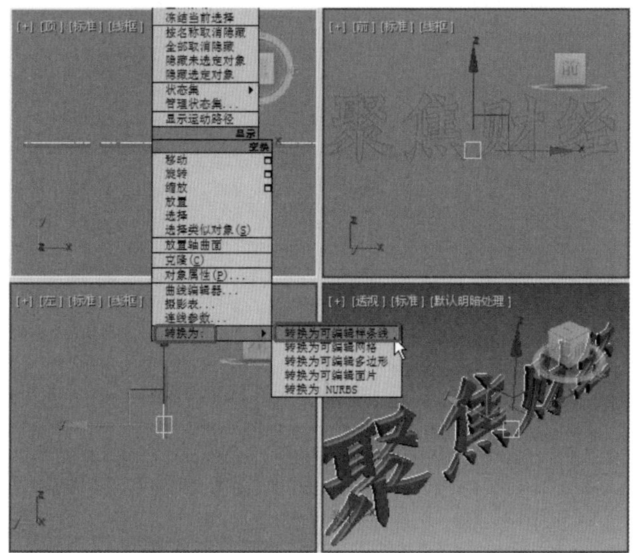
图15-8

Step 08 转换完成后，在【渲染】卷展栏中勾选【在渲染中启用】和【在视口中启用】复选框，将【厚度】设置为2，如图15-9所示。

Step 09 选择【创建】 |【图形】 |【文本】工具。在【参数】卷展栏中将【字体】设置为TW Cen MT Bold Italic，将【大小】和【字间距】分别设置为55、7，在【文本】文本框中输入Focus Financial，在【前】视图中单击创建文本，将其命名为【字母】，如图15-10所示。

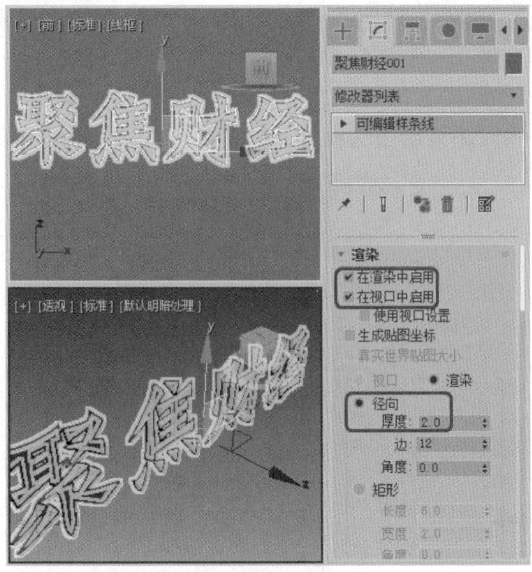
图15-9

图15-10

Step 10 调整文本的位置。切换至【修改】命令面板中，在【渲染】卷展栏中取消勾选【在渲染中启用】和【在视口中启用】复选框，效果如图15-11所示。

> ◎提示·◦
>
> 【在渲染中启用】：选中该复选框，在视图中将显示渲染网格的厚度。
>
> 【在视口中启用】：选中该复选框，将使设置的图形以3D网格的方式显示在视口中（该选项对渲染不产生影响）。

Step 11 在【修改器列表】中选择【挤出】修改器，在【参数】卷展栏中将【数量】设置为5，勾选【生成贴图坐标】复选框，如图15-12所示。

图15-11

图15-12

Step 12 确认该对象处于选中状态，按Ctrl+V组合键，在弹出的对话框中选中【复制】单选按钮，如图15-13所示。

Step 13 单击【确定】按钮，确认复制后的对象处于选中状态，将【挤出】修改器删除，在【修改】命令面板中选择Text，在【修改器列表】中选择【编辑样条线】修改器，将当前选择集定义为【样条线】，在视图中框选样条线，在【几何体】卷展栏中将【轮廓】设置为-0.8，如图15-14所示。

Step 14 将当前选择集定义为【顶点】，在场景中对两个C字母的顶点进行调整，如图15-15所示。调整完成后，将当前选择集关闭。在【修改】命令面板中选择【挤出】修改器，使用其默认参数即可。

图15-13

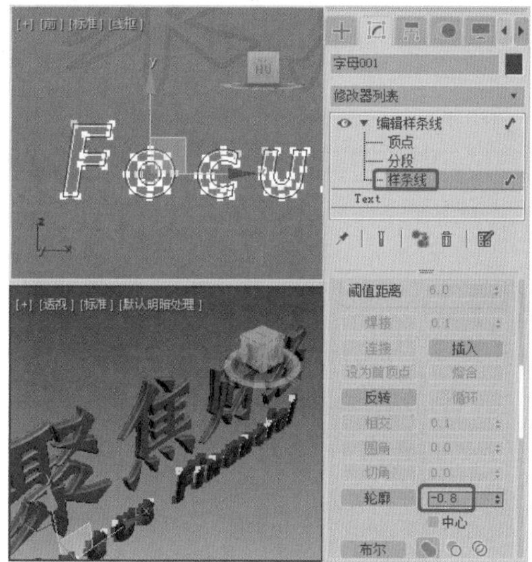

图15-14

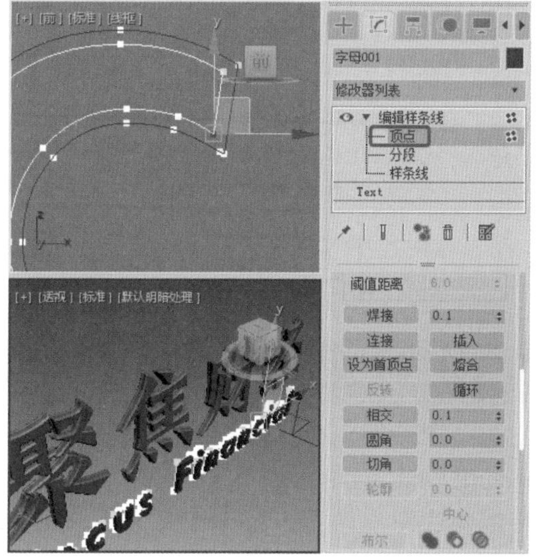

图15-15

◎提示·◦

由于对样条线添加轮廓时，C字母的样条线发生了错误，所以需要将其调整一下。在对顶点进行调整时，可以选择C字母右下角内侧的两个顶点，然后单击【焊接】，将两个顶点焊接在一起即可。

Step 15 按H键，在弹出的对话框中选择【聚焦财经】和【字母】对象，如图15-16所示。

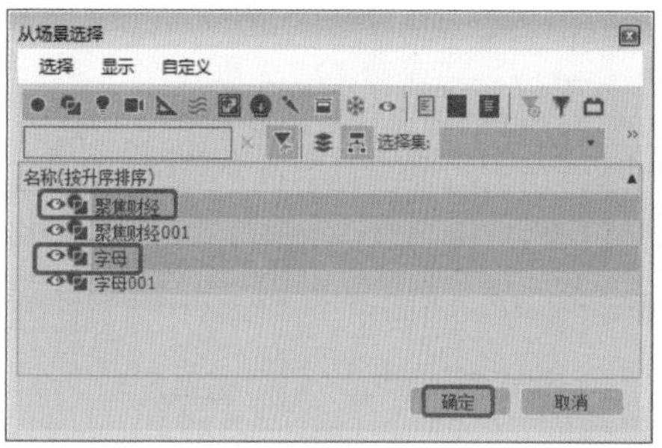

图15-16

Step 16 单击【确定】按钮，按M键，打开【材质编辑器】对话框，选择一个新的材质样本球，将其命名为【标题】。单击右侧的Standard按钮，在弹出的对话框中选择【混合】选项，如图15-17所示。

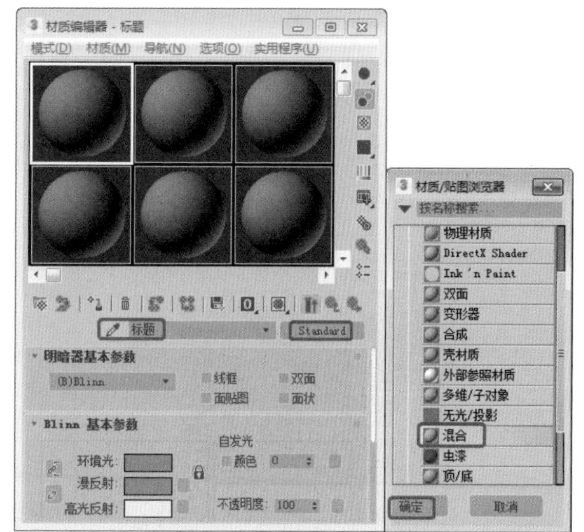

图15-17

Step 17 单击【确定】按钮，在弹出的【替换材质】对话框中，选中【将旧材质保存为子材质？】单选按钮，单击【确定】按钮。在【混合基本参数】卷展栏中，单击【材质1】通道后面的材质按钮，进入【材质1】的通道。在【Blinn基本参数】卷展栏中单击【环境光】左侧的按钮，取消颜色的锁定，将【环境光】的RGB值设置为0、0、0，将【漫反射】的RGB值设置为128、128、128，将【不透明度】设置为0，在【反射高光】选项组中将【光泽度】设置为0，如图15-18所示。

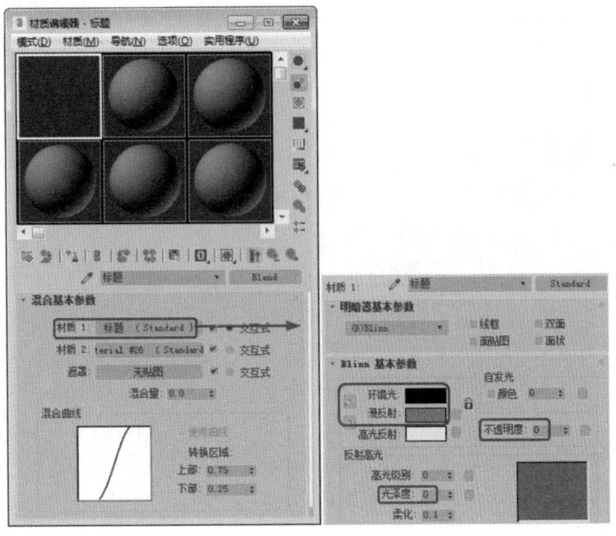

图15-18

Step 18 设置完成后，单击【转到父对象】按钮，在【混合基本参数】卷展栏中单击【材质2】右侧的材质通道按钮，在【明暗器基本参数】卷展栏中将明暗器类型设置为【（M）金属】。在【金属基本参数】卷展栏中单击【环境光】左侧的按钮，取消颜色的锁定，将【环境光】的RGB值设置为118、118、118，将【漫反射】的RGB值设置为255、255、255，将【不透明度】设置为0，在【反射高光】选项组中将【高光级别】和【光泽度】分别设置为120和65，如图15-19所示。

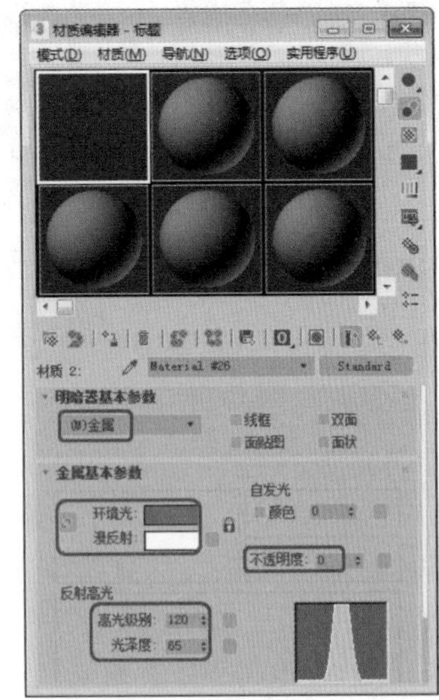

图15-19

Step 19 在【贴图】卷展栏中单击【漫反射颜色】后面的【无贴图】按钮，在打开的【材质/贴图浏览器】对话框中选择【位图】选项，单击【确定】按钮。在打开的对话框中选择Map\Metal01.tif文件，单击【打开】按钮，在【坐标】卷展栏中将【瓷砖】下的U和V都设置为0.08，如图15-20所示。

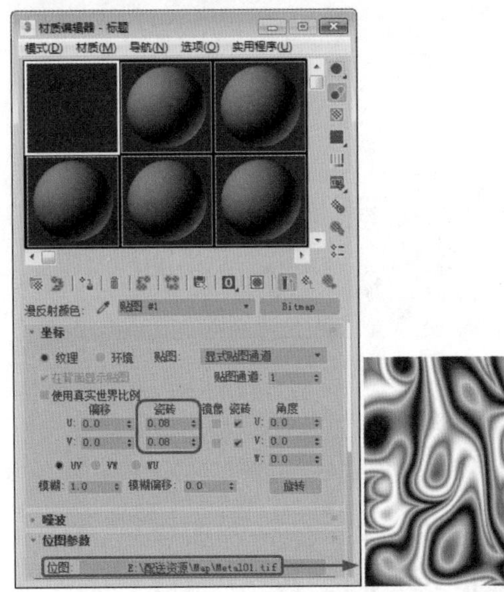

图15-20

Step 20 单击【转到父对象】按钮，将【凹凸】右侧的数量设置为15，如图15-21所示。

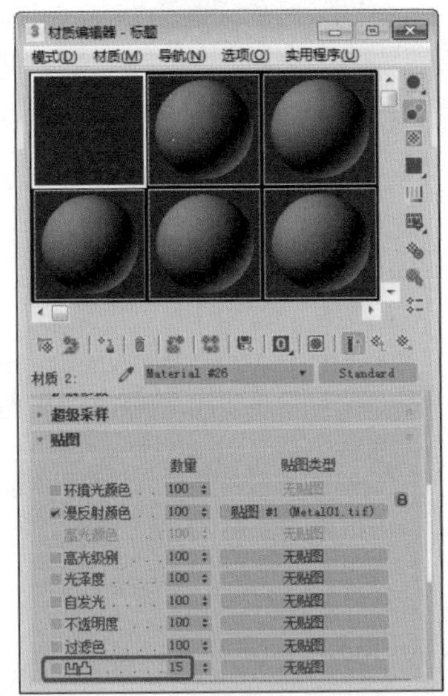

图15-21

Step 21 单击其后面的【无贴图】按钮，在打开的【材质/贴图浏览器】对话框中选择【噪波】选项，进入【噪波】贴图层级。在【噪波参数】卷展栏中选中【分形】单选按钮，将【大小】设置为0.5，将【颜色#1】的RGB值设置为134、134、134，如图15-22所示。

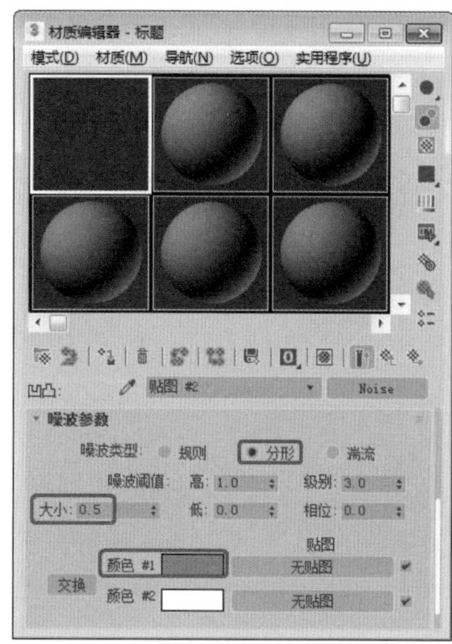
图15-22

Step 22 单击两次【转到父对象】按钮，单击【遮罩】通道右侧的【无贴图】按钮，在弹出的【材质/贴图浏览器】对话框中选择【渐变坡度】选项，如图15-23所示。

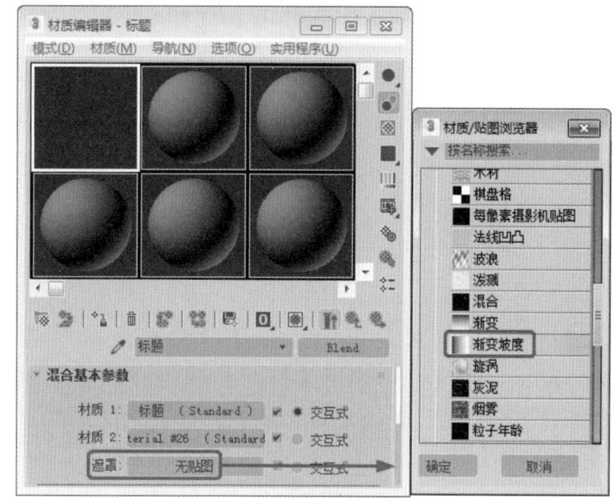
图15-23

Step 23 单击【确定】按钮，在【渐变坡度参数】卷展栏中将【位置】为第50帧的色标拖动到第95帧处，将其RGB值设置为0、0、0。在【位置】为第97帧处添加一个色标，将其RGB值设置为255、255、255。在【噪波】选项组中将【数量】设置为0.01，选中【分形】单选按钮，如图15-24所示。

Step 24 设置完毕后，将时间滑块拖动到第150帧处，单击【自动关键点】按钮，将【位置】为第95帧处的色标拖动至第1帧处，将第97帧位置处的色标拖动至第2帧处，如图15-25所示。

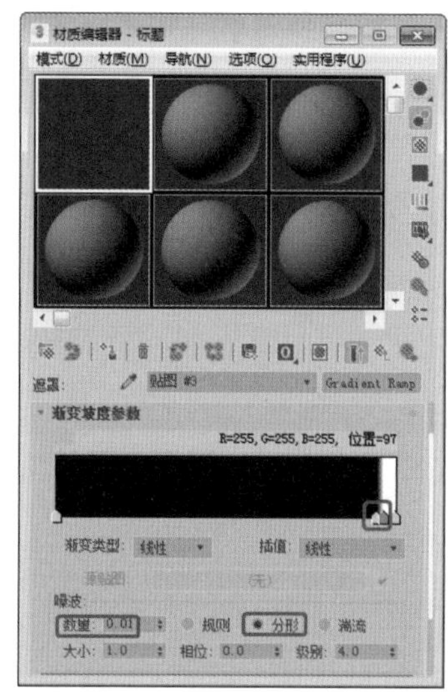
图15-24

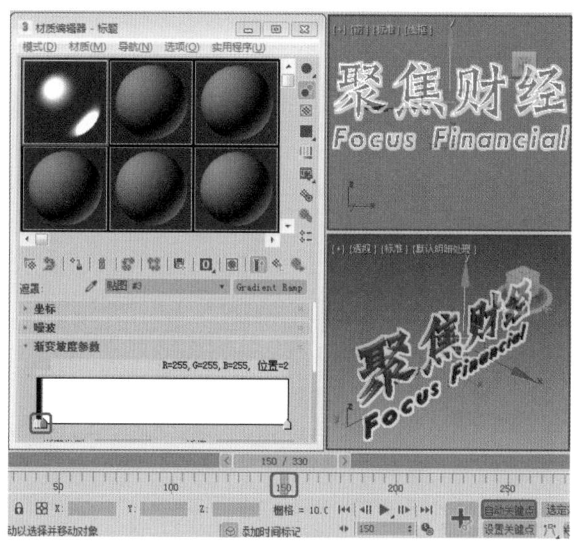

图15-25

Step 25 关闭自动关键点记录模式，选择【图形编辑器】|【轨迹视图-摄影表】命令，即可打开【轨迹视图-摄影表】对话框，如图15-26所示。

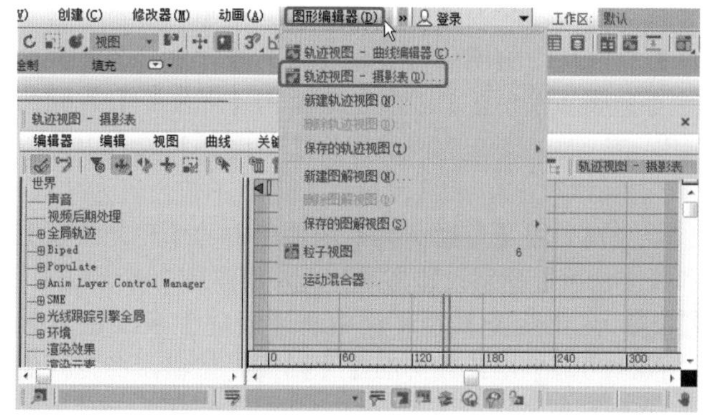
图15-26

Step 26 在面板左侧的序列中打开【材质编辑器材质】|【标题】|【遮罩】| Gradient Ramp，将第0帧处的关键帧移动至第95帧处，如图15-27所示。

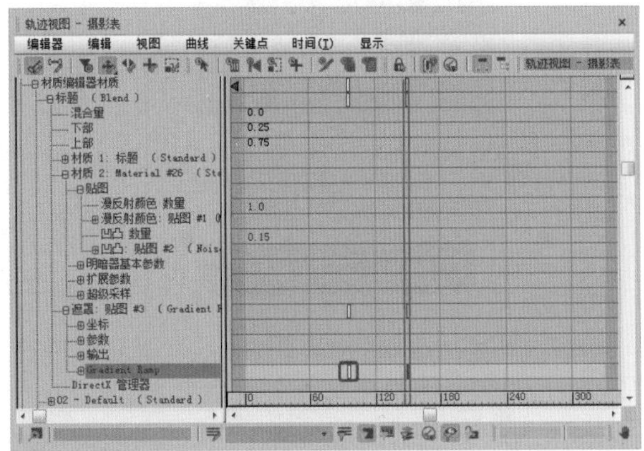

图15-27

Step 27 调整完成后，将该对话框关闭。在【材质编辑器】对话框中将设置完成后的材质指定给选定对象，然后在菜单栏中选择【编辑】|【反选】命令，如图15-28所示。

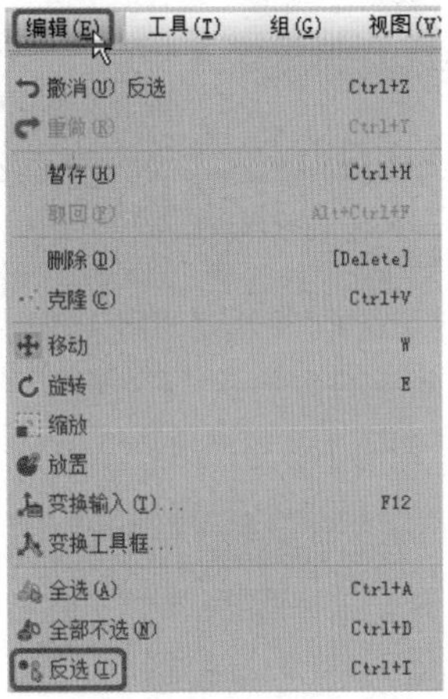

图15-28

Step 28 在【材质编辑器】对话框中选择一个材质样本球，将其命名为【文字轮廓】。在【明暗器基本参数】卷展栏中将明暗器类型设置为【（M）金属】。在【金属基本参数】卷展栏中单击【环境光】左侧的按钮，取消颜色的锁定，将【环境光】的RGB值设置为77、77、77，将【漫反射】的RGB值设置为178、178、178，将【反射高光】选项组中的【高光级别】和【光泽度】分别设置为75和51，如图15-29所示。

Step 29 在【贴图】卷展栏中将【反射】后面的数量设置为80，单击其右侧的【无贴图】按钮，在打开的【材质/贴图浏览器】对话框中选择【位图】选项，如图15-30所示。

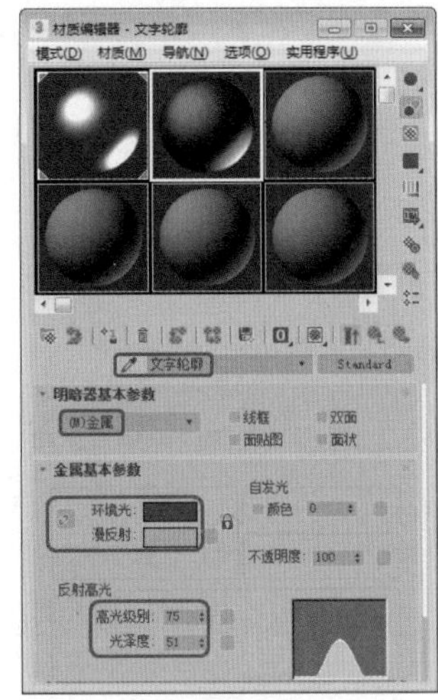

图15-29

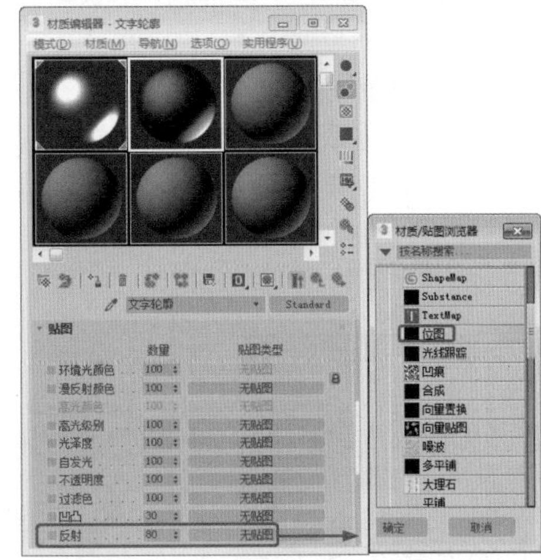

图15-30

Step 30 单击【确定】按钮。在打开的对话框中选择Map\Metals.jpg文件，单击【打开】按钮，在【坐标】卷展栏中将【瓷砖】下的U和V分别设置为0.5和0.2，如图15-31所示。

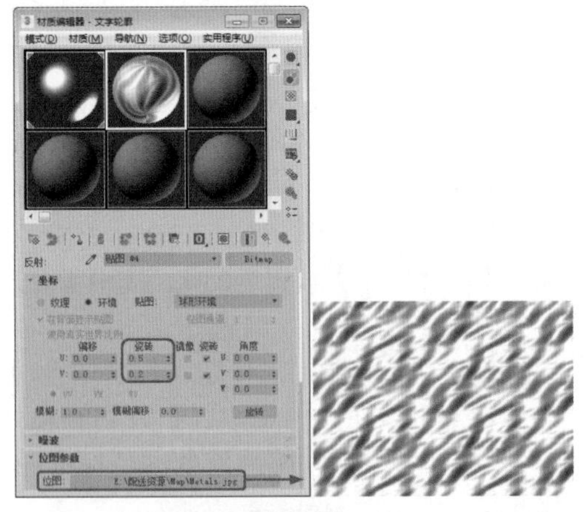

图15-31

Step 31 单击【转到父对象】按钮，返回到上一层级，将设置完成后的材质指定给选定对象，将【材质编辑器】对话框关闭。指定材质后的效果如图15-32所示。

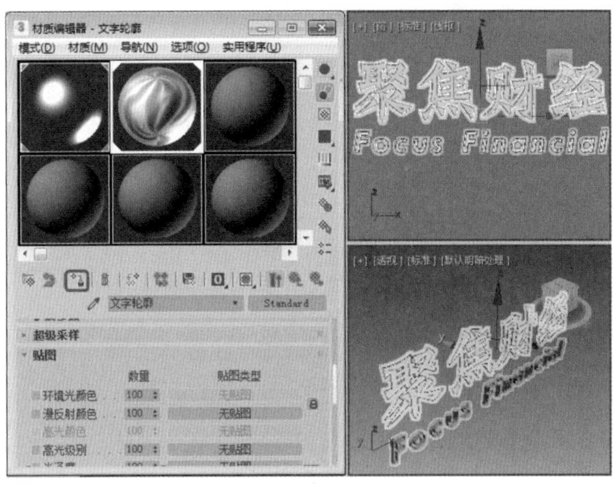

图15-32

Step 32 在视图中选择所有的【聚焦财经】对象，选择【组】|【组】命令，在弹出的【组】对话框中将【组名】命名为【文字标题】，如图15-33所示，单击【确定】按钮。

图15-33

Step 33 按Ctrl+I组合键进行反选，选择【组】|【组】命令，在弹出的【组】对话框中将【组名】命名为【字母标题】，如图15-34所示，单击【确定】按钮。

图15-34

实例204 创建摄影机和灯光

文本标题制作完成后，接下来介绍如何在场景中创建摄影机与灯光，并通过调整其参数达到需要的效果。

素材	无
场景	Scene\Cha15\制作电视台栏目片头.max
视频	视频教学\Cha15\实例204 创建摄影机和灯光.mp4

Step 01 在视图中调整两个对象的位置，选择【创建】|【摄影机】|【目标】摄影机，在【顶】视图中创建一架摄影机。激活【透视】视图，按C键，将当前视图转换为摄影机视图，在【环境范围】选项组中勾选【显示】复选框，将【近距范围】和【远距范围】分别设置为8和811，将【目标距离】设置为533。在场景中调整摄影机的位置，如图15-35所示。

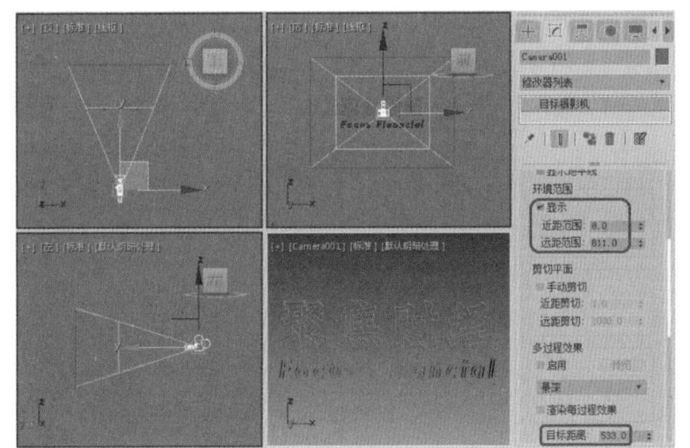

图15-35

Step 02 激活摄影机视图。在菜单栏中选择【视图】|【视口配置】命令，在弹出的【视口配置】对话框中切换到【安全框】选项卡，勾选【动作安全区】和【标题安全区】复选框，在【应用】选项组中勾选【在活动视图中显示安全框】复选框，如图15-36所示。

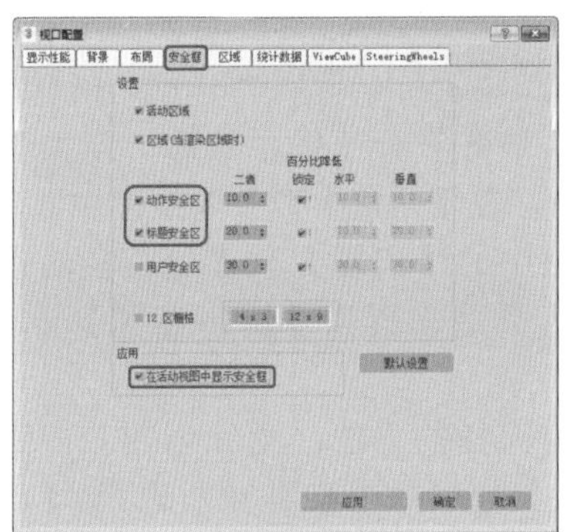

图15-36

Step 03 设置完成后，单击【确定】按钮，按F10键，弹出【渲染设置】对话框，将【宽度】、【高度】分别设置为640、400。此时摄影机视图如图15-37所示。

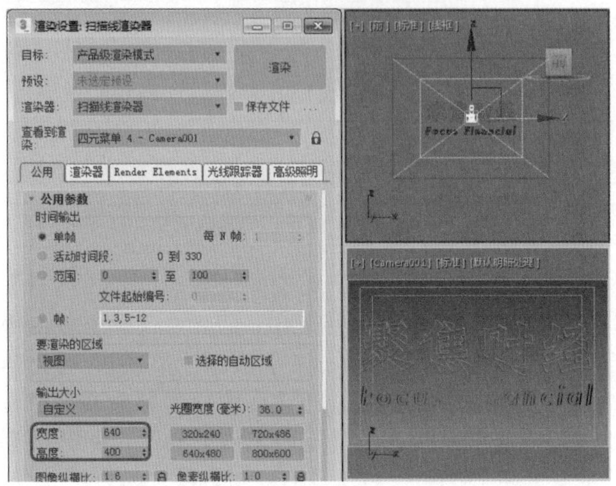

图15-37

Step 04 选择【创建】|【灯光】|【标准】|【泛光】工具，在【顶】视图中创建一盏泛光灯，在视图中调整灯光的位置，如图15-38所示。

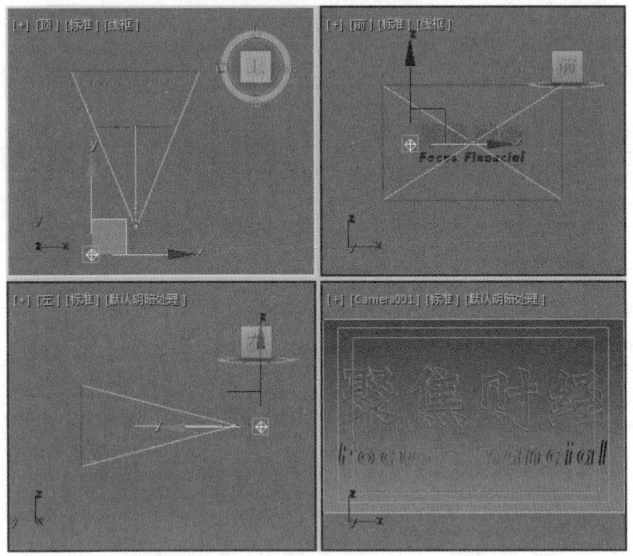

图15-38

Step 05 确认该灯光处于选中状态。切换至【修改】命令面板中，在【常规参数】卷展栏中取消勾选【阴影】选项组中的【启用】和【使用全局设置】复选框，将阴影类型设置为【阴影贴图】，如图15-39所示。

Step 06 使用同样的方法，继续创建一盏泛光灯。在【常规参数】卷展栏中取消勾选【阴影】选项组中的【启用】和【使用全局设置】复选框，将阴影类型设置为【阴影贴图】，在【强度/颜色/衰减】卷展栏中将【倍增】设置为0.6，在视图中调整其位置，如图15-40所示。

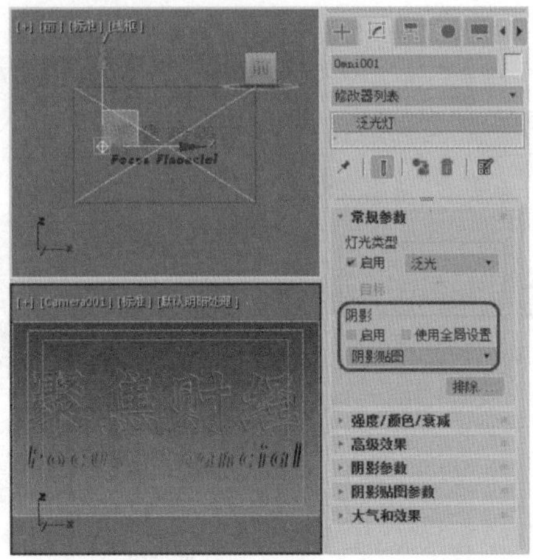

图15-39

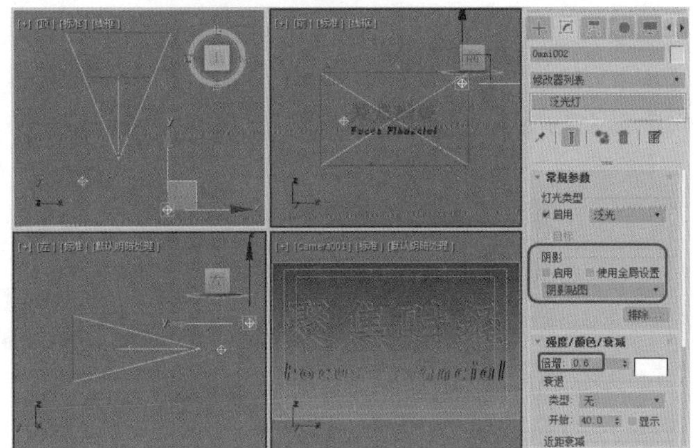

图15-40

实例205 设置背景

本案例主要介绍如何为节目片头设置背景。本案例主要通过在【环境和效果】对话框中添加环境贴图，然后在【材质编辑器】对话框中通过设置其参数达到动画效果。

素材	Map\背景025.jpg
场景	Scene\Cha15\制作电视台栏目片头.max
视频	视频教学\Cha15\实例205 设置背景.mp4

Step 01 按8键，弹出【环境和效果】对话框，在【背景】选项组中单击【环境贴图】下面的【无】按钮，在打开的【材质/贴图浏览器】对话框中选择【位图】

选项，单击【确定】按钮。在打开的对话框中选择“Map\背景025.jpg”文件，如图15-41所示，单击【打开】按钮。

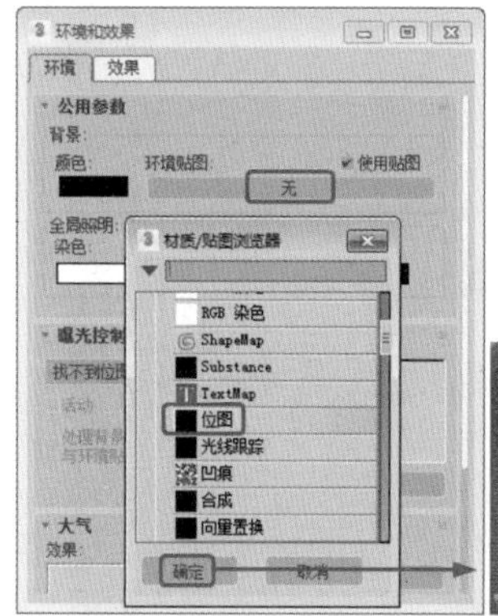

图15-41

Step 02 按M键，打开【材质编辑器】对话框，将环境贴图拖动到材质编辑器中新的样本球上，在弹出的对话框中选中【实例】单选按钮，单击【确定】按钮，在【材质编辑器】对话框中的【坐标】卷展栏中将【贴图】设置为【屏幕】，如图15-42所示。

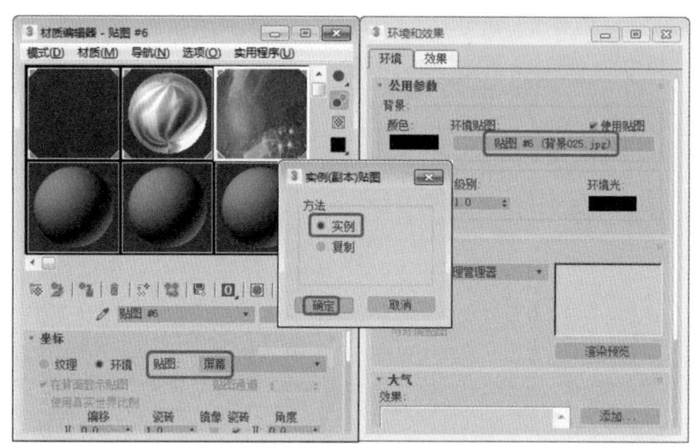

图15-42

Step 03 将时间滑块拖动到第0帧处，按N键，打开动画记录模式，勾选【裁剪/放置】选项组中的【应用】复选框，将U、V、W、H分别设置为0.256、0.272、0.432、0.404，如图15-43所示。

Step 04 将时间滑块拖动到第89帧处，在【裁剪/放置】选项组中将U、V、W、H分别设置为0、0、1、1，如图15-44所示。

Step 05 设置完成后关闭【自动关键点】按钮和【材质编辑器】对话框。激活摄影机视图，按Alt+B组合键，在弹出的对话框中选中【使用环境背景】单选按钮，如图15-45所示。

Step 06 设置完成后单击【确定】按钮，效果如图15-46所示。

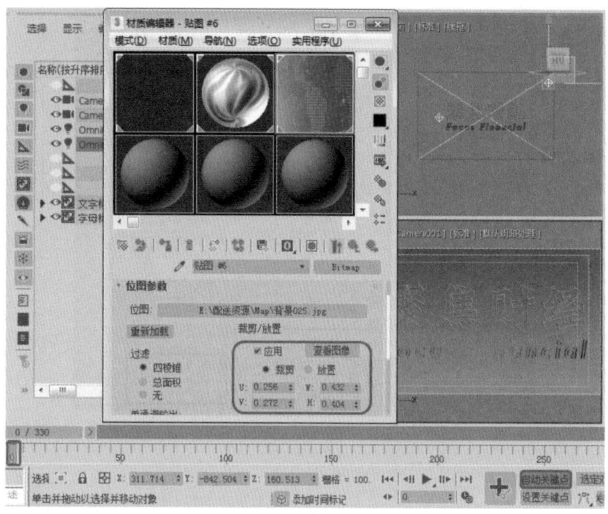

图15-43

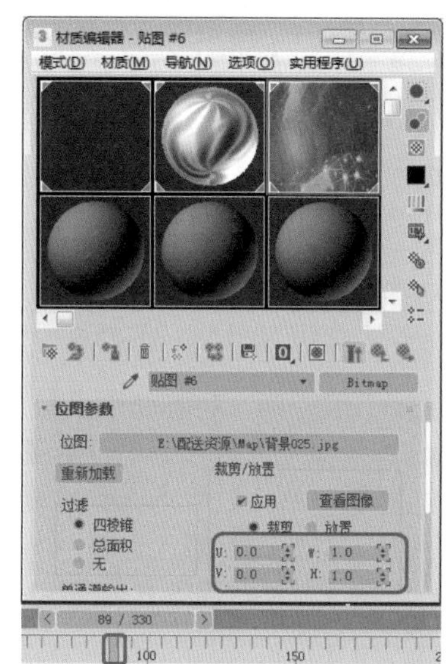

图15-44

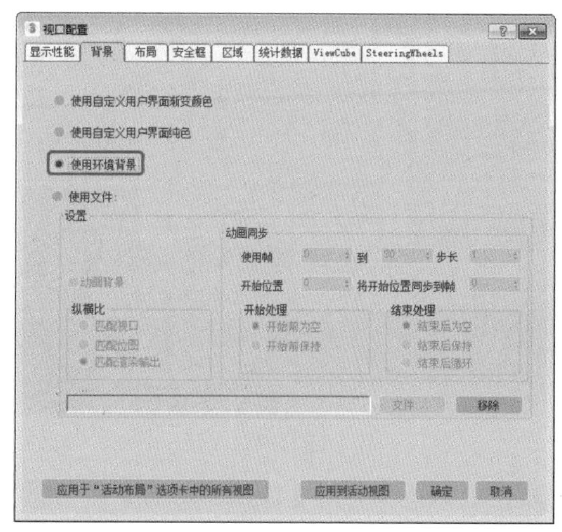

图15-45

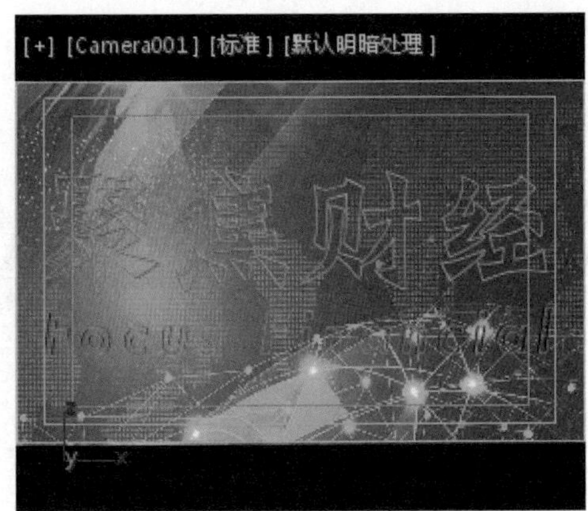

图15-46

实例206 为标题添加动画效果

在本案例主要介绍如何通过【自动关键点】为标题添加动画效果。

素材	无
场景	Scene\Cha15\制作电视台栏目片头.max
视频	视频教学\Cha15\实例206 为标题添加动画效果.mp4

Step 01 按Shift+L组合键，将场景中的灯光隐藏。按Shift+C组合键将场景中的摄影机进行隐藏。在场景中选择【文字标题】对象，激活【顶】视图，在工具栏中右击【选择并旋转】按钮，在弹出的【旋转变换输入】对话框中将【偏移：屏幕】选项组中的Z设置为90，如图15-47所示。

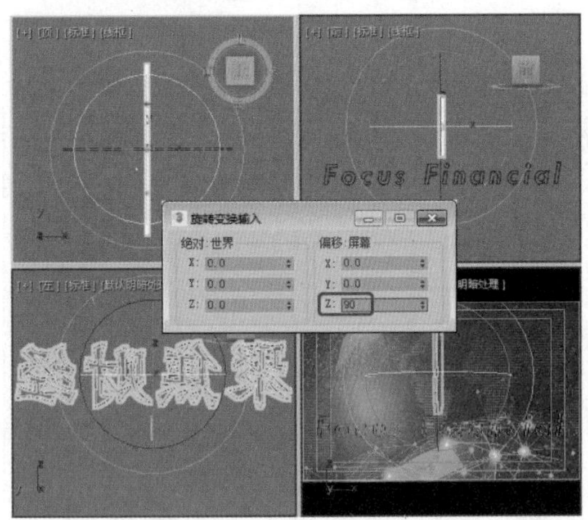

图15-47

Step 02 在工具栏中右击【选择并移动】按钮，在弹出的【移动变换输入】对话框中将【绝对：世界】选项组中的X、Y、Z分别设置为2.43、2813.511、29.299，如图15-48所示。

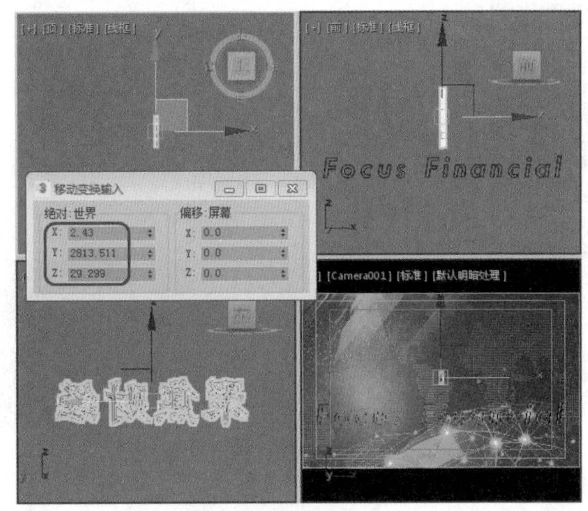

图15-48

Step 03 在视图中选中【字母标题】对象，在【移动变换输入】对话框中将【绝对：世界】选项组中的X、Y、Z分别设置为-760.99、-584.03、-55.368，如图15-49所示。

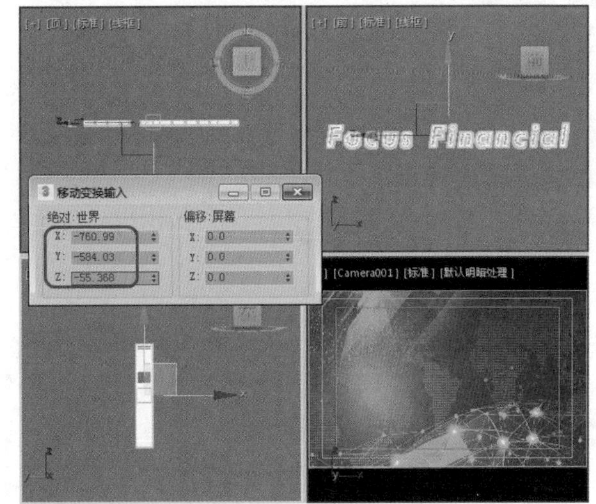

图15-49

Step 04 将时间滑块拖动到第90帧处，单击【自动关键点】按钮，确认【字母标题】对象处于选中状态，在【移动变换输入】对话框中将【绝对：世界】选项组中的X、Y、Z分别设置为1.689、-0.678、-51.445，如图15-50所示。

Step 05 在视图中选中【文字标题】对象，在【移动变换输入】对话框中将【绝对：世界】选项组中的X、Y、Z分别设置为2.43、-0.678、29.299，如图15-51所示。

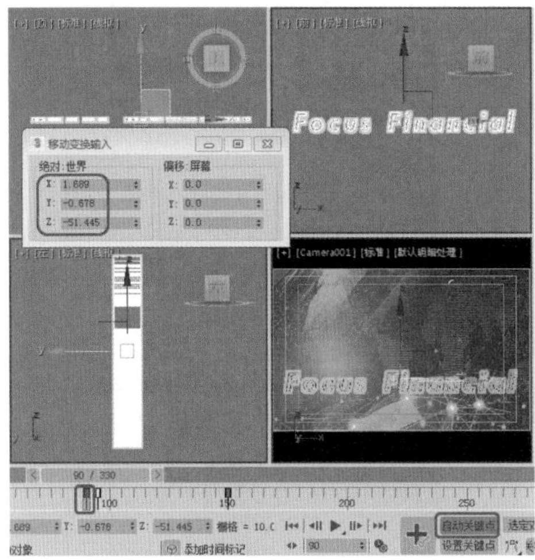

图15-50

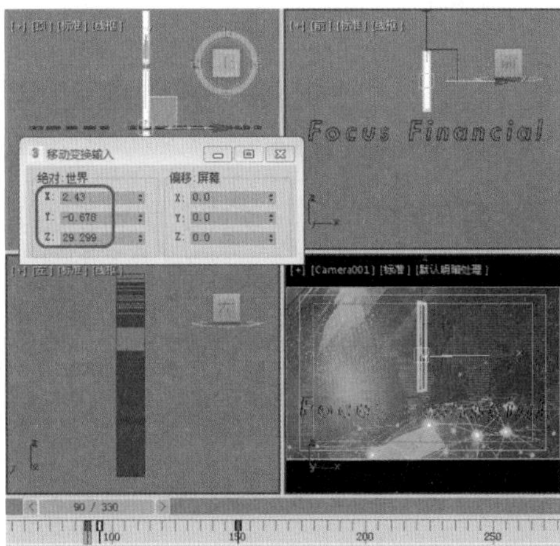

图15-51

Step 06 在工具栏中右击【选择并旋转】按钮，激活【顶】视图，在弹出的【旋转变换输入】对话框中将【偏移：屏幕】选项组中的Z设置为-90，如图15-52所示。

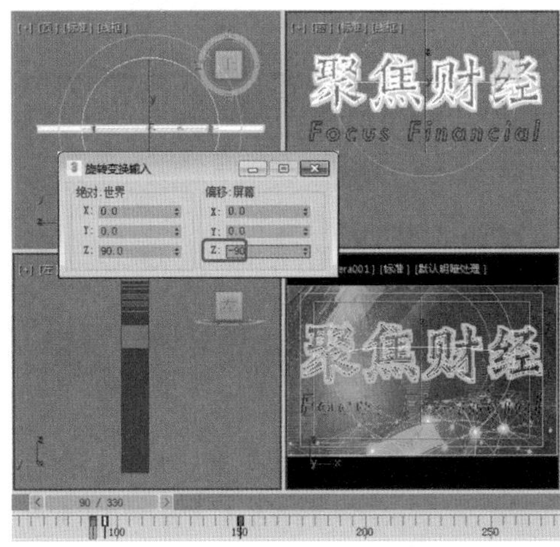

图15-52

Step 07 设置完成后，将该对话框关闭。按N键，关闭【自动关键点】记录模式，使用【选择并移动】工具在场景中选择【文字标题】和【字母标题】对象，打开【轨迹视图-摄影表】对话框，如图15-53所示。

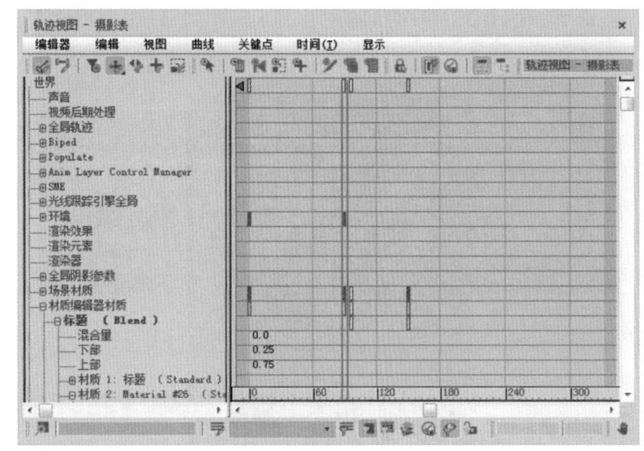

图15-53

Step 08 选择【文字标题】右侧第0帧处的关键帧，按住鼠标左键将其拖动至第10帧处，如图15-54所示。

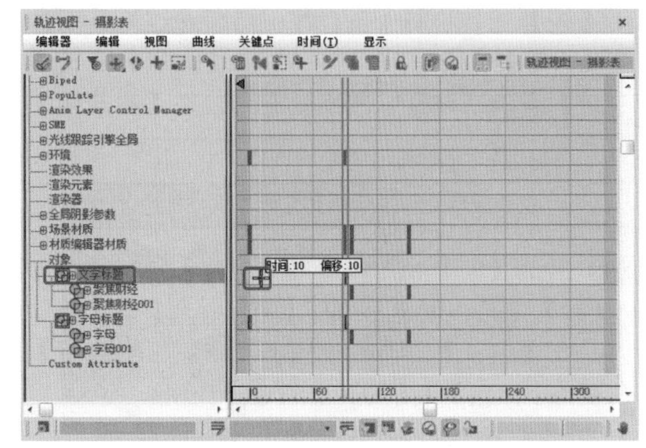

图15-54

Step 09 选择【字母标题】右侧第0帧处的关键帧，按住鼠标左键将其拖动至第30帧处，如图15-55所示。

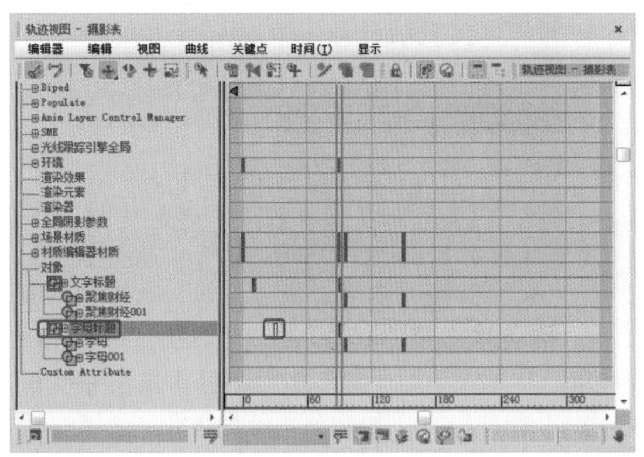

图15-55

Step 10 调整完成后，将该对话框关闭。用户可以拖动时间滑块查看效果，如图15-56所示。

图15-56

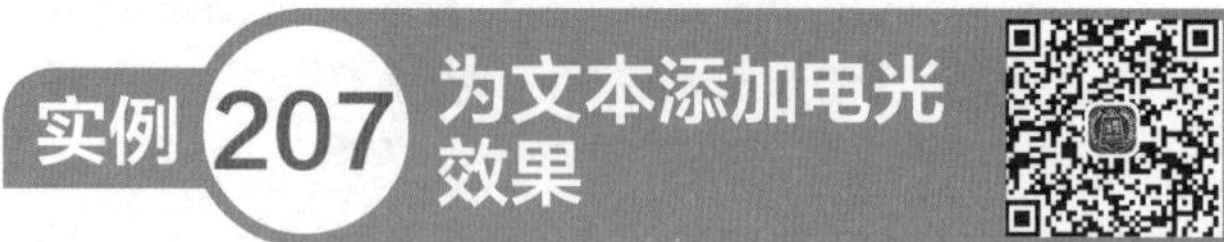

实例 207 为文本添加电光效果

本案例主要介绍如何为文本添加电光效果。首先利用【线】工具绘制一条直线，然后通过为其添加关键帧及材质来完成制作。

素材	无
场景	Scene\Cha15\制作电视台栏目片头.max
视频	视频教学\Cha15\实例207 为文本添加电光效果.mp4

Step 01 激活【前】视图，选择【创建】 |【图形】 |【线】工具，创建一个与【聚焦财经】高度相等的线段。在【渲染】卷展栏中勾选【在渲染中启用】和【在视口中启用】复选框，如图15-57所示。

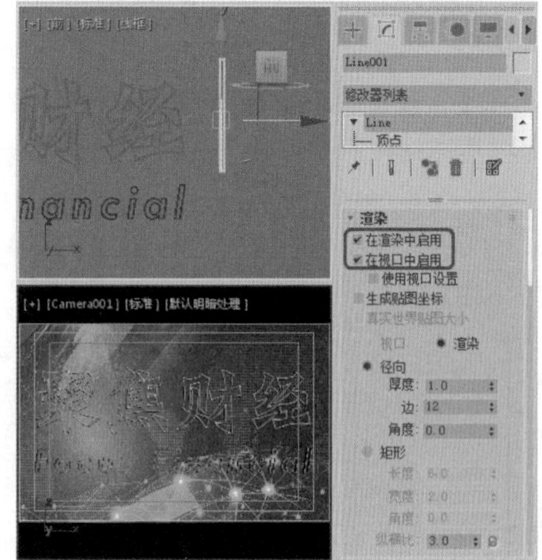

图15-57

Step 02 确定新创建的线段处于选中状态，单击鼠标右键，在弹出的快捷菜单中选择【对象属性】命令，在弹出的【对象属性】对话框中将【对象ID】设置为1，如图15-58所示。

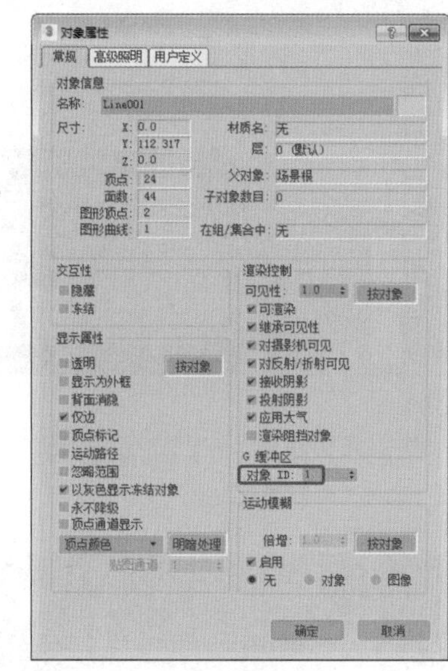

图15-58

Step 03 设置完成后，单击【确定】按钮，将时间滑块拖动到第150帧处，单击【自动关键点】按钮，单击工具栏中的【选择并移动】按钮，激活【前】视图，将线沿X轴向左移至【聚】字的左侧边缘，如图15-59所示。设置完成后关闭【自动关键点】按钮。

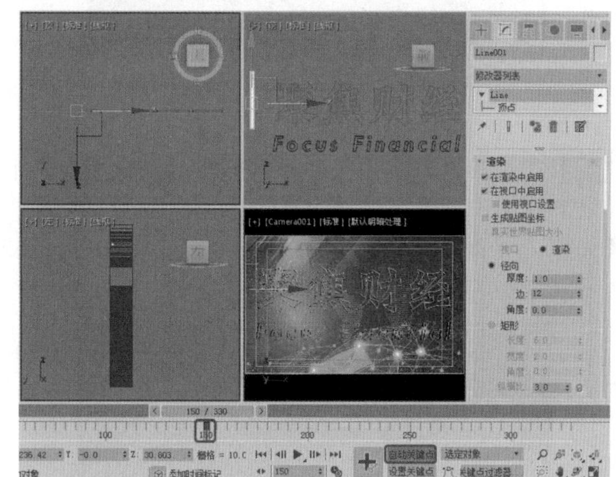

图15-59

Step 04 确定线处于选中状态，打开【轨迹视图-摄影表】对话框，在左侧的面板中选择Line001下的【变换】选项，将其右侧第0帧处的关键帧移动至第95帧处，如图15-60所示。

Step 05 在【轨迹视图-摄影表】对话框左侧的选项栏中选择Line001，在菜单栏中选择【编辑】|【可见性轨迹】|【添加】命令，为Line001添加一个可见性轨迹，

如图15-61所示。

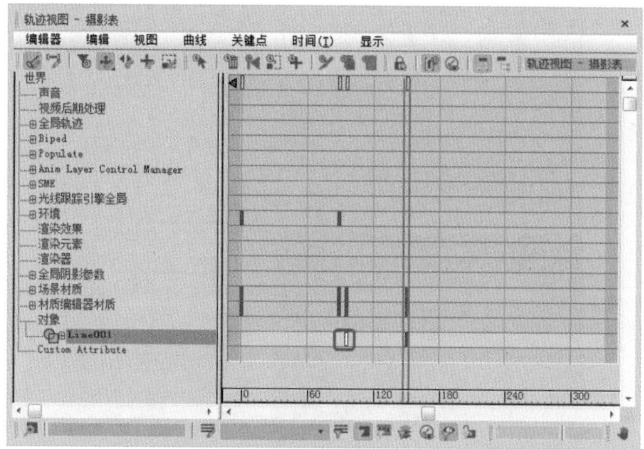

图15-60

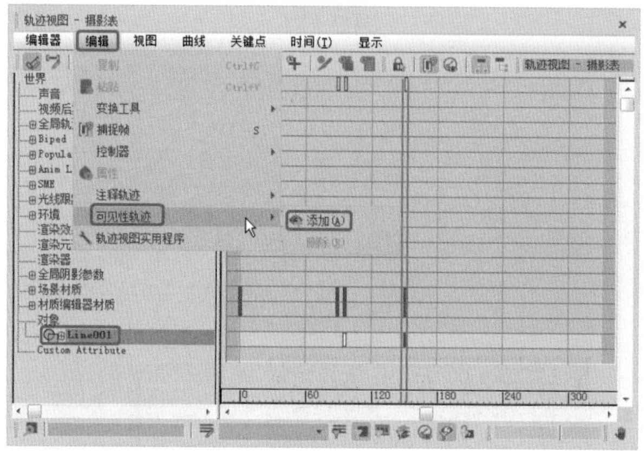

图15-61

Step 06 选择【可见性】选项，在工具栏中单击【添加/移除关键点】按钮，在第94帧处添加一个关键点，将其值设置为0.000，表示在该帧时不可见，如图15-62所示。

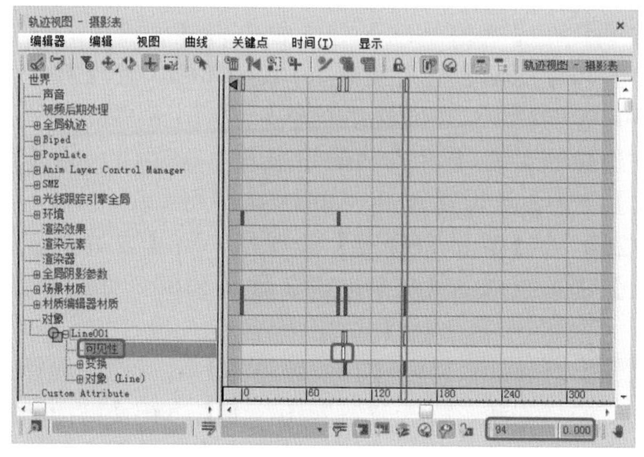

图15-62

Step 07 在第95帧处添加关键点，将其值设置为1.000，表示在该帧时可见，如图15-63所示。

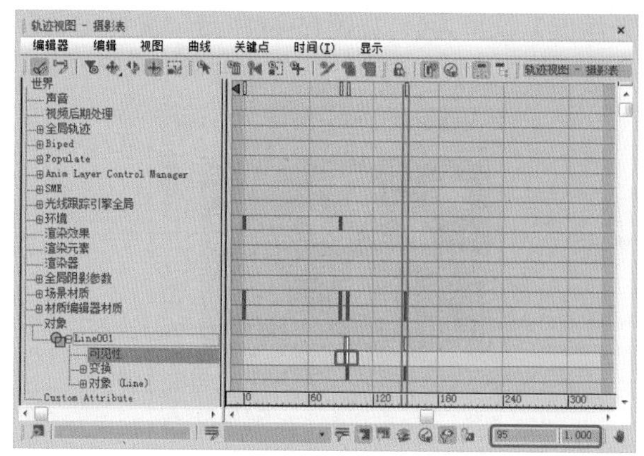

图15-63

Step 08 使用同样的方法，在第150帧处添加关键帧，将值设置为1.000，如图15-64所示。

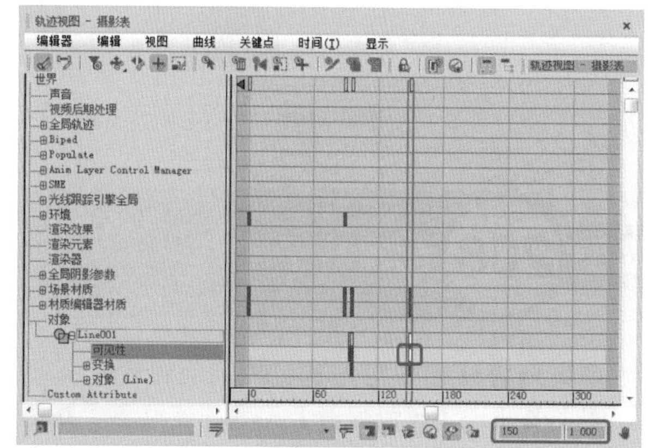

图15-64

Step 09 在第151帧处添加关键帧，将值设置为0.000，如图15-65所示。

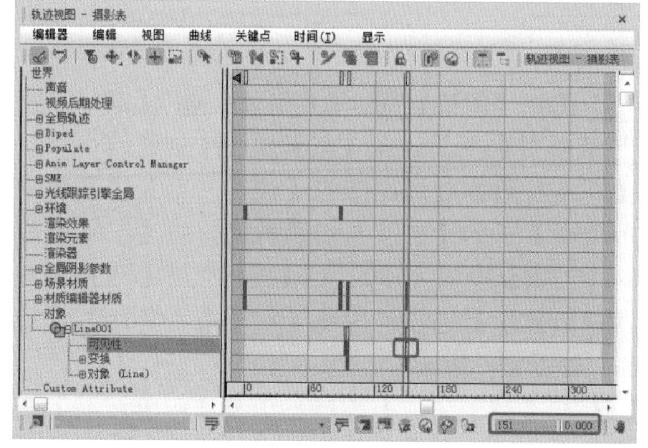

图15-65

Step 10 添加完成后，将该对话框关闭。按M键，在弹出的【材质编辑器】对话框中选择一个新样本球，将其命名为【线】。在【Blinn基本参数】卷展栏中将【不透明度】设置为0，在【反射高光】选项组中将

【光泽度】设置为0，如图15-66所示。设置完成后，将该材质指定给选定对象，并将该对话框关闭。

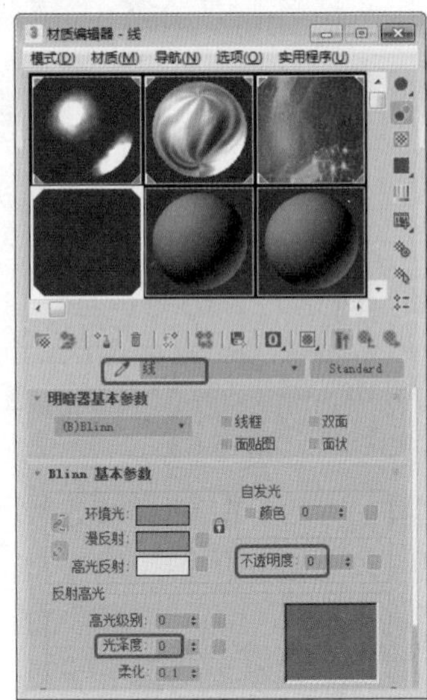

图15-66

实例 208 创建粒子系统

本案例将介绍如何为节目片头创建粒子系统。本案例主要通过【超级喷射】工具创建粒子，并使用【螺旋线】工具来绘制路径，然后为创建的粒子添加路径约束，使其沿路径运动。

素材	无
场景	Scene\Cha15\制作电视台栏目片头.max
视频	视频教学\Cha15\实例208 创建粒子系统.mp4

Step 01 选择【创建】 |【几何体】 |【粒子系统】|【超级喷射】工具，在【左】视图中创建粒子系统。在【基本参数】卷展栏中将【粒子分布】选项组中的【轴偏离】下的【扩散】设置为15，将【平面偏离】下的【扩散】设置为180，将【图标大小】设置为45，在【视口显示】选项组中将【粒子数百分比】设置为50%，如图15-67所示。

Step 02 在【粒子生成】卷展栏中将【粒子运动】选项组中的【速度】和【变化】分别设置为8和5，将【粒子计时】选项组中的【发射开始】、【发射停止】、【显示时限】、【寿命】和【变化】分别设置为30、150、180、25和5，将【粒子大小】选项组中的【大小】、【变化】、【增长耗时】和【衰减耗时】分别设置为8、18、5和8，如图15-68所示。

图15-67

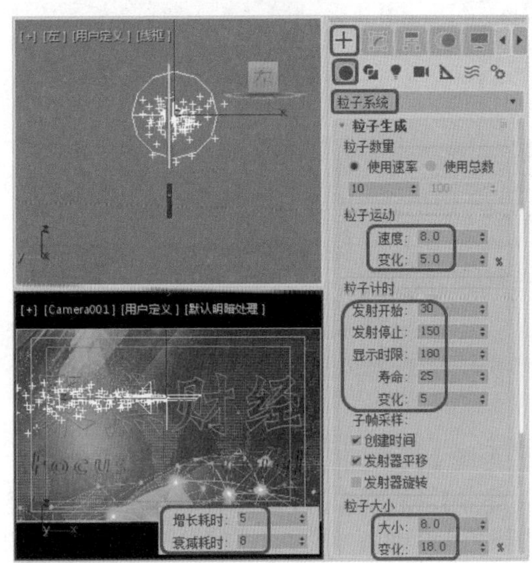

图15-68

Step 03 在【气泡运动】卷展栏中将【幅度】、【变化】和【周期】分别设置为10、0和45。在【粒子类型】卷展栏中选中【标准粒子】选项组中的【球体】单选按钮，在【材质贴图和来源】选项组中将【时间】下的参数设置为60，如图15-69所示。

Step 04 在【旋转和碰撞】卷展栏中将【自旋速度控制】选项组中的【自旋时间】设置为60，如图15-70所示。

Step 05 按M键，打开【材质编辑器】对话框，选择一个新的样本球，将其命名为【粒子】。在【贴图】卷展栏中单击【漫反射颜色】后面的【无贴图】按钮，在弹出的【材质/贴图浏览器】对话框中选择【粒子年龄】选项，单击【确定】按钮，如图15-71所示。

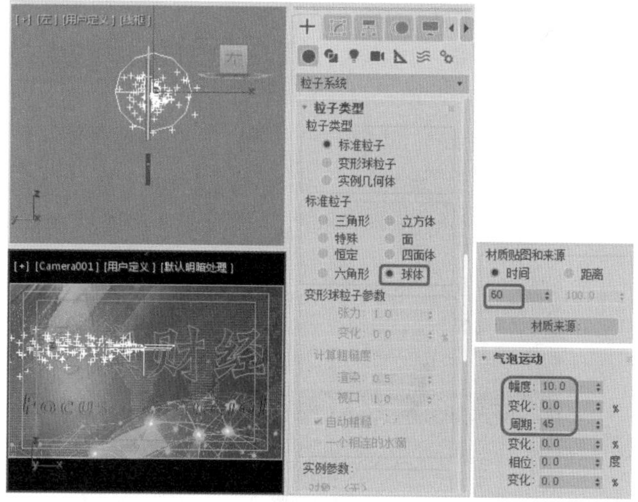

图15-69

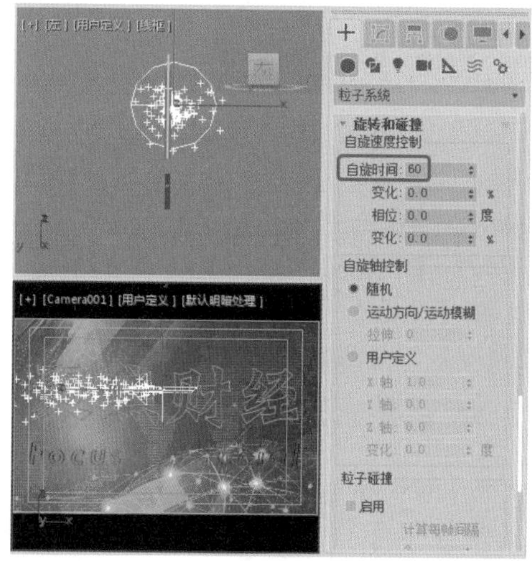

图15-70

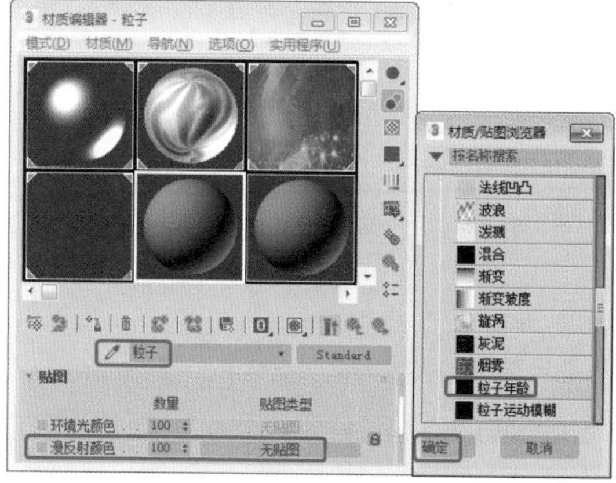

图15-71

Step 06 进入【漫反射】通道，在【粒子年龄参数】卷展栏中将【颜色#1】的RGB值设置为255、255、255，将【颜色#2】的RGB值设置为245、148、25，将【颜色#3】的RGB值设置为255、0、0，如图15-72所示。

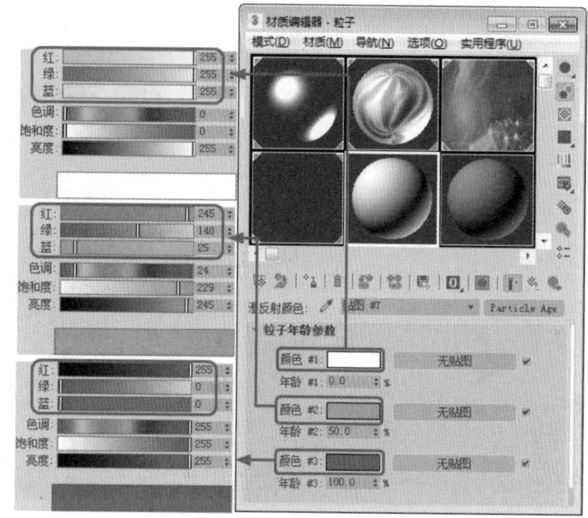

图15-72

Step 07 单击【转到父对象】按钮，在【贴图】卷展栏中单击【不透明度】通道右侧的【无贴图】按钮，在弹出的对话框中选择【渐变】选项，如图15-73所示。

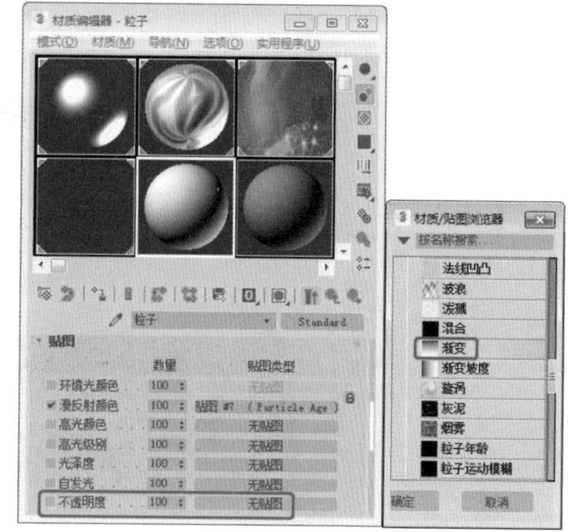

图15-73

Step 08 单击【确定】按钮，使用其默认参数。设置完成后，将材质指定给选定对象，并将该对话框关闭。在视图中调整其位置，如图15-74所示。

Step 09 将时间滑块拖动到第170帧处，单击【自动关键点】按钮，激活【前】视图，选择工具栏中的【选择并移动】工具，确定当前作用轴为X轴，将粒子移动至【字母标题】的右侧，如图15-75所示，设置完成后关闭【自动关键点】按钮。

Step 10 打开【轨迹视图-摄影表】对话框，在对话框左侧选择SuperSpray001下的【变换】选项，将其右侧第0帧处的关键帧拖动至第80帧处，如图15-76所示。

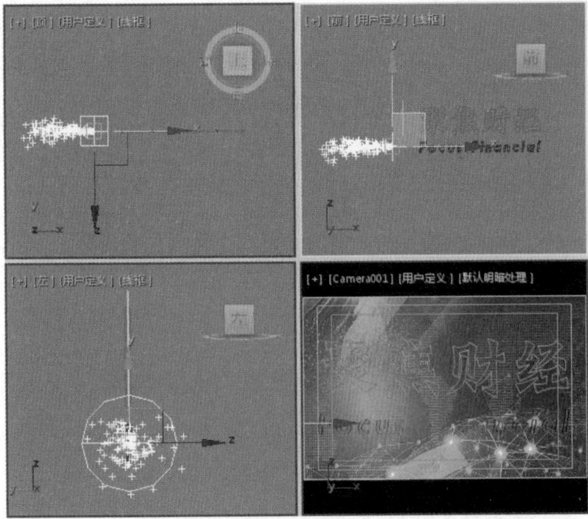

图15-74

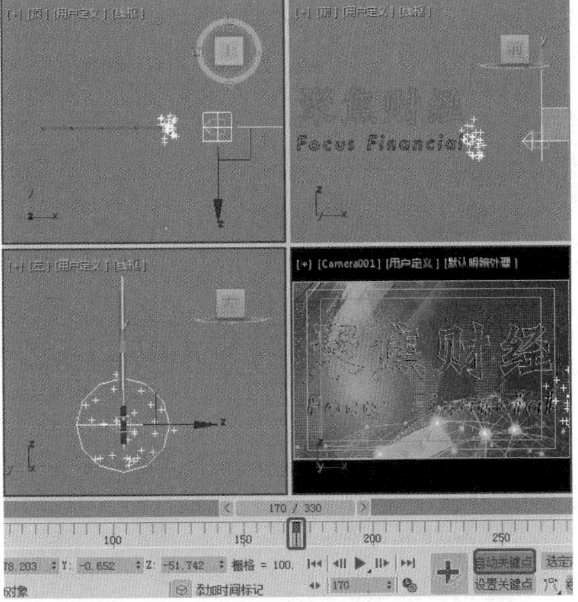

图15-75

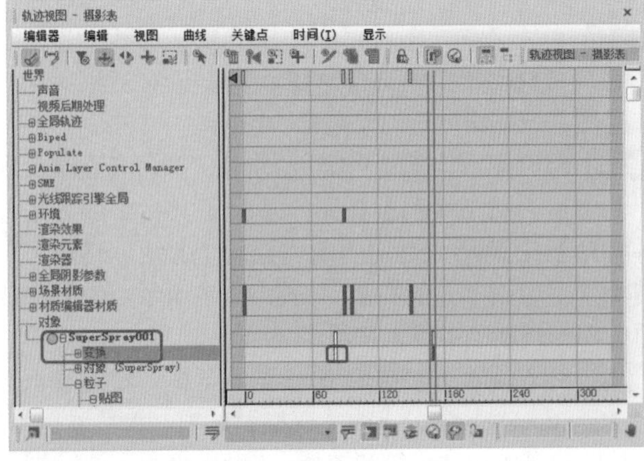

图15-76

Step 11 调整完成后，将该对话框关闭，选择【创建】 |【图形】 |【螺旋线】工具，在【左】视图中创建一条螺旋线，如图15-77所示。

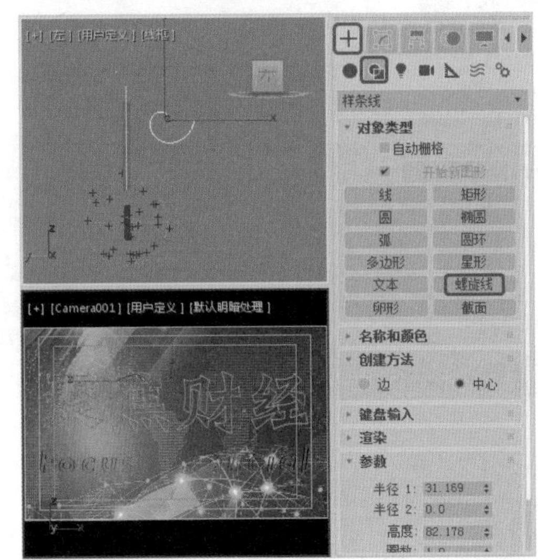

图15-77

Step 12 确认该对象处于选中状态。切换至【修改】命令面板中，将其命名为【路径】，在【渲染】卷展栏中取消勾选【在渲染中启用】和【在视口中启用】复选框，在【参数】卷展栏中将【半径1】、【半径2】、【高度】、【圈数】、【偏移】分别设置为60、50、492、5、-0.04。在视图中调整其位置，如图15-78所示。

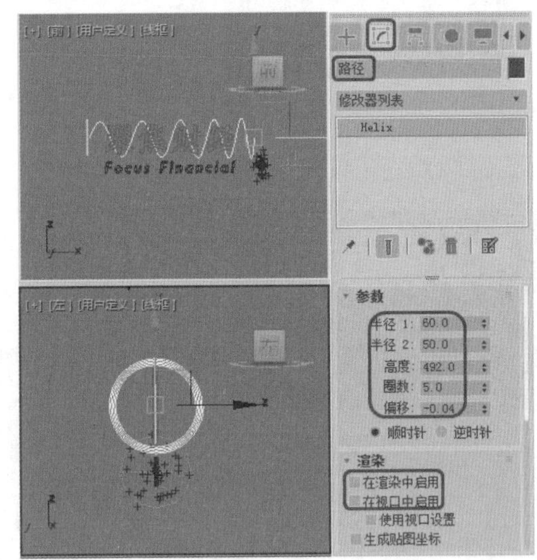

图15-78

Step 13 选择【创建】 |【几何体】 |【粒子系统】|【超级喷射】工具，在【顶】视图中创建粒子系统。在【基本参数】卷展栏中将【粒子分布】选项组中的【轴偏离】和【扩散】都设置为180，将【平面偏离】

下的【扩散】设置为180，将【图标大小】设置为3.9，在【视口显示】选项组中选中【网格】单选按钮，如图15-79所示。

Step 14 在【粒子生成】卷展栏中选中【使用速率】单选按钮，将其参数设置为20，将【粒子运动】选项组中的【速度】和【变化】分别设置为0.46和30，将【粒子计时】选项组中的【发射开始】、【发射停止】、【显示时限】、【寿命】和【变化】分别设置为150、250、260、54和50，将【粒子大小】选项组中的【大小】、【变化】、【增长耗时】和【衰减耗时】分别设置为6.976、26.58、8和50，如图15-80所示。

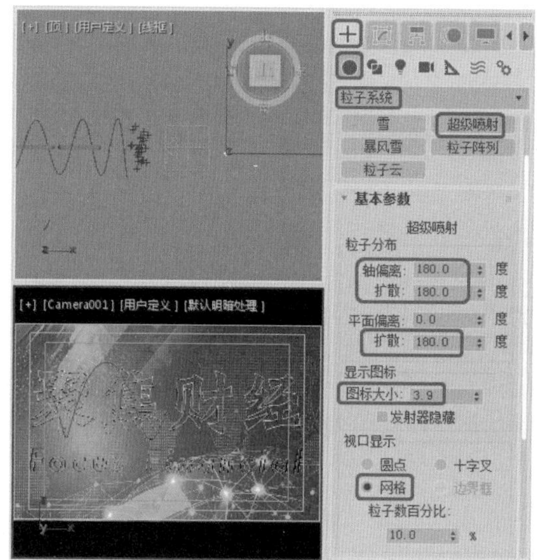

图15-79

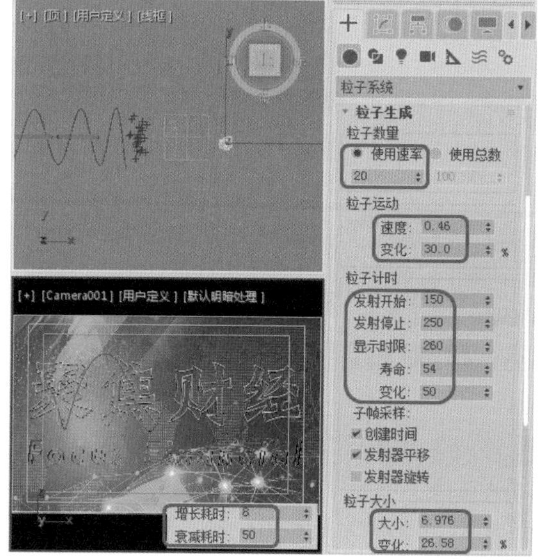

图15-80

Step 15 在【粒子类型】卷展栏中选中【标准粒子】选项组中的【面】单选按钮，在【材质贴图和来源】选项组中将【时间】的参数设置为45，如图15-81所示。

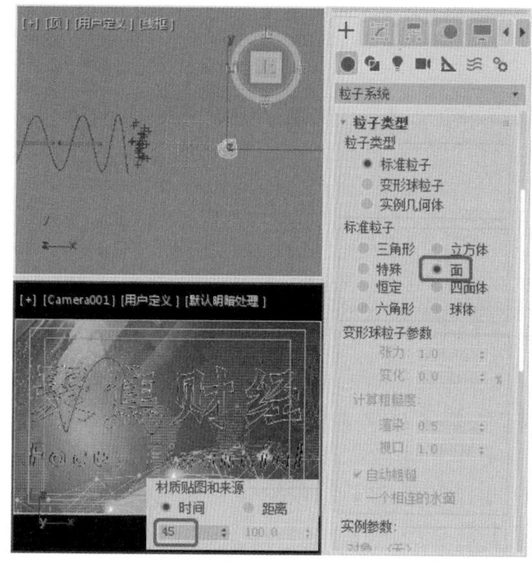

图15-81

Step 16 在【对象运动继承】卷展栏中将【倍增】设置为0，在【旋转和碰撞】卷展栏中将【自旋速度控制】选项组中的【自旋时间】、【变化】、【相位】分别设置为0、0、180，如图15-82所示。

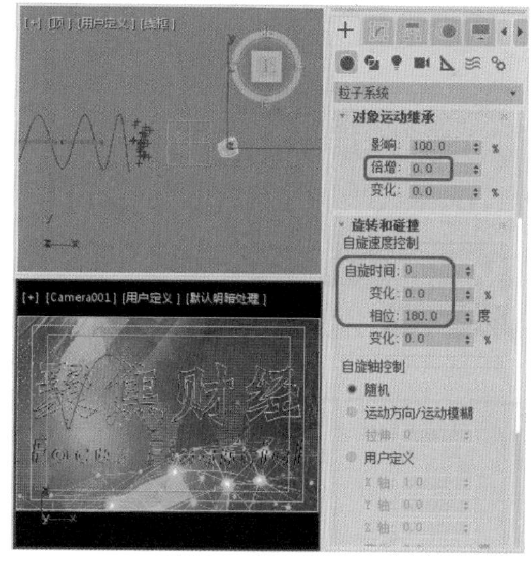

图15-82

Step 17 设置完成后，切换到【运动】命令面板。在【指定控制器】卷展栏中选择【变换】中的【位置：位置XYZ】选项，单击【指定控制器】按钮，在打开的【指定位置控制器】对话框中选择【路径约束】选项，如图15-83所示。

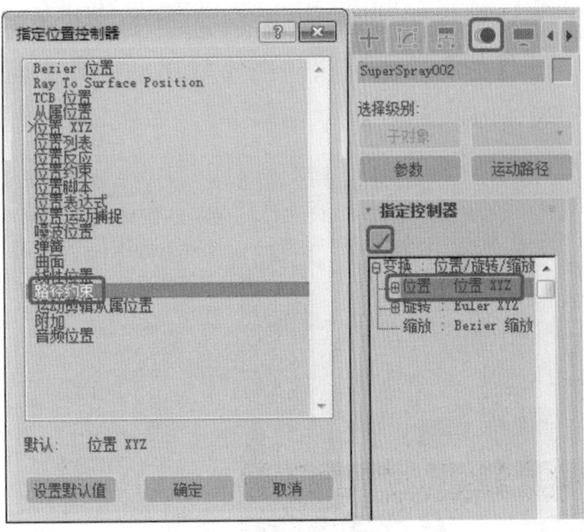

图15-83

Step 18 单击【确定】按钮，在【路径参数】卷展栏中单击【添加路径】按钮，在视图中选择【路径】对象，在【路径选项】选项组中勾选【跟随】复选框，在【轴】选项组中选中Z单选按钮并勾选【翻转】复选框，如图15-84所示。

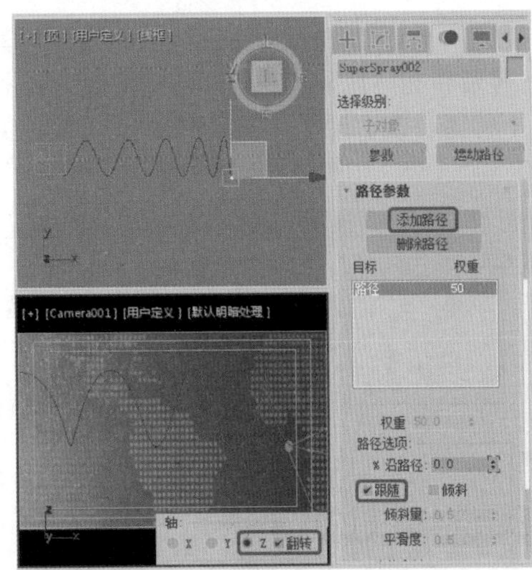

图15-84

Step 19 确认该对象处于选中状态。打开【轨迹视图-摄影表】对话框，在该对话框中选择左侧列表框中的SuperSpray002，将其左侧第0帧处的关键帧拖动至第150帧处，如图15-85所示。

Step 20 将SuperSpray002右侧第330帧处的关键帧拖动至第239帧处，如图15-86所示。

Step 21 调整完成后，将该对话框关闭。按M键，打开【材质编辑器】对话框，将其命名为【粒子02】，在【明暗器基本参数】卷展栏中勾选【面贴图】复选框。将【Blinn基本参数】卷展栏中的【环境光】的RGB值设置为189、138、2，如图15-87所示。

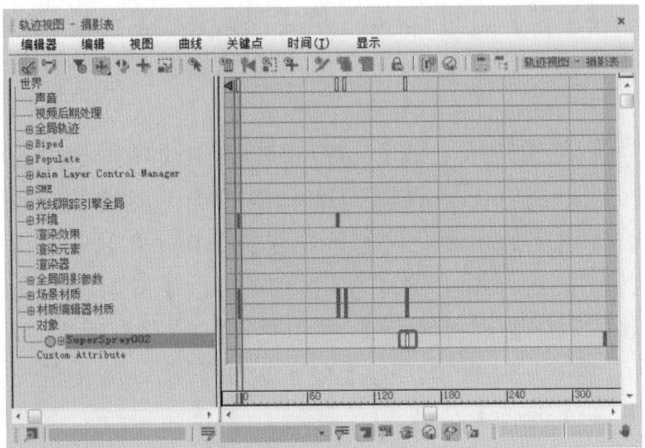

图15-85

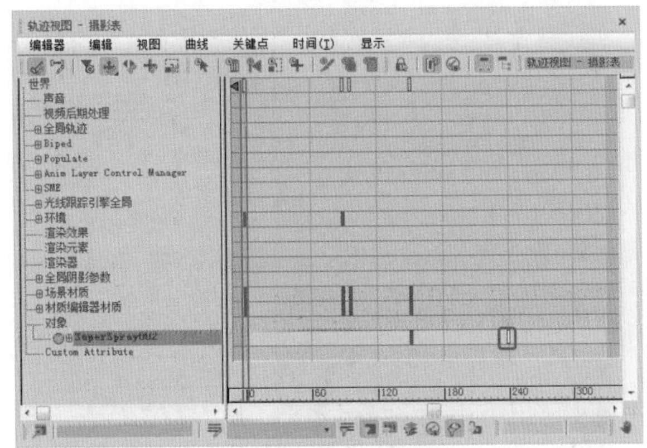

图15-86

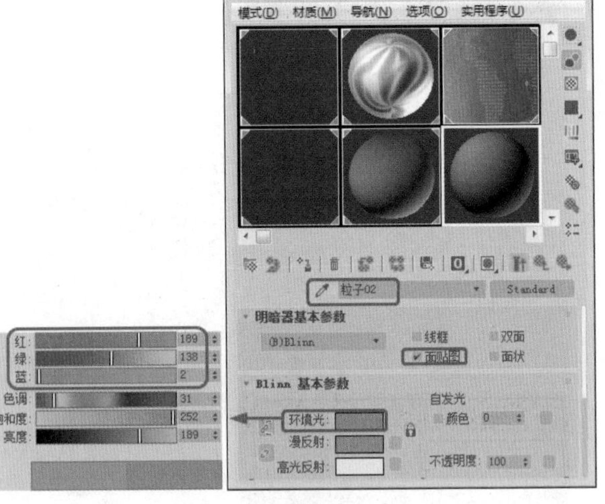

图15-87

Step 22 在【贴图】卷展栏中单击【不透明度】通道后面的【无贴图】按钮，在打开的【材质/贴图浏览器】对话框中双击【渐变】贴图。在【渐变参数】卷展栏中将【颜色2位置】设置为0.3，将【渐变类型】定义为【径向】，将【噪波】选项组中的【数量】设置为1，将【大小】设置为4.4，选中【分形】单选按钮，在工具列表中将【采样类型】定义为，如图15-88所示。设置完成后，将该材质指定给选定对象即可。

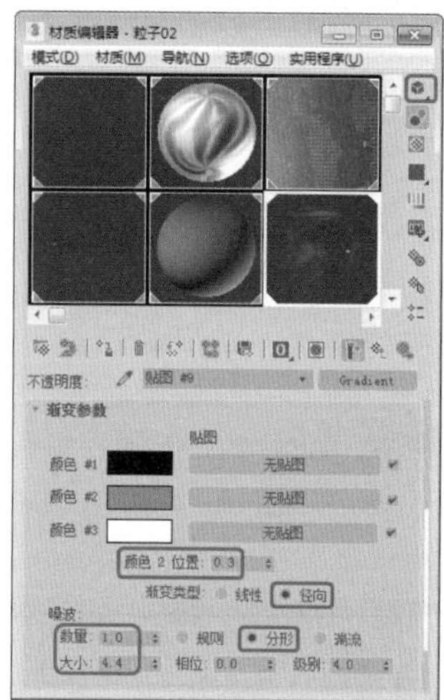
图15-88

实例209 创建点

本案例主要介绍如何使用【点】工具创建点，并为其添加动画效果。

素材	无
场景	Scene\Cha15\制作电视台栏目片头.max
视频	视频教学\Cha15\实例209 创建点.mp4

Step 01 选择【创建】 |【辅助对象】 |【点】工具，在【前】视图中单击鼠标，创建点对象，如图15-89所示。

图15-89

Step 02 确定点对象处于选中状态。选择工具栏中的【选择并链接】工具，在【点】对象上按住鼠标左键拖动鼠标至【粒子】对象上，当光标顶部变为白色时单击鼠标确定，如图15-90所示。

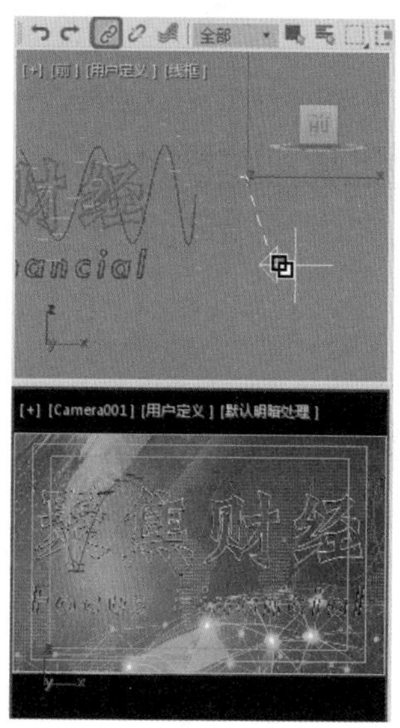
图15-90

Step 03 选择工具栏中的【对齐】工具，在场景中选择【粒子】对象，在弹出的对话框中勾选【X位置】、【Y位置】和【Z位置】复选框，选中【当前对象】和【目标对象】选项组中的【中心】单选按钮，如图15-91所示，设置完成后单击【确定】按钮，将视图中的【点】对象与【粒子】对象对齐。

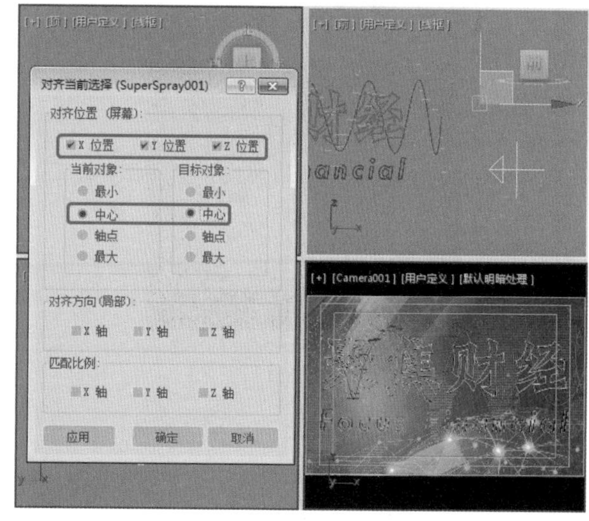
图15-91

Step 04 选择【创建】 |【辅助对象】 |【点】工具，在【前】视图中【聚焦财经】的右上角单击鼠标，创建点对象，如图15-92所示。

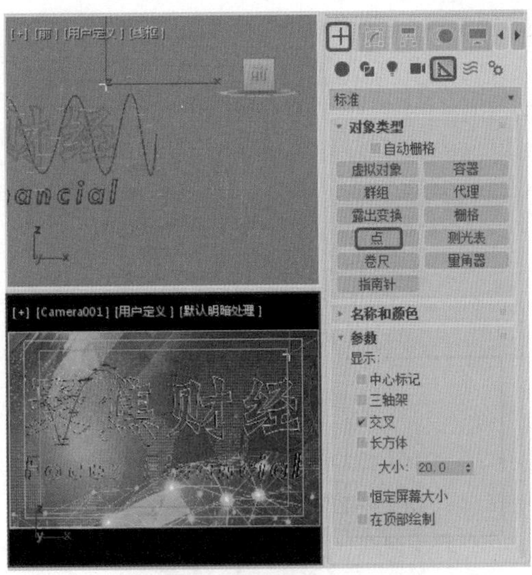

图15-92

Step 05 确定新创建的【点】对象处于选中状态。将时间滑块拖动至第310帧处，单击【自动关键点】按钮，选择工具栏中的【选择并移动】工具，在视图中对其进行调整，如图15-93所示。设置完成后关闭【自动关键点】按钮。

图15-93

Step 06 打开【轨迹视图-摄影表】对话框，在对话框左侧选择Point002下的【变换】选项，将第0帧处的关键帧拖动至第261帧处，如图15-94所示。调整完成后，将该对话框关闭即可。

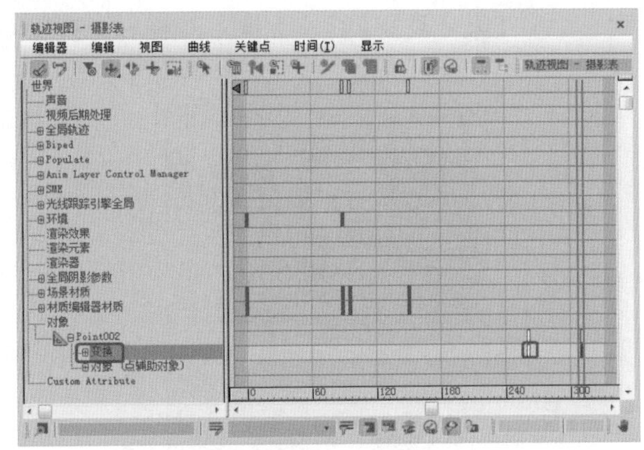

图15-94

实例210 设置特效

至此，节目片头基本制作完成了。下面介绍如何为前面所创建的对象添加特效，其中主要包括添加【镜头效果光晕】、【镜头效果光斑】等。

素材	无
场景	Scene\Cha15\制作电视台栏目片头.max
视频	视频教学\Cha15\实例210 设置特效.mp4

Step 01 在菜单栏中选择【渲染】|【视频后期处理】命令，打开【视频后期处理】对话框，如图15-95所示。

图15-95

Step 02 在该对话框中单击【添加场景事件】按钮，在弹出的【添加场景事件】对话框中使用默认的参数，如图15-96所示。单击【确定】按钮，添加场景事件。

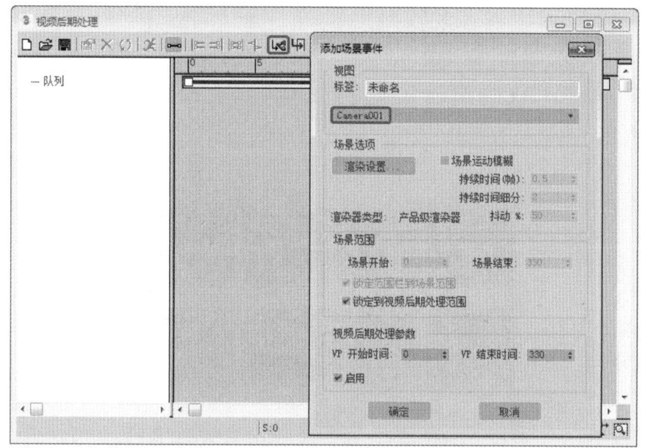

图15-96

Step 03 单击工具栏中的【添加图像过滤事件】按钮，在弹出的对话框中选择【镜头效果光晕】选项，将【标签】命名为【线】，如图15-97所示。设置完成后单击【确定】按钮，添加光晕特效滤镜。

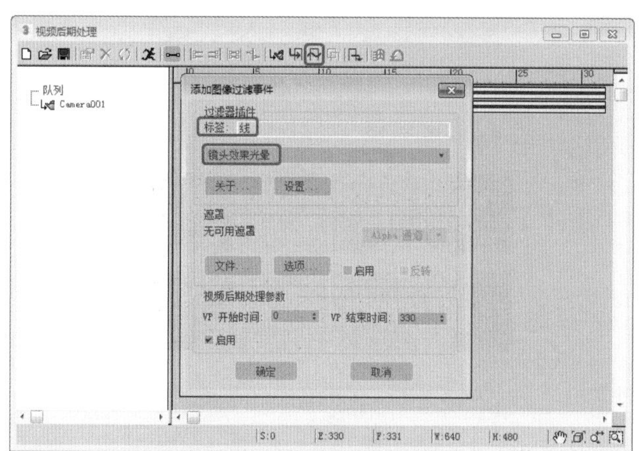

图15-97

Step 04 双击【线】选项，在弹出的对话框中单击【设置】按钮，打开【镜头效果光晕】对话框，单击【VP队列】和【预览】按钮。切换到【首选项】选项卡，在【效果】选项组中将【大小】设置为6，选中【颜色】选项组中的【渐变】单选按钮，如图15-98所示。

Step 05 切换到【噪波】选项卡，将【设置】选项组中的【运动】设置为1，勾选【红】、【绿】和【蓝】3个复选框，在【参数】选项组中将【大小】设置为6，如图15-99所示。

Step 06 设置完成后，单击【确定】按钮。单击工具栏中的【添加图像过滤事件】按钮，在弹出的对话框中将【标签】命名为【点01】，选择【镜头效果光斑】选项，如图15-100所示。设置完成后单击【确定】按钮，添加光斑特效滤镜。

图15-98

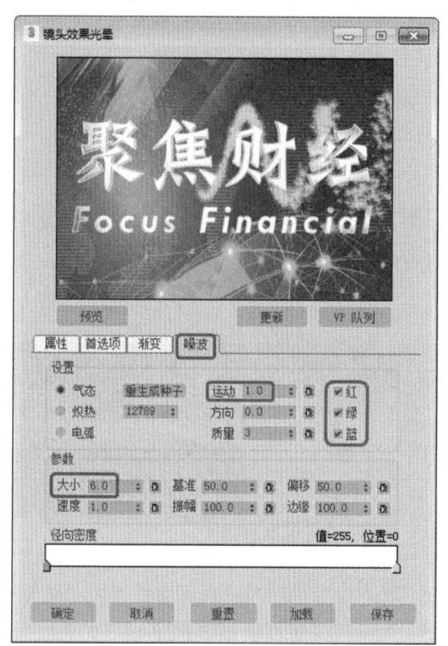

图15-99

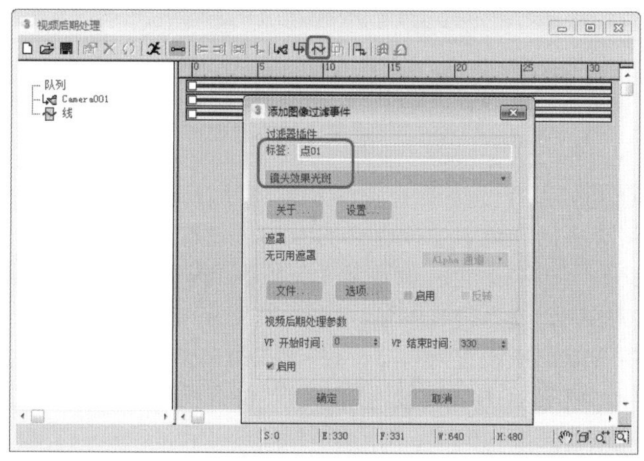

图15-100

Step 07 在序列区域中双击【点01】，在打开的【编辑过滤事件】对话框中单击【设置】按钮，打开【镜头效果光斑】对话框。单击【VP队列】和【预览】按钮，在【镜头光斑属性】选项组中将【大小】设置为100，单击【节点源】按钮，在打开的【选择光斑对象】对话框中选择Point001选项，如图15-101所示，单击【确定】按钮。

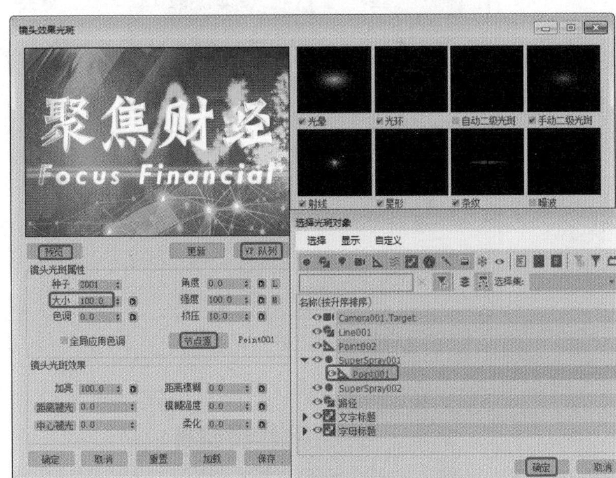

图15-101

Step 08 在【首选项】选项卡中取消勾选不需要的效果，勾选需要的效果，如图15-102所示。

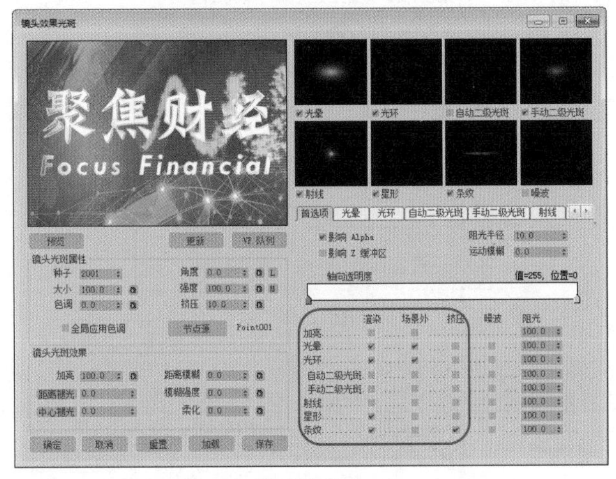

图15-102

Step 09 在【光晕】选项卡中将【大小】设置为20，将【径向颜色】左侧色标的RGB值设置为225、255、162，将第2个色标调整至【位置】为第19帧处，将其RGB值设置为174、172、155，在第36帧处添加色标，将其RGB值设置为5、3、155，在第55帧处添加一个色标，将其RGB值设置为132、1、68，将色标最右侧的RGB值设置为0、0、0，如图15-103所示。

Step 10 切换到【光环】选项卡，将【大小】设置为5，将【径向颜色】左侧色标的RGB值设置为218、179、12，将右侧的色标RGB值设置为255、244、18，将【径向透明度】的第2个色标调整至第45帧处，将第3个色标调整至第55帧处，在位置为第50帧处添加色标，将其RGB值设置为255、255、255，如图15-104所示。

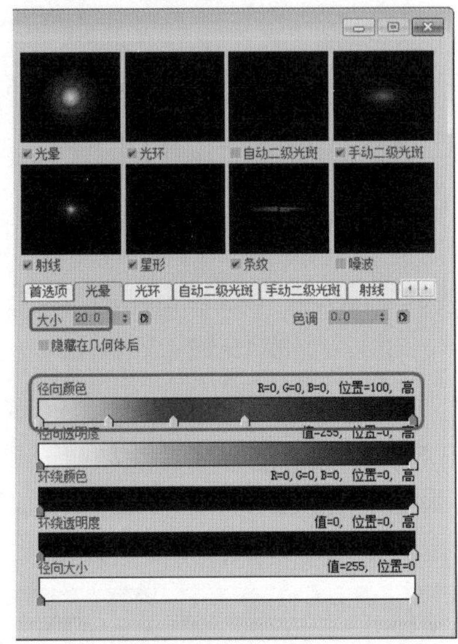

图15-103

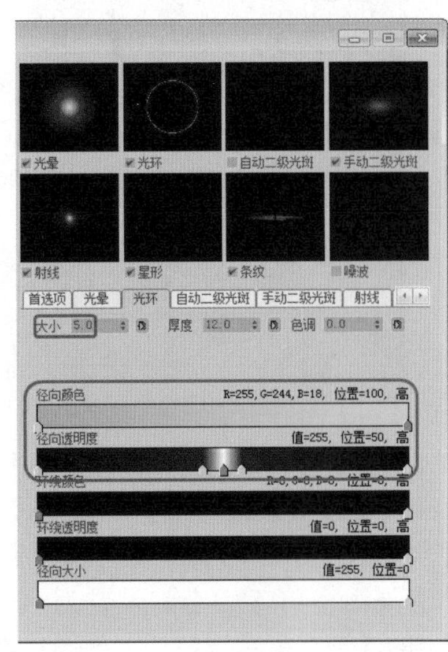

图15-104

Step 11 切换到【射线】选项卡，将【大小】设置为250，如图15-105所示。

Step 12 切换到【星形】选项卡，将【大小】、【角度】、【数量】、【色调】、【锐化】和【锥化】分别设置为50、0、4、100、8和0。在【径向颜色】区域中为第30帧处添加一个色标，将其RGB值设置为235、230、245，将最右侧色标的RGB值设置为180、0、

160，如图15-106所示。

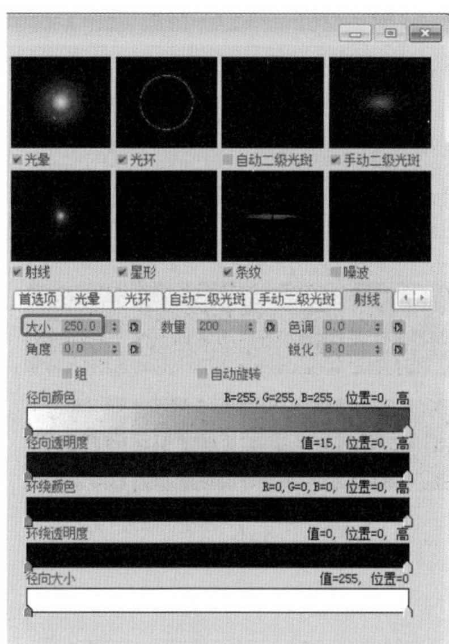

图15-105

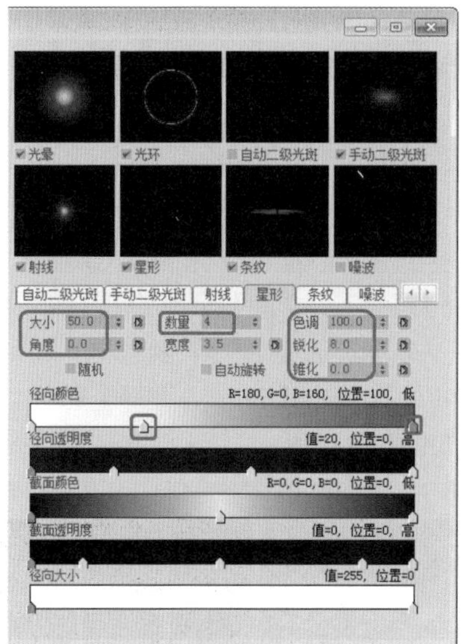

图15-106

Step 13 切换到【条纹】选项卡，将【大小】设置为25，如图15-107所示，设置完成后单击【确定】按钮，返回到【视频后期处理】对话框。

Step 14 单击工具栏中的【添加图像过滤事件】按钮，在弹出的对话框中将【标签】命名为【点02】，选择【镜头效果光斑】选项，将【VP开始时间】设置为261，如图15-108所示。设置完成后单击【确定】按钮，添加光斑特效滤镜。

Step 15 双击【点02】，在打开的【编辑过滤器事件】对话框中单击【设置】按钮，在打开的【镜头效果光斑】对话框中单击【VP队列】和【预览】按钮，在【镜头光斑属性】选项组将【大小】设置为50，单击【节点源】按钮，在打开的【选择光斑对象】对话框中选择Point002选项，如图15-109所示，单击【确定】按钮。

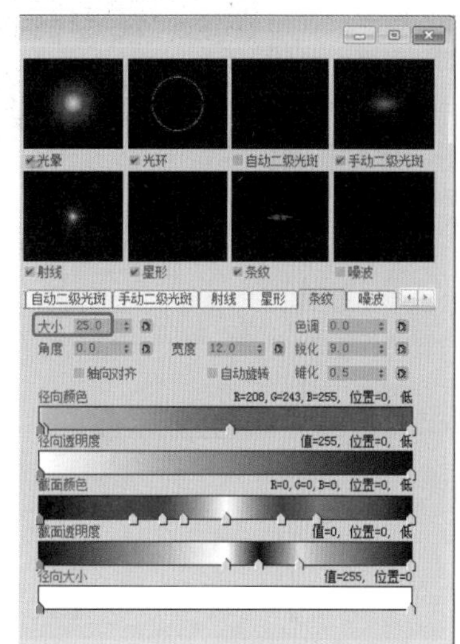

图15-107

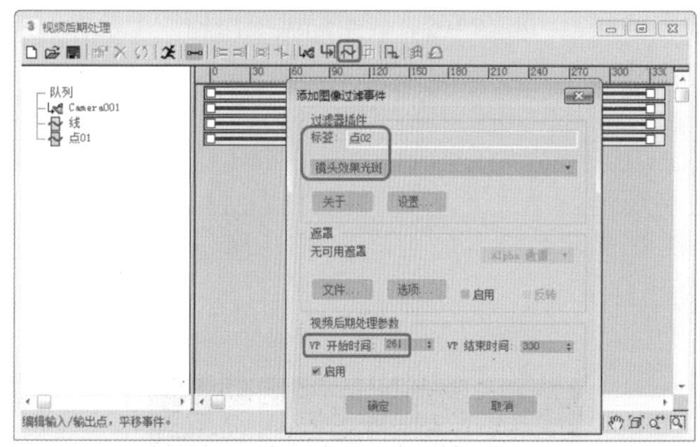

图15-108

图15-109

Step 16 切换到【首选项】选项卡，在该选项卡中勾选需要的效果选项，如图15-110所示。

图15-110

Step 17 切换到【光晕】选项卡，将【大小】设置为95，将【径向颜色】左侧色标的RGB值设置为149、154、255，将第2个色标调整至第30帧处，将其RGB值设置为202、142、102。在第54帧处添加一个色标，将其RGB值设置为192、120、72。在第73帧处添加一个色标，将其RGB值设置为180、98、32，将最右侧色标的RGB值设置为174、15、15。将【径向透明度】左侧色标的RGB值设置为215、215、215，在第7帧处添加一个色标，将其RGB值设置为145、145、145，如图15-111所示。

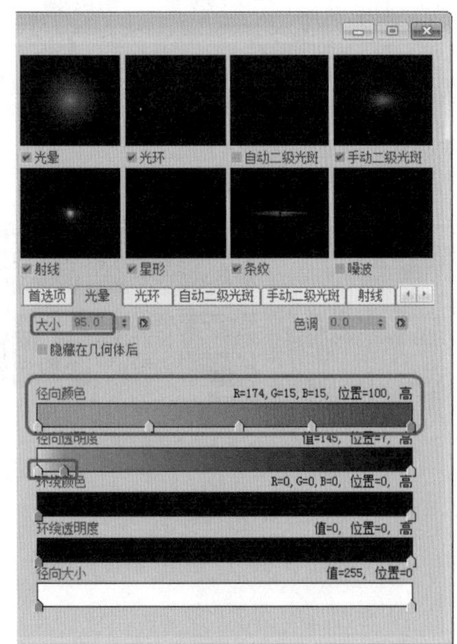

图15-111

Step 18 切换到【光环】选项卡，将【大小】设置为20，在【径向颜色】区域中第50帧处添加一个色标，将其RGB值设置为255、124、18。在【径向透明度】区域中第50帧处添加一个色标，将其RGB值设置为168、168、168，将左侧的第二个色标调整至第35帧处，将右侧的倒数第二个色标调整至第65帧处，如图15-112所示。

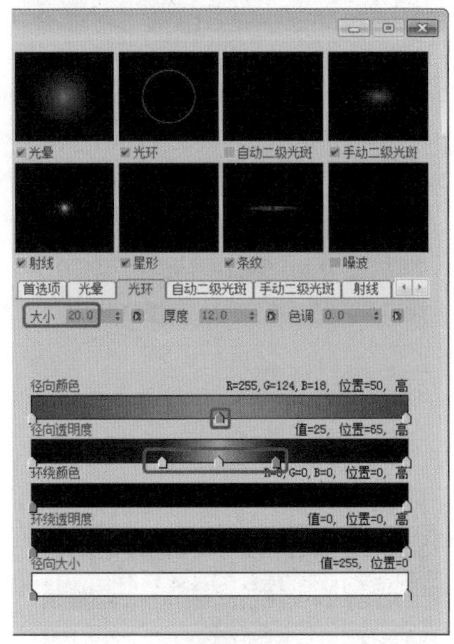

图15-112

Step 19 切换到【自动二级光斑】选项卡，将【最小】、【最大】和【数量】分别设置为2、5和50，将【轴】设置为0，勾选【启用】复选框。将时间滑块拖动至第310帧处，单击【自动关键点】按钮，将【轴】设置为5，如图15-113所示。

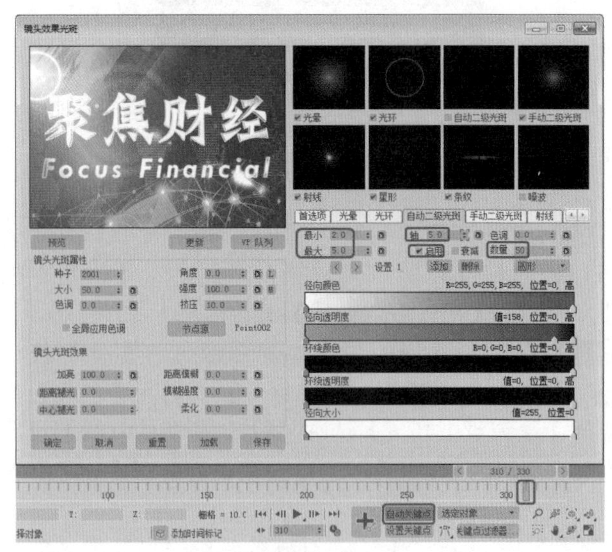

图15-113

Step 20 打开【轨迹视图-摄影表】对话框，选择【视频后期处理】下的【点02】，将其右侧第0帧处的关键帧拖动至第261帧处，如图15-114所示。调整完成后，关闭该对话框。

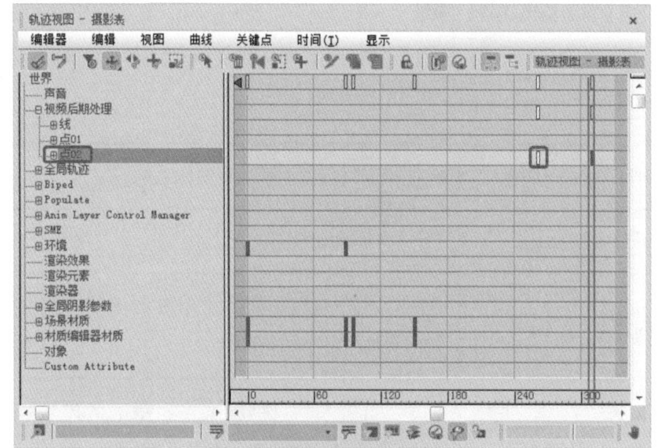

图15-114

Step 21 关闭自动关键帧记录模式，切换到【手动二级光斑】选项卡，将【大小】和【平面】分别设置为95和430，取消勾选【启用】复选框。在【径向颜色】区域中将左侧色标的RGB值设置为9、0、191，在第89帧处添加色标，将其RGB值设置为11、2、190，在第92帧处添加色标，将其RGB参数设置为0、162、54，在第95帧处添加色标，将其RGB值设置为14、138、48，在第96帧处添加色标，将其RGB值设置为126、0、0，将第3帧、第50帧处的色标删除，如图15-115所示。

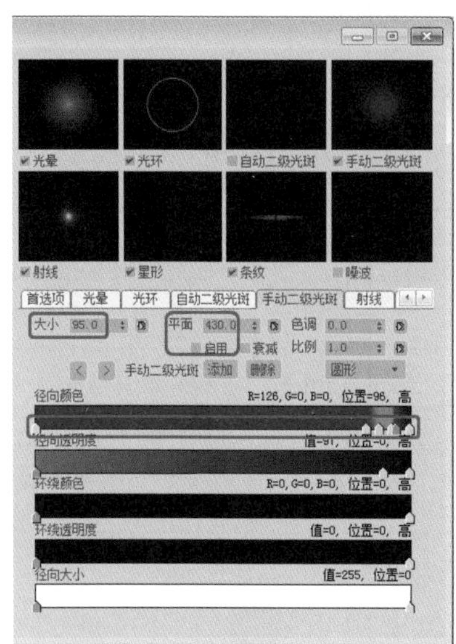

图15-115

Step 22 切换到【射线】选项卡，将【大小】、【数量】和【锐化】分别设置为125、175和10，在【径向颜色】区域中将最右侧色标的RGB值设置为95、80、10，如图15-116所示。

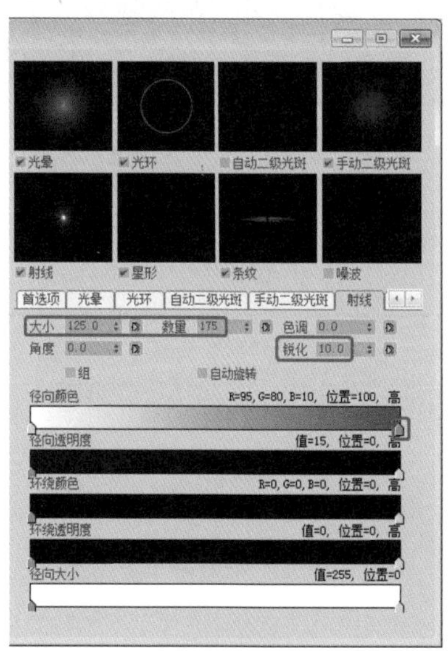

图15-116

◎提示·◦

二级光斑可以成组设计，即面板中的参数只独立作用于一组二级光斑，这样我们可以设计多组形态、大小、颜色不同的二级光斑，便于将它们组合成更真实的光斑效果。

Step 23 设置完成后单击【确定】按钮，返回到【视频后期处理】对话框中，添加一个输出事件。在【视频后期处理】对话框中单击【执行序列】按钮，在弹出的【执行视频后期处理】对话框中将【范围】设置为0至330，将【宽度】和【高度】分别设置为640和400，单击【渲染】按钮，即可对动画进行渲染，如图15-117所示。

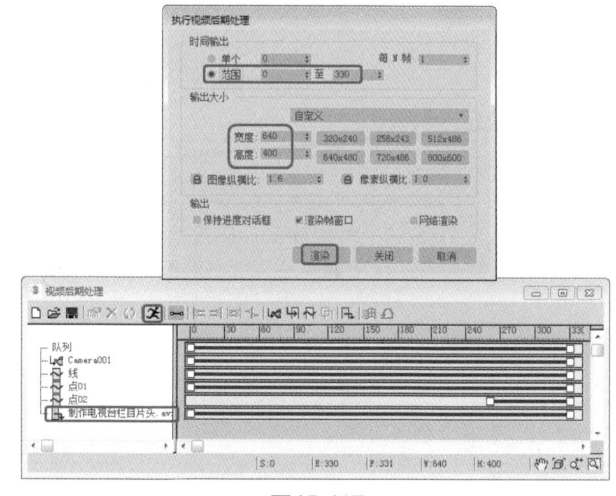

图15-117

3ds Max 2018 常用快捷键

F1 帮助	F2 加亮所选物体的面（开关）	F3 线框显示（开关)/光滑加亮
F4 在透视图中的线框显示（开关)	F5 约束到X轴	F6 约束到Y轴
F7 约束到Z轴	F8 约束到XY/YZ/ZX平面（切换）	F9 用前一次的配置进行渲染（渲染先前渲染过的那个视图）
F10 打开渲染菜单	F11 打开脚本编辑器	F12 打开移动/旋转/缩放等精确数据输入对话框
` 刷新所有视图	1 进入物体层级 1层	2 进入物体层级 2层
3 进入物体层级 3层	4 进入物体层级 4层	Shift + 4 进入有指向性灯光视图
5 进入物体层级 5层	Alt + 6 显示/隐藏主工具栏	7 计算选择的多边形的面数（开关）
8 打开环境和效果对话框	9 打开高级灯光效果编辑框	0 打开渲染纹理对话框
Alt + 0 锁住用户定义的工具栏	-（主键盘） 减小坐标显示	+（主键盘） 增大坐标显示
SPACE 锁定/解锁选择的物体	INSERT 切换次物体集的层级（同1、2、3、4、5键）	HOME 跳到时间线的第一帧
END 跳到时间线的最后一帧	PAGE UP 选择当前子物体的父物体	PAGE DOWN 选择当前父物体的子物体
Ctrl + PAGE DOWN 选择当前父物体以下所有的子物体	A 旋转角度捕捉开关（默认为5度）	Ctrl + A 选择所有物体
Alt + A 使用对齐工具	B 切换到【底】视图	Ctrl + B 子物体选择（开关)
Alt + B 视图背景选项	Alt + Ctrl + B 背景图片锁定（开关）	Shift + Alt + Ctrl + B 更新背景图片
C 切换到摄像机视图	Shift + C 显示/隐藏摄像机物体	Shift + F 显示/隐藏安全框
Ctrl + C 使摄像机视图对齐到透视图	Alt + C 在Poly物体的Polygon层级中进行面剪切	D 冻结当前视图（不刷新视图）
Ctrl + D 取消所有的选择	E 旋转模式	Ctrl + E 切换缩放模式（切换等比、不等比、等体积），同R键
Alt + E 挤压 Poly 物体的面	F 切换到【前】视图	Ctrl + F 显示渲染安全方框
Alt + F 切换选择的模式（矩形、圆形、多边形、自定义），同Q键	Ctrl + Alt + F 调入缓存中所存场景	G 隐藏当前视图的辅助网格

Shift + G　显示/隐藏所有几何体（非辅助体）	H　显示选择物体列表菜单	Shift + H　显示/隐藏辅助物体
Ctrl + H　使用灯光对齐工具	Ctrl + Alt + H　把当前场景存入缓存中（Hold）	I 平移视图到鼠标中心点
Shift + I　间隔放置物体	Ctrl + I　反向选择	J　显示/隐藏所选物体的虚拟框（在透视图、摄像机视图中）
L　切换到【左】视图	Shift + L　显示/隐藏所有灯光	Ctrl + L 在当前视图使用默认灯光（开关）
M　打开材质编辑器	Ctrl + M　光滑Poly物体	N　打开自动（动画）关键帧模式
Ctrl + N　新建文件	Alt + N　使用法线对齐工具	O　降级显示（移动时使用线框方式）
Ctrl + O　打开文件	P　切换到等大的透视图视图	Shift +P　隐藏/显示离子物体
Ctrl + P　平移当前视图	Alt + P　在Border层级下使选择的 Poly 物体封顶	Shift+Ctrl+P　百分比捕捉（开关)
Q　选择模式（切换矩形、圆形、多边形、自定义）	Shift + Q　快速渲染	Alt + Q　隔离选择的物体
R　缩放模式（切换等比、不等比、等体积）	Ctrl + R　旋转当前视图	S　捕捉网格（方式需自定义）
Shift + S　隐藏线段	Ctrl + S　保存文件	Alt + S　捕捉周期
T　切换到【顶】视图	U　改变到等大的用户视图	Ctrl + V　原地克隆所选择的物体
W　移动模式	Shift + W　隐藏/显示空间扭曲物体	Ctrl + W　根据框选进行放大
Alt + W　最大化当前视图（开关）	X　显示/隐藏物体的坐标（gizmo）	Ctrl + X　专业模式（最大化视图）
Alt + X　半透明显示所选择的物体	Y　显示/隐藏工具条	Shift + Y　重做对当前视图的操作（平移、缩放、旋转）
Ctrl + Y　重做场景（物体）的操作	Z　放大各个视图中选择的物体（各视图最大化显示所选物体）	Shift + Z　还原对当前视图的操作（平移、缩放、旋转）
Ctrl + Z　还原对场景（物体）的操作	Alt + Z　视图的拖放模式（放大镜）	Shift+Ctrl+Z　放大各个视图中所有的物体（各视图最大化显示所有物体）